바이오 시스템 기계공학

박준걸 외 공저

도 서 출 판
씨아이알

머 리 말

전통적인 농업은 인력과 자연환경에 의존하여 곡물과 채소, 가축을 생산하는 식량생산 위주의 산업이었으나 오늘에 이르러서는 식량생산뿐 아니라 건강식품, 의약품 및 유기소재 공산품 원료의 생산 산업으로 변화하고 있다. 또한, 농업은 농촌을 청정지역으로 유지시키고, 전통이 살아 있는 공간, 휴양 및 관광 공간으로 변화시키며, 도시와 농촌에서 발생하는 유기물을 순환원리에 입각하여 처리하는 도농이 상생할 수 있는 산업으로 발전하고 있다.

이러한 농업의 역할과 가치의 변화는 농업과학기술에도 변화를 요구하고 있으며, 과거 농작업기계와 농산가공기계를 대상으로 하던 농업기계공학도 새로운 영역으로 변신하게 되었다.

바이오시스템공학은 생물체에 공학을 적용하는 응용공학으로서 농공학이나 농업기계공학이 발전적으로 진화된 학문 분야이다. 과거 농업기계공학이 전통적 농업의 개념에 입각하여 경작용기계, 농산가공기계, 농업시설기계, 원예기계, 축산기계 등을 대상으로 한 것이라면, 바이오시스템공학은 농업의 개념이 확대되고 농업과학기술의 발전이 이루어진 현재와 미래사회가 요구하는 새로운 범의를 포괄한 깃으로 이해할 수 있다.

특히 바이오시스템공학은 21세기를 전후하여 급속하게 발전한 정보기술(IT), 나노기술(NT), 생명기술(BT), 환경기술(ET) 등을 접목하여 생물공정이나 바이오센서, 바이오인포매틱스 등 과거 농업에서 생각하기 어려웠던 새로운 공학기술을 농업에 접목하여 농업관련 산업의 경쟁력을 높이고 부가가치를 높이는 학문 분야라고 할 수 있다.

바이오시스템기계공학은 원동기를 제외한 생물생산에 이용되는 모든 기계를 대상으로 하는 바이오시스템공학의 중요한 분야 중 하나이다. 따라서 수도작, 밭작업, 시설농업, 축산업, 임업 등에 사용되는 경운작업기, 관리작업기, 방제작업기, 수확작업기, 로봇작업기 등이 바이오시스템기계로 분류될 수 있다.

바이오시스템기계공학은 생물생산에 필요한 기계를 개발하고 생산하는 데에도 필요하지만 적절히 잘 이용하는 측면에서도 필요한 분야이다. 따라서, 바이오시스템기계공학은 기구학, 재료역학, 기계역학, 유체역학, 기계설계, 자동제어, 계측 기술에 대한 종합적 이해와 함께 토양이나 비료, 물, 생물체의 물성 등을 종합적으로 이해하어야 함은 물론 정보기술과 이용기술 등이 복합된 학문이라 할 수 있다. 이 책에서는 바이오시스템기계의 작동원리, 구조, 주요부의 분석과 설계, 이용 관리 등에 대한 내용을 다룬다.

이 책은 대학교 또는 산업대학의 농림학계 일반 학생을 위한 바이오시스템기계공학, 농작업기계학 또는 포장기계학의 교재로 이용될 수 있도록 저술되었으며, 현장 기술자의 참고서적으로도 이용될 수 있을 것이다.

이 책의 원고 중 일정 부분은 기존 출판도서 내용과의 중복을 피하기가 쉽지 않았다. 이런 점을 이해해 주신 정창주 박사님께 감사를 드린다.

집필진은 전국 각 대학의 교수 및 연구소의 연구원들로서 각자의 전문성에 따라 나누어 집필하고, 내용의 일관성과 균형성을 유지하도록 노력하였으나 다소 미비한 점이 있을 것으로 생각된다. 이와 같은 점은 시간을 두고 수정 보완해 나가도록 하겠으며, 여러분의 충고와 지도편달을 기대한다.

끝으로 이 책을 출판할 수 있도록 지원해 준 한국농업기계학회 산학협동연구관리위원회에 깊이 감사드린다. 그리고 바쁘신 가운데서도 이 책의 원고 작성과 검토를 수락하고 수행하여 주신 저자 및 검토위원님들께 감사드린다. 또 충분하지 않은 기간에 편집과 인쇄를 완성하여 주신 도서출판 씨아이알 관계자 여러분께도 심심한 사의를 표한다.

2008년 2월

대표저자 박준걸

▪C·O·N·T·E·N·T·S

01 Chapter 서 론

1.1 농업과 바이오시스템공학 | 2

1.2 바이오시스템기계와 농업기계화 | 5
1.2.1 바이오시스템기계 | 5
1.2.2 농업기계화 | 6

1.3 우리나라 바이오시스템기계화 과정 | 8

1.4 미래 바이오시스템기계공학의 과제 | 10

연습문제 | 11 · **참고문헌** | 11

02 Chapter 바이오시스템기계의 응용기술

2.1 바이오시스템과 바이오시스템기계의 경영 | 15
2.1.1 바이오시스템기계의 성능 | 16
2.1.2 바이오시스템기계의 이용비용 | 23

2.2 바이오시스템기계의 선택과 이용 | 32
2.2.1 성능에 근거한 선택 | 33
2.2.2 경제성에 근거한 선택 | 33
2.2.3 기타 선택 시 고려사항 | 35
2.2.4 바이오시스템기계의 효과적인 이용 | 36

2.3 농작업 안전 | 37

2.4 바이오시스템기계와 정보공학 응용 | 41
2.4.1 바이오시스템정보공학 개요 | 41
2.4.2 바이오시스템정보공학 요소기술 | 45
2.4.3 정보취득기술 | 61
2.4.4 정보분석기술 | 75
2.4.5 생물생산작업 및 정보이용 | 83

연습문제 | 90 · **참고문헌** | 92

03 Chapter 토양작업기계

3.1 토양-기계 상호작용 | 94

3.1.1 토양의 기본 구조 및 정적 성질 | 94

3.1.2 토양의 동적 성질 | 98

3.1.3 토양-기계 상호작용 및 토양파괴이론 | 104

3.2 경운작업 기계 | 108

3.2.1 경운의 목적과 분류 | 108

3.2.2 몰드보드플라우 | 109

3.2.3 쟁기 | 115

3.2.4 원판플라우 | 116

3.2.5 심토플라우 | 117

3.2.6 로터리경운기 | 118

3.2.7 경운작업체계 | 123

3.3 정지작업 기계 | 125

3.3.1 쇄토기 | 126

3.3.2 균평용해로우 | 128

3.3.3 파종, 이식, 토양준비작업 | 128

3.3.4 롤러 | 130

3.4 중경제초 기계 | 131

3.4.1 중경작업의 특성과 중경작업기 분류 | 131

3.4.2 중경제초기계 작업날 | 131

3.4.3 컬티베이터 종류 | 132

3.4.4 속음기계 | 133

연습문제 | 134 ・ 참고문헌 | 134

:: C·O·N·T·E·N·T·S

04 Chapter 파종 · 이식기

4.1 파종기계 | 138

4.1.1 파종법과 파종기 종류 | 138

4.1.2 파종기 기능별 주요 장치 | 145

4.1.3 파종기의 성능평가 | 163

4.1.4 벼 파종기 | 165

4.1.5 감자 파종기 | 172

4.2 이식기계 | 175

4.2.1 이식작업 | 175

4.2.2 이앙기 | 176

4.2.3 채소이식기 | 191

연습문제 | 199 · **참고문헌** | 200

05 Chapter 관리용 기계

5.1 관개배수용 기계 | 205

5.1.1 펌프시스템 | 206

5.1.2 펌프의 구조와 종류 | 209

5.1.3 펌프의 특성과 선정 | 214

5.1.4 스프링클러시스템 | 216

5.2 입제분제 살포기 | 220

5.2.1 입제 살포시스템과 살포기의 종류 | 221

5.2.2 입제와 분제의 물리적 특성 | 225

5.3 액제 살포기 | 228

5.3.1 방제기술 | 229

5.3.2 액제 살포시스템 | 232

5.3.3 미립화원리와 농업용 노즐 | 238

5.3.4 정밀한 살포기술 | 245

연습문제 | 248 · **참고문헌** | 250

06 Chapter 작물 수확기계

6.1 곡물 수확기 | 252

6.1.1 곡물 수확의 기계화 | 252

6.1.2 곡물예취기 | 252

6.1.3 탈곡기 | 261

6.1.4 콤바인 | 273

6.2 과실 수확기 | 301

6.2.1 수확작업대(범용 작업대) | 302

6.2.2 휴대형 진동수확기 | 302

6.2.3 공압식 진동수확기 | 303

6.2.4 기계식 진동수확기 | 304

6.3 채소 수확기 | 304

6.3.1 엽채용 수확기 | 305

6.3.2 근채용 수확기 | 313

6.3.3 과채용 수확기 | 321

연습문제 | 323 · **참고문헌** | 325

07 Chapter 시설재배용 기계설비

7.1 육묘용 기계설비 | 328

7.1.1 육묘시설의 흐름과 배치 | 328

7.1.2 파종장치 | 329

7.1.3 발아설비 | 332

7.1.4 접목 및 양생 장치 | 332

7.1.5 육성설비 | 337

7.2 시설 내 관개용 기계 | 338

7.2.1 관수방법 | 340

7.2.2 다목적이용 | 341

7.2.3 관수량 제어 | 341

CONTENTS

7.2.4 수질 | 342

7.2.5 배수 | 342

7.2.6 시설 · 장치 | 343

7.2.7 자동 관수 · 시비시스템 | 343

7.3 수경재배장치 | 344

7.3.1 수경재배의 분류 | 344

7.3.2 대표적인 수경재배장치 | 345

7.4 시설환경 제어기계 | 349

7.4.1 광환경 | 349

7.4.2 온도환경 | 354

7.4.3 습도환경 | 361

7.4.4 탄산가스 | 361

7.4.5 창환기 제어알고리즘 | 364

7.4.6 복합환경 제어 | 367

7.4.7 환경 제어용 센서 | 370

7.4.8 생육 제어 | 372

7.4.9 지역 네트워크 | 374

7.5 식물공장 | 376

7.5.1 장치의 분류 | 376

연습문제 | 379 · **참고문헌** | 379

08 Chapter 동물자원생산용기계-목초 수확기

8.1 사료작물의 수확작업체계 | 382

8.1.1 건초의 수확작업체계 | 383

8.1.2 사일리지 수확작업체계 | 384

8.2 목초 예취기 | 385

8.2.1 커터바 모워 | 385

8.2.2 로터리 모워 | 387

8.2.3 디스크 모워 | 388

8.2.4 플레일 모워 | 388

8.3 목초 수확기 | 389

8.3.1 칼날 커터헤드 | 390

8.3.2 플레일형 커터헤드 | 391

8.4 헤이 컨디셔너, 모워 컨디셔너 | 391

8.5 집초 및 건조촉진 기계 | 392

8.5.1 측면반송 레이크 | 393

8.5.2 레이디얼 레이크 | 395

8.6 헤이 베일러 | 395

8.6.1 각형 베일러 | 395

8.6.2 원통형 베일러 | 397

8.7 목초 운반기계 | 398

8.7.1 스택 왜건 | 398

8.7.2 베일 왜건 | 399

연습문제 | 400 · **참고문헌** | 400

09 Chapter 임업기계

9.1 임업의 기계화 | 402

9.1.1 임업기계의 개념과 목적 | 402

9.1.2 임업기계의 발달과 국내 임업기계화 | 404

9.2 임업기계의 종류 | 408

9.3 주요 임업기계 | 409

9.3.1 휴대형 임업기계 | 409

9.3.2 차량형 임업기계 | 420

9.3.3 가선형 임업기계 | 427

9.3.4 산림바이오매스 에너지생산기계 | 435

연습문제 | 438 · **참고문헌** | 439

::C·O·N·T·E·N·T·S

10 바이오시스템 로봇
Chapter

10.1 배경 | 442

10.1.1 로봇의 어원 | 442

10.1.2 로봇의 정의 | 443

10.1.3 로봇의 분류 | 445

10.1.4 로봇의 특성인자 | 452

10.1.5 로봇시스템의 구성 | 454

10.1.6 바이오시스템 로봇 | 457

10.2 바이오시스템 로봇기술의 생물생산작업 응용 | 458

10.2.1 포장작업용 로봇 | 460

10.2.2 시설생산작업용 원격 유·무인 로봇작업시스템 | 468

연습문제 | 482 · **참고문헌** | 482

• **찾아보기** | 484

Chapter **01** 서론

Bio-production Machinery Engineering

01 농업과 바이오시스템공학

02 바이오시스템기계와 농업기계화

03 우리나라 바이오시스템기계화 과정

04 미래 바이오시스템기계공학의 이해

Chapter 01 서 론

1.1 농업과 바이오시스템공학

인류는 채집과 수렵에 의존하여 먹거리를 마련하다가 이후에 정착하여 농업을 시작하면서 식량을 안정적으로 구할 수 있었고 이를 바탕으로 문화를 발전시킬 수 있었다. 역사적으로 보면 농업의 발전속도는 근대에 이르기까지 매우 완만하였다. 산업혁명 이후 동력을 이용한 효율적인 농사짓기가 가능해졌지만 실제적인 농업기계화는 20세기 들어 유럽과 미국을 중심으로 발전하였으며, 2차 세계대전 이후 개발도상국도 농업을 기계화하기 시작하였다.

전통적인 농업은 인력과 자연환경에 의존하여 곡물과 채소, 가축을 생산하는 식량생산 위주의 산업이었다. 우리나라의 경우 1970년대까지 국민의 대부분이 전통적인 농업에 종사하였으나, 산업화와 함께 농업과학기술이 발전하고 농업기계화가 추진되면서 농업에 종사하는 인력을 줄이면서도 생산성을 향상시켜 농업구조를 크게 변화시켰다. 특히 농업기계화 기술은 농업의 노동생산성과 토지생산성을 급속히 증가시켰으며, 그 결과 미국과 같은 선진국에서 농업에 종사하는 인구는 2% 미만의 극소수로 줄어들었고 우리나라도 1960년대 후반부터 시작된 농업기계화로 인하여 국민의 5% 미만이 농업에 종사하는 사회를 이루게 되었다.

이러한 농업의 구조조정은 경제발전과 동시에 이루어진 것이다. 농업노동력이 농업기계화에 의하여 기계로 대치되면서 농촌의 인구는 더 많은 소득을 얻을 수 있는 도시나 산업지역으로 이주하여 정착함으로써 농산물의 소비계층으로 변하였다. 이 과정에서 농업의 생산규모는 꾸준히 증가하였지만 농업의 생산성 향상은 타 산업에 비하여 낮아 농업이 국가경제에서 차지하는 비중은 줄어들었다.

20세기 말부터 자급자족하던 농업은 공산품의 수출입이 확대되면서 무한경쟁의 시대로 접어들었다. 이러한 변화는 농산식품의 교역뿐만 아니라 생산하는 단계에까지도 많은 제약을 주고 있다. 특히 우리나라는 급속한 경제성장을 이루었으므로 단기간에 농업구조를 조정하는 한편 농산물의 국제경쟁력을 갖추어야 하는 어려움을 가지고 있다.

우리나라는 경지면적이 좁고, 인구는 많은 데 비하여, 수출 위주의 경제구조를 가졌으며 소득 수준 역시 선진국 수준이어서 농산식품의 국제적인 가격경쟁에 있어 매우 불리한 상황이다. 비교우위론에 의하면 농업 역시 공업과 마찬가지로 경쟁력을 갖춘 부분을 집중 육성하여야 한다. 그러나 농업은 우리 국토의 약 75%를 활용하는 산업으로서 환경에 기여하는 공익적 효과가 크고, 지역균형발전에 있어서도 중요한 산업이므로 단순히 국제경쟁력만으로 선택과 집중할 분야는 아니다. 우리 농업은 농산식품을 생산함에 있어 친환경적으로 생산하여 공익적 효과를 도모하는 한편 고품질 농산식품을 안정적으로 공급함으로써 국민건강과 국가발전에 기여하는 한편 국제경쟁력을 갖춘 산업으로 발전하여야 하며, 상대적으로 낙후된 농촌지역의 활력을 유지하기 위한 노력이 필요하다. 농업을 농업 관련 산업이라 부르게 된 이유도 농업의 역할과 농업에 대한 가치가 다각화되었고 이러한 방향으로 발전을 도모하고 있기 때문이다.

농업선진국을 살펴보면 농업은 먹거리를 생산하는 산업으로부터 유기자원을 생산하고 지구차원의 유기물순환산업으로 변화되고 있으며 1차산업과 2차산업, 3차산업을 복합한 6차산업으로 발전되고 있다. 우리나라의 농업도 단순한 식량생산산업에서 식량은 물론 건강식품, 의약품을 생산하고 유기소재 공산품 원료를 생산하는 산업으로 발전시키고, 농촌을 환경이 우수한 청정지역으로 유지하면서 전통이 살아 있는 공간, 휴양 및 관광공간으로 변화시키고, 도시와 농촌에서 발생되는 유기물을 순환원리에 입각하여 처리하는 도시와 농촌이 상생할 수 있는 산업으로 발전될 전망이다.

농업의 역할과 가치의 변화는 농업과학기술에도 변화를 요구하고 있으며 과거 포장기계와 농산가공기계를 대상으로 하던 농업기계공학도 농업의 시대적 변화에 부응하여 새로운 영역으로 변신하게 되었다.

바이오시스템공학(Biosystems engineering)은 생물체에 공학을 적용하는 응용공학으로서 농공학이나 농업기계공학이 발전적으로 변화된 학문 분야이다. 바이오시스템공학 기술을 적용하는 대상은 작물생산시스템과 가축생산시스템, 농산식품가공시스템, 농산물유통시스템 및 생물공정시스템이다. 기술적용 대상을 구체적으로 살펴보면 보면 생물체를 사육하고 재배하는 데 필요한 바이오시스템기계나 농산식품가공기계 외에 세포나 미생물, 작물, 농산식품, 가축과 같은 생물체, 생물을 둘러싼 토양, 물, 공기와 같은 환경이나 생물공정기계, 환경관리기계, 바이오리파이너리나 재생에너지시설 등을 대상으로 한다.

과거 농업기계공학이 전통적 농업의 개념에 입각하여 경작기계, 농산가공기계, 농업시설기계, 원예기계, 축산기계 등을 대상으로 한 것이라면, 바이오시스템공학은 농업의 개념이 확대되고 농업과학기술의 발전이 이루어진 현재와 미래사회가 요구하는 새로운 범위를 포괄한 것으로 이해할 수 있다. 특히 바이오시스템공학은 21세기를 전후하여 급속하게 발전한 정보기술(IT), 나노기술(NT), 생명기술(BT), 환경기술(ET) 등을 접목하여 생물공정이나 바이오센서, 바이오인포매틱스 등 과거 농업에서 생각하기 어려웠던 새로운 공학기술을 농업에 접목하여 농업관련 산업의 경쟁력을 높이고 부가가치를 높이는 학문 분야라고 할 수 있다.

한편, 바이오시스템공학의 일부를 이루는 농작업기계학, 즉 바이오시스템기계학은 이미 연구개발이 충분히 수행된 고전적인 분야로 오해할 수도 있다. 그러나 실제로 우리나라의 농업을 들여다보면 수도작처럼 기계화가 용이한 작목을 제외하고는 아직도 인력에 의존하는 것이 사실이며 국제적으로 보아도 전작에 있어서 기계화의 필요성은 여전히 높다. 농촌과 농업의 기본이 생물생산이라고 할 때, 생물생산의 효율성과 경제성을 제고하는 학문인 바이오시스템기계학의 역할은 여전히 중요하다고 볼 수 있다. 특히 바이오시스템기계의 설계나 개발은 소재의 발전이나 주변 과학기술과 밀접히 연결되어 있고 농업과학의 생물생산의 방법 자체도 노지에서 시설로 변화시키므로 바이오시스템기계학은 지속적으로 발전할 것이다.

1.2 바이오시스템기계와 농업기계화

1.2.1 바이오시스템기계

광의의 바이오시스템기계는 생물생산에 이용되는 모든 기계를 뜻하며 바이오시스템공학의 중요한 분야 중 하나이다. 광의의 농업, 즉 생물산업은 작물생산 외에 축산업이나 임업, 농산식품가공업, 관광산업까지도 포함한다. 또한 농업이 노지농업에서 시설생산이 확대되고 유기농업이 확대되며 친환경농업을 위한 정밀농업기계 등이 개발되면서 농작업을 수행하는 데 사용되는 기계류의 종류가 다양해지고 있다. 따라서 바이오시스템기계는 경종농업에서 주로 이용하는 경운기, 관리기, 콤바인, 방제기, 건조기뿐만 아니라 시설농업에서 사용되는 자동화 장치와 설비는 물론이고 소형굴삭기나 스키드로더, GPS수신기나 컴퓨터까지도 포함한다.

우리나라에서는 아직까지 바이오시스템기계라는 용어보다는 농업기계 또는 생물생산기계라는 명칭이 널리 사용되고 있는 실정이다. 농업기계란 그 기능에 따라서 원동기인 농업동력(farm power)과 농작업기계(farm machinery and implements) 및 농산기계(agricultural process machinery)로 구분되기도 하지만 용도에 따라서 경작용 기계, 수확후 기계, 임업기계, 축산기계, 원예기계 등으로 구분되는데 협의로 경작용 기계를 농업기계로 부르기도 한다.

법적인 농업기계의 정의는 2005년 12월에 개정된 "농업기계화촉진법" 제2조 1항에 정의되어 있다. 이에 따르면 농업기계란 농림축산물의 생산 및 생산 후 처리작업과 생산시설의 환경제어 및 자동화 등에 사용되는 기계설비 및 그 부속 기자재를 말한다.

바이오시스템기계공학(Bio-production machinery engineering)은 농림축산업에서 사용되는 협의의 바이오시스템기계를 분석·개발·이용하는 데 필요한 응용학문으로서 트랙터, 엔진이나 모터와 같은 동력원을 포함하지 않으며 주로 원동기에 부착되는 작업기(farm implements)와 콤바인이나 이앙기처럼 동력원과 작업기가 일체로 된 자주식 작업기(self-propelled farm machinery)를 대상으로 한다. 바이오시스템기계공학은 궁극적으로 생물생산을 기계화하고 자동화함으로써 경제성을 추구하는 실용학문이다. 따라서 기계의 성능을 평가하거나 경제성을 평가하는 방법, 효율적인 이용방법과 같은 실용적인 주제도 포함하게 된다.

바이오시스템기계공학의 기술적 요소를 살펴보면 기구와 기계의 설계기술, 작업의 정밀도와 능률 향상을 위한 제어기술, 사용자의 편리와 안전 및 경제성 제고를 위한 이용기술 등이 주축을 이루는 학문 분야로서 과거 농작업기계학이라는 학문 영역과 큰 차이는 없다. 한편 바이오시스템기계는 일반 산업기계와 구별되는 다음과 같은 특징을 가지고 있다. 첫째, 동식물과 같은 생물을 다루거나 토양이나 물, 공기와 같은 환경자원을 다루는 것으로서 대상물체의 물성이 균일하지 않으며, 공간상에 분포하여 이동 중에 작업하는 경우가 많다. 둘째, 생물생산이 자연환경에 의하여 이루어지므로 바이오시스템기계는 자외선이나, 비, 눈, 먼지 등의 열악한 환경에서 사용된다. 셋째, 바이오시스템기계는 생물이 생산되는 시기에 영향을 받으며 생육시기에 따라 다양한 작업이 요구되므로 연중 사용기간이 짧고 계절적이다. 바이오시스템기계의 이러한 특성은 충분한 기계적 강도와 높은 환경적응성, 내구성을 요구하면서 경제성까지 요구하므로 고도의 공학적 판단을 요구하는 분야라고 볼 수 있다.

1.2.2 농업기계화

일반적으로 농업기계화란 "농업에 있어서 인력 대신 기계를 사용하는 것"이나 "그러한 변화 과정"을 뜻한다. 이 용어는 농업기계와 더불어 사회적으로 널리 사용되어 온 용어이다. 최근 농업기계공학이 바이오시스템공학으로 바뀌는 상황이므로 바이오시스템기계화라는 용어를 사용해야겠지만 아직은 농업기계화란 용어가 익숙하므로 함께 사용한다.

농업기계화촉진법에 의하면 "농업기계화사업"이란 농업기계의 연구, 조사, 개발, 생산, 보급, 이용, 기술훈련, 사후관리, 안전관리 등을 통하여 농업생산기술의 향상과 농업의 구조 및 경영 개선을 도모하는 사업이라고 정의하고 있다. 바이오시스템기계공학 측면에서 농업기계화란 "농업에 있어 농업기계를 효율적으로 사용하는 것" 또는 "농업기계를 효율적으로 활용하는 변화 과정이나 수준"을 뜻한다. 즉 농업기계화란 단순한 기계보급으로 평가될 것이 아니라 효율적 이용이라는 측면에서 평가되어야 하며, 그 효율성을 제대로 갖추려면 공학지식 외에 많은 사회적 이해와 경제적 선택 및 이용기술이 요구된다. 따라서 농업기계화 수준을 논하는 경우에는 바이오시스템기계의 설계생산기술, 시험평가기술, 기술훈련, 사후관리, 안전관리 등 여러 측면에서 논의하여야 한다. 농업기계화는 단순히 공학적 기술만이 아니라 제도적·교육적 성과에 의하여 발전하는 분야이다.

생물생산을 기계화하는 의의를 살펴보면 다음과 같다. 첫째, 바이오시스템기계화는 토지생산성, 즉 단위 면적당 생산성을 향상시킨다. 농기계를 이용하여 토양을 깊게 경운함으로써 생산량을 증대시키며 적절한 작물보호기계기술을 이용하여 잡초나 병충해의 피해를 예방하고 치료하며, 양수기를 이용하여 한발을 극복하고, 적기수확으로 고품질 농산물을 수확하고 증수하는 효과를 얻는다. 둘째, 바이오시스템기계화는 노동생산성, 즉 단위 노동시간당 생산량을 향상시킨다. 인간에 비하여 기계는 큰 동력으로 많은 일을 고속으로 처리함으로써 생산성을 높일 수 있다. 농업기계는 단순한 기계에서 고능률 대형 기계로 발전하고 있으므로 일단 기계화가 되었다고 하더라도 고능률 농업기계를 적용함으로써 노동생산성을 지속적으로 향상시킬 수 있다. 셋째, 바이오시스템기계화는 농민을 중노동으로부터 해방시킨다. 인력으로 하는 농작업은 육체적 강도가 크고, 덥거나 춥고 먼지가 많거나 무논에서 이루어지므로 경제가 발전한 나라에서는 지속되기 어렵다. 우리나라는 농촌인구의 감소와 더불어 농업노동력이 부녀화·노령화되었다. 따라서 우리나라에서 바이오시스템기계화는 농업을 편리하고 안전하게 수행하게 하는 수단으로서 커다란 의의를 가지고 있다. 마지막으로 바이오시스템기계화는 국토공간과 자연환경을 효율적으로 관리하도록 한다. 농촌에 거주하는 인구가 10% 미만이고 노동력이 노령화된 상태에서 국토의 75%를 차지하는 농경지와 산림은 농업기계가 없다면 유지관리될 수 없는 실정에 이르렀다. 이런 효과는 경제가 발전되지 않은 나라에서는 의미가 없겠지만 우리나라처럼 산업화된 나라에서는 농업의 공익적 효과에 밀접하게 관련된 매우 중요한 기능이라고 볼 수 있다.

농업기계화의 목적은 국가적으로는 농업의 구조 개선이나 농업의 경쟁력 강화를 위한 것이지만 이런 효과는 개별 농가가 생물생산을 기계화함으로써 가능한 것이다. 따라서 농업인 차원에서 농업기계화의 목적은 생산수단에 투자하여 경제적 이득을 얻는 것이다.

바이오시스템기계화가 목적을 달성하기 위해서는 작업 하나하나를 기계화하는 것도 중요하겠지만 농작업 간의 유기적 관계를 고려하여 농작업 단계가 체계적으로 기계화되어야 한다. 바이오시스템기계학에서 시스템이라는 용어를 사용하는 이유도 바로 여기에 있다. 유기적인 관계를 가진 여러 농작업을 효율적으로 기계화하는 것을 일관농업기계화라고 말한다. 이 개념은 농업기계화의 수준을 판단하는 데 있어서 매우 중요한 개념이다. 농업기계화를 통한 경제적 이득을 얻으려면 일관농업기계화를 추구함에 있어서 농업기계 사용의 경제성을 중요한 판단기준으로 고려하여야 한다.

1.3 우리나라 바이오시스템기계화 과정

우리나라의 바이오시스템기계화는 1960년대 초에 시작된 것으로 볼 수 있다. 물론 그 이전에도 족답식 탈곡기, 인력분무기, 발동기(농용엔진) 등 인력기계와 수입된 동력원이 사용되고 있었다. 그러나 기계동력을 이용하여 이동하면서 농작업을 하기 시작한 것은 1963년 대동공업(주)이 일본의 미쯔비시중공업과 기술을 제휴하여 동력경운기를 생산하여 공급한 이후이다. 이 시점을 농업기계화의 시작으로 보는 이유는 모든 농작업의 근본이 되면서 많은 에너지를 필요로 하는 경운작업을 기계화하였기 때문이다(정창주 외, 1997).

농업기계화는 농촌인력의 변화와 매우 밀접한 관계가 있다. 1963년 총 인구의 56%였던 농가인구는 비율에 있어서 지속적으로 감소되었으나, 1967년에 1,600만 명을 정점으로 농가인구의 비율과 함께 그 숫자가 감소되기 시작하여, 1970년에 44.7%, 1980년에 28.4%, 1990년에 15.5%, 2000년에 8.6%, 2005년에 7.1%로 급속히 줄었다. 농가인구의 감소는 산업화에 따른 이농현상에 의한 것으로 1970년대 말부터는 농촌의 인력부족현상이 시작되어 농촌의 노임이 상승하기 시작하며 농업기계화를 가속시키는 환경을 조성하였다.

정부에서는 바이오시스템기계화를 제도적으로 뒷받침하기 위하여 1978년 농업기계화촉진법을 제정 공포하였으며 수차례에 걸쳐 농업여건의 변화를 반영하여 법을 개정하였다. 농업기계화촉진법은 농림부장관이 농기계의 수급, 연구개발, 기술훈련, 사후관리, 안전관리 등을 포함하는 농업기계화 기본 계획을 고시하도록 한 것이다. 정부는 과거에 농기계보급을 목표로 하던 데서 방향을 바꾸어 농업기계의 품질을 보증하고, 신기술개발을 촉진하며, 농기계의 공동이용을 촉진하기 위한 농기계임대사업 등으로 농업기계화 정책을 변화시키는 중이다.

바이오시스템기계화 단계는 경제개발 5개년계획이 시작된 1962년부터 농업기계화의 초보 단계, 1970년대부터 벼농사 일관작업기계화 추진 단계, 1990년대 초반부터 농업기계화 완숙 단계로 구분한다(박원규 외, 1998). 학자에 따라서는 1990년대 이후를 밭작물 기계화 단계로 구분하는데, 이 때부터 배추, 마늘, 양파, 인삼 등 작물별 일관작업기계의 개발이 추진되기 시작하였다. 그러나 전작기계는 수도작용 기계에 비하여 기계화 여건이 불리하고 수요가 적어 원활한 공급이 되지 않았다. 국제통화위기 이후 2000년을 전후로 시작된 농업기계의 과잉공급 논란은 농업기계에 대한 정부정책의 변화를 초래하였고 농업기계경영의 중요성을 일깨우는 계기가 되고 있다.

그림 1-1은 주요 농업기계의 보급대수를 나타낸 것으로 2004년 현재 동력경운기 83만 대, 트랙터 22만 대, 이앙기 33만 대, 콤바인 8만7천 대로서 수도작을 중심으로 기계화가 진행되었음을 나타내고 있다. 대부분의 전작기계는 아직까지 통계에 잡히지 않을 만큼 보급이 저조한 실정이다.

한편 경제발전에 따라서 일부 농가는 상업농으로 발전하였으나 다수의 농가는 겸업농으로 변화되면서 가구당 소유경지면적은 1.4 ha로 여전히 소규모에 머물러 있다. 따라서

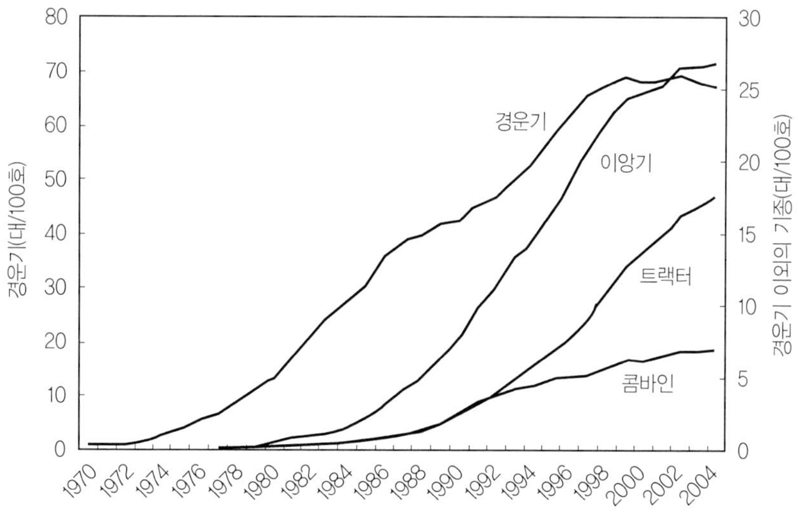

[그림 1-1] 우리나라 주요 농업기계의 보급과정

농업기계에 대한 요구도 고성능 대형기계가 있는가 하면 저비용 소형기계가 존재하는 상황이어서 농업기계화를 어렵게 하고 있다.

1.4 미래 바이오시스템기계공학의 과제

농업은 먹거리를 생산하는 산업에서 다양한 형태로 발전되고 있다. 유기농업을 필두로 하는 친환경농업, 규모화된 상업농으로 변화되는 시설원예와 시설축산, 대면적을 경영하는 경종농업, 농촌관광과 연계되는 관광농업 등 농업은 지역과 여건에 따라서 다양하게 경쟁을 벌이고 있다. 따라서 바이오시스템기계공학은 현재와 미래에 농촌과 농업이 무엇을 필요로 하는지에 대한 분명한 이해를 필요로 한다. 따라서 우리나라의 농업 여건에 적합한 농작업기를 개발하고 이용하는 데 발생되는 모든 문제를 과학적으로 해결하는 바이오시스템기계공학도는 이러한 변화를 정확히 인식하여야 한다.

바이오시스템기계는 이러한 여건의 변화에 따라 새로운 과제를 안게 되었다. 바이오시스템기계 분야는 본질적인 과제인 기계의 개발과 개선, 고능률 저비용 기계 개발, 기계의 성능평가와 시험법 개발 외에도 전작 · 축산 · 원예기계, 정밀농업기계, 유기농업용 기계, 환경관리용 기계 등 연구하고 개발하여야 할 대상이 넓어졌다. 또한 기계개발에 있어서도 경제성의 추구, 친환경성 제고, 인간 중심 설계, 정보기술의 접목이라는 설계의식이나 방향의 변화도 요구하고 있다.

바이오시스템기계공학은 생물생산에 필요한 기계를 개발하고 생산하는 데에도 필요하지만 적절히 잘 이용하는 측면에서도 필요한 분야이다. 따라서 바이오시스템기계공학은 기구학, 재료역학, 기계역학, 유체역학, 기계설계, 자동제어, 계측기술에 대한 종합적 이해와 함께 토양이나 비료, 물, 생물체의 물성 등을 종합적으로 이해하여야 함은 물론 정보기술과 이용기술 등이 복합된 학문이다. 이 책에서는 바이오시스템기계의 작동원리, 구조, 주요부의 분석과 설계, 이용, 관리 등에 대한 내용을 다룬다.

연 습 문 제

1-1　우리나라의 산업화 과정을 조사하고, 농업기계화 과정과 비교하여 농업기계화가 국가발전에 기여한 점을 조사하고 평가하시오.

1-2　우리나라 농업의 생산방식의 변화를 1970년대와 2000년대를 비교하여 평가하시오.

1-3　가축생산시스템에 사용되는 기계를 조사하시오.

1-4　식물공장과 유리온실에서 사용되는 기계류를 조사하시오.

1-5　우리나라 생물생산산업의 종류 중 식량생산이 목적이 아닌 경우를 조사해 보시오.

참고문헌

박원규외 23명. 1998. **한국의 농업기계화**, 한국농업기계학회.
정창주 · 김경욱. 1997. **농작업기계학원론**, 서울대학교출판부.
한국농업기계학회, 농업기계연감 각년도.

Bio-production Machinery Engineering

Chapter **02** 바이오시스템기계의 이용기술

01 바이오시스템과 바이오시스템기계의 경영

02 바이오시스템기계의 선택과 이용

03 농작업 안전

04 바이오시스템기계와 정보공학 응용

Chapter 02

바이오시스템기계의 이용기술

현대의 농업은 기술과 자본집약적인 농업으로 변화되고 있으며, 현재에 안주하기보다는 변화를 예측하고 노력해야만 경쟁력을 확보할 수 있다. 앞 장에서 농업을 바이오시스템과 거의 동등한 개념으로 소개하였는데 농업생산을 바이오시스템으로 파악하는 것의 중요한 특징은 농업생산과정을 농작업별로 구분하지 않고 상호 유기적인 관계를 바탕으로 하나의 시스템으로 파악한다는 점이다. 이러한 개념은 과거 일관농업기계화와 맥을 같이하는데, 특정 작업에 있어서 변화가 후속되는 작업의 기계화에 영향을 미치고 결국에는 농산물의 품질에까지 영향을 미치기 때문이다.

농업생산에 있어서, 생산 단계보다는 유통 단계가 부가가치 창출에 더 큰 영향을 미치고 있다. 농림축산물의 생산 단계의 이력은 식품안전이라는 차원에서도 중요한 의미를 가진다. 우리나라에서도 농산물의 생산이력을 추적하는 체제가 도입되어 유기농산물 인증에 이어 GAP(Good Agricultural Product)제도가 2007년부터 시행되고 있다.

농업생산과정에 대한 정보공학의 응용은 바이오시스템의 효율적 관리에 있어 중요하다. 과거 기계와 전자공학이 접목되어 농업기계의 자동화를 촉진하였다면 이후에는 자동화된 바이오시스템기계에 정보화가 접목될 것으로 예상된다.

농업의 지속성에 대해서는 20세기 후반부터 꾸준히 문제가 제기되었으며 생명산업인 농업이 환경에 부정적인 영향을 미친다는 경고가 있었다. 20세기 말부터 미국을 필두로 농업생산과 농업생산에 따른 환경 문제를 고려한 정밀농업(precision agriculture)은 농산물의 품질과 생산 단계에 있어서 농업자재(물과 농약, 비료 등)를 연계시켜 고품질 농산물생산을 목표로 하는 기술로 발전되었다. 즉 경운과 파종, 관수와 시비 및 농약살포, 수확량 및 품질 모니터링의 전 과정을 데이터베이스로 관리하고 자료에 입각하여 농작업을 수행하게 된 것이다. 정밀농업기술은 농업생산 전 과정에 대한 정보를 바탕으로 생산성 또는 경제성 향상, 품질 향상, 환경 개선의 효과를 얻는 새로운 기술로서 GPS와 GIS라는 통신 정보기술, 변량살포기술이라는 자동화기술, 정보를 종합적으로 판단하여 농작업의 의사를 결정하는 통계기술이 접목된 것이다. 초기에 이러한 기술은 농경지가 큰 구미에서나 실용성이 있는 것으로 판단되었으나 이러한 기술은 작물생산 외에 시설농업, 축산업 등에서도 적용되면서 21세기 바이오시스템의 중요한 기술로 발전되고 있다.

우리나라의 축산업이나 원예산업은 물론 수도작도 느리지만 규모가 커지는 방향으로 바뀌고 있어 노지작물생산에 있어서도 대형 기계와 시설의 이용은 증가하고 있다. 따라서 투자에 앞서서 새로운 투자가 경제적으로 이익이 될지를 판단하는 것은 바이오시스템기계공학에서도 중요한 관심사이다.

이 장에서는 농가경영에 대한 기본적 개념 위에 바이오시스템기계경영에 필요한 개념과 최근 부각되고 있는 정밀농업과 정보공학의 바이오시스템에 대한 적용에 대하여 소개하기로 한다.

2.1 바이오시스템과 바이오시스템기계의 경영

바이오시스템은 작물생산시스템, 가축생산시스템, 임업생산시스템 등 대상으로 구분할 수 있겠지만 시스템경영의 주체는 농가나 농업법인이다. 농가경영은 일반적인 법인체의 경영과 다른 점이 있는데 먼저 농가경영은 가계경영과 구분되지 않는 경우가 많고 경영수단이 많지 않다는 특징이 있다. 또한 농업인은 자본을 가진 자본가이면서 노동자이고 경영을 책임지는 경영자라는 특성이 있다. 즉 농가경영에 대한 모든 책임과 이익을 농업인이 갖는 특수한 경영이다. 또한 생산물이 작물이냐 가축이냐 임산물이냐에 따라서 경영기술도 상이하다. 본래 바이오시스템경영이라면 작목 선정, 재배 관리, 기자재 관리, 생산후 관리, 유통을 포함하는 경영을 의미하지만 이 책에서는 바이오시스템기계의 경영으로 제한하여 논하고자 한다.

바이오시스템기계는 대부분 가격이 고가이고 다년에 걸쳐 사용하는 내구재이므로 기계를 합리적으로 활용하는 것은 농가경영에 있어서 매우 중요하다. 바이오시스템기계경영은 기계의 선택과 이용방법의 선정 및 효율적인 이용 및 관리로 구분할 수 있다. 기계의 선택은 어떤 기계를 선택하여야만 원하는 시기에 원하는 작업을 마칠 수 있는가, 즉 기계의 성능에 초점이 맞추어져 있고, 기계의 이용방법은 새 기계나 중고 기계를 구입할 것인가의 여부 또는 임대하여 사용할 것인가를 경제적으로 판단하는 것이며, 효율적인 이용과 관리는 작업자의 안전을 도모하고 기계의 고장을 줄이는 기술이다.

바이오시스템기계의 선택은 농가경영의 방향에 따라 바뀐다. 농업에 있어 생산량이 적다고 하더라도 고품질 농산물을 생산하여 더 많은 수익을 얻을 수 있다. 유기농산물이나 친환경농산물과 같이 생산하는 방식이 품질을 결정하며, 생산이력제가 도입되므로 농업생산방식에 있어서도 많은 변화가 예상된다. 유기농업을 할 것인가? 아니면 정밀농업을 할 것인가? 관행농업을 할 것이냐에 따라 필요한 바이오시스템기계의 기종이 달라질 것이다.

2.1.1 바이오시스템기계의 성능

바이오시스템기계의 성능은 다양하게 존재할 수 있다. 여러 기계 중에서 어떤 성능의 기계를 선택할 것인가를 판단하려면 성능에 대한 정의와 용어를 이해하여야 한다. 바이오시스템기계공학에서 작업성능(work capacity)을 나타내는 용어에는 작업능률, 부담면적 등이 있다.

(1) 작업능률

작업능률이란 바이오시스템기계를 사용하여 단위 시간당 작업량을 나타내는 것으로서 논이나 밭작업기의 경우에는 단위 시간당 작업면적으로 나타내지만 수확이나 운반 작업 등에서는 단위 시간당 처리물량으로 표시할 수도 있다. 또한 작업능률은 이론상 최대치, 즉 이론작업능률과 실작업능률로 구분하는데 일반적으로 작업능률이라고 하면 실작업능률을 뜻한다.

작업폭이 W(m)인 작업기가 S(km/hr)의 작업속도로 쉬지 않고 직진하며 작업하는 경우이 작업기가 수행할 수 있는 단위 시간당 최대 작업량을 구할 수 있는데 이를 이론작업능률 또는 이론포장능률(theoretical field capacity)이라 말한다. 이론포장능률은 다음 식으로 표현된다.

$$A = \frac{SW}{10} \qquad (2\text{-}1)$$

여기에서, A = 이론작업면적, ha/h

S = 작업속도, km/h

W = 작업기의 작업 폭, m

실제 포장에서 작업하는 경우에는 포장(논이나 밭)의 크기가 제한되어 있으므로 직진만할 수 없고 회전하거나 모서리를 돌기 위하여 후진하는 등 실제로 작업하지 못하는 시간이 있다. 작업에 따라서는 작업폭을 100% 활용하지 못하며, 포장상태에 따라서는 작업속도를 일정하게 유지하지 못한다. 그 외에도 작업기를 포장 내에서 조정하거나 급유하고 농자재를 재투입하거나 운전자가 휴식을 취하는 등 포장에 농기계가 진입한 동안 여러 가지로 손실되는 시간이 있다.

숙련된 농업인이 포장 내에 진입하여 단위 시간당 작업하는 평균 면적을 실작업능률 또는 유효포장능률(effective field capacity)이라 말하며 다음 식과 같이 정의된다.

$$\varepsilon_f = \frac{A_e}{A} \qquad (2\text{-}2)$$

$$A_e = \frac{1}{10}\,\varepsilon_f SW \qquad (2\text{-}3)$$

여기에서, A_e = 작업기의 유효포장능률, ha/h

S = 작업속도, km/h

W = 작업폭, m

ε_f = 포장효율, 소수

포장효율은 기계의 정비상태, 작업환경(토양상태 등), 작업자의 숙련도, 보조 작업자의 유무, 포장의 형태에 따라서 달라지며, 작업의 종류에 따라서도 달라진다. 표 2-1은 주요 농업기계의 실작업능률과 포장효율을 나타낸 것이다. 표에서 유효작업폭이란 작업폭의 중첩을 고려한 작업폭을 말한다.

한편 작업능률을 단위 면적당 소요 시간으로 표시하는 경우도 있는데 이런 경우에는 주로 $1,000\,m^2$(300평)당 소요 시간을 분으로, 즉 min/10a로 표시한다.

[표 2-1] 주요 농업기계의 작업능률 및 포장효율

구분	작업기		작업폭 (m)	작업능률			포장효율 (소수)
	명칭	규격		유효 작업폭 (m)	작업 속도 (km/hr)	이론 작업능률 (ha/hr)	
경운	틸러용 쟁기	견인형	0.20	0.19	4.3	0.082	0.84
경운	모울드보드플라우	10×2	0.50	0.48	5.4	0.259	0.5~0.73
		10×3	0.75	0.71	5.4	0.383	
		14×1	0.35	0.33	5.4	0.178	
		12×2	0.60	0.57	5.4	0.308	
		14×2	0.70	0.63	5.4	0.340	
		16×2	0.80	0.77	5.4	0.416	
		12×3	0.90	0.86	5.4	0.464	
		14×3	1.05	1.00	5.4	0.540	
쇄토	로터리 작업기	0.9mm 나비	0.90	0.86	2.0	0.172	0.6~0.78
		1.2mm 나비	1.20	1.15	2.5	0.288	
		1.6m 나비	1.60	1.58	2.5	0.395	
		1.8m 나비	1.80	1.76	2.5	0.440	
이앙	동력이앙기	4조(보행형)	1.20	1.20	2.5	0.300	0.55~0.75
		6조(승용형)	1.80	1.80	50	0.900	
방제	동력살분무기	다구호스	–	30.00	1.2	3.600	0.50
		입제살포	–	10.00	1.4	1.400	0.54
		미스트살포	–	6.00	0.9	0.540	0.38
곡물수확	자탈형 콤바인	3조용	1.1	0.9	5.0	0.450	0.51~0.79
		4조용	1.4	1.2	5.0	0.600	
		6조용	2.0	1.8	5.0	0.900	

예제 2-1

로터리 작업기 제조업체가 제품의 작업능률이 20min/10a라고 광고를 한다. 이 제품의 작업폭은 1.8m라고 하는데 작업속도에 대한 아무런 정보가 없다. 포장효율을 0.7로 가정하여 작업속도를 구하시오.

풀   이

작업능률을 표준단위로 환산하면.

$$\text{작업능률(ha/hr)} = \frac{10a}{20min} \times \frac{ha}{100a} \times \frac{60min}{1hr} = 0.3 \frac{ha}{hr}$$

식 2-3을 변형하여, 주어진 작업능률과 포장효율, 작업폭을 이용하여 작업속도를 구하면,

$$S = 10 \frac{A_e}{\varepsilon_f W} = \frac{10 \times 0.3}{0.7 \times 1.8} = 2.38 \text{ km/hr}$$

(2) 부담면적

바이오시스템기계는 생물의 특성상 특정한 시기에 특정한 작업을 수행하여야 한다. 특정 작업을 적기에 수행하지 못하면 수확을 전혀 기대하지 못하거나 수확량이 급격하게 줄어들게 되므로 적기를 지켜 농작업을 하여야 한다. 실제 한 계절에 작업하는 면적은 작업한 시간과 운전자의 숙련도, 논밭의 위치 분포, 측정시기의 기상 등에 따라 달라진다.

바이오시스템기계의 부담면적이란 평균적인 기상조건하에서 작업적기 동안에 숙련된 농업인이 하루 8시간을 작업한다고 할 때 작업 적기 내에 작업할 수 있는 작업면적이다. 따라서 부담면적은 한 철에 실제로 작업할 수 있는 최대 작업면적과는 다르다. 작업적기 중에 작업가능시간 T는 다음 식으로 구할 수 있다.

$$T = \varepsilon_u \varepsilon_d UD \qquad\qquad (2\text{-}4)$$

여기에서, U = 1일 작업 시간, h

D = 작업적기일수, 일

ε_u = 실작업시간율, 소수

ε_d = 작업가능일수율, 소수

따라서 부담면적은 As는 다음 식을 이용하여 추정할 수 있다.

$$A_s = A_e T = \frac{1}{10}\varepsilon_f \varepsilon_u \varepsilon_d SWUD \qquad\qquad (2\text{-}5)$$

식 2-4에서 실작업시간율은 1일 작업가능한 시간에 대한 농장 내에서의 작업시간비율을 나타낸 것으로서, 농장 외에서 기계의 이동, 작업기의 탈부착, 기계의 고장 등으로 인한 작업손실 시간을 고려하기 위한 것이다. 작업가능일수율은 작업적기 일수에 대한 실제 작업가능일수의 비율을 나타낸 것으로서, 작업적기 중 강우, 기계고장 등의 원인으로 작업할 수 없는 일수를 고려한 것으로 지역에 따라서 작업가능일수율과 작업적기일수는 달라진다.

예를 들면 작업적기가 10일일 때 이 중 기계고장이나 강우 등의 원인으로 작업이 불가능한 날이 2일이면 작업가능일수율은 80%이다. 표 2-2와 표 2-3은 각각 주요 농작업에 대한 실작업시간율과 작업가능일수율을 나타낸 것이다.

[표 2-2] 실작업시간율

작업	실작업시간율	주요 대상 작업기
경운	0.68~0.84	플라우, 로터리
쇄토	0.68~0.85	로터리
시비, 파종	0.55~0.77	시비파종기
이앙	0.59~0.80	이앙기
방제	0.62~0.75	동력분무기(액제)
방제	0.69~0.82	동력살분기(분제)
수확	0.58~0.76	콤바인*

* 작업자 2인이 교대할 수 있고 포장의 분산도가 적을수록 실작업시간율(소수)은 큰 값으로 취한다.

 | 제2장 바이오시스템기계의 이용기술

예제 2-2

전주 지역의 벼 수확적기는 10월 상순과 중순으로 20일이라고 한다. 이 지역에서 4조용 콤바인의 부담면적을 구하시오. 단, 1일 작업시간은 11시간으로 한다.

풀 이

표 2-1에서 4조용 콤바인의 이론작업능률과 포장효율은 각각 0.6ha/hr, ε_f = 0.51~0.79이고, 표 2-2에서 벼 수확작업의 실작업시간율은 ε_u = 0.58~0.76이며, 표 2-3으로부터 전주 지역에 10월 상순과 중순의 작업가능일수율의 평균치는 ε_f = 0.695 이다. 전주 지역은 경지정리가 잘 된 평지이므로 포장효율을 0.78, 실시간 작업율을 0.75로 채택하여 부담면적을 구하면 다음과 같다.

작업능률을 표준단위로 환산하면.

$$A = \frac{1}{10}\, \varepsilon_f \varepsilon_u \varepsilon_d SWUD$$

$$= 0.11 \times 0.65 \times 0.70 \times 0.717 \times 11 \times 21 \fallingdotseq 8(ha)$$

부담면적은 특정 작업에 대하여 계산하게 되는데 트랙터와 같은 기종은 여러 작업에 이용된다. 따라서 트랙터와 같은 다목적용 농기계의 부담면적은 다르게 구하여야 한다. 특히 플라우작업과 로터리작업, 운반작업 등의 작업적기가 겹치면 실제 부담면적은 플라우작업이나 로터리작업만을 가정하여 구한 것과 큰 차이가 있다. 복합부담면적은 작업기간이 중복되는 두 개 이상의 작업을 수행하는 기계의 부담면적을 말한다. 작업적기의 총 작업시간을 T라 하고, 각 작업의 ha당 시간 t1, t2라고 한다면, 복합부담면적 Ac는 개략적으로 다음과 같이 구할 수 있다.

$$Ac = \frac{T}{\sum_{i=0}^{i=n} t_i} = \frac{\varepsilon_u \varepsilon_d UD}{t_1 + t_2 + \cdots + t_n} \qquad (2-6)$$

[표 2-3] 작업가능일수율

A) 월별, 지역별 및 순별 수확작업가능일수율 (단위: %)

월별	지역별	순별			월별	지역별	순별		
		상순	중순	하순			상순	중순	하순
6월	서울	60.2	45.6	47.8	10월	서울	68.3	70.0	72.7
	전주	60.5	55.7	51.6		전주	73.3	65.0	63.2
	광주	55.3	62.3	41.4		광주	71.7	63.3	72.7
	대구	61.6	57.3	53.8		대구	75.0	74.3	76.4
	부산	62.3	60.6	50.2		부산	75.3	72.3	78.5

B) 월별, 지역별 및 순별 경운작업가능일수율 (단위: %)

월별	지역별	순별			월별	지역별	순별		
		상순	중순	하순			상순	중순	하순
4월	서울	83.9	83.5	83.9	6월	대구	83.8	82.7	71.6
	전주	80.2	81.9	80.2		부산	78.6	81.1	70.3
	광주	78.6	81.3	75.7	10월	서울	68.5	70.2	73.8
	대구	85.2	85.2	80.2		전주	73.6	65.4	69.3
	부산	80.2	76.4	75.2		광주	85.2	80.1	91.9
5월	서울	84.1	90.1	84.6		대구	90.8	85.9	91.8
	전주	80.2	84.5	82.8		부산	90.1	85.2	87.7
	광주	76.9	85.2	82.8	11월	서울	65.6	61.2	56.2
	대구	83.6	87.4	91.1		전주	60.3	58.2	60.3
	부산	77.8	80.2	77.3		광주	85.2	90.8	87.3
6월	서울	82.1	82.4	81.2		대구	88.8	88.8	91.3
	전주	81.3	81.4	70.3		부산	90.1	85.7	88.3
	광주	80.2	78.3	68.3					

예제 2-3

45 PS의 트랙터와 10×3 플라우, 1.8 m 폭의 로터리를 이용하여 20일 동안 플라우 작업과 쇄토작업 및 균평작업을 수행하는 경우 트랙터의 복합부담면적을 구하시오. 단, 1일 작업시간은 8시간이고 두 작업의 ε_u = 0.76, ε_d = 0.85로 가정하고 플라우작업의 ε_f = 0.71, 쇄토작업의 ε_f = 0.75, 균평작업의 ε_f = 0.6으로 가정하며 로터리작업과 균평작업의 이론작업능률은 같다고 가정한다.

풀   이

표 2-1에서 플라우작업과 쇄토작업의 이론작업능률은 각각 0.383 ha/hr와 0.44 ha/hr이므로 t1=1/(0.383×0.71)= 3.68 hr/ha, t2=1/(0.44×0.75)=3.03 hr/ha, t3=1/(0.44×0.6)= 3.79 hr/ha가 된다.

따라서 복합부담면적은

$$A_c = \frac{\varepsilon_d \varepsilon_u UD}{t_1 + t_2 + t_3} = \frac{0.76 \times 0.85 \times 8 \times 20}{3.68 + 3.03 + 3.79} = 9.84 \text{ ha}$$

이다. 만약, 플라우작업만의 부담면적을 구하면 28.1 ha로서 복합부담면적과 큰 차이를 나타낸다.

$$A_{plow} = \frac{\varepsilon_d \varepsilon_u UD}{t_1} = \frac{0.76 \times 0.85 \times 8 \times 20}{3.68} = 28.1 \text{ ha}$$

※ 추가설명 : 벼 농사의 경우 플라우작업과 물논 쇄토작업 및 균평작업은 필수적이다. 따라서 트랙터를 효율적으로 사용하기 위하여 가을에 플라우작업할 것이 추천된다. 이런 경우엔 쇄토작업과 균평작업만 작업기간에 수행하면 되므로 복합부담면적은 15.1 ha로 계산된다.

2.1.2 바이오시스템기계의 이용비용

농업기계는 생산성을 향상시켜 궁극적으로 경제적 이득을 얻기 위하여 사용하는 것이다. 그러나 대부분의 바이오시스템기계는 이용기간이 연간 50일 이내로 매우 짧아서 효율적으로 이용하기 어려우므로 농기계를 구입하려면 기계의 이용비용을 구하여 농업기계의 구입 또는 임차 등을 결정하여야 한다.

바이오시스템기계, 즉 농업기계를 이용하려면 초기에 구입할 때 큰 비용이 필요할 뿐만 아니라 구입한 이후에도 소모성 자재비와 함께 관리비용, 초기 투자에 대한 이자비용 등이 지출된다. 농기계는 고가의 생산자재로서 사용가능한 연수가 5년 이상 되는 내구재이다. 따라서 농업기계를 구입하는 경우에 구입비용이 당해 연도에 모두 소모된 것이 아니고, 단지 화폐가 농기계라는 내구재로 형태를 달리한 것이다. 내구재의 경우에 사용 연수가 지남에 따라서 가치가 줄어드는데, 이러한 가치의 감소액을 감가상각비이라고 한다.

한편, 농업기계를 이용하는 데 필요한 비용은 농작업량에 비례하여 증가하는 변동비(variable cost)와 작업량과 상관없이 필요한 고정비(fixed cost)로 구분할 수 있다. 변동비에는 연료비, 윤활유비, 관리비, 수리비, 노임이 있으며 고정비에는 기계구입비에 대한 이자, 감가상각비, 세금, 차고비, 보험료 등이 있다. 수리비는 변동비의 특성과 고정비의 특성을 모두 가지고 있으나 편리상 구입가격의 일정 비율로 고정비로 취급한다. 농기계를 이용하는 경우 비용을 비교하는 임작업료는 인건비를 포함하고 있으므로 기계 이용비용을 구함에 있어 운전자나 보조작업자의 노임을 고려한다.

농기계 이용비용 중 가장 큰 비중을 차지하는 것은 감가상각비로서 이는 농기계의 수명, 즉 내구 연수에 따라 크게 달라진다.

(1) 내구 연수

농기계의 수명에는 여러 가지가 있다. 먼저 농기계 제조업체에서 설계할 때 정한 설계수명이 있고, 기계의 실제 수명이 있으며, 사용하는 사람이 기대하는 수명도 있다. 농기계는 수리가 가능하므로 농기계가 수명을 다하는 것은 수리비용이 기계의 가치보다 크거나 수리가 불가능한 심각한 고장이 발생할 때까지의 시간이 농기계의 수명이 된다. 개별적인

[표 2-4] 주요 농업기계의 내구 연수와 수리비계수

구분	내구 연수와 내구 시간수			수리비계수		
	내구 연수 (연)	내구 시간 (시)	연평균 사용시간 (시) *	총수리비 계수 (%)	연평균 수리비계수 (%)	1시간당 수리비계수 (%)
동력경운기	6	1,800	300	36	6.0	0.020
트랙터	8	5,000	500	50	6.3	0.013
보통플라우	10	1,500	150	40	4.0	0.027
로터리	8	2,000	250	50	5.0	0.020
이앙기	5	1,500	300	30	6.0	0.020
바인더	5	1,500	300	30	6.0	0.020
콤바인	5	1,500	300	30	6.0	0.020

* 내구 연수에 상당하는 시간 수

 | 제2장 바이오시스템기계의 이용기술

기계의 수명은 제조업체의 기술 수준과 설계수명은 물론 작업량과 함께 사용자가 얼마나 잘 정비하고 관리했느냐에 따라 달라진다.

설계수명은 일반적으로 사용시간으로 표현되는데 통상적인 농기계의 수명은 내구 연수라고 부르며 단위로 연(year)을 사용한다. 이러한 내구 연수는 농기계의 가치를 평가하는 데 있어 중요한 자료가 되며 우리나라에서는 농림부에서 각 기종별 내구 연수를 정하고 있다. 표 2-4는 기종별 내구 연수를 나타낸 것이다.

(2) 감가상각비

내구재는 시간이 지남에 따라 그 가치가 감소된다. 즉, 농기계를 사용함에 따라 기계가 마모되고 노후화되어 가치가 줄어드는 금액을 감가상각비(depreciation)라고 한다. 구입가격에서 감가상각비를 제외한 것을 잔존가치라고 하며, 최종적으로 폐기할 때의 가치를 폐기가치라고 한다. 감가상각방식은 초기 구입가격에서 최종적으로 폐기될 때의 가격의 차이를 기계를 사용하는 기간 동안 분배하느냐에 따라서 추정치방법, 직선법, 연수합산법, 감쇄평형법이 있다.

- **추정치방법(推定値 方法 : estimated-value method)** : 실제 시장에서 농기계의 가치 변화를 가깝게 평가함으로써 가치의 감소를 감가상각하는 방법으로 매년 초의 가치와 연말 가치의 차이를 감가상각비로 보는 방법이다. 이 방법은 중고농기계시장이 활성화된 경우에만 적용할 수 있는 방법이며 시장 상황에 따라서 중고가격이 변하는 문제점이 있다.
- **연수가산법(年數加算法 : sum-of-the digits depreciation)과 감쇄평형법(減衰平衡法 : declined-balance method)** : 농기계의 감가상각비를 현실적으로 추정하는 장점이 있으나 실용적으로 사용하기에는 복잡하여 농기계의 감가상각에서는 가장 단순한 직선법이 일반적으로 이용된다.

직선법(straight-line method)은 감가상각비를 내구 연수 전체 동안 균등하게 배분하는 것으로 구입가격과 폐기가격의 차이를 내구 연수로 나누어 구한다. 직선법에 의한 연간 감가상각비 D_s는 다음과 같이 표현된다.

$$D_s = \frac{P_i - P_s}{L} \qquad (2\text{-}7)$$

여기에서, P_i = 기계의 초기가치, 원

P_S = 기계의 폐기가치, 원

L = 내구 연수, 년

기계의 잔존가치는 초기가치에서 가용기간 동안의 감가상각비를 제한 값으로 다음과 같이 구한다.

$$B_j = P_i \ \frac{j}{L} \ (P_i - P_s) \qquad (2\text{-}8)$$

여기에서, B_j = j년째 연말의 잔존가치, 원

예제 2-4

45PS 트랙터의 구입가격이 2,500만 원이라고 한다. 연간 감가상각비와 구입가격의 비율을 구하고 5년째 연말의 잔존가치를 직선법을 이용하여 구하시오. 단, 기계의 폐기가치는 구입가격의 5%라고 한다.

풀 이

표 2-4에서 트랙터의 내구 연수는 8년이므로 플라우작업과 쇄토작업의 이론작업능률은 각각 0.383 ha/hr와 0.44 ha/hr이므로,

$$D_s = \frac{P_i - P_s}{L} = \frac{2,500 - 0.05 \times 2,500}{8} \times 10,000 = 2,968,750 \ 원$$

따라서 연간감가상각비와 구입가격의 비율을 구하면 2,968,750/25,000,000 = 0.1187

$$B_5 = 25,000,000 - 5 \times 2,968,750 = 10,156,250 \ 원$$

(3) 투자에 대한 이자

농기계를 구입할 때 전액을 자기 돈으로 구입한 경우 구입비용이 발생하는 이자를 얻지 못하므로 그 이자를 기계이용에 따른 비용으로 생각할 수 있다. 기계의 가치가 감가상각됨에 따라 잔존가치에 대한 이자는 점차 줄겠지만 내구 연수 동안 발생하는 총 이자(I)는 다음 식으로 구할 수 있다.

$$I = \frac{P_i + P_s}{2} \; i \times L \qquad (2\text{-}9)$$

여기에서, i = 연이율

예제 2-5

45 PS 트랙터의 구입가격이 2,500만 원이라고 한다. 연이율이 5%라고 할 때 내구 연수 전체 동안의 이자비용과 기계구입 후 첫해의 이자비용과 마지막 해의 이자비용을 구하시오.

풀   이

앞의 예제에서 트랙터의 폐기가치는 125만 원이므로 총 이자비용을 구하면

$$I = \frac{(25,000,000 + 1,250,000)}{2} \times 0.05 \times 8 = 5,250,000 \text{ 원}$$

1년째와 8년째의 이자비용을 각각 구하기 위하여 1년째의 가격 B_1과 7년째의 가격 B_7을 구하면

$$B_1 = 25,000,000 - 2,968,750 \times 1 = 22,031,250 \text{ 원}$$
$$B_7 = 25,000,000 - 2,968,750 \times 7 = 4,218,750 \text{ 원}$$

이다. 따라서 1년째와 8년째의 잔존가치에 대한 이자비용을 계산하면

$$\text{1년차 이자} = \frac{P_i + B_1}{2} \times 0.05 = \frac{(25,000,000 + 22,031,250)}{2} \times 0.05 = 1,175,781 \text{ 원}$$

$$8\text{년차 이자} = \frac{B_7 + P_s}{2} \times 0.05 = \frac{(4,218,750 + 1,250,000)}{2} \times 0.05 = 136,718 \text{ 원}$$

(4) 수리비와 기타 고정비

수리비(repair cost)는 기계를 수리하기 위하여 지불하는 비용이다. 수리비에는 부품가격, 수리기사의 인건비 등 기계를 수리할 때 직접 소요되는 비용과 조정, 청소, 주유 등과 같이 기계를 유지·관리하는 데 소요되는 비용으로 구별할 수 있다.

수리비를 결정하는 방법에는 연간 일정액으로 고정비에 포함시키는 방법과 변동비로서 사용시간에 따라 결정하는 방법이 있다. 고정비에 포함시키는 경우에는 기계를 구입한 후 폐기할 때까지의 총 수리비를 기계의 구입가격으로 나누어 이 값을 총 수리비계수라 하고, 총 수리비계수를 내구 연한으로 나눈 값을 연간 수리비계수라 한다. 변동비에 포함시키는 경우에는 단위 시간당 수리비계수를 구하고 이를 기계의 이용시간에 곱하여 수리비를 구한다. 주요 농업기계에 대한 수리비계수는 표 2-4와 같다.

기타 고정비에는 세금과 보험료, 차고비 등이 있다. 세금에는 재산세, 취득세, 등록세 등이 있고, 보험료에는 기계와 운전자에 대한 보험이 있을 수 있으나, 우리나라에서는 아직 농업기계에 대해서는 세금과 보험제도가 적용되지 않고 있다. 차고비는 농업기계를 실내에 보관하기 위하여 차고를 설치할 때 소요되는 비용이다. 차고비는 보통 기계구입가격의 1% 정도로 한다.

(5) 연간 고정비 비율

고정비에 속하는 비용은 기계의 구입가격에 일정한 비율로 표시하여 표시하는데 모든 고정비의 합을 연간 고정비 비율(annual fixed-cost percentage)이라고 한다. 예를 들어 연간 감가상각비를 구입가격으로 나눈 값이 $0.12\ P_i$, 연간 이자율을 $0.03\ P_i$, 차고비율을 0.01이라고 하면, 연간 감가상각비는 $0.12\ P_i$, 투자에 대한 이자는 $0.03\ P_i$, 차고비 0.01 P_i가 된다. 연간 수리비를 $0.06\ P_i$라고 하면 연간 고정비 비율은 이를 모두 더한 값으로서 $0.22\ P_i$가 된다. 표 2-5는 주요 농업기계의 연간 고정비 비율을 나타낸 것이다.

[표 2-5] 주요 농업기계의 연간 고정비 비율

기계명	연간 고정비 비율(%)	기계명	연간 고정비 비율(%)
승용트랙터	24.6	트럭(운반자동차)	30.1
이체플라우	33.1	그레인 드릴	29.6
로터리	33.8	이앙기	35.4
원판해로우	32.6	동력분무기	29.6
치간해로우	31.1	동력살분기	29.6
심토파쇄기	28.6	스피드스프레이어	29.3
트랜쳐	30.6	자탈형 콤바인	30.1
석회살포기	31.1	보통형 콤바인	22.6
산파기	29.1	트레일러	33.6

(6) 변동비

변동비 중 가장 큰 비중을 차지하는 것은 인건비이다. 인건비에는 운전자와 보조인부의 노임과 식사나 간식비용을 포함시켜 구한다. 노임은 작업을 타인에게 맡기는 경우에는 소모되는 비용이지만, 자가 운전을 하는 경우에는 기계 운전자의 수익이 되는 특성이 있다.

노임 다음으로 중요한 변동비는 연료비와 윤활유비가 있는데 보통 윤활유비는 연료비의 10~15%로 계산한다. 연료와 윤활유의 소모량은 기관의 종류, 사용 시의 부하, 운전의 숙련도 등에 따라서 변한다. 직접 연료사용량을 측정하는 것이 가장 정확하지만 농기계의 이용비용분석에서는 농업기계 검사기관의 검사성적을 이용하거나 연료소모율과 출력 수준을 이용하여 추정하는 방법을 이용한다.

[표 2-6] 트랙터 PTO 출력 수준별 연료소모량

구분		1ℓ 당 PTO 출력, kW-h			1 gallon당 PTO 출력, HP-h		
		디젤	가솔린	LPG	디젤	가솔린	LPG
최대 PTO출력 에 대한 부하율	100%	2.60	1.92	1.59	13.2	9.7	8.1
	80%	2.53	1.78	1.52	12.9	9.0	7.7
	60%	2.36	1.57	1.40	12.0	8.0	7.1
	40%	2.02	1.23	1.16	10.3	6.3	5.9
	20%	1.37	0.79	0.75	7.0	4.0	3.8

연료소모율이란 단위 시간당, 단위 출력당 소모되는 연료의 양을 말하며 단위로 liter/ps.hr 또는 g/ps.hr를 사용한다. 이 연료소모율에 기관의 출력과 사용시간을 곱하면 연료소모량을 구할 수 있다. 표 2-6은 단위량의 연료로써 얻을 수 있는 트랙터의 PTO 출력 수준을 나타낸 것이다.

윤활유소모량은 윤활유 교환횟수에 따라 변화되나, 일반적으로 윤활유의 소모량은 연료에 비하여 적기 때문에 기계이용비에 미치는 영향은 크지 않다.

예제 2-6

최대 PTO 출력이 25kW인 디젤 트랙터를 평균 70%의 부하에서 연간 평균 500시간 사용한다면 필요한 연간 연료소모량은 얼마인지 구하시오.

풀 이

표 2-6에서 70% 부하에 대한 디젤 트랙터의 최대 PTO 출력 수준은

$$\frac{2.53 + 2.36}{2} = 2.45, \text{ kw} - \text{h}/\ell$$

가 된다. 따라서 25kW의 디젤 트랙터를 연간 500시간 사용할 때의 연료소모량은 다음과 같이 구할 수 있다.

$$\frac{25 \times 500}{2.45} = 5,102 \ \ell = 5\text{k}\ell$$

농작업기에는 직접 작업을 수행하는 기계 외에도 바인더나 베일러의 결속끈, 이앙기에서와 같은 육묘상자 등 기계작업을 수행하기 위하여 필요한 자재가 요구된다. 따라서 농작업기 이용비에는 작업수행에 직접 소요되는 비용 외에도 자재를 구입하기 위한 자재비를 포함하여야 한다. 자재비는 자재의 단가, 시간당 소요량, 기계 이용시간을 곱하여 구한다.

(7) 원동기비용

농작업기는 동력원과 일체로 되어 있는 자주식(自走式)과 동력원에 착탈되는 부착형으로 크게 구별된다. 자주식인 경우에는 별도의 원동기가 사용되지 않기 때문에 원동기비용이 별도로 요구되지 않으나 부착형인 경우에는 작업을 하기 위하여 원동기비용이 요구된다. 원동기비용은 동력원의 시간당 고정비를 구하고, 여기에 부착작업기의 사용시간을 곱하여 구하며, 원동기가 사용한 연료비와 윤활유비 등과 같은 변동비는 작업기의 변동비에 포함시킨다.

작업기에 동력을 공급하는 원동기의 구입가격을 D_i, 연간 고정비 비율을 F_{ct}, 연간 총 이용시간을 H_i라고 하면 원동기의 작업시간당 고정비 T는 다음과 같이 표현된다.

$$T = \frac{P_i \cdot F_{ct}}{H_i} \qquad (2\text{-}10)$$

(8) 연간 기계 이용비

앞에서 기술한 비용을 모두 합하여 농기계의 연간 이용비를 구하면 식 2-11과 같다. 농기계가 별도의 원동기를 필요로 하지 않는다면 식 2-11에서 T를 무시하면 된다.

$$AC = F_c P_i + H(F + O + L + M + T) \qquad (2\text{-}11)$$

여기에서, AC = 연간 이용비, 원/년

F_c = 연간 고정비 비율, 소수

H = 연간 기계 이용시간, 시간/년

$$F = \text{연료비, 원/시간}$$
$$O = \text{윤활유비, 원/시간}$$
$$M = \text{자재비, 원/시간}$$
$$T = \text{원동기의 시간당 고정비, 원/시간}$$

식 2-11의 첫째 항은 연간 고정비이고, 둘째 항은 연간 변동비이다. 연간 이용비에서 작업기의 연간 이용시간(H) 또는 연간 작업면적(A_a)을 이용하여, 작업시간당 기계비용비(C_a) 또는 단위 면적당(ha) 기계 이용비(C_h)을 구하면 다음과 같이 표현된다.

$$C_h = \frac{F_c P_i}{H} + (F + O + L + M + T) \qquad (2\text{-}12)$$

$$C_a = \frac{F_c P_i}{H} + \frac{H}{A_a}(F + O + L + M + T) \qquad (2\text{-}13)$$

2.2 바이오시스템기계의 선택과 이용

바이오시스템기계의 효과적인 이용은 소비자가 원하는 친환경농산물의 생산이 가능하면서 가장 경제적인 방법으로 농기계를 이용하고, 기계의 정비관리 이용기술을 향상하여 기계 이용비용을 절감하고, 안전하게 이용하여 불필요한 피해를 예방하며, 경지환경을 정돈하여 작업능률을 높이고 안전사고를 방지하는 것이다.

바이오시스템기계를 이용하고자 하는 방법에는 기계를 구입하는 것과 빌려서 사용하는 것, 공동으로 사용하는 것, 다른 이에게 작업을 위탁하는 임작업 등을 생각할 수 있다. 경제성을 비교하는 경우 농업기계화 초기에는 인력작업을 기계작업과 비교하였지만 기계화가 진행된 현재나 미래에 있어서는 소형 기계와 원하는 대형 고능률기계의 경제성을 비교하여야 한다.

2.2.1 성능에 근거한 선택

농기계 선택의 가장 이상적인 경우는 기계의 부담면적과 경영면적이 일치하는 경우라고 할 수 있다. 여기서 경영면적은 기계로 작업하여야 할 면적으로서 자신의 소유면적과 임작업면적을 모두 포함한 면적이다.

원하는 기종이 정해지면 여러 회사 여러 형식(모델)의 명세서를 비교하고, 사용 경험자의 조언을 얻어 특정 형식에 대한 장·단점을 충분히 검토한 후 기계의 성능이 원하는 것인지를 판단하여야 한다. 기계의 작업성능은 각 형식의 명세서에 나타난 작업속도, 작업폭 또는 엔진출력에 의하여 앞에서 기술한 방법에 의하여 추정하거나 공인기관의 자료를 참고하여 정할 수 있다.

작업성능이 좋은 것일수록 대형이거나 고가이므로 경제성을 고려하여 그 수준을 정하여야 한다. 특정 작목이나 시설의 경우에는 사용가능한 기계의 크기, 예를 들어 기계의 높이나 폭 등이 제한을 받는지 여부를 고려하여야 한다. 특정 형식을 선정하는 데 고려하여야 할 사항은 뒤에서 자세히 다루기로 한다.

2.2.2 경제성에 근거한 선택

농기계의 이용형태를 크게 구별하면, 개별 구입형, 공동 이용형, 수탁형, 중복형, 임차형으로 나눌 수 있다. 농기계를 개별적으로 구입하는 경우에는 신제품을 구입하는 경우와 중고품을 구입하는 경우로 구분하여 볼 수 있다. 개별 구입형은 작업시기 등을 소유자 마음대로 정하는 등 편리성은 높지만 기계 이용비용은 가장 많이 소모되는 농기계 이용형태이다. 우리나라처럼 평균 경지면적이 적은 경우 농기계를 개별 구입하여 경제적인 이득을 얻으려면 임작업면적을 추가로 확보하여야 한다. 공동 이용형은 마을 단위 또는 다수의 농가가 농업기계를 공동으로 이용하는 형태이다. 이 형태는 기계의 능률을 최대로 활용할 수 있으며, 기계 이용비를 감소시키는 데에도 기여할 수 있다. 그러나 개인별 작업 순위, 관리 책임, 이용비 분담 등에서 공동 이용자 간에 의견 차이가 발생할 수 있고, 소유 주체가 명확하지 않아 운영이 어려운 점도 있다.

수탁형은 타 농가의 농작업을 수탁하여 경영면적을 확대하는 형태이다. 수탁한 농작업을 임작업(賃作業 ; custom work)이라고 하며, 수수료를 받고 농작업을 대행하는 것이다. 이 경우에 위탁하는 농가는 위탁자의 입장에서는 기계를 보유하는 부담을 줄이는 효과를 얻으나, 독립적인 영농계획을 수립하기 어렵고 작업적기를 놓칠 우려가 있으며, 작업 정도와 질이 낮은 단점이 있다. 수탁자의 입장에서는 기계의 이용면적을 늘려 기계의 성능을 최대로 이용하는 한편 본인의 임금에 의한 소득과 기계를 이용하는 비용을 함께 보상받는 이점이 있다. 그러나 작업일정을 정하는 데 어려움이 있을 수 있다. 우리나라에서는 농업기계화의 초기 단계에서부터 동력경운기를 이용한 임작업이 실시되어 왔으며, 현재도 경운, 이앙, 방제, 수확작업에서 널리 시행되고 있다.

중복형은 공동 이용조직이 타 농가 또는 다른 공동 이용조직의 농작업을 수탁하여 경영면적을 확대하는 형태이다. 중복형은 기계의 경영면적을 극대화할 수 있다는 점에서 유리하나, 공동 이용조직에서의 문제는 그대로 남아 있다.

마지막으로 임차형은 농협이나 지자체에서 운영하는 농기계 임대사업처럼 일정한 수수료를 내고 기계를 빌려서 사용하는 것으로서 소규모 농가에 적합한 기계 이용방식이다. 이 방식은 기계 이용자에겐 고정비의 투자 없이 기계를 이용할 수 있게 하며 농기계 운전을 직접 함으로써 노임을 소득으로 삼을 수 있고 지역특산물의 재배에 필요한 전작기계화를 촉진시킬 수 있는 방법이다. 임차한 농가는 농기계를 보유하는 부담이 없고, 본인이 직접 일하기 때문에 노동임금을 본인의 소득으로 삼을 수 있는 장점이 있으나 작업일정을 정하는 데에는 불리하고 임차하는 기관에서는 수수료의 책정에 있어 수탁형, 중복형과 경합관계에 있어 신중하게 정하여야 한다.

기계의 작업능률이나 기타 고려할 사항에 의하여 원하는 기계가 선정되면 기계를 구입하여 이용하는 경우의 비용과 임작업료나 임차료를 비교하여 경제적인지를 검토하여야 한다. 다만 임작업을 시키는 경우에 농업인은 일을 하지 않거나 보조작업자로 참여할 수 있는 데 비하여 기계를 구입하는 경우에는 기계의 운전자로서 노임을 수입으로 얻을 수 있다는 이점이 있다. 임작업료와 비교하기 위하여 기계의 단위 면적당 이용비용을 작업면적에 대하여 그림으로 나타내면 그림 2-1과 같다. 한편 기계의 이용비 중에 단위 면적당 변동비는 작업면적이 증가하여도 변화가 없으나 단위 면적당 고정비는 작업면적이 증가할수록 감소된다. 저비용 기계를 이용하는 경우에 작업면적이 A라면 ha당 변동비는 $\overline{ab}$에 해당되며 ha당 고정비는 $\overline{bc}$가 된다. 관행 인력작업은 작업면적이 증가하더라도 ha당 비용은 변하지 않는다. 기계화된 시점에서 인력작업비용은 임작업료로 해석하여야 한다. 저비용 기계의 경우 ha당 비용곡선과 관행 작업비용이 같아지는 지점 BP_1을 손익분기점(break-even point)이라고 한다. 만약 고능률의 안락한

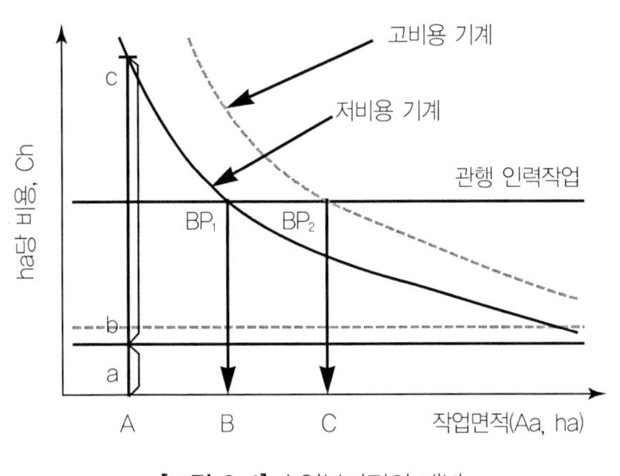

[그림 2-1] 손익분기점의 개념

기계를 사용하는 경우 기계의 가격이 비싸므로 단위 면적당 고정비는 클 수밖에 없으며 단위 면적당 변동비는 저비용 기계에 비하여 큰 차이가 없다. 이 경우의 손익분기점은 BP_2이다. 즉 고비용 기계를 사용하는 경우에는 작업면적이 C로서 저비용인 경우인 B보다 커야 한다. 따라서 기계를 이용할 때는 최소한 손익분기점 이상의 작업면적을 확보할 때만 경제적으로 유리하며 저비용 기계일수록 손익분기면적은 작아진다.

만약 소유 경지면적이 손익분기면적보다 작다면 기계를 구입하기보다는 임차를 하는 것이 더 낫다고 할 수 있지만 임작업면적을 충분히 확보할 수 있다면 농기계를 구입하는 것이 경제적일 수도 있다.

2.2.3 기타 선택 시 고려사항

농기계를 선택할 때, 작업성능과 경제성, 친환경성도 중요하지만 그 외에도 중요한 고려 사항이 있다. 대표적인 예로는 농기계의 작업여건 적합성, 원동기의 작업기 호환성, 운전의 편안함과 안정성, 조작의 간편성, 사후봉사와 제조업체의 신뢰성 등이다.

농기계는 기계가 사용될 포장의 크기, 모양, 농로, 경지조건, 경사도 등 작업여건에 적합한 것이어야 한다. 간척지와 같이 토양강도가 약한 곳에서는 차륜형보다 궤도형 주행장치를 갖춘 기계가 적합하다. 또한 농업기계는 지면의 경사도에 따라 작업능력이 제한된

다. 작업이 가능한 한계경사도는 기계의 종류에 따라 다르나, 보통 20° 이상에서는 작업이 불가능하다. 경사가 심한 포장에서는 경사지 전용 기계가 요구된다.

동력원을 구입할 때는 작업기의 호환성을 고려하여야 한다. 이미 구입한 작업기를 착탈할 수 있는지 확인하고 동력원을 구입하여야 한다. 반대로 작업기를 구입할 때도 이미 구입한 동력원에 적합한 것인가를 확인하여야 한다.

농기계를 선택할 경우에는 운전할 때의 편안함(comfort-ability)과 안전성을 고려하여야 한다. 심한 진동과 충격을 흡수할 수 있어야 하며, 운전자의 체격에 따라 운전석의 위치를 조절할 수 있어야 한다. 트랙터의 안전캡은 먼지, 소음, 눈, 비, 햇빛 등으로부터 운전자를 보호하고 쾌적한 운전환경을 유지하며, 전도 시에는 안전공간을 형성하여 운전자의 압사를 방지한다.

농업기계는 가능한 한 사용이 간편하여야 한다. 기계에 따라서는 조작하는 데 필요 이상의 노력이 요구되는 것도 있다. 일단 기계가 잘 조정되었으면 운전 중에는 재조정이나 어려움이 없어야 한다. 또한 작업조건에 따라 기계의 능률과 기능을 조정할 수 있어야 하며, 조정장치의 유무를 확인하여 구입하여야 한다.

농업기계를 구입할 때는 반드시 사후봉사(after-sales service)의 편리성이나 제조업체의 신뢰성을 함께 고려하여야 한다. 대리점 또는 수리점이 먼 곳에 있거나 부품조달이 어려운 모형을 구입하면 기계가 고장 났을 때 큰 어려움이 따른다. 특히 농업기계는 작업시기가 정해져 있어 사후봉사가 원활하지 못하면 작업시기를 놓쳐 경제적으로도 큰 손실이 따른다.

2.2.4 바이오시스템기계의 효과적인 이용

농기계를 경제적으로 이용하려면 작업면적을 충분히 확보하는 것이 당연하지만 농기계의 수리비를 줄이는 것도 한 방법이다. 또한 주어진 시간에 효율적으로 작업할 수 있도록 숙련되는 것도 ha당 비용을 줄이는 효과가 있으므로 농기계를 이용할 때는 기계에 대한 운전, 정비기술을 익혀야 한다. 운전기술은 기계의 작업능률과 정도를 향상시키며, 정비기술은 농기계의 수명을 늘리고 이용비용을 절감하며 작업적기 동안 많은 면적을 작업하는 효과가 있다. 농업기계는 계절적으로 사용되므로 사용 중에는 사용설명서에 따라 정기점검과 소모품을 교체하고 사용한 후에는 깨끗이 세척한 후 정비하여 보관하여야 한다.

농업기계를 사용할 때는 반드시 작업종류, 작업시간, 작업면적, 지출비용, 고장내용, 수리비 등을 사용일지에 기록하여야 한다. 기계사용일지는 기계경영을 평가하고 조정하는 데 기본 자료가 된다.

2.3 농작업 안전

우리나라는 세계적으로 유례가 드물게 빠르게 도시화가 진행되면서 농업인의 노령화와 부녀화가 심화되었다. 표 2-7은 2007년 현재 우리나라 농가의 남녀별·연령별 분포를 나타낸 것이다. 현재 우리나라 농가인구는 1970년과 비교하면 1,442만에서 330만으로 크게 줄었으며, 연령별로는 60세 이상이 주를 이루고 있다. 안전사고는 민첩성이나 주의력에 의하여 크게 좌우되므로 농업인의 부녀화와 노령화는 안전사고를 불가피하게 증가시킬 것으로 예상되어 농작업 안전에 대한 대책이 요구된다.

농작업 안전은 장기적인 건강위험과 순간적인 사고로 구분할 수 있다. 안전공학적 입장에서 안전사고(accident)란 고의성이 없는 어떤 행동이나 조건에 의하여 작업능률이 저하되거나 직접 또는 간접적으로 인명이나 재산의 손실을 가져 올 수 있는 사건을 말하며, 재해

[표 2-7] 우리나라 농가인구의 연령별 분포 (단위: 천명)

		14세 이하	15~19세	20~49세	50~59세	60세 이상	65세 이상	전체 농가 인구
1970	남	3,231	797	2096	539	500	713	7,164
	여	3,040	700	2307	567	644		7,258
	계	6,271 (43.5)	1,497 (10.4)	4,404 (30.5)	1,107 (7.7)	1,144 (7.9)	713 (4.9)	14,422 (100)
2005	남	170	75	460	281	621	1,018	1,607
	여	145	69	436	320	727		1,697
	계	315 (9.5)	144 (4.4)	896 (27.1)	601 (18.2)	1,348 (40.8)	1,018 (30.8)	3,304 (100)

※자료 : 2007 농림업주요통계.

(loss, calamity)는 안전사고의 결과가 인명이나 재산상의 손실을 초래하는 경우를 말한다. 따라서 농약을 살포하다가 순간적으로 숨이 막혔다면 안전사고가 발생한 것이며, 그 결과 입원을 하거나 통원치료를 받았다면 재해를 당한 것으로 해석된다. 그러나 실제로 우리나라의 농작업 안전과 관련된 사고통계는 안전사고통계가 아니라 재해통계에 해당된다.

재해는 자연적 재해와 인위적 재해로 구분되는데 여기서 말하는 농작업재해는 인위적 재해에 해당되며 적절하게 대처한다면 예방이 가능하다. 일반적인 안전 위험요소를 정리하면 표 2-8과 같다. 이 중에서 농작업은 화학적 위험(농약 살포나 폐기물 처리), 물리적 위험(시설 내 작업, 노지작업), 기계적 위험(농기계 운전과 정비), 전기적 위험(시설 내 작업이나 기계정비), 생물적 위험(노지작업), 토목측면 위험(연약지반 농작업)과 모두 관련되어 있다.

오늘날 모든 농작업은 농기계를 이용하지 않고서는 수행이 불가능한 실정이다. 생물생산업에 있어 필수적인 농기계는 아무리 안전하게 만들어진다고 하더라도 많은 위험에 노출될 수밖에 없다. 위험한 원인을 살펴보면, 첫째 농기계는 도로주행용 차량과 달리 경사지나 무논, 비포장도로, 협소한 시설물 내 등에서 장시간 노외 기상에 직접 노출된 상태에서 작업하며, 둘째로 농기계는 조작하는 장치가 많고, 다치기 쉬운 작동부가 많으며, 소음과 진동 등이 커서 주의력을 잃기 쉽다. 셋째 농기계 운전은 대개의 경우 혼자서 하게 되므로 안전사고 발생 시 초기 대응이 미흡하여 피해를 키울 수 있다. 넷째, 농작업은 대개 1년을 주기로 다양한 농기계를 이용하여 순차적으로 작업을 수행하므로 계절적으로 사용하는 기계의 안전대비에 소홀하기 쉽다. 다섯째, 농기계는 저속차량으로서 불가피하게 도로를 주행하는 경우 교통사고의 위험이 높다. 그 외에도 농업인은 작업기를 장착하거나

[표 2-8] 작업안전 위험요소의 구분

분류	위험(위해)요소
화학적 위험	화재 및 폭발, 중금속과 유해 물질에 의한 중독, 대기, 토양, 수질 오염
물리적 위험	유해광선(자외선, 적외선) 및 방사선, 극단적 열환경 (고온, 다습, 저온) 극단적 압력, 소음과 진동
기계적 위험	파열과 분출, 협착과 베임, 전도 및 추락, 잘림 및 충돌, 탈선 및 중량물 낙하
전기적 위험	감전과 발화
생물적 위험	인수공통 질병, 벌이나 뱀 등의 독, 야생동물
토목측면 위험	낙반, 붕괴, 도괴, 침하

분리시키고, 경정비를 직접 하여야 하므로, 이용 중의 안전사고는 물론 수리나 정비 중 사고의 위험도 높다.

농작업에 있어서 안전사고의 발생원인은 운전자, 기계, 작업환경의 3가지 요인이 복합적으로 작용하여 일어난다. 인간적 요인이란 운전자가 음주를 하였다거나 극도로 피곤한 상태 또는 다른 생각을 하며 농기계를 다루다가 사고가 발생하는 것을 말하며, 환경적 요인은 논이나 밭의 경사도나 진입로나 농로의 상태 불량 등에 의하여 사고가 발생하는 것을 말한다. 이에 비하여 기계적인 요인은 기계 자체의 결함에 의한 것이다.

우리나라는 제조물의 품질 향상을 위하여 1999년 제조물책임(Product Liability)법을 입법하여 2002년 7월부터 시행하였다. PL법은 제품의 결함으로 인하여 제품의 소비자나 이용자 또는 제3자의 생명, 신체 또는 재산에 손해를 미칠 경우 제조자나 판매자 등 일련의 과정에 관여한 자가 책임을 지도록 하는 법이다.

농기계제조업자는 제조물에 대한 책임을 다하기 위하여 성능 향상은 물론 안전에 대하여도 상세하게 설명하는 등의 소극적 노력과 함께 인간공학적인 설계기법과 설계기준을 적용하여 제품을 설계하고 생산하여야 한다. 최근 농업기계의 기능과 성능이 높아짐에 따라 각종 조정장치와 안전장치가 증가되고 있다. 이러한 장치는 인체공학적으로 설계되어 운전자가 신속하게 판단하고 조정할 수 있어야 하며 안전장치는 신뢰성이 있어야 한다. 작업 중 사고는 운전자 또는 주위 사람들이 회전체, 돌기부, 틈새 등과 같은 기계의 위험 부분과 접촉하여 일어나는 경우가 많다. 따라서 기계의 위험 부분에는 안전덮개, 그물망 등 안전장치를 설치하여 사람들이 접촉할 수 없도록 하고 안전장치를 설치할 수 없는 곳에는 그림 2-2와 같은 안전경고 표지를 부착하여 주의를 환기시켜야 한다. 안전경고 표지는 ISO나 KS 등의 규정에 부합되어야 한다.

| 기계 전도 위험 | 직진 시에 치임 위험 | 엔진 팬에 손가락 | 회전날에 의한 절단 위험 | 구르는 베일러 위험 |

[그림 2-2] 안전경고 표지의 예

농작업 안전은 안전사고 외에도 장기간 기계사용으로 인한 건강상 재해를 유발할 수 있다. 트랙터를 이용한 작업의 경우 좌석으로 전달되는 진동, 경운기의 경우 손목으로 전달되는 진동 등이 그 예이다. 진동이나 소음은 즉각적인 재해를 유발하지 않으나 장기간 계속하여 노출될 경우에는 심각한 청력손실이나 근골격계 질환을 유발할 수 있고, 농약과 같은 유독물질을 잘못된 방법으로 장기간 살포하다가는 중독에 의한 건강손실을 초래할 수 있다.

농작업 안전은 기계나 장치를 생산하는 제조자의 책임도 있지만 운전자의 안전의식과 주의도 매우 중요하다. 운전자는 농기계의 사용설명서와 정비지침을 잘 이해하고, 기계의 운전은 물론 조작방법을 숙달하여야 하며, 작업에 적합한 복장과 보호도구를 착용하고 안전장치를 이용하여야 하고, 기계를 사전에 정비해 두어야 하며, 기계작업 중에는 항상 주위 환경을 감시하고 돌발사태에 대비할 수 있도록 농작업을 하기 이전에 충분한 휴식을 취하여야 한다. 또한 농기계와 관련된 재해를 피하기 위하여 적절한 통신수단을 갖추고 농작업에 임하고 1인 이상이 작업하는 경우에는 의사소통을 원활하게 하는 수신호를 익혀

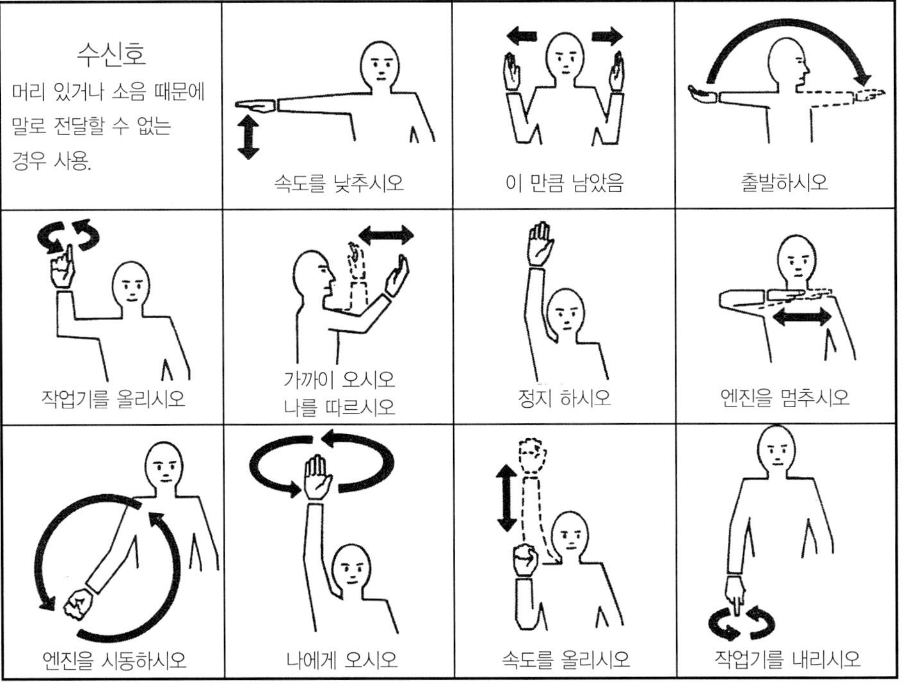

[그림 2-3] ASABE에서 규정한 농기계작업 수신호

야 한다. 그림 2-3에 나타낸 수신호는 주 운전자와 보조자 간에 거리가 멀거나 기계의 소음 등으로 의사소통이 곤란할 경우에 매우 유익하다. 또한 농기계의 전방의 야간 등과 후방의 점멸등이 작동되는지 확인하고 이물질에 의하여 빛이 가려지지 않는지 확인하며, 후방에 저속차량임을 나타내는 야광표지를 부착하여 교통사고 예방에 힘써야 한다.

안전사고의 환경적 원인을 정비하여 안전사고를 줄이는 것 역시 매우 중요한데 경지환경의 정비는 안전사고를 줄이는 한편 농작업의 효율을 높일 수 있는 방법이다. 특히 경지가 서로 떨어져 분포하면 불필요한 경지간 이동시간이 늘어나므로 경지의 교환으로 집중시킬 필요가 있다. 또한 농기계의 교차운행을 위한 대기공간을 확보하고 농로의 폭을 넓혀 기계가 안전하고 빠르게 주행하도록 하며, 경지간의 낙차가 큰 경우에는 진출입로를 확보함으로써 손실시간을 줄여야 한다. 한편 경지가 집중된 경우에는 인접한 토지를 적당한 크기와 모양으로 재정리하여 농기계작업의 포장효율을 향상시킬 수 있다.

2.4 바이오시스템기계와 정보공학 응용

2.4.1 바이오시스템정보공학 개요

(1) 정보공학의 정의와 용도

정리되지 않고, 확인되지 않은, 큰 의미가 없는 상태의 숫자, 문자, 기호의 나열을 자료라고 일컫는 반면, 정리와 분석과정을 거쳐 의미 있고 사람들이 이용할 수 있도록 만들어진 자료들의 집합을 정보라고 한다. 정보공학은 컴퓨터시스템, 통신장비, 알고리즘 등 공학기술을 이용하여 정보를 수집, 저장, 분석, 공유, 이용하는 학문이며 이러한 단계는 계속 순환하면서 보다 완성된 형태로 진행된다(그림 2-4). 정보공학은 좁은 의미에서 컴퓨터공학과 유사한 의미로 사용되며 컴퓨터 자체를 의미하는 하드웨어(hardware)와 컴퓨터를 이용하여 문제를 해결하기 위한 추상적 개념인 소프트웨어(software)의 두 분야로 크게 구분된다.

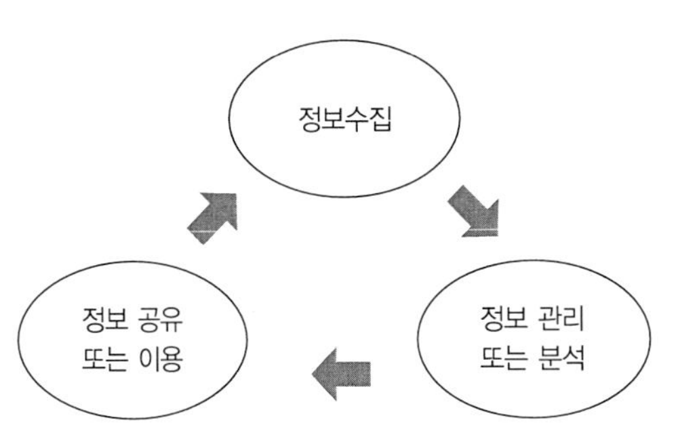

[그림 2-4] 정보공학 단계와 순환

정보공학이 특정 분야에 이용될 경우에는 정보의 수집, 공유, 이용 부분까지 포함되므로 그 범위가 보다 넓어지고, 이용되는 요소기술 또한 더욱 다양해진다. 점차 다양화되고 대량화되는 정보를 쉽고 빠르게 처리함으로써 현상을 보다 정확하게 이해하고 올바른 의사결정을 하고자 하는 소비자의 요구와, 이러한 요구를 충족시키는 데 활용될 수 있는 정보의 수집, 저장, 분석, 공유, 이용기술의 발전에 따라 정보공학은 빠르게 발전하고 있으며, 전 사회, 전 산업 분야로 급속하게 그 활용 영역이 넓어지고 있다. 특히, 사용되는 정보의 종류와 양이 많아서 단순한 연산이나 분석으로 처리하기 어려운 경우 정보공학 요소기술이 필요하게 된다.

(2) 바이오시스템정보공학의 대두

생물생산시스템공학 분야는 인류의 가장 기본적인 생존조건인 식량분야를 다루고, 식량생산을 위하여 많은 경험과 정보가 필요하며, 그 대상체를 정형화하기 어렵다는 이유로 인하여 정보공학 요소기술의 이용이 필수적으로 요구된다. 정보공학은 컴퓨터 및 주변 기술, 데이터 처리기술이 개발되면서 급속히 발달되고 있으며, 생물생산시스템에 정보공학 요소기술이 유용하게 활용될 수 있는 배경을 크게 2가지로 요약하면 다음과 같다.

① 주변기술의 발달
- **정보수집** : 실시간 센서, 자동 모니터링 장치, 무선통신, 유비쿼터스 센서네트워크, 지구위치시스템(Global positioning system), 원격탐사(Remote sensing)
- **정보 관리 및 분석** : 시스템 최적화기법, 통계기법, 지리정보시스템(Geographic information system), 데이터마이닝(Data mining), 인공지능
- **정보이용** : 인터넷, 멀티미디어, 휴대폰, 자동제어

② 정보의 종류와 양의 증가

- **정보의 종류** : 토양상태, 수질상태, 농축산물 생산이력, 생육정보, 농식품 안전성, 유통정보
- **정보의 양** : 측정주기(실시간), 측정밀도(생산지역 내 여러 지점)

생물생산시스템 분야를 둘러싼 주변 여건이 변화하고 있다. 생물생산을 위한 노동력 부족 해소, 식량의 안정적 확보, 생물생산에 사용된 화학제에 의한 환경피해 저감은 사회적인 과제가 되고 있다. 농촌 노동력의 양적 감소뿐 아니라 고령화와 부녀화가 지속되어 점차 농사에 대한 자세한 정보나 노하우를 이어받기 어려워지고 있다. 세계 인구는 지속적으로 증가하고 있으나 아직도 많은 사람들이 기아에 허덕이고 있으며 에너지 소비와 산업발전으로 인하여 생물생산에 큰 영향을 주는 기상이변과 지구의 사막화가 가속화되고 있어, 미래에 안정적인 식량 확보를 보장하기 힘든 상황이다. 생물생산에 필수적인 인력, 농자재, 에너지의 가격은 지속적으로 상승하고 있다. 특히, 에너지는 한정된 자원으로 소비를 최소화할 필요가 있다.

소비자들의 요구 또한 변화되었다. 농축산물의 생산과정에서 사용되는 비료, 농약 등 화학제가 농경지와 지하수의 오염을 초래할 수 있다는 인식을 통하여 화학제 사용을 획기적으로 줄여야 한다. 또한 생산과 처리 과정에서 각종 화학제 및 유해물질에 노출될 수 있으므로 소비자가 안전하게 먹을 수 있도록 고품질의 안전한 농·축산물생산이 사회적인 요구이다. 친환경적이고 안전한 농식품을 소비자에게 공급하기 위한 친환경농업 및 농축산물 인증제도의 운영이 확대되고 있을 뿐 아니라, 농·축산물의 생산지에서 식탁에 이르기까지 생산 및 유통이력 정보를 소비자에게 제공하는 방향으로 발전하고 있다.

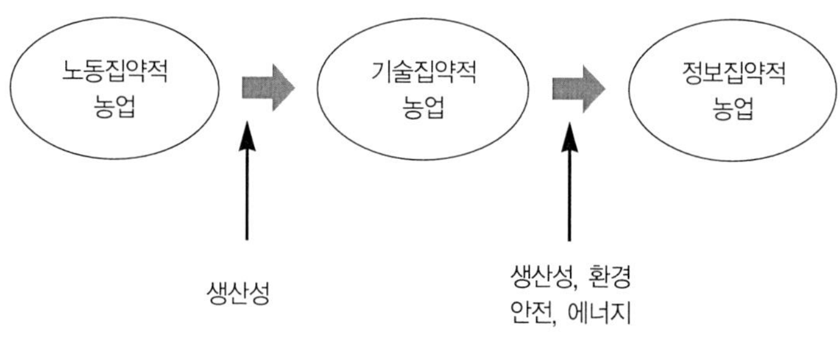

[그림 2-5] 농업의 발전 단계

그림 2-5는 농업의 발전과정을 보여주는 것이다. 산업혁명과 농업노동력의 감소는 농업의 규모화와 기계화를 초래하여 노동집약적 농업에서 기술집약적 농업으로 발전하였다. 우리나라 생물생산시스템 분야는 노동력 대체와 생산성 향상을 위하여 논농사를 중심으로 기계화가 진행되면서 농산물 재배를 위한 농작업기계와 수확된 농산물 처리를 위한 농산가공기계 등 단일 기계를 주로 다루었다. 논농사와 밭농사의 기계화가 점차 진행되고 소비자의 생활 수준이 높아지면서 원예, 축산, 식품 등 농업의 여러 분야에서 공학적인 기법과 장치에 대한 요구가 높아지고, 농·축산물생산을 둘러싼 주변 환경도 그 연구 분야가 되고 있다. 생물생산시스템 분야에서 다루는 대상이 곡물에서 화훼, 과채류, 축산물, 가공식품, 주변환경(농경지, 수권 등)으로 확대된 것이다. 최근에는 생산성 위주의 농업에서 친환경성, 농식품 안전성, 에너지 소비 최소화 등 다양한 요구에 부합하기 위하여, 농축산물의 생산, 수확 후 처리, 유통 및 소비 단계까지 총괄적이고 시스템적인 접근이 이루어지고 있으며, 그 과정에서 주변 첨단기술 이용을 통하여 농업이 정보집약적으로 발전하고 있다.

그림 2-6은 정보공학기술을 이용하는 생물생산시스템의 개념을 보여주고 있다. 노동집약적인 인력농업이나 작물이 자라는 포장의 위치별 변이(variability)를 무시하고 획일적으로(uniformly) 관리하던 관행 기계화농업의 문제점을 개선하기 위하여 GPS(지구위치시스템), GIS(지리정보시스템), RS(원격탐사), 유비쿼터스 컴퓨팅 등 주변 첨단 정보공학관련 기

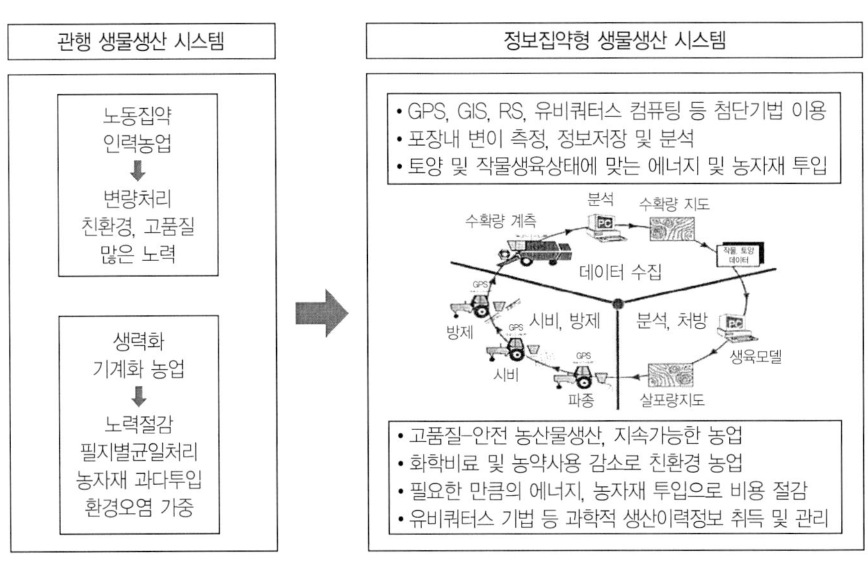

[그림 2-6] 정보공학기법을 이용한 생물생산시스템의 개념

술을 이용한 맞춤형 농업을 추구하므로 정밀농업(precision agriculture)이라 한다. 개개의 농경지는 토질, 영양분, 관개수의 흐름, 병해충 저항 정도 등이 각기 달라 생산된 농산물은 질과 양에서 다른 속성을 갖는다. 한 포장 내에서도 이러한 차이는 존재하므로, 농경지의 각 부분에 대한 특성을 이해하고 위치별 특성에 맞는(site-specific) 처리가 이루어진다면 적은 투자에서 최대 혹은 최적의 수익을 얻을 수 있다는 것을 알게 되었고 이것이 정밀농업의 개념이다.

따라서 정밀농업(precision agriculture)은 개념상으로 변량형 농법(variable rate agriculture)임과 동시에 과거의 정보를 토대로 최적의 수익을 얻을 수 있도록 농자재를 처방(prescription farming)한다는 측면에서 농업의 정보·전산화와 시스템화를 내포하는 개념이라 하겠다. 또한 위치별 특성에 맞는 관리(site-specific management)를 통하여 미래의 포장상태 및 수확량을 조절하기 때문에 정밀농업은 환경보전이라는 선진사회의 요구에 부합되는 개념이기도 하다. 정밀농업의 개념은 어떠한 농작업을 보다 정밀하게 하는 것이 아니라 농업시스템 전반이 통계적인 접근에서 변량적인 접근방식으로 변화하는 것이므로 정밀농업의 적용범위는 농업시스템 전체라고 해도 과언이 아니다. 그림 2-6에서 보는 바와 같이 정보 취득, 취득한 정보에 기초한 의사결정, 의사결정에 따른 농자재 처방의 단계를 순환하게 된다. 최근에는 이 정밀농업 정보가 생산이력제, 친환경 인증 등 다양한 목적으로 이용이 확대되는 추세이다.

2.4.2 바이오시스템정보공학 요소기술

(1) 지구위치시스템

1) 위치측정의 필요성과 기술의 종류

농경지 각 위치별로 각종 정보를 수집, 분석 및 의사결정, 농자재 투입을 위하여 그 정보(또는 데이터)가 위치와 결합되어야 한다(그림 2-7). 이렇듯 개별 위치에 대한 각종 정보를 속성정보라 한다. 위치를 (x,y) 직교좌표계로 가정하고 속성정보와 같이 표현하면 다음과 같다.

- {(x, y), (벼), (4월10일 파종), (생육상태)...}
- {(x, y), (질소 3 g 필요), (농약 20 cc 필요)...}
- {(x, y), (질소 2.7 g 살포), (농약 21 cc 살포), (수확량 21 kg)...}

위치측정시스템은 자동 또는 수동으로 물체나 사람의 상대적 또는 절대적 위치를 계산·기록하는 방법을 말한다. 위치측정시스템은 상대적인 위치측정과 절대적인 위치측정으로 구분할 수 있는데, 상대적 위치측정은 위치를 측정하는 동안 측정오차가 계속 누적되고, 서로 다른 시스템의 위치측정 결과를 결합하거나 통합하기 어렵다는 문제점을 가지고 있다. 절대적인 위치측정시스템에는 지상기반시스템(land based system)과 위성기반시스템(satellite based system)이 있으며 기술의 발달로 인하여 점차 빠르고 정밀한 위성기반시스템이 보급되고 있다. 위성기반 위치시스템에는 미국에서 개발되어 1995년부터 운영되는 GPS와 러시아에서 개발되어 1993년부터 운영되는 GLONASS(Global Navigation Satellite System)가 있다. GPS와 GLONASS는 여러 면에서 유사한 시스템이지만 구성, 운용방식, 정밀도 등에서 차이를 보이고 있다.

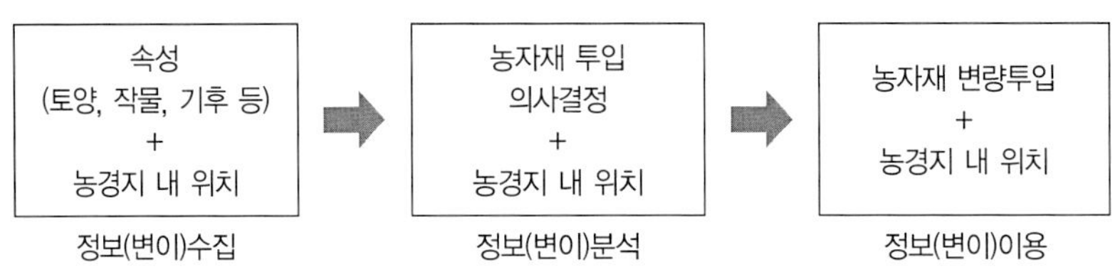

[그림 2-7] 정보기반형 생물생산시스템에서 위치측정기술의 이용

2) GPS 위치측정의 원리

지구위치시스템(GPS, global positioning system)는 위성을 이용하여 지구상의 전 지역의 절대위치와 시간을 측정하는 시스템으로 1970년대 초부터 미국 국방부에 의하여 60억 달러의 예산을 투자하여 개발하고 1995년부터 완전 운영되고 있는 항법체계이다. GPS 위치측정의 원리는 매우 간단하다. GPS 위성들은 각각 서로 다른 신호를 발신하는데, 그림 2-8과 같이 수신기는 GPS 수신기 자체의 발생신호와 수신기에서 수신한 GPS 위성신

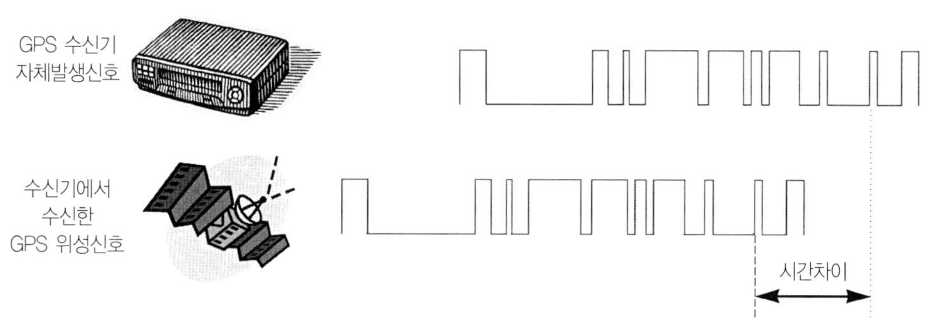

[그림 2-8] 수신기 자체발생신호와 위성으로부터 수신한 신호를 비교, 거리 계산

호를 비교하여 GPS 위성으로부터 송신되는 신호가 GPS 수신기에 도달하는 데 걸리는 시간을 측정하면, 전자기파의 속도는 빛의 속도와 같기 때문에 다음 식으로부터 수신기와 위성과의 거리를 구할 수 있다.

수신기와 위성과의 거리 = 빛의 속도(299,792,458 m/sec) × 송수신 경과시간

따라서 GPS 수신기는 이미 알고 있는 GPS 위성의 위치를 중심으로 하여 구한 거리를 반지름으로 하는 원주상에 수신기가 위치하고 있음을 알 수 있다. 2차원 평면에서 한 점을 결정하려면 3개의 거리정보가 필요하다. 즉, 3개의 원을 그려 그 교차점을 구하면 한 점을 결정할 수 있다. 마찬가지로 3차원상의 위치를 결정하고자 한다면 위성 4개로부터의 거리를 알아야 한다.

3) GPS 구성 및 신호체계

지구위치시스템은 크게 우주 부분(space segment), 지상관제국 부분(control segment), 사용자 부분(user segment)의 세 부분으로 구성되어 있다. 우주 부분은 24개의 위성으로 이루어져 있는데, 지구 공전주기는 약 12시간(11시간 56분), 고도는 20,183~20,187 km이며, 지구 적도면과 55°의 기울기를 이루고 있는 6개의 궤도면에 각각 4개씩의 위성이 배열되어 있다. 이와 같은 위성위치 배열은 지구상의 어느 곳에서도 6개 이상의 위성을 관측할 수 있도록 하여 위치결정에 필요한 최소 가시위성 숫자인 4개의 위성은 항상 관측할 수 있다.

지상관제국 부분은 6곳의 지상기지국으로 이루어져 있다. 이 중 한 기지국이 주 관제국의 기능을 하고, 나머지 5곳의 기지국이 부 관제국의 역할을 한다. 지상관제국은 위성에서 보내는 신호를 받아 궤도 및 위성 원자시계의 정확도를 점검하고, 위성들 간의 시계를 맞추며, 특히 주 관제국은 위성으로 자료를 올려보낸다. 부 관제국은 무인으로 운영되고 전 세계에 5곳으로 나뉘어져 배치되어 있으며, 주 관제국은 미국 콜로라도 스프링스에 있는 팔콘(falcon) 공군기지에 위치하고 있다.

사용자 부분은 GPS 수신기와 사용자로 이루어지고 최소 4개 이상의 위성에서 보내져 오는 신호를 처리하여 [x, y, z]의 3차원 위치와 시간을 계산하고 필요에 따라 속도도 계산한다. GPS 수신기는 고주파부, 신호처리부, 마이크로컴퓨터부 등 크게 3부분으로 구성되어 있다. GPS 수신기에서 출력되는 자료의 형식은 국립해양전자공학협회(National Marine Electronics Association, NMEA)에서 채택한 NMEA 0183을 표준으로 하고 있다. 다음은 GPS 수신기에서 경·위도 좌표계로 위치를 출력하는 GPGLL 자료 형식을 예로 든 것이다. GPGLL 자료형식은 log header($GPGLL), 위도(5106.7198674, N), 경도 (11402.3587526, W), 시간(220152.50), 자료상태(A), checksum(1B) 등으로 이루어져 있다.

$GPGLL, 5106.7198674, N, 11402.3587526, W, 220152.50, A*1B[CR][LF]

GPS 위성에서 발사되는 신호는 반송파(Carrier), PRN(Pseudo-random Number)코드, 항법메시지(Navigation Message) 등 세 가지 종류의 신호로 구성되어 있다. 반송파는 2개의 L-Band 주파수의 반송파를 이용하여 PRN코드와 항법메세지를 수신기로 전달한다. L1은 1,575.42 MHz, L2는 1,227.6 MHz이다. 현재, L1반송파는 민간인에게 허용되어 있으며, L2는 군사용으로 사용되고 있다. PRN 코드는 2진화된 코드로, 위성마다 고유의 코드가 있어 수신기는 이 코드로 위성을 구별한다. PRN 코드에는 C/A(Coarse Acquisition Code)코드와 P코드가 있다. 민간사용자는 L1 반송파에만 실리는 C/A 코드를 사용할 수 있는데, 이 코드는 1,023비트로 이루어져 있으며 1 ms마다 반복된다.

예제 2-7

C/A PRN 코드를 비교하여 GPS 위성의 거리를 측정하고자 하는 경우, GPS 수신기에서 자체 발생한 PRN 코드와 GPS 위성으로부터 수신한 PRN 코드 사이에 76 비트 차이가 검출되었다면, 수신기에서 GPS 위성까지의 거리는 얼마인지 구하시오.

풀   이

C/A PRN 코드는 1,023 비트로 이루어져 있고 1 ms마다 반복하므로, 4비트 차이에 해당하는 시간은

$$\frac{76}{1023 \times 1000} = 74.2913 \times 10^{-6} \text{ 초}$$

가 된다. 따라서 이 시간 차이에 전파 전송속도를 곱하면 거리는 다음과 같이 구할 수 있다.

$$(74.2913 \times 10^{-6}\text{s}) \times (299,792,458 \text{ m/s}) = 22.272 \text{ km}$$

4) 위치오차와 정밀도 향상

GPS의 위치결정 정밀도는 미 국방성의 선택적 이용성(SA, Selective Availability), 전리권과 대류권에서의 전파지연, 위성과 수신기 시계의 오차, 위성궤도 예측오차, 수신기 노이즈, 다중경로에 의한 오차, 위성의 기하학적 배치 등에 영향을 받는다. 정밀도를 향상시키는 방법 중 하나가 DGPS(Differential GPS)이다. DGPS는 지구상 수백 km 이내의 거리에서는 SA, 대기권에서의 전파지연, 위성시계오차에 의한 위치오차가 여러 대의 수신기에 똑같이 작용할 것이라는 가정에 근거를 두고 있으며, 그림 2-9에서 보는 바와 같이 기지국(base station)과 이동국(rover station)으로 이루어지고 실제로 위치를 측정하는 곳은 이동국이다. 기지국은 위치를 정확히(수 mm 이내) 알고 있는 곳에 설치하고 정밀한 시계와 수신기를 가지고 있어서 GPS 위성신호를 받아 수신기로 계산한 위치 값과 미리 알

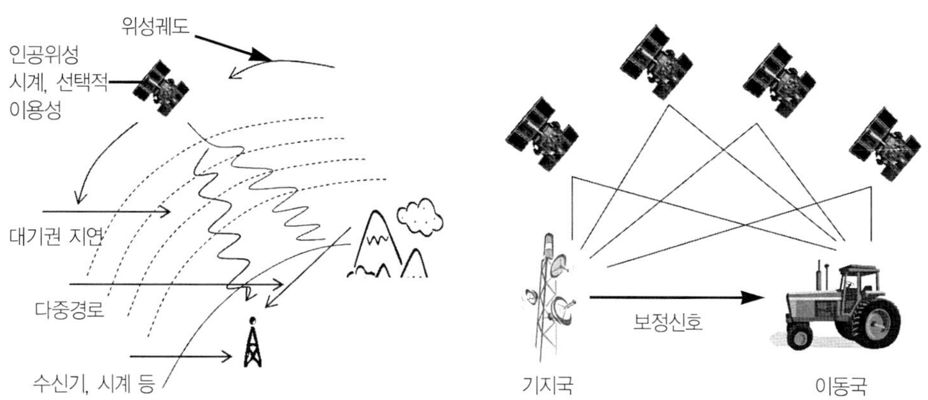

[그림 2-9] GPS의 오차 원인(좌)과 DGPS 구성도(우)

고 있는 자신의 위치를 비교하여 위치의 오차에 대한 보상 값을 계산한다. 그 다음 이 보상 값을 무선모뎀을 통하여 이동국에 전송하고, 이동국은 지구위치시스템 신호와 기지국에서 전송된 보정신호를 이용하여 보다 높은 위치 정밀도를 얻게 된다. 표 2-9는 GPS와 DGPS의 오차원인과 위치정밀도를 요약한 것이다.

GPS 수신기의 정밀도는 CEP, RMS 및 2DRMS와 같은 용어로 표현되는데 이러한 정밀도를 나타내는 용어를 살펴보면 다음과 같다. CEP(circular error probable)는 수평면상에서 GPS로 측정된 위치데이터의 50%를 포함하는 원의 반지름이다. 즉, 1 m CEP 정밀도라는 것은 고정된 위치에서 GPS 수신기로 100번 위치를 측정하면 50번이 반지름 1 m

[표 2-9] GPS와 DGPS의 오차 비교 (단위: m)

분류	표준 GPS	DGPS
인공위성 시계	1.5	0
궤도 오차	2.5	0
전리층	5.0	0.4
대류권	0.5	0.2
수신기 잡음	0.3	0.3
다중경로(반사)	0.6	0.6
선택적 이용성	30.0	0
전형적인 위치 정확도		
수평	50	1.3
수직	78	2.0

 | 제2장 바이오시스템기계의 이용기술

인 원 안쪽에 위치한다는 의미이다. RMS는 root mean square를 의미하고 대략적으로 통계용어의 표준편차(standard deviation, SD)에 상응한다. 따라서 계산된 DGPS 위치가 실제 위치에 대하여 정규분포를 이룬다면 68%의 추정치가 ±1 SD에 존재하며 95%의 추정치가 ±2 SD 내에 존재할 것이다. 예를 들면, 1 m RMS 정밀도는 68%의 위치 추정치가 실제 위치의 1 m 이내에 있다는 것이다.

(2) 원격탐사

1) 정의 및 원리

원격탐사(remote sensing)라는 말은 1950년대 후반에 미국의 해양연구소(US Office of Naval Research)에 의하여 처음 소개되었다. 1960년대 미국에서 만들어진 기술용어사전에서는 이전에 사용되고 있던 사진측량, 사진판독, 사진지질 등의 용어를 종합하는 의미로 사용되기 시작하였다. 원격탐사란 "대상물의 종류와 환경이 다르면 모든 물체는 서로 다른 전자기파를 반사 혹은 복사하는 특성을 가지고 있다는 물체의 전자기파 특성에 기초하여 물리적인 접촉 없이 대상물체의 특성을 파악하고자 하는 모든 활동" 이라고 할 수 있다. 즉, 대기 또는 지표면 어느 한 점으로부터 반사되거나 방사된 전자기 복사에너지를 측정·기록하고 대기조건과 지표면 물질들의 분포, 그리고 그것들의 본질을 알아내고자 하는 모든 행동을 총체적으로 의미한다.

전자기 스펙트럼은 모든 전자기 에너지의 파장으로 구성되어 있다. 그림 2-10과 같이 연속적인 스펙트럼은 보통 X선, 자외선, 가시광선, 단파, 라디오파와 같은 전자기적 에너지로 세분화된다. X선은 약 1nm 정도의 매우 작은 파장을 갖는다. 가시광선 영역은 사람의 눈으로 볼 수 있는 영역으로 자외선과 적외선 사이에 놓여 있으며, 400~700nm에서 존재한다. 근적외선 영역은 눈으로 볼 수 없으나 다양한 정보를 포함하고 있어 원격탐사에 매우 중요한 영역이다. 이와 같이 전자기파의 종류는 영역별로 세분할 수 있으며, 이 중 현재 농업에서 많이 이용되는 파장영역은 인간이 눈으로 인지할 수 있는 가시광선을 비롯하여 근적외선, 중간적외선, 열적외선 영역이다. 이들 파장영역을 감지할 수 있는 광학센서들의 이용성이 높은 편이고, 최근에는 밤낮과 날씨에 상관없이 자료를 얻을 수 있는 마이크로파를 이용한 레이다 자료의 이용성이 매우 높아지고 있다. 이러한 전자기파에 대한 물질 고유의 파장 특성을 분광 특성(spectral characteristics)이라고 한다.

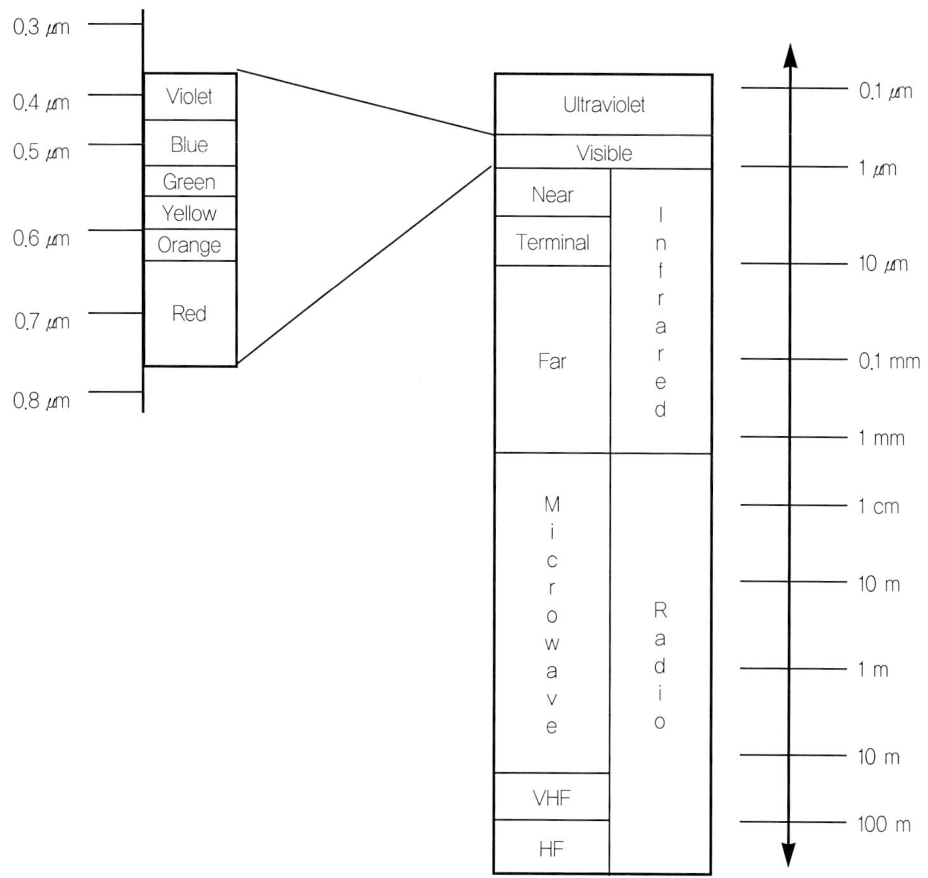

[그림 2-10] 전자기파의 종류

태양빛과 같은 광원으로부터 전자기 복사에너지가 물체를 비출 때, 이 에너지는 물체를 만나면 그림 2-11과 같이 1) 반사, 2) 투과, 3) 흡수한다. 원격탐사는 반사되는 각 파장대별 전자기 에너지(즉, 반사율)를 측정하는 것이다.

물체가 물체를 비추는 빛의 각 파장에 어떻게 영향을 받는지는 물체의 특성과 입사각에 의존한다. 예를 들어 녹색식물은 잎 속에 클로로필이 파랑과 빨강 파장을 많이 흡수하고 녹색파장을 많이 반사하기 때문에 녹색으로 보인다. 건강한 성장식물은 건강하지 못한 갈색 또는 노란색 식물보다 더욱 더 녹색을 반사한다. 바꿔 말하면 건강하지 않은 식물은 다른 스펙트럼 응답 또는 반사광선의 특성패턴을 나타낸다. 그림 2-12는 가시광부터 근적외선 대역까지 녹색잎과 물의 반사스펙트럼의 예이다.

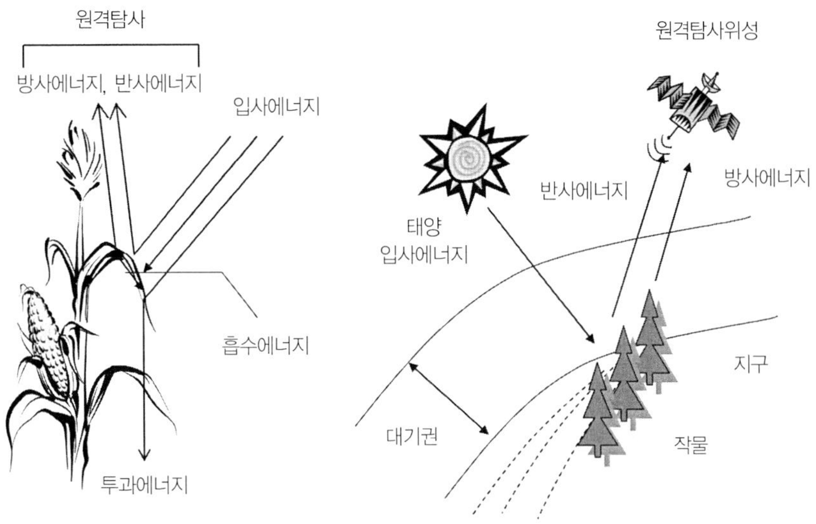

[그림 2-11] 광에너지가 물체와 만나서 반사, 흡수, 투과를 하고(좌) 원격탐사는 반사되는 에너지를 검출한다(우)

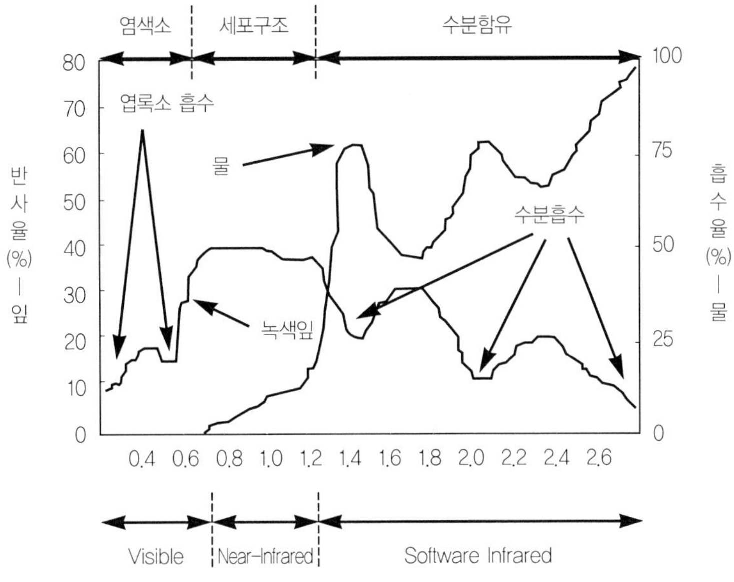

[그림 2-12] 녹색 잎과 물의 반사스펙트럼 사례

2) 원격탐사시스템의 종류와 성능

원격탐사시스템은 크게 전자기 에너지원의 사용 유무에 따라 능동(active)시스템과 수동

(passive)시스템으로 구분할 수 있다. 능동시스템은 자체적으로 신호를 발생하고 그것을 물체에 주사하여 반사되는 신호의 특성을 측정한다. RADAR(radio direction and ranging)는 능동감지 시스템의 한 예이다. 라디오파가 송신부에 의하여 보내지고 물체에 의하여 반사되어진 후에 수신부에 의하여 받아들여진다. 반사된 신호는 감지된 물체의 거리와 방향을 결정하는 레이더시스템에 의하여 이용된다. 수동시스템은 별도의 에너지원(energy source) 없이 단순히 물체로부터 자연적으로 방출(radiation), 반사(reflection)되는 신호를 받는다. 자연적 태양광선에 의하여 생성된 이러한 신호는 측정대상 물체에 대한 유용한 정보를 제공하여 생물생산시스템에 이용되고 있다.

원격탐사에서는 센서를 탑재하는 수단을 총칭하여 탑재체(platform)라고 한다. 현재 사용되는 대표적인 탑재체로는 인공위성과 항공기가 있고 이밖에 무선조종 비행기, 기구,

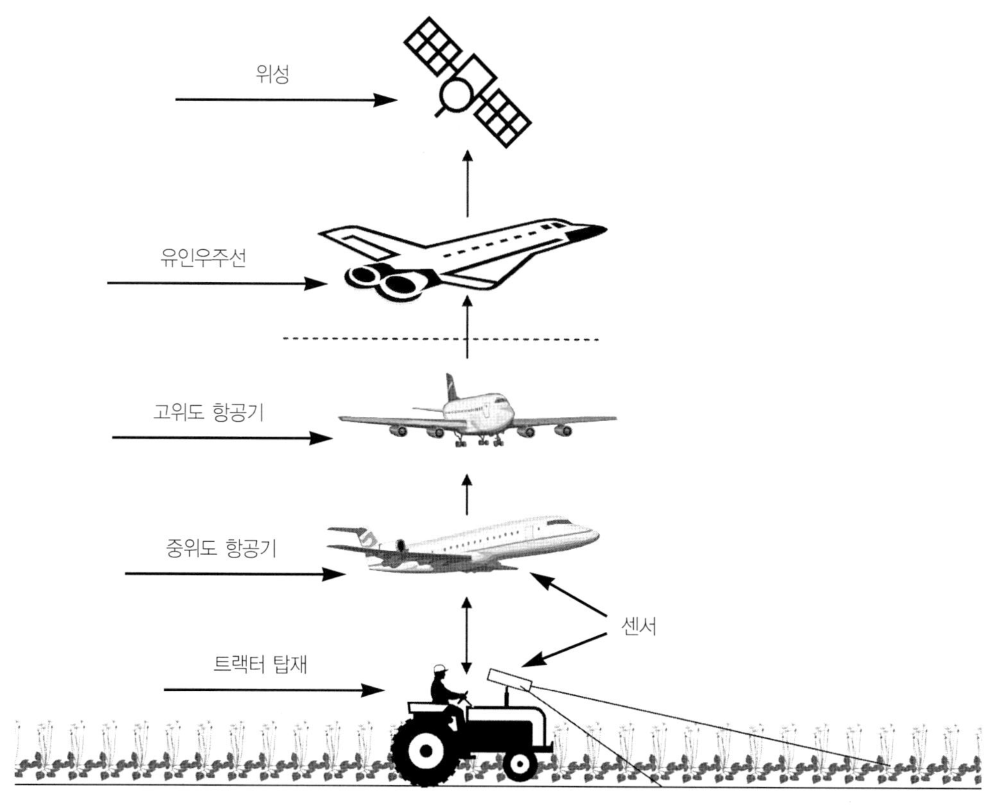

[그림 2-13] 고도에 따른 원격탐사센서 탑재체의 종류

연과 같은 초저공 탑재체 그리고 지상측정차 등이 있다. 고도별 탑재체의 종류는 그림 2-13과 같다. 고도가 가장 높은 것은 정지 기상위성으로 적도 상공 약 36,000 km의 고도에 위치하고 있다. 다음으로 높은 것은 고도 700~900 km전후의 Landsat, SPOT 등 지구관측위성으로 항상 동일시간대에 관측되도록 된 궤도가 많다. 관측 대상물과 탑재체와의 거리가 해석의 정밀도를 좌우하므로 이용 목적에 맞도록 탑재체를 선택할 필요가 있다.

원격탐사시스템과 측정한 영상의 특성을 평가하는 4가지 사항이 있는데, ① 공간 해상도(spatial resolution), ② 스펙트럼 해상도(spectral resolution), ③ 스펙트럼 응답성(spectral response), ④ 시간적 해상도(temporal resolution)로 구분된다. 공간 해상도는 측정 영상으로부터 구분할 수 있는 대상체의 최소 크기, 즉 하나의 픽셀(pixel)이 나타내는 면적을 나타낸다. 스펙트럼 해상도는 측정 파장대역 간격을 나타내어 몇 nm 간격으로 측정할 수 있는지를 나타낸다. 스펙트럼 응답성은 측정된 값을 어느 정밀도로 표현할 수 있는가(Landsat 1 위성의 경우 6비트, Lansdat 4의 경우 8비트)를 의미한다. 마지막으로 시간적 해상도는 얼마나 자주 같은 지역을 측정하는지, 즉 측정주기를 의미한다. 대표적인 인공위성의 공간 해상도와 측정주기 등이 표 2-10에 요약되어 있다.

[표 2-10] 대표적인 원격탐사 인공위성의 공간 및 시간분해능

위성/모드	공간해상도(m)	측정폭(km)	파장대역(μm)	반복주기(일)
LANDSAT Multispectral	80	185	0.5~0.6	16
LANDSAT Thematic Mapper	30	185	0.45~0.52 0.52~0.60 0.63~0.69 0.76~0.90 1.55~1.75 2.08~2.35 10.4~11.7	16
SPOT Multispectral	20	60	0.50~0.59 0.61~0.68 0.79~0.89	26
SPOT Panchromatic	10	60	0.5~0.73	26

3) 원격탐사 자료의 처리와 이용

생물생산시스템에서 원격탐사 자료를 처리하고 이용하는 과정은, 1) 측정, 2) 기초 처리, 3) 영상검사 및 기본 통계처리, 4) 원격탐사 자료를 지표좌표와 일치하도록 처리, 5) 원격탐사 자료를 다른 자료들과 결합, 6) 작물생육 등 분석하고자 하는 변수와 인과관계 등 분석, 7) 분석 결과를 기초로 농경지 관리의 순서를 따른다. 처음 두 단계는 주로 원격탐사 자료 공급자들이 담당하고 나머지 단계는 이용자가 수행한다.

원격탐사 자료를 이용하여 생물생산환경(토양, 수질 등)이나 생육상태(양분 또는 수분 결핍 등) 평가, 수확량 예측 등의 분석을 수행하려면 먼저 측정 자료를 다양한 기법을 이용하여 처리하여야 한다. 원격탐사 자료는 전자기에너지 반사율이므로 계측기의 측도설정, 대기보정, 관측각도 영향의 보정, 구름 양의 스크리닝(screening, 구름 양에 의한 영상의 선별) 및 면적(面的) 불균일성의 보정과 선 보정, 파장대간의 등록, 영상의 모자이킹(비디오영상 등) 등의 처리와 변환이 필수적이다. 또한 이러한 자료를 지리정보시스템에서 이용하려면 영상을 특정 좌표계(예를 들면, UTM좌표계)로 변환할 필요가 있다.

(3) 지리정보시스템

1) 개념 및 데이터 형식

정보기반형 정밀농업 생물생산시스템에서는 위치별 생물생육환경, 생육상태, 수확량 등과 같은 자료(속성)의 공간적 변이에 대한 많은 데이터를 제공하는데, 이 데이터는 서비스 가능한 정보를 제공하기 위하여 지도로 가공되어야 한다. 지리정보시스템(GIS, geographic information system)은 일종의 데이터베이스(데이터 입력, 저장, 검색 등의 기능 수행)이지만 지도화 작업(mapping)이나 기타 복잡하고 다양한 연산작업과 통계분석을 수행할 수 있다는 점에서 차이가 있다. 지리정보시스템이 이러한 기능을 수행하려면 속성정보가 공간정보(위치)와 결합되어야 하는데, 이를 지형참조(geo-referencing)라고 한다. GIS의 장점이 바로 같은 위치(예, 좌표)에 여러 속성을 지형참조(geo-referenced)할 수 있어 수확량, 영양분, 토양 종류(모래, 점토...) 등 여러 층(layer)의 자료를 겹칠(overlay) 수 있다는 것이다(그림 2-14).

GIS의 데이터는 래스터(raster)와 벡터(vector)형식으로 나뉜다. 래스터형식의 데이터

위도	경도	옥수수 수확량, Bu/acre	옥수수 수분 함량, %
41.8048984	−91.8310704	185.1	19.0
41.8048862	−91.8310705	185.4	18.5
41.8048750	−91.8310718	185.2	18.4
41.8048632	−91.8310743	183.9	18.9
41.8048529	−91.8310752	182.1	19.0
41.8048420	−91.8310765	171.0	18.5
41.8048317	−91.8310718	179.9	18.8
..	..	.	.
..	..	.	.
41.8047288	−91.8310645	182.7	18.7

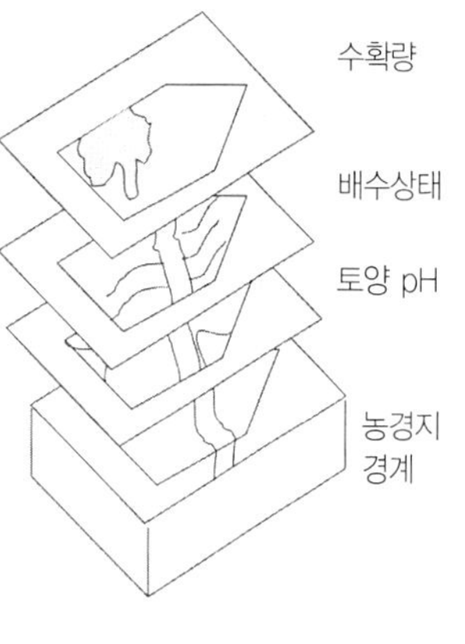

[그림 2-14] 속성자료와 위치자료가 결합된 GIS 데이터 구조(좌)와 여러 속성이 같은 위치와 결합하여 겹쳐지는 상태(우)

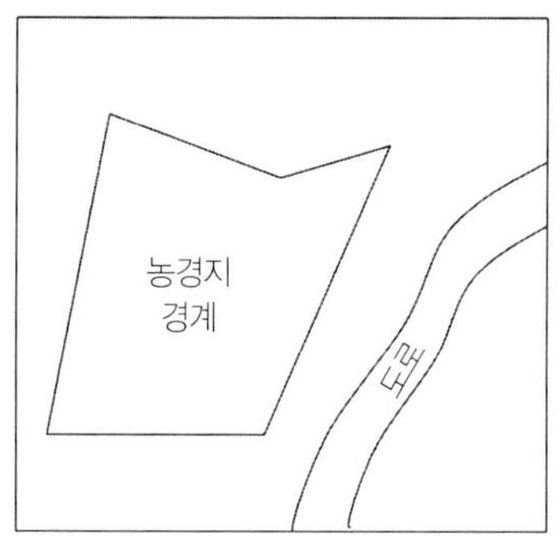

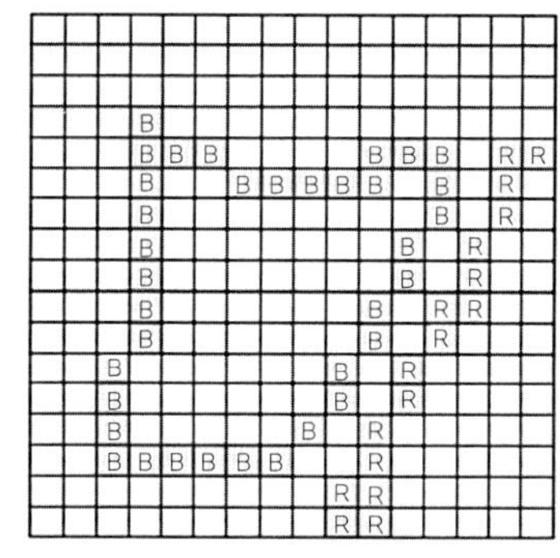

[그림 2-15] 셀을 기본 단위로 하는 래스터형식을 이용한 농경지 경계와 도로의 표현

표현단위는 행과 열로 위치가 정해지는 셀(cell)이 기본 단위로 데이터 해상도가 셀의 크기에 한정되어 물체의 선이 계단형으로 보인다(그림 2-15). 벡터 데이터에 비하여 저장 속도가 빠르며, 프린터 등에서 사용하는 형식이다.

벡터형식은 데이터 저장단위가 점(point), 직선(line), 다각형(polygon, area)이며, 점은 셀과 비슷하게 한 쌍의 좌표로 표시되지만 영역을 차지하지 않는 것이 특징이며, 직선은 서로 연결된 좌표의 집합이고, 영역은 서로 연결된 직선의 집합이다. 래스터형식보다 더 정확한 지형참조가 가능하여, 래스터는 빠르고 벡터는 정확하다는 장점이 각각 있다(그림 2-16).

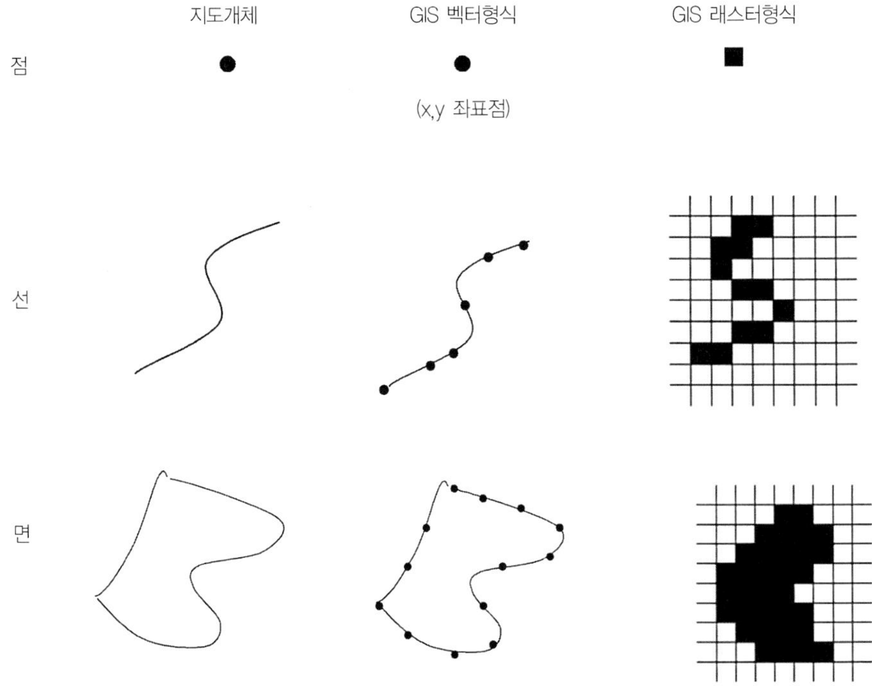

[그림 2-16] 지도 개체인 점, 선, 영역의 벡터형식과 래스터형식 표현

2) 좌표시스템 및 변환

GIS에서는 여러 가지 자료를 사용하는데, 그 자료들이 각각 다른 좌표시스템을 사용할 경우, 같은 좌표시스템 값으로 변환하여야 한다. 만약, 어느 농경지의 한쪽 구석을 (0,0)으로 설정하였을 경우, 다른 농장 데이터와 통합하고자 할 경우, 또는 매우 넓은 면적의 데이터를 표현하고자 할 경우, 문제가 발생하게 된다. 따라서 보다 보편적인 좌표시스템이 필요한데, 대표적인 것이 위도-경도(lat-long) 좌표계와, UTM(Universal Transverse Mercatur) 좌표계이다. 경위도 좌표계는 지리적 좌표계(geographic coordinate systems)인 반면 UTM은 지구의 일부 또는 전체를 편평한 면에 투영시킨 좌표계이다.

경위도 좌표는 적도와 중심 자오선에서 지표면 위의 한 점까지 두 각의 측정량으로 각도, 분, 초 단위로 저장하며 위도 1초는 약 30 m이고, 경도는 정확도가 극 주위에서 증가하게 된다. UTM은 1:500,000에서 1:24,000까지의 척도로 매핑하는 미터단위 좌표시스템으로 위도성분은 북향(northing), 경도성분은 동향(easting)으로 투영된다. 경위도 좌표를 투영하여 평면좌표로 변환할 때는, 지구상 위치별로 지구 타원체의 형상이 다르기 때문에 위치가 투영되는 기준평면에 대한 정보를 이용하게 된다. 지구상 위치에 따라 서로 다른 요철을 가지고 있으므로 각 나라에 맞는 타원체를 채용하게 된다.

GPS를 이용하여 위치를 측정하는 경우, GPS 경위도 좌표는 WGS84 타원체를 기준으로 한 좌표이다. 우리나라는 베셀타원체를 사용하며 WGS84는 GPS에서 사용하고 있는 타원체이므로 각 타원체 간에는 좌표변환이 필요하게 된다. 좌표변환 시 필요한 이 타원체를 구성하고 있는 요소들(원점요소, 장반경, 단반경, 편평률, 이심률 등)을 일컬어 데이텀(datum)이라고 하는데, 우리나라는 도쿄데이텀을 채용하고 있다.

다양한 좌표시스템으로 측정된 자료들을 결합시키려면, 경위도 좌표를 직교좌표로 투영하고, 서로 다른 타원체 간의 변환과정을 거쳐야 한다. 국립지리원에서 내규 제66호의 'GPS에 의한 정밀1차 기준점측량 작업규정'에서 이러한 내용을 명시하고 있다. 또한 이러한 변환 및 투영작업을 수행하는 소프트웨어가 다양하게 제공되므로 사용자는 편리하게 이러한 작업을 수행할 수 있다.

3) 시스템 구성

GIS를 위하여 다양한 하드웨어와 소프트웨어가 필요하다. 하드웨어는 디지타이저, 스캐너와 같이 출력된 지도나 문서를 디지털 형태로 바꾸어 컴퓨터에 저장하기 위한 장치와 함께, 컴퓨터(주 처리장치), 플로터/컬러프린터, 모니터 등의 하드웨어가 필요하다(그림 2-17). 또한, 소프트웨어는 다음과 같은 기능을 기본적으로 제공하게 된다.

- **데이터 입력** : 키보드, 디지타이저, 스캐너 그리고 PCMCIA 디스켓 또는 화면 캡쳐 보드와 같은 판독기 등으로부터 자료를 입력받을 수 있는 능력
- **데이터 저장과 관리** : 데이터베이스 관리시스템과 마찬가지로 물체의 화상을 관리하고 데이터를 저장하는 방법
- **데이터 출력과 표시** : 도표, 지도 또는 그림과 같은 형태로 컴퓨터 모니터 또는 하드카피로 분석 결과를 표시하고 보고(report)
- **데이터의 에러를 제거하기 위한 데이터 변형** : 새로운 데이터를 업데이트 또는 두 개의 데이터 집합을 조합
- **사용자 인터페이스** : GIS 시스템을 구동하기 위한 메뉴와 명령들

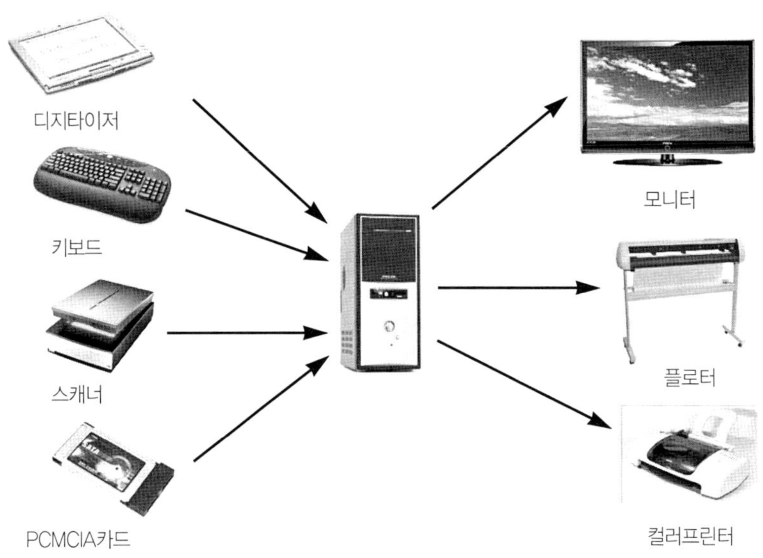

[그림 2-17] GIS 하드웨어

(4) 유비쿼터스 센서네트워크(USN, Ubiquitous Sensor Network)

언제 어디서나 네트워크에 접속할 수 있다는 개념으로, 라틴어에서 유래한 유비쿼터스는 '어디에나 존재하는' 이란 뜻이며, 물이나 공기처럼 도처에 있는 자연상태를 의미한다. 유비쿼터스 개념은 지난 1988년 미국 제록스 팰 러앨토연구소(PARC)의 마크 와이저가 처음 제시한 유비쿼터스 컴퓨팅이 그 효시다. 미래의 컴퓨터 네트워크 환경이 모두 서로 연결된 상태로 이용자 눈에 띄지 않으면서도 언제 어디서나 사용가능하여야 하며 현실세계의 사물과 환경 속으로 스며들어 일상생활에 통합될 것이라는 개념을 설명하기 위하여 사용되었다.

USN은 근거리에서 주변 환경을 감지하는 기술로 최근 무선통신과 마이크로 전자공학 기술의 발전으로 저가격, 극소형의 센서 간 네트워크가 가능해진 것이다. 무선망을 사용하는 경우, 무선센서 네트워크라고도 한다. 필요한 모든 곳에 전자태그(RFID)를 부착하고 이를 통하여 사물의 인식정보, 주변 환경정보(온도, 습도, 오염 정도 등)를 얻게 된다. USN 센서(노드)에서 감지된 정보를 게이트웨어 역할을 하는 기지국(base station)으로 전달하고 기지국에서는 네트워크를 통하여 사용자에게 전달하게 된다. 센서 노드는 전력

소모가 작아야 하고, 극소형으로 많은 수가 사용된다. 또한, 애드혹 네트워크방식을 사용하는데, 이는 각 센서들이 공간상에 독립적으로 존재하면서 자신이 인식할 수 있는 모든 센서들을 모두 연결하여 네트워크화 하는 방식이다. USN은 RFID 태그, RFID 판독기, 네트워크로 구성된다.

2.4.3 정보취득기술

(1) 바이오시스템 정보의 특징과 분류

정보기반형 생물생산시스템에 사용되는 정보는 관행에 사용되던 정보에 비하여 그 종류가 다양하고, 측정 지점과 주기의 증가로 단일 정보의 양도 많아졌으며, 이러한 정보가 대부분 위치정보와 결합되어 있다는 것이다. 정보는 그 취득방법과 원리 등에 따라 다음과 같이 분류할 수 있다.

- **취득 위치 및 기간** : 샘플 채취 및 실험실 분석, 센서(휴대형, 기계부착 이동형)
- **취득방법** : 전기적(electrical), 광학적(optical), 화학적(chemical), 기계적(mechanical)
- **취득면적** : 점정보(point measurement), 광역정보(area measurement)
- **속성** : 토양/물의 오염도, 농산물 생육, 수확량, 수확 후 품질, 유통 정보 등

논, 밭, 과수원 등 노지재배, 과채류 및 화훼의 시설 하우스재배, 축산시설을 위한 다양한 정보들이 있으나, 여기서는 주로 생물생산을 위한 정보의 취득 기계기술을 중심으로 설명하고자 한다.

(2) 토양 이·화학적 특성 측정

1) 토양강도(soil strength)

토양이 다져지면 토양환경과 작물생육에 나쁜 영향을 준다. 다짐상태는 토양강도(soil strength)를 측정하여 알 수 있는데, 그 이유는 토양강도가 다짐 정도, 가비중, 공극률과 밀접한 관계가 있기 때문이다. 토양강도란 토양을 파괴하는 데 필요한 힘이다. 현장에서

간단히 토양강도를 측정하여 다짐상태를 판단하는 데 원추관입기(cone penetrometer)를 많이 사용한다. 원추관입기는 단면적 크기가 $3.23\,cm^2$ 원추를 토양 속으로 관입하면서 깊이별로 그 저항력을 측정한다. 저항력을 단면적으로 나누어 원추지수(cone index) 값을 구하는데, 일부 밭작물의 경우 원추지수 값이 2MPa 이상이면 작물생육과 수확량을 감소시킨다고 알려져 있다.

원추지수는 아주 작은 면적에 대한 토양강도이므로 농경지의 토양강도(또는 다짐)를 알려면 많은 지점에서 측정하여야 하지만, 그 작업에 시간과 노력이 많이 든다. 최근에 여러 개의 원추관입기를 유압이나 전기모터로 작동시켜 작업속도를 높이는 방법이 일부 사용되고 있다. 트랙터나 운반차에 탑재하여 이동성도 향상시키고 GPS를 이용하여 측정지점의 위치정보까지 동시에 얻기도 한다(그림 2-18). 최근에는 원추 부분에 사파이어 등으로 창(window)을 내어 영상이나 분광반사특성을 측정하는 센서, 수분 또는 전기전도도센서가 결합된 센서도 연구되고 있다.

경운저항을 토양강도로 이용하기도 하는데, 경운저항은 쟁기나 플라우작업에 필요한 힘으로 주로 트랙터와 작업기 사이에 힘 센서를 장착하여 측정한다. 경운작업 동안 연속적으로 저항력을 저장하기 때문에 별도의 노력이 들지 않고 농경지 전체의 토양상태를 측정할 수 있지만, 측정과 더불어 경운작업을 수행하므로 토양다짐 관리에 사용할 수 없는 토양강도 자료이며, 경운 작업폭과 깊이보다 조밀한 측정이 불가능하다는 단점이 있다. 외국의 경우, 경운저항력, 트랙터 연료소모량, 엔진속도, 경운속도를 동시에 측정하여 지도로 작성한 결과 공간적인 패턴이 유사하게 나타났다는 보고가 있다. 경운저항은 또한 토양의 점토함량과 상관이 높으며 경운저항과 전기전도도를 동시에 이용하면 점토함량을 우수하게 추정할 수도 있다.

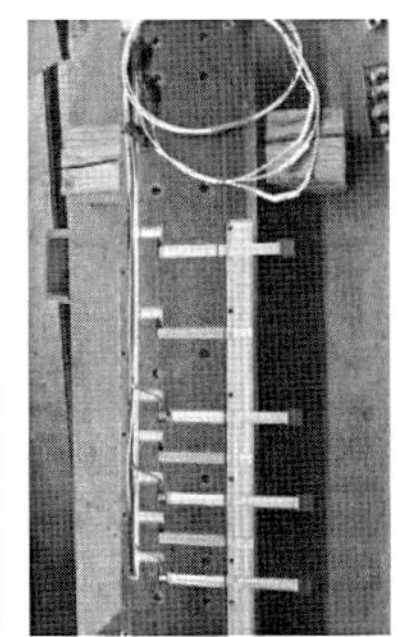

[그림 2-18] 원추 5개 동시 관입 트랙터 부착형 원추관입기(좌)와 수평이동식 토양강도 프로파일 센서(우)

원추지수와 경운저항의 제한점을 극복하기 위하여, 트랙터에 부착된 상태로 포장을 주행하면서 연속하여 토양강도(또는 다짐정도)를 측정하는 시스템들이 최근 연구·개발되고 있다. 수평이동식 토양강도센서는 원추지수나 경운저항과 비교하여 측정방향, 센서의 크기와 형상이 다를 뿐, 흙을 파괴하는 데 필요한 힘을 측정한다는 점에서는 그 원리가 같다. 그림 2-18의 오른쪽은 50 cm 깊이까지 10 cm 간격으로 토양강도를 측정하는 수평이동식 토양강도 프로파일센서이다.

2) 전기전도도

전기전도도(Electrical Conductivity)는 토양진단 기본 항목의 하나이다. 전기전도도란 전하(electric charge)를 통과시키는 정도를 S/m(Siemens per meter)으로 표시하며 물질에 따라 다르다. 은이 63×10^6 S/m로 금속 중에서 가장 높으며 바닷물이 5 S/m 정도이고 순수한 물이 5.5×10^{-6} S/m이다. 토양의 전기전도도(soil electrical conductivity, EC)는 토양입자크기, 수분함량, 이온농도, 온도 등에 따라 다르다. EC 값이 너무 낮으면 토양 중 작물이 이용할 수 있는 양분이 적어 작물생육이 불량할 수 있고 너무 높으면 농도장애로 결국 생육장애가 생길 수 있다.

널리 이용되고 있는 실시간 연속 EC 측정센서는 비접촉 전자기 유도방식과 접촉 전류 투입 전극방식이 있다. 전자기 유도방식은 두 개의 코일(coil)뭉치로 구성되어 송신측에서 자장을 발생시키고 수신측에서 토양을 통과하여 돌아오는 유도전기의 크기를 측정한다.

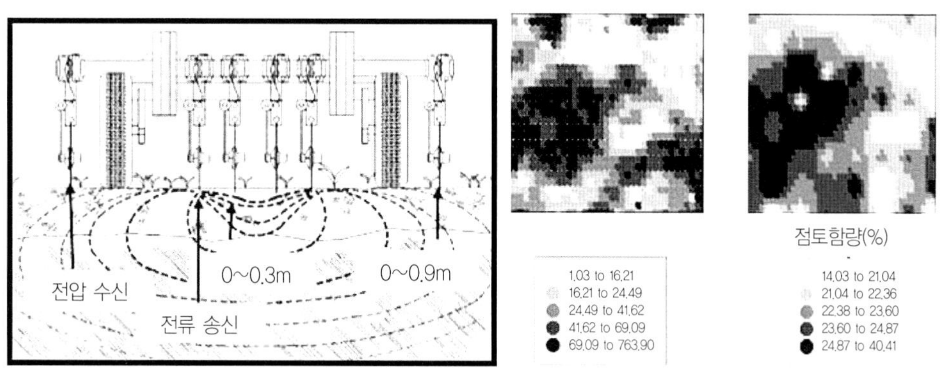

[그림 2-19] 전극접촉식 전기전도도 센서(좌)와 전기전도도와 점토함량 관계 지도(우)

접촉식 전극방식은 직접 토양에 접촉된 전극을 통하여 전류를 통과시키고 토양을 통과한 후의 크기를 측정한다(그림 2-19). 송수신 전극 간 거리에 따라 유효 측정깊이가 달라지며 그림과 같이 여러 쌍의 전극으로 서로 다른 유효깊이까지 측정이 가능하다. 전기전도도는 농경지의 상태에 따라, 토성, 수분과 양분분포, 유기물함량, 양이온 치환용량(Cation Exchange Capacity) 등 다양한 토양 이·화학성과 관계가 깊다.

3) 수분

토양수분 현장측정기술이 다양하게 이용되고 있으나, 1) 중성자 산란법(또는 감마선 감쇠법), 2) 전파반사법(원격탐사 등), 3) 전자기 유도법, 4) 토양에 의한 신호의 속도, 에너지, 임피던스(저항), 주파수, 위상 변화를 측정하는 유전율 방식이 있다. 이러한 현장 측정기술은 토양수분을 직접 측정하기보다는 간접적인 방법으로 용적수분함량을 측정하며 여러 가지 토양 이·화학 조건의 영향을 받는다.

토양의 유전율 특성을 이용한 대표적인 방식으로 TDR(Time Domain Reflectometry)과 FD(Frequency Domain)가 있다. 유전율이란 토양 등 부도체의 전기적인 특성으로 교류 전자기파에 의하여 토양 등 부도체 성분의 +, - 극이 반응(정렬)되는 정도를 나타낸다. 전기를 통하게 하는 정도를 나타내는 전기전도도와 차이는 있으나 유전율이 높으면 전기가 잘

[표 2-11] 유전율을 이용한 토양수분센서 비교

구분	TDR식	FD식
상품		
범위	5~50%	0~100%
정밀도	± 1%	± 1%
간섭토양부피	반지름 3 cm	반지름 4 cm
염도 영향	크다	작다
토양특성영향	작다	크다
가격	400~23,000 달러	100~3,500 달러

전달된다고 이해할 수 있다. 물의 유전율은 81, 토양광물은 25, 공기는 1이다. 이 유전율과 토양용적수분과의 관계, 유전율에 의하여 전자기파의 속도, 에너지, 손실 등이 달라지는 원리를 이용하여 토양용적수분을 추정하게 된다.

TDR은 토양에 삽입된 전극을 따라 고주파(0.02~3 GHz)를 발생시키면 이 전자기파가 토양을 통과할 때 속도 변화가 생기는데, 이 속도 변화로 유전율을 측정하고 수분함량으로 변환하게 된다. FD는 TDR에 비하여 주로 낮은 주파수(100 MHz 이하)를 사용하며 전극 주변 토양의 정전용량을 이용하는 방식으로 정전용량식(capacitive type)과 FDR식 센서로 나뉜다. 정전용량식은 토양 내 충전시간으로 유전율을 결정한다. FDR은 수분함량에 따른 공진주파수 변화를 이용한 방식이다. 표 2-11에서 TDR과 FD의 특성을 비교하였다.

4) 산성도

토양 산성도(Acidity, pH)는 토양의 여러 화학적ㆍ생물학적 특성에 영향을 주므로 매우 중요하며, 작물생육에 좋은 조건은 주로 약산성이다. 질소, 인산, 칼륨 등 양분의 용해도, 유기물을 분해하는 미생물의 활동성, 그리고 대부분의 화학 변환에 영향을 주어 결국 작물생육에 큰 영향을 준다. 작물에 따라 최적 pH 범위가 다르며, 대부분 6~7이 적당하며

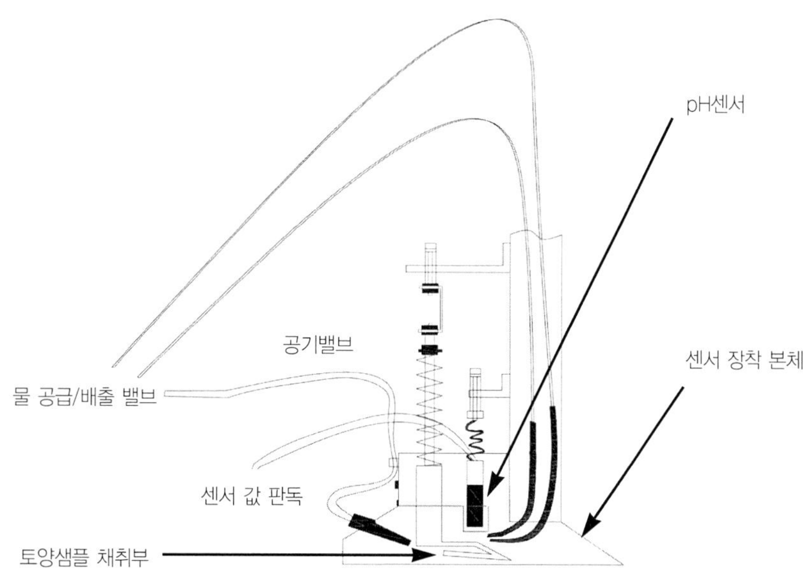

[그림 2-20] 이동하면서 실시간으로 토양샘플, 희석, 측정, 세척할 수 있는 pH센서

벼의 경우에도 약 산성인 5.0~6.5이다.

토양 pH 실험실 측정방법은 크게 비색법과 전극법이 있다. 비색법은 주로 약산 또는 약 염기에 사용되며 해리도에 따라 색이 달라지는 원리를 이용한다. 이 방법은 사용되는 용매 또는 발색시약의 종류와 농도에 따라 그 정밀도가 약간씩 달라지므로 주의하여야 한다. 전극법은 수소 이온의 활동성과 전극으로 측정되는 전압이 비례하는 원리를 이용하는데, 주로 25℃에서 pH가 1 변하면 측정전압은 59.1mV가 변한다. 실험실 측정절차를 현장에서 반복적으로 수행할 수 있는 이동식 연속 pH 측정센서가 미국에서 개발되어 판매되고 있다(그림 2-20). 트랙터 뒤에 장착되어 주행하면서 실시간으로 연속하여 토양샘플, 희석, 측정, 세척을 실시하여 8초에 한 번 정도 pH 측정이 이루어지는 구조이다. 산성도 측정을 위하여 선택적 투과막(ion-selective membrane)이 사용되는데, 양분측정 화학센서에도 이러한 투과막이 이용된다.

5) 양분

토양 화학성 중 양분(Nutrient)은 작물이 잘 자라도록 하는 요소로써 의미를 가진다. 토양에 존재하거나 작물이 사용할 수 있는 유효 양분량의 측정이 매우 중요하며, 그 방법에는 여러 가지가 있다. 작물생육에 필요한 필수원소는 비광물성 원소와 광물성 원소 등 16개 원소가 있고 광물성 다량원소는 제1차 필수원소(N, P, K)와 제2차 필수원소(Ca, Mg, S)로 나뉜다. 농경지 토양의 종류, 관리작업에 따라 양분의 양이 균일하지 않다. 일반적으로 지역별, 필지별, 필지 내 위치별 변이를 보이고 있다.

토양양분을 측정하기 위하여 관행적으로 사용하는 방식은 농경지로부터 시료채취 → 건조 및 전처리 → 분석항목에 따른 시약조제 → 양분분석이다. 관행의 정밀분석용 장비는 매우 비싸고 사용법에 있어 전문지식이 필요하므로 전문 분석기관에서만 사용하고 있다. 최근 우리나라에서 이러한 분석과정을 단축시키기 위한 노력의 일환으로 700만 원 정도 가격의 장비가 시판되기 시작하였다.

아직 상용화된 시스템은 없으나, 보다 많은 위치의 양분 값을 빠른 시간에 측정하기 위한 실시간 연속 현장측정센서가 연구·개발되고 있다. 그 원리는 대략적으로 전기전도도 이용, 광반사도 이용, 이온선택성 전극 또는 트랜지스터 이용으로 나뉜다. 이온선택성 전극이나 트랜지스터를 이용하는 방법은 pH센서와 마찬가지로 센서 본체에서 토양샘플, 희석, 측정, 세척을 실시하게 된다. 이온선택성 전극으로 10초 이내에 80% 이상의 농도까지 측정할 수 있는 것으로 보고되고 있다. 이온선택성 트랜지스터는 전극에 비하여 센서의 크기와 측정시간을 줄일 수 있는 장점으로 인하여 최근 많이 연구되고 있다. 또한 측정을 위한 샘플체적을 줄일 수 있다. 특히, 트랜지스터 기술을 이용하여 한번에 N, P, K 등 여러 성분을 동시에 측정하는 시스템이 개발되고 있다.

6) 광을 이용한 이·화학성 측정

광이 어느 물체와 만나게 되면 그 물체에 부딪혀 돌아오거나, 흡수되거나, 통과한다. 여기에서 재미있는 사실은 광이 만나는 물체의 종류와 상태에 따라 반사되는 파장대역과 반사 정도가 달라진다는 것이다. 토양의 여러 이·화학적 특성에 따라 반사되는 파장대가 달라지며 해당 토양특성의 정도에 따라 반사도가 달라진다. 유기물이 있는 토양은 유기탄소화합물 성분에 의하여 검게 보이며 유기물이 많을수록 반사도가 낮아져 더욱 검게 보이는 것이다. 숙련된 토양조사 전문가라면 농경지에서 토양을 눈으로 확인하여 색의 종류와 진하기 등을 종합하여 대략적인 이·화학적 특성을 알 수 있을 것이다.

토양특성 측정용 센서기술에서는 보다 많은 정보를 얻고자 자외선과 근적외선 영역의 광 반사까지 이용하고 있다. 다양한 파장대에 대한 반사도를 종합적으로 이용할 때 더욱

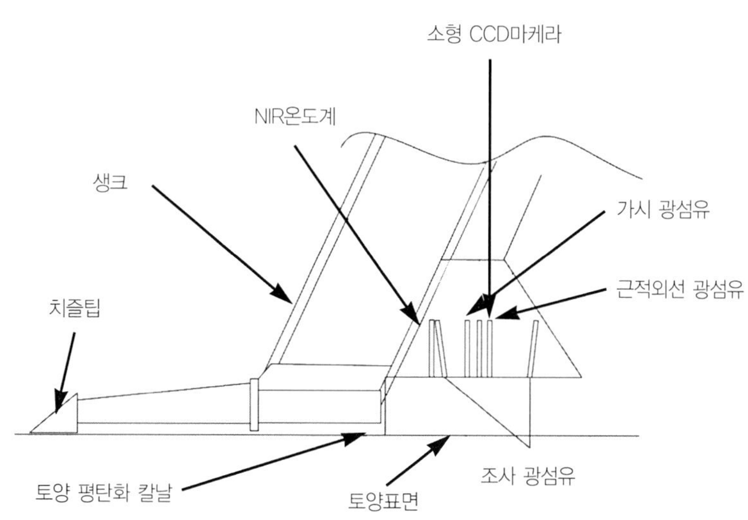

[그림 2-21] 이동식 실시간 광반사식 토양특성센서

다양한 토양특성에 대한 정확한 판단을 할 수 있기 때문이다. 지금까지 토성, 유기물 함량, 수분함량, 양이온 치환용량, pH, Ca, Mg 등에 대한 측정가능성이 보고되고 있다. 측정하고자 하는 토양속성의 종류 등 목적에 따라 이용 파장대의 수, 센서의 정밀도, 센서 장착위치를 달리하여 다양한 방식으로 광반사방식을 이용할 수 있다. 지금까지 가장 많이 이용되는 방식은 인공위성이나 항공기를 이용한다. 이 방식은 넓은 면적을 짧은 시간에 측정할 수 있다는 장점이 있다. 하지만 운행시간을 마음대로 선택하기 힘들고, 구름이나 기상조건에 영향을 받으며, 지표면의 반사도만을 측정한다는 단점이 있다.

최근에는 그림 2-21과 같이 트랙터 등 농기계에 장착하여 농경지를 주행하면서 측정하는 센서의 개발이 보고되고 있다. 센서부의 구조는 진행방향 앞쪽에서 편평하게 토양 측정면을 만들어 주고 뒤쪽에 광 발신부와 수신부가 설치되어 있다. 이러한 방식으로 식물 뿌리가 주로 존재하는 깊이의 토양 특성을 측정할 수 있어 표토의 광 반사도를 측정하는 방식에 비하여 보다 효과적인 토양 및 양분 관리를 할 수 있게 된다. 데이터 처리속도가 빨라질수록 측정파장 대역 수와 주행속도를 증가시킬 수 있을 것으로 기대된다.

(3) 작물생육측정

1) 생육장애 검출

작물의 생육장애는 해충, 병, 양분과 수분의 과부족, 기계적(풍수해 등) 또는 화학적(염해, 농약해 등)인 요인 등 많은 요인에 의하여 일어난다. 이러한 장애는 많은 경우 작물체 지상부의 변화, 즉 잎색과 잎의 형상(위조와 비틀림, 부패), 잎면적(낙엽을 포함), 또는 잎과 줄기의 각도(절손, 도복 등) 변화로 나타난다. 따라서 원격탐사에 의하여 이러한 변화를 감지하여 작물의 생육장애상태를 알 수 있다. 특히, 항공기 등에 의한 저고도에서의 영상계측은 이러한 작물의 상태 변화를 적시에 고정도로 측정하여, 피해의 범위와 정도를 평가하는 데 유효한 방법이다.

2) 작물의 발육과 생장

원격탐사로 영양생장기, 생식생장기, 노화기의 생육상태를 검출하는데 식생지수, 레드 앳지(red edge)의 계절적 변화, 반사의 차이, 반사광의 편광 정도 등을 이용한다. 이들은 작물의 발육과 노화에 따라서 나타나는 잎내 색소의 양 및 군락구조의 변화를 반사스펙트럼에 의하여 알아낸 것이다. 한편, 작물의 생장량을 원격측정에 의하여 평가하는 시험도 많이 보고되고 있는데, 그 대부분은 식생지수와 잎 면적지수(LAI, leaf area index), 식피율(coverage), 또는 광합성유효반사 등을 이용한다. 또한, 여러 가지 종류의 작물, 지역, 기상조건에 따른 생장률 반사스펙트럼을 이용하여 측정하기도 한다. 최근에는 토양이나 대기의 영향을 최소화시킨 생육지수도 연구되고 있으며 여러 종류의 작물, 지역, 측정조건에 대하여 보다 안정적으로 적용할 수 있는 관계식도 제안되고 있다. 작물의 생리적 활성 저하는 양분·수분의 부족뿐만 아니라, 병해, 충해, 대기오염 등 여러 가지 환경장해에 의하여 일어난다. 대부분의 경우, 이러한 장해에 의한 생리적인 영향은 기공의 폐쇄와 작물의 증산·광합성의 감소로써 나타난다. 기공의 개폐와 증산속도·광합성속도는 서로 밀접하게 관련되어 있어 군락으로부터의 증발산·증산속도를 원격으로 측정하여 작물의 활성을 평가할 수 있다.

3) 질소 결핍

작물의 질소함유량과 엽록소 농도는, 녹색 영역(545 nm), 적색 영역(660 nm) 및 근적외선 영역(800 nm)의 반사스펙트럼과 깊은 관계가 있다. 그러나, 식물피복으로부터의 반사율과 스펙트럼지수는 토양배경의 차이에 민감하다. 최적의 파장대는 굉장히 좁은 영역이므로 위성에 탑재된 것과 같이 넓은 파장영역을 가진 공간분해능이 낮은 센서로 작물의 질소함유량과 엽록소 농도를 검출하기는 곤란하다.

현재 작물의 질소 결핍이나 엽록소 농도를 파악하기 위하여 많이 사용되고 있는 방법은 대부분 공중에서 촬영한 사진을 분석하는 방법이다.

4) 생육지수

생육지수는 작물군락에 의한 반사를 단순화하고 있기 때문에 추정 정도 등에 한계가 있지만, 비교적 광역적인 바이오매스의 평가 등에는 유효한 방법이라고 할 수 있다. 광학적 특성을 이용한 식생측정 기계기술이 많이 이용되고 있다. 식생은 잎에 있는 색소의 높은 흡수로 가시광선 영역에서는 어둡게 보인다. 식생지수 중 가장 먼저 제안된 것은 비율식생지수(ratio vegetation index : RVI)로 Jordan(1969)에 의하여 처음 제안되었다. 비율식
생지수는 녹색식물의 반사율이 적색 영역에서 대체로 낮고 근적외선 영역에서는 높다는
것을 이용하여 두 분광대 영상이 가진 화소 간의 비율(근적외선 반사도/적색 반사도)을 구하
며, 식생의 밀집도 등을 나타내기 위한 지수이다.

식생지수 중 가장 많이 사용되는 지수 중 하나가 정규식생지수(normalized difference
vegetation index : NDVI)이다. 비율식생지수가 0에서 무한대까지의 범위인 반면 이 지수
는 −1~1 사이로 나타나 다양한 장점이 있다. 비율식생지수와 정규식생지수는 기능적으로
동일하지만 다음과 같은 관계가 있다.

$$NDVI = \frac{RVI - 1}{RVI + 1} = \frac{R_{NIR} - R_{RED}}{R_{NIR} + R_{RED}} \qquad (2\text{-}14)$$

이 외에도 다양한 식생지수가 개발되었는데, 적외선비율식생지수(infrared percentage
vegetation index: IPVI), 차이식생지수(difference vegetation index: DVI), 수직식생지수
(perpendicular vegetation index: PVI), 가중차이식생지수(weighted difference vegetation
index: WDVI), 토양보정식생지수(soil adjusted vegetation index: SAVI) 등이 있다.

예제 2-8

벼의 광반사도를 3지점에서 측정한 결과 근적외선 파장대 반사도는 모두 0.7, 적
색파장대 반사도는 0.9, 0.7, 0.5였다. NDVI를 각각 구하고 생육이 가장 좋은 곳
이라 할 수 있는 경우를 선택하라.

풀   이

NDVI는 각각 −0.125, 0, 0.17이다. 따라서, 생육이 가장 좋은 곳은 근적외선파장
반사도가 0.7이고, 적색파장 반사도가 0.5인 곳이다.

---

(4) 수확량 모니터링

1) 시스템 기능 및 구성

수확량 모니터링시스템은 작물을 수확하면서 실시간으로 포장 전체의 수확량, 작업시간당 수확량, 면적당 수확량, 지정된 지점의 수확량과 곡물 함수율을 측정한다. 또한, 수확한 면적과 시간당 작업면적, 이동거리, 주행속도도 측정할 수 있다. 수확량 모니터링시스템은 일반적으로 수확량센서, 함수율센서, 속도센서, 예취부 작동유무 감지센서, 디스플레이부, 데이터 저장 및 전산처리부, 전원부로 이루어져 있다. 그림 2-22는 우리나라 벼 수확용 4조 콤바인에 장착한 경우의 전체적인 구성과 장착위치를 보여주고 있다.

- **주행속도** : 주행속도를 측정하는 센서의 종류에는 초음파를 이용하는 방식과 자기(magnetic)를 이용한 방식이 있다. 초음파를 이용한 방식은 콤바인에 부착된 초음파 발신장치에서 지면에 음파를 발사하고 지면에서 반사되는 신호를 검출하여 콤바인의 지면에 대한 절대속도를 측정하게 된다. 자기를 이용한 방식은 주행속도와 비례하여 회전하는 부분에 자석을 부착하고 자기센서로 자석의 펄스를 검출하여 회전수로부터 속도를 계산하는 방식이다.

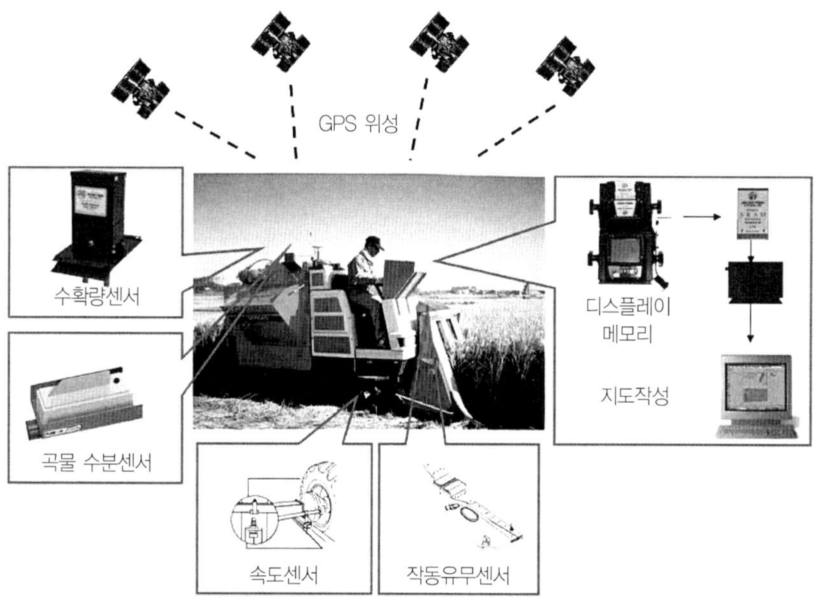

[그림 2-22] 벼 수확용 자탈형 4조 콤바인에 장착된 수확량 모니터링시스템

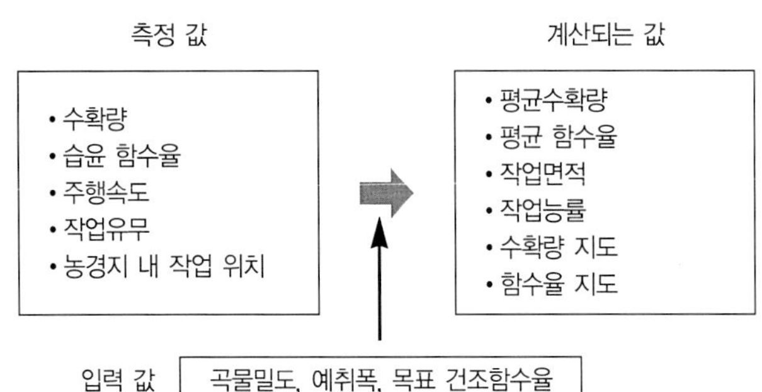

[그림 2-23] 수확량 모니터링 시스템의 입력 값, 측정 값, 계산 값의 종류와 관계

- **예취부 작동 유무 감지** : 콤바인이 수확을 하고 있는 동안에는 예취부를 내리게 되고 단순히 주행을 할 경우에는 예취부를 올리게 되는 원리를 이용하여 가장 간단한 방법으로 속도센서와 마찬가지로 자기방식이 사용된다.

수확을 수행하고 난 후 대상포장에 대한 수확량과 함수율 지도를 얻고자 할 경우에는 수확하는 콤바인의 위치를 자동으로 알려주는 지구위치시스템(DGPS)과 연결하여야 한다. 그림 2-23에는 수확량 모니터링시스템에 입력되는 항목과 출력되는 항목을 요약하였다. 곡물의 수확량 및 함수율, 콤바인의 주행속도, 수확하는 지점의 3차원 좌표 등은 센서로 직접 검출되는 항목들이고 누적 수확량, 평균 수확량, 평균 함수율, 작업면적, 작업능률 등은 계산과정을 거쳐야 하는 항목들이다.

2) 수확량측정의 원리

수확량센서는 탱크로 이송되는 수직 곡물엘리베이터처럼 수확된 곡물이 이송되는 부분에 장착되어 곡물의 부피나 질량을 측정하여 수확량을 추정하게 된다. 무게를 측정하는 방식은 스트레인게이지를 이용하여 충격력을 측정하는 방법(impact force method)과 복사측정법(radiometric sensor)이 있다. 복사측정법은 센서를 향하여 방사선을 주사한다. 센서에 의하여 검출되는 방사선의 강도는 그 경로를 방해하는 것이 아무 것도 없을 때 최대 값을 갖는다. 두 방사선원과 센서 사이에 어떤 방해물이 있을 때, 센서에 의하여 검출되는 방사선의 강도는 떨어진다. 곡물 수확량 모니터에서, 강도의 감소는 방사선원과 센

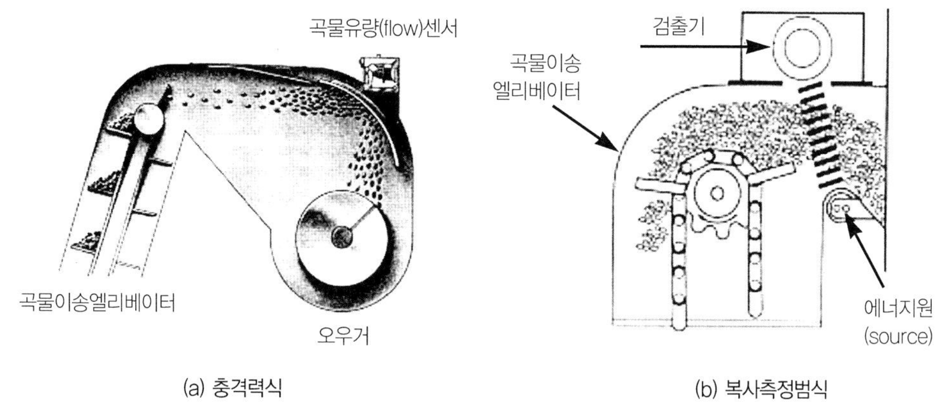

[그림 2-24] 수확량센서의 종류

서 사이의 곡물량에 의존하게 된다. 부피를 측정하는 방식은 면화 등의 수확량을 계측하는 데 적합한 방식으로 광센서(photosensor)를 이용하여 곡물에 의하여 차단되는 부피를 계산하고 밀도를 곱하게 된다. 그림 2-24는 충격력 방법과 복사측정법을 보여주고 있다. 곡물 외에도 마초, 과채류, 구근류 등의 수확량 모니터링시스템도 사용화되어 있으나 그 원리는 곡물용과 유사하다.

곡물이송량은 곡물의 이송경로에 충돌판을 설치하고, 곡물이 판에 충돌할 때 생기는 힘이나 곡물이 스프링에 지지된 판에 부딪힐 때, 판의 이동량을 측정하여 계측할 수 있다. 힘과 거리의 측정방법은 매우 유사하다. 힘은 로드셀(load cell)로 측정하는데, 이것은 가해지는 부하를 전기적 신호로 바꿔 주는 장치이다. 부하를 전기적 신호로 전환시키는 것은 로드셀에 부착된 스트레인게이지를 이용하여 수행된다. 로드셀의 아주 작은 변형도 스트레인게이지에 의하여 측정가능한 정도의 저항 변화를 유발하여 전기적 전류흐름을 만들게 된다.

3) 함수율측정의 원리

함수율센서는 일반적으로 곡물이송량 센서 옆의 콤바인 곡물정선 운반시스템에 위치하고 있다. 함수율을 측정하는 방법에는 오븐법, 전기식 방법, 적외선 방법, 마이크로파 방법, 중성자 방법 등 여러 가지가 있으나 계속적으로 흐르는 곡물의 함수율을 측정하는 데는 수분의 전기적 특성을 이용한 방법이 주로 사용되고 있다. 그림 2-25와 같이 극판을 설치하고 전기신호를 입력한 다음 극판 사이에 곡물을 통과시키면 수분의 양에 따라 출력되는 신호의 주파수 및 정전용량(또는 유전상수)이 달라진다. 곡물의 함수율이 높을수록, 유전 상수 값은 더 커진다. 그러므로 이 측정 값은 곡물의 함수율을 가리키게 된다. 출력신

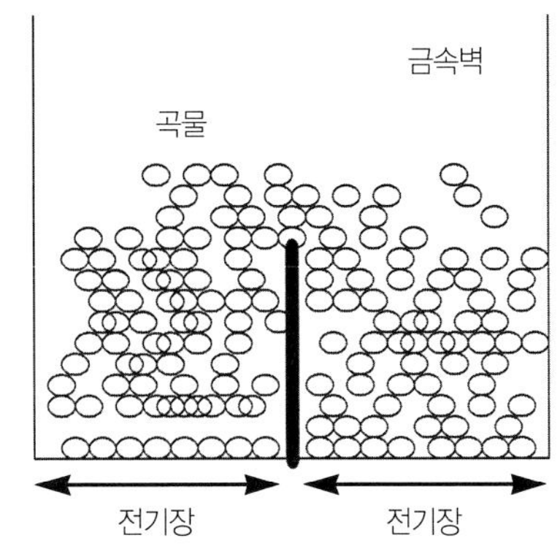

[그림 2-25] 곡물이 함수율 센서를 통과하는 모습

호의 특성은 투입되는 곡물의 밀도에도 영향을 받기 때문에 검출하는 위치에서는 같은 양의 곡물이 같은 밀도로 통과되도록 하는 것이 바람직하다. 또한 온도에 따라서도 검출되는 신호가 영향을 받으므로 온도를 검출하여 함수율 값을 보정하게 된다.

예제 2-9

1초에 한 번 곡물 흐름량과 함수율을 측정하는 수확량 모니터링시스템의 어느 순간의 센서 측정 값이 3kg, 22%였다. 작업폭이 1.8m, 주행속도가 2m/s이면, 15% 함수율 기준 수확량은 몇 kg/10a인지 구하시오.

풀 이

수분함량은 3kg × 0.22 = 0.66kg이다. 15%로 건조할 경우 수분의 양은

$$\frac{x}{2.34 + x} = 0.15$$

으로부터 0.41kg이고, 이 때 곡물 질량은 2.34 + 0.41 = 2.75kg이 된다. 1초간 수확면적은 2 × 1.8 = 3.6 m²이므로 10a당 수확량은 다음과 같이 된다.

$$\frac{2.75}{3.6} \times 1,000 = 763.9 \, [\text{kg/10a}]$$

4) 수확량 지도 작성과 오차

수확량 모니터링시스템에서는 포장에서 저장해 온 데이터를 분석하여 각 위치에 대한 수확량과 함수율을 지도형태로 표현할 수 있는 소프트웨어를 제공하고 있다. 수확량 모니터링시스템 및 지도작성 소프트웨어의 일반적인 오차원인은 다음과 같이 정리할 수 있는데, 이러한 문제들을 해결하기 위한 하드웨어(센서류)와 소프트웨어 알고리즘(시간지연 자동보정 등)이 연구·개발되고 있다.

- 예취폭이 수확기간 동안 일정하지 않고 지속적으로 변할 수 있음
- 예취된 후 탈곡·선별과정을 거쳐 수확량센서에 도달하는 데 걸리는 시간 지연
- DGPS가 가지는 위치오차
- 콤바인 내에서 곡물흐름이 일정하지 못하여 생기는 오차
- 콤바인의 곡물 손실량
- 센서의 정밀도, 측도설정 상태 및 시스템 응답

2.4.4 정보분석기술

이제까지 설명한 다양한 자료를 취득한 후에는 사용 목적에 맞도록 분석하고 생물생산 작업을 위한 의사결정을 하는 단계가 필요하다. 자료분석은 취득한 자료의 중심치와 분포형태를 다루는 관행적인 기술통계학 외에도 취득한 속성자료들의 관계분석을 위하여 다양한 모수(parametric) 또는 비모수(non-parametric) 통계기법이 이용된다. 또한, 취득한 정보의 공간적인 변이(variability)분석을 위하여 공간통계학(geostatistics)기법과 보간 및 지도화 기법(interpolation and mapping)이 사용된다. 많은 경우, 앞에서 소개한 지리정보시스템을 이용한 분석이 이루어지는데, 생물산업 분야의 자료들이 쉽게 수식화하기 힘든 서로 복잡한 관계가 있으므로 속성자료들의 관계분석 및 의사결정과정에 인공지능기법도 도입되고 있다. 여기서는 가장 기본적이고 빈번하게 사용되는 변이분석, 보간 및 지도화 기법에 대하여 소개하기로 한다.

(1) 공간통계학을 이용한 변이분석

공간통계학은 공간의존성(spatial dependency)에 근거하여 변이(variability)를 분석하는 통계학이다. 공간적으로 가까운 곳에 위치한 속성 값들이 멀리 떨어진 속성 값보다는 유사할 것이라는 가정을 근간으로 한다. 두 위치에서 측정한 값의 분산은 다음과 같이 계산된다.

$$s^2 = (z_1 - z)^2 \mp (z_2 - z)^2 = \frac{1}{2}(z_1 - z_2)^2 \qquad (2\text{-}15)$$

거리가 h만큼 떨어져 있는 임의의 두 지점에서 측정한 값의 분산은 수식 2-16와 같고 거리가 0~h 사이에 있는 모든 측정 값의 분산은 수식 2-17과 같다. 분모가 2이므로 반변이(semi-variance)라고도 한다.

$$s^2 = \frac{1}{2}\{z(x) - z(x + h)\}^2 \qquad (2\text{-}16)$$

$$s^{\overline{2}} = \frac{1}{2m}\sum_{i=1}^{m}\{z(x_i) - z(x_i + h)\}^2 \qquad (2\text{-}17)$$

만약, 측정지점이 그림 2-26과 같이 1차원으로 배치되어 있는 경우를 생각해 보자. 측정간격이 일정할 수도 있고(a), 다를 수도 있다(b). 단위 거리(1)만큼 떨어진 측정 값들만을 가지고 분산을 계산하면 수식 2-18와 같이 되고, 일반화하여 떨어진 거리(lag, 래그)가 h인 값들의 분산은 수식 2-19와 같다.

$$\hat{\gamma}(1) = \frac{1}{2(n - 1)}\sum_{i=1}^{n-1}\{z(i) - z(i + 1)\}^2 \qquad (2\text{-}18)$$

$$\hat{\gamma}(h) = \frac{1}{2(n - h)}\sum_{i=1}^{n-h}\{z(i) - z(i + h)\}^2 \qquad (2\text{-}19)$$

이차원, 즉 직교하는 두 방향으로 측정 값이 배열되어 있다면 래그 p, q에 해당하는 반변이는 수식 2-20과 같다.

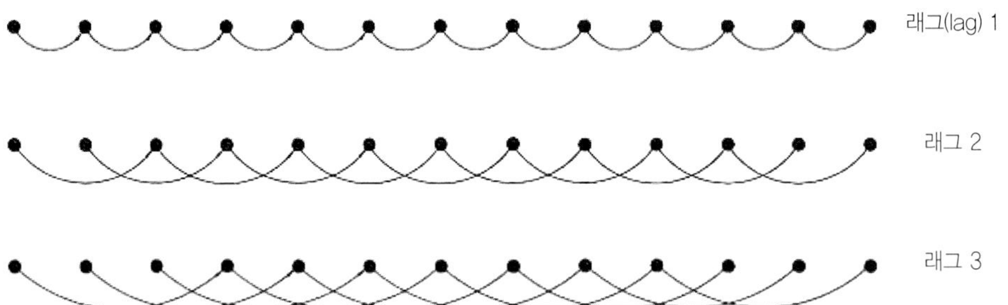

[그림 2-26] 직선적으로 배열된 측정값 간의 반변이 계산과정

$$\hat{\gamma}\,(p,q) = \frac{1}{2(m-p)(n-q)} \sum_{i=1}^{m-p} \sum_{j=1}^{n-q} \{z(i,j) - z(i+p,\,j+q)\}^2 \qquad (2\text{-}20)$$

$$\hat{\gamma}\,(p,-q) = \frac{1}{2(m-p)(n-q)} \sum_{i=1}^{m-p} \sum_{j=q+1}^{n} \{z(i,j) - z(i+p,\,j-q)\}^2$$

래그를 x축, 반변이를 y축에 나타낸 것이 베리오그램(Variogram 또는 Semi-variaogram)이라고 한다(그림 2-27). 베리오그램은 몇 가지 특성을 가지고 있는데, 이 특성으로 측정 값의 공간 변이구조를 알 수 있다. 래그가 증가할수록 일반적으로 반변이는 증가하다가 최대 값에 이르게 되는데 이 최대 반변이를 실(Sill)이라 한다. 이 실이 크면 측정 값의 전반적인 변이가 큰 것을 의미한다. 모든 측정 값들이 같은 값이라면, 실은 0이 될 것이다. 반변이가 증가하는 부분의 기울기는 측정 값들이 공간적으로 얼마나 빨리 변화하는가를 나타내는데, 기울기가 클수록 빨리 변한다. 예를 들어, 농경지에서 토양의 점토함량은 짧은 거리에서는 별 차이가 없고 비교적 멀리 떨어져야 어느 정도 차이를 보이지만(즉, 천천히 변하지만), 벼 수확량은 아주 작은 거리(약 10 m)에서도 수십%까지 차이가 있을 수 있다. 이러한 경우, 벼 수확량 반변이가 토양 점토함량 반변이보다 공간적으로 빠른 변화가 있어 반변이 변화기울기가 크고, 실에 빨리 도달한다. 실에서의 래그 값을 레인지(range)라고 하는데, 래그 값이 증가하더라도 더 이상 반변이가 증가하지 않기 때문에 측정값의 공간의존한계 값을 나타낸다.

베리오그램의 또 다른 특징은 래그가 0일 때의 반변이인데 이론적으로는 0이어야 한다.

하지만, 같은 지점에서 샘플링할 수 없어 lag=0일 때의 반변이는 이론식으로 모델링하여 반변이 축(y축)과 교차하는 지점의 반변이로 추정하게 된다. Lag가 0일 때의 반변이를 너겟(Nugget)변이라 하는데, 측정방법의 오차 또는 샘플링 간격보다 작

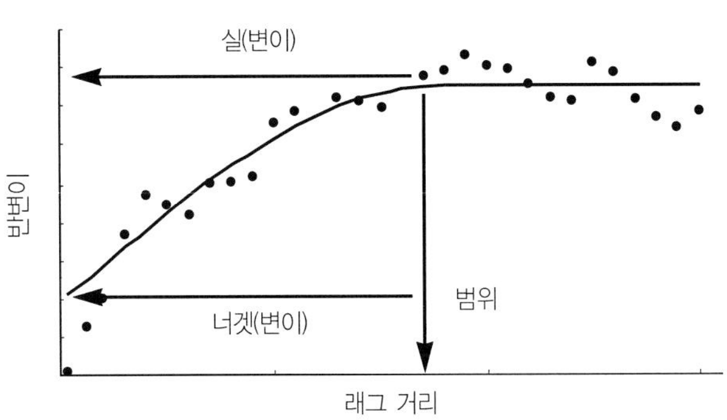

[그림 2-27] 전형적인 베리오그램

은 스케일(scale)로 존재하는 변이를 의미한다. 즉, 벼 수확량을 10m 격자단위로 측정하였을 경우, 10m 이내로 변하는 변이구조는 베리오그램에서 볼 수 없는데, 이러한 변이가 너겟으로 나타난다. 마지막으로, 너겟에서 실까지 변화하는 반변이 패턴이 반드시 직선적인 것은 아니고 다양한 패턴을 보이게 된다.

너겟, 실, 레인지, 너겟에서 실까지 변화하는 반변이의 패턴을 기초로 베리오그램을 수학식으로 모델링할 수 있다. 여러 가지 베리오그램 패턴이 그림 2-28에 제시되어 있고, 이를 수학식으로 모델링하면 다음과 같다. 여기서 r은 lag, a는 range, c는 sill이다.

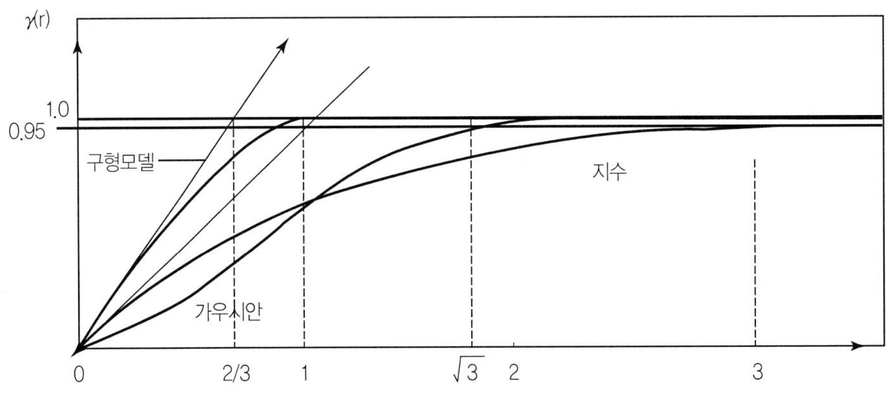

[그림 2-28] 다양한 베리오그램 패턴

• 제한선형모델(bounded linear model)

$$\begin{cases} \gamma(h) = c\ \dfrac{h}{a} & for\ h \leq a \\[2em] \gamma(h) = c & for\ h > a \end{cases} \qquad (2\text{--}21)$$

• 원형모델(circular model)

$$\begin{cases} \gamma(h) = c\ \{1 - \dfrac{2}{\pi}\ cos^{-1}\ \dfrac{h}{a} + \dfrac{2h}{\pi a}\ \sqrt{(1 - h^2/a^2)}\}\ for\ h \leq a \\[2em] \gamma(h) = c \qquad\qquad\qquad\qquad\qquad\qquad\qquad for\ h > a \end{cases} \qquad (2\text{--}22)$$

• 구형모델(spherical model)

$$\begin{cases} \gamma(h) = c\ \left\{ \dfrac{3h}{2a} - \dfrac{1}{2} \left(\dfrac{h}{a} \right)^3 \right\}\ for\ h \leq a \\[2em] \gamma(h) = c \qquad\qquad\qquad\qquad\quad for\ h > a \end{cases} \qquad (2\text{--}23)$$

• 가우시안모델(Gaussian model)

$$\begin{cases} \gamma(h) = 1 - exp(-r^2/a^2) & for\ h \leq a \\[2em] \gamma(h) = c & for\ h > a \end{cases} \qquad (2\text{--}24)$$

• 지수모델(exponential model)

$$\gamma(h) = c\,\{1 - exp(-h/r)\} \qquad (2\text{--}25)$$

• 비제한 선형모델(unbounded linear model)

$$\gamma(h) = wh \qquad (2\text{--}26)$$

• 누승모델(power model)

$$\gamma\,(h)\,=\,wh^a \qquad\qquad (2\text{-}27)$$

• 단순너겟모델(pure nugget model)

$$\gamma\,(h)\,=\,c_0\,\{1\,-\,\delta(h)\} \qquad\qquad (2\text{-}28)$$

베리오그램이 하나의 변이 구조를 나타낼 수도 있지만, 다수의 변이구조를 보일 수 도 있다. 예를 들어, 벼 수확량은 토양 점토성분에도 영향을 받고 비료성분에도 영향을 받기 때문에 이 두 가지 요인들에 의한 효과의 변이가 각각 다른 구조를 보일 수도 있다. 이러한 다수의 변이구조를 보이는 베리오그램은 수식(2-30)과 같이 여러 단순 베리오그램 모델(simple variogram model)을 결합한 안긴 베리오그램(nested variogram)으로 수식화된다. 그림 2-29는 구형모델과 가우시안 모델이 결합된 가우시안-구형모델을 보여주고 있으며, 수식(2-31)은 두 개의 구형모델을 결합한 형태이다.

$$\gamma\,(h)\,=\,r_1(h)\,+\,r_2(h)\,+\,r_3(h)\,+\,\cdots \qquad\qquad (2\text{-}29)$$

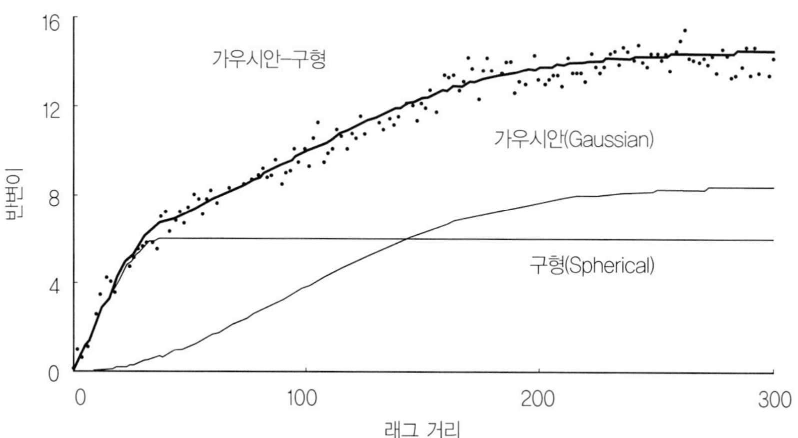

[그림 2-29] 가우시안 구조와 구형 구조가 복합적으로 존재하는 변이구조

$$
\begin{cases}
\gamma(h) = c_1\left\{\dfrac{3h}{2a_1} - \dfrac{1}{2}\left(\dfrac{h}{a_1}\right)^3\right\} + \left\{\dfrac{3h}{2a_2} - \dfrac{1}{2}\left(\dfrac{h}{a_2}\right)^3\right\} & \text{for } h \le a_1 \\[2em]
\gamma(h) = c_1 + c_2\left\{\dfrac{3h}{2a_2} - \dfrac{1}{2}\left(\dfrac{h}{a_2}\right)^3\right\} & \text{for } a_1 \angle h \le a_2 \quad (2\text{-}30) \\[2em]
\gamma(h) = c_1 + c_2 & \text{for } h > a_2
\end{cases}
$$

(2) 보간 및 지도화 기법

보간(interpolation)은 측정한 지점의 값을 이용하여 측정하지 않은 지점의 값을 추정하는 방법이고, 지도화(mapping)은 측정 값 또는 보간된 값을 지도의 형태로 표현하는 것이다. 보간법에는 최근린법(nearest neighbor), 지역평균법(local average), 역거리 가중치법(inverse distance weighting), 등고선법(contouring), 크리깅(Kriging)이 있다. 최근린법은 가장 가까운 샘플 값을 단순히 채택하는 방식이고, 지역평균법은 원하는 지점 주위 값들의 평균치를 채택하는 방식이다(그림 2-30). 역거리 가중치법은 지역평균법과 비슷하지만 단순히 평균을 구하는 것이 아니라 가까이 있는 샘플이 멀리 있는 샘플에 비하여 가중치를 크게 하는 방법이다. 지역평균법이나 역거리 가중치법을 사용할 경우 1) 어떤 점의 값을 추정하기 위하여 몇 개의 이웃 점을 사용할 것인지, 2) 각 이웃 점이 그 점의 값에 얼마

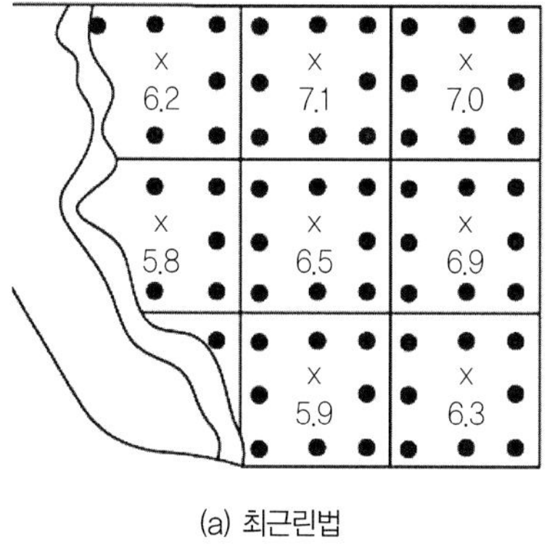

(a) 최근린법

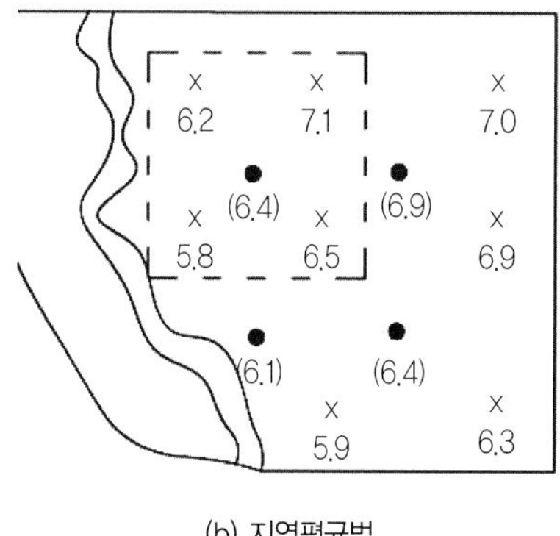

(b) 지역평균법

[그림 2-30] 보간법 사례(×는 샘플 위치, ●는 보간된 값)

나 기여하는지(가중치)를 사용자가 어떻게 선택하는가에 따라 지도의 모양이 달라지므로 신중하게 선택하여야 한다. 등고선법은 원래 지형지도상의 고도 차이를 디스플레이하기 위하여 개발되었으며, 같은 값을 가진 점들을 연결하여 등고선을 만드는 방법이다.

크리깅(Kriging)은 생물생산과 관련된 정보들의 자연적인 공간분포패턴을 잘 표현할 수 있는 방법으로 가장 많이 사용되면서 복잡한 보간법이다. 크리깅은 앞에서 설명한 데이터의 변이구조, 즉 베리오그램모델식을 이용한다. 즉, 래그가 비교적 작은 경우의 반변이 변화패턴, 레인지(range), 실(sill) 등을 이용하여 보간한다.

(3) GIS 이용 및 의사결정

GIS는 공간자료를 지도로 표현하거나(mapping), 데이터 간 관계분석을 통하여 사용자가 올바른 의사결정을 하는 데 도움을 준다. 예를 들어, 농경지 내 위치별 수확량의 차이를 보여주는 수확량 지도로 농경지 내에서 어느 부분이 문제가 있는지 파악할 수 있다. 여러 층(layer)의 데이터를 서로 비교하여 상호관계를 분석하기도 한다. 자료간 관계가 비선형이거나 이론식으로 설명하기에는 복잡한 생물생산작업 의사결정과정은 퍼지, 인공신경망, 전문가시스템 등 인공지능기법을 도입하기도 한다.

하나의 농경지에서 지도를 작성하려면 데이터레이어 생성, 데이터 입력, 데이터 정렬, 레이어 저장, 데이터 보간, 지도 디스플레이(모니터 또는 프린터)의 과정을 거치게 된다. 여러 데이터 종류에 대하여 이러한 과정을 반복적으로 수행하게 된다. 일반적으로 이용되는 데이터레이어는 농경지 경계 레이어, 토양 종류 레이어, 토양샘플 위치 레이어, 토양 영양분 레이어(각 영양분에 대하여 한 레이어 씩), 잡초 수 레이어, 수확량 레이어 등이 있다. GIS를 이용한 의사결정은 여러 가지 요인을 고려하여야 하는 복잡한 과정이다. 따라서 앞에서 설명한 바와 같이 광범위한 데이터베이스를 기반으로 하고 있으며 분석기법으로 인공지능까지도 이용되고 있다.

2.4.5 생물생산작업 및 정보이용

(1) 변량농작업

농경지를 주행하면서 원하는 위치에 원하는 양의 농자재를 투입하려면 농자재 투입량을 변화시키는 기능(변량형 기술, variable rate technology)이 정밀농업에서 꼭 필요하다. 미국 등 대규모 농지에서는 대규모 면적에 이 기술을 보급하기 위하여 위탁영농회사 등을 목표시장으로 하였다. 최근에는 변량형 비료, 제초제, 파종기에 적용하기 위한 농장 수준의 제어기가 시판되고 있다. 변량형 관수시스템과 변량형 가축분뇨 처리기도 개발되어 있다.

변량형 살포제어 결정은 센서를 기반으로(sensor-based) 실시간으로 할 수도 있고, 미리 정해진 농자재 투입 전자지도를 기반으로(map-based) 수행할 수도 있다(그림 2-31). 센서를 기반으로 한 접근방법인 온라인(on-line) 방식에서는 제어장비에 센서가 장착되어 센서데이터를 자동제어에 바로 사용한다. 지도를 기반으로 하는 접근방법인 오프라인(off-line)방식에서는 농작업을 수행하면서 데이터를 수집·저장하고 다른 농작업에서 이 정보를 이용하여 제어장비를 운영하게 된다. 지도를 기반으로 한 작업은 자료의 조작과 처리에 보다 많은 유연성이 있지만 GPS와 같이 포장 내 위치를 정확하게 인식할 수 있는 위치측정장비가 필요하다. 현재 사용되는 대부분의 시스템은 오프라인 방식이지만 실시간 센싱기술이 발달함에 따라 온라인시스템을 사용하게 될 것으로 전망된다. 맵(map)을

[그림 2-31] 변량농작업의 예

사용하는 방법과 실시간 데이터를 처리하는 방법을 조합한 혼합시스템이 보다 넓게 이용될 것이다.

Morgan과 Ess(1997)는 지도를 기반으로 하는 시스템의 장·단점을 다음과 같이 요약하였다.

① 지도기반시스템의 장점
- 현재 사용할 수 없는 토양이나 식물체 센서가 없어도 된다.
- 필요한 농자재의 양을 살포 전에 계산할 수 있다.
- 데이터를 수집하고 심층적인 데이터 분석과 처리가 가능하여 보다 나은 결과를 가져올 수 있다.
- 시스템이 다음 위치에서 필요로 하는 살포량을 알고 있기 때문에 시간지연에 따른 오차를 줄일 수 있다.

② 지도기반시스템의 단점
- GPS와 같은 위치측정시스템이 필요하다.
- 데이터나 샘플을 수집, 분석하여야 하고, 맵핑에 맞도록 결과를 정리하여야 한다.
- 지도작성을 위하여 특정 소프트웨어(그리고 이를 실행할 수 있는 지식)가 필요하다.
- 데이터의 수집 및 농자재 살포 시 위치정보 오차로 정확하지 못할 수 있다.
- 이산적인 보간, 살포량 지도 생성은 샘플지점 간 위치에러를 발생시킬 수 있다.
- 급격하게 변하는 특징(예를 들면, 토양 질산염 양)의 살포제어에 적당하지 않다.

VRT 시스템의 개발과 완성을 위하여 수많은 공학적인 도전이 필요하다. 이러한 시스템에서의 물리적인 연결과 데이터의 흐름은 매우 복잡하다(그림 2-32). 일반적인 VRT 시스템은 사무실에서 할 일(office tasks)과 작업기에서 할 일(vehicle tasks) 두 가지로 나누어진다. 사무실 일은 입력자료의 해석, 경영계획의 개발, 살포량 지도 결정 등을 포함하고, 작업기에서 할 일은 탑재 센서와 비료, 농약 등 포장에 투입할 농자재 투입 구동기를 살포량 지도와 결합하여 사용하는 일이다. 모든 VRT 시스템에서 그림 2-32에 나타난 일반적인 구성도를 따르는 것은 아니다. 예를 들면, 특정 시스템에서는 온라인센서를 포함하지 않는 것도 있고, 실제적인 살포량 지도를 생성하지 않는 것도 있다.

VRT 시스템은 생물생산작업에 모두 적용할 수 있다. 예를 들어, 토양 다짐 정도에 따라

경운 깊이와 유무 변경, 토양 양분 및 수분에 따라 파종량과 깊이 변경, 토양 유기물에 따라 제초제나 비료 살포량을 변경할 수 있다. 또한, 이러한 변량형 농작업의 개념은 논, 밭뿐 아니라 과수, 시설하우스, 축산 농작업에도 마찬가지로 적용할 수 있다. 이러한 기능을 수행하려면, 기존 생물생산작업기에 농자재 투입 추천 지도 또는 실시간 센서, 실제 투입량 모니터링센서, 위치측정 장비(예, GPS), 주행속도 센서, 투입량 조절 구동기(actuator) 등의 구성요소가 추가로 필요하다. 투입량 조절방법은 투입되는 농자재의 종류에 따라 달라지는데, 종자와 입상화학제(granular chemical)는 입제배출장치(예, 홈 롤러), 액제 비료

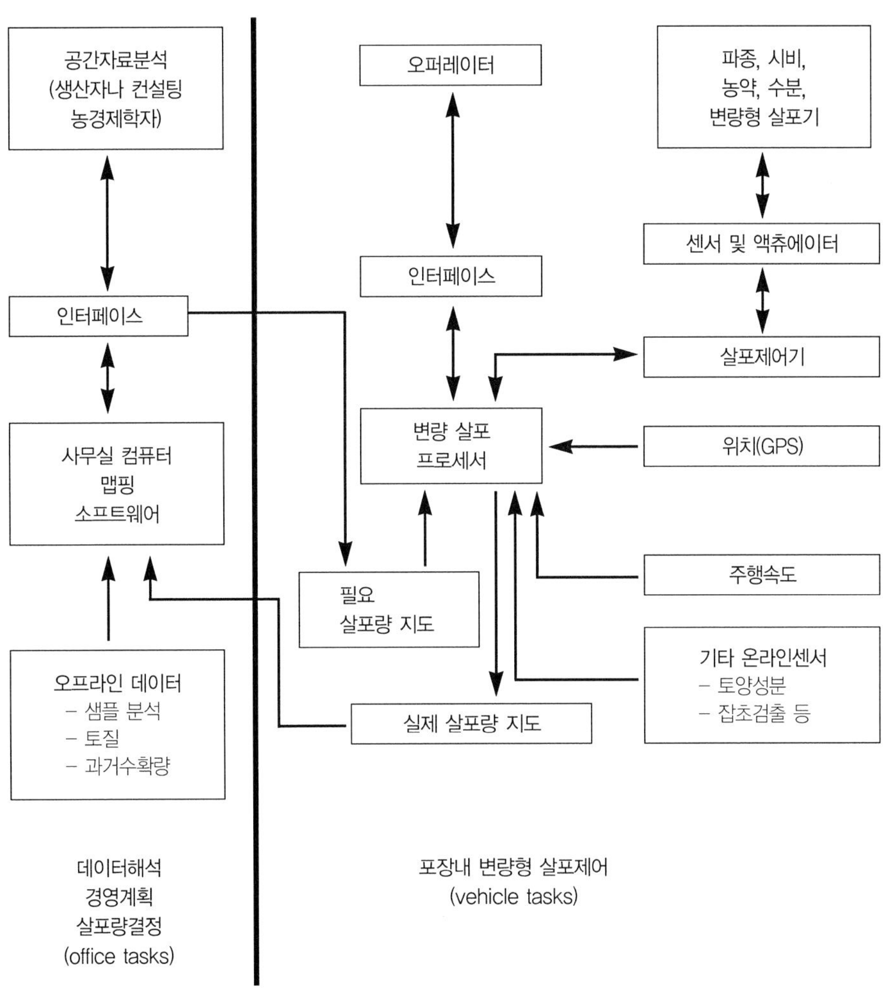

[그림 2-32] VRT 시스템에서의 일반적인 자료흐름

는 약액 배관이나 노즐의 열린 정도,
또는 노즐의 분무압력을 조절하게 된
다. 그림 2-33은 토양샘플로 미리
조사된 양분상태에 따라 벼 이앙과
동시에 전기모터로 홈 롤러 회전속도
를 변경시켜 입제비료 살포량을 조절
하는 시스템이고, 그림 2-34는 붐형
액제 변량살포를 위한 구성요소를 나
타내고 있다.

[**그림 2-33**] 전자지도기반 이앙동시 입제비료 변량살포기

시판되는 VRT 장치는 중앙집중형이나 분산형 제어시스템 구조를 가지고 있다. 중앙 집
중형 제어장치에서는 단일 제어기가 차량캡에 탑재되고 전용선을 통하여 센서와 액츄에

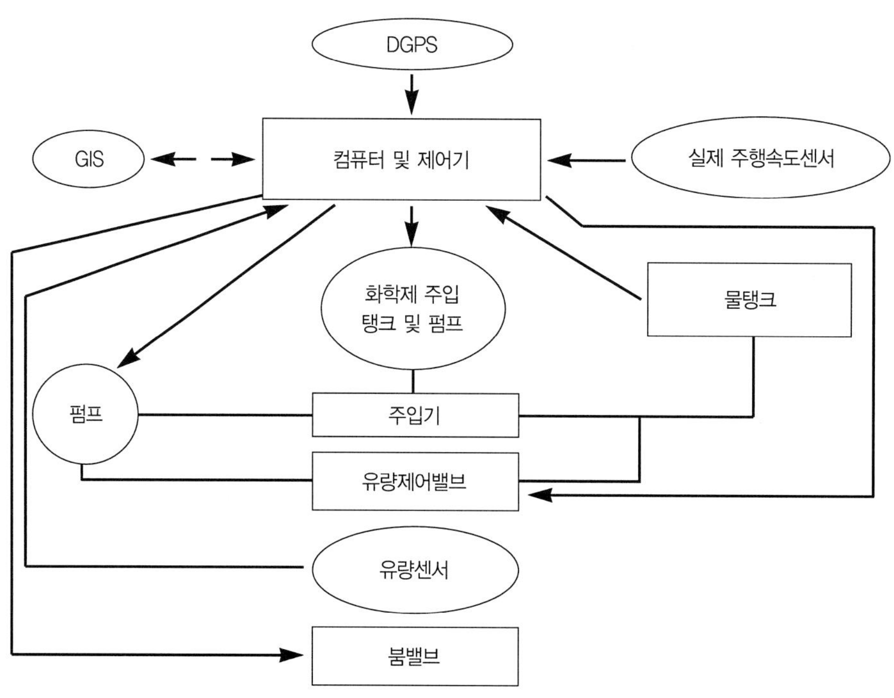

[**그림 2-34**] 붐형 액제 살포기의 구성도

이터를 구동한다. 이러한 예는 분무량 전용 제어기나 파종량 전용 제어기를 들 수 있다. 분산형 구조에서는, 사용자 캡 안에 있는 인터페이스 콘솔이 여러 개의 디지털 제어기와 통신하는 형태이며, 각 제어기는 한 개 또는 몇 개의 처리과정을 모니터링하고 제어한다. VRT 시스템 구성요소 간의 호환성을 높이기 위하여 농기계 산업에 종사하는 많은 사람들은 이동식 장비를 위한 표준 전자통신규약(프로토콜)을 개발하기 위하여 노력해 왔다. Bosch가 1991년 개발한 CAN(Controller Area Network) 통신규약을 이용하여 Stone과 Zachos(1993)는 농기계를 위한 J1939/ISO11783 작업기 네트워크 표준을 개발하였다. 이 표준 규약은 데이터 버스를 통하여 전송된 정보와 관련된 정밀농업 분야를 지원할 뿐만 아니라 이러한 메시지를 작동시키는 편리한 장비들을 설계하는 데에도 사용된다.

(2) 생산환경 모니터링 및 제어

각종 센서 및 통신기술의 발달로 생물생산 작업 및 생산환경을 모니터링하고 제어하는 단계에 있다. 센서의 종류에는 앞에서 설명한 토양 이·화학성, 작물생육을 위한 기종 외에도 토양·수질 오염도, 기상(온도, 습도, 일조량, 풍량 등) 측정용 센서들이 있다. 생물생산이 이루어지는 지역의 여러 지점에 이러한 센서들을 배치하고 유비쿼터스센서 네트워크 기술을 이용하여 센서 출력 값을 취득하여, 작업 및 환경 조건의 변화를 모니터링하고, 필요한 작업지시도 할 수 있다. 하우스 개폐, 수분 및 양분 공급 등의 작업이 그 예이다. 통신기술도 관행의 유선통신에서 점차 무선랜, 핸드폰, 인터넷 등을 이용한 대용량 무선통신의 방향으로 발전하고 있다. 유비쿼터스센서 네트워크 및 무선통신을 이용한 생산환경 모니터링 및 제어는 다수의 재배시설 및 지역으로 확장이 용이하다는 장점이 있다. 그림 2-35는 원예작물 및 축산 시설에 이러한 기술을 적용하는 개념도이다.

(3) 정보를 이용한 인증 및 생산이력관리

생물생산작업 및 환경에서 취득한 정보를 관계기관 및 소비자에게 제공하는 추세로 변하고 있다. 첫째, 관계기관에 제출하는 경우에는 농축산물 품질 또는 친환경재배 인증을 위한 객관적인 자료로 이용한다. 유럽의 경우 농경지에서 얻어진 화학제 살포량 데이터 등을 제출하여 친환경이나 품질인증을 받고 있으며 미국의 경우에도 친환경농가로 인정

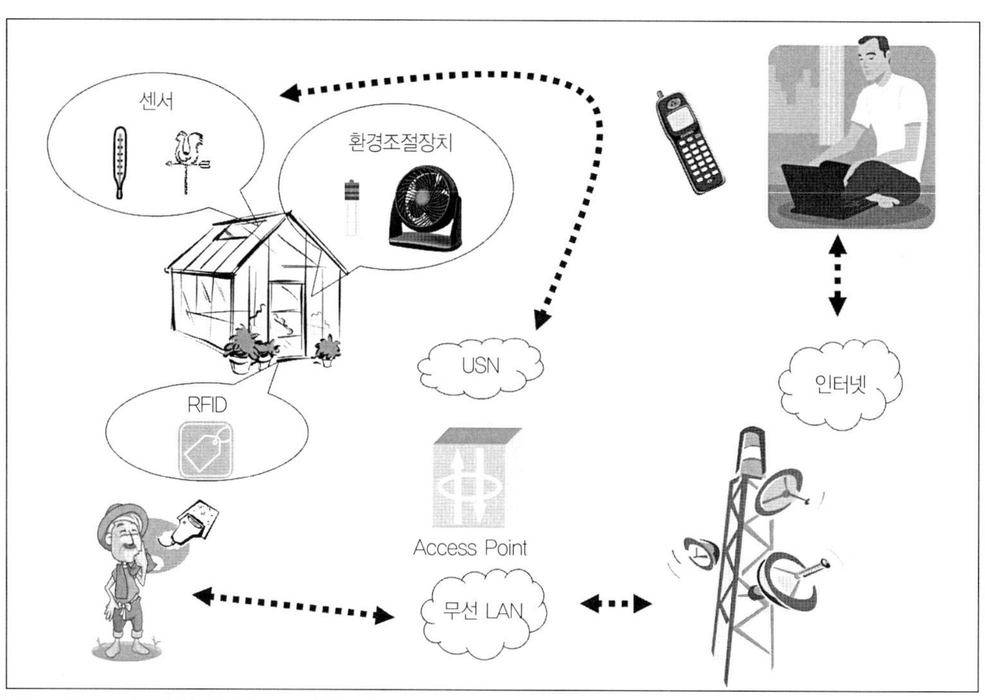

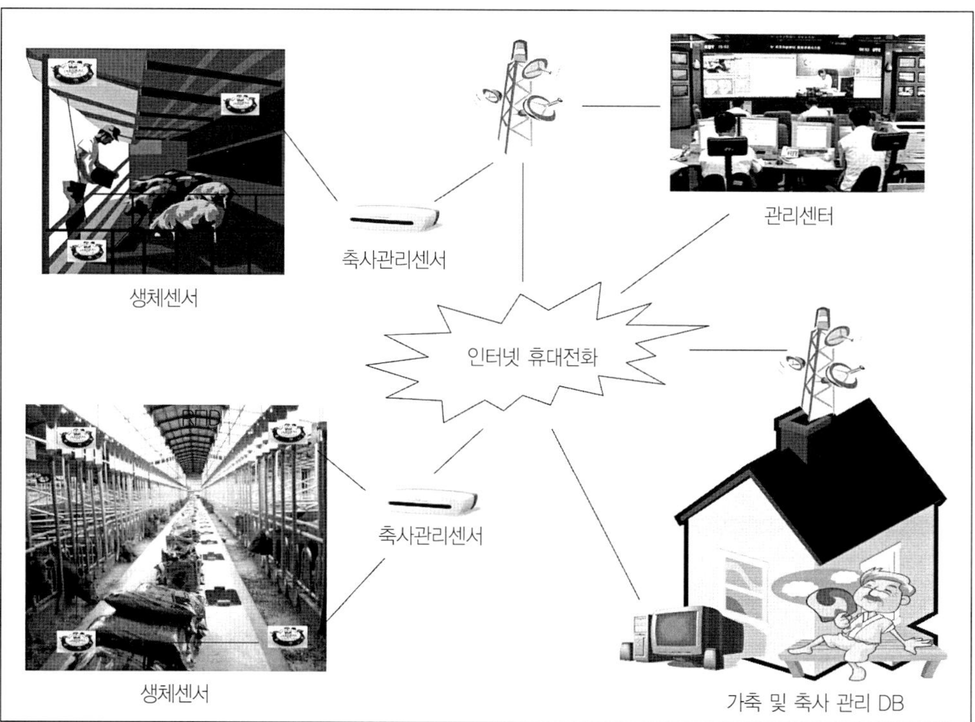

[**그림 2-35**] 유비쿼터스 센서 네트워크와 무선통신을 이용한 원예시설(상) 및 축산시설(하) 작업 및 환경 모니터링과 제어 개념도

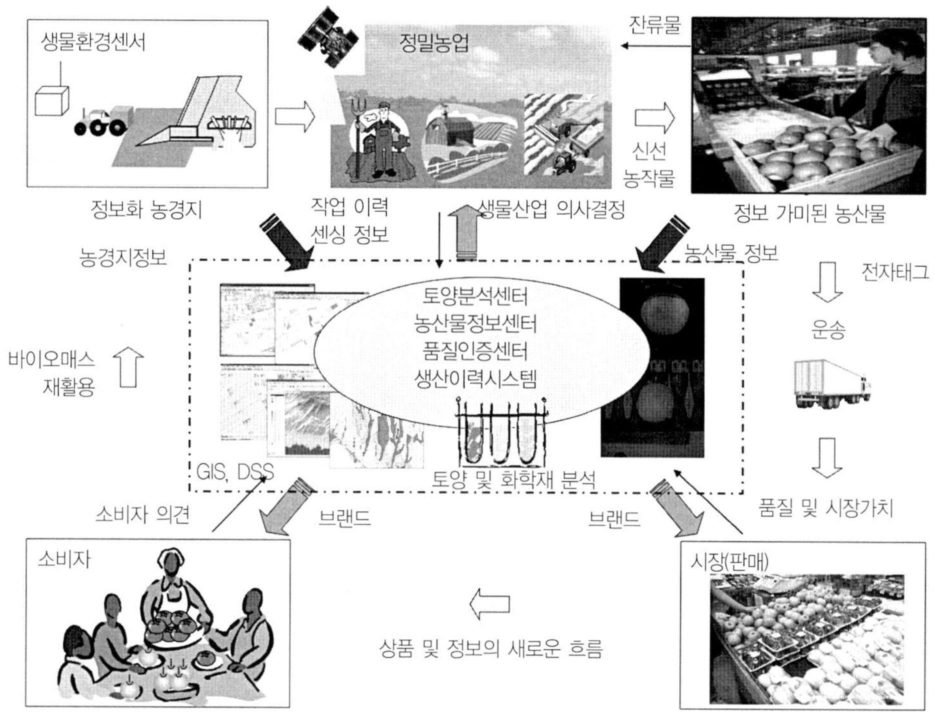

[그림 2-36] 생물생산 재배환경 및 작업이력자료가 제공되는 농축산물 품질인증 및 생산이력제의 개념(소비자는 RFID 판독기, 인터넷, 휴대폰 등을 통하여 이력정보 확인)

받아서 정부보조를 받기 위하여 취득한 농경지와 작물생육 정보를 근거 자료로 제출한다. 둘째, 생산이력제 등을 통하여 재배이력을 소비자에게 제공하는 것이다. 최근 전 세계적으로 확대되고 있는 농축산물 생산이력시스템이 좋은 예가 될 것이다. 그림 2-36에서 보는 바와 같이 재배과정에서부터 소비자의 식탁에 오를 때까지 모든 과정의 정보를 소비자에게 제공되는 통합 생산이력시스템에서 생물환경 정보는 가장 기본이 되는 자료가 된다. 재배과정의 정보, 즉 생물환경정보로부터 소비자는 내가 먹고 있는 제품이 친환경적으로, 안전하고 청결하게 재배되었다는 것을 믿게 된다.

2-1 어느 농업인이 보행용 이앙기를 이용하여 이앙작업을 한다. 아침 7시에 기계 차고에서 논으로 출발한 다음에 오후 5시에 돌아와서 매일 점검을 마치니 오후 6시가 되었다. 실제 논에 기계가 작업한 시간은 8시간이었다. 8시간 중에서 선회하는 데 20분, 묘 공급에 40분, 논 안에서 이앙기의 점검하고 휴식하는 데 80분을 사용하였다. 이앙기의 작업폭은 1.8 m이고 작업속도는 5.4 km/hr라고 한다. 다음을 계산하시오.

① 이론포장능률
② 포장효율
③ 유효포장능률
④ 실작업율
⑤ 하루 작업한 면적

2-2 우리 나라는 콤바인의 작업능률을 시간당 작업면적으로 표시하는데, 구미에서는 시간당 수확한 무게로 표시한다. 작업능률의 표시방법으로 두 가지 방법의 장단점을 비교하시오. 이러한 관행의 차이가 있는 이유를 추정해 보시오.

2-3 트랙터의 연간 이용시간이 경운에 100시간, 쇄토에 140시간, 균평에 180시간, 운반에 120시간, 방제에 40시간이었다. 트랙터의 가격이 2,500만 원, 연간 고정비의 비율은 22%라고 한다. 트랙터의 작업시간당 고정비를 구하시오.

2-4 25 ha의 논을 확보한 농업인이 4조형 콤바인과 6조형 콤바인 중에서 하나를 선택하고자 한다. 4조 콤바인의 가격은 2,800만 원, 작업폭은 1.2 m, 작업속도는 1.4 m/s이며 70마력 가솔린 엔진을 탑재하였다. 6조 콤바인의 가격은 6500만 원, 작업폭은 1.8 m, 작업속도 1.5 m/s이며 100마력 가솔린 엔진을 탑재하였다. 콤바인의 부하율은 최대 출력의 70%라고 한다. 수확작업의 포장효율과 실작업율, 작업가능일수율, 작업기간, 하루 작업시간은 각각 0.7, 0.7, 0.7, 20일, 10시간으로 같다. 작업자의 인건비는 6만 원, 휘발유의 리터당 가격은 500원, 엔진의 연료소모율은 0.3 l/ps/hr이고 임작업료는 45만 원/ha이다. 산물형 콤바인으로 보조작업자는 필요 없다고 할 때 다음을 계산하시오.

① 4조와 6조 콤바인의 부담면적
② 4조와 6조 콤바인의 손익분기면적
③ 경제적인 콤바인은 어떤 것이며, 25 ha 논을 기계로 수확하는 경우 임작업시키는 데

비하여 절감된 비용

④ 25 ha 논을 작업하면서 운전자가 받는 노임

2-5 실작업시간율과 포장효율을 높이는 방법을 조사하시오.

2-6 농기계관련 교통사고의 기종별, 계절별, 하루 중 시간별 사고빈도를 조사하고 사고를 줄일 수 있는 방법을 조사하시오.

2-7 트랙터와 콤바인, 이앙기의 교통사고를 제외한 작업 중 안전사고의 유형에 대하여 조사하고 이를 방지하기 위한 대책을 논의하시오.

2-8 농업기계도 PL법을 적용받는다. 트랙터와 콤바인의 안전경고판에 어떤 것이 있는지 조사하고 농업기계공학도로서 경고판이 인식하기 쉬운지를 평가하시오.

2-9 정보기반형 생물산업(정밀농업)의 개념과 장·단점을 인력 중심의 농업(인력농업) 및 기술중심의 농업(기계화농업)과 비교 설명하시오.

2-10 GPS 수신기에서 위성까지의 거리를 계산하는 데 C/A PRN 코드를 사용할 경우, GPS 수신기 또는 위성시계의 오차로 C/A PRN 코드 차이를 1비트 잘못 계산하였다면, 이로 인한 거리측정오차는 얼마만큼 증가하는지 설명하라.

2-11 현재 판매되고 있는 GPS 수신기 1종에 대하여 정밀도를 조사하시오.

2-12 원격탐사 영상센서가 100만 화소(1000×1000 pixels)를 촬영한다면, 100 m × 30 m 크기의 농경지 1필지를 1회에 촬영하기 위한 탑재체의 고도를 구하시오.

2-13 수확량 지도작성 오차를 줄이는 방법에 대하여 조사하라.

2-14 농경지에서 100 m 일직선상에서 1 m 간격으로 원추지수를 측정하였다. 원추지수 값이 최초 5지점에서 1, 2, 3, 4, 5 MPa으로 각각 측정되었고 이러한 패턴이 계속 반복되었다. 다음을 구하시오.

① 래그간격을 1 m로 하고 래그 값이 20 m까지 반변이를 계산하고 베리오그램을 완성하시오.

② 래그 간격을 100 m로 하고 반변이를 계산하시오.

③ 분산을 구하고 ②에서 구한 반변이와 비교하시오.

2-15 농경지에서 여러 지점의 토양샘플을 채취하고 토양의 유기물과 유효규산함량으로 질소비료 살포량을 다르게 추천하고자 한다. 단위 면적(10 a)당 추천 질소비료 살포량이 평균 10 kg, 표준편차 1 kg인 정규분포를 따른다고 가정하고 다음을 구하시오.

① 12 kg/10 a를 균일하게 살포하는 관행방법에 비하여, 질소비료 살포량을 몇 % 줄일 수 있는지 구하시오.

② 위치별 살포량을 조절하여 살포된 질소비료가 100% 작물생육에 이용된다면, 10 kg/10 a를 균일하게 살포하는 관행방법에 비하여, 질소비료 낭비(또는 환경오염)를 몇 % 줄일 수 있는지 구하시오.

참고문헌

농업기계화연구소. 1999. 정밀농업과 기계기술 개발전략. **국제 세미나 자료집**. 수원.

박원규, 정선옥, 성제훈, 김학진, 김영근. 2000. **정밀농업을 위한 농업기계 시스템**. 서원출판사. 서울.

전기전자 및 컴퓨터공학부 교재편찬위원회. 2000. **정보공학입문**. 성균관대학교 출판부. 서울

Brase, T. A. 2005. *Precision Agriculture*. Thomson Delmar Learning. NY. USA.

Committee on Assessing Crop Yield: Site–Specific Farming, Information Systems, and Research Opportunities, Board on Agriculture, National Research Council. 1997. *Precision Agriculture in the 21st Century*. National Academy Press. Washington, DC. USA

DeMers, M. N. 1999. *Fundamentals of Geographic Information System*, 2nd Edition. John Wiley & Sons, Inc. NY. USA.

Jensen, J. R. 2000. *Remote Sensing of the Environment: An Earth Resource Perspective*. Prentice Hall. NJ. USA.

Journel, A. G. and C. J. Huijbregts. 1978. *Mining Geostatistics*. Academic Press. London, UK.

Leick, A. 1995. *GPS Satellite Surveying*, 2nd Edition. John Wiley & Sons Inc. NY. USA.

Morgan, M. and D. Ess. 1997. *The Precision–farming Guide for Agriculturists*. Deere & Company. IL. USA.

Pierce, F. J. and E. J. Sadler. 1997. *The State of Site–Specific Management for Agriculture*. ASA–CSSA–SSSA. WI. USA.

Webster, R. and M. A. Oliver. 1990. *Statistical Methods in Soil and Land Resource Survey*. Oxford University Press. NY. USA.

Bio-production Machinery Engineering

Chapter **03** 토양작업기계

01 토양–기계 상호작용

02 경운작업기계

03 정지작업기계

04 중경제초기계

Chapter 03

토양작업기계

3.1 토양-기계 상호작용

3.1.1 토양의 기본 구조 및 정적 성질

(1) 토양의 구성

자연상태의 토양은 고상, 액상, 기상이 섞여 있는 형상이지만, 구성성분 간의 부피 및 질량관계를 설명하기 위하여 모형화하면 그림 3-1과 같다. 공기의 질량은 고체와 물에 비하여 무시할 수 있다. 일반적으로 공극이 크면 토양의 투수성과 통기성이 높아져 작물생

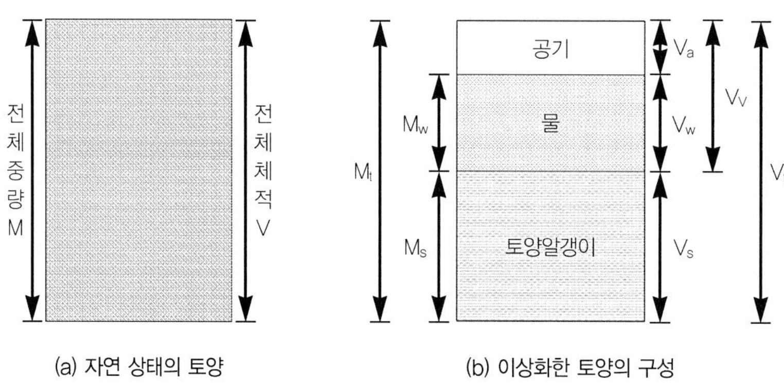

[그림 3-1] 토양 3상 구성모형

육에 좋으나, 보수성이 낮아지고 건조 토양의 경우 모관수에 의한 수분 공급이 약화되어 바람에 의한 토양유실의 원인이 된다. 다음에 정의된 변수 가운데 공극률, 용적밀도, 용적수분함량, 중량수분함량이 보편적으로 많이 사용된다.

- 평균 입자밀도 : $\rho_s = M_s/V_s$, 약 2.6~2.7 mg/cm³
- 건조용적밀도(dry bulk density) : $\rho_b = M_s/V = M_s/(V_s+V_a+V_w)$
- 습윤용적밀도(wet bulk density) : $\rho_t = M_t/V = (M_s+M_w)/(V_s+V_a+V_w)$
- 공극률(porosity) : $f = V_f/V = (V_a+V_w)/(V_s+V_a+V_w)$, 약 0.3~0.6(30~60%)
- 공극비(void ratio) : $e = (V_a+V_w)/V_s = V_f/(V-V_f)$, 약 0.3~2.0
- 중력수분함량(gravimetric water content) : $w = M_w/M_s$, 약 25~60%
- 용적수분함량(volumetric water content) : $\theta = V_w/V = V_w/(V_s+V_f)$
- 포화도(degree of saturation) : $s = V_w/V_f = V_w/(V_a+V_w)$, 0~1
- 공기충전공극률(air-filled porosity) : $f_a = V_a/V = V_a/(V_s+V_a+V_w)$
- 공극률과 공극비 : $e = f/(1-f)$, $f = e/(1+e)$
- 용적수분함량과 포화도 : $\theta = s_f$, $s = \theta/f$
- 공극률과 용적밀도 : $f = (\rho_s-\rho_b)/\rho_s = 1-\rho_b/\rho_s$, $\rho_b = (1-f)\rho_s$
- 중력수분함량과 용적수분함량 : $\theta = w\rho_b/\rho_w$, $w = \theta\rho_w/\rho_b$
- 용적수분함량, 공기함량, 포화도 : $f_a = f-\theta = f(1-s)$, $\theta = f-f_a$

(2) 토성

토성(soil texture)은 토양 중 입자들의 크기범위를 나타내는데, (1) 정성적으로는 토양이 거칠고 모래 같거나, 또는 미세하고 부드럽거나 하는 토양물질의 촉감을 나타내고, (2) 정량적으로는 측정된 입자크기의 분포나 분포비율을 말한다. 토양입자의 크기를 구분하는 전통적인 방법은 모래, 미사, 점토 세 가지 입자 크기로 정렬하여 나누는 것이다. 입자크기의 분류에 대하여 보편적으로 받아들이는 체계적인 분류법은 아직 없으며, 연구자들 마다 사용하는 기준이 다르다(표 3-1). 예컨대 미국 농무부(USDA)와 국제 토양학회(ISSS)의 분류방법은 서로 다르다.

토양에는 토양과 같이 반응하지 않는 커다란 암석 덩어리를 포함하고 있다. 따라서 지름 2mm 이하의 입자들로 토양물질을 정의하는 것이 보편적이다. 일반적으로, 더 커다란

[**표 3-1**] 입경분포에 다른 토양의 분류

입자의 지름(대수 눈금) (mm)

| 0.001 | 0.01 | 0.1 | 1.0 | 10.0 |

			극세립	세립	중립	조립	극조립	
USDA	점토	미사			모래			자갈
ISSS	점토	미사	세립		조립		자갈
				모래			

물질을 순서대로 자갈(gravel), 돌(stone), 바위(rock) 등으로 정의한다. 일반적으로, 토양 물질로 인식되는 가장 큰 입자의 집단은 모래(sand)인데, USDA 분류법에 의하면 입자 지름이 50~2000 μm인 것으로 정의된다. 모래 다음의 입자는 모래와 점토(clay)의 중간 크기 입자들로 구성되는 미사(silt)이다. 미사입자는 모래와 비슷하지만, 모래보다 더 작고 단위 질량당 표면적이 더 크다. 그리고 점착성 있는 점토로 강하게 피복되어 있기도 한데 점토의 물리·화학적 특성을 어느 정도 나타내기도 한다. 점토는 2 μm 이하의 입자들로 구성되어 있는 교질 부분이다. 점토는 단위 질량당 표면적이 매우 커서 물리·화학적인 활성도를 결정하므로, 토양행동에 가장 큰 영향을 끼치는 결정적인 요소이다. 점토 입자는 물과 수화물을 흡수하므로, 습윤할 때에는 토양을 팽창시키고, 건조할 때에는 수축시킨다. 점토 입자는 독특하게 음전하를 띠고 있어, 수화되었을 때에는 주변 용액 중에 있는 치환 이온들과 전기적 이중층을 형성한다.

토성 분류는 모래, 미사 및 점토의 세 가지 성분의 질량비율을 기초로 하여 명명된다.

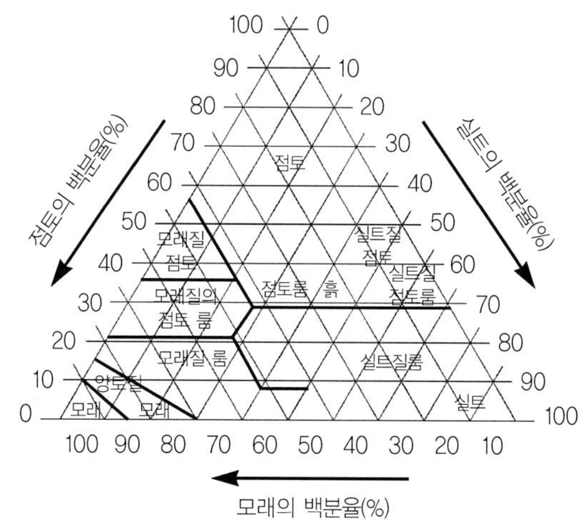

[**그림 3-2**] 토양구분 삼각 도표(USDA법)

토양이 어느 토성에 속하는지 알아보기 위하여 우선 입도분석을 통하여 모래, 미사, 점토의 비율을 구하고 그림 3-2와 같은 삼각도표를 이용한다. 예를 들어, 어떤 토양이 모래 50%, 미사 20% 및 점토 30%로 구성되어 있다면, 삼각형 밑변의 왼쪽 끝은 100%, 오른쪽 끝은 0%의 모래함량을 나타내므로, 삼각형 밑변에서 50% 되는 지점을 찾아서 그 지점으로부터 모래 0%인 선과 평행하게 왼쪽으로 비스듬히 올라간다. 다음에 삼각형의 왼쪽 변이 미사 0%선과 평행한 미사 20%선을 확인한다. 두 선이 서로 교차되는 지점은 점토 30%선과 만나는 지점이 되며, 이 지점이 상기 예에서 찾고자 하는 지점이다. 이 경우 토양은 모래질의 점토롬의 영역 내에 포함되게 된다.

(3) 입자크기분포

입자크기분포(particle size distribution)로 얻을 수 있는 정보들은 토양이 일정한 크기의 입자 집단들로 구성되었는지, 또는 크고 작은 입자들의 연속적인 배열상태로 구성되었는지 등이다. 이러한 개념을 균질성지수(uniformity index, Iu)로 나타내는데, 입자들의 10%를 함유하는 지름(d10)에 대한 60%를 함유하는 지름(d60)의 비율을 말한다. 만일, 아주 동일한 크기의 입자들로 구성되어 있는 토양이 존재한다면 Iu값은 1.0이 될 것이고, 넓은 범위의 입자크기를 포함한 토양의 Iu값이 1,000 이상이 된다.

입도분포를 결정하는 방법에는 체분석법(sieve analysis)과 비중계 시험법(hydrometer analysis)이 있다. 체분석법은 눈금크기가 다른 일련의 체에 건조시료를 넣고 진동시켜 통과시킨 후 각 체에 남아 있는 토양의 무게로 입도분포를 구하는 방법이고, 비중계 시험법(또는 피펫 분석법, pipette analysis)은 0.05mm보다 작은 입자에 대하여 실시하는데 토양입자가 물 속에서 가라앉는 침강속도가 토양입자의 모양, 크기, 무게에 따라 다르다는 것을 이용한다. 비중계 시험법은 (1) 토양시료에서 유기물과 작물 잔유성분을 제거하고, (2) 현탁액으로 분산시키고, (3) 일정 크기의 용기에서 충분히 교란시킨 후, (4) 정해진 깊이에서 정해진 시간에 정해진 양의 샘플을 피펫으로 채취하여, (5) 건조 후 질량비로 입자크기분포를 구하게 된다. 이때 사용되는 원리가 물 속에서 침강하는 속도로부터 입경을 계산할 수 있는 스토크(Stokes)법칙이다. 스토크법칙으로부터 유도된 침강시간과 입경(d)의 관계는 식 3-1과 같다.

$$d = [18h\eta/tg(p_s - p_f)]^{1/2} \qquad (3\text{-}1)$$

여기서, h = 침강 높이
η = 유체의 점성
t = 침강 시간
g = 중력가속도
p_s = 고체 밀도
p_f = 유체 밀도

3.1.2 토양의 동적 성질

(1) 토양강도 특성

토양강도 특성과 관련된 토양변수는 토양-토양 내부마찰각, 점착력, 토양-작업기 마찰각, 부착력 등이다. 강도측정의 궁극적 목표는 구조물의 지지력, 차량의 주행 및 견인 성능, 작업기의 경운 저항 등을 계산하는 데 필요한 토양강도의 특성 값을 제공하는 데 있다. 점착력이 큰 토양은 대체로 토양을 상호간에 결합 또는 접합하는 효과를 가진 점토의 함량이 많은 반면에, 건조한 사토는 일반적으로 점착력이 없어 전단에 대한 저항은 입자 간의 활동과 회전으로 인한 입자 간 마찰에 의한 것이다. 조밀한 사토는 전단하는 동안 실질적으로 팽창하고, 습한 사토는 입자 간 요철 부위에서 물의 표면장력효과로 겉보기 점착력을 갖게 한다. 전단파괴를 측정하는 간단한 방법은 파괴면을 미리 정하고, 수직응력이 다른 여러 시료에서 파괴시키는 데 필요한 전단응력을 측정하는 것이다. 이 값들을 좌표로 나타내고 이 점들을 이은 포락선을 회귀시켜 전단저항축 절편과 기울기로 c와 φ를 구할 수 있다.

실험실에서 c와 φ를 구할 수 있는 장치로 직접전단시험기(direct shear tester)가 있다. 직접 전단시험기는 그림 3-3과 같이 용적 밀도를 알고 있는 토양시료 박스를 이용한다. 다공질판을 시료 위에 놓아 그 위로부터 수직응력을 가하는 동시에 수평방향으로 전단력을 가한다. 변형이 증가함에 따라 전단력이 점차 증가하다가 전단파괴가 일어난 후에는

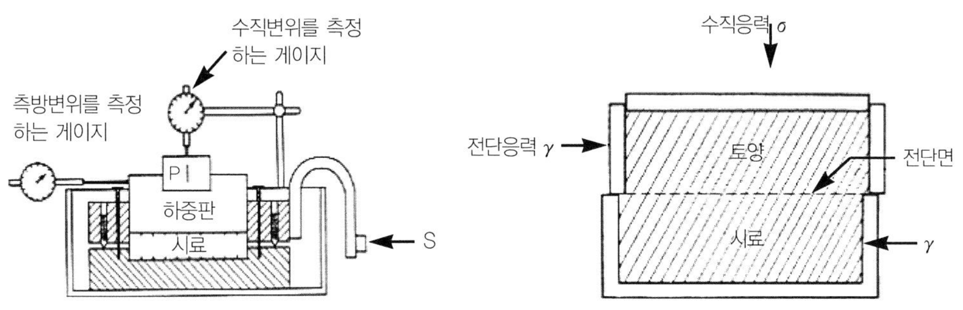

[**그림 3-3**] 직접전단시험기 및 토양파괴면모형

더 이상 증가하지 않게 되는데, 이 최대 전단력을 파괴단면적으로 나누면 전단강도를 구할 수 있다. 직접전단시험은 시험기간 중 전단면이 일정하지 않아 수직 또는 접선방향의 힘이 일정하더라도 응력이 변할 수 있고, 시료박스의 크기와 모양이 시험 결과에 영향을 줄 수 있다는 단점이 있다.

전단강도를 측정하는 보다 기본적인 방법으로 3축 전단시험기(triaxial shear tester)가 있다. 이 장치의 장점은 배수조건을 조절할 수 있고, 파괴면이 미리 정해지지 않고 자연상태와 유사하여, 현장에서의 응력상태를 재현할 수 있다는 점이다. 시료를 압축실 내에 위치해 놓고 파괴될 때까지 응력을 점차 증가시킨다. 포화상태의 시료는 시험기간 동안 시료에서 추출되는 물의 양에 의하여 용적 변화가 측정된다. 공극수압을 측정하기 위하여 배수관이 압력계에 연결되어 있다. 불포화 시료의 경우, 장력계로 측정기간 동안 매트릭 흡인력의 변화를 측정한다.

전단강도의 현장 측정은 실험실 시험에 비하여 빠르고 비용이 절감되며 자연상태의 토양을 사용하는 장점이 있으나, 3축 압축시험에서와 같이 응력이나 공극수압의 제어가 불가능하여, 정확도가 떨어질 수 있다. 그림 3-4에는 가장 널리 사용되고 있는 현장측정장치들을 보여주고 있다. 그림 3-4와 표 3-2에 나오는 측정장치 중 A, B, C는 토양의 전단원리를 이용하여 전단날개를 지면이나 정해진 깊이의 홈에 넣어 토양의 강도를 측정한다. 원형전단링과 전단그래프는 수직응력을 증가시키면서 일정한 속도로 회전시키며 토크 T를 측정한다. 이 토크와 링이 토양과 접촉한 단면적으로부터 토양의 평균 전단강도를 구하며, 수직응력은 지면에 작용하는 수직하중을 링의 접촉 단면적으로 나누어 구한다. 전

단그래프는 보정된 스프링과 펜에 의하여 전단응력과 수직응력을 기록한다. 전단응력(s)
은 토오크(T), 전단링 내경(ri), 전단링 외경(ro)으로 식 3-2와 같이 구한다.

$$s = \frac{3T \times 100}{2\pi(r_o^3 - r_i^3)} \qquad (3-2)$$

직선이동 전단판은 단면적과 수직하중에 따라 매우 큰 수평력이 요구되므로 인력으로
작동시키기는 어렵지만 전단력이 오직 한 방향으로 작동하므로 토오크를 전단강도로 변
환하기 위하여 평균 유효반경이 필요한 전단그래프보다는 정확하다. 그러나 차량이나 기
계장치로부터 수평력을 얻어야 하므로, 원형 전단링(ring)이나 전단그래프에 비하여 작동
하기에 불편한 단점이 있다. 전단베인(vane)은 전단평면에 대한 수직압력 없이 작동되므
로 내무 마찰각이 거의 0인 습한 점성토의 전단강도의 측정에 이용된다. 측정방법이 간단
하고 빠르며, 보정된 토크스프링과 전단강도를 나타내는 계기판이 창작된 상업용도 많이
개발되어 있다. 전단베인에서 토오크 T와 토양점착력 c, 베인의 지름 d, 베인의 높이 h 사
이의 이론적 관계는 다음 3-3의 식과 같다.

$$T = c\pi \left(\frac{1}{2} d^2h + \frac{1}{3} d^3 \right) \qquad (3-3)$$

베인 높이와 지름의 비가 4:1일 때 점착력은 3-4의 식으로 계산한다.

$$c = \frac{3T}{28\pi r^3} \qquad (3-4)$$

휴대용 관입저항기는 작은 원형평판 지지력이론에 근거하여 마찰이 없는 토양에 대해
전단베인과 유사한 측정 결과를 제공한다. 관입봉에 표시된 선은 토양의 전단강도에 해당
하는 관입깊이를 나타내며, 보정된 스프링 눈금은 토양의 전단강도 또는 점착력(τ=c)을 직
접 나타낸다. 원추관입시험기로는 토양의 점착력이나 내부마찰각을 직접 측정할 수는 없
으나 특정 속도와 깊이에 대한 관입저항을 측정할 수 있다. 측정된 관입저항을 원추의 밑
면적으로 나누어 원추지수(CI)를 얻으며 단위는 kPa이다. 원추관입시험기의 원추지름은
일반적으로 20.3mm 또는 12.8mm이며, 원추각도는 30°이다. 표준 원추관입속도는 30

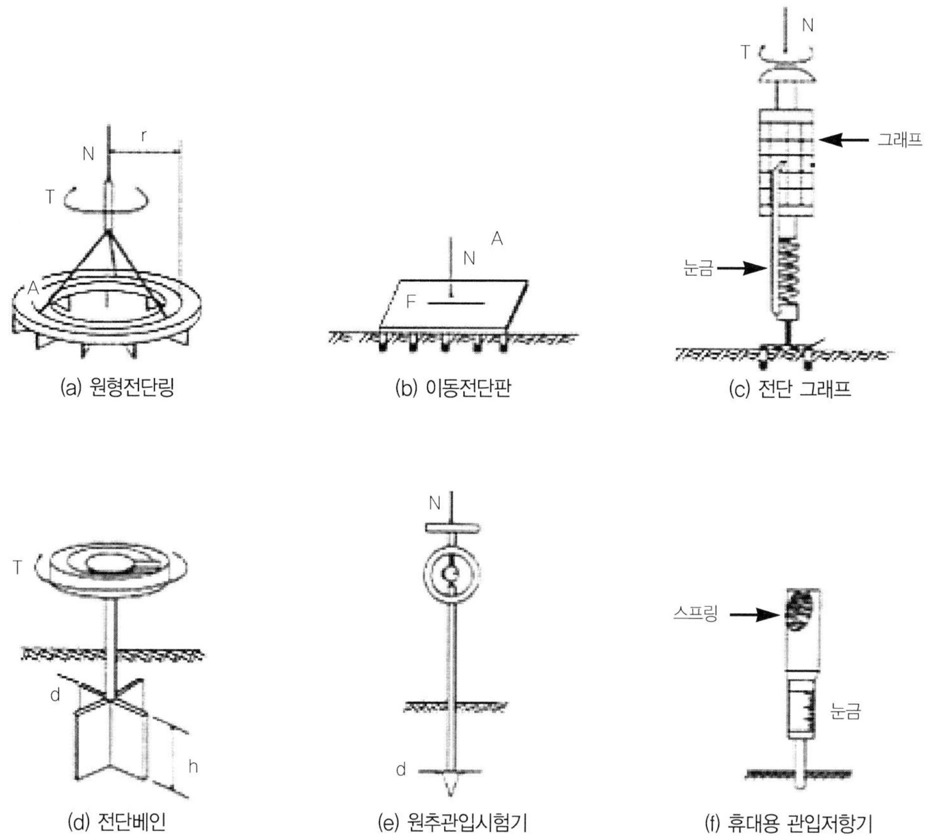

[**그림 3-4**] 일반적인 토양강도 특성 현장측정장치

mm/s이다. 현장측정용 장비의 선택은 사용 목적과 측정하고자 하는 강도 특성에 맞도록 해야 한다.

토양강도 특성을 복합적으로 측정할 수 있는 장치로 베바미터(bevameter)가 있다. 원래 이 장치는 차량-토양의 상호작용에 관련된 토양의 성질을 실제 토양에 작용하는 차량하중과 유사한 조건에서 측정할 수 있다는 전제하에 제작된 것이다. 농작업용 차량 주행 시에 토양 표면에 수직하중과 전단하중을 가하게 되는데, 이를 모사하기 위하여 베바미터는 평판재하시험(plate penetration test)장치와 전단시험(shear test)장치로 구성된다(그림 3-5). 평판재하시험에서, 압력-침하관계는 차량 주행부의 접촉 영역을 모사하기 위하여 적절한 크기의 평판을 이용하여 측정하고, 측정 값을 기초로 하여 차량의 침하와 운동저항을 예측할 수 있다. 전단시험장치는 토양의 전단강도와 전단응력–변위관계를 측정하고, 이로부터 차량의 최대 견인력과 견인력–슬립 특성을 평가할 수 있다.

[표 3-2] 토양강도 현장측정 장치별 측정변수와 적용가능 토양

측정장치	측정변수	적합한 토양
A : 원형 전단링	$c, \varphi, c_a, \delta, x$	모든토양
B : 이동 전단판	$c, \varphi, c_a, \delta, x$	모든토양
C : 전단 그래프	c, φ, c_a, δ	모든토양
D : 전단베인	c	점토
E : 원추관입시험기	CI	모든토양
F : 휴대용관입저항기	c	점토

여기서, c = 토양의 점착력 δ = 토양과 철판 또는 고무판 간의 마찰력

φ = 토양의 내부 마찰각 CI = 원추지수

c_a = 토양과 철판 또는 고무판 간의 부착력 x = 토양 표면의 수평 변화량

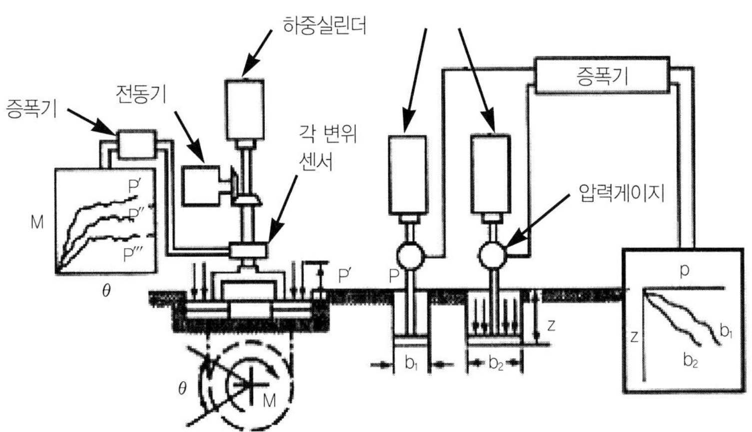

[그림 3-5] 베바미터 개략도

(2) 토양연경도

토양연경도(consistency)는 흙덩어리가 응력 하에 얼마나 '일관성' 있게 유지하느냐, 변형을 유발시키는 힘을 받을 때 형태를 어느 정도까지 유지할 수 있느냐를 정의하는 것이

다. 토양연경도의 주요 결정 요소로서 오랫동안 알려져 온 것은 흙입자의 단위 질량 당 물의 질량비로 나타내는 수분함량이다. 건조한 토양은 비교적 딱딱하고 큰 덩어리로 쪼개지고, 과도한 경운을 할 경우 이 덩어리들은 가루로 부서지게 될 것이다. 토양은 습윤상태일 때 전형적으로 유연성을 가지게 된다.

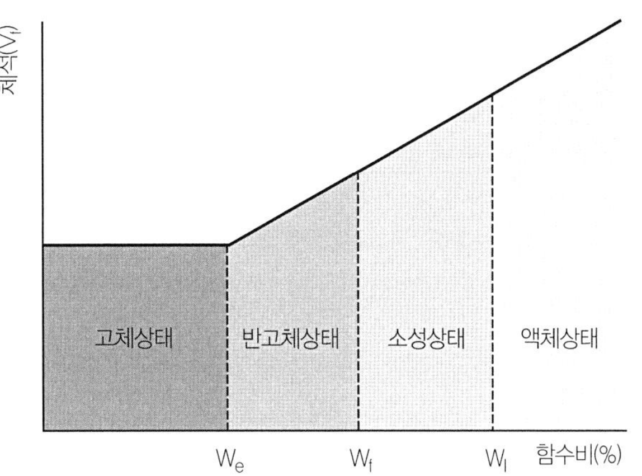

[그림 3-6] 중량 수분함량과 토양연경도 관계

즉, 경운할 때 토양은 쉽게 부서져 비교적 작고 부드러운 덩어리가 되려는 경향이 있다. 이와 같은 상태의 토양이 경운하기에 최적 수분함량에 가까운 상태이고 최소의 에너지로 경운을 할 수 있다. 따라서 건조상태에서 습윤상태, 포화상태 및 과포화상태로 변하는 동안 토양은 딱딱하고 부서지기 쉬운 고체로부터 부드럽고 연한 고체, 소성상태의 반고체, 끈적끈적하고 점성 있는 액체로 변하게 된다. 이러한 상태 간 전이가 일어나는 수분함량을 아터버그한계(Atterberg limits)라고 한다(그림 3-6).

- **액성한계**(liquid limit, W_L) : 토양과 물의 혼합물이 점성 액체에서 소성체로 변할 때의 질량수분함량(=함수비)이며, 이것을 상한 소성한계라고도 한다.
- **소성한계**(plastic limit, W_f) : 토양이 소성상태에서 반고체상태로 변하는 순간의 수분함량을 말하며, 이것을 하한 소성한계라고도 한다.
- **수축한계**(shrinkage limit, W_s) : 토양이 반고체상태에서 건조 과정이 계속되어도 더 이상 용적 변화를 일으키지 않는 고체상태로 변할 때 수분함량을 말한다.
- **소성지수**(plasticity index, I) : 액성한계와 소성한계의 차이.
- **액성지수**(liquidity index, LI) : 자연상태의 함수비와 소성한계의 차이를 소성지수로 나눈 값으로 정의하며, 자연상태의 토양이 거의 액체상태면 액성지수는 1 이상이고, 소성상태면 1 이하가 된다.

3.1.3 토양–기계 상호작용 및 토양파괴이론

(1) 토양에 작용하는 응력–변형률관계

　일반적으로 토양은 응력(단위 면적당 작용하는 힘)을 받으면 변형된다. 응력작용의 크기와 지속기간이 적다면 변형은 응력을 제거한 후 눈에 보이지 않을 정도로 없어져 버린다. 그러나 만약 응력이 클 경우에는 상당한 변형이 부분적으로 회복되거나 전혀 회복되지 않기 때문에 영구적인 변형이 생기게 된다. 탄성체는 응력과 변형률 간에 선형관계가 있고, 응력이 제거된 후 모양과 용적이 완전하게 회복한다. 소성체는 응력이 제거된 후에도 영구변형이 생기게 된다. 탄소성 물질은 부분적인 회복성을 나타내는 중간물질이다. 탄성, 소성, 점성 물체에 따라 응력과 변형은 다른 양상을 보이는데 토양은 토성과 3상의 비율에 따라 액체로부터 부스러지기 쉬운 고체에 이르기까지 성질이 변하고 탄성, 소성, 점성을 복합적으로 가지고 변형률도 매우 크다(그림 3-7).

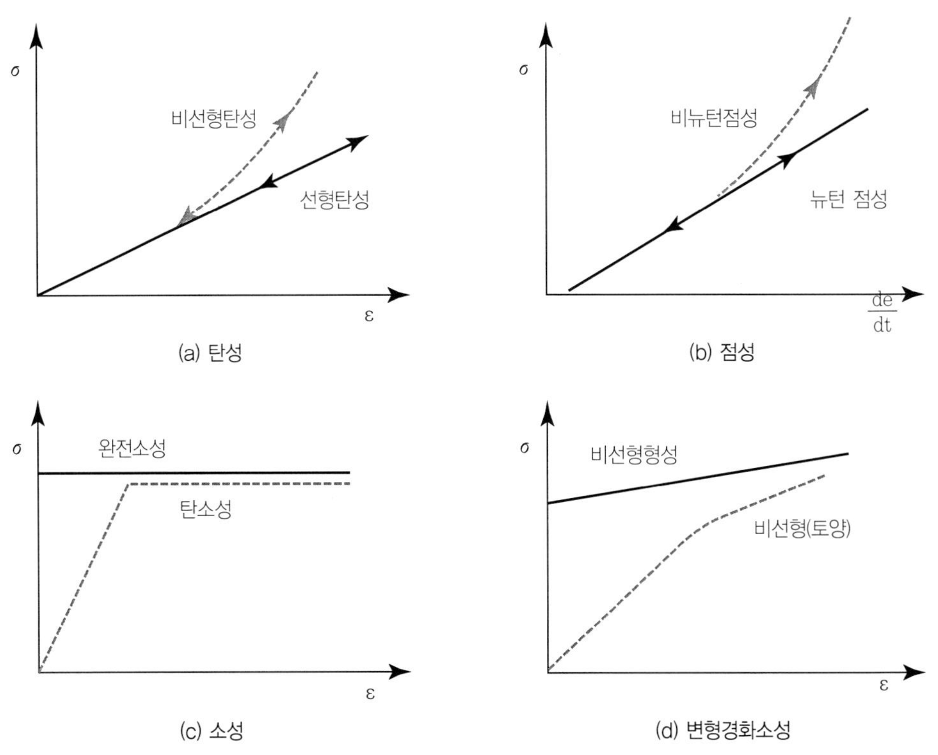

[그림 3-7] 응력과 변형의 일반적인 형태

변형을 시키기 위하여 응력을 증가시키면 어느 정도까지 응력이 증가하다가 더 이상 증가하지 않게 되는데, 이 때 그 대상체는 파괴(탄성체) 또는 항복(연성체)되었다고 하고 이 때의 응력을 강도(strength)라고 한다. 다시 말하면, 토양강도(soil strength)는 외부의 힘에 저항하는 토양의 능력이다. 토양의 파괴는 인장(tensile), 압축(compression), 전단(shear), 절단(cutting)으로 나눌 수 있으며, 일반적으로 토양작업기계에 의한 토양파괴는 주로 압축에 의한 전단파괴(shear failure)와 금속날에 의한 절단(cutting)으로 이루어진다. 파괴 평면이 뚜렷하게 나타나면 전단파괴로 볼 수 있는데 점성이 있고 비교적 강하고 건조한 토양은 파괴면이 더욱 뚜렷하고 약하고 습한 토양은 두꺼워지고 부풀어올라 파괴면이 복잡해진다.

(2) 모어-쿨롬(Mohr-Coulomb)의 파괴이론

토양이 전단 파괴되는 평면은 크게 2가지로 나눌 수 있는데, 토양과 토양 사이의 전단파괴평면과 토양작업기 표면과 토양이 접촉하는 마찰파괴 평면이다. 수직응력(σ)이 작용하는 토양-토양 전단강도(τ)는 토양의 내부마찰각(φ)과 점착력(c)의 영향을 받으며, 수직마찰응력(σ_f)이 작용하는 토양-작업기 전단강도(τ_f)는 토양-작업기 마찰각(δ)과 부착력(c_a)의 영향을 받는다. 토양-토양 사이의 전단강도는 모어이론에 의하여, 토양-작업기 사이의 전단강도는 쿨롬이론에 의하여 3-5 식과 같다.

$$\tau = c + \sigma\tan(\varphi)$$
$$\tau_f = c_a + \sigma_f\tan(\delta) \tag{3-5}$$

토양-토양 간 파괴이론을 도시하면 그림 3-8과 같다. 여러 수준의 수직응력에서 전단강도를 측정하여 모어 원으로 나타내면, 이 원들에 대한 접선을 포락선(envelope)이라 한다. 이 포락선의 기울기가 토양-토양 간 내

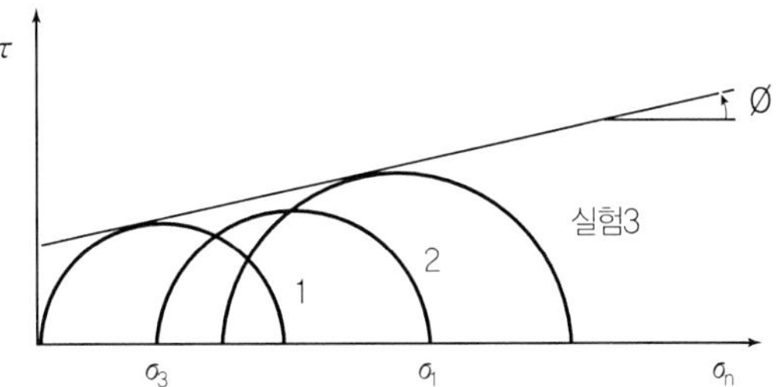

[그림 3-8] 모어 포락선에 의한 토양-토양 간 전단파괴 특성

※자료 : 이규승. 2005. 차량견인역학.

부 마찰각이고 τ축에 대한 절편이 점착력이다. 모어 원의 포락선은 직접전단시험 또는 3축 전단시험에 의하여 결정된다. 원칙적으로, 포락선 아래의 모든 점은 파괴 없이 토양이 견뎌 낼 수 있는 응력상태를 나타내고, 포락선 위의 모든 점은 파괴를 유발시킬 수 있는 응력상태를 나타내며, 포락선 위쪽의 점은 이미 파괴가 일어난 상태이므로 존재할 수 없는 응력상태를 나타낸다.

(3) 토양-작업기 모델링

토양은 모어-쿨롬 파괴기준에 따라 파괴되는 것으로 알려져 있으나 토양파괴면에 대한 형태을 이론적으로 알기 어렵다. 과거 실험적인 방법으로 토양파괴면이 작업기 부근에서는 곡선이고 그 다음부터 지표면까지 직선에 가까운 것으로 많은 학자들이 관찰하였으며 이 형태는 대수나선법(log-spiral method)으로 수식화되었다. 이 대수나선법으로 토양 중에서 수평 또는 수직으로 움직이는 작업기의 저항력을 예측하는 모델들이 개발되었다.

토양 중에서 움직이는 작업기로 인하여 여러 가지 응력-변형관계가 형성되고 인장, 압축, 전단, 절단에 의하여 토양이 파괴된다. 작업기에 작용하는 힘을 예측하기 위한 모델은 주로 Rankine의 수동토양압력이론(passive earth pressure theory)에 근거하고 있다. 토양이 인장되면 토양 내 응력이 감소하여 소성평형상태가 되고, 더욱 인장시키면 응력은 고정된 채 소성변형(plastic flow)이 일어난다. 소성평형상태에서 소성변형이 일어나면 토양이 파괴된 것인데, 이처럼 토양자중에 의하여 파괴가 일어날 경우를 능동파괴(active failure)라 한다. 반면, 작업기 등의 압축에 의하여 파괴가 일어나고 토양은 저항하는 경우를 수동파괴(passive failure)라 한다. 그림 3-9에서 작업도구가 오른쪽으로 진행할 경우, 작업기 좌측은 능동파괴, 우측은 수동파괴가 일어난다. 능동파괴가 일어나는 지역을 능동 랭킨(Rankine)지역, 수동파괴가 일어나는 지역을 수동 랭킨(Rankine)지역이라 하고 능동 또는 수동 파괴를 일으키는 힘을 능동 또는 수동 토양압력이라 한다.

Payne(1956)이 토양작업기에 토양역학을 적용하였다. 폭이 큰 작업기의 경우, 작업기 측면의 영향을 무시하고 2차원적으로 문제를 취급하였다. 폭이 작은 작업기의 경우에는 측면에서 생기는 토양의 파괴와 이동을 무시할 수 없으므로 3차원적으로 문제를 다루었다. Payne(1956)은 그림 3-9에서와 같이 작업기 측면과 접촉하는 파괴면 하단 AB가 분리되는 것을 관찰하였다. O' Callaghan과 Farrelly(1964)는 폭이 좁은 타인(tine)형 작업기의 경우, 토양파괴가 깊이에 따라 2가지 형태로 나뉘고 그 깊이는 타인의 깊이와 폭의 형상비(aspect ratio)에 따라 결정된다고 제안하였다.

이러한 수동토양압력이론에 근거하여, 토양작업기의 견인력(draft force)를 예측하는 3차원모델이 여러 학자들에 의하여 개발되었다. 이 모델들은 모두 작업기 견인력을 토양의 밀도, 토양-토양의 점착력, 토양-작업기 부착력, 지표면의 부가압력에 의한 성분의 합으로 표현하고 있으며 각 성분에 무차원 수(dimensionless number)가 곱해지는 형태이다. 모델들의 차이점은 파괴되는 토양면의 형상에 대한 가정에 있다. Hettiarathi와 Reece(1967)는 그림 3-9와 같이 토양파괴면의 형상을 대수선형으로 가정하였고, 파괴되는 토양의 부피는 그림 3-9와 같이 앞으로 밀리면서 위로 들어올려지는 영역 1과 들어올려져 옆으로 밀려지는 영역 2로 구분하였다. Godwin과 Spoor(1977)는 폭이 작고 작업깊이가 깊은 작업기의 경우 깊이에 따라 파괴형태가 달라지고 그 임계깊이(critical depth) 상단은 반달형파괴(crescent failure), 하단은 측면파괴(lateral failure)의 형태를 가진다고 제

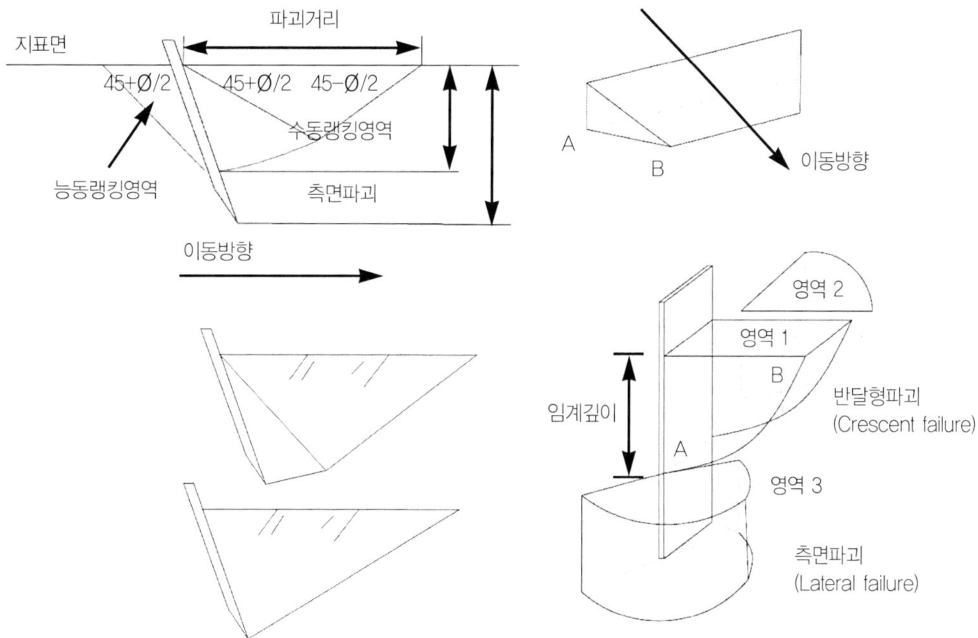

[그림 3-9] 수동토양압력이론에 근거한 토양파괴 측면도

※자료 : Hettiaratchi와 Reece(1967), Godwin와Spoor(1977) 모델(대수 나선형, 좌상), McKyes와 Ali(1977) 모델(2개의 삼각형, 좌중), Perumpral 등(1983) 모델(1개의 삼각형, 좌하), 3차원 토양파괴모형: 폭이 큰 작업기(우상)와 폭이 작은 작업기(우하)

안하였다. McKyes와 Ali(1977), 그리고 Perumpral 등 (1983)이 제안한 모델은 기본적으로 Hettiarathi와 Reece의 모델에서 출발하면서 파괴면 형상을 2개의 삼각형과 1개의 삼각형으로 단순화한 것들이다(그림 3-9).

토양작업기가 토양을 파괴하는 데 요구되는 힘 또는 토양강도에 영향을 미치는 요인은 다음과 같이 작업기 설계, 토양조건, 토양-작업기 상호작용, 농경지 표면조건 등 4가지 범주에 속하며 각 범주별 대표적인 변수는 다음과 같다.

- **작업기 설계** : 길이, 각도 등 작업기 형상과 표면 거칠기, 장착형태에 따른 간섭
- **토양조건** : 밀도, 내부마찰각, 점착력, 입자크기 분포, 수분함량, 유기물함량
- **토양-작업기 상호작용** : 토양-작업기 마찰각, 부착력
- **농경지 표면조건** : 작물 잔류물, 기계 이용에 따른 응력(대부분 무시된다)

3.2 경운작업기계

3.2.1 경운의 목적과 분류

경운은 정지, 중경 제초작업과 함께, 파종 또는 이식 작업을 순조롭게 하고, 발아를 확실하게 하며, 뿌리의 호흡 및 영양흡수를 좋게 할 수 있는 토양환경을 만들어 주기 위하여 토양에 기계적 조작을 가하는 것을 말한다. 이러한 목적으로 플라우, 쟁기, 로터리경운기, 균평기 등과 같은 토양작업기는 단단해진 흙을 부드러운 구조로 바꾸고, 파종 및 이식 작업에 장애가 되는 잡초를 제거하여 작물재배에 알맞은 지표면의 형상을 만들어 준다. 경운의 목적을 좀 더 구체적으로 설명하면 다음과 같다.

- 뿌리 내릴 자리와 파종할 자리에 알맞은 흙의 구조를 마련해 준다.
- 반전경운으로 표토의 작물 잔유물을 잘 매몰시켜, 유기물 부식과 단립화를 촉진시켜 지력을 높이고, 지표의 잔유물에 붙어 월동하는 병균과 해충을 죽인다.

- 경사지에서 등고선 경운, 골 만들기 등으로 토양침식을 줄일 수 있다.
- 작물의 재식, 관개, 배수, 수확작업 등에 알맞은 토양표면을 조성한다.
- 비료, 살충제, 토양개량제 등과 흙이 잘 섞일 수 있게 한다.

경운작업은 경운작업기가 토양에 직접 작용하여 토양의 파괴, 이동, 혼합 등을 수행하는 것으로서 그 작업 목적에 따라 다음과 같이 분류한다.

- **경기작업** : 쟁기 또는 플라우를 사용하여 굳어진 흙을 반전, 절삭하여 큰 덩어리로 파쇄하는 작업으로서 이러한 작업을 보통 1차경이라고도 한다.
- **쇄토작업** : 1차경으로 경기된 흙을 다시 작은 알갱이로 파쇄하는 작업으로서 이와 같은 작업을 2차경이라고도 하며, 이 작업에는 로터리 및 해로우가 이용된다.
- **구동경운작업** : 1차경과 2차경을 동시에 실시하는 작업으로서 이 작업은 1차경과 2차경을 별도로 하는 방식에 비하면 흙의 반전상태가 좋지 못하다. 이와 같은 작업에는 로터리경운기가 이용된다.
- **심토파쇄작업** : 굳어진 심토를 파쇄하는 작업으로 심토파쇄기가 이용된다.

3.2.2 몰드보드플라우

플라우는 트랙터 등으로 견인되면서 흙을 절삭, 반전, 파쇄하는 경운용 작업기이다. 플라우는 농작업기 중 가장 오래된 것으로서 기원 전 6000년경에 이집트에서 이미 사용되어졌다고 한다. 서양 플라우는 원래 구미에서 주로 밭을 경운작업하는 용도로 발달하였으며, 동양 쟁기에 비하여 이체 각 부분의 기능이 분화되어 있고, 심경성·반전성·안정성은 우수하지만 견인저항이 큰 편이다.

플라우에 의하여 절삭·반전된 흙을 역토라고 하고, 띠모양의 연속된 역토를 역조라고 한다. 역조가 떨어져 나간 골은 역구, 역구 때문에 형성된 미경지 쪽의 수직면을 역벽이라 하며, 역구의 깊이를 경심, 역구의 나비를 경폭이라고 한다. 역조의 형태는 흙의 성질과 쟁기의 종류에 따라 다르다. 플라우에는 많은 종류가 있는데, 표 3-3은 이체의 형태와 수, 반전조건, 견인방법에 따라 플라우를 분류한 것이다.

[표 3-3] 플라우의 종류

분류기준	플라우의 종류
이체의 형태	몰드보드플라우(bold board plow), 쟁기, 원판플라우(disk plow), 치즐플라우(chisel plow), 로터리플라우(rotary plow)
견인방법	견인형 플라우(trailed plow), 장착형 플라우(mounted plow), 반장착형 플라우(semi-mounted plow)
견인동력	트랙터용 플라우, 보행트랙터용 플라우, 축력용 플라우
이체의 수	1련 플라우, 다련 플라우
이체의 반전 여부	단용 플라우, 양용 플라우

(1) 몰드보드플라우의 구조와 작용

몰드보드플라우는 플라우 중 가장 널리 사용되는 경기용 작업기로서 구성요소는 직접 흙과 접촉하면서 토양의 파괴작업을 하는 작업부와 이를 보조하는 보조부로 나누어진다. 몰드보드플라우의 작업부는 이체, 코울터, 앞쟁기 등으로 구성되어 있고, 보조부는 프레임, 견인장착장치, 차륜조절장치, 동력취출장치, 유압장치 등으로 구성되어 있다. 코울터와 앞쟁기를 포함한 플라우의 구조는 그림 3-10과 같다.

(2) 이체

이체는 흙을 직접 절단, 파쇄, 반전시키는 작업부로서 보습(share), 지측판(landside), 몰드보드 등으로 구성되어 있다. 이것들은 결합판(frog)과 브레이스(brace)에 의하여 빔에 연

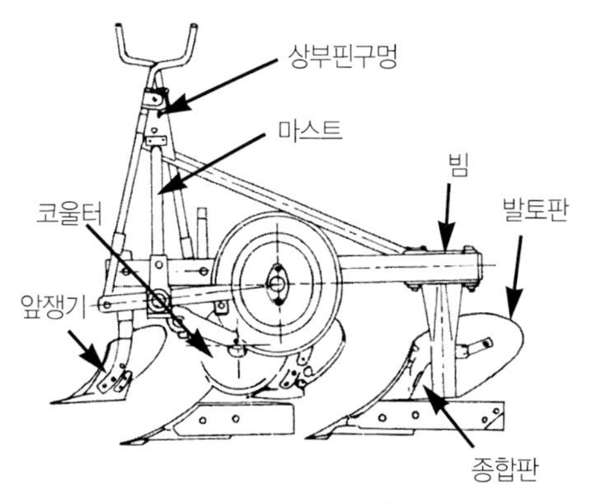

[그림 3-10] 코울터와 앞쟁기를 포함한 플라우의 구조

※자료 : 정창주. 1995. 농업기계학.

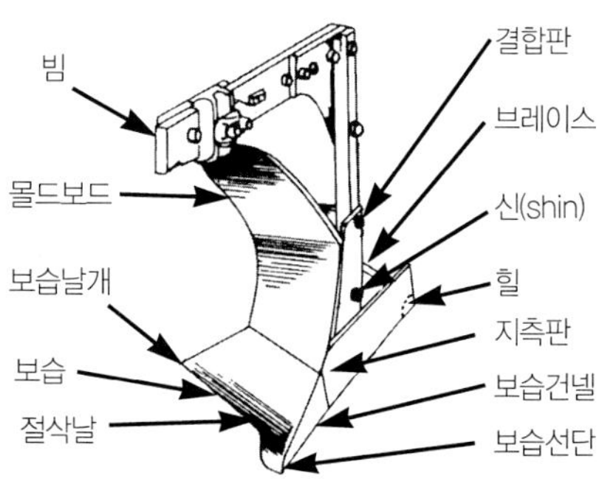

[그림 3-11] 몰드보드플라우의 구조

※자료 : 정창주. 1995. 농업기계학.

결되어 있다. 보습, 지측판, 몰드보드를 이체의 3요소라고도 한다. 이체를 포함한 몰드보드플라우의 구조는 그림 3-11에서 보는 바와 같다.

보습은 흙을 수평으로 절단하여 절단된 흙덩어리를 몰드보드까지 끌어올리는 작용을 하는 것으로서, 이것은 선단(point), 날개(wing), 절단날(cutting edge), 거널(gunnel) 등으로 구성되어 있다. 보습은 토양 및 경운조건에 따라 여러 가지 형태가 사용되고 있다. 몰드보드는 보습과 연결되어 있는 부분으로서 보습으로부터 역토를 받아 반전, 파쇄, 던짐 작용을 한다. 몰드보드의 형상에 따라 쇄토, 반전 등의 성능이 변하며, 또 흙의 종류와도 밀접한 관계가 있다. 일반적으로 몰드보드의 형상은 플라우의 형태를 결정짓는 중요한 부분으로, 형태에 따른 종류는 그림 3-12와 같다.

몰드보드의 가파른 정도는 몰드보드의 경사도에 의하여 결정되며, 보통 L/H 값을 이용한다. 여기서, L은 몰드보드 측면도에서의 경사길이를, H는 몰드보드의 높이를 나타낸다. 보습과 몰드보드의 재료는 내마모성과 충격강도가 동시에 요구되므로 강판(鋼板) 또는 침탄강(浸炭鋼)이 많이 사용되며, 삼층강판이 쓰이는 경우도 있다. 삼층강판의 경우에는 가운데 층이 연강심으로 되어 있고, 양면은 경질강으로 쌓여 있는데, 가운데 층이 충격흡수의 역할을 함으로써 돌이나 나무 뿌리와 충돌하더라도 잘 부러지지 않는다.

플라우의 지측판은 이체의 바닥에 있는 긴 강철판으로 경심과 경폭의 안정과 진행방향을 유지시켜 주는 작용을 한다. 지측판의 하부와 측면에는 그림 3-13에서 보는 바와 같이 약간의 간극이 있는데. 이를 흡인(suction)이라고 한다. 수직면에서 상하로 된 흡인을 수직흡인 또는 하방흡인이라 하고, 측면의 흡인을 수평흡인 또는 측방흡인이라고 한다. 수직흡인

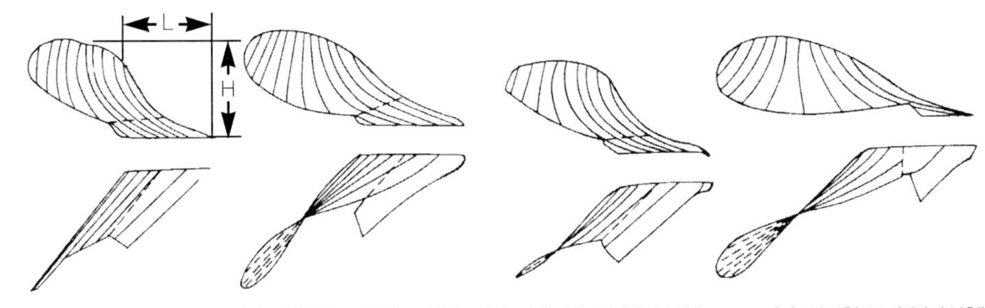

(a) 재간형 플라우(원통형)　　(b) 범용형 플라우(중간형)　　(c) 범용 플라우(반나선형)　　(d) 신간형 플라우(나선형)

[그림 3-12] 몰드보드의 형태

※자료 : 정창주. 1995. 농업기계학.

은 날 끝이 흙 속에 잘 들어가게 하고 경심을 안정시켜 주며, 수평흡인은 진행방향을 일정하게 유지시켜 준다. 흡인이 있음으로써 플라우와 흙의 접촉이 보습과 바닥쇠의 뒷굽에 국한되고, 마찰손실을 감소시키는 효과가 있다. 흡인의 크기는 그 최대 값으로 나타내는데, 보통 4~12 mm 이다.

이체의 성능을 결정하는 중요한 인자로서 절단각, 경기각, 반전각의 3가지가 있다(그림 3-13). 절단각은 보습의 날과 진행방향이 이루는 각이고, 경기각은 보습 표면의 경사도이며, 반전각은 경심의 85%에 상당하는 수평이 몰드보드의 표면을 자르는 선과 진행방향이 이루는 각이다. 이와 같은 각도는 플라우의 특성을 결정해 주는 것으로서 이들과 곡면 사이의 관계를 토질별로 나타내면 표 3-4와 같다.

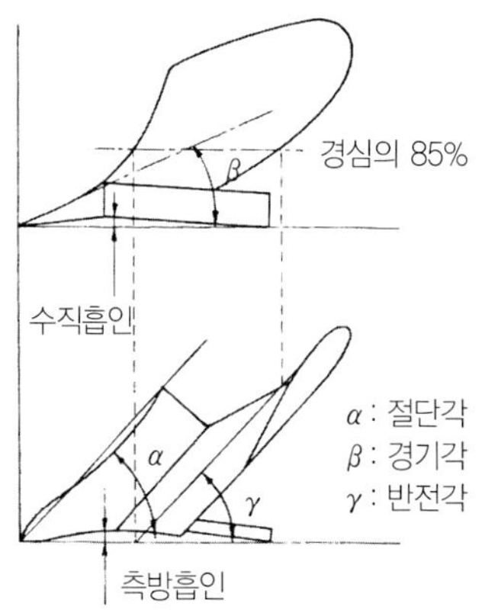

[그림 3-13] 플라우의 흡인과 각도

※자료 : 정창주. 1995. 농업기계학.

[표 3-4] 토질에 따른 플라우의 특성

구분	절단각 (30~50°)	경기각 (13~25°)	반전각 (36~55°)	몰드보드 곡면	몰드보드 경사(L/H)	용도별
이체사질토	큼	큼	큼	원통형	0.7~0.8	재간형 플라우
양토	↓	↓	↓	중간형	0.8~1.0	범용형플라우
중점토	작음	작음	작음	나선형	1.0~1.5	신간형 플라우

(3) 코울터

코울터(coulter)는 플라우의 약간 앞쪽에 장착된 것으로서 흙을 미리 수직으로 절단하여 보습의 절삭작용을 도와주고, 역조와 역벽을 가지런히 해 주는 플라우의 보조장치라고 할 수 있다. 또, 코울터는 지표면의 이물질을 미리 잘라 그것을 플라우가 잘 갈아 덮도록 해 준다. 코울터에는 칼날형 코울터와 원판형 코울터의 두 가지가 있으며, 이것들의 설치위치는 그림 3-14에서 보는 바와 같다. 일반적으로 칼날형 코울터는 원판형에 비하여 풀 또는 표면의 퇴적물에 휘감기거나 얽힐 우려가 있다. 또, 원판의 회전으로 절삭저항도가 적어 원판형 코울터가 많이 사용되고 있다. 코울터는 플라우 몸체에 직접 연결되어 있고, 이체에 대한 상대적인 위치는 경폭이나 경식에 따라 조절할 수 있다.

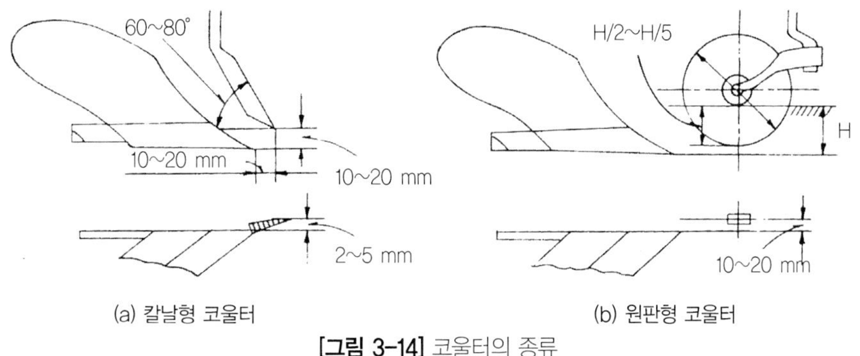

[그림 3-14] 코울터의 종류

※자료 : 정창주. 1995. 농업기계학.

(4) 앞쟁기

앞쟁기(jointer)는 이체의 앞쪽에 별도로 설치된 작은 이체로서 이것으로 미리 표토를 얕게 갈아 잡초나 표면의 피복물은 역구속으로 반전시켜 그 뒤의 이체가 만드는 역조가 잡초 등을 완전히 매몰시키도록 하는 작용을 한다. 앞쟁기의 형태는 이체와 거의 비슷하다. 앞쟁기의 경심은 3.5~6.5mm이며, 보습의 선단에서 미경의 쪽으로 10~15cm 떨어진 곳에 고정되어 있다.

(5) 플라우 경운저항

플라우에 작용하는 견인저항은 총 소요 동력의 예측뿐만 아니라 플라우와 견인동력원 사이의 적절한 연결법, 플라우 설계와 조정 등의 필요성 때문에 중요하다. 플라우에 작용하는 주요 토양저항력에는 보습 및 코울터의 역토절단저항, 몰드보드 위에서의 역토의 가속력, 역토의 전단 및 비틀림에 의한 변형저항, 몰드보드와 역토 사이의 마찰저항, 지측판이 측면 및 밑바닥의 흙과 이루는 마찰저항, 지지륜의 운동저항 등이 있다.

플라우와 견인동력원이 평형관계를 이루면서 일정한 속도로 작업을 수행하려면 앞에서 언급한 플라우에 대한 총 토양저항력, 작업기의 자중, 작업기와 동력원 사이의 상호작용력이 서로 평형을 이루어야 한다. 플라우의 견인저항력의 분석과 관련된 주요 용어의 개념을 살펴보면 다음과 같다.

- **견인력(pull)** : 동력원에서 작업기에 작용하는 총 합력으로서, 이 견인력은 수평면과 어떤 각도를 이

루며 작용

- **수평견인력(draft)** : 견인력의 수평분력 중 운동방향선에 평행한 힘
- **비저항(specific draft)** : 수평견인저항을 경운단면적으로 나눈 값(N/㎠)

플라우의 비저항에 영향을 끼치는 인자로는 토양의 종류와 상태, 경속, 경심, 경폭, 플라우 이체형태, 플라우 조절상태 등을 들 수 있다. 흙의 종류에 따른 플라우의 비저항 값을 나타내면 표 3-5와 같다.

[표 3-5] 흙의 종류에 따른 플라우의 비저항 값 (단위: N/cm²)

토질	플라우의 비저항 값	토질	플라우의 비저항 값
사토	2.1 ~ 2.5	점질양토	4.9 ~ 7.0
사질양토	2.5 ~ 4.2	중점토	7.0 ~ 7.7
양토	3.5 ~ 4.9		

(6) 견인 및 장착 방법

플라우가 트랙터에 연결되어 일정한 경심으로 안정된 작업을 수행하려면 플라우의 연결이 잘 되어야 한다. 트랙터에 플라우를 연결하는 방법에는 그림 3-15에서 보는 바와 같이 견인식, 반장착식, 1점 견인식, 3점 히치연결식 등이 있다.

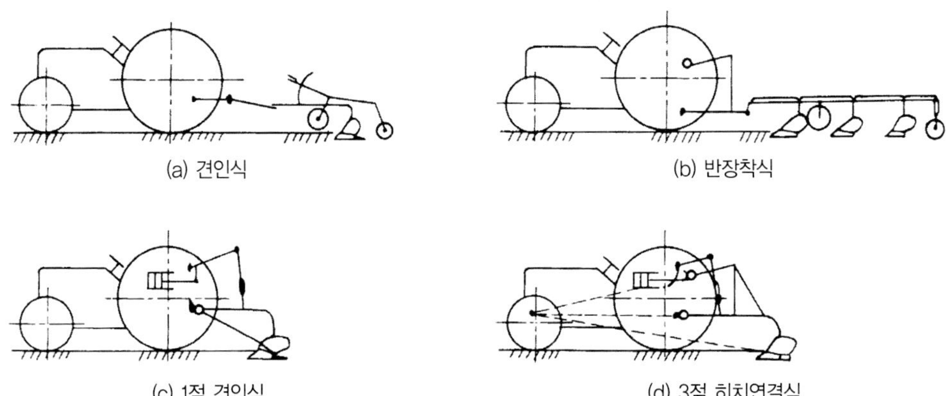

[그림 3-15] 플라우와 트랙터의 연결방법

※자료 : 정창주. 1995. 농업기계학.

3.2.3 쟁기

쟁기는 동양에서 발달되어 우리나라를 비롯한 중국, 일본 그 밖의 동남아시아 각 국에서 널리 사용되어 온 것으로서 원래 축력 견인용이었지만, 근래에는 보행용 및 승용트랙터용으로 개량되어 사용되고 있다. 쟁기의 종류에는 역토를 한쪽 방향으로만 반전시키는 단용쟁기와 좌우 어느 쪽으로도 역토의 반전이 가능한 양용쟁기의 두 가지가 있다. 그림 3-16은 동력경운기의 쟁기와 승용트랙터용 쟁기이다.

동양 쟁기의 주요부는 이체로서 이체는 보습, 볏, 바닥쇠 등으로 구성되어 있다. 보습은 흙을 절삭한 다음 볏으로 밀어올려 보내는 부분으로서 기본 형태가 3각형인 것이 플라우의 보습과 다른 점이다. 보습은 마멸이 심하므로 바꿔 끼울 수 있게 되어 있다. 점질토용 보습은 앞이 예리하고 길지만, 사질토용 보습은 둔하고 짧다. 쟁기의 볏은 역토를 옆으로 반전·파쇄하는 부분으로서 볏의 길이와 휘어진 정도는 토질이나 용도에 따라 여러 가지가 있다. 긴 것은 두둑을 만드는 데 적합하고, 짧은 것은 평면의 쟁기작업을 하는 데 적합하다. 또, 볏의 무게를 줄이고 흙과의 마찰을 적게 하기 위한 격자형 볏도 있다.

쟁기의 바닥쇠는 이체의 밑부분으로서 플라우의 바닥쇠와 마찬가지로 쟁기를 받쳐 안정을 유지하게 한다. 축력용 쟁기의 바닥쇠에는 여러 가지가 있지만, 기본적으로 측압(側壓)을 지탱하는 플라우의 바닥쇠와는 다르다. 그러나 현재는 서양에서 발달된 플라우의

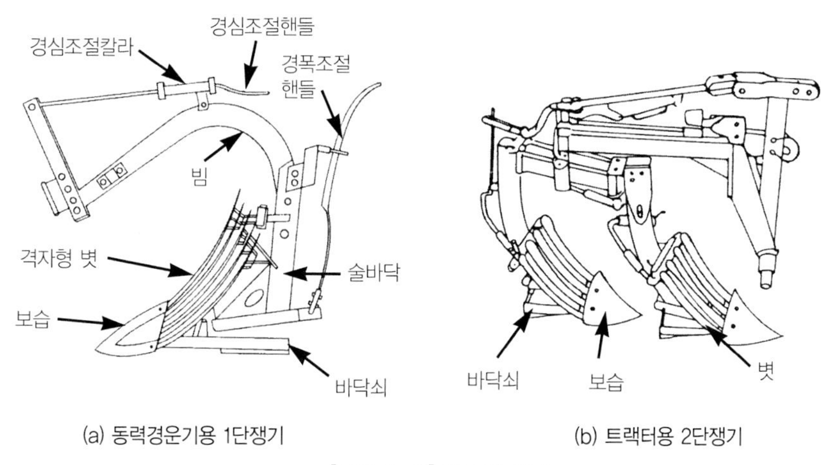

(a) 동력경운기용 1단쟁기　　　　　(b) 트랙터용 2단쟁기

[그림 3-16] 쟁기의 종류

※자료 : 정창주. 1995. 농업기계학.

바닥쇠모양을 모방하여 개량한 것으로서 4~6 mm 의 흡인이 마련된 것도 있다. 이것의
바닥쇠도 쉽게 마멸되므로 바꿔 끼울 수 있게 되어 있다.

3.2.4 원판플라우

원판플라우는 역조를 따라 미끄러지는 이체 대신 구르는 이체를 사용함으로써 마찰을
줄이려는 노력에서부터 개발되었다고 볼 수 있다. 원판플라우는 경운작업을 수행하는 플
라우지만, 보통의 몰드보드플라우와 같이 보습이나 바닥쇠를 가지고 있지 않으며, 접시모
양의 오목형 구면(球面)의 일부로 작업을 한다. 원판플라우의 크기는 원판의 지름과 수로
나타내며, 현재 원판 플라우의 지름은 보통 50.8~98.5mm의 범위에 있다. 원판의 두께
는 소형이 4.8mm 대형이 9.5mm 정도이다. 트랙터 장착용 3련 원판플라우는 그림 3-
17에서 보는 바와 같다.

원판플라우가 제대로 성능을 나타내려면, 원판을 올바르게 설치하여야 한다. 원판은 그
림 3-18에서 보는 바와 같이 원판륜(圓板輪)이 진행방향과 이루는 각을 원판각이라고 하
고, 원판이 수직방향과 이루는 각을 경사각이라고 한다. 원판각은 42~45°의 범위이고, 경
사각은 15~25°의 범위이다. 특히, 경사각을 0으로 설치하고, 1개의 축에 여러 개의 원판이
고정된 것을 해로우플라우라고 하는데, 이것은 밭의 경기작업에 흔히 사용된다. 또, 원판
각은 역토의 폭과 회전의 난이도에 영향을 끼치는데, 원판각이 클수록 경폭이 커지는 반

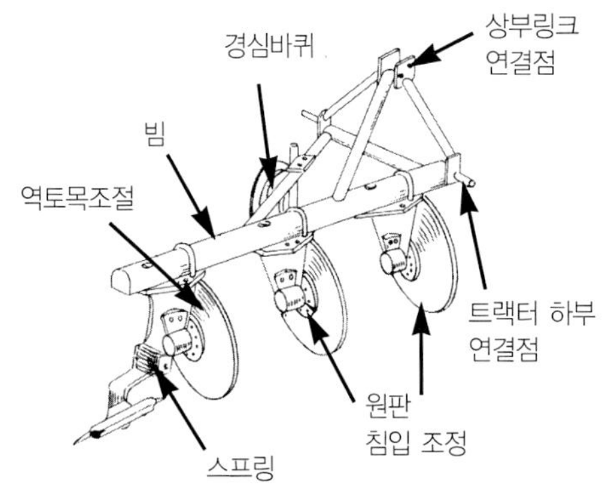

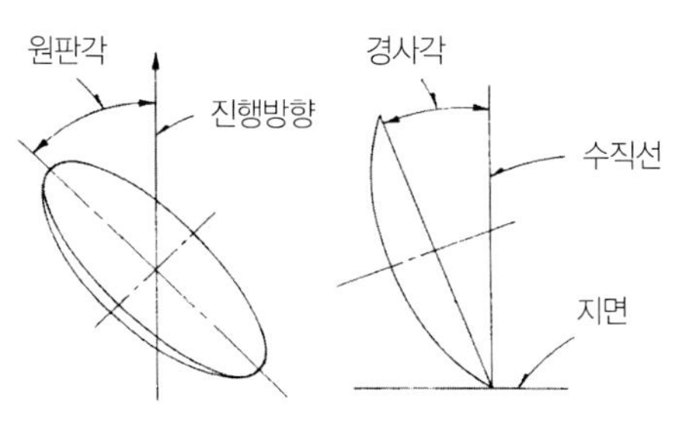

[그림 3-17] 트랙터 장착용 3련 원판플라우   [그림 3-18] 원판플라우의 설치각도

※자료 : 정창주. 1995. 농업기계학.   ※자료 : 정창주. 1995. 농업기계학.

면, 원판의 회전은 감소한다.

몰드보드플라우는 땅 속으로의 침입이 흡인에 의하여 이루어지는 반면, 원판플라우는 그 무게와 경사각 때문에 원판이 땅 속으로 파고 들어가게 된다. 원판플라우의 프레임이 무겁게 제작된 것은 원판의 토양진입을 돕기 위함이다. 원판플라우의 특징은 다음의 몇 가지로 요약할 수 있다.

- 몰드보드플라우가 쉽게 땅 속으로 침입할 수 없는 마르고 단단한 땅에서도 경기작업이 가능하다.
- 나무 뿌리나 돌멩이에 부딪혀도 파손될 위험성이 적고, 특히 개간지와 같이 나무 뿌리가 남아 있는 경지의 경기작업에 적합하다.
- 원판의 각도를 적절히 조절함으로써 여러 가지 토양조건에서도 작업이 가능하고, 특히 스크레이퍼에 의하여 흙의 부착을 방지해 주며, 점착성이 강한 토양에서도 경기작업이 가능하다.
- 깊게 작업이 가능하다.

3.2.5 심토플라우

심토가 단단하면 작물의 생육에 장해를 초래할 수 있으므로 심토를 연약하게 만들어 주는 경우가 있는데, 이 때에는 심토플라우를 사용한다. 종류별 심토플라우는 그림 3-19에서 보는 바와 같다. 즉, 보통의 플라우와 그 경운 결과는 그림 3-19의 (a)에서 보는 바와 같고, 창형(槍形) 심토플라우와 그 경운 경과는 (b)에서 보는 바와 같다. 이와 같은 심토플라우는 보통의 플라우로 경기한 바로 아래의 심토가 동시에 쇄토되어 부풀어나게 된다. (c)와 (d)는 측경형 심토플라우로서 플라우의 옆에 심토파쇄용 날이나 막대형 파쇄기를 설치하여 작업함으로써 앞의 행정에서 반전된 역토 아래의 심토를 경운해 주는 것이다.

또한, 표토를 경운하지 않은 채 심토 또는 경반을 직접 파쇄하는 심토파쇄기도 있다. 생크(shank)와 치즐(chisel)로 구성되어 있는 심토파쇄기와 트랙터의 동력취출축의 회전을 편심캠으로 구동시키는 진동식 파쇄기는 그림 3-20에서 보는 바와 같다. 이와 같은 진동식 파쇄기는 생크의 끝에 탄환모양의 것을 설치하여 천공형 암거(暗渠)의 시공에도 널리 사용하고 있다.

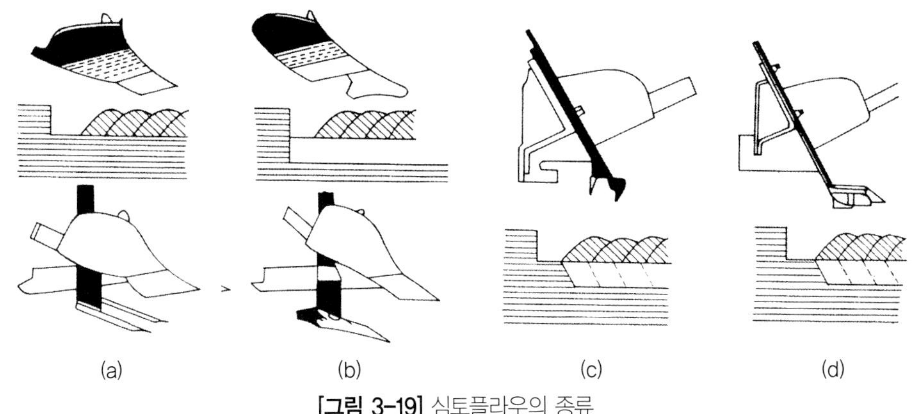

[그림 3-19] 심토플라우의 종류

※자료 : 정창주. 1995. 농업기계학.

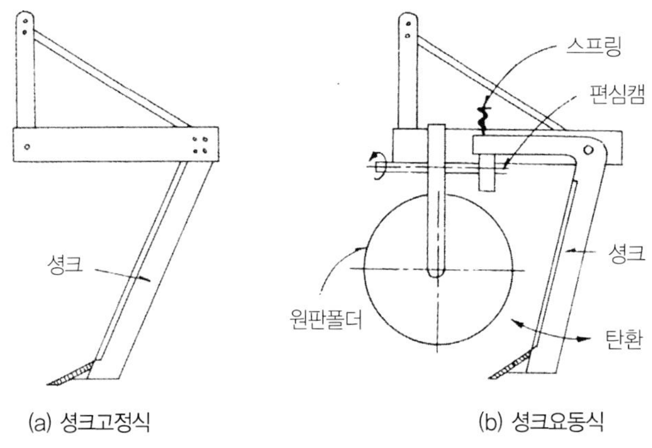

[그림 3-20] 심토파쇄기

※자료 : 정창주. 1995. 농업기계학.

3.2.6 로터리경운기

동력경운기 또는 트랙터의 엔진에서 구동력을 얻어 회전운동을 하면서 경운·쇄토하는 작업기를 로터리경운기라고 한다. 로터리경운기의 구동방식으로는 로터리식·스크루식 및 크랭크식이 있었으나, 현재에는 성능이나 구조 등을 고려하여 로터리식이 주로 이용되고 있다. 로터리경운기는 수평으로 된 로터리축에 여러 개의 경운날을 부착하여 그 축에 전달되는 구동력으로 경운날을 회전시킴으로써 흙을 절단·파쇄한다. 또한, 동력경운기 또는 트랙터에 연결하는 방법에 따라 견인식과 장착식으로 나눌 수 있다.

로터리경운은 플라우나 쟁기에 의한 경운보다 엔진의 구동력이 흙에 직접 전달되므로 동력의 손실이 적고 포장의 흙다짐을 줄일 수 있다. 로터리경운기에 의하면 플라우작업과 쇄토작업이 동시에 이루어지므로 작업능률이 높아 작업적기가 짧은 답리작(畓裏作)에 적합하다. 또한, 쇄토성능이 좋으므로 중점토의 쇄토작업, 파종이나 이식을 위한 토양준비작업, 논의 써레질, 밭의 중경정리작업 등에도 이용된다. 그러나 과도한 쇄토작업으로 흙이 단립화되기 쉽고, 반전이 나빠 잡초가 많은 토양의 경우에는 소요 동력이 크며, 얕은 깊이로 경운되기 쉽다는 단점도 있다.

(1) 경운날의 종류와 특성

경운날은 작업성능이 우수할 뿐만 아니라 형상이 간단하여 제작이 쉬워야 한다. 여러 가지 형태의 경운날이 있으나 그림 3-21에서 보는 바와 같은 작두형 날, L자형 날 및 보통형 날이 많이 사용되고 있다. 작두형 날은 끝부분이 왼쪽 또는 오른쪽으로 완만하게 약간 구부러져 있으며 날의 회전에 따라 편평부에서 우선 흙을 절단하고 완곡부에서 흙을 경기·파쇄하여 뒤쪽으로 던지면서 반전한다. 다른 경운날에 비하여 소요 마력은 크지만 반전성능이 좋다. 동력경운기의 로터리경운날로 널리 사용되고 있다. L자형 날은 앞의 끝부분이 편평부와 80~90°의 각을 이루고 있으며, 작두형날보다 크기가 크다. 잡초가 많은 흙을 경운하는 데 효과적이며 대형 트랙터의 경운날로 많이 사용되고 있다.

보통형 날은 날의 앞 끝부분이 좌우 어느 쪽으로도 구부러지지 않고 앞 끝으로 갈수록

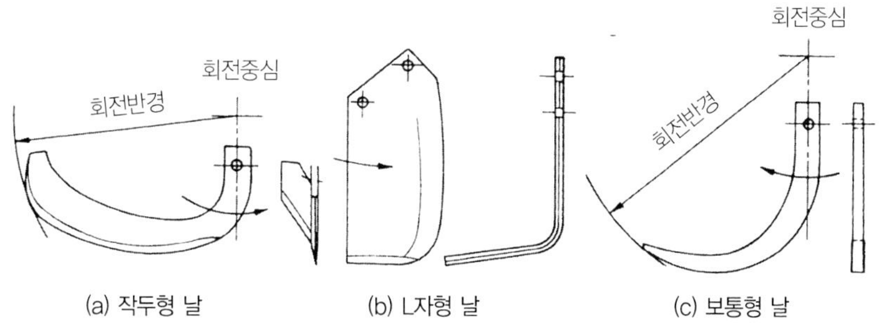

[그림 3-21] 로터리경운날의 모양

※자료 : 정창주. 1995. 농업기계학.

날의 단면이 작아지며, 이것을 C자형 날이라고도 한다. 이 날에는 흙이 적게 달라붙어 습하고 단단한 토양을 경운하는 데 좋으나, 짚이나 풀이 쉽게 감기는 단점이 있다. 우리나라에서는 별로 사용되지 않고 있다. 그 밖에도 토양의 관리작업, 잡초제거, 진디보호를 위한 토양관입, 2차경 등의 특수한 작업을 위하여 개발된 경운날도 있으나 일반 경운작업에서는 거의 사용되지 않고 있다.

(2) 경운날의 운동

경운날의 회전방향에는 동력경운기 또는 트랙터의 바퀴와 같은 방향으로 회전하며 흙을 위에서 아래로 절삭하는 하향경운과 그 반대로 아래에서 위로 절삭하는 상향경운이 있는데, 일반적으로 하향경운이 많이 이용되고 있다. 로터리경운에서의 경운축은 회전과 동시에 전진운동을 한다. 따라서, 경운날의 끝은 그림 3-22에서 보는 바와 같은 곡선을 그리는데 이 곡선을 경운날의 궤적곡선이라고 한다. 궤적곡선의 모양은 경운축의 회전속도와 전진속도의 상대적 크기에 따라 달라진다. 경운날이 정상적으로 흙을 절삭하려면 경운날의 회전속도와 전진속도가 일정한 비례관계를 유지하여야 한다. 경운날이 한 번 회전할 때마다 전진방향으로 지표면을 경운하는 길이를 경운피치라고 한다. 경운피치는 경운된 흙의 크기를 결정하는 중요한 요인이며, 보통 4~20cm이다.

작두형 날의 경운작용은 그림 3-23에서 보는 바와 같이 그 형상과 깊은 관계가 있다. 날의 편평부로 흙을 절단·분리하는 데 있어서 절입각(β)의 크기가 중요한데, 여기서 절입각이란 날의 회전각 α에 대하여 편평부 날의 끝 상의 P점에 있어서 날의 궤적곡선의 접선

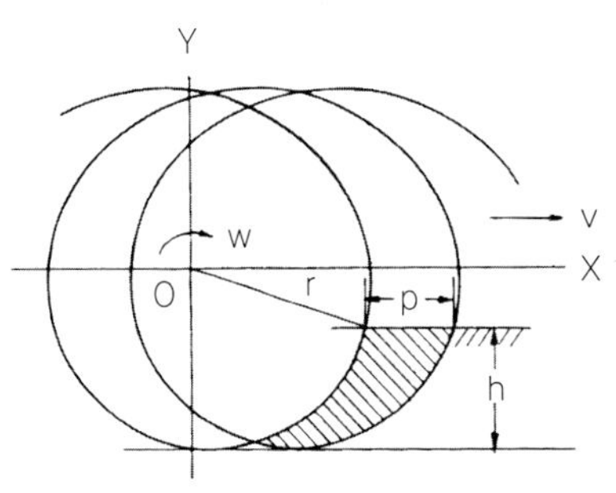

[그림 3-22] 경운날 끝점의 궤적곡선 [그림 3-23] 작두형 날의 경운작용

※자료 : 정창주. 1995. 농업기계학. ※자료 : 정창주. 1995. 농업기계학.

과 날 곡선의 접선이 이루는 각으로서 보통 50~70° 이다. 절입각은 경운날을 땅 속에 잘 절입하게 하고, 풀이나 깊이 감기는 정도를 좌우하는데, 이것은 경운, 전진속도, 경운축의 회전속도 등에 따라 달라진다. 또한, 경운날의 완곡부는 흙을 절삭하여 끌어올리는 작용을 한다. 경운날의 끝점 Q에서 날면과 회

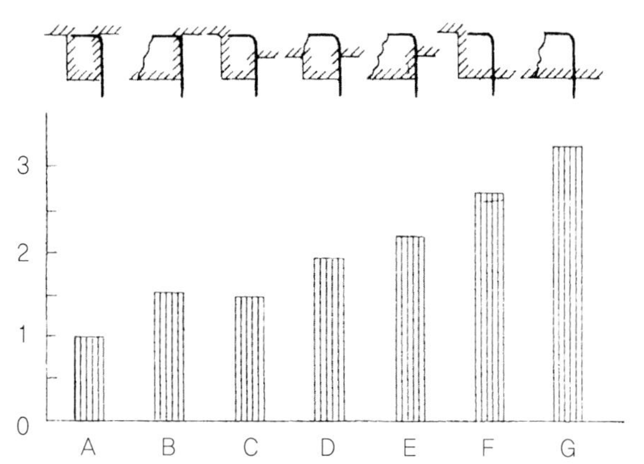

[그림 3-24] 지표면의 절삭상태에 따른 경운축 회전력의 크기비율

※자료 : 정창주. 1995. 농업기계학.

전원의 접선이 이루는 각을 경기각(γ)이라고 하며, 보통 20~40° 이다.

경운저항은 경운축의 회전에 필요한 회전력으로 나타낸다. 일반적으로 경운축은 작업할 때 심한 회전력의 변화를 일으킨다. 경운축의 회전력 크기는 경운날의 크기와 형상, 경운폭, 경운피치, 경심 전진속도, 토양의 종류와 상태 등에 따라 다르다. 경운피치가 일정하면 경운축의 회전속도가 커질수록 경운저항이 증가한다.

경운축의 회전력은 지표면의 절삭상태에 따라 크게 다르다. 그림 3-24는 L자형 날을 사용하여 경운할 때 지표면의 절삭형태의 변화에 따른 소요 회전력의 크기를 A의 절삭형태를 기준으로 하여 나타낸 것이다. 여기서 G의 절삭형태의 경우에는 A의 경우에 비하여

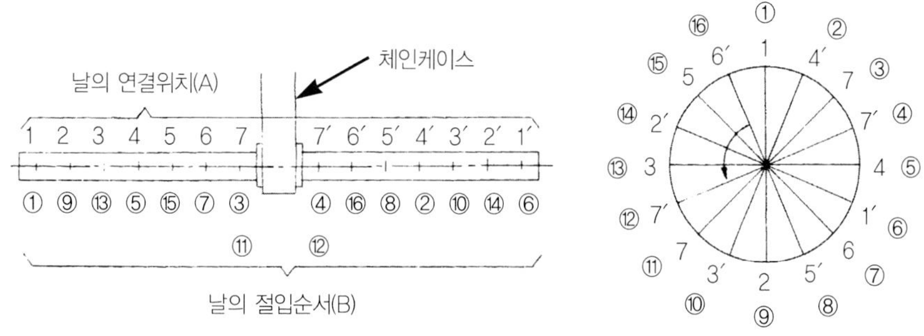

[그림 3-25] 경운날의 연결위치(A)와 절입순서(B)

※자료 : 정창주. 1995. 농업기계학.

3배 이상이 됨을 알 수 있다.

경운축의 회전력 변동을 감소시키기 위한 한 가지 방법으로서 칼날을 적절히 배치하여 날이 흙으로 절입될 때 체인케이스를 좌우로 하여 서로 번갈아 일어나도록 하고, 또 서로 이웃한 칼날의 절입이 가능한 한 서로 떨어져서 일어나도록 칼날을 배치하고 있다. 그 한 예는 그림 3-25에서 보는 바와 같으며, 이와 같은 방법은 회전력의 변동을 감소시킬 뿐만 아니라 서로 이웃하는 날 사이의 절삭의 간섭을 감소시킬 수 있는 이점이 있다.

단위면적을 경운하는 데 소요되는 경운폭의 평균 회전력을 비회전력(specific torque)이라고 하며, 이와 같은 비회전력은 식 3-6과 같이 나타낼 수 있다.

$$K_t = \frac{T}{bh} \qquad (3-6)$$

여기서, K_t = 비회전력
T = 평균 회전력
b = 경운폭
h = 경심

표 3-6은 회전력의 개략치를 토양별로 구분하여 나타낸 것이다. 비회전력은 일반적으로 경심 10 cm 정도에서 최소치를 갖는다.

[표 3-6] 로터리경운의 비회전력

구분	토양의 상태	대략적인 경심(cm)	비회전력($kg_t \cdot m/cm^2$)
사양토	중간 정도의 단단함	15	0.006 ~ 0.015
양토	무논 · 벼기후 있음	10	0.015 ~ 0.030
식양토	무논 · 벼기후 있음	10	0.025 ~ 0.035
목초지	단단함	10	0.030 ~ 0.040

3.2.7 경운작업체계

경운작업에는 많은 에너지가 소모되므로 최소의 에너지 소비로 필요한 정도의 경운작업을 하는 것이 바람직하다. 생산성 및 작업효율과 함께 친환경성과 에너지 소모율을 함께 고려하여야 한다. 따라서 흔히 시행하고 있는 일정 깊이의 전면경운보다는 작물이 자랄 곳만을 경운하거나 또는 부분경운을 함으로써 경운에 필요한 기계적 에너지는 물론 소요 노동력을 감소시킬 수 있다. 또한, 이러한 방법으로 무거운 기계의 통과횟수를 줄임으로써 토양다짐을 감소시켜 토양수분의 보존이나 토양유실을 감소시킬 수 있다. 이와 같이 최소의 에너지와 적은 비용으로 경운하는 것을 최소경운이라고 하며, 특히 근래에 와서 에너지절약 측면에서의 이 최소경운에 대한 관심이 높아지고 있다. 벼의 이앙을 위한 토양준비작업에 있어서 과거에는 경기작업과 써레작업을 반드시 별도로 실시하였지만, 근래 이 두 작업이 로터리작업 하나로 이루어지는 경우가 많은데, 이는 최소경운의 원리를 이용한 좋은 예이다. 그림 3-26에서 보는 바와 같이 관행경운(conventional tillage) 외에도 여러 가지 보전경운(conservation tillage)으로 경운작업체계를 구분할 수 있다. 최근에는, 정밀경운(precision tillage)이라는 새로운 최소경운법이 제안되었다.

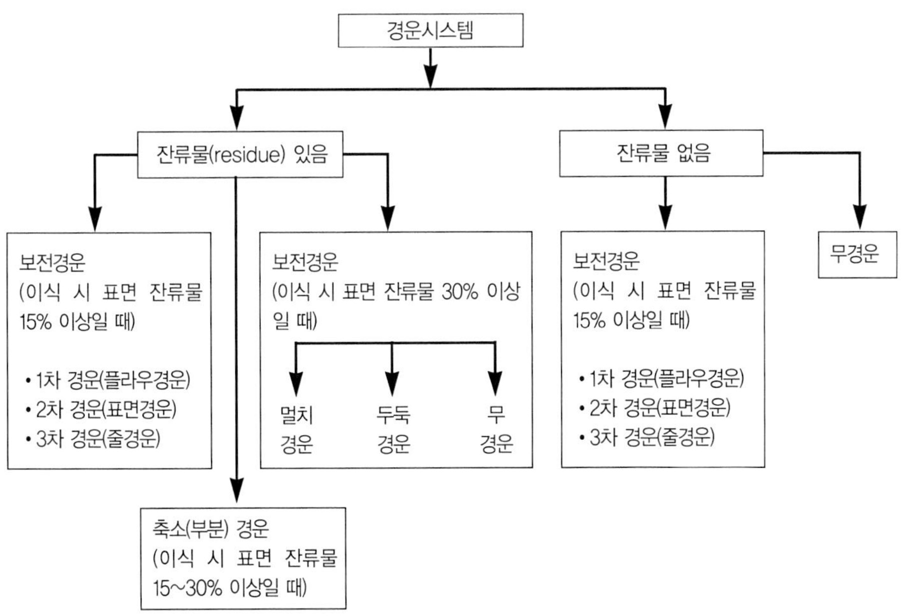

[그림 3-26] 작물 잔류물상태와 경운작업방법에 따른 경운시스템 분류

(1) 관행경운

관행경운(conventional tillage)방법은 작물의 파종이나 이식 후 토양 표면에 작물 잔류물의 15% 이하를 남겨 놓는 방법으로 전면경운이 이에 해당한다. 몰드보드를 이용한 1차 경운과 로터리작업기를 이용한 2차 경운이 이에 해당한다. 작물생산성 확보, 깨끗한 파종공간(묘포, seedbed) 확보, 제초효과 등을 위하여 관행경운법을 사용한다. 하지만, 이러한 지속적인 경운에 의하여 토양다짐, 토양유실, 수분투수성 저하, 소요 에너지 및 시간 등 여러 가지 문제점이 있다.

(2) 보전경운

보전경운(conservation tillage)은 작물의 파종이나 이식 후 토양 표면에 작물잔류물의 30% 이상을 남겨놓는 방법으로 주로 토양유실을 줄이기 위한 것이다. 무경운, 두둑경운, 멀치경운 등이 이에 해당한다. 무경운(no tillage)은 양분공급을 제외하고는 수확 후부터 이식시기까지 토양을 그대로 두는 것이다. 이식이나 파종은 좁은 묘포나 코울터(coulter), 로우 클리너(row cleaner), 디스크 오프너(disk opener), 또는 타인 오프너(tine opener)로 형성한 홈에 실시하고, 제초작업은 제초제로 한다. 무경운을 직파(direct seeding), 홈경운(slot-till), 홈이식(slot-planting)이라고 부르기도 한다.

두둑경운(ridge tillage)는 무경운처럼 양분공급을 제외하고는 수확 후부터 이식시기까지 토양을 그대로 두는 것이다. 이식작업은 스위프(sweep), 디스크 오프너(disk opener), 코울터(coulter), 또는 로우 클리너(row cleaner) 등으로 두둑상태의 묘포에 이식한다. 잔류물은 두둑 사이 표면에 위치하게 되고, 제초작업은 제초제나 중경제초기(cultivator)로 실시한다. 멀치경운(mulch tillage)은 대부분의 작물잔류물을 토양 표면에 남겨 놓는 방법으로, 이식 전에 치즐, 중경기, 디스크, 스위프(sweep), 절단날 등으로 작업하고 제초작업은 제초제나 중경제초기를 이용한다. 띠경운(zone tillage 또는 strip tillage)은 무경운이나 멀치경운의 변화된 형태이다. 축소경운(reduced tillage)는 작물 잔류물의 15~30%를 이식 후 남겨놓는 방법이다.

(3) 정밀경운

토양다짐이 공간적으로 그리고 깊이에 따라 변이를 갖기 때문에, 같은 깊이로 전면경운

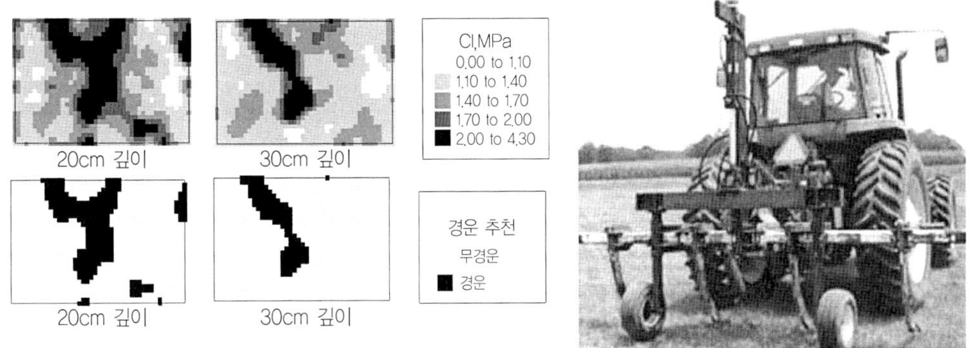

[그림 3-27] 서로 다른 깊이의 원추지수 분포도와 2MPa 기준을 사용한 경운 추천 지도(좌), 경운 깊이를
실시간으로 조절하는 경운작업기(우).

※자료 : Khalilian 외. 2002. A control system for variable depth tillage.

하는 것이 최상의 선택이 아닐 수 있다. 정밀경운(precision tillage 또는 variable depth tillage)은 다짐이 과도한 위치에서 필요한 깊이까지만 경운하는 방법으로 시간, 비용, 에너지를 모두 줄일 수 있다. 토양다짐상태를 미리 조사하거나, 실시간으로 조사하면서 경운위치와 깊이를 결정하게 된다. 그림 3-27의 왼쪽은 조사한 원추지수로 작성된 깊이별 원추지수분포도와 경운추천 전자지도를 예시한 것이다. 밭작물의 경우 원추지수 2.0 MPa을 기준으로 경운 여부를 결정한 결과 대부분 면적을 경운하지 않아도 됨을 알 수 있다. 그림 3-27의 오른쪽은 미리 조사한 원추지수 프로파일을 기준으로 다져진 농경지 위치와 깊이를 분석한 후, 경운추천지도(tillage recommendation map), GPS 수신기, 깊이제어장치가 새롭게 추가되어 깊이를 실시간으로 조절하는 경운작업기이다.

3.3 정지작업기계

정지기계에는 쇄토기, 균평기, 진압기, 두둑 및 고랑 만드는 기계 등이 포함된다. 정지작업은 일반적으로 1차경이 실시된 다음에 실시되며, 작업능률을 높이기 위하여 두 가지 작업, 예를 들면 쇄토와 균평 또는 쇄토와 고랑 만들기를 동시에 수행할 수 있도록 만든 정지기계도 있다.

3.3.1 쇄토기

(1) 견인식 쇄토기

1) 원판해로우

원판해로우는 그림 3-28에서 보는 바와 같이 접시모양의 구면형 원판을 1개의 연결축
에 5~10장을 매달고, 이것을 2개 또는 4개씩 하나의 묶음으로 연결하여 견인하도록 만든
트랙터부착용 쇄토기 중의 하나이다. 원판은 그림 3-28의 오른쪽에서 보는 바와 같이 절
삭날이 원형을 유지하는 연속형 회전과 노치가 있는 노치형 회전이 있으며, 원판의 지름
은 보통 40~60cm이다.

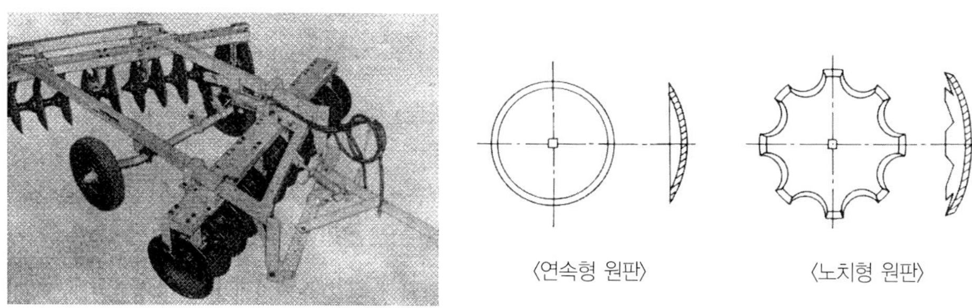

[그림 3-28] 원판해로우(좌)와 구면형 원판의 종류(우)

※자료 : 정창주. 1995. 농업기계학.

2) 스파이크해로우

스파이크해로우는 쇄토기의 한 가지로
서 플라우와 같이 오랜 옛날부터 사용되
어 왔다. 이것은 뿔처럼 생긴 긴 이빨을
4~6 cm의 간격으로 크로스바에 수직으
로 고정시켜 사용하는 것인데, 이 이빨을
치간이라고 한다. 전형적인 트랙터견인용
스파이크해로우는 그림 3-29에서 보는
바와 같다. 이것은 5개의 크로스바가 하

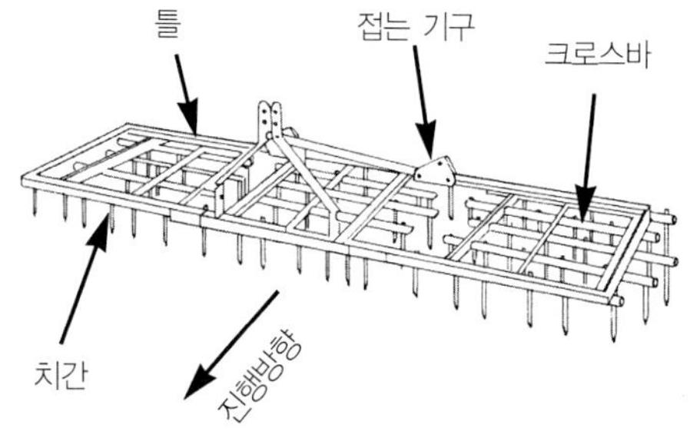

[그림 3-29] 스파이크해로두의 섹션

※자료 : 정창주. 1995. 농업기계학.

나의 틀로 만들어져 있는데, 이것을 하나의 섹션이라고 하며, 각 섹션에는 보통 25~35개의 치간이 있고 일반적으로 몇 개의 섹션을 묶어 견인한다. 스파이크해로우의 규격은 치간의 수 × 섹션의 수로 나타낸다.

3) 스프링해로우

보행 산파묘 이앙기는 산파모 형태의 중모 및 어린모를 이앙하는 데 사용되며 4조식이 가장 많이 이용되고 있다. 최근에 개발된 기술은 이앙기 취급성을 향상시켜 운전자의 피로를 경감시키고자 운전조작부의 조작기능을 단순화하고, 모를 안정적으로 심을 수 있도록 기체 수평제어장치가 장착되었다. 그리고 부녀자 및 노약자가 쉽게 이용할 수 있는 경량형 1륜 2조식의 이앙기가 개발되었다.

4) 롤러해로우와 롤러진압기

롤러해로우는 그림 3-31에서 보는 바와 같이 앞 열과 뒤 열에 롤러가 연결되어 있고, 그 사이에는 1열 이상의 스프링 치간이 부착되어 있다. 트랙터에 의하여 견인되는 롤러해로우는 토양 표면을 미세하게 파쇄하고 평탄하게 다지는 작업에 많이 사용되고 있다. 토양 표면을 적당히 다지면 바람이나 비에 의한 토양유실을 방지할 수 있고, 표면의 수분을 보호하여 파종된 종자의 발아를 용이하게 할 수 있다. 롤러해로우를 컬티팩커(cultipacker), 컬티멀처(cultimulcher), 토양분쇄기(soil pulverizer)라고 부르기도 한다. 스프링 치간이 없이 롤러만을 부착하여 토양 표면을 평탄하게 다지는 작업기를 롤러 또는 지면롤러라고 한다.

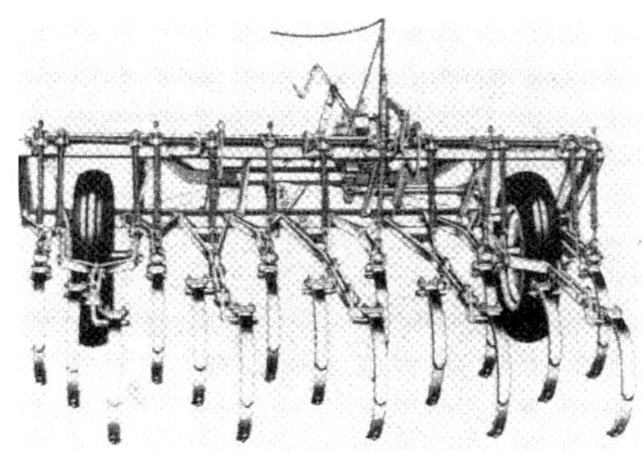

[그림 3-30] 스프링해로우

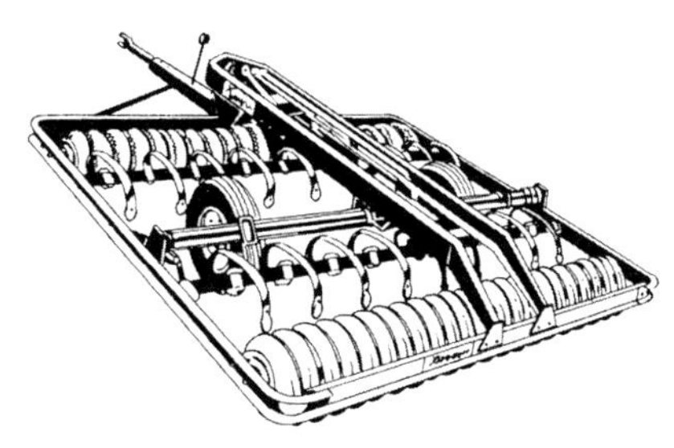

[그림 3-31] 롤러해로우

(2) 구동식 쇄토기

앞에서 설명한 쇄토기는 대부분 트랙터에 의하여 견인되는 형식이지만 구동식 쇄토기
는 쇄토기에 엔진의 구동력이 직접 전달되어 작업이 이루어지는 기계이다. 이와 같은 구
동식 쇄토기는 3~6 PS의 엔진을 탑재한 소형 동력경운기로서 바퀴 대신 쇄토작업기인
로터를 차축에 장착하여 주행과 동시에 작업이 이루어지게 되어 있다. 로터는 흙의 상태
나 작업의 종류에 따라 교체하여 사용할 수 있도록 여러 가지가 개발되어 있다.

3.3.2 균평용해로우

균평용해로우(leveler)는 그림 3-32의 (a)과 같이 판해로우가 널리 사용된다. 압쇄해야
하므로, 보통 해로우에 무게를 부가하여 견인한다. 그림 3-32의 (b)는 형강(形鋼)을 체인
으로 연결한 균평용해로우이다. 유사한 형태로서는 둥근 나무를 줄에 매달아 견인하는 형
식이 있다. 균평기는 보통 2가지 작업을 동시에 수행할 수 있도록 만든 것이 많다.

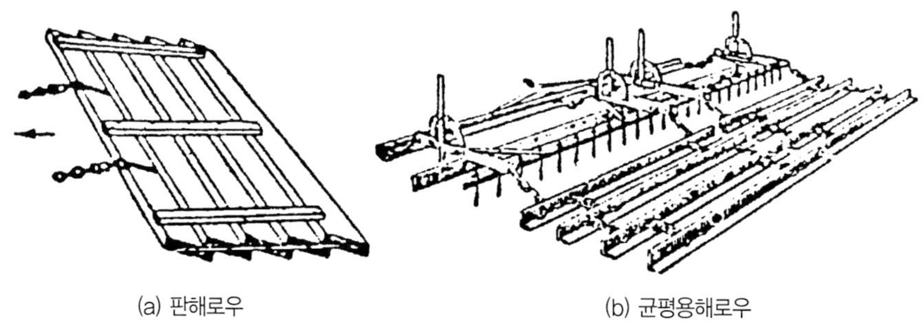

(a) 판해로우   (b) 균평용해로우

[그림 3-32] 균평용해로우

※자료 : 정창주 · 김경욱. 1997. 농작업기계학원론.

3.3.3 파종, 이식, 토양준비작업

견인형 작업기들을 조합하여 파종베드를 원하는 형태로 준비할 수 있다. 그림 3-33과
같이 우선 절단바가 달린 첫 번째 롤러로 분쇄하면서 표토 절단칼로 균평을 실시한다. 다

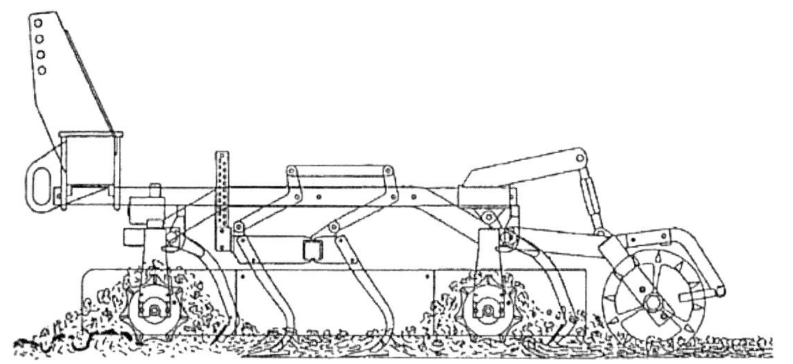

[그림 3-33] 여러 작업기가 결합된 파종베드 작업기

※자료 : Weise · Bourarach. 1999. Tillage Machinery.

음으로 절단바가 장착된 중경을 실시하고 표토를 분쇄하여 토양을 느슨하게 한다. 마지막으로 2차 분쇄와 균평을 실시하고 롤러로 다져준다. 이러한 장비로 작업기 종류, 작업속도와 깊이를 달리하여 다양한 작물재배를 위한 파종베드를 만들게 된다. 작업폭은 보통 4 m 이상까지 가능하다.

감자 등의 이식을 위한 두둑을 성형할 필요가 있을 경우, 그림 3-34과 같은 특수한 작업기가 사용된다. 그림에서 보는 바와 같이 두둑성형 시 필요한 경우 분쇄와 2차 경운을 동시에 실시하게 된다. 특히, 두둑을 만드는 데 사용되는 기계를 리스터(lister)라고 하고,

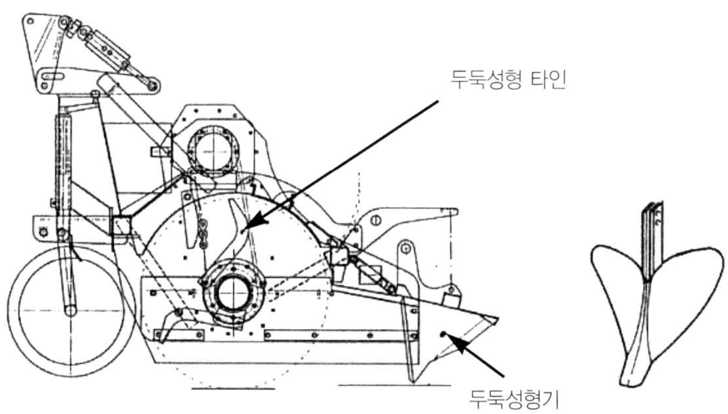

[그림 3-34] 두둑성형용 로터리해로우(좌)와 배토날(우)

※자료 : Weise · Bourarach. 1999. Tillage Machinery.

고랑을 만드는 데 사용되는 기계를 트렌처(trencher)라고 한다.

3.3.4 롤러

롤러는 주로 흙을 재차 다져주는 동시에 토양과 종자가 잘 접촉하도록 한다. 또한, 트랙터 무게를 기체 폭 전체에 걸쳐 균일하게 분포되도록 하는 역할도 수행한다. 롤러는 일반적으로 건답상태에서 사용하고 습답에서는 스크레이퍼로 흙을 제거해 준다. 롤러의 형태에 따라 표토만 다지거나 일정 깊이까지 다지기도 한다. 그림 3-35과 같이 다양한 롤러가 있는데, 특히 진압륜의 경우 지나치게 느슨해진 토양을 다져서 기계가 다시 주행할 수 있도록 한다.

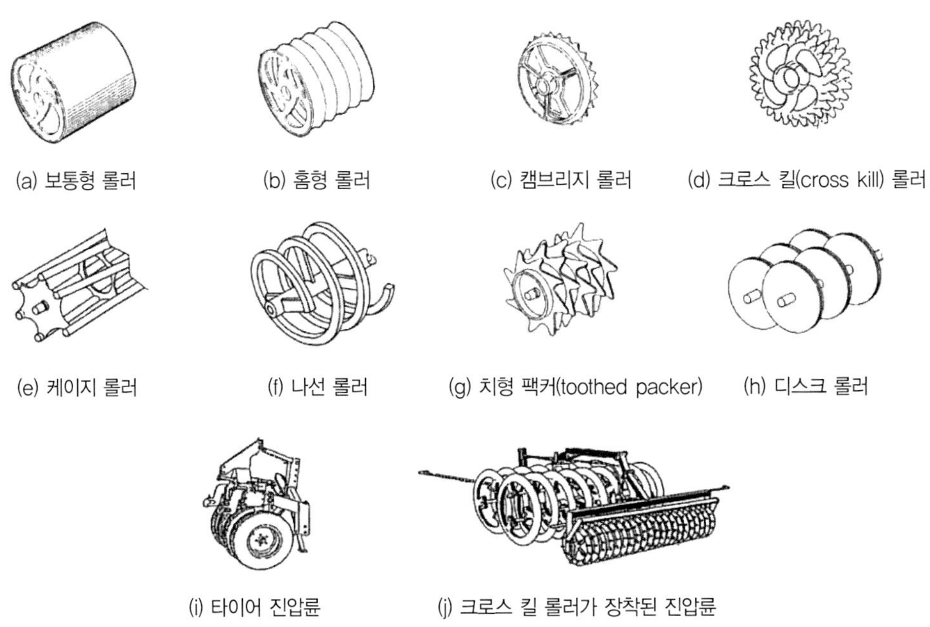

[그림 3-35] 다양한 형태의 롤러

※자료 : Weise · Bourarach. 1999. Tillage Machinery.

3.4 중경제초기계

3.4.1 중경작업의 특성과 중경작업기 분류

중경(cultivation)은 작물의 생장조건 개선을 위하여 실시되는 작물 및 포장 관리작업으로 토양상태 개선, 수분 유지, 잡초 제거 등을 목적으로 한다. 보통 중경, 제초, 배토작업을 포괄적으로 의미하고 생육과정에서 보통 2~3회 실시한다.

- **중경작업** : 이랑 및 작물 포기 사이 경운, 쇄토로 토양 통기성 및 투수성 촉진, 잡초 발생 억제
- **제초작업** : 보통 중경작업과 함께 수행
- **배토작업** : 작물의 줄기 밑 부분에 흙을 돋우어 주는 작업, 뿌리 지지력 강화, 도복 방지, 이랑잡초 제거효과

중경용 기계는 1) 동력원에 따라 축력용, 동력용(관리기용, 동력경운기용, 트랙터용), 2) 작업조건에 따라 밭 중경기 · 물논 중경기, 3) 작업특성에 따라 전면 중경기 · 줄작물 중경기 · 겸용 중경기 · 솎음 작업기 등으로 분류한다.

3.4.2 중경제초기계 작업날

제초날(cultivator sweep)은 잡초뿌리 절단을 위하여 표토를 얇게 경운하는 역할을 하는데, 삼각날(full sweep), 반쪽날(half sweep), 괭이날(hoe type)로 구분된다. 제초날 형상은 절단각(γ), 관입각(α), 쇄토각(β), 여유각(ε), 작업폭(b), 앞쪽 폭(b1)으로 표현되는데, 절단각은 잡초뿌리를 알맞게 절단하기 위하여 45° 보다 적어야 하고, 쇄토각은 흙의 굳은 정도와 반전토양의 깊이에 따라 다르고, 관입각은 작으면 절삭저항이 감속되고 관입깊이도 얕게 된다.

중경날은 표토층 아래의 토양경운에 사용하고 치즐(chisel) 중경날, 단용 중경날, 쌍용

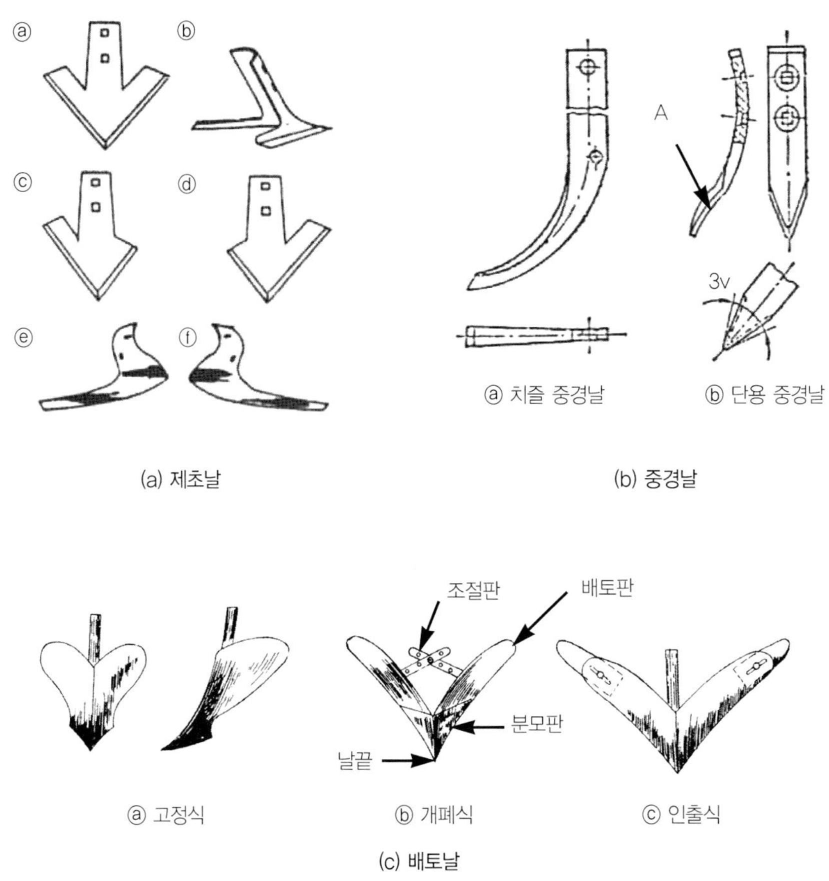

[그림 3-36] 다양한 종류의 작업날

※자료 : 정창주. 1995. 농업기계학.

중경날이 있으며 중경날을 지지하기 위한 생크(shank) 하단부에 부착된다. 배토날은 날끝, 분토판, 배토판으로 구성되며 날끝으로 흙을 절삭·파쇄하고, 분토판에 의하여 흙덩어리를 파쇄하여 양분하며, 배토판에 의해 모가 있는 곳에 흙이 쌓이게 된다.

3.4.3 컬티베이터 종류

컬터 베이터의 종류는 크게 롤링(rolling) 컬티베이터와 로터리(rotary) 컬티베이터로 나눌 수 있는데, 롤링 컬티베이터는 경심을 얕게, 고속으로 작업, 회전날은 흙과 함께 잡초 뿌리를 측면으로 긁어 내는 구조로 되어 있으며, 로터리 컬티베이터는 L자형 회전날을 부착한 중경 및 제초 겸용 작업기로 작업 시 비산되는 흙과 잡초로부터 작물을 보호하기 위한 작물보호판을 사용하기도 한다. 그림 3-37과 같이 다수의 컬티베이터 날, 생크, 프레임, 경심유지용 안내 바퀴로 구성된 작업기를 컬티베이터 갱(gang)이라고 한다.

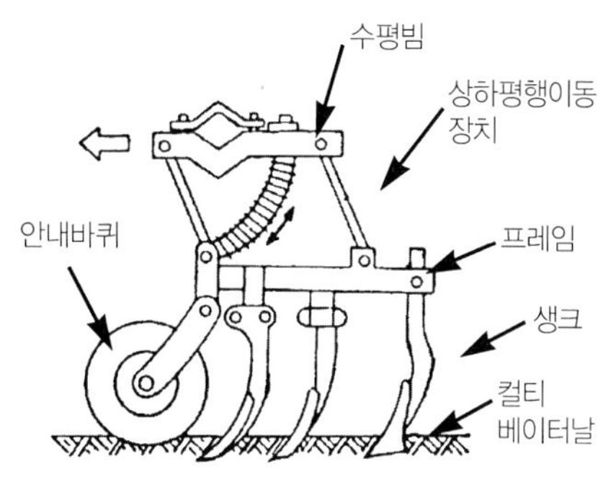

[그림 3-37] 상하 평행기구를 이용한 컬티베이터 갱

※자료 : 정창주 · 김경욱. 1997. 농작업기계학원론.

3.4.4 솎음기계

솎음(thinning)은 조파작물의 재식밀도를 조절하여 개체의 생육을 촉진하고 품질을 높이기 위한 것으로 횡방향 솎음(직교 솎음법)과 종방향 솎음(평행 솎음법)으로 나뉜다. 그림 3-38은 회전식 솎음기의 사례이다.

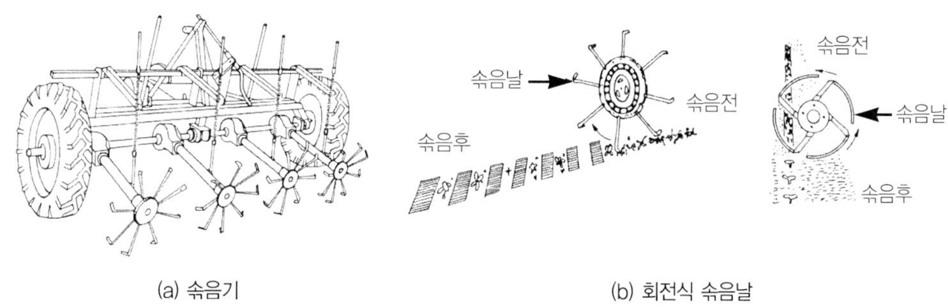

(a) 솎음기　　　　　　(b) 회전식 솎음날

[그림 3-38] 회전식 솎음기

※자료 : 정창주. 1995. 농업기계학.

3-1 1kg의 질량과 640 cm³의 용적을 가진 습윤 토양 시료를 오븐에서 건조하였더니 0.8 kg이었다. 토양입자 밀도를 2.65 g/cm²으로 가정하고, 용적 밀도, 공극률, 공극비, 용적 수분 함량, 포화도를 계산하시오.

3-2 스토크의 법칙을 사용하여 지름 50 μm이상인 모든 모래가 현탁액에서 20 cm 깊이로 침전하는 데 필요한 시간을 계산하시오.

3-3 토양샘플 직접 전단시험 결과 수직응력 15.49, 30.98, 61.95 kPa에서 전단응력이 각각 27.16, 39.16, 52.42 kPa이었다. 점착력과 내부마찰각을 구하시오.

3-4 지측판의 수평흡인과 수직흡인의 작용에 대하여 설명하시오.

3-5 플라우에 작용하는 주요 토양저항력을 구분하여 설명하시오.

3-6 플라우의 비저항에 영향을 미치는 인자에 대하여 설명하시오.

3-7 경심 12 cm, 폭 60 cm로 로터리경운을 할 때 경운축의 평균 회전력이 17.5 N · m로 측정되었다. 로터리경운의 비회전력을 구하시오.

3-8 중경, 제초, 배토작업용 작업기의 종류와 구조상 특징을 비교 설명하시오.

3-9 속음기계에 대하여 설명하시오.

참고문헌

정창주, 김경욱. 1997. **농작업기계학원론**. 서울대학교출판부. 서울.

정창주. 1995. **(삼고)농업기계학**. 향문사. 서울.

이규승. 2005. **차량견인역학**. 성균관대학교출판부. 서울.

Gajri, P. R., V. K. Arora, and S. S. Prihar. 2002. *Tillage for Sustainable Cropping*. The Haworth Press Inc. Binghamton, NY. USA.

Gill, W. R., and G. E. Vanden Berg. 1968. Soil Dynamics in Tillage and Traction, *Agricultural Handbook* No. 316. Agricultural Research Service, U.S.D.A. U.S. Government Printing Office. Washington DC, USA.

Godwin, R. J., and G. Spoor. 1977. Soil failure with narrow tines. *Journal of Agricultural Engineering Research* 22(4): 213–228.

Hettiaratchi, D. R. P., and A. R. Reece. 1967. Symmetrical three–dimensional soil failure. *Journal of Terramechanics* 4(3): 45–67.

Hillel, D. 1980. *Applications of Soil Physics*. Academic Press, Inc. New York, NY, USA⟩

Khalilian, A., Y. J. Han, R. B. Dodd, M. J. Sullivan, S. Gorucu, and M. Keskin. 2002. A control system for variable depth tillage. *ASAE Paper* No. 02–1209. ASAE, St. Joseph, MI, USA.

Koolen, A. J., and H. Kuipers. 1983. *Agricultural Soil Mechanics*. Springer–Verlag. Berlin, Germany

McKyes, E. 1985. *Soil Cutting and Tillage*. Elsevier. Amsterdam, Netherlands.

McKyes, E., and O. S. Ali. 1977. The cutting of soil by narrow blades. *Journal of Terramechanics* 14(2): 43–58.

O'Callaghan, J. R., and K. M. Farrelly. 1964. Cleavage of soil by tined implements. *Journal of Agricultural Engineering Research* 9(3): 259–270.

Payne, P. C. 1956. The relationship between the mechanical properties of soil and the performance of simple cultivation implements. Journal of Agricultural Engineering Research 1(1): 23–50.

Perumpral, J. V., R. D. Grisso, and C. S. Desai. 1983. A soil–tool model based on limit equilibrium analysis. *Transactions of the ASAE* 26(4): 991–995.

Terzaghi, K. 1943. *Theoretical Soil Mechanics*. Wiley. New York, NY, USA.

Weise, G. and E. H. Bourarach. 1999. Tillage Machinery, in *CIGR Hanbook of Agricultural Engineering*, Vol. (4) — Palnt Production Engineering, pp. 184–217. ASAE, St. Joseph, MI, USA.

Chapter **04** 파종 · 이식기

01 파종기계

02 이식기계

04 파종·이식기

4.1 파종기계

　작물의 생육은 파종으로부터 시작되는데 파종 후 종자는 토양에서 종자가 발아 (germination)하여 출아(emergence of seedling)하기까지 종자 내 에너지를 이용하게 된다. 보통 파종된 모든 종자가 발아나 출아되지 않기 때문에 단위 면적당 파종종자는 적정 작물밀도(crop population)보다 많아지는데, 파종은 재파종하지 않도록 좋은 발아와 출아를 유지하는 것이 필요하다. 종자의 발아와 출아에 영향을 미치는 중요한 요인으로는 종자의 생존능력(seed viability, 조절된 실험실 조건하의 발아율), 토양미생물과 관련된 종자처리, 종자크기의 균일성, 토양의 종류, 온도, 수분, 공기, 강도와 출아에 대한 저항 등이 있으며, 파종기 또한 파종기 각 부의 구조와 형태에 관련하여 파종량, 파종심, 파종형태에 따른 파종 균일성, 종자의 진압 및 복토 정도, 운전자의 파종기술 등이 종자의 발아와 출아에 크게 영향을 미친다.

4.1.1 파종법과 파종기 종류

(1) 파종법

　종자는 파종기에 의하여 다음과 같은 형태로 파종된다.

- **산파(Broadcast seeding)** : 토양 표면에 종자를 불규칙하게 흩어 뿌리는 파종법
- **조파(Drill seeding)** : 파종 골(furrow)에 종자를 불규칙하게 떨어뜨리고 복토함으로써 종자는 열 (row)을 이루어 줄아시키는 파종법
- **정밀점파(Precision planting)** : 단일 종자나 여러 개의 종자가 열을 이루어 파종하고 동시에 동 일 열 내에 파종 종자의 간격도 일정하게 유지하는 파종법

열을 이루어 파종하는 경우 중경이나 다른 재배작업을 위하여 작업기가 작업할 수 있도록 열 사이가 충분히 떨어진 경우 열-작물재배(row-crop planting)라 하며, 이에 비하여 산파나 열 사이가 15~36cm인 곡물종자의 조파와 같은 파종은 조밀재배(solid planting)라 부른다. 따라서 조밀재배는 일반적으로 산파나 조파에서 그리고 열-작물 재배는 산파를 제외한 파종법에서 나타나게 된다. 열-작물재배를 위하여 파종은 토양 표면, 골, 두둑에 행할 수 있다. 골재배(furrow planting or lister planting)는 반건조지에서 널리 행하여지고 있는데 이는 수분이 많은 곳에 종자를 파종하고, 동시에 어린 작물을 바람과 토양유실로부터 보호하는 데 유리하기 때문이다. 두둑재배(bed planting)는 강우가 많은 지역에서 배수개선을 위하여 행하여지고 있으며, 평면재배(flat planting)는 수분조건이 양호한 지역에서 주로 사용하고 있는 재배형태이다.

(2) 파종기의 종류

파종기는 식량, 섬유, 사료작물의 생산과 번식을 위하여 종자나 종자조각을 토양에 위치시키는 장치로 동력구동 파종기는 파종법에 따라 산파기(broadcast seeder), 조파기 (drill seeder), 정밀점파기(precision planter)로 구분할 수 있으며, 대부분 트랙터, 경운기, 관리기 등에 견인(trailing type) 또는 후방 장착형(rear mounted type)으로 부착되어 작업하고 있다.

또한 파종 종자의 종류와 형태에 따라 원종자 외에 배종성능이나 파종성능 또는 발아율을 높이기 위하여 종자의 크기, 형태, 표면조건 등을 처리한 코팅종자, 펠렛종자, 기계적 또는 화학적 표면처리종자, 최아종자, 겔 및 현탁액 혼합종자, 테이프종자 등을 파종하는 파종기로 구분할 수 있다.

그 외에도 파종작업과 함께 비료나 살균·살충제, 제초제 등을 동시에 살포할 수 있는

파종기, 파종작업과 경운작업을 동시에 수행할 수 있는 최소경운(minimum tillage) 또는 무경운(no-tillage or conservation-tillage) 파종기 등이 있다.

1) 산파기

산파기는 원심식 산파기, 종자호퍼에 일정 간격의 배출구를 설치한 낙하식 산파기(구절기가 없는 그레인 조파기와 유사), 헬리콥터나 고정익 비행기에 의한 항공 산파기, 위더-멀처 산파기(weeder-mulcher broadcast seeder)가 있다. 파종 후 복토를 할 경우에는 보통 스파이크 해로우(spike tooth harrow)로 복토하거나 복토를 생략할 수도 있다. 원심식 산파기는 엔드게이트 파종기(endgate seeder)로 불리기도 하는데 호퍼, 종자공급장치, 살포장치, 동력전달장치, 부착장치 등으로 구성되어 있다. 작은 곡물종자나 목초종자를 신속하고 저렴하게 파종

[그림 4-1] 원심식 산파기(Vicon Co.)

※자료 : Srivastava A. K., C. E. Goering, and R. P. Rohrbach. 1993. Engineering Principles of Agricultural Machines.

할 수 있으며, 작고, 습하고, 불균일하고 토양 표면 아래에 장애물 있는 경지에 특히 유용하다. 호퍼 아래 종자 배출구는 크기를 조절할 수 있으며, 종자 배출구 위에는 교반장치 또는 홈형 휠(fluted wheel)을 설치하여 종자의 뭉침이나 종자 배출구의 막힘을 제거함으로써 연속적인 원활한 종자배출이 이루어지도록 하고 있다. 배출된 종자는 돌기판이 있는 약 500~ 100rpm으로 회전하는 1개 또는 2개의 수평 디스크(스피너)에 의하여 원심력을 받아 살포된다. 종자 파종률은 종자 배출구의 크기, 작업속도, 살포 폭의 조정에 의하여 조절된다. 작업 폭은 일반적으로 6~15m로 종자의 크기, 모양, 밀도, 스피너의 속도, 제원, 설치 높이에 따라 달라지며 바람에도 영향을 받는다.

2) 조파기

그레인 조파기(grain drills)는 작은 곡물이나 목초 종자를 보통 15~40cm(또는 책에 따라

15.2~20.3cm)의 좁은 열 간격으로 일정 파종심으로 파종하는 기계이다. 주요 부는 프레임, 운반 및 구동 휠, 종자함, 배종장치, 구절장치, 복토장치 등으로 구성되어 있다.

트랙터 구동 그레인 조파기는 견인형, 반장착형, 장착형의 3가지 형태가 있다. 견인형의 대부분은 그림 4-2와 그림 4-3과 같이 조파기 양측 지지바퀴에 의하여 지지 구동되는 엔드-휠 조파기(end-wheel drill type)와 후방의 진압 휠과 전방의 히치 바에 의하여 각각 일부 지지되는 프레스-휠 조파기(press-wheel drill type)가 있으며, 원격 조작 유압실린더에 의하여 조파기를 승강시킨다. 장착형은 3점 히치장치에 의하여 트랙터에 부착되고 트랙터 PTO의 동력에 의하여 구동된다. 또한 그레인 조파기는 보통 조파기(plain drills)와 비료 조파기(fertilizer drills or fertilizer-grain drills)로 구분되는데 보통 조파기는 곡물종자만을 파종하나 비료 조파기는 종자함을 종자와 비료 두 부분으로 나누어 파종과 함께 비료살포를 동시에 수행할 수 있으며, 경우에 따라 그림 4-4와 같이 목초종자 파종장치가 부가된 다목적 조파기도 있다.

그레인 조파기의 크기는 구절기의 수와 설치간격으로 표시되는데 '12-6' 또는 '18-7'은 12 또는 18개의 구절기가 6 또는 7인치(15.2 또는 17.8cm) 간격으로 배치되었음을 의미하며 종자 배출구의 이용에 따라 열의 간격을 조절할 수 있다.

그레인 조파기는 종자 배출을 위하여 홈 휠(fluted-wheel)형 또는 내부 이중구동 배종장치(internal double-run seed metering device)를 대부분 사용하여 종자를 계량 종자관을 통하여 낙하시켜 파종하는데 PTO에 의하여 구동되는 송풍기의 바람을 이용하여 파종하기도 한다. 구절을 위해서는 호우(hoe), 깊은 골(deep furrow), 단원판 또는 복원판(single

[그림 4-2] 엔드-휠 조파기(John Deere Co.)

[그림 4-3] 프레스-휠 조파기(John Deere Co.)

※자료 : Srivastava A. K., C. E. Goering, and R. P. Rohrbach. 1993. Engineering Principles of Agricultural Machines.(그림 4-2~3)

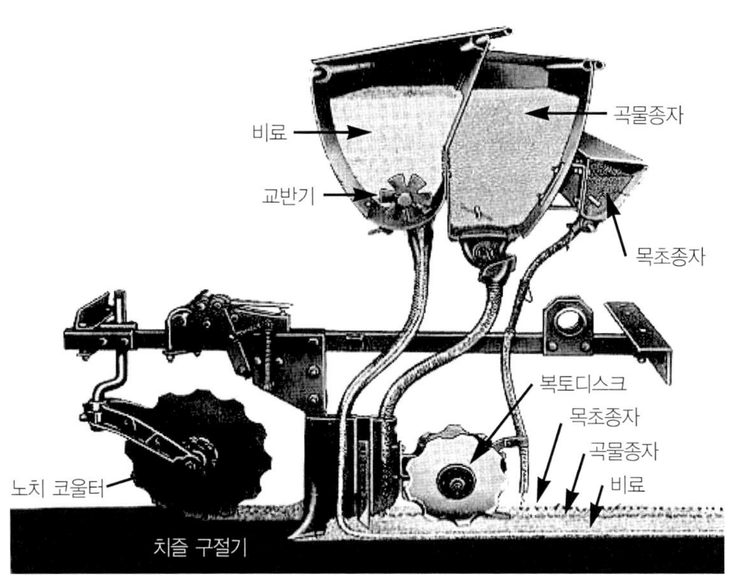

[그림 4-4] 다목적 조파기

※자료 : Smith H. P., and L. H. Wilkes. 1976. Farm Machinery and Equipment. 6th ed.

or double disk)형 구절기를, 그리고 복토와 진압에는 보통 체인형 복토기나 진압륜을 사용한다.

3) 정밀점파기

정밀점파기(precision planter)는 단일 종자나 몇 개의 종자를 중경 관리작업이 가능하도록 충분한 열 간격으로 파종하고 동시에 동일 열 내에 파종종자의 간격도 일정하게 유지함은 물론 파종심의 정밀제어를 통하여 일정한 종자발아를 제공해 주는 파종기이다. 일반적으로 작물의 종류에 따라 옥수수, 면화, 사탕수수, 채소, 사탕무우, 콩, 감자 등의 점파기가 있으며, 그림 4-5와 같이 최근에는 채소작물과 같이 플라스틱 멀칭재배에 유용한 펀치식 점파기(punch planter)가 개발되어 사용되고 있다.

정밀 점파기는 열 간격 조정이나 파종종자형태에 대한 다양성 때문에 그림 4-6에서와 같이 1 열을 파종하는 유닛 점파기(unit planter)를 트랙터 툴바(tool bar), 견인식 툴캐리어(pull-type tool carrier), 또는 두둑형성 복합작업기에 장착하여 사용하는 것이 보편적이다.

정밀 점파기의 크기는 파종 열의 수와 열 사이 간격으로 표시한다. 장착식 또는 견인식

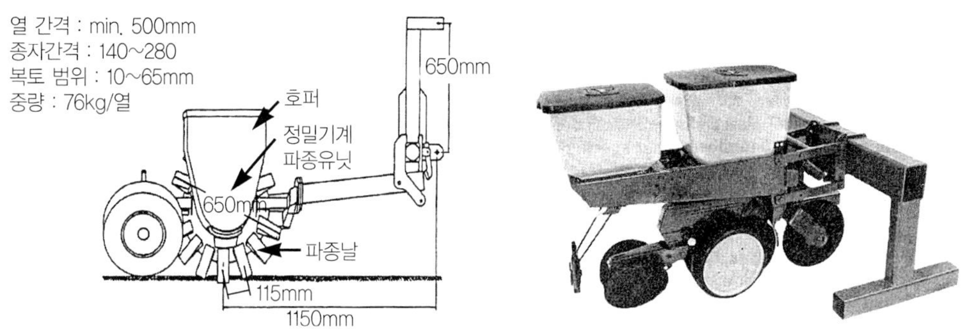

[그림 4-5] 펀치식 점파기　　　　　[그림 4-6] 툴바 장착 유닛 점파기

※자료 : Srivastava A. K., C. E. Goering, and R. P. Rohrbach. 1993. Engineering Principles of Agricultural Machines.(그림 4-5~6)

점파기는 2, 4, 6, 8, 12열의 9m까지 작업 폭을 갖고 있는데, 두 개의 견인식 점파기가 옆으로 연결되어 사용하기도 하며, 6m 이상의 트랙터 장착식 점파기는 보통 운송 중 기체 폭을 줄이기 위하여 양측 바깥쪽 부분을 접을 수 있도록 하고 있다.

정밀 점파기는 여러 가지 다양한 형태의 파종기가 있지만 일정한 깊이로 파종 골 형성, 파종 골 내에 일정 간격으로 파종, 파종 후 파종 골 복토, 종자 주위 토양진압의 4가지 기능을 공통적으로 포함하고 있으며, 주요 장치로는 구절기(furrow opener), 종자 배출 및 이송장치(seed metering and placement system), 파종심 제어장치(seed depth controller), 종자 복토 및 진압장치(seed covering and packing device), 열 표시장치(row marker), 프레임 및 부착장치 등이 있다.

정밀점파기의 구절기로는 범용의 곡선 런너형(curved or full runner), 단단하고 돌이 있는 곳에 쓰이는 스터브 런너형(stub runner), 잡물이 많은 곳과 점질의 수분이 많은 토양에 적합한 복원판형(double disk), 단원판형(single disk) 등이 쓰이며, 이 외에도 리스터형(lister), V날개형(V-wing)이 사용되고 있다.

배종장치로는 1960년대 중반까지 종자판(seed plate)식을 대부분 사용하였으나, 1960년대 말부터 종자판식이 아닌 핑거픽업형(finger pickup), 컵픽업형(cup pickup), 공기구동형(air-powered), 압력디스크형(pressure disk), 진공디스크형(vacuum disk), 벨트형(belt feed) 등 다양한 배종장치가 개발되어 사용되고 있다. 또한 종자관에 광전 셀(photoelectric cell)을 설치 배출되는 종자를 계수하고 고장 시 경고음을 발생시키며, 파종밀도를 계산하여 운전자에게 알려주는 종자 모니터가 설치되기도 한다.

복토장치는 복토체인(drag chain), 복토바(drag bar), 스크레이퍼날(scraper blades), 강철진압륜, 고무피복 또는 무압력 공기진압륜, 복토디스크(covering disks) 등을 사용하거나 이들을 조합한 형태를 주로 쓰고 있다. 진압륜으로는 옥수수나 그 외 대립종자의 경우에는 오픈 센터(open-center), 콘케이브형의 강철진압륜이 주로 쓰이며, 채소 등의 경우에는 무압력 공기타이어 진압륜을, 그리고 사탕무우에는 종자 주위 토양을 강하게 진압하는 중앙에 좁은 리브가 있는 타이어 진압륜을 사용한다.

파종심 제어는 유닛 점파기의 진압륜, 게이지 휠, 런너형 구절기(runner opener)의 접촉부(shoe), 또는 복원판형 구절기의 파종심 조절밴드 등에 의하여 개별적으로 조절된다.

유닛 점파기의 배종장치의 구동은 보통 진압륜에 의하여 구동되나 게이지 휠이나 복원판형 구절기에 의하여 구동되기도 한다. 종자 호퍼는 각 유닛 점파기 구절기 위에 가능한 한 낮게 설치되며, 파종 시 비료, 살균·살충제, 제초제 등이 함께 살포되기도 한다.

4) 무경운 파종시스템

파종상(seedbed)이 준비되지 않은 토양에 직접 파종하는 것을 의미하며 파종 후 토양 표면에 최소 30%의 잔유물을 유지하거나 또는 한계 침식기간 동안 최소한 1120 kg/ha (1000 lb/acre)의 평평하고 작은 그레인 잔유물을 유지하는 파종시스템이다(ASAE standards). 일반적으로 무경운을 위한 미경운 경지에서의 파종, 작물이 서 있는 상태에서의 파종, 토양 표면에 작물 잔유물이 있는 곳에서의 파종을 포함한다. 이 시스템의 장점으로는 후작의 이른 파종, 노력과 기계 이용비용 절감, 토양과 수분의 보존을 들 수 있으며

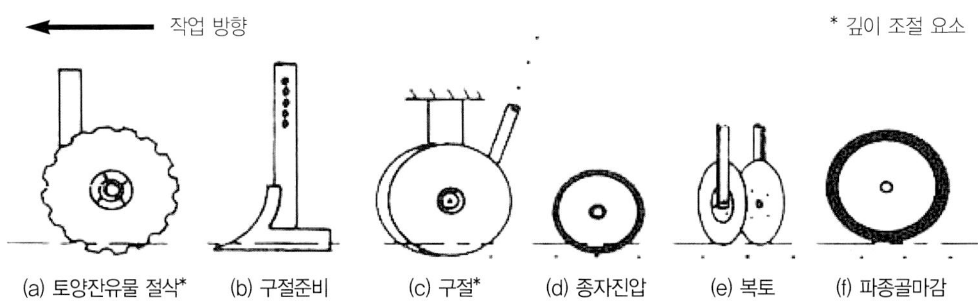

[그림 4-7] 무경운 파종기 토양관련 작업기 요소들의 배치 예

※자료 : ASAE. 2005. ASAE Standards 2005.

병충해 발생은 화학적 방제로 조절한다.

무경운 파종시스템(no-tillage or conservation-tillage planting systems)은 그림 4-7에서와 같이 토양 및 잔유물 절단, 구절준비, 구절 및 미복토 종자 진압, 종자 복토, 파종골 마감 및 진압 7가지 기능 그룹의 토양관련 작업기로 나눌 수 있다. 원활한 파종을 위하여 각각의 그룹별로 한 개 또는 그 이상의 작업기가 사용되는데 특히 무경운의 경우 전 작물 잔유물의 매몰과 파종 전의 토양 이완을 위한 특별한 기능이 요구된다. 무경운 환경에 따라 일부 작업기 요소들은 생략할 수 있으며, 파종기 설계 시 개량되어 사용하기도 한다. 주요 기능별 작업기 요소의 형태는 다음의 파종기 기능별 주요 장치 부분에서 기술하기로 한다.

4.1.2 파종기 기능별 주요 장치

파종기는 종자호퍼에서 배종기구를 통한 종자배출, 배출된 종자의 살포장치 또는 종자관을 통한 파종 골까지의 종자이송, 종자를 위치시키기 위한 구절 및 미복토 종자 진압, 파종종자의 복토, 파종골 마감과 진압, 파종심 제어를 기능을 수행하며, 무경운 파종의 경우 구절 전 토양과 잔유물 절삭 및 구절준비작업을 수행하기도 한다.

(1) 배종

배종(seed metering)은 2가지 관점에서 고려되는데, 첫째는 적정 재식밀도를 얻기 위하여 단위 시간당 호퍼로부터 배출되는 종자의 양, 즉 배종률(metering rate)이 적정하여야 하며, 둘째는 정밀점파에서 파종 열 내에 일정 종자간격을 유지하도록 종자를 분리 배출하여야 한다.

1) 배종기구

① 산파용

가장 오래된 배종기구(seed metering mechanisms)는 그림 4-8에서와 같이 가변 오리피스를 이용하여 출구의 크기를 조절함으로써 종자 배출을 조절하는 것이다. 종자의 막힘을 방지하기 위하여 교반기가 쓰이며 주로 산파기에서 사용하고 있다.

② 조파용

그림 4-8의 홈 휠형(fluted wheel or fluted roller feed) 배종기구는 조파기에서 가장 보편적으로 사용되는 것으로서 종자호퍼의 아랫부분에 위치하여 휠의 홈에 종자를 중력에 의하여 공급하고 휠을 회전시켜 배출구에서 배출하는 형태이다. 배종량 조정은 휠을 축방향으로 움직여 종자가 들어가는 홈의 길이를 조절하거나, 휠 홈의 개수 조절, 휠의 회전속도 조절에 의하여 이루어지며, 크기가 다른 종자에 따라 휠을 교환하기도 한다. 이밖에 홈 휠형과 유사한 배종장치로 구멍 롤러식, 돌기 롤러식(studded roller) 등도 있다.

내측 이중구동식(internal double-run feed) 배종기구는 원판 휠 안쪽의 핀(fins) 사이에 형성된 종자공간에 의하여 종자가 배출된다. 이중구동은 2개의 휠이 맞대어져 사용되는

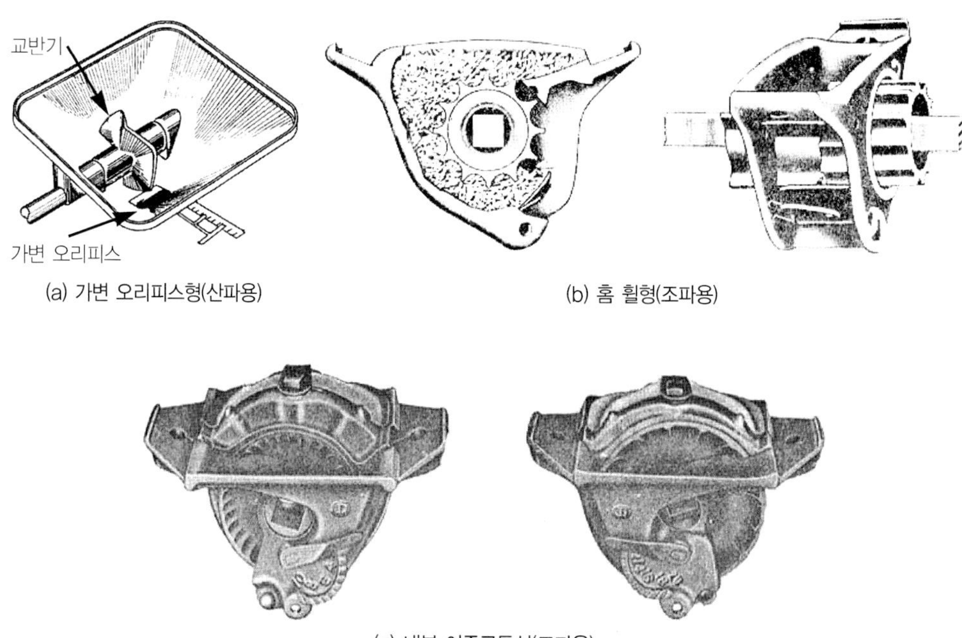

[그림 4-8] 산파 및 조파용 배종장치

※자료 : Srivastava A. K., C. E. Goering, and R. P. Rohrbach. 1993. Engineering Principles of Agricultural Machines.

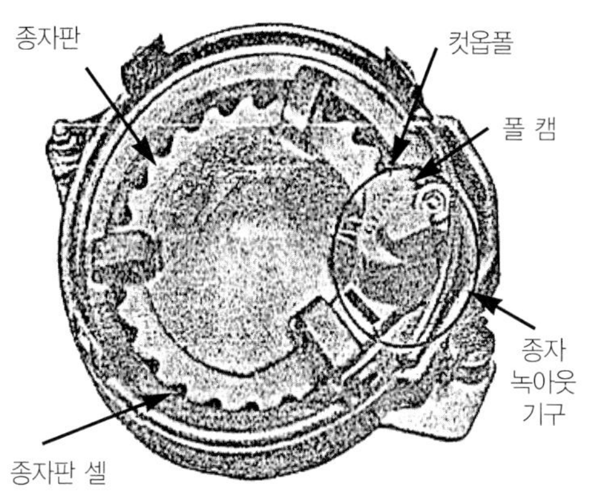

[그림 4-9] 수평종자판식 배종장치

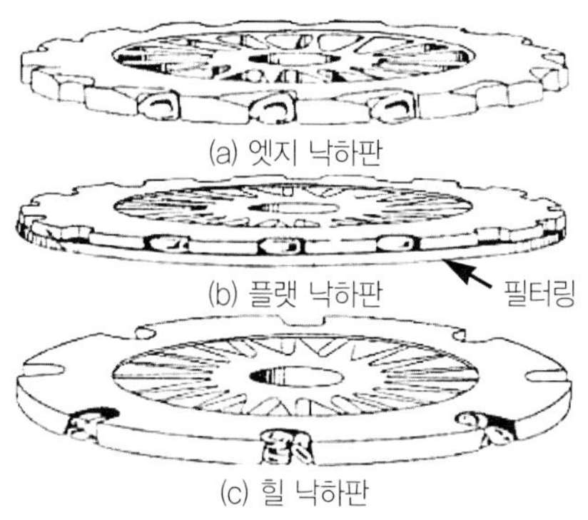

[그림 4-10] 옥수수 파종용 종자판

※자료 : Smith H. P., and L. H. Wilkes. 1976. Farm Machinery and Equipment. 6th ed.(그림 4-9~10)

데서 나온 이름이며, 한쪽 휠은 종자공간이 작아 작은 종자용으로 사용되고 다른 쪽은 종자공간이 커 큰 종자용으로 사용되는데, 이 중 사용하지 않는 쪽은 종자덮개를 이용하여 종자를 차단하고 한쪽만을 사용한다. 배종량은 휠의 회전속도, 배출판과 내부 핀 사이의 거리 조정에 의하여 조절된다.

③ 정밀점파용

그림 4-9는 수평종자판식(horizontal seed plate) 배종장치를 나타낸 것으로 1960년대 중반까지 정밀 점파기의 거의 대부분이 이를 사용하였다. 종자호퍼 바닥에 위치한 종자판에는 원주에 종자를 수용하는 셀(cells)이 있으며, 이 셀에 종자를 수용 회전하면서 여분의 종자는 브러쉬나 스프링 작동 스크레이퍼 같은 고정차단(cutoff)장치에 의하여 배제하고 종자관에 이르렀을 때 스프링 작동 떨어뜨림(knockout)장치에 의하여 종자관으로 배출하게 된다. 각 셀에 한 개의 종자만을 수용시키려면 종자의 크기가 균일해야 하므로 파종 전 선별이 필수적이며, 다양한 크기와 형상의 종자에 맞추어 8~82개 셀의 종자판으로 교체 사용할 수 있다. 종자판식 배종장치는 현재까지도 사용 중이지만 큰 비중을 차지하고 있지는 않다.

옥수수 종자의 경우 16~24개 셀의 종자판이 보통이며, 그림 4-10에서와 같이 크기와 모양을 선별한 1개의 종자를 셀에 넣어 파종하는 엣지낙하판형(edge drop), 종자 두께에 따

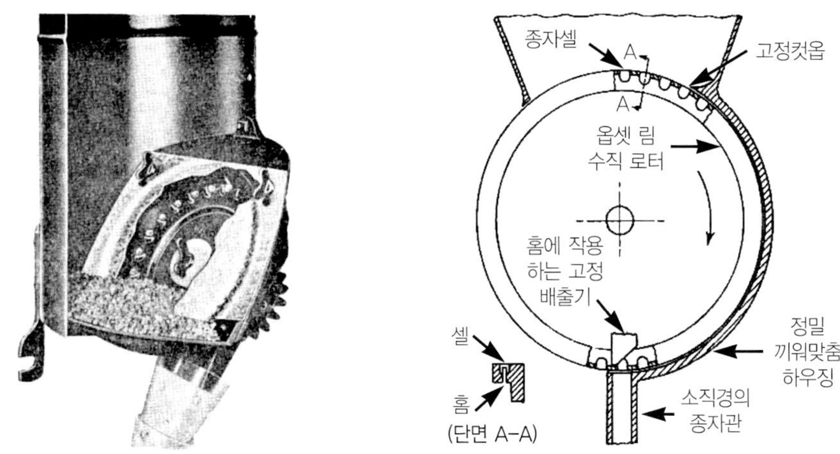

[그림 4-11] 경사판식 · 수직회전판식 배종장치

※자료 : Kepner R. A., R. Bainer, and E. L. Barger. 1978. Principle of Farm Machinery.

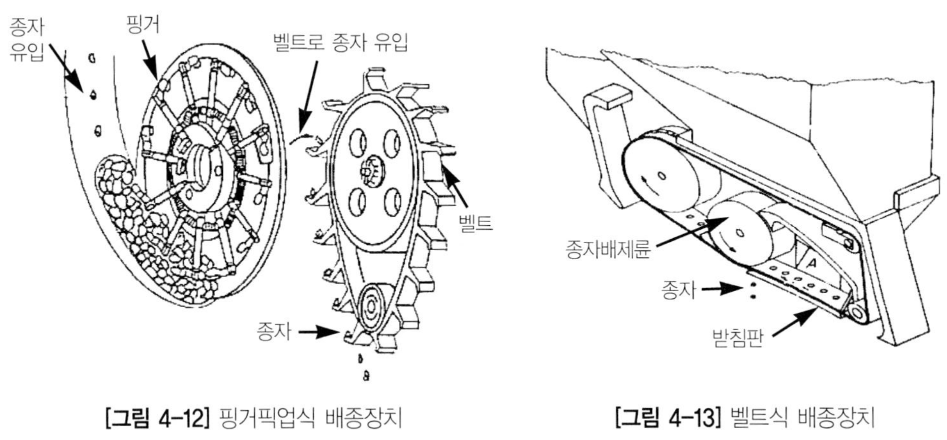

[그림 4-12] 핑거픽업식 배종장치   [그림 4-13] 벨트식 배종장치

※자료 : Kepner R. A., R. Bainer, and E. L. Barger. 1978. Principle of Farm Machinery.(그림 4-12~13)

라 이를 조절할 수 있는 필터링이 있는 두께가 일정한 종자를 파종하는 데 적합한 플랫낙하판형(flat drop), 여러 개의 종자를 주파할 수 있는 힐낙하판형(hill drop) 등이 있다.

수평종자판식 외에도 그림 4-11과 같은 경사판식(inclined-plate)이나 수직회전판(vertical-rotor)식 배종장치도 있다.

1968년 핑거픽업 점파기(finger pickup planter)의 출현으로 무종자판식 점파기 개발이

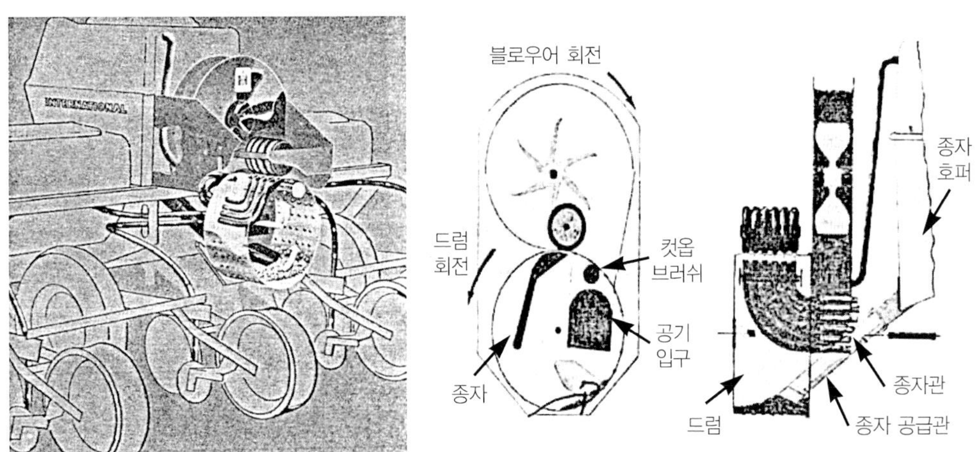

[그림 4-14] 공기압력식 드럼배종장치

※자료 : Smith H. P., and L. H. Wilkes. 1976. Farm Machinery and Equipment. 6th ed.

시작되었다. 이 파종기는 옥수수 파종에 가장 적합하며, 그림 4-12에서와 같이 종자호퍼에서 회전하는 수직원판에 설치된 12개의 스프링 작동 핑거에 의하여 한 개 또는 몇 개의 종자를 집어올려 운동하다가 컷옵장치에 의하여 한 개를 제외한 나머지 종자는 호퍼로 되돌리고 핑거가 고정 원판의 구멍을 지나면서 종자를 종자위치 벨트로 배출하여 파종하는 것이다. 모든 배종기구 유닛의 구동은 파종 열을 따라 일정한 종자 간격을 유지하기 위하여 지면구동(ground driven)을 행한다.

그림 4-13은 벨트식의 정밀 배종장치를 나타낸 것으로 종자크기에 맞도록 벨트에는 종자구멍이 설치되어 있다. 종자호퍼에서 배출된 종자는 종자실에서 벨트 종자구멍에 넣어지며 벨트가 받침판 위에서 시계방향으로 움직이면서 반시계방향으로 회전하는 종자배제륜에 의하여 여분의 종자를 배제함과 동시에 한 알의 종자를 파종하게 된다.

그림 4-14는 공기식 파종기(air planter)에 채용된 공기압력식 드럼배종장치를 나타낸 것으로서 지면구동 종자드럼은 PTO 구동 송풍기에 의하여 약 4kPa의 압력으로 종자를 가압하며, 드럼의 최대 실용속도는 약 35rpm이다. 종자는 중앙의 호퍼에서 중력에 의하여 배출되어 드럼의 바닥에 얇게 분포하며 드럼상의 종자구멍 열 수에 따라 4~8열로 설계된다. 종자배출은 송풍기의 공기에 의하여 드럼 종자구멍에 종자를 부착시켜 위쪽의 브러쉬에 의하여 여분의 종자를 제거하고 종자관까지 종자를 이송하는데 종자관 근처 드럼

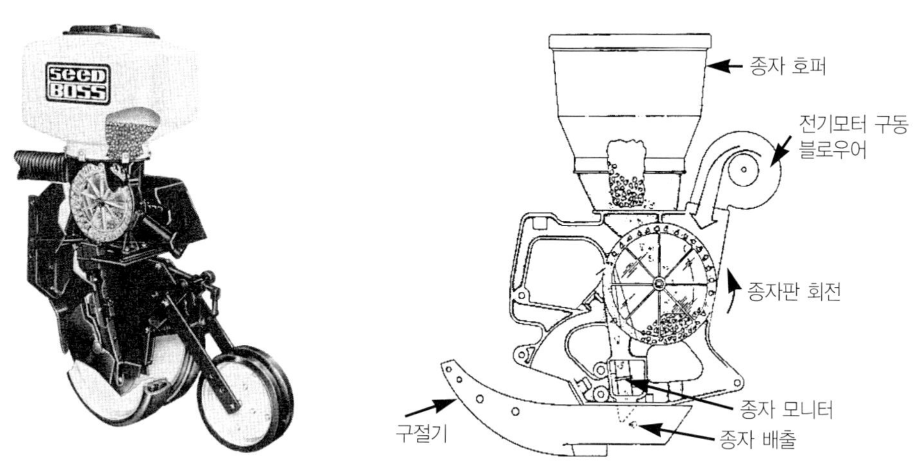

[그림 4-15] 공기압력식 디스크배종장치

※자료 : Srivastava A. K., C. E. Goering, and R. P. Rohrbach. 1993. Engineering Principles of Agricultural Machines.

[그림 4-16] 진공식 디스크배종장치

※자료 : Srivastava A. K., C. E. Goering, and R. P. Rohrbach. 1993. Engineering Principles of Agricultural Machines.

외부에 설치된 공기차단 바퀴에 의하여 순간적으로 공기를 차단함으로써 종자를 배종관에 떨어뜨려 배출한다. 드럼은 파종종자에 맞추어 쉽게 교체가능하며, 한 개의 종자호퍼로 종자 보충이 가능하여 종자 보충시간이 짧은 것이 장점이다.

그림 4-15는 공기압력식 드럼배종장치와 마찬가지로 양의 공기압력을 이용하여 회전하는 수직종자판의 종자구멍에 종자를 붙여 배종관 가까이 이송하고 브러쉬로 공기를 차단하여 중력에 의하여 배종관에 종자를 떨어뜨리는 공기압력식 디스크 배종장치를 나타낸 것이다. 그림에서와 같이 1열을 파종하는 유닛 파종기에 주로 쓰이며 따라서 열당 별도 종자호퍼와 종자판을 갖는다. 종자판은 사용종자에 따라 교체가능하고 지면구동되며, 소형 송풍기는 트랙터 전기시스템에 연결된 전기모터로 구동된다.

그림 4-16의 진공식 디스크 배종장치는 종자 반대편 종자디스크에 진공을 공급함으로써 압력차를 이용하여 종자를 종자구멍에 부착하는 것이 다를 뿐 공기압력식 디스크 종자배출장치와 유사하다. 진공식 종자배출장치는 상추와 같이 작고, 모양이 불규칙한 종자를 효과적으로 파종할 수 있으나 먼지 등과 같은 이물질에 민감한 단점이 있다.

그림 4-17은 펀치파종기(punch planter)에 채용되어 있는 컵식 종자배종장치를 나

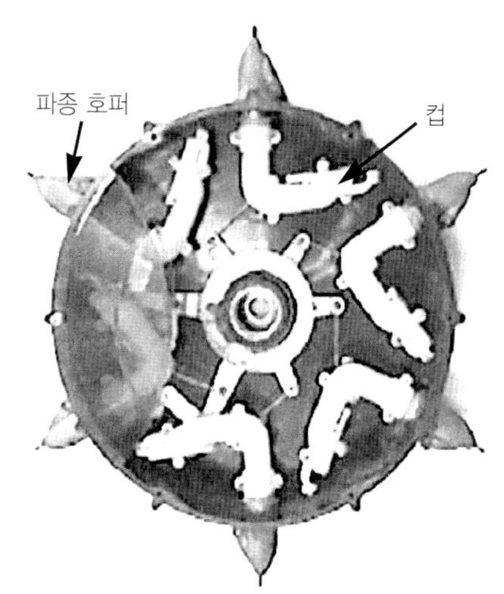

[그림 4-17] 컵식 배종장치

타낸 것으로 종자 호퍼에서 종자통 바닥으로 배출된 종자를 종자관 끝에 부착된 컵의 회전에 의하여 종자를 계량하고 구멍파기날이 열릴 때 종자를 배출한다. 파종량은 컵에 부착된 개폐장치의 열림 정도에 따라 다르다. 파종 골 내 종자의 반동에 의한 파종간격의 불균일을 제거할 수 있으며 피복재배에도 적용가능하다는 장점이 있다.

2) 배종이론

배종장치는 체적과 개별 종자를 계량하는 2가지로 형태로 나눌 수 있다. 체적에 의하여 계량하는 경우 파종률(application rate)은 ha당 종자 수나 ha당 파종종자 무게로 나타내며 다음 식 4-1과 같다.

$$R_s = \frac{10000 Q p_s}{WV} \qquad (4-1)$$

여기서, R_s = 파종률 (kg/ha 또는 종자수/ha)

Q = 배종장치의 종자 유량 (L/s)

p_s = 종자밀도 (kg/L 또는 종자수/L)

W = 파종기 작업폭 (m)

V = 파종기 작업속도 (m/s)

파종률 산정에서 작은 종자는 단위 체적당 종자 수를 계산하는 것이 비실용적이므로 kg/ha를 사용하며, 큰 종자는 kg/ha 또는 종자 수/ha를 사용한다. 파종기가 열(row)로 파종하며, 각 열당 개별의 배종장치를 갖는 경우 Q는 한 배종장치의 종자 유량, W는 열간격을 나타내며, Q를 조절하는 방법은 배종장치의 형태에 따라 다르다.

산파기의 가변 오리피스는 종자 체적계량을 위한 가장 간단하고도 오래된 방법으로 Moysey 등(1988)은 오리피스를 통한 곡물흐름 연구에서 종자 유량식을 제시하였다 (Srivastava 외, 1993). 식은 교반이 없는 고정호퍼에 적용할 수 있는 것으로 막힘(bridging) 현상을 방지를 위한 교반기의 채용과, 거친 토양으로 인하여 호퍼에 진동이 있는 경우는 유량이 영향을 받는다. 따라서 정확한 유량은 배종장치의 교정(calibration)을 통하여 구하여야 한다.

조파기의 홈 휠형(fluted wheel)과 내부 이중구동식(internal double-run feed) 배종기구와 같은 준용량형(quasi-positive-displacement) 배종장치의 종자 체적유량은 식 4-2로 산정한다.

유량은 지면구동바퀴와 배종장치 사이의 속도비 또는 셀체적 Vc를 변경하여 조절한다. Vc의 조절은 홈 휠형에서는 홈의 길이를 조정하고, 내부 이중구동식 배종기구는 출구설정 조정에 의하여 행한다. 종자 배출 시 셀 내에 여러 가지 이유로 빈 공간이 생기며 종자관을 통과하는 종자의 체적은 셀의 체적보다 작다. 따라서 준용량형이란 용어가 사용된다. 위의 식은 설계 목적으로 사용될 수 있으며, 주어진 종자의 정확한 유량을 계산하려면 배종장치의 교정(calibration)이 필요하다.

$$Q = V_c \lambda_c n/(60 * 10^6) \qquad (4-2)$$

여기서, Q = 종자 체적유량 (ℓ/s)
V_c = 셀 체적 (mm^3)
λ_c = 홈 휠형, 또는 내부 이중구동식 배종기구 원주 상 셀의 수
n = 홈 휠형, 또는 내부 이중구동식 배종기구 회전속도 (rpm)

점파기에서와 같이 하나의 종자를 계량 배출하는 배종장치의 파종률은 다음 식 4-3으

로 계산된다.

주어진 열간 간격에서 이론 파종률의 조절은 단지 열 내 종자주간 간격을 조정함으로써 이루어지며, 지면 구동륜과 배종장치의 속도비 변화에 의하여 열 내 종자주간 간격이 조정된다.

$$R_{st} = 10000/wXs \qquad (4\text{-}3)$$

여기서, R_{st} = 이론파종률 (종자 수/ha)
w = 열 간 간격 (m)
Xs = 열 내 종자 주간 간격 (m)

$$Xs = 60v/\lambda_c n \qquad (4\text{-}4)$$

여기서, λ_c = 배종기구의 회전당 배출 종자 수
n = 배종기구 회전속도 (rpm)
v = 파종기 작업속도 (m/s)

3) 배종기구의 성능

원심식 산파기의 가변 오리피스는 용량형(positive displacement) 배종기구가 아니며, 파종기 작업속도에 따라 파종률이 연동되지 않아 이를 조정할 수 있는 운전자의 기술이 요구되며, 파종 폭이 다른 파종기의 파종폭만큼 정밀하지 않다. 따라서 파종률의 정밀제어가 중요치 않은 파종에 적합하며, 작업폭은 15m까지, 작업속도는 5m/s나 그 이상에서 가능하여 신속한 파종이 가능하다.

조파는 파종폭을 정밀하게 조절할 수 있고 작업속도에 따라 배종장치의 배종률은 자동적으로 조절되므로 좀 더 정밀하게 파종률 제어할 수 있다. 교정을 통하여 배종장치에서 주어진 종자의 체적 유량을 매우 정확히 조절할 수 있다. 하지만 배종장치 셀에서 종자관으로 종자를 밀어넣기 때문에 평균적인 파종률은 정확하지만 열을 따라 종자는 다발로 위

치하여 열 내 종자주간 간격은 일정하지 않게 된다. 홈휠형 배종장치의 경우 포장 경사도에 따라 종자 유량에 영향을 미쳐 경사지를 내려갈 때 유량 증가가 있으며, 지면구동바퀴의 타이어 압력에 따른 바퀴반경 변화, 슬립 등도 파종률에 영향을 미친다. 조파의 전형적인 작업속도는 1~3m/s, 견인식 조파기의 소요 동력은 조당 1.0~1.4kW 범위이다.

낱개의 종자를 배출하는 점파기는 가장 정밀한 파종률 제어를 보이며 핑거픽업 또는 종자 셀이 정확히 1개의 종자를 배출하면 실제파종률이 이론파종률과 같게 나타난다. 그러나 여러 가지 이유로 셀에 종자가 채워지지 못하거나 종자와 셀 크기 사이의 부조화로 종자가 1개 이상 채워질 때는 실제파종률은 이론파종률보다 각각 작거나 크게 된다. 정밀 점파기의 배종장치는 지면구동바퀴에 의하여 구동되며 구동바퀴의 슬립, 타이어의 압력에 따라 파종률은 영향을 받는다. 정밀 점파기용 전자식 종자 모니터가 개발되어 종자관 내 종자 배출을 감지하여 배종률이 크거나 작은 경우에는 경고음이 발생하도록 하고 있다. 정밀점파기의 전형적인 작업속도는 1~3m/s, 견인식 열-작물점파기의 소요 동력은 열당 1~2.4kW 범위이다.

4) 종자 배출의 감시 및 제어

개별 종자를 배출하는 작물의 경우 배종장치의 오작동은 파종성능의 악화를 유발하므로, 배종장치에 이상이 있을 때 운전자에게 경고를 할 수 있는 모니터가 개발되어 왔다. 초기에는 종자관 내를 종자가 통과함에 따라 작동하는 기계적 스위치를 포함한 모니터였는데, 기계적 장치가 종자의 운동을 방해하는 단점이 있었다. 최근에는 비접촉식으로 광원과 포토셀 사이의 종자 통과에 따른 광 전달 차단으로 전기적 펄스를 발생시키고 운전자 콘솔의 표시등을 깜빡이게 하는 단순한 모니터에서 파종작업속도를 감지 실제 파종률을 계산 지시하며, 피드백 제어시스템을 채용 운전자의 설정 파종률과 차이가 있을 경우 배종장치의 구동속도를 조정하게끔 작동기를 작동함으로써 정확한 파종률을 유지하게 하는 제어시스템이 활용되고 있다.

(2) 종자이송

종자가 배종장치에 의하여 계량 배출된 후 토양 표면이나 파종골로 이송되어야 한다. 대부분 종자의 수직운동은 중력에 주로 의존하며, 수평운동이 필요한 경우는 이송기구에

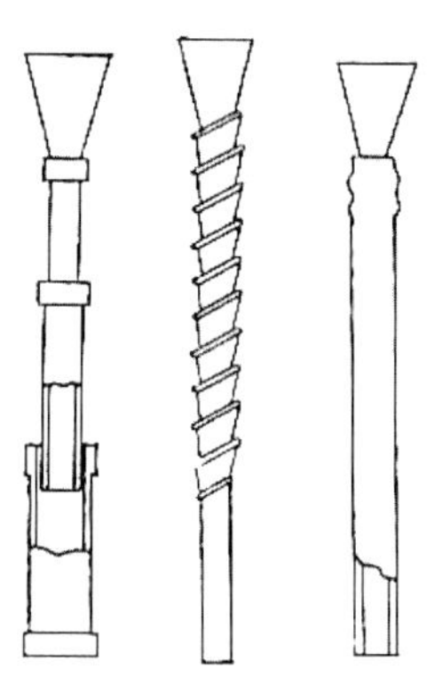

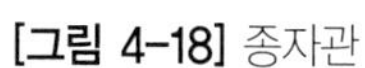

[그림 4-18] 종자관

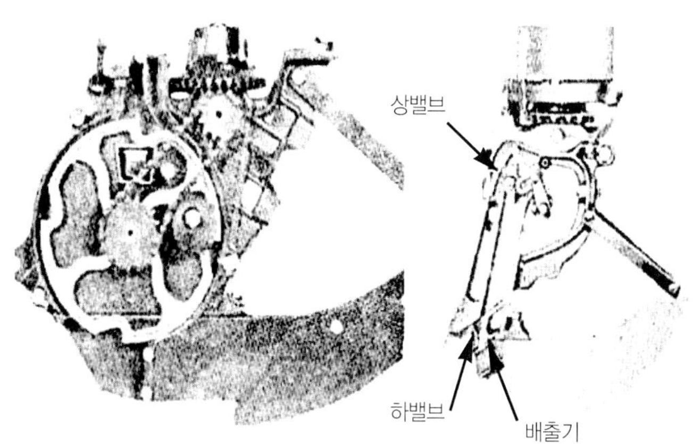

[그림 4-19] 로터리 밸브와 왕복동 밸브

※자료 : Kepner R. A., R. Bainer, and E. L. Barger. 1978. Principle of
Farm Machinery.

의하여 행하여진다. 종자이송(seed transport) 중 마찰이 항상 존재하며 종자의 운동경로
에 영향을 미칠 수 있다.

1) 종자이송기구

원심식 산파기의 경우 보통 1개 또는 반대방향으로 회전하는 2개의 수평회전 원판을 이
용하여 종자 이송을 하는데 회전원판의 날개모양은 반경에 대하여 반경(radial), 전향 피치
(forward pitched), 후향 피치(rearward pitched)의 직선(straight) 또는 곡선(curved)형 날
개가 있다. 종자이송은 중앙의 종자관을 통해 내려온 종자가 게이트를 거쳐 회전원판으로
배출되면 원판상의 날개에 의하여 원심력을 받아 후방으로 운동하게 한다. 회전 원판에
의한 종자운동은 Srivastava 외(1993)를 참조한다.

조파기와 정밀점파기는 배종기구로부터 구절기에 의한 파종골까지 종자이송을 위하여
종자관을 이용 중력 또는 공기(공기식의 경우)에 의하여 종자를 이송한다. 종자관은 배종기
구와 구절기 사이의 수직거리나 횡방향거리를 조절할 수 있어야 하는데 파종위치를 조절
할 수 있도록 신축 굴곡이 가능하여야 한다. 보통 그림 4-18과 같이 나선형, 망원형, 또는
매끈한 3가지 형태의 관을 주로 사용하며, 나선형 관은 강철 리본을 감고, 망원형 관은 철
제 또는 플라스틱의 매끈한 관을 2 또는 3개 연결하여 신축이 가능하도록 하였으며, 매끈

한 관은 플라스틱 또는 고무로 만드는데 직물 또는 침금을 한 것도 있다. 또한 정밀점파기에서 몇 개의 종자를 주파(hill dropping)하는 경우 그림 4-19와 같이 종자관 끝에 로터리 밸브나 왕복동 밸브를 설치하여 종자를 모아 파종함으로써 빠른 파종작업속도에서 정밀한 점파가 이루어지도록 하고 있다.

2) 종자이송기구의 성능

회전원판형 종자이송기구는 원판이 보통 500~600rpm으로 회전하며 가장 부정확한 종자이송기구로 바람에 의하여 파종형태가 방해받으며 파종폭과 파종균일도도 회전원판의 속도에 따라 다르게 나타난다. 파종형태를 피라미드 또는 위가 평평한 사다리모양으로 유지하고, 중복 파종을 함으로써 균일한 파종이 이루어지도록 한다.

조파나 정밀점파의 종자관에 의한 종자이송은 조파의 경우 단지 성능에 알맞는 종자관 열림 유지나 수직운동의 허용이 요구되나, 정밀점파의 경우는 열 내에 종자간격도 일정하게 유지하여야 한다. 따라서 종자 위치 시 종자의 반발을 줄이기 위하여 지면에 대하여 상대 수평속도가 0이 되어야 하며, 좁은 파종골에 가까이 종자를 파종할 필요가 있다. 또한 각 파종종자는 종자관에서 같은 이송시간을 갖도록 하여야 한다. 그러므로 정밀점파는 종자관 진입 시 같은 초기 속도, 종자관 내 충돌 최소화, 마찰력을 줄이기 위한 매끈한 종자관 내부, 작은 직경의 종자관 채용을 고려하여야 한다.

(3) 구절

구절(soil opening)은 열로 파종종자 집적이 용이하도록 토양에 연속적인 틈, 즉 골 또는 구멍을 파거나 토양을 절단하는 작업으로 파종작업조건에 따라 구절 전 토양 및 잔유물 절단, 표면 잔유물과 토양조건 변경, 구절 후 종자의 복토 전 토양접촉 개선을 위한 종자 진압작업을 함께 행하기도 한다.

1) 토양 및 잔유물 절단

구절지역의 표면잔유물을 절단 또는 일정한 방향으로 정렬하거나, 뒤따르는 토양 관련 작업기의 성능을 높이기 위하여 토양을 절단하거나 이완하는 작업이다. 토양 및 잔유물

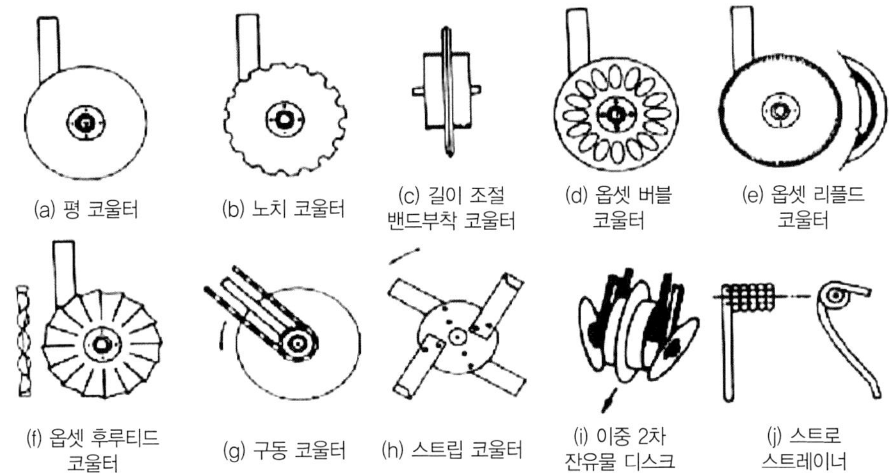

[그림 4-20] 토양 및 잔유물 절단용 작업기

※자료 : ASAE. 2005. ASAE Standards 2005.

절단용 작업기는 다른 작업기 요소들 앞에 설치되고, 배종장치나 다른 기구의 구동륜의 역할을 수행할 수 있으며, 보통 파종심의 1~2배보다 크기 않게 토양에 침투한다. 별도의 토양 및 잔유물 절단용 작업기가 필요치 않은 조건이나 파종작업에서는 구절준비용 작업기나 종자를 위치시키기 위한 구절기로 토양 및 잔유물 절단을 행한다.

토양 및 잔유물 절단용 작업기는 그림 4-20에서와 같이 평 코울터(smooth coulter), 노치 코울터(notched coulter), 옵셋버블 코울터(offset bubble coulter), 옵셋리플드 코울터 (offset rippled coulter), 옵셋후루티드 코울터(offset fluted coulter), 구동날 또는 코울터 (powered blade or coulter), 스트립 로터리 틸러(strip rotary tiller), 이중2차 잔유물 디스크 (dual secondary residue discs), 스트로 스트레이트너(straw straightener) 등이 사용된다.

2) 구절준비

구절준비(row preparation)는 종자 골의 형성과 종자를 위치시키기 위한 준비를 위하여 표면잔유물과 토양조건을 변경시키는 작업으로 구절준비용 작업기는 구절기 앞에 설치한 다. 구절준비용 작업기는 평지, 두둑, 평두둑과 같은 경지 표면 구절지역의 잔유물과 토양 의 제거, 이완된 토양과 잔유물 혼합, 덩어리 파쇄, 이완된 토양의 진압과 매끄럽게 함 등 다양한 작업수행을 위하여 사용되어질 수 있다. 구절준비용 작업기의 깊이는 토양 표면으

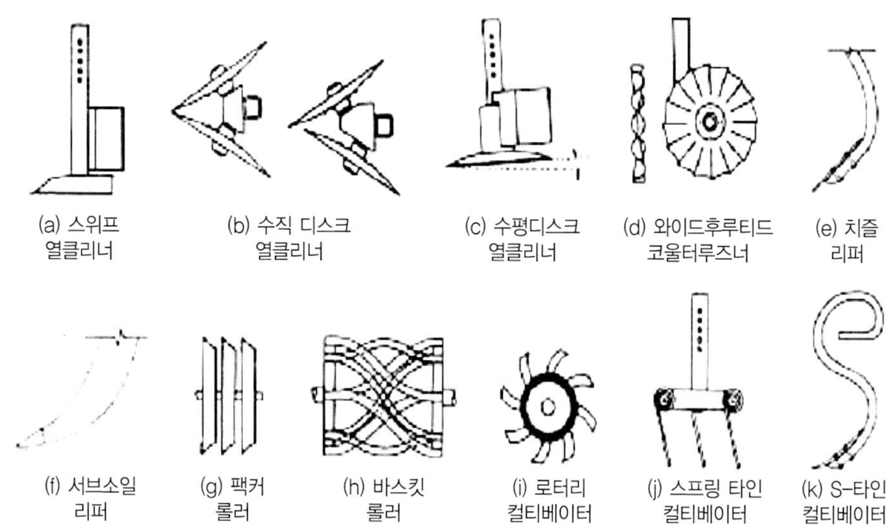

[그림 4-21] 구절준비용 작업기

※자료 : ASAE. 2005, ASAE Standards 2005.

로부터 표층경운 깊이까지 다양하며, 원하는 효과를 얻기 위하여 2 또는 3종류의 구절준
비용 작업기들이 연속적으로 사용될 수도 있다. 구절준비용 작업기가 필요치 않은 조건의
파종작업에서는 적절한 파종을 위하여 토양 및 잔유물 절단용 작업기나 종자 위치시키기
위한 구절기로 구절준비기능을 수행한다.

그림 4-21은 구절준비용 작업기들을 나타낸 것으로 스위프 열클리너(sweep row
cleaner), 수직디스크 열클리너(vertical discs row cleaner), 수평디스크 열클리너(horizontal
discs row cleaner), 와이드후루티드 코울터루즈너(wide fluted coulter loosener), 치즐 리
퍼(chisel ripper), 서브소일 리퍼(subsoil ripper), 팩커 롤러(packer roller), 바스킷 롤러
(basket roller), 로터리 컬티베이터(rotary cultivator), 스프링타인 컬티베이터(spring tine
cultivator), S-타인 컬티베이터(S-tine cultivator) 등이 사용된다.

3) 구절

구절(soil opening)은 열로 종자 집적이 용이하도록 토양에 연속적인 틈, 즉 골을 파거나
토양을 절단하는 작업으로 구절기(seed shoes, seed openers, furrow openers, seed-
furrow openers)가 사용된다. 사용하는 구절기의 형태, 조건 및 파종작업에 따라 토양 및

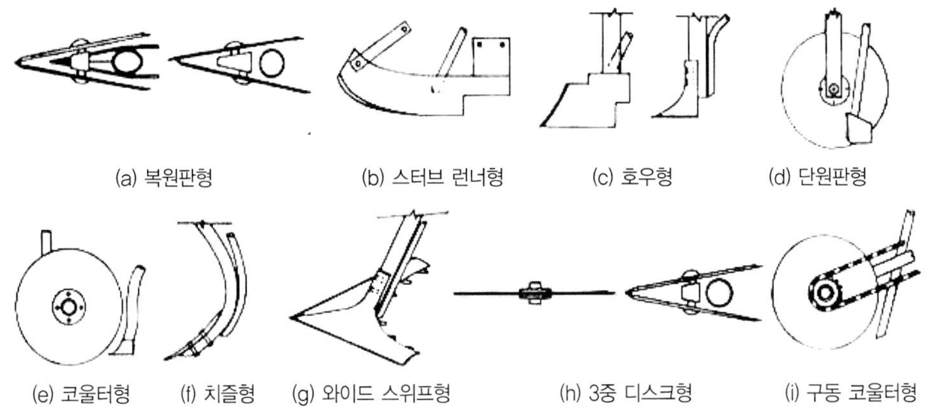

[그림 4-22] 구절기의 종류

※자료 : ASAE, 2005, ASAE Standards 2005.

잔유물 절단작업기나 구절준비작업기가 부착되거나 부착되지 않을 수 있다. 구절기의 성능은 보통 작업속도, 토양과 잔유물의 형태와 조건, 파종심에 매우 민감하다.

그림 4-22는 각종 구절기를 나타낸 것으로 복원판형(double-disc), 런너형(runner), 호우형(hoe), 단원판형(single disc), 코울터형(coulter), 치즐형(chisel), 와이드 스위프형(wide-sweep), 3중 디스크형(triple-disc), 구동날 또는 코울터형(powered blade or coulter) 구절기 등이 있으며, 복원형의 경우 종자집적을 위하여 골바닥을 특별한 모양으로 형성하거나 골의 전개기간을 증가시키기 위한 슈(shoe)가 부착된 형태도 있다. 보통 점파에는 호우형, 런너형, 단원판 및 복원판형이, 조파에는 단원판형 구절기가 채용된다. 런너형은 종자판식 점파기에 많이 쓰였으며, 일부 정밀점파기에는 아직도 채용되어 있으나 현재는 많은 정밀 점파기에서 복원판형이나 또는 복원판형과 런너형을 결합한 구절기가 사용되고 있다.

4) 미복토 종자진압

종자의 복토 전에 종자와 토양의 접촉을 개선하기 위하여 골 내의 종자를 토양으로 눌러 주는 작업으로 골폭보다 좁은 반공기식이나 단단한 바퀴를 사용한다. 반동의 감소, 추가의 누르는 힘을 주기 위하여 하향력 스프링을 사용하기도 한다. 성능은 구절기 특성, 바퀴의 부착위치, 원주 표면의 폭, 형상, 재질과 토양의 부착성에 영향을 받는다.

(4) 복토, 파종골 마감 및 진압

1) 복토

골의 가장자리로부터 파종골 안이나 위로 토양을 이동시켜 골을 채우는 작업으로 복토기가 사용되며, 종자의 위치와 미복토 종자진압용 작업기 뒤에 설치된다. 일반적으로 종자 골 마감 및 진압 작업기를 사용하지 않거나 이것이 일관성 있게 종자를 복토(seed covering)하기에 부적절한 경우에 사용한다. 끄는형(dragging-type)은 주로 얕게 파종된 작물에 쓰이며, 절단형(cutting-type)은 깊이, 절단각을 조절할 수 있고, 조정가능한 하향력 스프링이 채용되기도 한다. 두 형태 모두 성능은 이완된 토양에서 좋으며, 표면잔유물이 섞이면 악화된다.

그림 4-23은 복토기의 종류를 나타낸 것으로 단원판형(single disc), 복원판형(double discs), 패들형(paddles), 나이프형(knives), 체인형(chain), 스프링타인형(spring tines) 복토기 등이 있다.

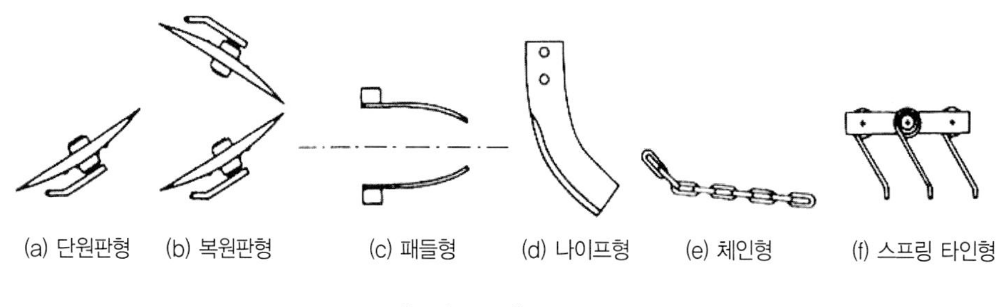

[그림 4-23] 복토기

※자료 : ASAE. 2005. ASAE Standards 2005.

2) 파종골 마감 및 진압

파종골 마감 및 진압(seed furrow closure and firming) 작업기는 종자 복토와 종자골 마감의 시작과 완성, 토양과 종자의 접촉 개선, 파종 열의 특별한 토양표면 조건이나 형상 조성, 앞의 토양관련 작업기들의 작업깊이의 측정 및 조절, 배종기구나 다른 기구의 구동륜 역할 중 하나 또는 그 이상의 기능을 수행한다. 보통 진압륜이라고 불리며 파종기의 다

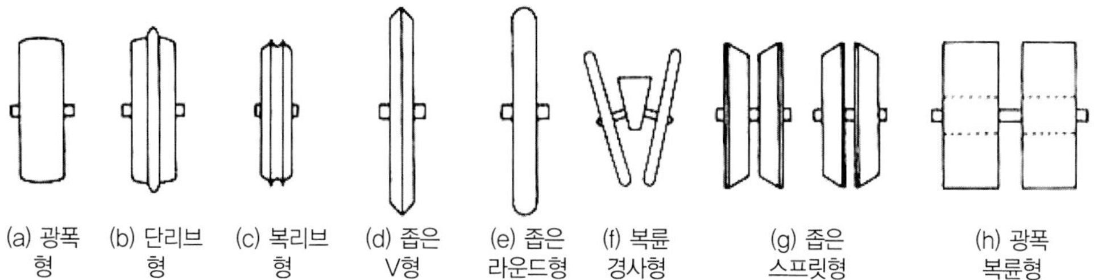

[그림 4-24] 파종 골 마감 및 진압용 작업기

※자료 : ASAE. 2005. ASAE Standards 2005.

른 토양관련 작업기들보다 뒤에 위치한다. 진압륜은 폭, 직경, 스크레이퍼의 유무, 토양부착 감소를 위한 가요성 커버, 원주의 형상, 바퀴의 수, 경사설치 여부 등에 따라 다양한 형태가 있다. 진압륜은 고정하거나 밸러스트나 하향력 스프링에 의하여 유동하도록 설치할 수 있으며, 개별 파종기유닛, 갱, 또는 파종기 전체 무게를 지지하도록 설치할 수 있다. 진압륜의 직경은 보통 305~660mm이다.

그림 4-24는 파종골 마감 및 진압용 작업기를 나타낸 것으로 100mm 이상의 광폭형(wide), 단리브형(single-rib), 복리브형(double-rib), 100mm 이하의 V 또는 둥근 모양의 좁은형(narrow V-shaped or rounded), 복륜 경사형(dual-angled), 좁은 스프릿형(split-narrow), 광폭 복륜형(dual wide)의 진압륜이 있다.

(5) 파종심 제어

파종기의 파종심은 보통 파종기 프레임에 의하여 지지되는 개별 열유닛, 열 유닛의 갱, 또는 유닛상의 토양관입작업기들의 깊이를 제한하거나 조절하여 제어한다. 파종심 제어기구가 채용된 경우는 파종기 프레임에 부착되거나 파종기의 토양관련 작업기들의 앞이나 옆, 또는 뒤에 부착되는데 대부분 토양 관입깊이를 변화하도록 조정된다.

그림 4-25는 파종심 제어기구의 형태를 나타낸 것으로 파종기 후방의 파종골 위나 옆에서 작동하는 단륜 또는 복륜의 진압륜형(rear presswheel), 구절기의 한쪽이나 양 측면에 위치한 단 또는 복륜의 측게이지륜형(side gauge wheel), 토양 표면 위를 미끄러지는 다양한 사각형 판형태의 스키드 플레이트형(skid plate), 구절기 앞에 설치된 앞 바퀴와 뒤

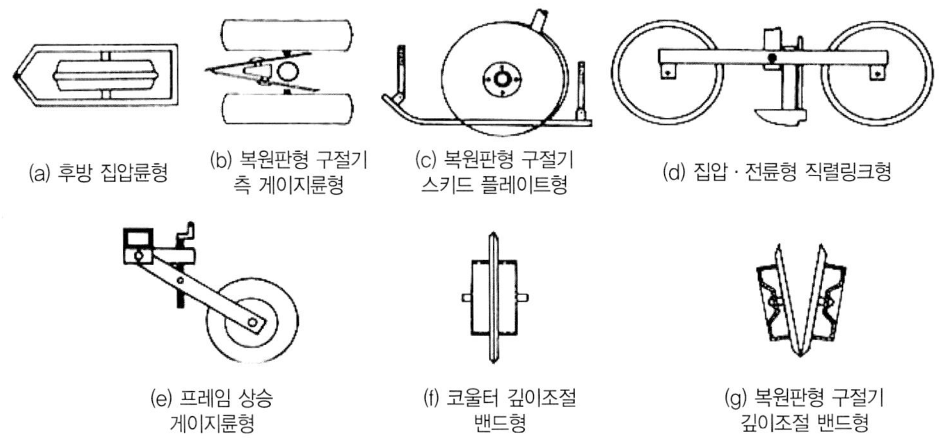

[그림 4-25] 파종심 제어기구

※자료 : ASAE. 2005. ASAE Standards 2005.

진압륜을 링크시킨 전륜-진압륜 직렬링크형(front wheels and rear presswheels tandemed), 파종유닛 파종심 제어기구가 없을 때 파종기 메인프레임의 높이를 조절하는 바퀴를 설치한 프레임 상승 게이지륜형(frame lifting gauge wheels), 침투 깊이를 제한하도록 회전 토양침투 요소에 바퀴의 형태를 부착한 전방 코울터밴드나 복원판 구절기밴드와 같은 깊이조절 밴드형(depth band) 등이 있다.

(6) 시비 및 화학제 살포

파종기에서의 시비는 비료를 토양 표면 근처나 아래, 파종골 내, 파종골 밑, 파종골의 한쪽이나 양쪽 옆, 파종골의 사이에 비료를 살포한다. 비료는 액제, 입제, 압축 액체의 형태가 있으며, 살포기는 토양 및 잔유물 절단, 구절준비, 또는 구절작업기와 결합하거나 별도로 파종장치에 설치된다. 구절기 안이나 뒤에 위치한 액체 튜브, 종자골의 아래, 옆, 또는 사이에 비료를 깊게 위치시키기 위한 치즐/서브소일러 튜브, 골의 한쪽은 종자, 반대쪽은 비료를 집적하기 위한 복원판 또는 런너형 구절기 내에 나누어진 슈, 골의 옆 또는 사이에 단원판형 또는 복원판형 구절기, 여러 가지 코울터/나이프, 코울터/노즐을 등을 활용한 살포기가 있다.

파종골 위의 토양으로 좁은 또는 넓은 띠로 살균 · 살충제와 같은 화학제를 살포 혼합한다. 구절기, 복토기, 파종골 마감작업기 후방에 견인체인(drag chain), 롤링바스킷(rolling basket), 로터리 컬티베이터(rotary cultivator), 스프링타인(spring tines) 등 작업기를 설치하여 작업을 행한다.

4.1.3 파종기의 성능평가

파종기의 성능평가는 파종률과 파종의 균일성이 중요하다. ISO 표준 7256의 파종기계-시험법은 파종기 성능평가의 구체적 지침과 통계공식을 다음과 같이 제공하고 있다.

(1) 원심식 산파기

원심식 산파기는 토양 표면에 종자를 파종하는 데 배종정확도(metering accuracy)와 파종균일도(uniformity of distribution)를 고려하여 성능을 평가한다.

운전자가 원하는 파종률로 작업하려면 파종기에 대한 교정(calibration)이 필요하다. 교정은 주어진 종자의 종류, 작업속도에서 작업폭을 실험적으로 측정하고, 식 4-1에서와 같이 파종률을 오리피스의 열림 정도에 따라 종자의 배출량과 소요 시간을 측정하여 실험적으로 종자의 유량을 산출함으로써 주어진 종자에 대한 관계식을 구한다.

파종균일도는 파종폭(수집간격)에 따른 변화를 가정하여 과립 물질을 원심 살포할 때 살포 폭의 균일도를 측정하기 위한 ASAE 규격 S341.2 (ASAE, 2004)를 지침으로 하여 평가한다. 그림 4-26에서와 같이 작업폭에 걸쳐 트레이를 배치하고 파종기가 배출한 종자를 수집하여 다음 식 4-7에 의하여 파종 균일도를 산출한다. 양호하게 설계된 원심식 산파기의 경우 변이계

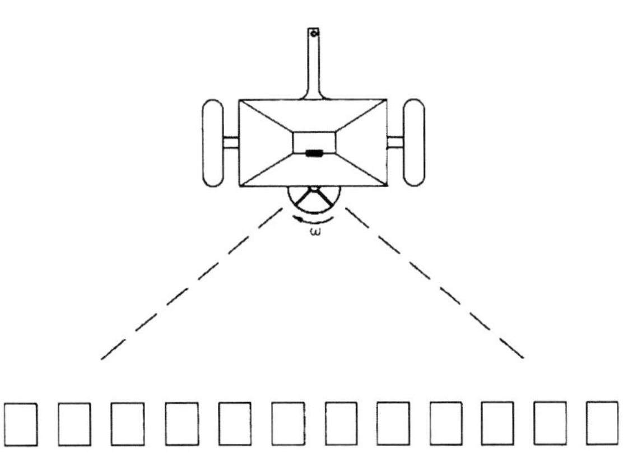

[**그림 4-26**] 산파기의 파종균일도 평가

수는 약 20~30%의 범위에 있으며, 파종은 직사각형의 분포형태를 보이지 않기 때문에 적절한 여러 번의 중첩 파종에 의한 변이계수를 계산하는 것이 합리적이다.

$$\bar{Q} = \sum_{i=0}^{i=\lambda_i} Q_i \qquad\qquad (4\text{-}5)$$

$$SD = \left\{ \sum_{i=0}^{i=\lambda_i} (Q_i - \bar{Q})^2/(\lambda_t - 1) \right\}^{1/2} \qquad\qquad (4\text{-}6)$$

$$CV = (SD/\bar{Q}) \times 100(\%) \qquad\qquad (4\text{-}7)$$

여기서, $\bar{Q}$ = 트레이 내 평균종자량 (질량 또는 체적)

Q$_i$ = 트레이 i의 종자량

λ_i = 트레이 수

SD = 표준편차 (Standard Deviation)

CV = 변이계수 (Coefficient of Variation)

(2) 조파기

조파기의 성능은 파종률의 교정과 파종분포를 평가한다.

교정은 열간 간격이 같다는 것을 제외하고는 원심식 산파기의 교정과정과 유사하다. 종자의 체적유량을 예측하기 위하여 식 4-2가 사용될 수 있지만 배종장치에서 배출된 종자의 체적과 배출시간을 측정하여 실험적으로 유량을 산출하는 것이 좀 더 정확하다. 측정은 교정차트를 완성하기 위하여 몇 개의 다른 셀체적에 대하여 반복 수행한다.

파종균일도는 실험실의 고정시험으로 평가할 수 있는데 조파기의 각 종자관 아래 종자수집 트레이를 놓고 실험용 구동 쳇바퀴로 조파기의 구동바퀴를 구동하여 일정 시간 동안 각각의 트레이에 수집된 종자량을 측정하여 변이계수를 계산하여 파종균일도의 지표로 삼는다. 조파기는 보통 중복파종을 하지 않으므로, 1회 통과 파종을 근거로 평가한다.

종자배출은 정량적으로 평가하지만 다른 부문은 정성적으로 평가하는데 정성적 평가의 예로 파종골을 만드는 데 표면잔유물을 절단하는 구절기의 능력을 들 수 있다.

(3) 정밀점파기

정밀점파기는 한 개의 종자를 계량하여 파종골에 원하는 간격으로 종자를 위치시키며, 배종정확도는 실험실 내에서 고정시험으로 측정하는 것이 보통이다. 시험은 실험용 구동 쳇바퀴로 점파기의 구동바퀴를 파종작업속도로 구동시키면서 종자배출관 밑에 배출 종자를 붙여서 수집할 수 있는 부착성이 있는 그리스 판을 설치하여 파종 작업속도로 구동하면서 배출 종자를 수집한다. 수집된 종자의 수와 간격을 수동이나 자동 계수기로 측정하여 전체 셀의 배출횟수에 대한 미배종(skips)과 다종자(multiples) 배종비율을 구하고, 이를 제외한 평균 배종간격을 구하여 설정 배종간격과 비교하며, 식 4-7을 이용하여 배종간격에 대한 변이계수를 구한다. 완전한 배종은 미배종이나 다종자 배종 없이 변이계수가 0이며, 배종간격은 설정 배종간격과 같은 경우이다.

파종깊이의 균일도와 파종종자 주위 토양을 단단하게 하는 것은 정밀점파기의 평가에 매우 중요하며 포장시험을 통하여 평가한다. Futral과 Verma(1973)는 단단한 바닥을 갖는 일정한 폭의 좁은 골에 종자가 파종되어야 하며, 많은 작물의 경우 종자가 약 12mm는 압축된 토양으로 나머지 골은 이완된 토양으로 복토되는 것이 이상적이라고 제안하였다. 압축된 토양은 종자발아를 위한 수분 이동을 돕고, 반면 이완된 토양은 토양 표면으로의 수분 이동을 방지하기 때문이다. 파종깊이의 균일도는 파종종자를 조심스레 노출시켜 깊이를 측정하여 산출하며, 표면잔유물을 절단하는 구절기의 능력이나 종자 주위 토양의 단단한 정도는 보통 정성적으로 평가한다.

4.1.4 벼 파종기

벼종자 파종기는 기계이앙 모를 육묘하기 위하여 육묘상자에 파종하는 육묘파종기와 논에 직접 종자를 파종하는 직파기가 있다.

(1) 육묘파종기

육묘파종기는 이앙기를 이용한 기계이앙에 필요한 모를 기르기 위하여 육묘상자에 벼

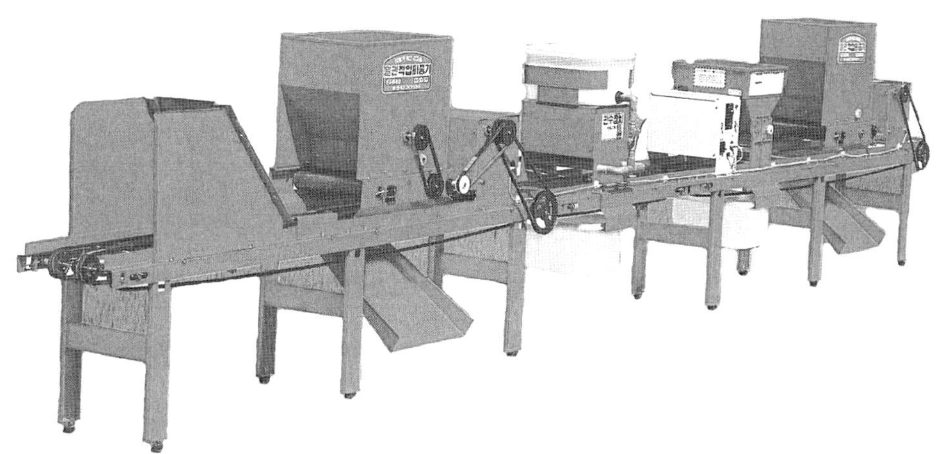

[그림 4-27] 벼 육묘용 일관파종시스템(한국마그넷)

종자를 파종하는 기계로 파종형태 또는 육묘상자의 형태에 따라 산파묘(매트묘, 주로 어린 모 또는 치묘 육묘), 조파묘, 포트묘(주로 중묘 또는 성묘 육묘) 육묘파종기가 있다. 육묘파종 기는 모의 종류에 따라 필요한 양의 종자를 균일하게 파종하여야 한다. 파종기의 형태는 단순 파종작업만을 위한 파종기와 그림 4-27에서와 같이 상토 공급, 관수, 파종, 복토작 업을 연속적으로 수행할 수 있는 일관파종시스템이 있다. 산파묘, 조파묘, 포트묘는 육묘 상자가 다르기 때문에 파종기의 구조에 차이가 있으나 일반적으로 롤러형 배종장치가 사 용된다.

(2) 벼 직파기

벼종자를 경지에 직파하는 것은 육묘, 이앙작업 노력을 크게 절감할 수 있어 봄의 노동 피크를 줄일 수 있으며, 벼농사의 규모 확대, 비용 절감도 기할 수 있어 크게 주목받고 있 다. 직파양식은 담수 경지에 종자를 파종하는 담수직파와 밭상태의 경지에 파종하는 건답 직파로 분류할 수 있으며, 이 밖에 건답직파와 담수직파의 절충형인 건전토중조기담수직 파(절충직파)가 있다.

1) 직파양식별 특성 및 파종법

담수직파는 비교적 적지가 광범위한 파종방식으로 산파, 조파, 점파에 따른 파종양식,

경운쇄토 써레작업의 유무, 토양 표면 또는 토양 중의 파종위치 등에 따라 무경운 파종, 경운 무써레 파종, 경운쇄토 써레작업 후 토중 파종, 경운쇄토 써레작업 후 표면 파종, 경운쇄토 써레작업 후 골 파종 등 다양한 담수직파방식이 있으며 이에 따른 다양한 직파기가 개발되어 있다.

우리나라의 담수직파는 대부분 경운 정지작업을 한 후 표면에 산파하거나 골을 내어 조파하므로 잡초억제, 관개수의 누수 방지, 경지의 균평성 확보의 장점이 있는 반면 이앙재배에 비하여 일반적으로 출아 입모의 불안정성으로 수량이 불안정하다는 단점도 있다. 특히 표면 산파의 경우 도복에 약하고 부묘 발생의 문제점이 있어 일본에서는 종자에 산소를 공급할 수 있는 칼파코팅 종자를 골 내에 파종 복토하는 토양 중 파종방식이 개발되어 있다. 담수직파에서는 출아 입모를 안정시키는 것이 가장 중요한 과제로 경운 정지한 담수 논의 골 폭, 깊이, 복토 유무, 토양수분 등 파종종자에 적절한 환경을 부여하기 위한 연구가 많이 이루어지고 있다.

건답직파는 기후와 토양조건에 영향을 많이 받는 비교적 적지가 한정되어 있는 파종방식으로 담수직파에 비하여 정지작업이 불필요하여 노력이 절감되며, 칼파 코팅과 같은 종자처리가 불필요하고, 트랙터 등 대형기계의 도입에 따른 고능률·생력작업이 가능하여 봄철에 작업이 집중된 대규모 경영농가에서부터 복합경영을 행하고 있는 농가에 이르기까지 폭넓게 도입할 수 있는 기술이며, 출아 입모는 담수직파에 비하여 안정적인 특징이 있으나 관개수의 손실, 비료의 용탈 및 이용률 저조, 파종시기 강우에 따른 파종작업 곤란, 밭 상태에서 잡초방제 어려움 등의 단점이 있어서 누수가 적은 파종시기에 강우가 적은 지역에 적합한 파종방법이다.

건답직파 파종체계는 무경운 건답직파, 경운 건답직파, 경운 건답직파의 변형인 경운 골 건답직파로 분류하고 있다. 무경운 건답직파는 무경운상태의 포장에 직파하는 것으로 파종은 원반골 파종기나 유체파종기를 이용한 골 파종법, 디스크 골 파종기를 이용한 디스크골 파종법, 부분경 파종기를 이용한 부분천경 파종법이 있다. 경운 건답직파는 파종 전 경운을 한 후 종자를 파종하는 방법으로 경운한 다음 충분히 쇄토하여 파종골을 만들어 파종하고 일반적으로 복토와 진압을 행한다. 경운골 파종법과 경운표층 파종법이 있으며, 조파 파종기나 로터리 파종기를 이용하며 쇄토가 충분치 않은 포장은 발아와 입모를 좋게 하기 위하여 역회전 로터리 파종기나 로터리 해로우 파종기를 이용한다. 경운 골 건

[그림 4-28] 담수산파기

※자료 : Yashiro M. 1997. New technology for the direct sowing of rice on dry field. JSAM 59(3): 133-137

[그림 4-29] 담수조파기

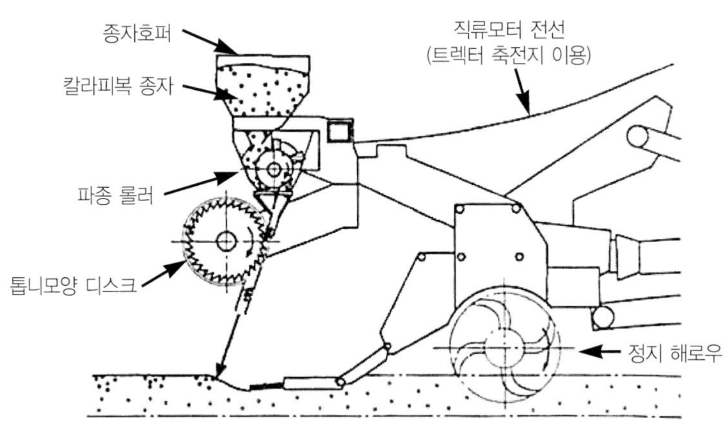

[그림 4-30] 담수점파기

※자료 : Tasaka K., S. Yoshinaga, K. Matsushida, K. Wakimoto. 2003. Studies on the improvement of the hill seeding shape of shooting hill-seeder of rice combined with a paddy harrow. JSAM 65(1): 167-176.

답직파는 경운과 동시에 골 파종기 또는 골타기장치+조파기를 이용하여 파상의 골을 만들고 골 밑 부분에 종자를 파종하는 방법으로 표면파종과 유사하며, 골의 형상은 토양 붕괴가 용이한 형상으로 한다.

건답직파기는 앞으로 대규모화나 기상변동에 대응하기 위하여 종자배출장치 개량이나 파종심, 복토 · 진압의 안정화 기술, 정밀 쇄토 · 고속 · 고능률 경운기술 등을 보다 안정된 기술체계로서 확립해 가는 것이 필요하며, 또한, 파종 이외의 주변기술로서 발아 · 입모 향상을 도모하기 위한 포장균평 기술이나, 관리작업의 효율화를 도모하기 위한 생력 · 고능률 관리작업 기술 등의 개발이 필요하다.

2) 담수직파기

담수직파기는 파종방법에 따라 담수산파기, 담수조파기, 담수점파기로 나눌 수 있다. 담수산파는 파종심 확보를 위하여 일반적으로 써레작업 직후 산파하며, 경운과 동시에 진압, 골타기를 수행하여 담수 후 산파하기도 한다. 산파는 입상비료나 입제를 살포하는 기계를 이용하는데 여기에는 배부식 동력살포기, 승용관리기에 탑재한 수평분관식 산립기, 무논용 차량에 탑재한 붐 산파기구와 더불어 토양 표면에 얕게 골을 만드는 토양처리부가 있어 여기에 전면산파 또는 대상산파를 하는 정밀산파기, 산립기를 탑재한 무인헬리콥터 등 공중산파기 등이 있다.

담수조파기는 국내의 경우 이앙기의 측조시비부, 이앙기나 승용관리기의 플로우트 후방에 구절기를 배치하여 골을 탄 후 홈 롤러형 배종장치로 종자를 파종할 수 있는 조파용 어태치먼트를 활용한 조파기가 있다. 그러나 대부분 담수 후 토양의 자연붕괴로 복토하는 방식으로 출아 입모에 어려움이 있다. 일본에서는 토양 중 산소공급으로 출아와 입모의 안정을 기하기 위한 칼파코팅 종자를 사용 플로우트 바닥의 구절기로 구절하고 파종한 후 복토판에 의하여 약 10~15mm(저온조건 10mm 이하)로 복토하는 이앙기와 동일한 제원의 물논용 승용관리기를 이용한 담수토양 중 조파기 또는 파종심의 정밀제어와 측조시비가 동시에 가능한 정밀 담수조파기가 개발되어 있다. 그 외에 생력 저비용화를 위하여 칼파코팅 종자를 대신하여 최아 종자를 사용하며, 종자 배출 시 최아 종자의 손상을 줄이기 위한 유체방식 담수조파기 등이 있다.

담수점파기는 그림 4-30과 같이 정지작업과 동시에 칼파코팅 종자를 기계적으로 토양

중에 점파하는 트랙터 부착 토중점파기가 있다. 종자배출 롤 아래에 톱니모양의 디스크를 설치한 배종장치를 이용 점파를 수행한다.

3) 건답직파기

국내의 건답직파기는 그림 4-31에서와 같이 트랙터 견인용으로 조파 6, 8, 12조를 파종할 수 있는 파종기 단독 또는 로타베이터나 휴립장치를 부착하여 파종할 수 있는 것이 있으며, 이 밖에 인력 및 트랙터 부착용 점파기, 그리고 건답 골뿌림 직파기가 개발되어 있다.

트랙터 견인용 조파 건답직파기의 주요부는 경운정지를 위한 정·역회전 겸용 중앙구동식 로타베이터, 휴립 파종을 위한 오거와 중앙날로 구성된 휴립장치, 투명 PVC 재질의 종자함, 가로 홈을 4개 또는 8개로 조절할 수 있고 파종량을 조절할 수 있는 3중 롤러의 홈 롤러 배종장치, 종자를 파종골로 유도하는 종자관, 종자골을 형성하는 회전하는 2개의 원판으로 구성된 구절기, 종자를 덮어 주고 진압하는 복토체인 및 진압륜, 배종장치를 구동하기 위한 고무바퀴의 구동륜, 이 밖에 파종기를 지지하며 경심을 조절하기 위한 미륜, 트랙터 부착장치와 프레임 등으로 구성되어 있다.

트랙터 부착용 점파 건답직파기는 로타베이터 또는 휴립장치에 파종기를 부착할 수 있으며 파종기는 종자호퍼, 그리고 지면에 대하여 회전하면서 파종구멍을 파고 동시에 종자를 배출 점파를 수행하는 종자량 조절이 가능한 컵식 배종장치를 갖춘 종자배출장치, 복토체인, 진압륜, 이 밖에 부착장치와 프레임 등으로 구성되어 있다. 구절장치가 필요 없고

(a) 트랙터 부착용 조파 건답직파기

(b) 트랙터 부착용 점파 건답직파기

[그림 4-31] 국내 건답직파기

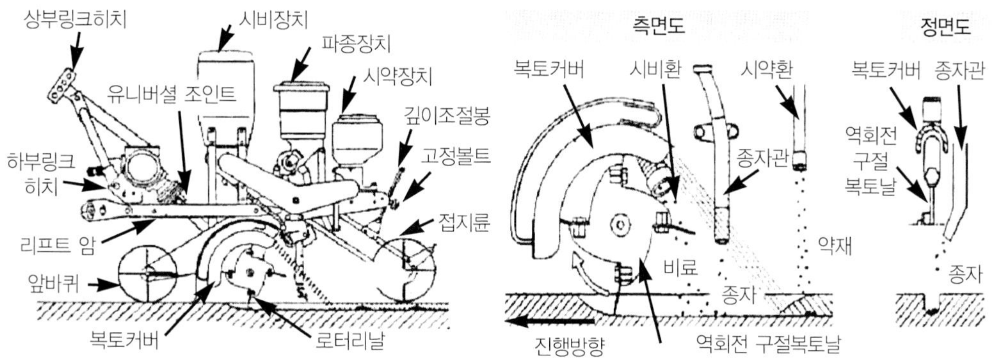

(a) 부분천경 파종식(M사)

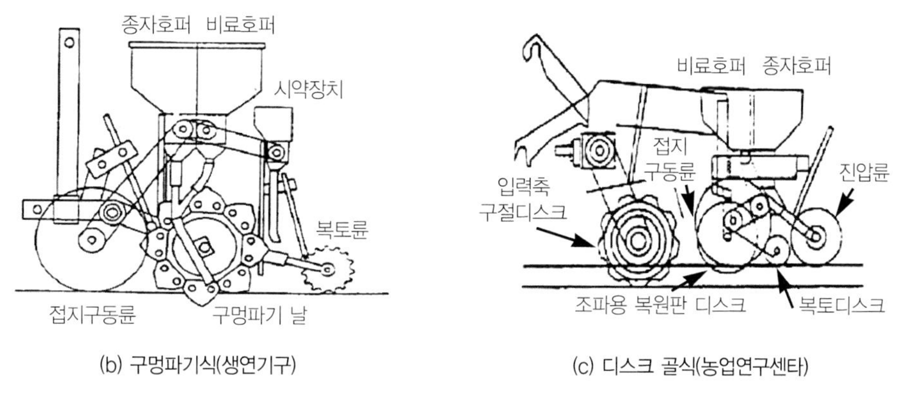

(b) 구멍파기식(생연기구)   (c) 디스크 골식(농업연구센타)

[그림 4-32] 무경운 파종기

※자료 : Yashiro M. 1997. New technology for the direct sowing of rice on dry field. JSAM 59(3): 133-137.

점파의 장점이 있으나 운전상태에 따른 파종량 변이, 토양상태에 따라 토양부착으로 인한 종자배출 불량, 경심조절, 복토 등에 주의하여 작업을 수행하여야 한다. 건답 골뿌림 직파기는 골 파종을 위한 골 작성 롤러(골 깊이 7~8cm, 밑면 골 너비 3cm, 경사각 45°) 외에는, 기존 조파 건답파종기와 유사한 구조이다.

일본의 경우 건답직파 파종체계는 무경운 건답직파, 경운 건답직파, 경운 건답직파의 변형인 경운 골 건답직파로 분류하고 이에 따른 다양한 직파기가 개발되고 있다.

무경운 건답직파에서는 전작 작물의 짚 등이 있는 상태에서 짚을 배제하면서 확실하게 파종·복토하여야 한다. 따라서 무경운 파종기는 그림 4-32에서와 같이 주로 파종 전에 짚을 배제하면서 파종골을 만드는 파종기가 개발되고 있다.

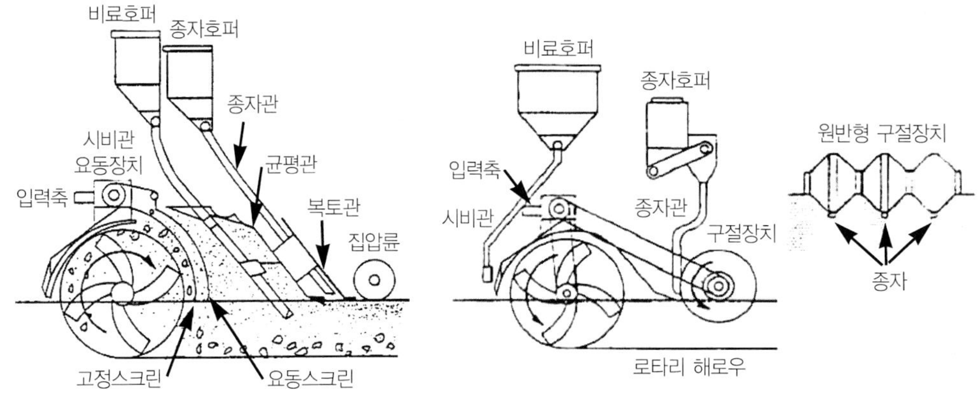

(a) 요동 스크린 로타리 파종기(북해도농업시험장)　　　　(b) 경운 골 파종기(농업연구센타)

[그림 4-33] 경운 건답파종기

※자료 : Yashiro M. 1997. New technology for the direct sowing of rice on dry field. JSAM 59(3): 133-137.

경운건답 파종기는 그림 4-33에서와 같이 쇄토성이 양호하고 발아·입모를 향상시킨 요동 스크린 로타리 파종기나, 파종 시에 골을 만들고 그 골 아래에 파종함에 따라 발아·입모를 향상시킨 경운골 파종기가 있다.

이 밖에 건답직파와 담수직파의 절충형인 건전토중조기담수직파(절충직파)를 위하여 다점식 접선캠, 2단 링크기구, 로터리 밸브로 구성된 점파장치를 갖춘 건답점파기(Katahira 외, 2002)가 개발되어 있다.

4.1.5 감자 파종기

감자 파종기(potato planter)는 씨감자를 1개씩 일정 간격으로 파종하는 점파기이다. 빠른 생육과 싹의 손상감소를 위하여 감자를 절단하여 파종시기에 맞추어 싹을 바로 틔운 최아처리한 씨감자를 보통 파종하며, 경우에 따라 작은 감자를 절단하지 않고 파종하거나 싹을 틔우지 않은 씨감자를 파종하기도 한다. 씨감자는 다른 종자보다 크고 형상이 다양하여 전용 점파기가 사용되며 일반적으로 시비작업을 동시에 수행한다.

감자 파종기는 종자공급을 위한 작업보조자의 유무에 따라 반자동식과 전자동식 감자 파종기, 작업조수에 따라 2조, 4조, 6조 감자파종기, 트랙터 부착형태에 따라 장착식, 반

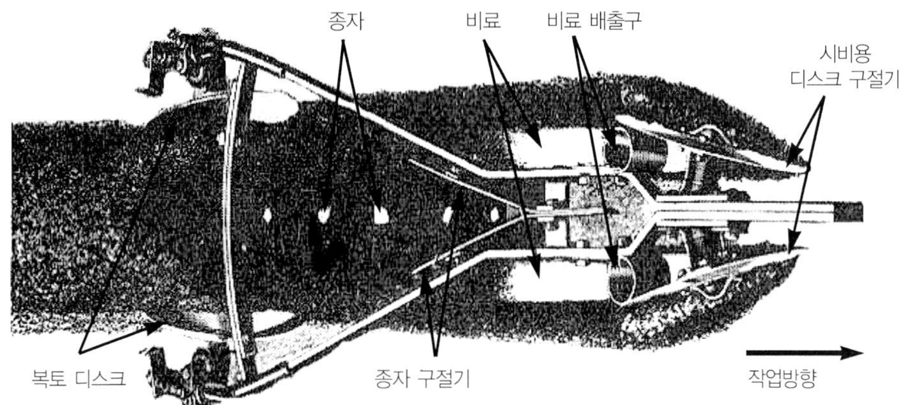

[그림 4-34] 시비 및 파종골 형성, 복토를 위한 원판작업기 조합

※자료 : Smith H. P., and L. H. Wilkes. 1976. Farm Machinery and Equipment. 6th ed.

장착식, 견인식의 감자 파종기로 분류할 수 있다. 작업보조자에 의하여 씨감자를 공급하는 반자동식 파종기나 자동 종자배출기구를 갖고 작업보조자가 미 배종이나 2개 종자 파종을 수정해 주는 반자동식 파종기는 작업의 질은 비교적 우수하나 작업속도가 느리거나 소요 노동력이 커서 사용이 급격히 줄어들고 있으며, 이에 비하여 전자동식 파종기는 작업이 고르지 못하고 종자손상 등의 단점이 있으나 높은 작업능률과 적기 파종으로 이를 보상하고 있다.

감자 파종기의 주요 구조는 시비 및 파종을 위한 구절 및 복토장치, 종자 및 비료 호퍼, 종자 및 비료 배출기구, 종자 및 비료 배출기구 구동을 위한 접지구동륜 및 전동기구, 구절 및 복토심 조절장치, 부착 프레임, 열 표시장치, 이 밖에 무거운 호퍼나 구절기의 승강을 위한 유압장치, 반자동식의 경우 작업보조자를 위한 시트 등으로 구성되어 있다.

비옥도가 낮은 토양에서는 작업비용을 줄이기 위하여 시비작업을 동시에 수행하는데 보통 그림 4-34에서와 같이 복원판형 구절기로 종자와 닿지 않도록 파종골 옆에 시비 골을 만들어 한쪽은 종자깊이로 다른 한쪽은 깊고 낮게 시비하고, 일반적으로 스터브 런너형(stub runner) 구절기를 사용하여 파종골을 형성 파종하나 단원판형, 복원판형 구절기가 사용되기도 한다. 종자의 복토와 두둑 형성은 복토 디스크가 사용된다.

반자동식 파종기의 종자배출기구는 그림 4-35에서와 같이 엔드리스 컨베이어에 버킷을 부착한 엘리베이터식, 회전 종자판식, 편심회전 링크식 등이 있다.

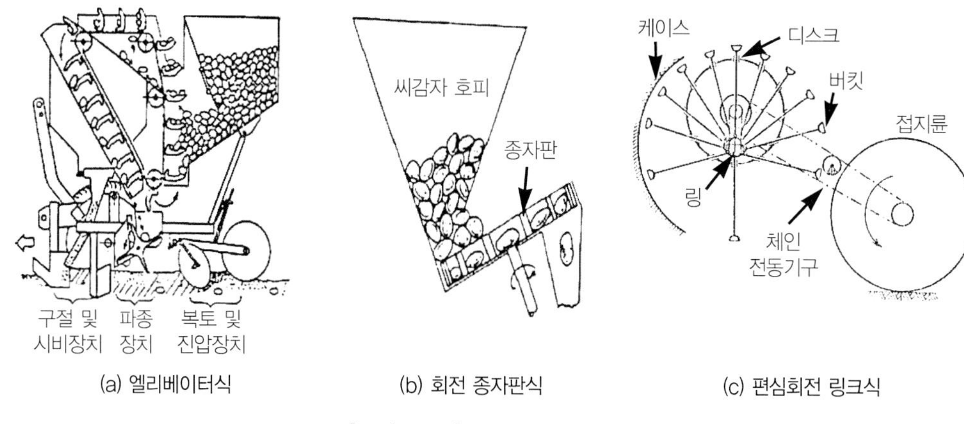

[그림 4-35] 반자동식 배종기구

※자료 : (a) 엘리베이터식 – 정창주 외. 1997. 농작업기계학원론.
(c) 편회심전 링크식 – Bernacki H., J. Haman, and C. Kanafojski. 1976. Agricultural Machines. Theory and Construction. Vol. 1.

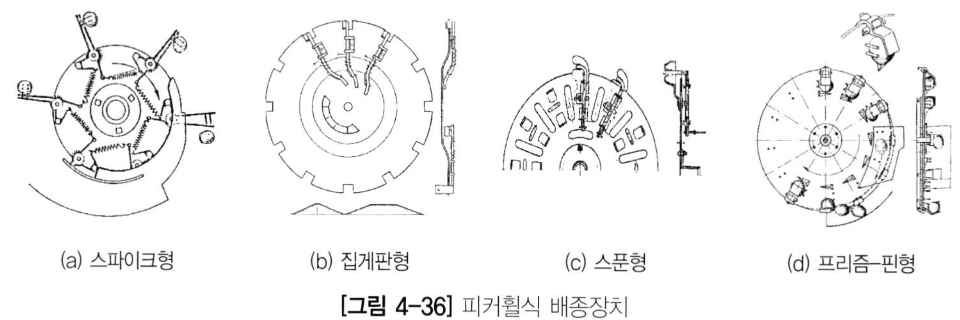

[그림 4-36] 피커휠식 배종장치

※자료 : Bernacki H., J. Haman, and C. Kanafojski. 1976. Agricultural Machines. Theory and Construction. Vol. 1, U.S. Department of agriculture and the National Science Foundation.

전자동식 파종기의 배종기구는 그림 4-36에서와 같이 여러 형태의 캠 기구를 이용하여 호퍼에서 씨감자를 부착한 후 종자배출구에서 배출하도록 하고 있는 스파이크, 집게 판, 스푼, 프리즘–핀을 피커휠에 부착한 피커휠식, 종자를 담지 못한 경우 이를 보충해 주는 교정기구를 갖춘 엔드리스 켄베이어에 버킷이나 스푼을 부착한 엘리베이터식, 벨트에 2열의 컵을 설치 씨감자를 담아 올린 후 2개의 감자가 담긴 경우 1개를 떨어뜨리는 컵공급식이 있으며, 이 밖에 호퍼에서 고무돌기 롤러를 이용하여 씨감자를 배출하여 V형 홈을 형성한 1쌍의 고무벨트로 파종하는 벨트공급식 등이 있다.

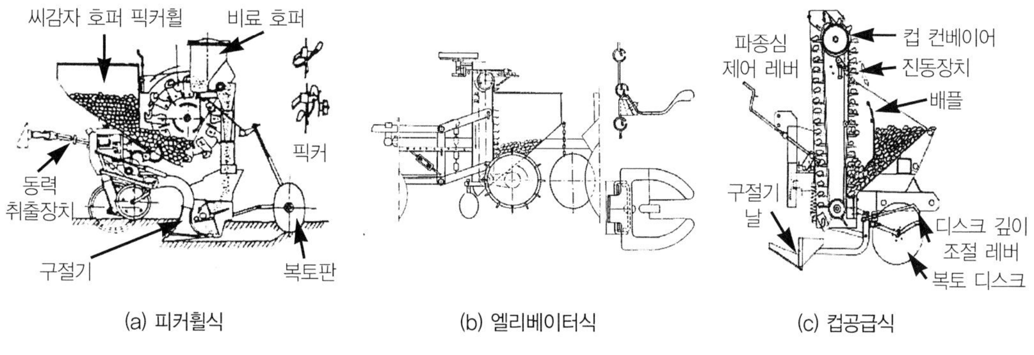

[그림 4-37] 전자동 감자파종기

※자료 : (a) 피커휠식 – 정창주 외. 1997. 농작업기계학원론.
　　　　(b) 엘리베이터식 – Bernacki H., J. Haman, and C. Kanafojski(1976), Agricultural Machines. Theory and Construction. Vol. 1, U.S. Department of agriculture and the National Science Foundation.
　　　　(c) 컵 공급식 – Culpin C.(1981), Farm Machinery. 10th ed.

그림 4-37은 전자동 감자파종기를 나타낸 것이며, 스파이크 피커휠식이 가장 널리 사용되고 있다.

4.2 이식기계

4.2.1 이식작업

이식기(transplanter)는 벼, 채소 등과 같은 작물의 모종을 본답으로 옮겨 심는 데 사용하는 기계이다. 논에 모를 심는 기계를 특별히 이앙기(移秧機, rice transplanter)라고 하며, 밭에 배추, 고추, 양파, 대파, 담배 등을 옮겨 심는 기계를 이식기(移植機) 또는 정식기(定植機, transplanter)라고 한다.

이식은 육묘시설에서 일정 기간 동안 모를 키워 본밭에 이식하므로 육묘기간 동안에는 밭에 다른 작물을 재배할 수 있으므로 토지이용률을 높일 수 있다. 이식작업은 직파재배보다 솎아내기, 제초 등 관리작업을 용이하게 할 수 있으며, 모를 균일하게 키울 수 있으므로 농산물의 상품성을 높일 수 있다. 콩, 옥수수 등을 직파할 경우 조류에 의한 피해가 증가하고 있어 과거 직파재배했던 작목이 이식작업으로 전환되고 있다.

　이식은 단위 수량이 최대가 되도록 모를 배치하는 데 그 의의가 있다. 작물의 수량은 생육 관리에도 영향을 받으나 재식밀도에 따라 큰 영향을 받는다. 따라서 이식기는 품종, 이식시기, 재배지역 등에 따라 재식밀도를 조절할 수 있어야 하며, 결주 등이 없어야 한다.

4.2.2 이앙기

(1) 이앙기용 모의 육묘

1) 이앙기용 모의 종류와 육묘상자

　모의 종류는 표 4-1과 같이 육묘일수에 따라 어린모, 치묘(稚苗), 중묘(中苗)로 나누며, 이앙기(移秧機 : rice transplanter)의 종류에 따라서는 산파모, 조파모, 포트모로 구분한다. 어린모는 산파육묘상자에 파종량을 200~220g으로 밀식파종하고, 8일 정도 육묘하여 초

[표 4-1] 벼의 육묘방법에 따른 특성 비교

구 분	어 린 모	치 묘	중 묘
육묘일수(일)	8~10	15~20	30~35
파종량(g/상자)	200~220	200	110~130
초장(cm)	8~10	10~15	15~18
본엽수(매)	1.5~2.0	2.0~2.5	3.5~4.0
소요상자수(개)	15	20	30

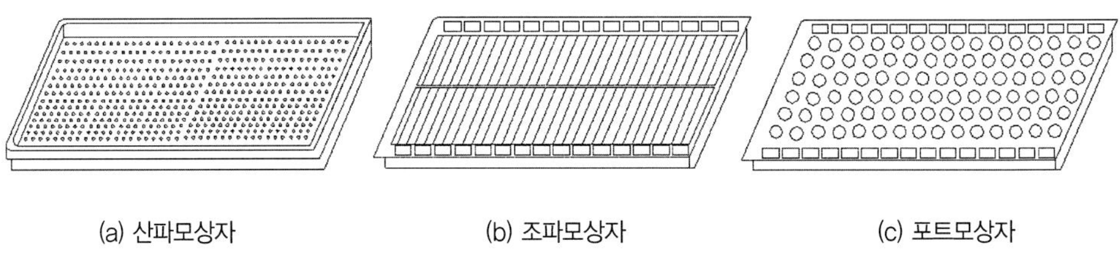

(a) 산파모상자　　　(b) 조파모상자　　　(c) 포트모상자

[그림 4-38] 육묘상자의 형태

※자료 : 농촌진흥청, 1990. 표준영농교본 기계화영농.

[표 4-2] 육묘상자의 표준화치수

구　분		치 수(mm)
육묘상자 안쪽	길이	580(-1~+3)
	폭	280(-1~+2)
	깊이	30(-1~+1)
육묘상자 바깥쪽	길이	650(-1~+5)

※자료 : 농촌진흥청, 1990. 표준영농교본 기계화영농.

장이 8cm, 본엽수가 1.5~2.0 매인 모로서 기계이앙에 지장이 없을 정도의 뿌리 엉킴이 잘 된 모를 말한다. 조파모는 그림 4-38의 (b)와 같이 띠 모양의 골이 2줄에 72개가 있는 육묘상자에 모를 키운 것이다. 조파상자의 골 하나의 크기는 너비 8mm, 길이 120mm이다. 포트모상자는 그림 4-38의 (c)와 같이 직경 15mm의 구멍이 448개(가로 14개, 세로 32개)가 배열되어 있으며, 포트가 하나씩 독립적으로 분리되어 있다. 현재 대부분의 농가에서는 산파모상자를 이용하고 있으며, 조파모상자는 일부 지역에서 사용하고 있다. 포트모상자는 손이앙에서 기계이앙으로 바뀌는 과정에서 일부 사용된 바 있으나 현재는 사용하고 있지 않다.

육묘상자는 플라스틱 제품이 주로 사용된다. 육묘상자의 치수는 파종기, 육묘시설, 이앙기의 구조를 고려하여 표 4-2와 같이 표준화되어 있다. 육묘상자의 치수가 이앙기의 모 탑재대의 치수와 일치하지 않으면 모가 원활하게 이송되지 않아서 결주가 발생한다.

2) 육묘파종기와 기타 육묘장치

육묘파종기(育苗播種機)는 육묘상자에 종자를 파종하는 기계이다. 육묘파종기는 육묘상자에 따라서 조파용과 산파용이 있으며, 그림 4-39와 같이 파종과 복토작업만 할 수 있는 육묘파종기와 상토넣기 · 파종 · 물주기 · 복토작업을 연속적으로 수행할 수 있는 일관파종기 등이 있다. 육묘상자는 컨베이어에 의하여 연속적으로 이동되며, 육묘상자가 고정된 종자 배출장치와 복토장치를 통과할 때 파종 · 복토된다. 작업능률은 수동식 파종기가 67상자/시간, 일관파종기가 386상자/시간이다.

최아기(催芽器)는 종자를 최아시키는 데 사용하는 장치로 볍씨발아기라고도 한다. 종자를 온수에 담그는 온수식 최아기와 증기를 순환시켜 온도와 습도를 유지하는 증기식 최아

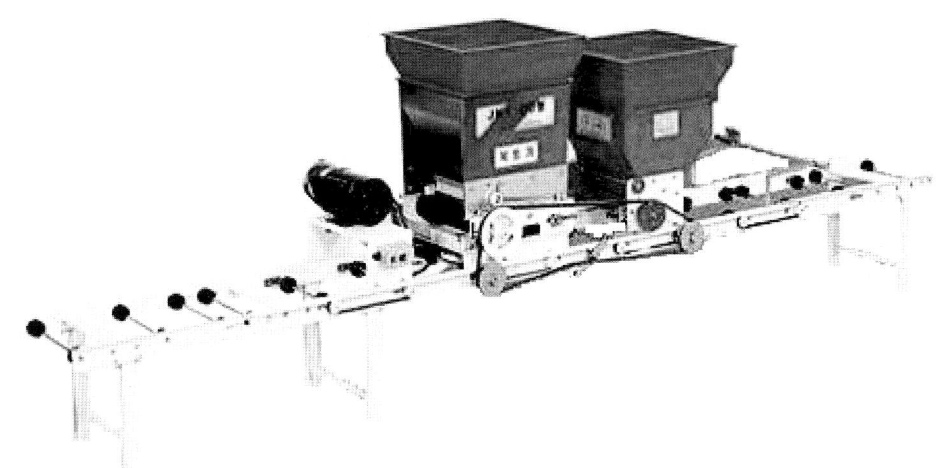

[그림 4-39] 육묘파종기

기가 있다. 최아기의 용량은 300~600kg
이다.

출아기(出芽器)는 파종, 복토, 개수 등
파종작업이 끝난 육묘상자를 적당한 온
도와 습도 상태로 유지하여 종자를 균일
하게 출아시키는 장치이다. 출아기는 그
림 4-41과 같이 내부에는 다수의 육묘
상자를 일정한 간격으로 쌓아올릴 수 있
는 선반장치가 있고, 외부에는 가열기가
설치되어 있다. 가열기에는 파이프 히터
를 쓰는 전열식과 물을 가열하여 발생한

[그림 4-40] 최아기

수증기를 기내에 순환시키는 증기식 등이 있다. 출아기의 용량은 50~1,000상자 정도가
이용되고 있다.

벼육묘기는 출아가 끝난 육묘상자를 일정한 간격으로 쌓아올려 모를 기르는 장치이다.
벼육묘기는 논에 못자리를 하지 않기 때문에 육묘노력 및 비용을 크게 절감할 수 있다. 벼
육묘기는 가로 122cm, 세로 63cm의 단을 여러 단으로 쌓아올리도록 되어 있고, 1단의
높이는 22cm로 되어 있으며, 각 단에 4상자씩 치상할 수 있도록 되어 있다.

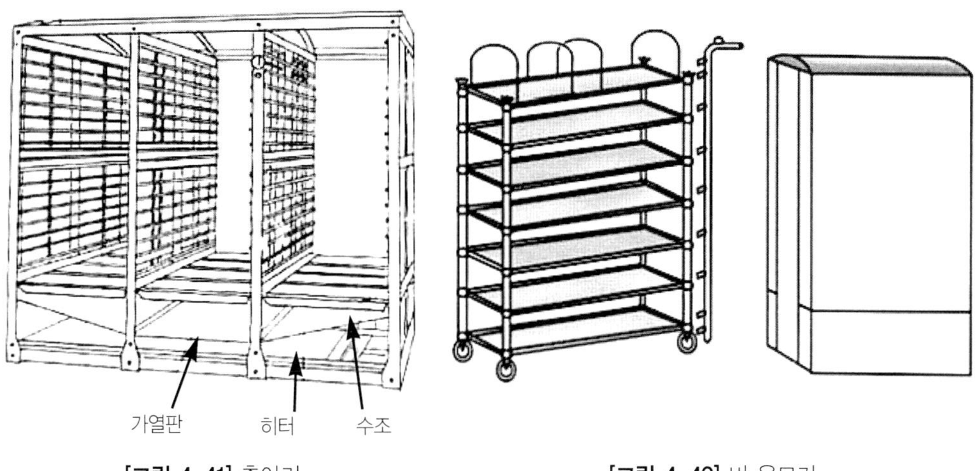

[그림 4-41] 출아기   **[그림 4-42]** 벼 육묘기

※자료 : 농촌진흥청, 1990. 표준영농교본 기계화영농.

[표 4-3] 이앙기의 종류

분류기준	종 류
모의종류	산파모, 조파모, 포트모
식부조수	2조, 4조, 6조, 8조
동력원	인력, 동력
주행방법	승용, 보행용

그 밖의 육묘기계에는 상토조제기, 상토건조기, 육묘상자세척기, 비료혼합기 등이 있다. 최근에는 육묘에 소요되는 노동력과 비용을 절감하기 위하여 대량으로 육묘할 수 있는 자동육묘시설이 이용되기도 한다.

(2) 이앙기의 종류

이앙기는 운전자의 작업형태에 따라서 걸어가면서 심는 보행형과 타고 심는 승용형, 육묘형태에 따라서 산파모, 조파모, 포트모, 심는 조수에 따라서 2, 4, 6, 8조식 이앙기로 분류한다. 우리나라에서는 보행형 이앙기는 산파 4조식, 승용형 이앙기는 산파 6조식이 주로 이용되고 있다.

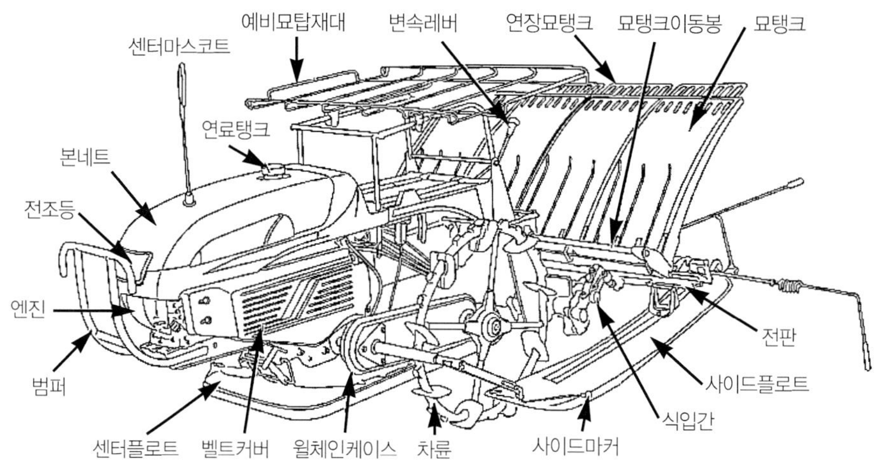

[그림 4-43] 보행 산파모 이앙기

※자료 : 농촌진흥청, 1990. 표준영농교본 기계화영농.

1) 보행 산파모 이앙기

보행 산파모 이앙기는 산파모 형태의 중묘 및 어린모를 이앙하는 데 사용되며, 4조식이 가장 많이 이용되고 있다. 최근에 개발된 기술은 이앙기 취급성을 향상시켜 운전자의 피로를 경감시키고자 운전조작부의 조작기능을 단순화하고, 모를 안정적으로 심을 수 있도록 기체 수평제어장치가 장착되었다. 그리고 부녀자 및 노약자가 쉽게 이용할 수 있는 경량형 1륜 2조식의 이앙기가 개발되었다.

2) 보행 조파모 이앙기

보행 조파모 이앙기는 산파모 이앙기의 모 공급방식과 달리 육묘상자를 좌우측의 모 탑재대 위에 올려놓고 심는 방식으로서 안정된 작업을 할 수 있다. 산파에 비하여 육묘조건이 좋기 때문에 튼튼한 모를 이앙할 수 있는 특징이 있다. 이앙작업을 할 때 모 공급이 종료되면 원심클러치가 풀려 주행이 자동으로 멈추게 된다. 이때 다시 모를 공급하고 작업을 계속한다.

조파모 육묘상자 이송은 그림 4-45의 (a)와 같이 육묘상자 양쪽에 있는 이송구멍을 따라서 세로 이송암이 작동하여 한 칸씩 밀어준다. 그리고 모 압출암이 상하로 작동하여 모를 육묘상자 밑으로 밀어내면 모받이가 이것을 받아서 가로이송벨트 위로 떨어뜨린다. 조파모의 식부장치는 그림 4-45의 (b)와 같이 삼각형 형태의 식부궤적을 이룬다. 가로이송벨트 위에 놓여진 띠모는 벨트의 이송속도에 따라서 일정량씩 이송되고 주걱형태의 식부날이 상하로 작동되면서 적절한 길이로 모를 잘라 심는다.

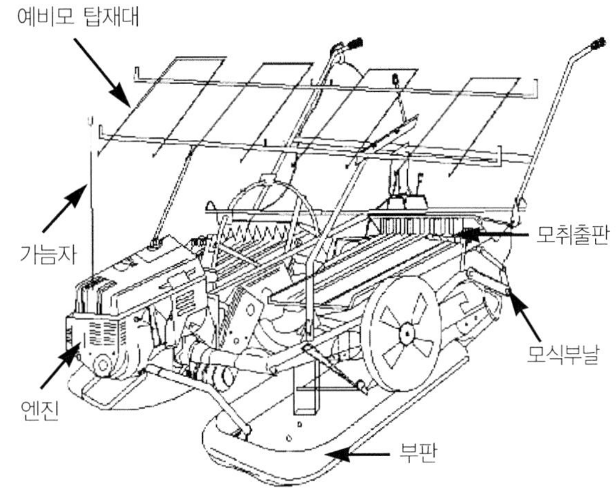

[그림 4-44] 보행 조파모 이앙기

※자료 : 농촌진흥청, 1990. 표준영농교본 기계화영농.

3) 승용 산파모 이앙기

승용 산파모 이앙기는 산파모 형태의 중모 및 어린모를 이앙하는 데 사용되며, 6조식이 가장 많이 이용되고 있다. 최근에는 8조식과 10조식 이앙기가 보급되고 있다. 승용 산파모 이앙기는 작업성능 및 안정성을 향상시키고자 자동유압미션장치, 핸들연동장치, 운전석 모니터, 기체수평 제어장치 등이 장착되어 있다. 8조식과 10조식의 대형 이앙기는 주로 대규모 농가 및 위탁영농에 이용된다. 최근 보급되고 있는 초경량형 4조식 승용이앙기

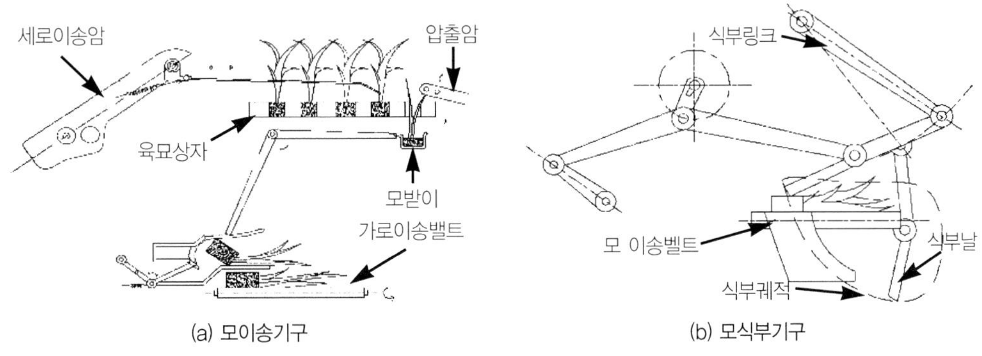

[그림 4-45] 조파모 이앙기의 모 이송 및 식부 원리

※자료 : 농촌진흥청, 1990. 표준영농교본 기계화영농.

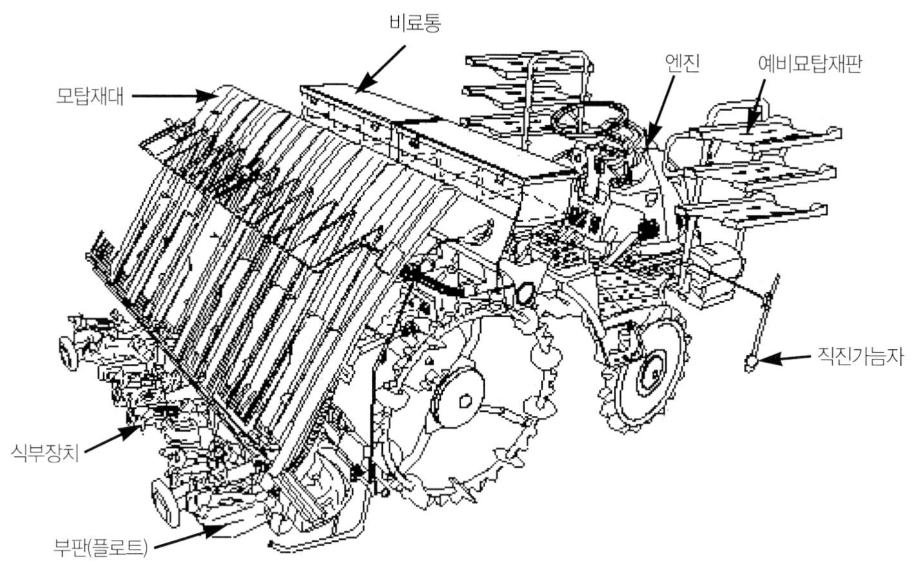

[**그림 4-46**] 측조시비장치를 장착한 승용 산파모 이앙기(6조식)

는 기체가 작고 가벼워 선회반경이 짧고 취급성이 좋아 부녀자 및 노약자를 대상으로 개발된 모델이다. 최근에는 자율직진 이앙기 및 로봇형 무인이앙기가 개발되었다.

4) 측조시비 이앙기

측조시비 이앙기는 그림 4-46과 같이 일반 이앙기에 측조시비장치를 장착한 기종으로서 이앙과 동시에 모 옆에 적정한 깊이로 입제형 또는 액제형 비료를 뿌려 주는 기능이 있다. 입제형 측조시비장치는 주로 롤형 배출장치를 이용하여 비료를 자연낙하시키거나 송풍기의 바람으로 배출한다. 입제형은 비료의 엉킴을 방지하고 원활한 배출을 위하여 비료통에 바람을 불어 넣거나 교반장치를 장착한다. 액제형 측조시비장치는 기어식 펌프를 이용하여 일정량의 액제를 연속하여 강제 압출시켜 부판에 부착된 노즐을 통하여 토 중으로 분사한다.

5) 종이멀칭 이앙기

종이멀칭 이앙기는 친환경 벼농사를 목적으로 개발된 기종으로서 화학 제초제를 살포

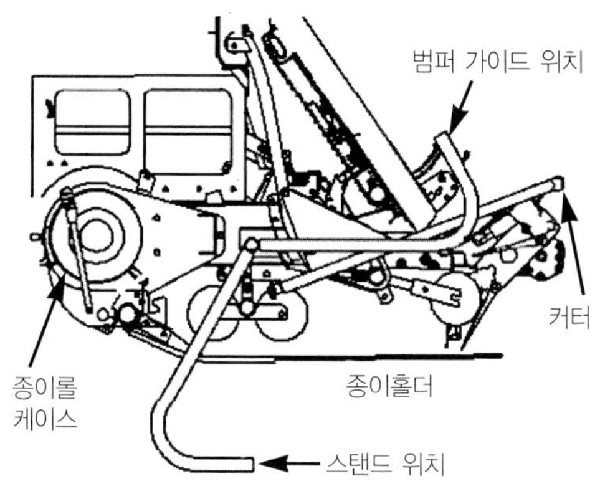

[그림 4-47] 종이멀칭장치

[그림 4-48] 종이멀칭 이앙기 작업장면

하는 대신 논에 분해성 종이를 깔고 모를 심는 방식이다. 종이는 논 표면에 밀착되어 잡초가 자라는 것을 근본적으로 차단하며, 2개월이 지나면 자연적으로 분해되므로 별도로 걷어 낼 필요가 없다. 종이멀칭 이앙기는 본체와 이앙부 사이에 그림 4-47과 같은 종이멀칭장치가 장착되어 있다. 종이멀칭장치는 멀칭종이를 탑재하는 통, 부판 역할을 담당하는 롤, 종이받침대 등으로 구성되어 있다. 작동원리는 통에 장착된 종이를 종이받침대 위에 풀어 주면 롤이 종이를 눌러 논 표면에 밀착하게 된다. 종이 밀착이 된 상태에서 이앙작업을 실시하고 칼날을 이용하여 종이를 잘라 준다.

멀칭종이는 너비 1.9m, 길이 200m의 롤 형태로 감겨진 형태로 되어 있으며, 롤 30개로 1ha를 심을 수 있다. 멀칭종이의 종류는 재생종이에 식물성 수지를 코팅한 것과 펄프종이에 숯 등 여러 가지 첨가물을 혼합하여 만든 제품이 생산되고 있다.

6) 부분경운 이앙기

부분경운 이앙기는 이앙작업을 하기 위하여 논을 갈고 써레질하는 작업을 생략하고 직접 논에 모를 심는 기계이다. 이앙작업 20일 전에 논에 물을 담아 흙을 부드럽게 한 상태에서 이앙하는 부분만 부분적으로 로터리 경운하면서 모를 심는 방식이다. 부분경운 이앙기는 그림 4-49와 같이 식부장치 전방에 부분경운 로터리가 부착되어 있다.

부분경운 이앙기는 완효성 비료를 이앙과 동시에 측조시비할 수 있어 비료량을 20% 줄일 수 있고, 작업시간 및 비용을 절감할 수 있는 특징이 있으며, 비료와 토양유실을 줄일

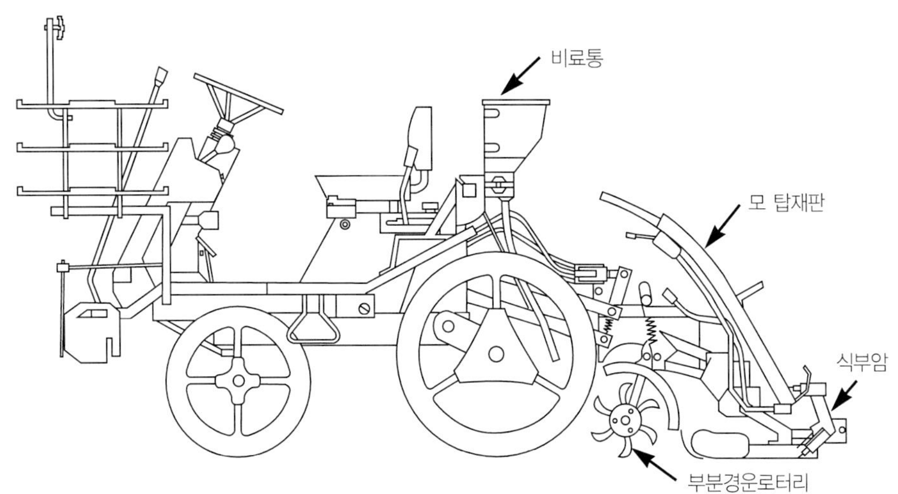

[그림 4-49] 부분경운 이앙기(6조식)

수 있는 친환경 벼농사법이다. 부분경운장치는 정회전방식의 경운날이 한조에 8개씩 30 cm 간격으로 배치되어 있으며, 경운너비와 깊이는 6 cm 정도이다. 시비장치는 홈롤러식 배출롤러를 이용하며, 비료배출은 호스를 통하여 자연낙하하는 방식과 송풍기를 이용하여 강제로 배출하는 방식을 이용한다. 송풍방식을 이용하면 비료가 호스에 막히는 현상을 방지할 수 있다.

7) 롱매트 이앙기

롱매트 이앙기는 모 공급횟수를 줄여 이앙작업능률을 향상시키고, 작업편이성을 높이

[그림 4-50] 롱매트 이앙기(6조식)와 육묘시설

기 위하여 개발된 기종이다. 롱매트는 너비 28cm로 일반 산파모 매트와 같으나 길이는 6m로서 10배 정도 길다. 롱매트 육묘를 하려면 별도의 육묘시설이 필요하며, 육묘된 모는 롤 형태로 말아서 이앙기에 장착한다. 일반 이앙기에 비하여 작업능률은 약 2배 높다.

(3) 이앙기의 구성

이앙기의 구조는 형식과 이앙방식 등에 따라서 차이가 있으나 대체로 그림 4-51과 같이 엔진부, 동력전달부, 식부부, 기체지지부, 운전조작부로 구성되어 있다. 보행 이앙기는 운전자가 이앙기 뒤에서 걸어가면서 작업을 하기 때문에 운전조작부와 식부부가 이앙기 후방에 배치되어 있고, 식부장치는 4절 링크방식의 식부장치로 설계되어 저속으로 작업하도록 되어 있다. 승용 이앙기는 운전자가 운전석에서 운전과 조정을 같이 할 수 있도록 설계되어 있고, 식부장치는 로터리방식의 고속식부장치로 설계되어 작업속도가 보행이앙기에 비하여 2배 정도 빠르다.

1) 동력전달 및 모이송의 원리

이앙기의 엔진은 이앙기가 논에 빠지지 않도록 소형, 경량으로 설계되어 있다. 보행 4조식 이앙기의 엔진은 주로 공랭 4사이클 가솔린기관이며, 정격출력은 2.3~3.7PS 이다. 승용 6조식 이앙기의 엔진 정격출력은 6.5~14.0PS이며, 공랭식 또는 수냉식 2기통 가솔린 엔진을 사용한다. 승용 8조식 이앙기의 엔진 정격출력은 18PS이며, 수냉 3기통 디젤엔진

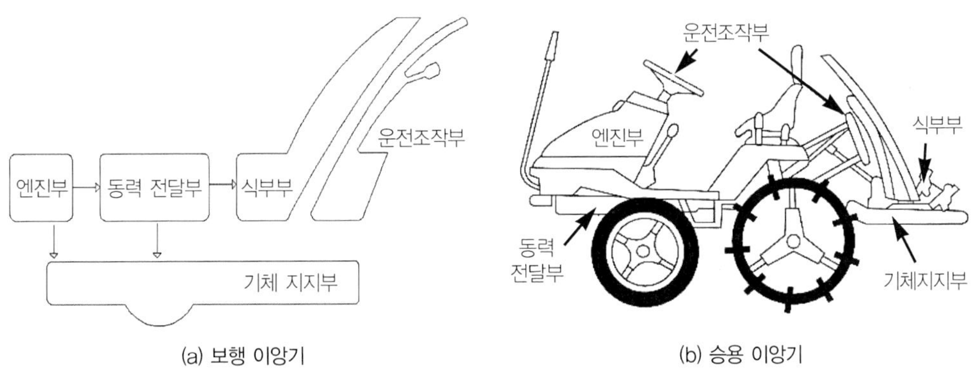

(a) 보행 이앙기　　　　　　　(b) 승용 이앙기

[그림 4-51] 이앙기의 구성

을 채택하고 있다.

동력전달부는 엔진으로부터 주행 지지부의 바퀴와 식부장치 및 모 탑재대로 동력을 전달하는 역할을 한다. 보행 이앙기의 경우는 그림 4-52와 같이 트랜스미션에서 전륜과 후륜 및 이앙기 후방의 이앙부로 동력이 나뉘어 전달된다. 이앙부로 전달되는 동력은 유니버셜조인트를 통하여 베벨기어로 전달되며, 베벨기어에서 모 탑재대와 식부장치로 전달되는 동력으로 나뉘어진다. 모 탑재대의 가로이송은 양방향 가로이송 구동스크루가 회전하고 모 탑

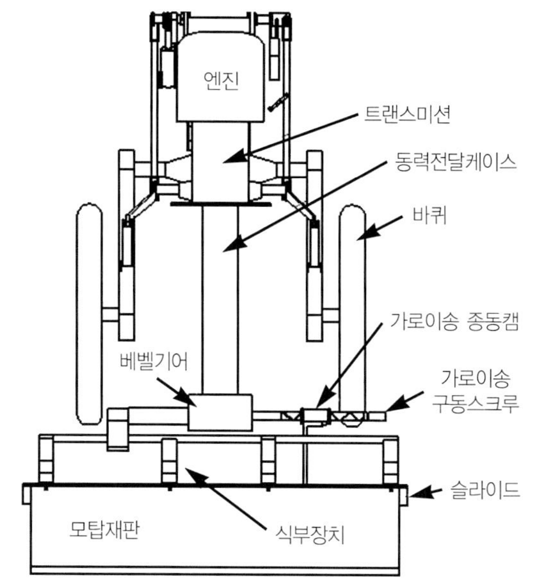

[그림 4-52] 보용4조식 이앙기 동력 전달

※자료 : 농촌진흥청, 1990. 표준영농교본 기계화영농.

재대와 연결된 가로이송 종동캠이 좌우로 왕복 운동하여 모 탑재대를 이송시킨다. 모 탑재대의 세로이송은 모 탑재대가 좌우 끝단에 위치했을 때 모 세로이송 벨트를 한 칸씩 움직여 모를 아래로 이송시키도록 되어 있다. 식부장치는 좌우로 왕복운동하는 모 탑재대에

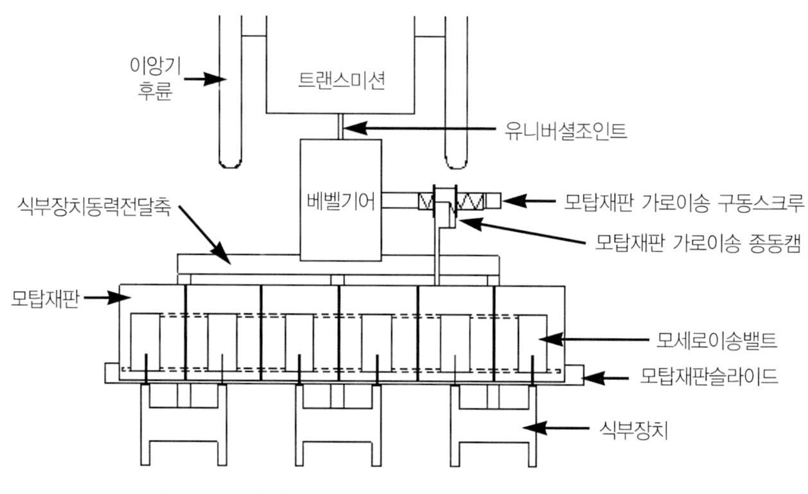

[그림 4-53] 승용6조식 이앙기 동력전달

서 모를 집어 토양에 모를 이식하는 반복운동을 한다.

승용 이앙기의 동력전달의 원리는 그림 4-53과 같이 보행 이앙기의 동력전달의 원리와 유사하지만 이앙기의 구조에 따라 동력전달방식이 달라진다. 보행 이앙기는 운전자 앞에 모 탑재대와 식부장치가 위치해 있으므로 식부장치가 후방을 향해 배치되어 있는 반면, 승용 이앙기는 모 탑재대는 후방을 향하고 식부장치는 전방을 향하고 있다. 보행 이앙기의 식부깊이는 이앙기 전체가 상하강하면서 제어되는 반면 승용 이앙기는 이앙기 후방의 이앙부만 상하강하는 원리로 되어 있다. 승용 이앙기는 작업폭이 넓어 식부깊이가 불균일할 수 있으므로 논 표면의 좌우 기울기에 따라 모 탑재대의 수평을 자동으로 제어하는 기능을 기본적으로 갖추고 있다. 승용 이앙기는 보행 이앙기에 비하여 작업폭이 넓고 무거워 엔진의 성능이 높고, 4륜구동방식을 채택하고 있다.

승용 이앙기의 작업속도는 최대 1.45m/sec까지 무단으로 변속하는 시스템을 채택하고 있다. 보행 이앙기의 작업속도는 0.3~0.7m/sec 범위이며, 주로 기계식 변속장치를 채택하고 있다.

2) 식부깊이 제어 원리

이앙기의 차륜은 경반(耕盤)에 의하여 지지되며, 부판은 지면에 의하여 지지된다. 이앙

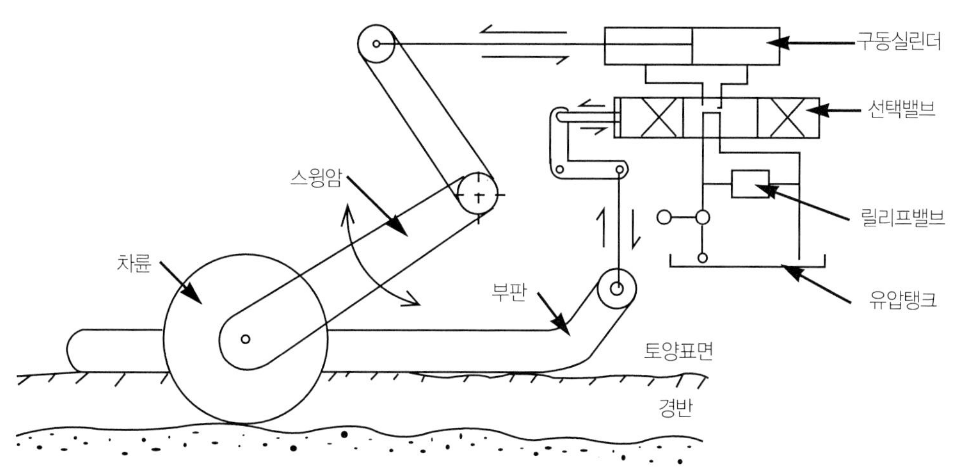

[그림 4-54] 보행 이앙기의 식부깊이 자동조절원리

※자료 : 농촌진흥청, 1990. 표준영농교본 기계화영농.

작업 시 모는 토양표면에 일정한 깊이로 심어져야 한다. 이앙기는 이앙기 바퀴가 불균일한 경반위로 주행하더라도 경반의 깊이와 관계없이 토양표면 위의 부판을 기준으로 식부깊이를 조정할 수 있어야 한다. 따라서 이앙기는 식부깊이 자동제어시스템을 기본적으로 채택하고 있다.

그림 4-54는 보행 이앙기의 식부깊이 자동조절원리를 나타낸 것이다. 부판은 유압장치의 선택밸브와 힌지로 연결되어 부판이 상하로 움직임에 따라 구동실린더를 좌우로 작동시켜 차륜의 높이를 자동으로 제어한다. 즉, 부판이 상하로 움직임에 따라 부판과 연결된 유압밸브가 작동하여 유체가 흐르는 방향을 변화시킨다. 이 때 유체가 유압피스톤을 작동시키면 차륜과 연결된 스윙 암(swing arm)의 각 변위가 변화되어 차륜의 높이가 자동으로 조정된다. 승용 이앙기의 식부깊이는 부판의 상하변위에 따라 승용 이앙기 본체와 이앙부를 연결하는 링크장치를 상하운동시켜 식부깊이를 제어한다.

3) 식부장치

이앙기의 식부장치는 모 탑재대에서 모를 분리하여 토양에 심는 장치이다. 모를 분리하는 방식은 그림 4-55와 같이 모의 종류에 따라 여러 가지 방식이 이용된다.

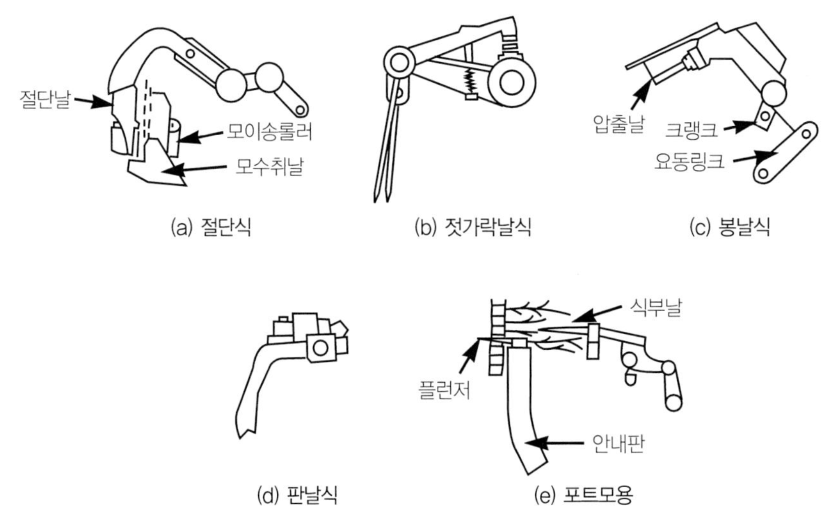

[그림 4-55] 이앙기 식부날의 종류

※자료 : 농촌진흥청, 1990. 표준영농교본 기계화영농.

그림 4-55에서 (a)는 줄모용 식부장치로서 이송롤러에서 배출된 모를 절단칼로 절단하여 심는다. (b)~(d)는 산파모용 식부장치이다. (b)는 젓가락 형상의 식부날로서 2개의 식부날이 모의 뿌리를 집어 토양 속에 심는다. (c)는 막대모양의 2개 식부침을 이용하여 모의 뿌리를 분리하고 토양에 삽입한 상태에서 압출날이 모를 밀어 내는 방식으로 현재 보급되고 있는 이앙기에 주로 이용되고 있는 방식이다. (d)는 판모양의 식부날로서 모를 절단한 다음 심는다. (e)는 포트모용 식부장치로서 플런저에 의하여 압출된 모를 안내판을 따라 지면으로 옮겨 심는다.

이앙기는 주행하면서 모를 토양에 심기 때문에 식부날이 토양 속에서 끌리지 않도록 하여야 한다. 이앙기의 식부날 끝이 그림 4-56과 같이 일정한 궤적으로 움직이는 것을 식부궤적이라고 한다. 식부궤적은 식부날이 토양으로 삽입되는 삽입점과 토양에서 빠져나오는 토출점 사이에 차를 둠으로써 작업 시 이앙기가 주행하더라도 식부날이 토양 속에서 끌리지 않도록 해 준다. 식부궤적은 식부장치의 종류에 따라 타원형, 원형, 비대칭 타원형 등 여러 가지 커플러곡선이 이용된다.

현재 보행 이앙기의 식부장치는 4절링크를 이용한 방식이 이용되고 있다. 4절링크를 이용한 식부장치는 구동축이 고속으로 회전할 경우 기구 자체의 불균형으로 인한 진동이 크게 증가하여 작업 정도와 기체의 안전성이 떨어진다. 그림 4-56의 (a)는 4절링크방식의

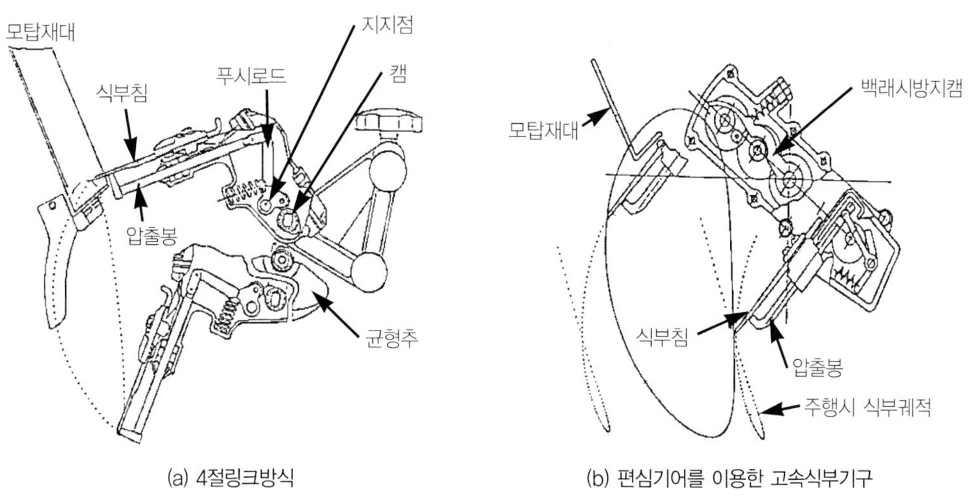

(a) 4절링크방식   (b) 편심기어를 이용한 고속식부기구

[그림 4-56] 이앙기 식부장치의 종류

※자료 : 川村登. 2000. 農作業機械學.

식부장치로 작업 시 기구의 불균형으로 인한 진동을 방지하기 위하여 균형추를 부착하였다. 보행 이앙기는 작업자가 걸어가면서 작업을 해야 하므로 저속에 적합한 4절링크방식의 식부장치를 채택하고 있다.

그러나 승용 이앙기는 작업속도가 1.2m/sec를 넘기 때문에 4절 링크를 이용한 식부장치는 적용이 곤란하

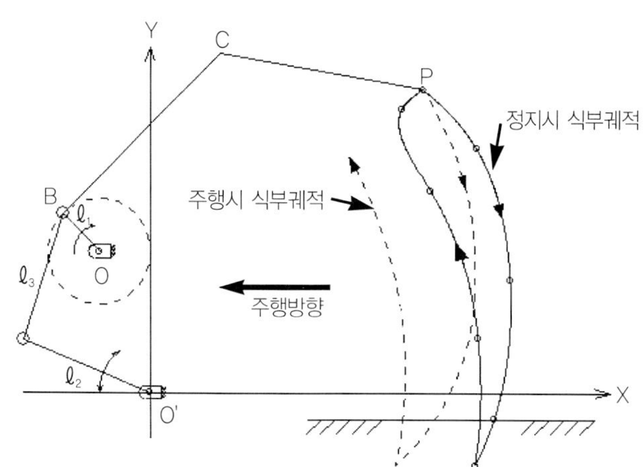

[그림 4-57] 4절링크 식부기구의 식부궤적

※자료 : 川村登. 2000. 農作業機械學.

다. 그림 4-56의 (b)는 승용이앙기에 이용되고 있는 고속식부기구이다. 이 식부기구는 구동축을 중심으로 2개의 식부날이 대칭으로 장착되어 있어 기구의 불균형으로 인한 진동이 적고, 구동축이 1회전할 때 2회 모를 심을 수 있으므로, 4절링크방식의 식부기구에 비해 2배 빠른 속도로 작업을 할 수 있다. 고속식부기구는 모를 토양에 심을 때는 빠르게 회전하고, 모 탑재대에서 모를 분리할 때는 느리게 회전할 수 있도록 편심기어를 이용하였다. 만약 편심기어를 이용하지 않는다면 그림 4-56의 (b)의 식부궤적은 원형이 된다.

그림 4-57은 현재 보행 이앙기에 이용되고 있는 4절 링크를 이용한 식부장치의 식부궤적을 나타낸 것이다. 구동링크 ℓ_1은 점 O를 중심으로 시계방향으로 회전하며, 링크 ℓ_2는 점 O'을 중심으로 요동한다. 식부날 BC는 링크 ℓ_3과 일체로 된 링크로서 구동링크 ℓ_1이 회전함에 따라 식부날의 끝점 P는 그림 4-57과 같은 식부궤적을 그린다. 4절링크방식의 식부장치는 점 O와 점 O'의 위치에 따라 여러 가지 다른 식부궤적을 만들 수 있다.

4) 운전조작부

운전조작부는 조속레버, 주 클러치 레버, 식부클러치 레버, 유압클러치 레버, 조향클러치 레버, 변속레버 등으로 구성되어 있다. 주행위치에서 식부클러치를 조작하면 식부장치의 유압시스템 작동과 더불어 식부장치가 작동되어 모가 심겨진다. 유압레버를 자동으로

하면 논갈이 바닥에 맞추어 차륜위치가 자동적으로 조절되어 기체는 수평을 유지하면서 모 심는 깊이가 일정하게 된다. 승용 이앙기는 토양경도 자동감지장치가 장착되어 있어 논굳힘 정도에 따라서 식부부의 위치가 자동으로 조절된다.

4.2.3 채소이식기

(1) 채소이식기용 모의 종류와 육묘상자

육묘작업은 채소이식기(菜蔬移植機 : vegetable transplanter)의 작업성능에 크게 영향을 미친다. 채소이식기는 육묘포트에 키운 묘를 기계작동에 의하여 한 주씩 밭으로 옮겨 심기 때문에 육묘포트의 결주는 채소이식기의 결주로 이어진다. 묘가 너무 어리면 뿌리가 충분히 발육하지 않기 때문에 이식과정에서 뿌리와 상토가 분리되어 잘 심어지지 않거나 결주가 발생하게 된다. 반면에 묘가 너무 크게 되면 육묘포트에서 한 주씩 묘가 분리될 때 옆에 심겨진 묘의 잎과 서로 간섭이 일어나 한 번에 여러 주씩 묘가 분리되어 결주가 발생하게 된다.

채소이식기를 효율적으로 이용하려면 이식하기에 적합한 규격화된 묘를 생산하는 작업이 선행되어야 한다. 그림 4-58의 (a)는 인력으로 이식작업을 할 때 농가에서 가장 많이 사용하는 연질육묘포트, (b)는 육묘포트를 재사용하기 위하여 개발되었으며, 한때 채소이식기에도 이용한 바 있는 경질육묘포트, (c)는 파종기와 채소이식기를 이용하는 데 보편화되어 있고 점차 이용률이 증대되고 있는 플러그 육묘트레이, (d)는 포트와 묘를 같이 한 주씩 분리하여 이식하는 종이포트를 나타낸 것이다.

   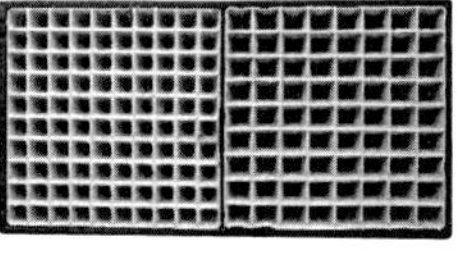

(a) 연질육묘포트   (b) 경질육묘포트   (c) 플러그 육묘트레이   (d) 종이포트

[그림 4-58] 육묘포트의 종류

분류기준	구분
모공급방식	자동식, 반자동식
주행방식	견인형, 자주식
운전방식	보행형, 승용형
모의 형태	연결포트묘, 셀성형묘(플러그묘), 종이포트묘

(2) 채소이식기 종류

채소이식기는 배추, 고추, 양배추, 상추, 대파, 양파 등의 묘를 밭에 옮겨 심는 기계를 말한다. 채소묘는 육묘용 포트에 종자를 파종하여 일정 기간 기른 후 본밭에 이식한다. 채소이식기는 이식하고자 하는 묘의 초장(길이), 묘의 형상, 묘의 특성, 재식거리(주간, 조간), 재배형태(비닐피복 여부) 등에 따라서 구조와 형태가 달라진다. 배추와 묘의 크기, 형상, 재식거리, 재배형태가 유사한 양배추와 상추는 배추이식기를 이용하여 이식할 수 있지만, 묘의 초장, 형상, 재식거리, 재배형태가 크게 다른 대파, 양파 등은 다른 방식의 구조와 형태를 갖춘 채소이식기를 사용하여야 한다.

채소이식기는 표 4-4와 같이 묘를 공급하는 방식에 따라 사람이 손으로 묘를 공급하는 반자동방식과 묘가 자동으로 공급되는 자동방식으로 구분할 수 있다. 동력원의 종류에 따라서는 트랙터에 부착하여 사용하는 부착형과 자체에 엔진을 탑재한 자주식으로 분류되고, 운전자의 작업형태에 따라 보행형과 승용형으로 구분된다. 사용하는 묘의 형태에 따라서는 연결포트묘, 셀성형묘(플러그묘), 종이포트묘 이식기 등으로 구분할 수 있다. 현재 농가에서 이용하고 있는 채소이식기는 배추이식기, 고추이식기, 양파이식기, 대파이식기 등이 있다.

1) 반자동 이식기

반자동 이식기는 관행묘, 플러그육묘 등의 묘를 인력으로 공급하는 방식으로서 자동식에 비하여 구조 및 기계작동이 단순하다.

묘의 공급방식은 그림 4-59의 (a)와 같이 수평 방향으로 회전하는 여러 개의 회전통을 통하여 묘를 낙하시키는 회전형 포트방식, 그림 4-59의 (b)와 같이 수직으로 회전하는 식

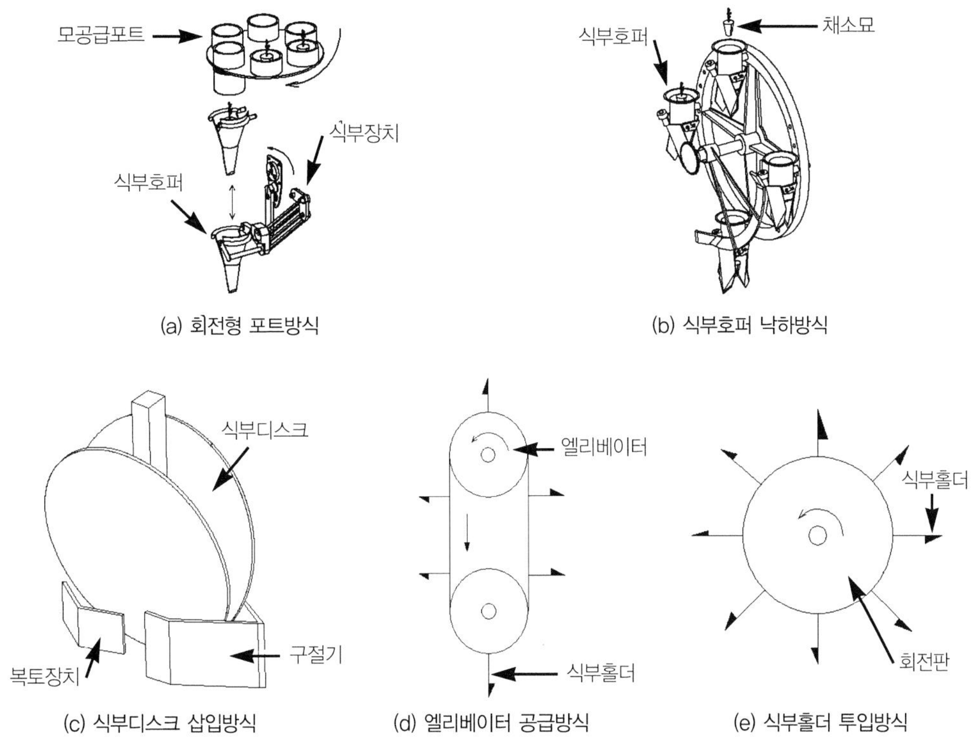

[그림 4-59] 반자동식 채소이식기의 묘공급 및 식부장치의 종류

※자료 : 日本施設園藝協會, 1999. 野菜生産機械化手引.

부호퍼에 묘를 직접 낙하시키는 식부호퍼 낙하방식, 그림 4-59의 (c)와 같이 묘를 식부디스크 사이에 손으로 공급하는 식부디스크 삽입방식, 그림 4-59의 (d)와 같은 수직 또는 수평으로 이송하는 벨트에 공급하는 엘리베이터 공급방식, 그림 4-59의 (e)와 같은 식부홀더에 공급하는 식부홀더 투입방식 등이 있다.

　반자동식 채소이식기는 보행형과 트랙터 부착형이 있다. 보행형은 심는 조수가 1조식이며, 그림 4-59의 (a)와 같이 회전하는 포트에 손으로 묘를 넣어 주면 식부호퍼가 상승 위치에 있을 때 포트 밑면이 열리면서 묘가 식부호퍼에 떨어진다. 식부호퍼는 묘를 받아서 지면으로 내려가 토양 속에 묘를 놓고 식부호퍼를 열면서 상승한다. 식부호퍼를 따라 굴러가는 진압륜이 묘 주변의 흙을 모아 묘를 똑바로 세우고 눌러 주도록 되어 있다. 이러한 기계는 경사지에서 수평제어를 할 수 있는 스윙장치, 식부깊이를 조절하는 장치, 심는 간격을 조절하는 주간조절장치, 기계가 두둑을 따라가는 두둑추종장치, 식부와 동시에 일정량의 물을 공급할 수 있는 관수장치 등이 장착되어 있는 것도 있다. 비닐이 피복된 두둑에서 사용하는 기계는 니크롬선을 이용한 전열식과 가스통을 탑재하고 불로 비닐을 뚫어 주는 방식이 이용되고 있다.

트랙터 부착형은 주로 서양에서 많이 이용하고 있는 기계로 다양한 채소작물을 이식할 수 있는 장점이 있다. 식부 조수는 2~8조식 등으로 다양하며, 식부장치 전방 또는 후방에 사람이 앉아서 묘를 공급하도록 되어 있는 것도 있으며, 그림 4-59의 회전형, 식부호퍼 낙하방식, 엘리베이터방식, 디스크방식, 홀더투입방식이 사용되고 있다. 식부방식은 그림 4-59의 (b)와 같은 휠방식이나 디스크방식, 홀더형, 핀세트형 등이 주로 이용된다. 반자동식은 심는 조수에 따라서 여러명의 인력이 필요하며, 작업속도가 느린 것이 단점이다.

2) 보행 자동 채소이식기

보행 자동 채소이식기는 규격화된 트레이에서 육묘된 묘를 1줄씩 이식하는 기계로써 육묘트레이를 묘탑재대에 장착하면 기계적으로 묘취출, 이송, 식부가 일괄적으로 이루어진다. 식부깊이는 복토륜에 연동된 유압실린더가 작동하여 자동조절되고, 좌우수평은 채소이식기 전방의 균형추에 연동된 유압실린더가 작동하여 자동조절되도록 되어 있다. 채소이식기의 작업속도는 0.3~ 0.5m/sec이다.

보행 자동 채소이식기는 플러그 육묘트레이를 이용하여 배추, 양배추, 상추 등을 이식하는 방식, 종이포트묘를 이용하여 배추, 양배추, 상추 등을 이식하는 방식, 포트묘를 이용하여 양파를 이식하는 방식 등이 이용되고 있다. 보행 1조식 채소이식기에 슬라이딩 장치를 장착하여 조간을 조절하여 왕복작업으로 2열을 심을 수 있는 방식도 있다.

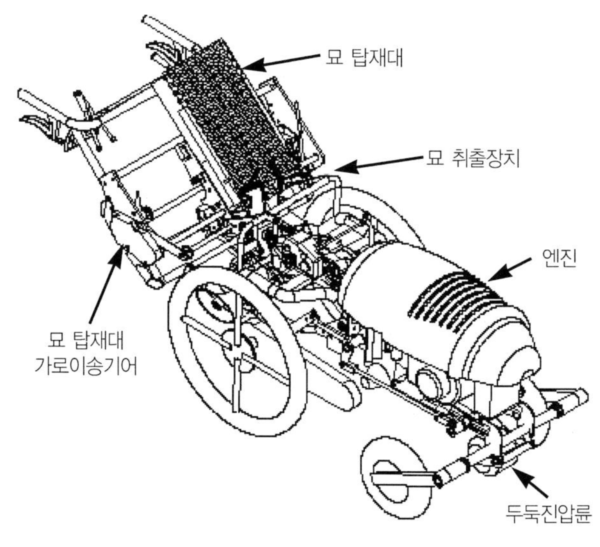

[그림 4-60] 보행 자동 채소이식기

3) 승용 자동 채소이식기

승용 자동 채소이식기는 그림 4-61과 같이 승용관리기 후방에 부착하여 전용기 형태로 사용되며, 플러그육묘와 종이포트묘를 사용하여 배추, 양배추, 상추 등을 이식할 수 있는 두 가지 종류가 있다. 승용 채소이식기의 식부깊이조절은 전방 및 후방의 복토륜에 연동된 유압실린더가 작동하여 자동 조절되고, 두둑중앙에 묘를 심도록 하는 두둑추종기능은 그림 4-62와 같이 복토장치 좌우에 있는 두둑감지센서에 연동된 유압실린더가 작동하여 자동 조절되도록 되어 있다. 작업성능은 보행 1조식에 비하여 2배 빠르다.

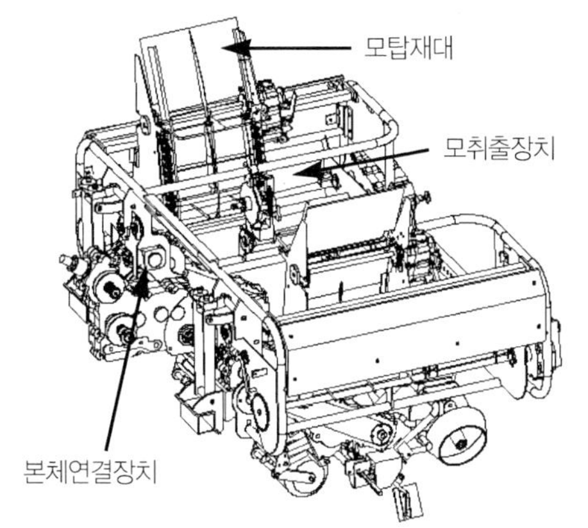

[그림 4-61] 승용 자동 채소이식기

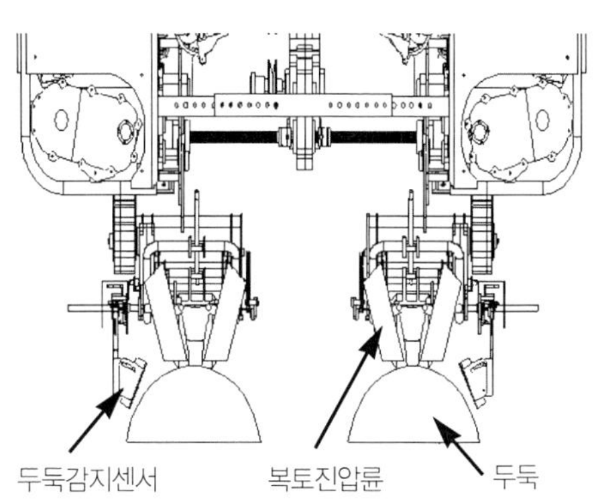

[그림 4-62] 두둑감지 및 복토장치

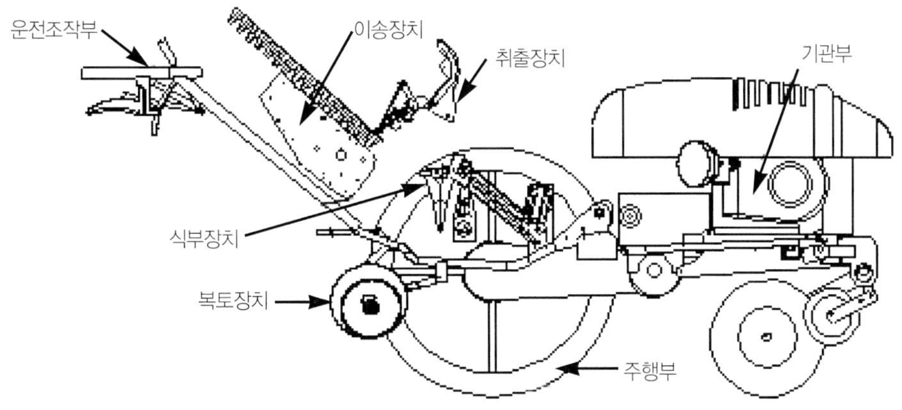

[그림 4-63] 채소이식기의 구조

(3) 채소이식기 구조 및 작동원리

채소이식기는 그림 4-63과 같이 기관부, 취출장치, 이송장치, 식부장치, 복토장치, 주행부, 운전조작부(식부깊이 및 주간조절) 등으로 구성되어 있다.

기관부는 채소이식기의 동력원으로서 보행인 경우 2.5~4.0PS의 4행정 가솔린기관이 이용되고 있으며, 승용인 경우 15~25PS의 4행정 가솔린기관 또는 디젤기관이 이용되며, 부착형인 경우 트랙터의 동력을 이용한다.

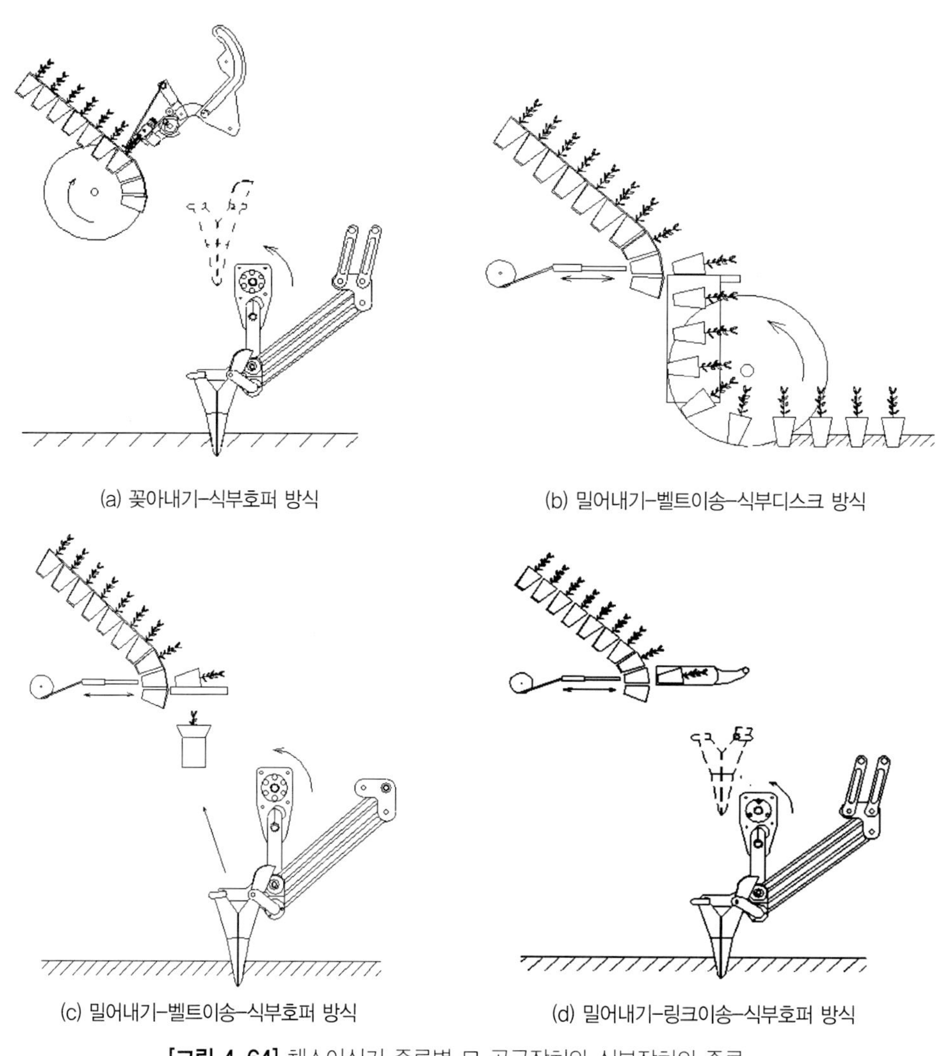

[그림 4-64] 채소이식기 종류별 묘 공급장치와 식부장치의 종류

※자료 : 민영봉, 1998, 플러그묘 자동이식기의 묘 자동공급 및 이식기구에 관한 연구. 농업기계학회지.

1) 묘 공급장치

채소이식기의 취출장치, 이송장치, 식부장치는 그림 4-64와 같이 이식하고자 하는 묘의 특성에 따라 다른 장치가 이용된다. 배추와 같이 잎이 넓어 서로 간섭이 많은 묘는 그림 4-64의 (a)와 같이 꽂아내기 방식의 취출장치가 이용되고, 양파와 같이 잎 끼리 간섭이 없는 묘는 그림 4-64의 (b), (c), (d)와 같이 밀어내기 방식의 취출장치가 이용된다.

2) 식부장치

식부장치는 일정한 간격과 깊이로 묘를 토양에 심을 수 있어야 한다. 그림 4-64의 (b)는 2개의 원판 사이에 묘를 삽입시켜 디스크가 회전하면서 묘를 이식하는 방식이다. 이런 방식의 식부장치는 양파와 같이 주간이 짧은 묘를 심는 데 적합하다. 그러나 구절기로 골을 내면서 디스크가 골을 따라 묘를 이식하므로 비닐피복 재배양식에는 적용하기 어렵다.

그림 4-64의 (a), (c), (d)와 같은 식부호퍼 방식의 식부장치는 식부호퍼로 비닐과 토양

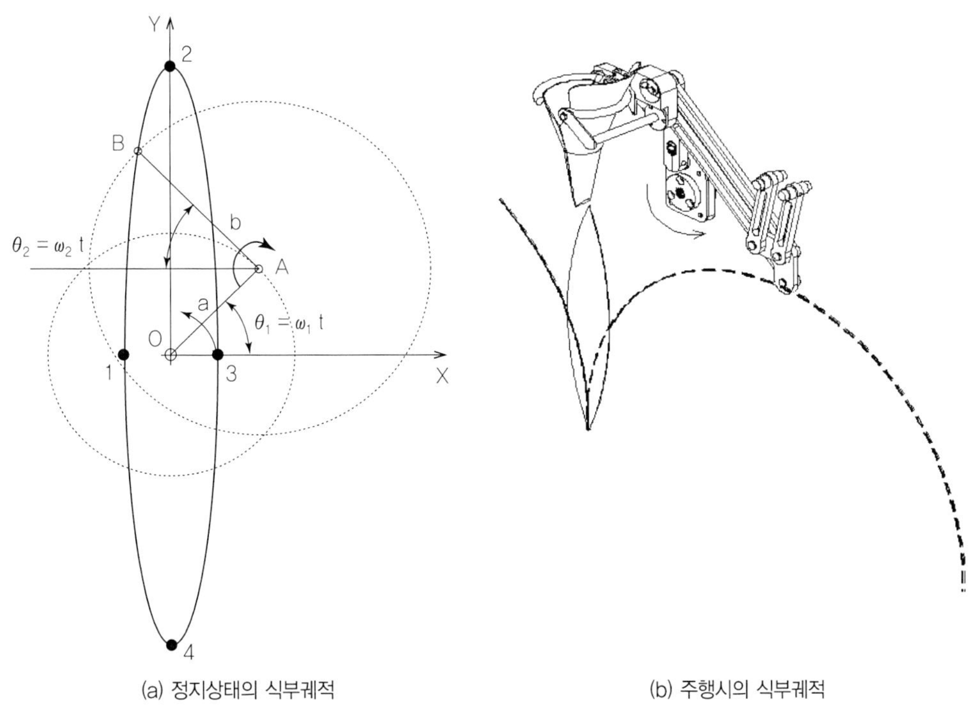

(a) 정지상태의 식부궤적　　　　　　　　(b) 주행시의 식부궤적

[그림 4-65] 채소정식기의 식부장치

을 뚫으면서 묘를 이식하기 때문에 비닐피복 재배양식에 적합한 방식이다. 식부호퍼 방식의 식부장치는 식부호퍼가 상하로 왕복운동을 하면서 묘를 이식하기 때문에 주간거리가 짧은 묘에는 적용하기 어렵다.

채소이식기의 식부장치는 채소이식기가 주행하는 동안 토양에 묘를 삽입하는 장치로서 식부호퍼가 토양 속에서 끌리지 않도록 식부궤적을 형성하여야 한다. 식부기구는 타원형 또는 비대칭 타원형 등의 식부궤적이 형성될 수 있도록 4절기구, 복합 4절기구, 편심기어 등이 사용된다. 그림 4-65는 복합 4절기구를 이용한 식부장치로 타원형의 식부궤적이 형성된다.

그림 4-65의 (a)는 길이가 다른 두 개의 링크를 서로 반대방향으로 회전시키면 타원형의 식부궤적이 형성된다. 구동링크 a는 원형의 궤적을 형성하며, 종동링크 b는 타원형의 궤적을 형성하게 된다. 링크 a가 반시계방향으로 ω_1의 속도로, 링크 b가 시계방향으로 ω_2 속도로 회전할 때 식부호퍼에 해당하는 점 B의 변위 S, 속도 V 및 가속도 A는 다음과 같다.

$$S_x = a\cos w_1 t - b\cos w_2 t, \qquad S_y = a\sin w_1 t + b\sin w_2 t \qquad\qquad (4\text{-}8)$$

$$V_x = \frac{dS}{dt} = -aw_1\sin w_1 t + bw_2\sin w_2 t, \qquad V_y = \frac{dS}{dt} = aw_1\cos w_1 t + bw_2\cos w_2 t$$

$$A_x = \frac{dV}{dt} = -aw_1^2\cos w_1 t + bw_2^2\cos w_2 t, \qquad A_y = \frac{dV}{dt} = -aw_1^2\sin w_1 t + bw_2^2\sin w_2 t$$

여기서, $w_1 = \dfrac{2\pi m_1}{60}, \qquad w_2 = \dfrac{2\pi m_2}{60}$

연 습 문 제

4-1 파종방법의 종류와 파종을 위한 토양 단면의 형태에 대하여 설명하시오.

4-2 파종기를 여러 가지 분류기준에 따라 분류하시오.

4-3 다목적 조파기의 주요 구조를 설명하시오.

4-4 정밀점파기의 주요 기능과 장치에 대하여 설명하시오.

4-5 무경운 파종시스템의 정의, 장단점, 토양관련 작업기의 배치 예에 대하여 설명하시오.

4-6 조파기와 정밀점파기에 채용되어 있는 배종장치에 대하여 설명하시오.

4-7 옥수수 밀도가 ha당 6000주이고 평균 출아율이 85%일 때 열간 간격이 102 cm, 그리고 16셀, 200 mm 직경의 엣지낙하형(edge-drop) 종자판을 사용하였을 때 파종기 작업속도 8 km/h, 파종기 구동바퀴의 구름반경 0.4 m, 슬립 10%이면 a) 필요한 열 내 종자 파종간격 b) 필요한 종자판 셀의 원주속도 c) 구동바퀴의 회전속도 d) 구동바퀴와 종자판의 회전속도비를 계산하시오(단, 100% 셀 충진 가정).

4-8 콩을 공기식 파종기(그림-18)로 파종한다. 드럼은 열당 24, 36, 72, 96, 144, 240 개의 종자구멍을 갖는 드럼들이 있으며, 모두 35 rpm으로 회전한다. 파종기의 작업속도는 2 m/s, 열간 간격은 0.75 m이다. a) 열 내 종자 파종간격 b) 각 드럼들의 이론파종종자 수(개/ha) c) 출아율 85%를 고려한 표준 파종량이 50~90 kg/ha일 때 파종종자 수 범위(단, 체적밀도 0.77 kg/L, 체적당 종자 수 5100개/L) d) 필요한 드럼의 종자구멍 수와 드럼을 선정하시오.

4-9 파종기의 파종심 제어기구에 대하여 설명하시오.

4-10 20 m 작업폭의 원심식 산파기의 파종성능을 평가하기 위하여 15x15 cm의 트레이 10개를 설치하였다. 파종기가 통과한 후 각 트레이에는 20.0, 32.8, 32.0, 30.5, 29.3, 29.1, 30.3, 31.5, 32.7, 23.5mg의 종자가 수집되었다. 트레이에 수집된 종자의 평균, 표준편차, 변이계수를 계산하고, ha당 평균 파종률을 계산하시오.

4-11 벼 육묘용 일관파종기의 구조에 대하여 설명하시오.

4-12 벼 직파양식을 분류하고 특성을 설명하시오.

4-13 국내외 벼 담수직파기 종류를 설명하시오.

4-14 국내외 벼 건답직파기 종류를 설명하시오.

4-15 감자파종기 배종장치의 종류에 대하여 설명하시오.

4-16 이앙기의 종류 및 특징을 설명하시오.

4-17 이앙기의 주요 구성을 설명하시오.

4-18 산파묘 이앙기의 식부장치에 대하여 설명하시오.

4-19 조파묘 이앙기의 구조적 특징에 대하여 설명하시오.

4-20 종이멀칭 이앙기에 대하여 설명하시오.

4-21 채소이식기의 종류를 설명하시오.

4-22 채소이식기의 주요 구조 및 작동원리에 대하여 설명하시오.

4-23 반자동식 이식기에 대하여 설명하시오.

4-24 자동식 이식기에 대하여 설명하시오.

참고문헌

김진영, 박석호, 조성찬, 최덕규, 김충길, 곽태용. 2004. 채소정식기의 wheel방식 식부장치 운동분석. **한국농업기계학회 하계학술대회 논문집**6(2).

농촌진흥청. 1990. 기계화영농. **표준영농교본.**

농촌진흥청. 2004. 신개발농기계 논 농사편. **표준영농교본.**

민영봉, 문성돈. 1998. 플러그묘 자동이식기의 묘 자동공급 및 이식기구에 관한 연구. **한국농업기계학회지** 23(3).

박석호, 조성찬, 김진영, 최덕규, 김충길, 곽태용. 2005. 채소정식기용 로터리 식부장치개발. **한국농업기계학 회 바이오시스템공학.**

박석호, 조성찬, 김진영, 최덕규, 김충길, 곽태용. 2005. 보행형 배추정식기 개발.

서상룡, 김재영(1998), **농용트랙터작업기.** 세진사.

정창주 외(1996), **삼고 농업기계학.** 향문사.

정창주, 김경욱(1997), **농작업기계학원론.** 서울대학교 출판부.

한국농업기계학회. 1998. **농업기계핸드북,** 문운당.

日本施設園藝協會. 1999. 野菜生産機械化 手引.

津賀幸之介. 1997. 野菜全自動移植機. **農業機械學會誌** 59(2).

梶谷恭一(1996), No-till rice planting and its direct seeder. *JSAM* 58(6): 145–147.

川村登 외 6인(1980), **農作業機械學.** 文永堂.

ASAE(2005), *ASAE Standards 2005.* ASAE.

Bernacki H., J. Haman, and C. Kanafojski(1976), Agricultural Machines. *Theory and Construction.* Vol. 1, U.S. Department of agriculture and the National Science Foundation.

Culpin C.(1981), *Farm Machinery.* 10th ed. Granada, London.

Katahira M, K. Kumekawa, K. Wakamatsu, C. Miura, H. Matsuhashi, Y. Kaneta, Y. Kamada, and T. Kodama(2002), Development of a hill seeder of rice for well–drained paddy field. *JSAM* 64(5):134–141.

Kepner R. A., R. Bainer, and E. L. Barger(1978), *Principle of Farm Machinery.* AVI Publishing Company, Inc.

Nishmura Y.(1997), New Technology for Wet Seeding of rice. *JSAM* 58(6): 138–142.

Smith H. P., and L. H. Wilkes(1976), *Farm Machinery and Equipment.* 6th ed. McGraw–Hill Book Company.

Srivastava A. K., C. E. Goering, and R. P. Rohrbach(1993), *Engineering Principles of Agricultural Machines.* ASAE.

Tasaka K., S. Yoshinaga, K. Matsushida, K. Wakimoto. 2003. Studies on the improvement of the hill seeding shape of shooting hill–seeder of rice combined with a paddy harrow. *JSAM* 65(1): 167–176.

Yashiro M.(1997), New technology for the direct sowing of rice on dry field. *JSAM* 59(3): 133–137.

Bio-production Machinery Engineering

Chapter **05** 관리용 기계

01 관개배수용 기계

02 입제분제 살포기

03 액제 살포기

05 관리용 기계

바이오시스템에서 관리작업은 대상이 작물이냐 가축이냐 혹은 미생물이냐에 따라 달라지지만 여기서는 작물생산시스템에서 관리작업, 특히 노지에서의 관리작업을 위주로 설명한다. 작물생산에서 관리작업은 포장, 즉 경지 관리와 잡초 관리, 물 관리, 작물의 영양관리, 병해충으로부터 보호하는 작업을 포함하며 이 중에서 경지 관리에 필요한 기계는 토양작업기에서 다루었으므로 물 관리와 영양 관리, 병해충 관리에 필요한 기계를 소개한다. 관리용 기계는 대상 생물체와 밀접한 관계가 있으므로 관리용 기계를 충분히 이해하고 새로운 기계를 개발하려면 바이오시스템기계공학 내용만이 아니라 작물이나 재배법에 대한 충분한 이해가 필요하다.

관리용 기계는 다른 농작업기계에 비하여 많은 변화를 요구받는 분야이다. 생산량을 늘리기 위한 관행농법은 비료나 농약의 과다한 사용 결과를 초래하여 유기농산물이나 저농약 농산물이 소비자로부터 환영받고 있다. 미국 등 농업선진국에서는 정밀농업으로 이러한 문제를 해결하고자 있으며 우리나라도 2002년 친환경농업육성법을 공포하여 시행 중에 있다. 이 법에 따르면 친환경농업이란 농약의 안전사용기준을 준수하고 작물별 시비량기준을 준수하며 적절한 가축사료첨가제를 사용하는 등 화학자재의 사용을 적정 수준으로 유지하고, 축산분뇨의 적절한 처리 및 재사용 등을 통하여 환경을 보전하고 안전하게 농림축산물을 생산하는 농업이라고 정의하였다. 이 법에 근거하여 유기농산물, 전환기유기농산물, 무농약농산물, 저농약농산물로 인증하는 제도를 실시하고 있으며, 국립농산물품질관리원에서는 2006년부터 우수농산물(Good Agricultural Product, GAP) 인증제도를 실시하여 생산과정은 물론 수확 후 과정에서 식품으로서 안전성을 확보하는 인증제도를 시행하였다. 이러한 정책은 작물생산시스템 중에서 재배관리 과정에 커다란 변화를 예고하고 있다.

현재 우리나라에서 시행되는 친환경농법 중에는 오리농법, 우렁이농법, 왕겨농법 등이 있으며 이 외에도 목초액이나 키토산, 현미식초 등을 이용한 방법이 다양하게 시도되고 있는 실정이다. 이러한 재배법은 기계화하기에 부적합하거나 새로운 기계를 필요로 하며, 유기농업을 하는 경우 고부가가치 농산물로서 조수익이 증가하더라도 실제로는 많은 노동비용에 사용되어 실익이 부족할 수 있으므로 이에 대한 바이오시스템공학자들의 역할이 기대된다.

5.1 관개배수용 기계

관개(Irrigation)란 논밭이나 작물에 필요한 물을 공급하는 과정이나 작업을 말하며 배수(drainage)란 경지에 있는 필요 이상의 물을 제거하는 과정이나 작업을 뜻한다. 관개는 물의 고도차를 이용하여 높은 곳에서 낮은 곳으로 공급하는 자연적인 관개와 낮은 곳에서 동력을 이용하여 높은 곳으로 공급하는 기계적 관개로 구분한다.

21세기에 있어서 물은 더 이상 자연이 공급하는 무료 자원이 아니다. 학자에 따라서는 우리나라도 물부족국가로 분류되고 있다. 작물을 재배하는 데 실제 작물이 얼마만큼의 물을 필요로 하는지에 대하여, 과도한 강우 시에는 적절한 배수방법에 대하여, 강우가 부족한 경우에는 작물에 손실 없이 적은 에너지로 공급하기 위한 많은 연구가 수행되어 스프링클러나 점적관수기 등 다양한 물 절약형 관개기계와 장치가 개발되어 이용되고 있다. 배수에 있어서도 지표면에서 배수골을 만들거나 배수로에서 물을 퍼내는 방법도 있지만 땅 속에 관을 묻어 수직으로 배수하는 암거배수법 등이 있다.

관개배수에서 가장 중요한 기계는 물을 퍼올리는 양수기(pump)이다. 펌프는 관개배수만이 아니라 방제기, 축산오수처리 등 다양한 생물생산활동에 이용되며 여러 산업에서 널리 사용되는 기계로서 용도에 적합하도록 다양한 종류가 생산되므로 바이오시스템에 이용하려면 펌프의 작동원리와 종류별 특성을 이해하고 기계를 선정할 수 있어야 한다. 여기서 시설원예용 양수기나 대규모 관배수용 기계는 다루지 않는다.

5.1.1 펌프시스템

펌프시스템이란 펌프와 관배수에 필요한 구성요소들을 모두 포함하는 용어로서 펌프계
라고도 한다. 그림 5-1은 대표적인 펌프시스템을 나타낸 것으로서 구성요소는 원심펌프
와 흡입관(suction pipe), 송출관(discharge pipe), 푸트밸브(foot valve), 송출밸브
(discharge valve), 여과기(strainer) 및 압력계로 구성되어 있다. 푸트밸브는 원심펌프의
경우에는 반드시 필요하며 물의 역류를 방지하여 처음 물을 퍼올릴 때, 물이 빠져나가지
않도록 하며, 여과기는 펌프의 종류와 물에 혼입된 불순물에 따라 다양한 크기의 것이 사
용된다. 송출밸브나 압력계는 반드시 필요한 것은 아니다.

펌프의 송출량(flow rate, Q)은 분당 또는 초당 배출되는 부피로 표시한다. 배관의 굵기
가 크면 같은 유량이라도 낮은 속도로 배출하여 손실을 적게 할 수 있으나 배관비용이 비
싸진다. 일반적으로 배관 내부에서 유속은 물의 경우에 2~3m/s 정도가 되도록 하나 고
압용 배관에서는 이보다 큰 값을 취하기도 한다.

펌프공학에서는 압력을 물기둥 높이로 표시하며 이를 수두(water head, 水頭) 또는 양정
이라고 표현하는데 1기압은 약 10m의 물기둥이 작용하는 압력이면 된다. 수두(양정)와 압
력의 관계는 식 5-1로 표현된다.

$$P = \gamma H \qquad\qquad (5\text{-}1)$$

여기서 P = 압력 (Pa)

γ = 물 또는 액체의 비중량 (N/m³)

H = 물 또는 액체 기둥의 높이, 수두 또는 양정 (m)

예제 5-1

수두가 2m라면 압력은 몇 Pa인가? 액비의 1.05라면 액비의 깊이가 2.5m인 경우에 압력은 수은기둥의 높이로 몇 m에 해당되는지 구하라.

풀   이

물의 비중량은 $9,810\,N/m^3$ 이므로 위에 식을 사용하면

$$P = 9,810\,N/m^3 \times 2m = 19,620\,N/m^2 = 19.62\,kPa$$

수은의 비중이 13.6이므로 수은기둥의 압력과 액비기둥의 압력이 같다고 하면.

$$P = 1.05 \times 9,810\,N/m^3 \times 2.5m = 13.6 \times 9,810\,N/m^3 \times H$$

여기서 H를 구하면 $0.193\,m$가 된다.

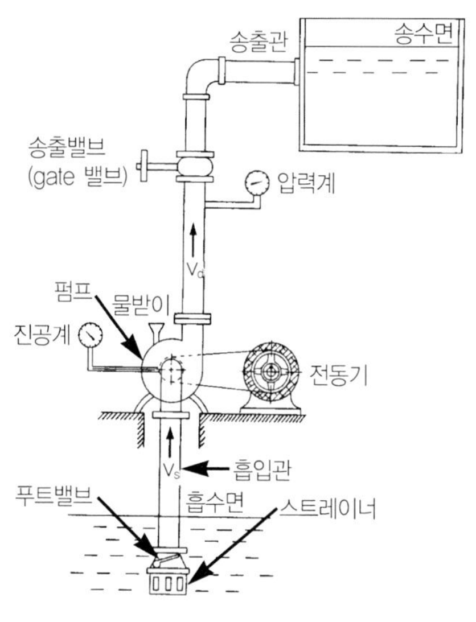

[그림 5-1] 원심펌프계의 예

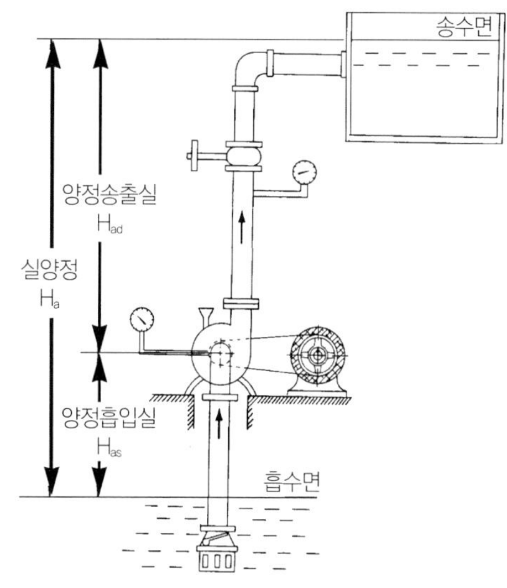

[그림 5-2] 펌프계의 양정

펌프가 양수하는 데 필요한 압력은 전양정(total water head, H)이라고 하는데 전양정은 실양정(actual head, Ha)에 배관에서 마찰저항 및 송출량에 따라 결정되는 유속에 의한 속도수두의 합으로 구성된다. 실양정은 그림 5-2와 같이 흡입실양정과 송출실양정으로 나눌 수 있다. 따라서 전양정에 액체의 비중량을 곱하면 펌프에 작용하는 압력을 구할 수 있다. 마찰에 의한 손실수두(loss head, h)는 펌프가 배출하는 액체의 점성, 배관의 굵기와

관 내부의 거칠기 정도, 관 내부의 평균 유속에 따라 달라진다. 손실수두는 배출배관과 흡입배관 외에도 각종 밸브와 펌프 내부에서도 발생하는데 관에서 발생하는 손실수두는 Moody chart를 이용하거나 실험식으로 구할 수 있다.

$$H = H_a + h + \frac{V_d^2 - V_a^2}{2g} = H_{as} + H_{ad} + h_s + h_d + \frac{V_d^2 - V_a^2}{2g} \qquad (5-2)$$

펌프를 작동시키는 데 필요한 동력원에는 전동기나 엔진이 사용되는데, 동력전달과정에서 손실이 있으므로 펌프를 구동하는 데 필요한 동력, 즉 실제 필요한 소요 동력(required power, L)은 펌프의 축동력(shaft power, L_S)보다 크며 펌프의 축동력은 실제로 양수된 액체에 가해진 수동력(water power, L_W)보다 크다. 수동력은 손실 없이 전양정과 유량으로 양수하는 이상적인 동력이다. 펌프에서 발생하는 유량 손실, 기계적 동력의 손실, 압력의 손실을 체적효율(volumetric efficiency, η_v), 기계효율(mechanical efficiency, η_m), 수력효율(hydraulic efficiency, η_h)로 표시하며 펌프의 전체적인 효율, 즉 전효율(total efficiency, η_t)은 각각을 곱하여 구한다.

$$\eta_t = \eta_m \times \eta_v \times \eta_h \qquad (5-3)$$

예제 5-2

흡수면과 송수면의 높이 차이가 10 m인 경우 유량 0.01으로 20℃의 물(비중 0.998)을 퍼올린다. 흡수관과 송수관은 안지름 7.5 cm인 주철 파이프로서 손실계수가 0.026이고 총 길이는 300 m라고 한다. 다른 구성요소의 손실수두를 무시하고 펌프의 전효율을 0.65라고 할 때, 펌프의 축동력을 구하라.

풀 이

먼저 전양정을 구하기 위하여 관내의 유속 V를 구하면

$$V = \frac{Q}{A} = \frac{0.01}{\pi/4(0.075)^2} = 2.26 \text{ m/s}$$

전양정은 실양정과 손실로 구성되는데 실양정이 10m이고, 흡입하거나 송출하기 위한 속도수두는 서로 같으므로 다음 식과 같이 구할 수 있다.

$$H = H_a + h + \frac{V_d^2 - V_a^2}{2g} = H + f \frac{L}{D} \frac{V^2}{2g} + 0$$

여기서 L은 관의 길이, D는 관의 직경이며 손실계수 f의 값 0.026을 대입하면

$$H = 10 + 0.026 \frac{300}{0.075} = 114 \text{ m}$$

따라서 축동력을 구하면 펌프의 축동력은

$$L_S = \frac{P \times Q}{\eta_t} = \frac{\gamma HQ}{\eta_t} = \frac{9,810 \times 0.998 \times 114 \times 0.01}{0.65} = 17.18 \text{ kW}$$

참고로 이를 마력으로 표시하려면 1PS는 735.5W이므로 23.35PS에 해당된다.

5.1.2 펌프의 구조와 종류

펌프의 원리는 물을 빨아올리는 원리와 물을 밀어 내는 원리 두 부분으로 나누어 생각할 수 있다. 빨아올리기 위해서는 펌프 내부의 압력이 낮아야 하는데 대기압 이하의 압력, 즉 진공압력은 최대로 크게 하더라도 1기압 이상일 수 없다. 또한 물의 온도에 따라서 대기 중 수증기압이 달라져서 실제 공기가 차지하는 분압이 작아진다. 이에 비하여 밀어올리는 원리는 어떤 기계적 원리를 사용하는가에 따라서 수백 기압까지 다양하다.

물을 밀어올리는 원리에 따라서 펌프를 구분하는데, 회전차와 같은 장치를 회전시켜 압력을 발생시키는 모멘텀변환펌프(momentum change pump)와 피스톤과 같이 정해진 체적 내부로 유체를 끌어들여 높은 압력으로 밀어 내는 용적식 펌프(positive displacement pump)로 나눈다. 모멘텀변환펌프에는 농업용으로 널리 사용되는 원심펌프(centrifugal pump), 축류펌프, 사류펌프가 있으며 제트펌프, 기포펌프 등이 있다. 용적식 펌프는 동력분무기에서 관찰되는 플런저펌프 외에도 다이아프램펌프, 기어펌프, 로브펌프, 스크류펌프 등이 있다. 용적식 펌프는 한번 작동할 때마다 송출되는 유량이 압력에 따라 크게 변하지 않는 특성이 있어 정밀한 제어를 필요로 하는 중장비의 유압장치나 고압을 요구하는

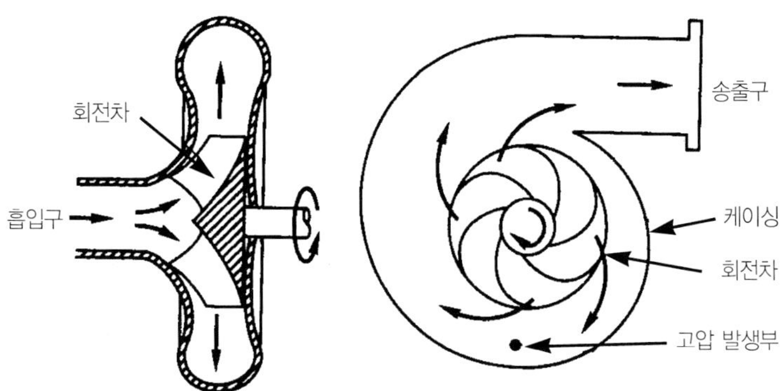

[그림 5-3] 원심펌프의 구조

곳에서 널리 사용된다.

그림 5-3은 대표적인 모멘텀변환펌프인 원심펌프의 구조를 나타낸 것이다. 원심펌프의 회전차가 회전하면서 흡입구에는 압력이 낮아져 물이 빨려 올라오며, 회전차 내부로 들어온 물은 회전차가 회전함에 따라 깃을 따라서 반경방향으로 진행하는데 유체의 속도가 빨라진다. 유체에 속도를 가하는 것은 회전차로서 유체에 에너지를 더해 준다. 고속으로 회전차를 빠져나오는 원심력을 받아 압력이 높아지는 한편 케이싱에 모이면서 속도가 줄어들면서 압력이 높아져서 펌프는 높은 곳까지 액체를 밀어 보내는 것이다.

그림 5-4는 회전차 입구와 출구에서 유체의 속도와 방향을 나타낸 것이다. 반경이 r_1인 회전차의 입구부와 반경이 r_2인 출구부를 검사체적(control volume)으로 가정하여 각 운동량 보존의 식을 적용하면 회전차에 가해지는 토오크(T)는 식 5-4와 같이 구해진다.

$$T = \frac{\gamma}{g} Q(r_2 v_2 \cos\alpha_2 - r_1 v_1 \cos\alpha_1) \qquad (5-4)$$

한편 토오크는 펌프가 전압력으로 유량을 송출하는 데 사용되는 것이므로 깃의 형상을 설계하는 것이 펌프의 압력을 결정함을 알 수 있다. 깃의 형상은 유량과 양정, 회전속도로부터 구해지는 비속도(specific speed, N_S)에 따라서 달라지며 원심펌프와 사류펌프, 축류펌프를 구별하는 기준이 된다.

$$N_S = \frac{N\sqrt{Q}}{H^{3/4}} \qquad (5-5)$$

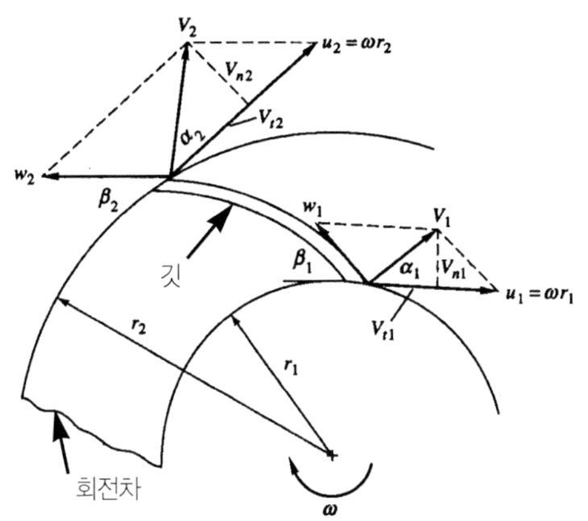

[그림 5-4] 회전차 입구와 출구에서 유체의 속도

그림 5-5는 대표적인 용적식 펌프인 피스톤펌프계의 예를 나타낸 것이다. 주요 구성요소는 피스톤과 흡입밸브와 송출밸브로 이루어진 펌프와 배관, 스트레이너, 공기실, 압력조절장치이다.

압력조절장치는 펌프의 압력을 결정하는 것으로서 정해진 압력보다 높은 경우에는 송출된 액체의 일부를 되돌려 보낸다. 피스톤이 후진할 때, 밸브를 통하여 물이 흡입되고 이 때에는 물이 송출되지 않는다. 흡입할 때, 펌프 내의 압력은 그림에서 보는 바와 같이 대기압보다 낮으나, 피스톤이 전진할 때에는 흡입을 멈추고 송출하게 된다. 즉 피스톤이 한 개인 경우 물은 송출되는 행정과 송출되지 않는 행정으로 구분되는데, 펌프로부터 물을 연속적으로 얻기 위하여 공기실을 설치하여 송출되는 물의 일부를 저장하였다가 피스톤이 물을 송출하지 않을 때에 공기실에서 배출하여 송출량이 비교적 일정하도록 한다. 송출량을 균등하게 하기 위하여 피스톤을 병렬로 위상차를 두고 배치한다. 용적식 펌프의 분당 유량은 식 5-6과 같이 구할 수 있다.

$$Q = \eta_V A L_W \qquad (5-6)$$

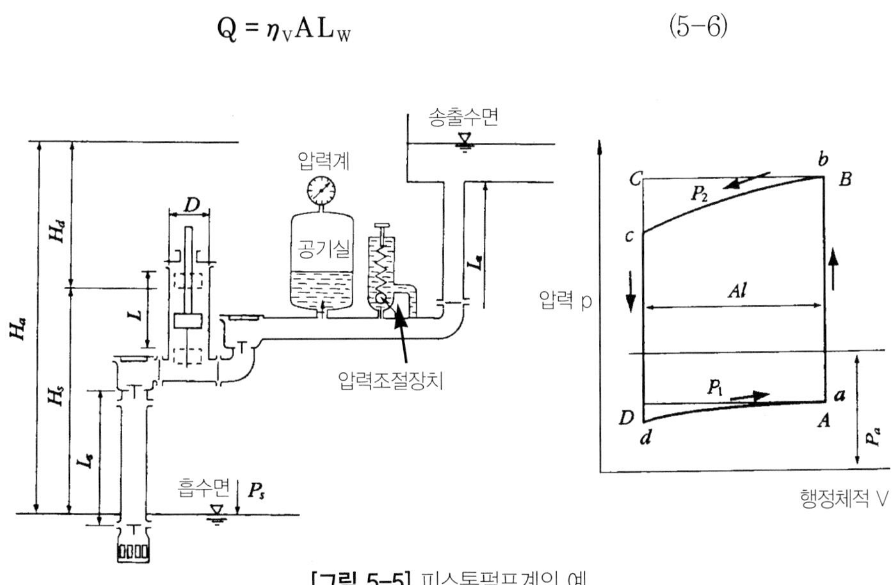

[그림 5-5] 피스톤펌프계의 예

여기서 η_v는 체적계수이며, A는 피스톤의 단면적, L은 피스톤의 행정거리, w는 피스톤의 분당 작동속도이다. 만약 실린더가 n개라면 유량은 위에서 구한 것의 n배가 된다.

한편 펌프는 흡입수면에서 액체를 빨아올리기 위하여 내부에 낮은 압력을 형성시키는데 만약 펌프 중심부의 압력이 공기의 분압보다 낮아지면 액체가 기화되어 펌프가 정상적으로 작동되지 못하게 한다. 펌프가 액체를 빨아올릴 수 있는 능력(Net Positive Suction Head)은 대기압(P_a)에서 해당 온도의 액체 증기압(P_v)과 흡입 실양정(H_{as}) 및 흡입관에서의 손실(H_s)과 속도수두를 고려하여 표시할 수 있다.

$$\text{NPSH} = \frac{p_a}{\rho g} - H_{as} - h_s - \frac{v_s^2}{2g} - \frac{p_v}{\rho g} \qquad (5-7)$$

만약 NPSH가 0 이하가 되는 경우 흡입된 액체가 기화되면서 공동현상(Caviatation)을 일으켜 소음과 진동은 물론 펌프 내부에 손상을 초래하고, 급격하게 유량이 줄거나 펌프로서 기능을 하지 못한다.

예제 5-3

비탈진 경사면 아래의 연못에서 물을 퍼 올려 밭에 공급하려고 한다. 연못 물의 온도는 30℃이며 직경이 25mm, 길이가 10m인 흡입관을 이용하여 0.001m³/s로 퍼올리려고 할 경우에 펌프를 설치할 수 있는 최대한의 높이는 연못 표면으로부터 높이가 몇 m인 지점인지 구하라. 단 흡입관의 마찰손실계수는 0.025이다.

풀　이

먼저 관 내부의 속도를 구하면

$$V = \frac{Q}{A} = \frac{0.001}{\pi/4(0.025)} = 2.04\,\text{m/s}$$

대기압을 모르므로 표준대기압 101.3 kPa을 이용하고, 유체역학에 대한 자료로부터 30℃에서 수증기의 분압과 밀도를 구하면 4.242kPa과 996kg/m³이므로 공동현상을 일으키는 조건이 되는 실양정을 구하면

$$0 = \frac{101.300}{996 \times 9.81} - H_{as} - \frac{2.04^2}{2 \times 9.81}\left(0.025 \times \frac{10}{0.025} + 1\right) - \frac{4.242}{996 \times 9.81}$$

여기서 흡입실양정 H_{as} = 7.61m 이므로 펌프는 연못으로부터 7.6m 이내의 높이에 설치되어야만 공동현상을 피할 수 있다.

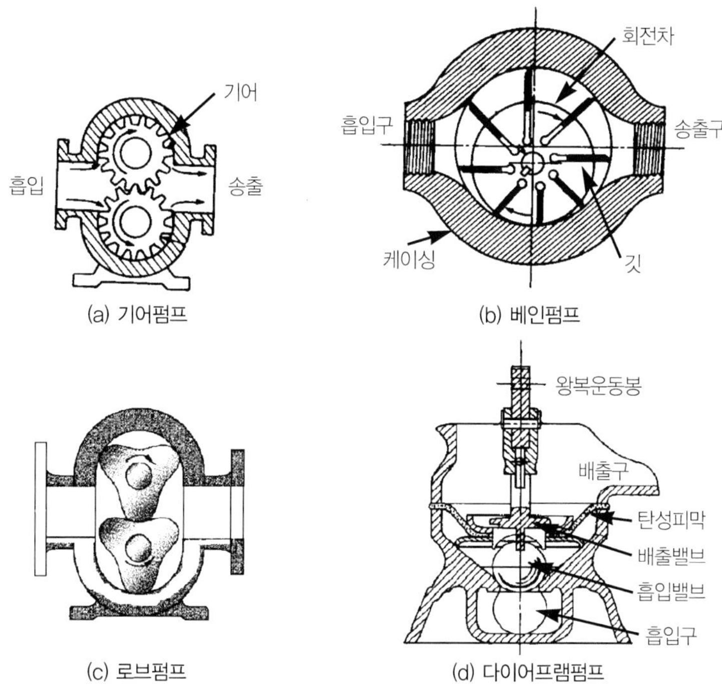

[그림 5-6] 바이오시스템에서 많이 이용되는 펌프의 예

바이오시스템에서 사용되는 펌프의 종류는 매우 다량하다. 그림 5-6은 농업용 기계나 시설 등에서 사용되는 펌프를 소개한 것이다. 이 중에서 로브펌프는 이물질이 있는 액체도 다룰 수 있어 액비나 축산분뇨의 처리에 널리 사용되며 다이아프램펌프는 내부식성 탄성피막을 이용하므로 우유를 취급하거나 시설원예용 양액을 정밀하게 취급하는 경우에 널리 사용된다.

5.1.3 펌프의 특성과 선정

펌프는 설계된 목적에 따라 유량과 양정, 축동력 및 효율 간에 특성적인 관계를 나타낸다. 펌프의 특성곡선(characteristic curve)은 펌프의 이러한 성능 특성을 하나의 도표에 표시한 것으로 펌프를 선정하거나 펌프가 작동하는 상태를 예측하는 데 기본 자료가 된다.

그림 5-7의 (a)는 원심펌프의 특성곡선을 나타낸 것이다. 유량이 0이 되도록 송출밸브를 잠글 때, 최대 압력이 나타나는데 이를 체절양정이라고 한다. 다양한 조건에서 작동되지만 최대 효율을 가진 상태를 정격 사용조건으로 삼는다. 따라서 이 펌프의 유량은 1,850 L.min이며 양정은 57m로 볼 수 있다. 최고 효율점에서 작동되다가 어떤 사정에 의하여 갑자기 펌프에 요구되는 양정이 80m로 증가된다면 펌프의 유량은 850L/min으로 줄어듬을 알 수 있다. 이런 특성곡선은 회전차의 회전속도를 일정하게 유지하며 구한 것이므로 같은 펌프라도 회전속도를 달리하면 다른 특성곡선을 얻는다. 그림 5-7의 (b)는 피스톤펌프의 경우로서 압력이 증가하더라도 유량이 크게 변하지 않음을 볼 수 있다. 그 이유는 피스톤펌프의 체적효율은 90% 이상으로 매우 높기 때문이다. 용적심펌프의 특징은 유량이 압력에 따라 크게 변하지 않는다는 점이며, 최대 유량은 펌프에 요구되는 압력이 0일 경우에 나타난다.

펌프에서 발생하는 양정은 언제나 펌프계가 요구하는 양정과 같다. 따라서 양정이 30m

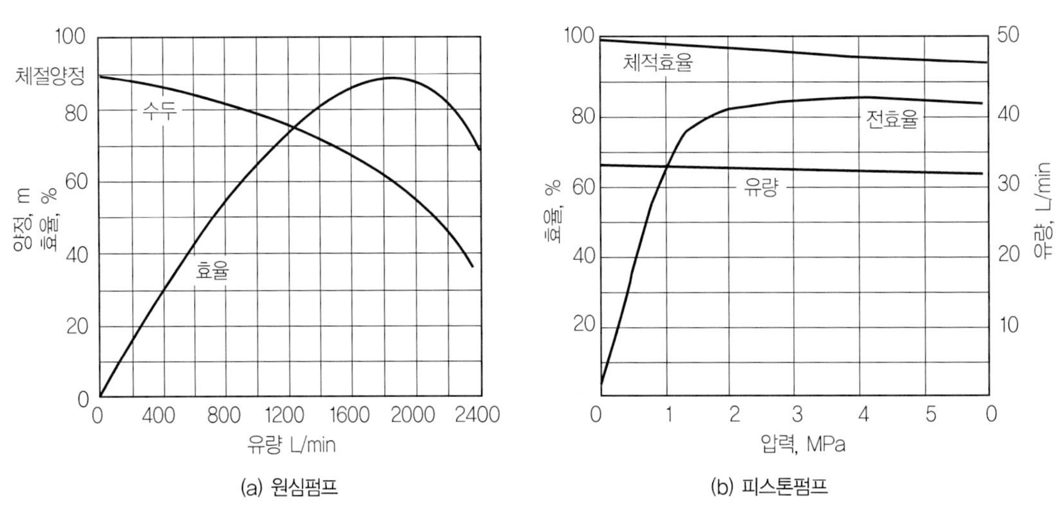

(a) 원심펌프   (b) 피스톤펌프

[그림 5-7] 펌프의 특성곡선

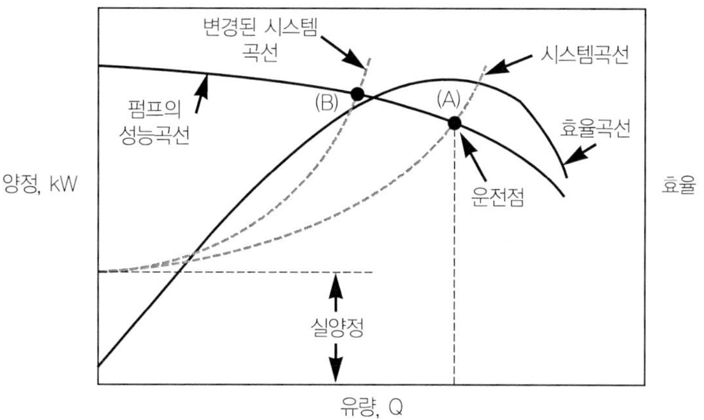

[**그림 5-8**] 펌프의 운전점의 변화

인 펌프가 무부하상태에서 작동된다면 펌프의 흡입구와 송출구의 압력 차이는 거의 0에 가깝게 된다. 주어진 작동조건, 즉 실양정이 같다고 하더라도 펌프계에서는 배관의 내경과 재질 등을 정하여야 한다, 그림 5-8은 펌프의 운전점 변화를 설명한 것이다. 펌프가 최고 효율점에서 작동되는 운전점을 (A)로 표시하였다. 배관의 비용을 줄이기 위하여 직경이 작은 배관을 할 경우에 관의 마찰손실이 커져서 시스템의 특성곡선이 달라지며 변경된 시스템에서의 운전점은 (B)로 바뀌게 된다. 이런 경우에 펌프는 에너지효율이 낮아져서 배관에서 절약한 비용은 결국 펌프의 운전비용 증가를 초래함을 알 수 있다. 한편 원하는 조건의 펌프를 구하기 어려울 때에는 펌프를 직렬 또는 병렬로 연결하여 사용할 수도 있다.

펌프를 선정하려면 요구되는 펌프의 유량과 양정을 파악하여야 한다. 경지에서 관수할 경우에는 하루에 작물이 필요로 하는 일일 필요수심(水深)을 이용하여 펌프의 유량을 구할 수 있으며, 배수의 경우에는 배수하고자 하는 능력으로부터 구할 수 있다. 1일 필요수심을 알고, 하루에 펌프를 작동시킬 시간(T)이 알려진다면 다음 식 5-8로 펌프의 요구되는 유량을 구할 수 있다.

$$Q = \frac{10A\ D_R(1+f)}{60T} \tag{5-8}$$

여기서 Q는 m^3/min의 유량이고 A는 관개면적(ha), D_R은 일일 필요수심(mm)이며, f는 수로손실계수를 나타낸다. 송출관이 포장에 직접 물을 관개할 경우에 손실계수는 무시할 수 있지만 펌프가 수로에 물을 양수하고 수로를 이용하여 관개되는 경우에는 25% 내외의 손실을 가정하여야 한다.

펌프의 선정은 양정과 유량을 기준으로 하지만, 용수에 포함된 불순물이나 액체의 부식성 등을 종합적으로 고려하여야 하며, 시중에서 구할 수 있는지 여부도 중요하다.

예제 5-4

매일 8시간 관개하여 실양정 1m가 되는 8ha의 논에 매일 11mm의 물을 공급하고자 한다. 수로손실계수를 0.2로 가정하고 펌프를 선정하라.

풀   이

먼저 펌프에 요구되는 유량을 구하면

$$Q = \frac{10AD_R(1+f)}{60T} = \frac{10 \times 8 \times 11(1+0.2)}{60 \times 8} = 2.2\,m^3/min$$

유량이 많고 실양정이 작으므로 원심펌프 중에서 축류펌프가 적당하지만 실제로 축류펌프는 대유량용으로 제작되므로 원심펌프 중에서 선정하는 것이 현실적 대안이 된다.

5.1.4 스프링클러시스템

스프링클러(sprinkler)는 용수로를 이용하여 관개하는 것에 비하여 작물에 가까운 위치에 강우처럼 물을 공급하는 방법으로 용수량을 절약할 수 있고 비료나 액비를 살포하는 방법이 될 수 있으며, 토양침식이 적고 엽면을 씻어 내는 효과가 있어 각광받는 기술이다. 그러나 시설비가 요구되고 바람의 영향을 받아 살수상태가 달라지며 잎사귀가 무성한 경우에는 오히려 물의 증발손실이 커지는 문제점도 있다. 또한 지하수를 이용할 경우, 너무 낮은 물의 온도로 피해를 입을 수 있으므로 지면으로 물을 퍼올려 수온을 올린 다음 살수하여야 한다.

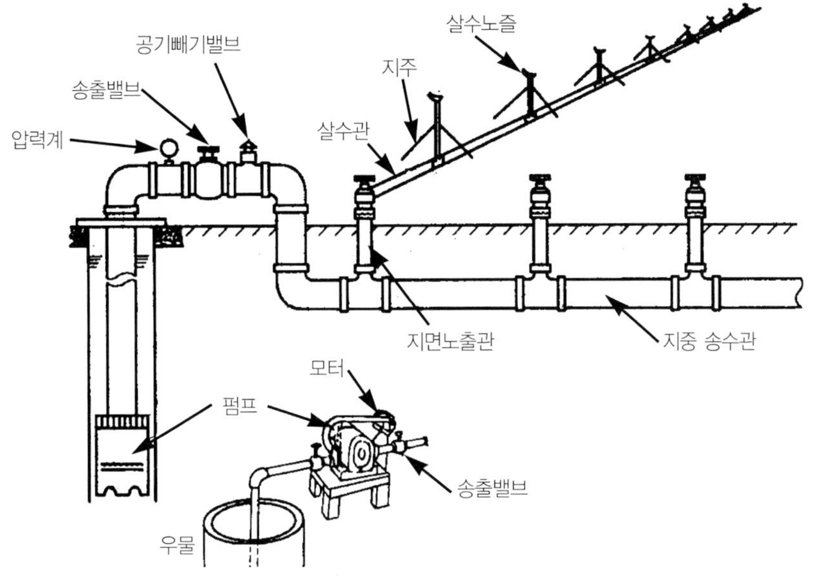

[그림 5-9] 스프링클러시스템

스프링클러는 과수원이나 밭에서 사용되는 농업용 외에도 대규모 밭에서 사용하는 Tow line sprinkler system이나 side roll irrigation system 등이 있으나 대규모 스프링클러시스템은 대규모의 균평한 농경지가 적은 우리나라에서는 아직 이용되지 않는다.

그림 5-9는 고정형 스프링클러시스템의 예를 나타낸 것이다. 고정형은 지중에 송수관을 매입하고 지면 노출관을 이용하여 살수관으로 물을 보내도록 한 것으로서 살수관은 이동하면서 연결하여 사용할 수 있다. 구성요소로서 펌프, 송출밸브, 공기빼기 밸브, 송수관, 살수관, 살수노즐이 있는데 스프링클러는 높은 양정을 요구하는 경우가 많으므로 원심펌프 외에 다이어프램펌프나 베인펌프 등이 이용되기도 한다. 수원이 깊을 경우에는 그림과 같이 깊은 우물펌프를 사용한다. 배관을 하다 보면 공기가 유입되어 물을 송출하는데 장애가 되므로 공기빼기밸브를 시스템의 가장 높은 곳에 설치한다. 배관은 송수관에서 살수관, 살수관에서 수직관으로 차례로 연결되는데 주로 합성수지나 알루미늄 파이프를 이용한다. 살수노즐은 살수기 또는 헤드라고도 불리며 살수되는 물의 에너지를 분사관과 반동판을 이용하여 자체적으로 회전하면서 살포하는 반동형 헤드(impact type)와 살포판 헤드(spray pad type), 움직이지 않고 일정한 살포형태를 가지는 살포형 헤드(spray type)로 구분된다.

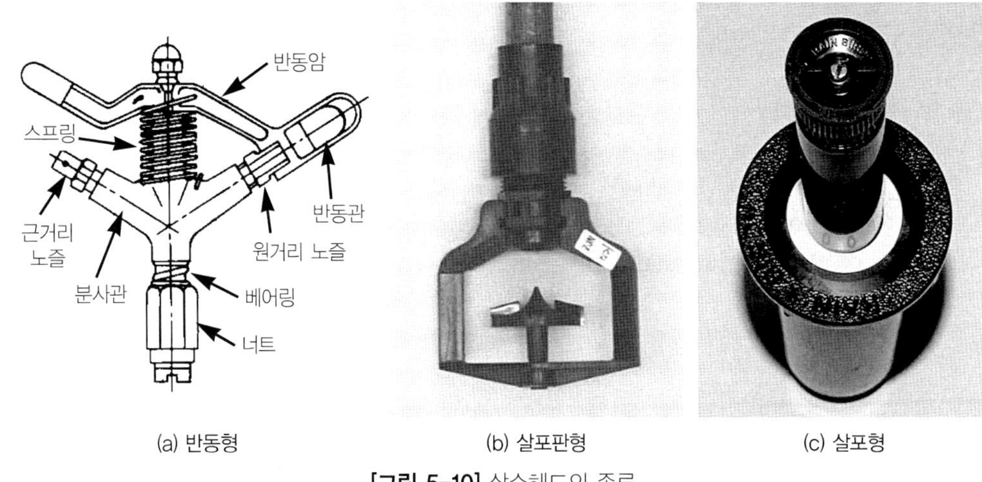

[그림 5-10] 살수헤드의 종류

[표 5-1] 반동형 살수헤드의 제원

구분	작동압력(kPa)	노즐의 구경(mm)	살수범위 직경(m)	살수량(L/min)
저압식	21~103	4.3~7.2	5.5~14	5.49~28.7
중압식	172~412	4×2.4~6.4×3.2	25~33	18~67
고압식	343~686	9.5×6.35~13.5×8	43~46	154~394
광역 3공식	550~820	–	81~126	745~2300

그림 5-10은 살수헤드를 나타낸 것이다. 살포형 헤드는 살포각도를 임의로 조절할 수 있는 장치를 갖추고 있으며 조경용이나 작은 면적의 살포에 적합하다. 살포판형은 노즐에서 나온 액체가 반사판에 부딪혀 흩어지는 것으로 회전되는 것과 고정된 것이 있고, 반동형은 먼거리를 살포하는 노즐과 가까운 거리를 살포하는 노즐이 함께 부착되어 넓은 면적을 균등하게 살포하는데 반동판에 물줄기를 부딪혀 1~2rpm으로 살수헤드 전체가 회전한다. 살수헤드의 규격은 제조회사마다 매우 다양하게 공급되므로 일반적으로 구분하기 힘들지만 반동형의 경우는 표 5-1과 같다.

스프링클러는 압력이 높아지면 유량이 증가하면서 입경이 작아진다. 작은 입자는 공기 중에서 이동 중에 저항을 받아 멀리 도달되지 못하며 바람에 따라 쉽게 이동하여 목표지역을 벗어나기 쉬우므로 적정 압력을 유지하는 것이 중요하다. 스프링클러의 유량은 다음과 같은 식으로 구해진다. 구경이 다른 경우에는 구경의 개수를 곱하지 않고, 각 구멍에서의 유량의 합을 구한다.

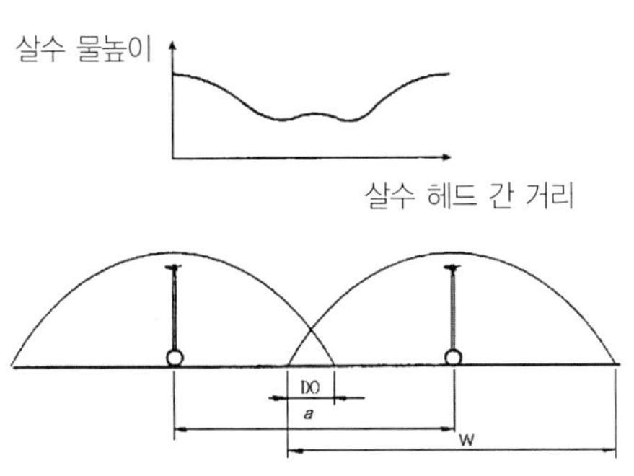

[그림 5-11] 스프링클러의 중첩원리

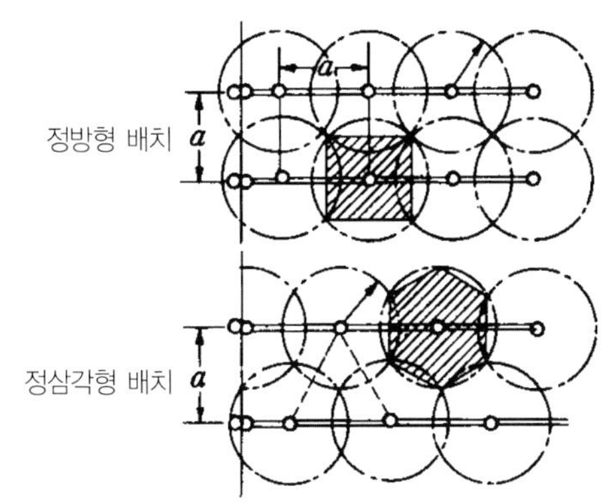

[그림 5-12] 스프링클러 중첩방법

$$Q_S = n \frac{100}{6} C_d \frac{\pi}{4} d_s^2 \sqrt{P} \qquad (5-9)$$

여기서 Q_S는 스프링클러의 유량으로 L/min의 단위를 가지며 n은 스프링클러의 구경의 개수이며 C_d는 노즐의 배출계수로서 스프링클러는 0.94~0.96 정도의 값을 가진다. d_s는 살수노즐의 구경이다.

살수헤드 하나에서 뿌려지는 살포량은 균등하지 않으므로 그림 5-11처럼 살포관 간의 거리 a를 DO만큼 중첩하게 하면, 비교적 균등한 살포형태를 얻을 수 있는데 이 때 중첩된 폭과 살수헤드의 살포폭 W로 나눈 값을 백분율로 표시한 것을 중첩률이라고 한다. 중첩률이 50%에 가까우면 균등한 살포를 할 수 있지만 면적당 살수헤드가 많이 필요하므로 타협이 필요하다. 살수헤드를 중첩할 때에는 정방형으로 배치하는 방법과 정삼각형 배치를 하는 방법이 있다.

단위 시간당 살수되는 물의 높이를 나타내는 살수율(S, mm/hr)은 정방형일 경우와 정삼각형의 경우 각각 다음과 같이 구한다.

$$S = 60 \frac{Q_S}{a^2} \text{(정방형 배치) 또는 } 69.3 \frac{Q_S}{a^2} \text{(정삼각형 배치)} \qquad (5-10)$$

5.2 입제분제 살포기

　비료 살포기에는 인력살포기, 동력살분무기, 비행기용 살포기, 원심살포기, 낙하 살포기, 붐형 살포기, 퇴비 살포기, 액비 살포기, 무수암모니아 살포기 등이 있다. 이 중에 무수암모니아 살포기는 우리나라에서는 이용되지 않는다. 정밀농업이 보급되면서 화학비료를 물에 녹여 살포하는 액비 살포방식이 새롭게 각광받으며 유기농업에서도 액비 살포기술이 큰 비중을 차지한다. 비료는 주로 입제나 분제, 또는 액제로 제조되는데 여기서는 비료살포기를 중심으로 입제나 분제 살포기계를 설명한다.

　비료는 흔히 성분에 따라 질소질 비료, 요소질 비료, 칼리질 비료, 규산질 비료, 유기질 비료, 무기질비료로 나눈다. 배합 여부에 따라 단일 비료와 복합 비료로 나누며, 시비 시기에 따라 밑거름(basal fertilizer), 덧거름, 이삭거름으로 나눈다. 덧거름이나 이삭거름의 경우 위에서 고르게 뿌려주는 경우를 top dressing이라 하고 고랑 사이에서 측면에 살포하는 경우를 side dressing 또는 banded application이라고 한다. 시비 대상에 따라서 엽면 시비와 토양 시비로 분류되며 비료의 작용속도에 따라서 속효성, 완효성, 지효성 비료로 분류된다.

　비료는 유효성분과 비료의 물리적 성질을 개선하고 비료의 농도를 낮추는 증량제로 구성되어 있으며, 증량제 대신 다른 종류의 비료와 혼합하여 복합적인 비료효과와 토양의 물리성 개선을 얻기도 한다. 대부분의 화학비료는 건조한 입자를 혼합·조제하여 사용된다. 입제화학비료는 흡습성이 높으며 장기간 습기가 있는 곳에 두면 고결되어 덩어리를 형성하며 일반 금속에 대하여 강한 부식성을 가진다.

　유기질비료는 토양에 시비해도 천천히 분해되면서 비료의 효과가 나타나는 특성이 있는데 최근 친환경농업으로 인하여 널리 사용된다. 유기질비료의 원료로는 기름을 함유한 식물의 종자에서 기름을 짜고 남은 찌꺼기인 유박(油粕)과 물고기를 이용한 어박(魚粕), 동물의 뼈를 가열하여 분말로 한 골분(骨粉), 닭의 분비물인 계분(鷄糞) 등이 많이 이용되었으나 최근에는 돈분이나 우분 및 음식물 찌꺼기 등을 퇴비화하여 비료로 사용하고 있다.

　유기질비료는 사용한 원료의 조성에 따라서, 발표시킨 정도에 따라서 그 효과가 다르고 대량으로 제조되지 않으므로 품질관리가 어려운 문제점이 있다. 정부에서는 유기질비료의 규격을 정하는 한편 임의적으로 생산된 유기질비료는 유통하지 못하도록 하였다. 그 결과 정해진 공정에 따라서 돈분 등을 발효시킨 퇴비 역시 입자크기가 이전에 비하여 균일해지고 수분함량도 낮아져서 유기질비료도 화학비료 살포기로 살포할 수 있는 적응성이 높아졌으나 입자의 형태가 불균일하고, 밀도가 작아서 균일한 배출이 이뤄지지 않는 등 일반 시비기로는 잘 살포되지는 않는다. 한편 비료의 물리적 특성은 비료살포기의 성능에 영향을 미치므로 비료살포기 설계에 있어서 중요한 설계자료가 된다.

5.2.1 입제 살포시스템과 살포기의 종류

입제 살포시스템은 지표면에 살포, 지중 살포, 입제 살포, 분제 살포 등으로 매우 다양하다. 입제 살포기는 파종기계와 매우 유사하다. 그림 5-13의 (a)는 이앙을 하면서 동시에 비료를 묘의 좌 또는 우측으로 수cm 측면에 고랑을 내어 살포하는 측조살포장치를 나타낸 것으로 기비나 지효성 비료를 살포하는 것이다. 그림 5-13의 (b)는 전작에서 널리 사용되는 비료 살포기를 나타낸 것이다. 일반적으로 비료 살포시스템은 비료통, 비료덩어리 분쇄기, 계량장치, 배출장치, 살포장치, 고랑제조기로 구분된다. 고랑제조기나 비료덩어리 분쇄기, 살포장치는 경우에 따라서 생략되기도 한다. 비료를 계량하는 장치는 파종기에서와 마찬가지로 홈-롤러방식이 널리 사용되는데, 최근 정밀농업용 변량작업기용으

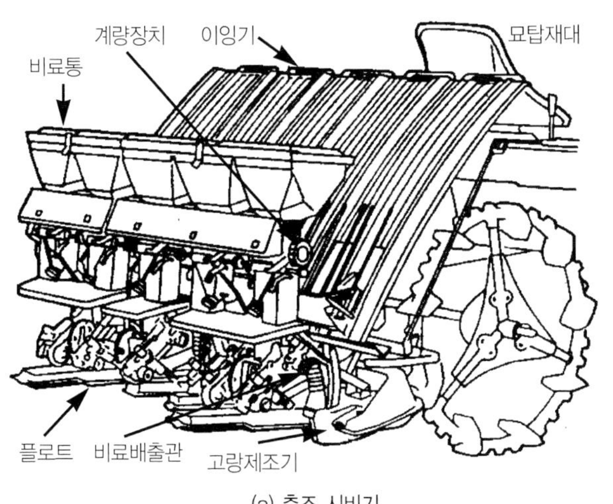

(a) 측조 시비기

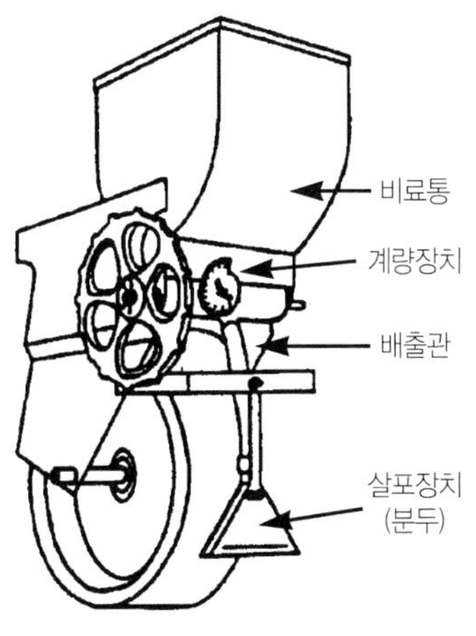

(b) 전작용 시비기

[**그림 5-13**] 시비시스템의 예

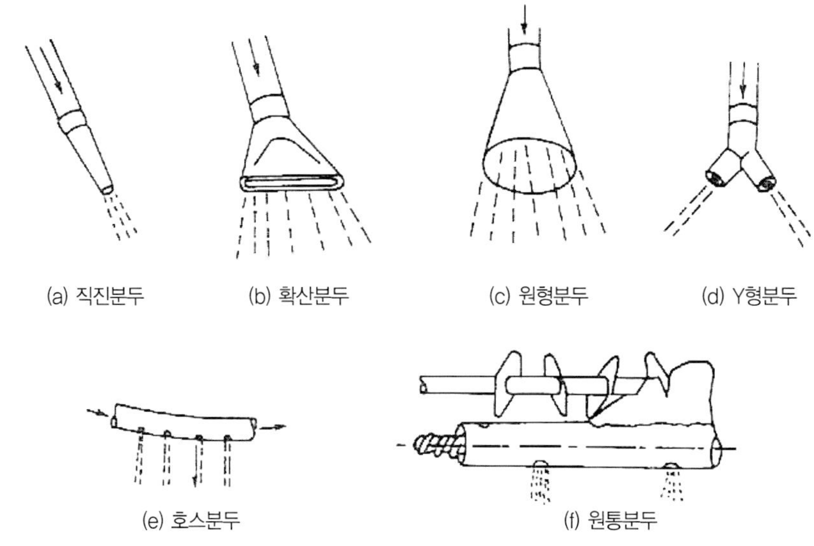

[그림 5-14] 여러 가지 분두의 형상

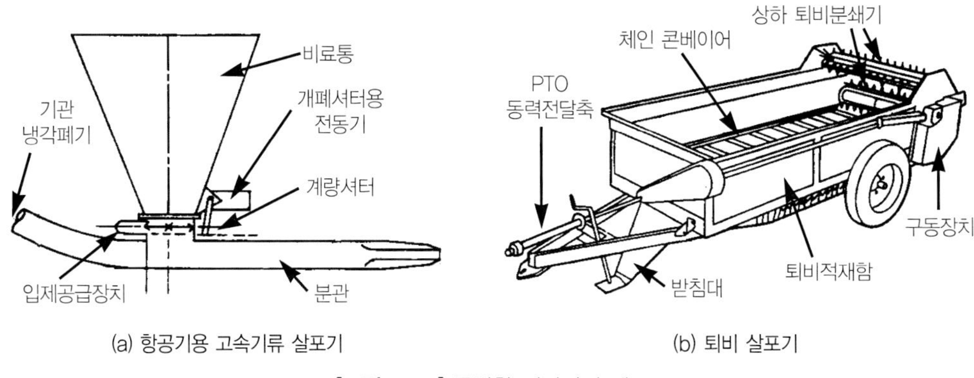

(a) 항공기용 고속기류 살포기 (b) 퇴비 살포기

[그림 5-15] 특별한 시비기의 예

로도 적합하다. 배출장치는 중력을 이용하는 방법과 원심력을 이용하는 방법, 공기를 이용하는 방법이 있는데 공기를 이용하는 경우에는 넓은 면적을 살포할 수 있도록 붐(boom) 구조물을 가진다.

입제를 살포하는 분두(blow head)는 형상에 따라서 직진 분두, 확산 분두, 원형 분두, Y형 분두, 호스(hose) 분두, 원통 분두 등으로 세분된다. 확산 분두의 경우 약비가 골고루 분포되도록 하기 위하여 분두 내부에 분산장치(diffuser)를 부착한 것이 있다. 기류에 의하여 분산시키는 경우에는 일반적으로 분두에 분산장치가 없다. 호스 분두는 호스 주위에 구멍을 뚫고 그 구멍에서 분제를 살포하는 부품이다. 분제를 살포하기 위하여 강한 기류

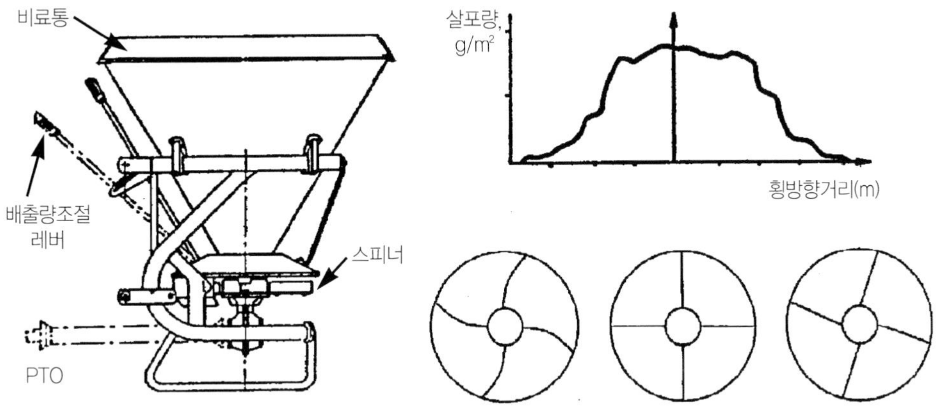

[그림 5-16] 원심살포기의 구조와 살포형

를 사용하는데 구멍이 막히는 것을 방지하려면 꾸준히 흔들어 주어야 한다. 원통 분두는 원통 둘레에 구멍을 뚫고 내부에 오거(auger)이송장치를 만들어 분제가 이동하면서 구멍을 통하여 낙하하도록 한 것으로서, 호스 분두와 같이 넓은 폭을 살포하지는 못한다.

비료 배출방법 중 중력을 이용하는 경우, 즉 낙하식에는 퇴비 살포기나 석회 살포기를 예로 들 수 있으며, 공기를 이용하는 경우는 동력살분무기나 붐형 입제 살포기, 항공 살포용 램-에어스프랜더(ram-air spreader)가 있고 원심력을 이용하는 기계는 트랙터 부착용 원심살포기나 인력비료 살포기 등이 있다. 낙하 살포기에는 줄 간격으로 일정하게 띠를 이루도록 하는 부분낙하 살포기(banded drop type applicator)와 살포기의 폭에 균일하게 뿌리는 전폭 살포기(drop type distributer)가 있다. 부분낙하 살포기는 직진 분두를 설치하여 파종하거나 확산 분두를 설치하여 비료를 뿌리는 데 주로 사용하며, 트랙터에 여러 개를 병렬로 연결하여 이용한다. 전폭 살포기는 석회살포나 수분이 많은 퇴비 살포기에서 볼 수 있다.

고랑제조장치는 비료를 일정 깊이에 위치시키고자 할 때 사용하거나, 복토하여 지중에 살포하고자 할 때 사용되며 파종기에서도 유사한 장치가 사용된다. 퇴비는 엄밀한 의미에서 입제가 아닌 고형과 액상물질이 혼합된 형태로서 고르게 펼치기 어려우므로 퇴비적재함에서 살포하기 위하여 저속으로 퇴비를 이동시키는 콘베이어장치와 이송된 퇴비를 잘게 부수는 분쇄기(beater)를 트랙터의 PTO 동력으로 작동시킨다.

비료 살포기 중 원심살포기(centrigugal broadcaster)는 비료만이 아니라 종자나 농약 등

무엇이든 생력적으로 살포할 수 있다. 원심살포기의 구조는 그림 5-18에서 보는 바와 같이 비료통 밑에 스피너를 갖추는 것을 기본으로 하며, 배출량 조절을 위한 셔터가 비료통 바닥에 있고 덩어리진 비료를 부수는 교반기(agitator)가 있는 경우도 있다. 주로 복합비료 기비살포에 많이 사용되었으나 최근에는 공장에서 생산되는 유기질비료 살포에도 사용된다. 원심력을 이용하므로 밀도가 작은 물질을 살포하면 바람의 영향이 크다. 또한 살포되는 양이 살포폭 내에서 일정하지 않기 때문에 살포량이 균등하도록 중첩하여 살포하는 것이 일반적이다. 원심력을 발생시키는 회전원판(spinner)의 안내깃 형상에는 곡선형 전

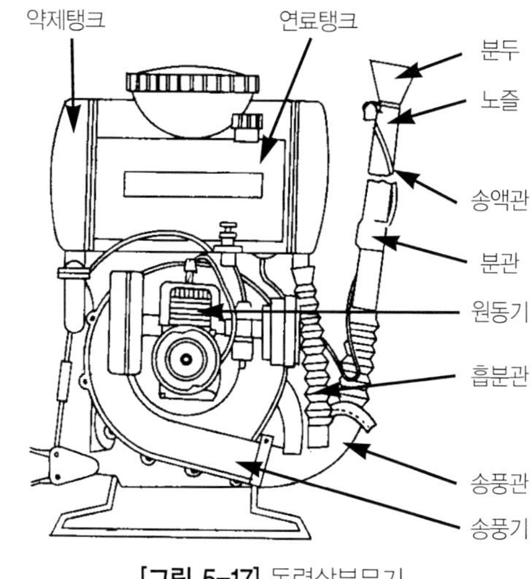

[그림 5-17] 동력살분무기

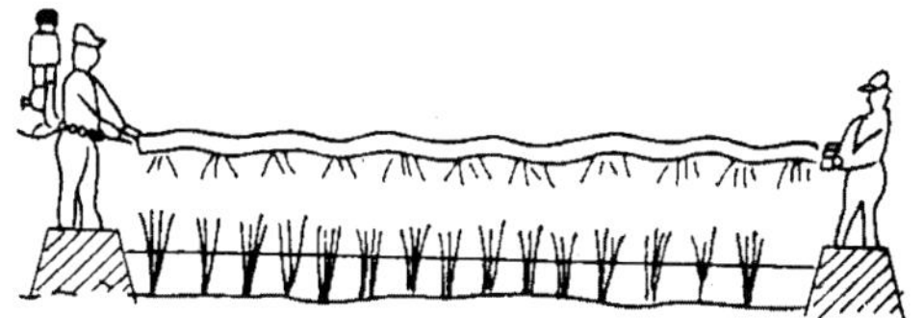

[그림 5-18] 파이프더스터를 이용한 분제 살포

향깃(forward curved blade)과 직선형 전향깃(forward pitched straight blade)이 있으며, 원판의 형상에는 원추형과 원판형이 있다. 원심살포방식은 인력입제 살포기에서도 사용된다.

쉽게 바람에 날려서 원치 않는 곳으로 살포되는 특성이 있어 거의 사용되지 않으나 동력살분무기를 이용한 분제 살포장치는 살포폭이 30~40m에 달하여 생력적인 방제작업이 가능하다. 이 작업장치는 파이프더스터라고 하는데 동력살분무기의 분관에 분두 대신 폴리에틸렌 필름으로 만든 호스에 구멍이 뚫려 있어 강한 공기를 따라 이동하는 분제가 살포되도록 한 것이다. 동력살분무기는 입제와 분제는 물론 액제를 살포할 수 있는 기계로서 시로코팬을 장착하여 50~80m/s의 강한 바람을 뿜어 낸다.

입제 살포기는 아니지만 최근 각광받는 시비기로는 축산분뇨 살포기가 있다. 축산분뇨를 발효시키면 액비를 얻을 수 있는데, 액비를 농경지에 살포하기 위한 액비 살포기가 이용된다. 액비 살포기는 지상 살포기, 지표근접 살포기, 지중 살포기로 구분될 수 있다. 액비는 악취를 가지고 있으므로 지표면에서 수미터 위에서 살포되는 지상 살포기는 악취의

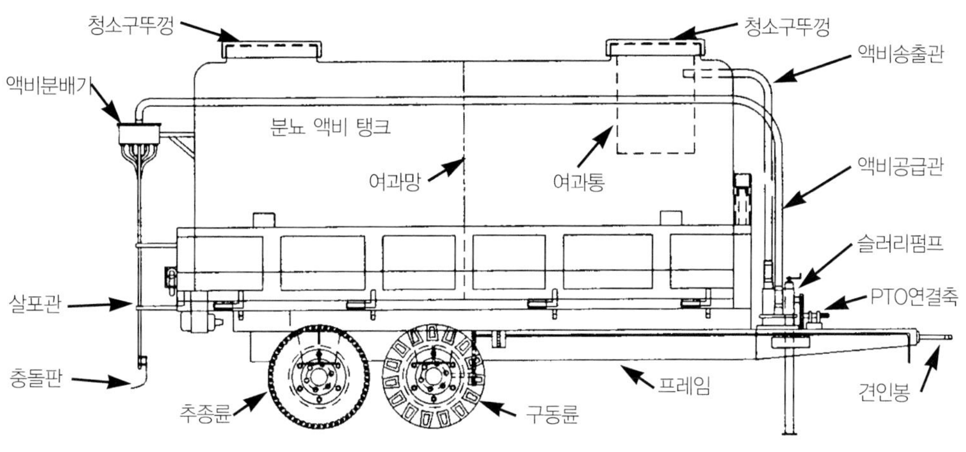

[그림 5-19] 지표액비 살포기의 구조

※자료 : 최광재 외. 2004. 가축분뇨 액비 지표살포기.

휘산이 큰 문제가 된다. 지중 살포기는 조파파종기처럼 지표면에 골을 내어 그 속에 주입하고 복토하는 방식으로 악취 문제를 가장 확실히 해결하지만 작업능률이 낮다. 지표 살포기는 로브(Lobe)형 펌프와 액비분배기, 살포관과 액비가 지면에 직접 닿지 않고 자연스럽게 지면으로 살포되도록 하는 안내판을 갖추고 있어 살포 직후 악취를 크게 줄일 수 있다. 그림 5-19는 지표근접 살포기의 구조를 나타낸 것이다. 이 기계는 접는 붐을 갖춘 트랙터 견인형 작업기로서 연약한 논에서 작업할 때 추진력 부족을 해결하기 위하여 유압모터로 작업기의 차륜을 구동하도록 설계되어 1시간에 1ha 정도를 작업할 수 있다.

5.2.2 입제와 분제의 물리적 특성

입제 살포기와 관련된 중요한 미립자의 물성은 산물 밀도, 비중, 용해도, 입경분포, 산성도(pH), 안식각도, 점착성(adhesiveness) 등이 있다. 대개의 경우 농업용 입제들은 그 크기가 일정하지 않고 크기별로 다양한 분포를 나타낸다. 입자크기의 특성을 흔히 입도라고 하며 대표치의 크기와 함께 입도크기의 분포도 중요하다.

입자의 크기를 대표하는 대표치에는 산술평균 지름(arithmetic mean diameter)과 표준편차 외에도 체적평균 지름(volume mean diameter)과 표준편차, 사우터평균 지름(Sauter

[표 5-2] 입자평균 지름의 정의

기호	q	p	평균치의 이름
D_{10}	1	0	산술평균
D_{30}	3	0	체적평균
D_{32}	3	2	사우터평균

mean diameter) 등과 같은 대표치가 입경의 대표치로 자주 사용된다. 이들 대표치는 식 5-11로 주어지며 표 5-2에는 q와 p의 값에 따른 각 대표치의 정의를 나타내었다.

$$D_{qp} = \left(\frac{\Sigma(N_i D_i^q)}{\Sigma(N_i D_i^p)} \right)^{\frac{1}{q-p}} \tag{5-11}$$

여기에서 D_i = i째 입경급의 평균 지름

N_i = i째 입경급의 입자 수

i = 입경급의 수

n = 입경급의 총수

일반적으로 비료의 크기는 기하평균(geometric mean)을 사용하며 방제기에 대한 연구에서는 체적중간 지름(volume median diameter, $D_{v.5}$)을 주로 사용하는데 체적중간 지름은 입자체적의 대표치로서 입자를 크기 순으로 나열할 때 체적을 양분하는 입자크기의 지름을 말한다. 분제나 분무에서 입경분포를 구하는 원리는 예제에서 설명되었다.

예제 5-5

다음 자료는 분무기의 분무실험에서 구한 것이다. 이 분무입자 분포의 여러 평균 지름과 중간 지름을 구하라.

지름의 급범위(μm)	각급의 입자 수
13.2 ~ 18.8	33
18.8 ~ 26.5	97
26.5 ~ 37.5	150
37.5 ~ 53	143
53 ~ 75	66
75 ~ 106	17

풀   이

분무립경의 계급의 대표 값으로 중간 값을 취하여 대표되는 입경을 구한다.

각 계급의 중간치D(μ)	각급의 입자(N)	ND(μ)	ND^2(μ^2)	ND^3(μ^3)
16	33	528	8,448	135,168
22.6	97	2,192	49,539	1,119,586
32	150	4,800	153,600	4,915,200
45.3	143	6,478	292,801	13,249,265
64	66	4,224	270,336	17,301,504
90.5	17	1,539	139,280	12,604,795
	506	19,761	914,004	49,325,518
산술평균지름 D_{10}=39.1	표면적평균 지름 D_{20}=42.5		체적평균 지름 D_{30}=46.0	

분무립 분포의 중간 지름은 누적비율을 구하여 확률지에 나타내서 얻는다.

각 계급의 중간치 D(μ)	각 계급의 입수 (N)	입수비율 %N	누적비율 Σ%N	체적비율 %ND^3	누적체적비율 Σ%ND^3
16	33	6.5	6.5	0.274	0.274
22.6	97	192	25.	2.270	2.544
32	150	29.6	55.3	9.97	12.514
45.3	143	28.3	83.6	26.86	39.374
64	66	13.0	96.6	35.08	74.45
90.5	17	3.4	100	25.55	100

위에서 분석된 누적입수비율과 누적체적비율을 분무립에 대하여 작도하면
$D_{v.5} = 30\,\mu m \, D_{v.5} = 50\,\mu m$의 값을 얻는다.

한편, 입자는 액체처럼 구멍이나 틈새를 통하여 배출될 수 있으나 액체와 달리 전단응력을 가지고 있으며 작은 구멍 주변에서는 입자들끼리 서로 엉켜 막히거나 빈 공간을 형성하며 건조한 미립자의 경우에는 정전기에 의한 인력이 영향이 커지고 저장통 바닥에 미치는 압력이 저장깊이에 비례하지 않는다. Janssen은 정적인 상태에서 입제 내부의 압력을 예측하는 식을 개발하였다.

$$P_B = \frac{r\rho_b g}{2\mu_w K_a}(1-\exp\frac{-2\mu_w K_a Z_T}{r}) \qquad (5\text{-}12)$$

여기서 μ_w은 벽체와 분체 간의 마찰계수, ρ_b는 분체의 겉보기 밀도, Z_T는 분체의 깊이, r은 용기단면의 직경, K_a는 수직압력과 수평압력의 비율을 의미하는데 곡물이나 거친 입자에서 이 식은 잘 맞는다.

입제의 배출속도는 특별한 기계적 장치 없이 구멍을 통하여 배출하는 경우 배출구의 형태와 크기에 크게 좌우된다. 실험 결과에 의하면 고체입자의 질량 배출속도 M은 식 5-13과 같다.

$$M = C\frac{\pi}{4}\rho_b\left(\frac{gD^5}{2\tan\alpha}\right)^{\frac{1}{2}} \qquad (5\text{-}13)$$

여기서 C는 배출상수로서 0.5~0.7의 범위를 가지며, 평균적으로 0.6의 값을 갖는다. ρ_b는 입자의 산물밀도(bulk density)이며 α는 재료의 안식각, g는 중력 가속도, D는 배출구의 지름이다. 또한 배출구가 수평면에 대하여 Ψ만큼 경사진 경우에는 실험적으로 식 5-14와 같은 보정식을 사용하여 질량의 배출속도 M_Ψ를 구한다.

$$M_\Psi = M\frac{\cos\alpha_k + \cos\Psi}{\cos\alpha_k + 1} \qquad (5\text{-}14)$$

여기서 α_k는 서서히 회전하는 원통 안에서 입자가 흘러내리는 동적인 안식각이다. 배출구 단면이 원형이 아닌 경우 원형단면인 경우의 질량 배출속도와 큰 차이는 없다. 즉 장단변 비가 5:1 이내의 직사각형인 경우 배출속도비는 0.99이며 정사각형의 경우 1.03, 육각형의 경우 1.02 이다.

5.3 액제 살포기

액제 살포기(liquid sprayer)의 대부분은 농약을 살포하기 위한 방제기가 해당된다. 방제기는 병해충(pest)으로부터 작물을 보호하는 목적 외에 가축방역이나 공중위생방역 및 수확 후 농작물의 저장성 향상을 위하여 사용된다. 최근에 엽면시비기술이 발달되면서 비료를 물에 녹여 살포하는 경우가 많고 정밀농업용 비료 살포기 중에도 액제로 살포하는 방식이 많아서 방제기를 액제 살포기로 표현하는 것이 적합할 수 있다.

위해생물이나 병으로부터 작물이나 가축을 보호하는 방법은 저항성 품종을 개발하거나 혼작이나 간작과 같이 병해충 발생이 적은 재배법을 이용하는 농업적 방법, 인공화학물질을 살포하는 화학적 방법, 천적을 이용하거나 성페로몬과 같이 천연물질이 병해충에 미치는 영향을 이용하는 생물학적 방법, 물리적으로 풀을 뽑거나 잘게 분쇄하여 벌레를 죽이는 것과 같은 기계적 방법, 병충해의 이동경로와 병충해가 발생되는 기상조건 등을 종합하여 화학적 방제법과 생물학적 방제법 등을 종합적으로 사용하는 종합적 방제(integrated pest management, IPM)법이 있다.

화학적 방제는 독성이 강하거나 지속성이 있는 농약을 사용하므로 환경오염과 작업자 안전 문제가 있지만 여전히 널리 사용된다. 방제기에서 사용되는 농약은 대부분은 약효를 나타내는 유효성분과 증량제가 혼합된 것으로서 원액이 액체인 경우와 가루인 경우(분제), 알갱이인 경우(입제), 큰 덩어리인 경우(정제), 연기를 발생시키는 훈증제 등으로 다양하게 제조된다. 제조된 형태를 제형이라고 하는데 방제기의 종류별로 사용할 수 있는 제형이 달라진다. 수화제(수화립제, 수용립제 등)는 가루를 물에 타서 혼합하여 살포하는 것으로서 매우 작은 크기의 광물질을 포함하고 있어 노즐의 마모나 노즐 구멍의 막힘을 초래한다.

유기농업을 하는 경우에는 인공화학물질 대신 다양한 천연물질을 이용하여 작물을 보호하지만 이런 천연농약은 잘 정제되지 않거나 이물질이 있어 방제기의 원활한 작동에 장애를 초래할 수 있으므로 살포하기 전에 반드시 잘 여과시키고 사용 중에도 침전이 일어나지 않도록 잘 저어주며, 사용 후에는 노즐이나 밸브 등에 이물질이 고착되지 않도록 세척하여야 한다.

5.3.1 방제기술

생물산업은 기후와 토양과 밀접한 산업이므로 병해충으로부터 작물을 보호하는 방제기는 각 나라나 지역마다 매우 다양하게 발전되었다. 우리나라에는 인력분무기, 동력분무기, 동력살분무기 및 과수원용으로 스피드스프레이어라 불리는 공기운반분무기, 광역살포기 등이 널리 사용되고 있다. 우리나라에서 항공 살포기술은 임업과 벼재배에서 부분적으로 이용되고 있는 실정이다.

액제 살포 중 방제작업은 작업능률이 다른 작업에 비하여 높지만 위험이 따르는 작업이며, 살포된 농약이 농산물에 잔류되어 소비자를 불안하게 하는 작업이기도 하다. 따라서 적절한 살포기를 선정할 때에는 단순히 작업능률을 기준으로 정할 것이 아니라 적당한 분무입경을 얻을 수 있는 방제기를 선택하고 농약사용지침과 작업자의 안전에 세심하게 주의하여야 한다. 표 5-3은 우리나라에서 주로 사용되는 방제기의 작업능률을 나타낸 것이다. 항공방제는 시간당 살포면적이 매우 크지만 작업에 필요한 인원이 많은 단점이 있었으나, 최근 GPS를 이용하면서 필요한 작업인원 수가 크게 줄어들었다.

농약사용지침에서는 농약별도 단위 면적당 살포되는 액제의 양(부피), 즉 살포율을 제시하는 데 있어 방제기마다 살포율에 큰 차이가 있다. 극미량 살포기술은 농약을 원액으로 사용하거나 낮은 배율로 희석하여 사용한다. 항공방제의 경우 적재량이 제한을 받으므로 미량 기술이 적용된다. 표 5-4는 살포율에 따른 살포방법의 분류를 나타낸 것이다.

[표 5-3] 각종 방제기의 작업능률

구분	분무압력 (kg/cm²)	분당살포량 (ℓ/min)	작업인원수	시간당 살포면적 (a/hr)
등짐식 분무기	4~5	1.9	1	3.3
동력 분무기	15	20.2	2-4	40
동력 살분무기	–	3.0(kg)	1	50
헬리콥터 분무기	2~3	45	15	–
헬리콥터 살분기	–	20~50(kg)	10	2500~4000

[표 5-4] 살포율에 따른 액제 살포방법의 분류

살포방법	일반작물의 살포율	관목나 과수의 살포율 (ℓ/ha)
다량 살포(high volume)	〉600	〉1000
준소량 살포(semi-low volume)	200~600	500~999
소량 살포(low volume)	50~199	200~499
과소량 살포(very low volume)	5~49	50~199
미량 살포(ultra low volume)	〈5	〈50

[표 5-5] 입경에 의한 입자의 명칭

체적 중간지름(μm)	입자명
25	미세 에어로졸(fine aerosol)
26~50	거친 에어로졸(coarse aerosol)
51~100	미스트(mist)
101~200	고운 분무(fine spray)
201~300	보통 분무(medium spray)
300	거친 분무(coarse spray)

[표 5-6] 살포 대상별 적정 분무입경

살포 목표물	적당한 분무입자 직경(μm)
날아다니는 곤충	10-50
잎사귀에 붙어있는 곤충	30-50
잡초나 작물의 입과 줄기의 병	40-100
토양 또는 비산이 염려되는 지역	〉200

    살포한 액제가 생물학적인 효과를 내려면 유효성분의 살포율도 중요하지만 적당한 크기의 입경으로 살포하는 것 또한 매우 중요하다. 분무입자의 크기를 작게 할수록 적은 양의 액제를 가지고 많은 수의 분무입자를 만들 수 있지만 과도하게 작은 분무입자는 대기 중에서 기화되어 목표물에 전달되지 못하고 빠르게 목표물에 다가가지 못하고 대기와 함께 이동하여 손실이 될 수도 있다. 한편 큰 분무입자는 목표물에 잘 전달되지만 목표물에 부착되기보다는 튀어 주변으로 흩어지기 쉽고 목표물 표면에서 흘러내릴 수도 있다.

    액제 살포기 분야에서는 입자의 크기를 마이크로미터(micrometer, μm)로 나타내는데 입자의 크기별로 공기 중 이동하는 성질과 부착하는 성질이 달라지므로 크기별로 입자의 명칭을 달리한다. 액제 살포기에서는 입자크기의 대표치로서 산술평균이 아닌 체적중간 지름을 이용하는데 표 5-5는 입자의 크기별 명칭을 나타낸 것이다.

    실제로 제초제나 살충제, 살균제 등을 살포함에 있어 방제 대상별로 특정 크기의 입자가 효율적으로 부착되기 때문에 사용 목적에 따라 적당한 분무입경을 얻을 수 있는 방제기를 선택하여야 한다(표 5-6).

5.3.2 액제 살포시스템

　액제 살포시스템은 액제통, 펌프, 분부배관, 노즐을 대표로 하는 미립화장치, 액제살포
의 단속이나 유량이나 유압 등을 조절하기 위한 제어장치, 보조장치로 구성되는데 보조장
치에는 분무된 입자를 효율적으로 전달하고 더 작은 입자를 만들기 위한 공기발생장치나
미립화된 분무입자를 일정한 방향으로만 살포하게 하는 장치 등이 있다.

　이상적인 액제 살포시스템은
작업자가 안전하게 살포할 수
있어야 하고, 액제를 필요로 하
는 곳에 효과적인 크기로 손실
이 적게 살포할 수 있어야 하며,
분무된 입자는 목표물까지 전달
되고 침투될 수 있으며 흘러내
리거나 반발하거나 스쳐지나가
지 않고 잘 부착되어야만 손실
을 줄일 수 있다. 또한 예방이
아닌 치료를 목적으로 하는 살
포에서는 필요한 곳에만 살포할
수 있는 집중성이 요구된다.

　액제 살포기는 그 종류가 매우
다양하지만 공통적인 구성요소
로 이루어져 있다. 그림 5-20은
우리나라에서 널리 사용되는 동
력분무기를, 그림 5-21은 서구
에서 널리 사용되는 붐 방제기의
살포시스템을 나타낸 것이다.

　동력분무기는 농약을 10~70
기압의 고압으로 살포하는 분무

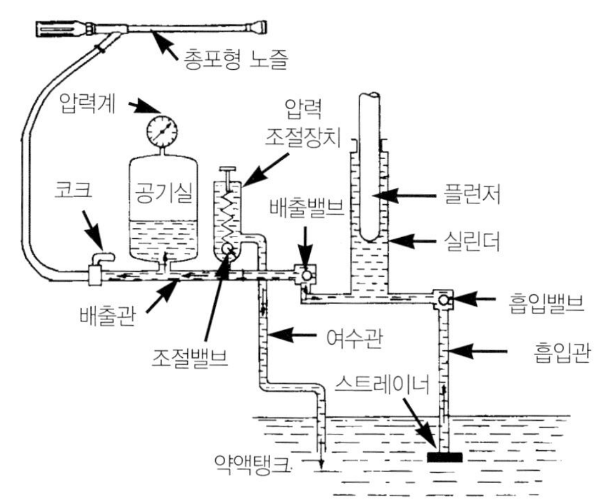

[그림 5-20] 동력분무기의 구조

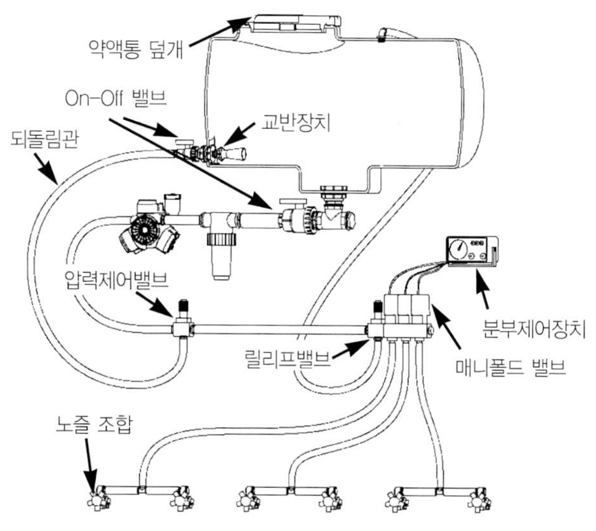

[그림 5-21] 붐 방제기의 구조

기로서 2개 이상의 플런저펌프를 일정한 위상차를 가지도록 병렬로 연결한 것으로서 송출량을 비교적 균등하게 한 다음 공기실을 이용하여 맥동을 줄여 준다. 살포시스템의 압력은 압력조절밸브로 결정하는데 압력이 초과되는 경우에는 송출량의 일부를 여수관(되돌림관)을 통하여 농약통으로 농약을 되돌린다. 되돌아오는 액체는 농약통 내에서 농약이 침전되지 않도록 하는 교반효과를 가진다. 플런저펌프의 실린더나 플런저는 황동 주물 또는 스테인레스 관의 재료를 사용하며, 크롬으로 도장하는 경우도 있다. 동력분무기는 주로 총포노즐을 사용하는데 사람이 휴대할 수 있는 분무봉에 1~3개의 노즐을 조합하여 수 m에서 20m까지 살포할 수 있어 논이나 과수원, 밭에서 널리 사용된다. 동력분무기는 도달거리가 크고 작업능률이 우수하여 우리나라에서 널리 사용되고 있으나, 분무입자가 비산하기 쉽고 역풍이 불 때 작업자의 안전이 위협받을 수 있어 반드시 보호장구를 갖추고 살포하여야 한다.

붐 방제기는 펌프를 원심펌프나 롤러펌프를 사용하는데 그림은 롤러펌프를 이용한 경우의 시스템을 나타낸 것이다. 트랙터나 승용관리기에 부착하는 작업기나 전용기 등 형태가 다양하며 살포폭도 1~30m 정도로 넓기 때문에 작업능률이 높다. 수십 개의 노즐을 장착하므로 비교적 고가이나 살포 목적에 따라 노즐의 종류를 교체할 수 있고, 승용기계에서 사용되므로 농약 살포작업 중 작업자 보호에 용이하다. 경사가 심하지 않은 넓은 포장에서 작업능률이 높으며 토양 혼화, 발아 전 살포, 발아 후 살포 등에 널리 사용된다. 특히 줄로 심는 작물에 접촉성 농약을 살포하는 경우 한 줄에 두세 개의 노즐을 여러 각도로 배치하여 식물의 기부까지 살포할 수 있다는 이점이 있다. 자주식 전용기는 고속작업이 가능하도록 유선형으로 개발된 것에서 포도농장과 같이 작물의 키가 큰 곳에 사용할 수 있도록 차고가 높이 설계된 기계 등이 다양하게 개발되었다.

(1) 인력분무기

인력분무기는 사람이 펌프를 작동시키는 기계를 의미하였지만, 최근에는 휴대가능한 방제기를 의미한다. 휴대형에는 어깨걸이식(hanging sprayer)과 등짐식(knapsack sprayer)이 있다. 어깨걸이 식은 한쪽 어깨에 매는 방식으로 농약통이 10L 미만이며 등짐식은 18L 미만이 일반적이다. 과거에 인력분무기는 인력에 의하여 작동되는 피스톤펌프가 널리 사용되었지만 최근에는 12V 밧데리와 소형 원심펌프를 이용한 것이 주류를 이룬다. 이동형의 인력분무기는 좀 더 큰 용량의 약액통을 가지며 1~2인이 작동시키는 인력 피스톤펌프가 있지만 거의 사용되지 않는다. 인력분무기의 약액통은 두께 0.6~1.0mm의 얇은 스테인레스판이나 황동판, PVC 등으로 제작되며 분무관에는 손잡이와 유량 조절밸브 및 1~3개 정도의 노즐이 부착되어 있다.

휴대형 인력분무기의 특별한 형태로 그림 5-22와 같은 인력 토양소독기가 있다. 이

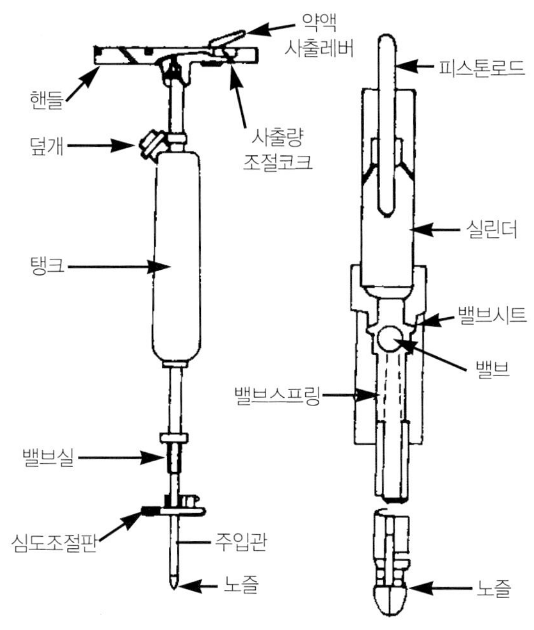

[그림 5-22] 인력 토양소독기

방제기는 지중에 서식하는 선충류(nematodes)를 방제하기 위한 것으로 토양 내 공극을 훈증하여 방제하는 것으로 전후 좌우 30 cm 정도의 간격으로 토양 내에 노즐을 삽입하여 인력 피스톤펌프로 1회 작동 시에 1~5 ml 정도의 농약을 주입한다. 이 작업은 고되고 작업능률이 낮기 때문에 치즐 플라우 뒷면에 농약을 사출하는 동력토양소독기도 개발되어 있다.

(2) 동력살분무기

동력살분무기(mist and dust blower)는 송풍기에서 나오는 고속 기류를 이용하여 약액을 미립화시키고, 송풍에 의하여 아주 작은 입자를 공중에 날게 하는 장치이다. 동력살분무기로 액제를 살포하는 경우 살포입자가 작아 부착률이 좋고, 분무기에 비하여 같은 면적에 훨씬 적은 양의 약제로 살포가 가능하고 동력분무기와 달리 호스를 사용하지 않아 작업에 소요되는 인원이 적다.

동력살분무기는 그림 5-17에 나타낸 바와 같이 송액 펌프, 약제 탱크, 송풍 장치, 송풍관, 미스트 발생장치, 분관 및 조절 장치 등으로 이루어진다. 동력은 2~4 PS(8,000~8,500 rpm)의 공냉 2행정 사이클 가솔린 엔진에서 공급되며 송풍기로는 시로코(siroco)송

풍기를 사용한다. 약액을 분화시키는 방법에는 펌프를 갖추고 있는 펌프가압식과 펌프가 필요 없는 공기가압식이 있다. 펌프의 형식으로는 기어펌프, 베인펌프 등의 용적식 펌프를 사용하여 0.049~196 MPa 정도로 농약을 송출한다. 액제를 미립화하는 것은 노즐 자체보다는 일반 미립화된 입자를 풍속이 70~80 m/s가 되는 강한 기류에 의하여 2차적으로 미립화하며 다양한 방법이 이용된다.

(3) 공기운반분무기

공기운반분무기(air carrier sprayer, air blast sprayer)는 우리나라에서 스피드스프레이어(speed sprayer)로 널리 알려져 있으며 과수원에서 널리 사용되는 기계이다. 스피드스프레이어는 흔히 원추형 노즐군을 환상으로 배치하여 입자를 발생시키고, 강력한 축류송풍기로 살포 대상까지 전달한다. 축류송풍기는 요구되는 동력이 크므로 20~40 PS 정도의 별도의 엔진을 갖추고 있으며 트랙터 견인식과 자주식으로 이용된다. 그림 5-23은 자주식 스피드스프레이어를 나타낸 것이다. 자주식은 견인식에 비하여 회전반경이 작고, 차체와 살포장치가 간결하게 되어 있어 과수원과 경사지는 물론이고 습지, 모래땅, 연약지에서도 작업이 가능하다. 펌프는 원심식, 또는 3련 피스톤식이 사용된다. 송풍기는 축류식으로서 송출수경이 60~95 cm이고, 상용회전 속도 2,400~2,700 rpm에서 600~3,500 m³/min 내외의 풍량을 낸다. 강한 바람을 이용하므로 과수 잎의 앞뒤에 고르게 부착되는 특징이 있다.

광역살포기는 대면적을 살포하기 위하여 개발된 분무기로서 살포율이 커서 큰 규격의

[그림 5-23] 스피드스프레이어

[그림 5-24] 광역방제기

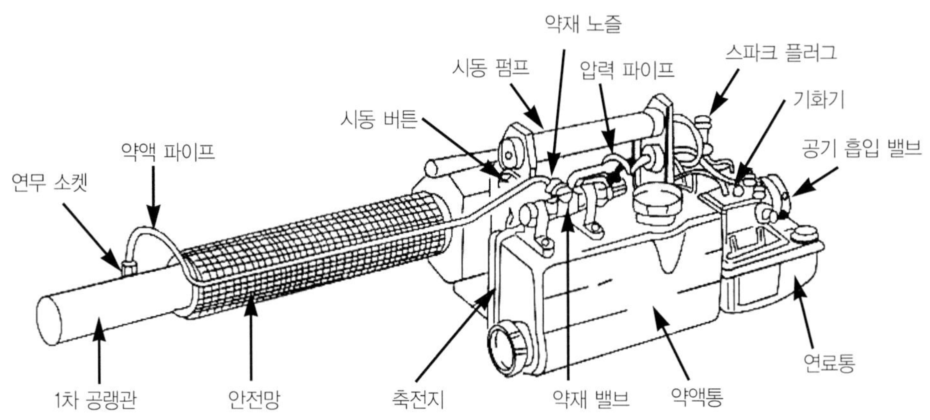

[그림 5-25] 펄스제트 연무기

동력분무기와 강력한 축류팬을 이용하여 분무입자를 100~140m까지 살포한다. 강력한 바람에 의하여 작물이 흔들려서 목표물의 앞뒷면에 모두 잘 부착되는 특징이 있다. 광역 살포기는 기계의 크기가 커서 주로 트럭에 탑재하여 농로에서 살포하는 것으로서 시간당 5~8ha의 면적을 살포할 수 있어 항공방제의 대체기술로 이용된다. 특히 구제역이나 AI 와 같이 공중방역이 필요한 경우에는 효과적이나 살포범위 내에 주택이나 살포해서 안 될 지역이 있는 경우에는 사용에 신중하여야 한다. 광역살포기를 이용하여 규산질비료나 게르마늄 등과 같이 분제를 살포하는 경우도 있다.

(4) 연무기

연무기는 농업용 외에도 공중위생용으로 널리 사용되고 있다. 농업용으로서는 그림하우스와 같이 폐쇄된 공간에서 살충제와 살균제의 살포에 많이 사용한다. 연무는 날아다니는 곤충에 연무립에 직접 접촉되거나 훈증효과를 통하여 약효를 발생시킨다. 연무시키는 방법에 따라 고온식 연무기와 상온

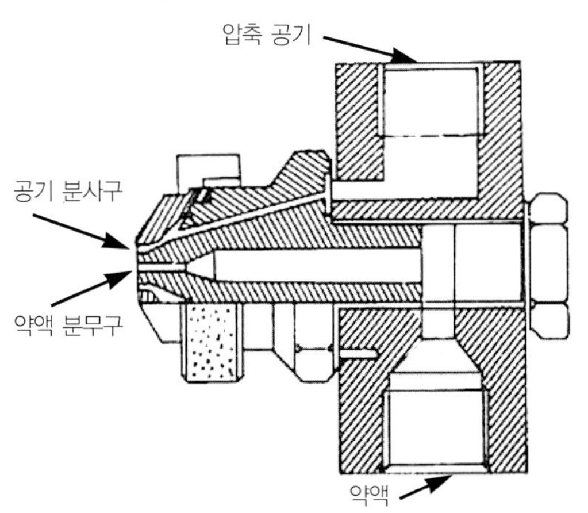

[그림 5-26] 상온 연무기에서 사용되는 노즐의 구조

식 연무기로 구분된다. 고온식 연무기는 엔진과 펌프를 갖춘 펄스 제트 연무기와 버너와 가열장치를 갖춘 증기압 연무기가 있다.

펄스제트 연무기는 그림 5-25와 같이 연료탱크, 약액탱크, 시동펌프, 점화플러그, 기화기와 방사관으로 이루어진다. 이 연무기는 펄스제트엔진의 원리를 이용하여 공기와 연료의 혼합가스를 연소실에서 매초 100회 정도 폭발시킨다. 그 배기가스는 연소실을 통하여 방사관으로 배출되나 약액은 방사관 선단의 약액구에서 펄스상의 가스에 주입되어 연무화된다.

상온식 연무기는 전용의 자재나 약제를 필요로 하지 않으며, 시중에서 판매하는 수화제나 유제들을 그대로, 약제로 사용할 수 있다. 입경 $40\mu m$ 이하의 안정된 분무입자를 발생한다. 상온식 연무기는 압축기부와 연무화부로 구성된다. 압축기부는 압축기와 구동용 모터 및 살포제어판으로 이루어진다. 약액탱크는 흡액관을 통하여 노즐에 연결되고 착탈이 가능하도록 되어 있다. 상온식 연무기의 성능은 노즐이 크게 좌우한다. 압축기에서 나오는 압축공기에 의하여 액제를 파쇄, 연무화하고 다시 배출구에서 와류운동을 일으켜 분출하도록 되어 있다. 연무기를 이용할 경우에는 농약을 10~20배 정도로 희석하여 고농도로 살포한다.

(5) 항공방제기

항공방제는 160~230 km/h의 속도로 비행하면서 약제를 살포하므로 작업능률이 뛰어난 살포기술로서 지상 방제가 불가능한 산림이나 넓은 지역에 동일한 약제를 살포하는 경우, 악천후로 방제시기를 놓친 경우에 사용된다. 항공방제용 비행기는 고정익 비행기와 헬리콥터가 이용되며, 최근에는 소형 무인헬리콥터를 이용하여 방제작업을 하기도 한다. 헬리콥터는 가시성이 우수하고 선회와 복잡한 지형에서 조종성이 우수하며 수직방향으로 약제가 수직으로 이동하므로 기류에 의한 비산손실이 적다.

헬리콥터는 5~50 ℓ/ha의 살포율로 200~500 kg의 약제를 한 번에 살포할 수 있으나, 날개형 비행기에 비하여 적재하중이 작다. 항공방제 시 날개의 끝부분이나 헬리콥터의 로터직경 범위에서는 위로 휘도는 와류(wingtip vortex)가 생겨 약제가 비산하므로 날개폭의 3/4 정도까지만 붐을 장착한다. 붐은 날개의 아래쪽 뒷부분에 있으며 분무입자의 크기는 기류와 분무입자의 이동방향 간에 이루는 각도에 따라서 달라지며 일반적으로 비행기 뒤편으로 수평방향과 45° 정도 각도를 이루게 설치한다.

항공기명	엔진출력 (HP)	약액통 (L)	날개폭 (m)	작업속도 (km/h)
Air Tracter AT301	600	1211	13.8	194~228
Air Tracter AT400	680	1514	13.8	194~244
Ayres Bull Thrush	1200	1930	13.5	164~241
Bell Helicopter 206B	420	606	15~36 [1]	–
Cessna Ag Truck	280	1060	12.7	–
Piper New Brave	400	1041	11.8	–

주 : 1) 살포폭

그림 5-27은 날개형 비행기에 장착되는 살포기계시스템을 나타내고 있다. 노즐은 미량 살포 경우 선형노즐을 사용하고 일반적으로는 원추공형노즐을 주로 사용한다. 펌프는 원심펌프를 사용하며 고속기류에 의하여 움직이는 프로펠러로부터 동력을 얻어 최대 2,500rpm으로 작동한다. 항공방제는 약제 살포만이

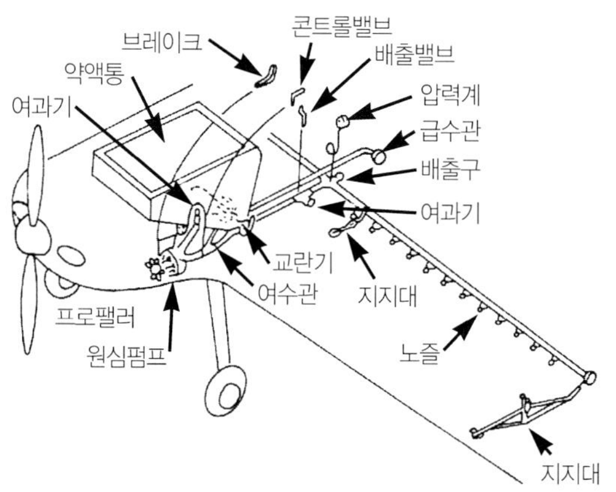

[그림 5-27] 날개형 비행기에 장착되는 분무기의 구성

아니라 파종이나 분제 살포에도 사용된다. 분제 살포장치로는 벤튜리 관을 이용하는 고속기류식 살포기(ram-air spreader), 원심살포기-컨베이어벨트(conveyer belt) 살포기 등이 있다. 살포율은 1~60kg/ha의 범위를 갖는다.

5.3.3 미립화원리와 농업용 노즐

(1) 미립화원리

희석된 농약을 미립자로 만드는 부품을 노즐이라고 한다. 생물생산업에서 이용되는 노

즐(nozzle)은 압력노즐, 이류체노즐, 원심노즐, 전화노즐이 있다. 진동이나 초음파를 이용한 방법이 있지만 농업용으로는 널리 사용되지 않는다.

압력노즐은 유체를 작은 분무공(orifice)을 통하여 고압으로 밀어 내는 것으로 노즐 내부 공간에서 적당한 와류를 형성시켜 회전하려는 모멘트를 주거나 분무공의 형상을 이용하여 분무되는 액체가 적당한 살포각도를 가지고 분사되도록 한다.

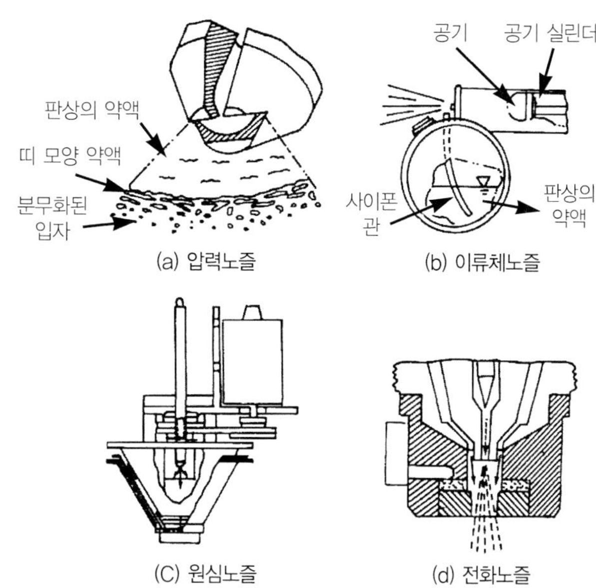

[그림 5-28] 입자발생기의 원리

분무공에서 배출된 액체는 처음에는 얇은 액체판을 형성시킨다. 형성된 얇은 액체판은 주변 공기에 대하여 빠른 상대속도를 가지고 있어 불안정한 요동을 하면서 진행하다가 선형의 액체 띠를 거쳐 마침내 작은 입자로 나누어진다. 압력노즐은 노즐 내부의 설계, 분무공의 크기에 따라서 다양한 분무형태를 갖는 노즐로 구분된다. 노즐의 분무공을 빠져나온 액체 제트의 단면적과 유속은 수축단면(Vena Contracta)현상이 발생하므로 실험적으로 구한다. 즉 제트의 단면적 내에서 속도가 균등하지 않고, 제트의 단면적이 분무공의 단면적과 다르므로 이를 속도계수(C_V)와 단면적계수(C_A)를 이용하여 유량을 구한다.

$$Q_n = C_V C_A A V_t = C_D A \sqrt{\frac{2\varDelta P}{\rho}} \qquad (5-15)$$

여기서, Q_n = 노즐의 유량(분무량), m^3/s

$\quad\quad\quad V_t$ = 제트의 이론적인 속도, m/s

$\quad\quad\quad C_V$ = 오리피스의 속도계수, 무차원

$\quad\quad\quad C_A$ = 단면적계수, 무차원

$\quad\quad\quad C_D = C_V C_A$ = 배출계수, 무차원

$\quad\quad\quad A$ = 노즐 분무공의 면적, m^3

노즐의 유속(V_j)은 식 5-16에 따라 구해지지만 미립화가 일어나기 시작하는 액체 제트의 임계속도(V_c)는 식 5-17에 따라 구한다.

$$V_j = C_v(2\frac{\Delta P}{\rho})^n \qquad\qquad (5-16)$$

$$V_c = 280\frac{\sigma^{0.42}\mu^{0.18}}{\rho^{0.59}d_j^{0.59}} \qquad\qquad (5-17)$$

여기서, V_j = 제트의 속도, m/s

V_c = 제트의 미립화 임계속도, m/s

ΔP = 노즐 분무공 전후의 압력 차이, Pa

n = 0.5 난류의 경우에

dj = 제트의 직경, m

ρ = 액체(물)의 밀도, kg/m^3

μ = 액체의 점성

σ = 액체의 표면장력, N/m

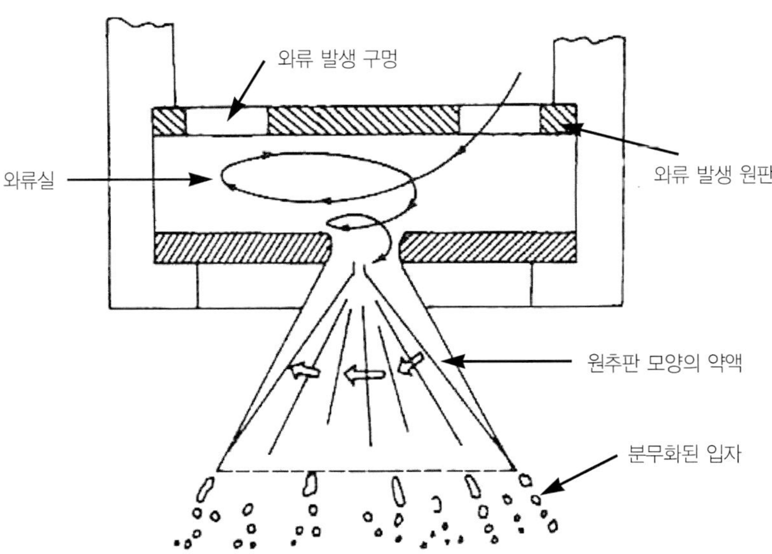

[그림 5-29] 원추공형 노즐에서 입자의 생성

예제 5-6

물의 표면장력이 $0.0728\,\text{N/m}$, 점성계수는 1m, 밀도가 $998\,\text{kg/m}^3$, 분무공의 직경이 2mm라고 한다. 노즐의 속도계수가 0.85라면 미립화가 시작되는 압력을 구하시오.

풀 이

미립화가 시작되는 임계속도 V_c를 구하면

$$V_c = 280\frac{\sigma^{0.42}\mu^{0.18}}{\rho^{0.59}d_j^{0.59}} = 280\frac{0.0728^{0.42}0.001^{0.18}}{998^{0.59}0.002^{0.59}} = 17.87\,\text{m/s}$$

임계속도에 해당되는 압력을 구하면

$$V_j = C_v(2\frac{\Delta P}{\rho})^n \rightarrow 17.87 = 0.85\sqrt{\frac{2\Delta P}{998}} \rightarrow \Delta P = 22,055\,\text{Pa}$$

이류체노즐은 액체를 고압기체와 충돌시켜 미립화하는 것으로서 이것을 사용하려면 펌프 외에도 공기압축기가 필요하다는 특징이 있다. 입자의 크기는 액체의 분무압력과 공기압력에 따라 달라지지만 압력노즐에 비하여 작고 소유량 분무에 사용된다. 액체 분무공의 크기가 작아서 수화제를 사용하는 경우에는 막힘이 일어나기도 한다. 이 방법은 상온식 연무기, 동력살분무기나 수동 약제 살포기에서 응용되고 있으며 분무냉방기로도 이용된다.

원심노즐은 고속으로 회전하는 원추형의 회전판의 중심부에 액체를 공급하여 액체가 회전판을 따라서 얇게 퍼져 이동하다가 회전판 끝에서 원심력에 의하여 떨어져나가 미립화된다. 입자의 크기를 고르면서 작게 하기 위하여 회전판 끝에는 톱니바퀴가 형성되어 있으며 액체가 모여서 톱니에 대한 부착력보다 원심력이 커지면 이탈되어 이동되는데 다른 노즐과 달리 회전판의 둘레방향을 퍼져서 한 지점에 집중적으로 살포하기 어렵다. 분무입자의 크기를 회전판의 회전수에 의하여 조절할 수 있고 분무입자의 크기가 다른 노즐에 비하여 균일하다는 장점이 있다.

$$d = \frac{W}{\omega} \sqrt{\frac{\sigma}{Dp}} \qquad\qquad (5\text{-}18)$$

여기서, d = 분무입경, μm

ω = 회전판의 회전속도, rad/s

D = 회전판의 직경, mm

σ = 액체의 표면장력 mN/m

p = 액체의 비중, g/cm³

K = 3.76 실험 상수

전화노즐(electrostatic atomizer)은 분무입자에 전하를 주어 살포 대상에 접근하였을 때 목표물과 전기적 인력이 작용하여 부착효율을 높이도록 설계된 노즐이다. 전화노즐은 25 kV 이상의 초고압 전류로 액체줄기를 미립화시키는 동전하노즐과 1.5~3kV 정도의 고압 전류로 이미 미립화된 분무입자를 대전시키는 정전하노즐로 구분되는데 생물생산업에서 이용되는 것은 정전하노즐이다. 입자의 대전은 유도법(induction)이나 코로나 방전현상을 이용하는 것으로서 입자의 크기가 크면 잘 대전되지 않으므로 주로 분무립자 크기가 작은 이류체 정전화노즐이 이용된다. 정전화노즐은 12 V 건전지와 승압장치를 이용하여 1.5~3kV의 고전압을 이상류 노즐의 출구부에 설치된 전극에 걸어 유도법(induction)에 의하여 입자를 전화하는 방법이다. 이 방법은 작은 입자를 효과적으로 전화시키나, 50 μm 이상의 입자는 효율적으로 전화시키지 못한다. 주로 미량 살포(< 5ℓ/ha)나 준소량 살포에 사용된다.

(2) 농업용 노즐

농업용 노즐이 갖추어야 할 조건은 내마모성과 내부식성 외에도 방제하고자 하는 목적에 적합한 분무특성이다. 노즐의 재료에는 황동, 텅스텐, 나일론, 세라믹 등이 있다. 황동제는 넓은 범위의 가격에 사용될 수 있으며 쉽게 제작할 수 있는 반면, 마모가 빨리 되므로 잦은 교체와 정비가 필요하다. 나일론은 사용 초기에 액체에 의하여 부풀어 분무구의 지름이 더욱 좁아져 분무속도가 줄어드는 현상이 있으며, 특정 용매에는 녹는 성질이 있다. 텅스텐제는 내마모성과 내부식성이 우수하고 세라믹제는 고가이나 수명이 가장 길다.

농업용 노즐의 종류별 용도를 개략적으로 설명하면 표 5-8과 같다.

압력노즐은 농업에 가장 널리 이용되는데 분무압력을 높임에 따라 보다 작은 입자가 발생하며, 저압일수록 입자의 크기가 커져 비산의 위험을 낮출 수 있다. 압력노즐은 지면에 살포하였을 때, 긴 타원모양을 갖는 선형노즐과 둥글게 살포되는 원추형노즐, 미립화되지 않고 약액을 분사하는 직사노즐, 반사판(deflector)을 갖춘 반사판노즐 등이 있다.

선형노즐(fan nozzle)은 렌즈모양, 즉 타원형의 분무공(orifice)에서 부채꼴모양의 분무형이 만들어진다. 부채꼴모양의 분무형은 40°, 80°, 100° 등 다양한 분무각도를 가지고 있다. 균등선형노즐(even flat nozzle)은 살포형이 비교적 균등하나 다른 노즐들은 살포형이 균일하지 않으므로, 노즐을 중첩하여 사용함으로써 균등한 살포형을 얻는다. 균등선형노즐은 단독으로도 살포형이 균일하므로 일정한 폭만 띠 모양으로 살포하는 대상 살포에 적합하며 선형노즐은 최소 경운재배나 전면 살포, 대상 살포 등에 이용된다. 쌍선형 노즐은 하나의 노즐에 두 개의 분무구를 만든 것으로 살포 폭이 넓다. 편심 선형노즐은 살포형이 좌우대칭형이 되지 않도록 분무구를 편심시킨 것으로, 붐형 살포기 붐의 끝에 설치하여 살포 폭을 넓게 하는 용도로 사용한다.

원추형노즐(cone nozzle)은 액체가 분무구를 통과하기 전에 회전력을 갖도록 설계된 것으로서 와류실형노즐이라고도 한다. 원추공형(hollow cone)노즐은 분무되는 미립자가 원

[표 5-8] 노즐의 종류별 용도와 특징

노즐의 종류		용도(특징)
압력노즐	반사판노즐	거친 분무, 막힘이 적음, 제초제 살포
	선형노즐	범용, 중첩하는 붐살포기, 제초제, 살균제
	균등선형노즐	범용, 중첩않는 붐 살포기(띠 모양 살포)
	원추형	엽면살포, 중첩하는 붐 살포기, 인력살포기, 살충제, 살균제
	직사노즐	점살포, 비산이 없음
이류체노즐	공기분사노즐	엽면시비, 과수나 관목류, 시설내 살포, 동력살분무기
	와류노즐	공간 살포, 살충제, 살균제
	거품노즐	비산위험 적음, 항공방제, 붐방제, 거품형성 목적으로 사용
원심노즐	–	과소량 살포, 미량 살포, 비산위험 감소, 인력 살포기, 붐 살포기
전화노즐	정전대전식	미량 살포, 과소량 살포, 붐 살포기, 공기이송 살포기
기타	가열 분사노즐	공간 살포, 공중방역 및 숲에서 살충제
	마이크로포일	항공방제, 비산이 적음, 제초제표

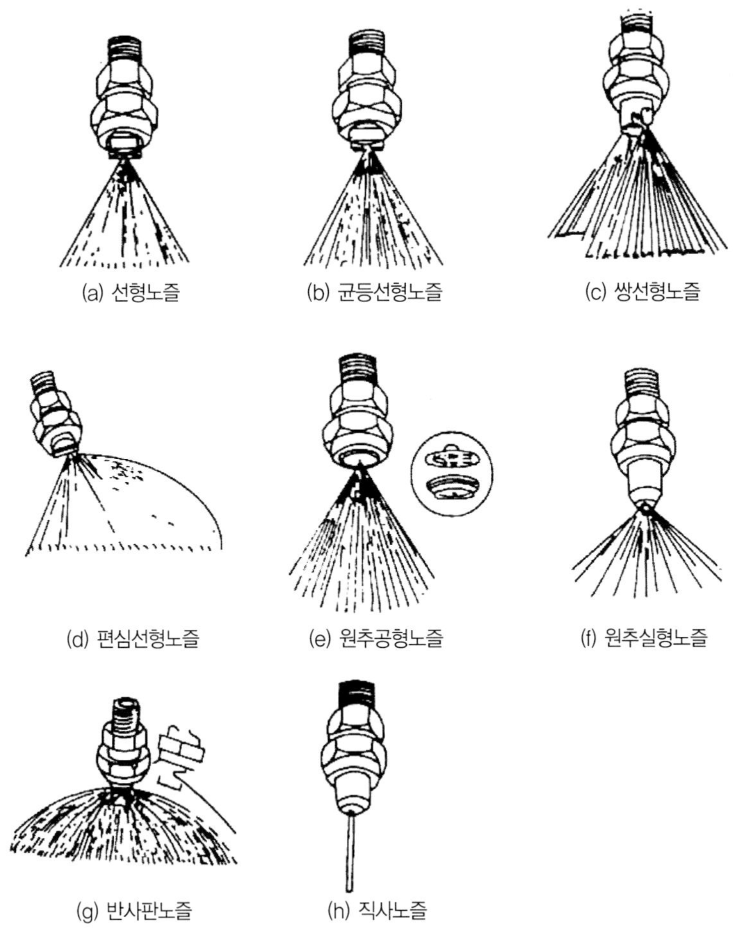

[그림 5-30] 각종 압력노즐의 형상

추형의 모양을 이루나 그 내부가 비어 있는 살포형을 가진다. 살포형은 비교적 균등하며 사용 분무압력이 높아서 작은 입자를 만든다. 흔히 두 개 또는 세 개의 노즐을 한 조로 하여 줄지어서 심은 작물에게 접촉성 농약의 발아 후 살포에 주로 사용된다. 이에 비하여 원추의 내부에도 분무입자가 있는 원추실형(full cone) 노즐은 사용 분무압력이 낮으며 거친 입자를 만든다. 주로 토양혼화(soil incorporation)에 사용되며 이행성 농약의 전면 살포에도 허용된다.

반사판노즐은 분무구를 통과한 입자가 곡선으로 된 반사판을 따라 움직이면서 얇은 판상으로 이동하다가 곡선 면이 끝나는 곳에서 입자화된다. 반사판노즐은 플루다잉

(Floodying)노즐이라고 널리 불리며, 노즐 몸체의 지름이 5mm에서부터 50m 이상까지 다양한 크기가 있다. 대형의 경우는 주로 전문 방제업자들이 사용하는 붐 방제기에 많이 이용되며 토양 혼화나 발아 전 살포, 전면 살포에 주로 이용된다. 사용 분무압력은 0.7~3 기압이다. 직사노즐은 액체를 미립화시키지 않고 액체 줄기를 목표물에 분사하는 것으로서 분무압력이 낮다. 직사 노즐은 점 살포에 사용되거나 회수 방제기에서 사용된다.

총포노즐은 와류실의 크기를 조절할 수 있도록 되어 있다. 와류실의 크기를 작게 하면 분무입자의 크기가 작아지고 분사각도가 넓어지나. 와류실의 크기를 크게 하면 입자의 크기가 커지고 분무량도 증가하여 도달거리가 증가된다. 총포노즐은 논이나 과수원과 같이 긴 도달거리를 필요로 하는 경우에 널리 사용되는 동력분무기의 노즐로 널리 사용된다.

5.3.4 정밀한 살포기술

농약이나 비료의 사용량을 잘못 산정할 경우 이의 남용이나 부적절한 처리가 이루어져서 환경오염을 야기할 수 있다. 따라서 작업하기에 앞서서 단위 면적당 살포량을 파악하고 시간당 살포량과 작업속도를 고려하여 살포장치, 즉 노즐이나 분두를 선택하고 살포압력 등 작동조건을 정하여야 한다. 정밀농업에 있어서는 농경지를 여러 개의 셀로 나누어 셀 내에서는 균일하게 살포하거나 실시간 센서와 변량살포기를 이용하여 즉각적으로 필요량을 살포하는 경우 모두 목표한 양이 작업폭 내에서는 균등하게 처리되어야 한다.

그러나 농약이나 비료를 살포하는 장치는 어떤 경우에도 우리가 목표하는 바와 같이 정확하게 원하는 곳에 원하는 만큼 살포되기 어렵다. 그 이유는 농약이나 비료를 목표물 위에서 바로 살포하지 않고 농약통에서 분무관을 통하여 여러 밸브와 노즐을 거치는 동안 제어명령과 실제 살포순간 간의 시간 차이가 발생하고, 작업능률을 높이기 위하여 여러 노즐이나 분두를 병렬로 동시에 살포할 때 각각의 노즐이나 분두의 작동조건을 균일하게 하기 어렵기 때문이다. 또한 낙하식 석회살포기 등 극히 일부를 제외하고 대부분의 입제나 액제 살포기는 노즐이나 분두 하나만을 작동하였을 때, 살포되는 양이 일정하지 않다. 따라서 살포되는 모습을 살포형(spray pattern 또는 application pattern)이라고 하는데 불균일한 살포형을 가진 노즐이나 분두를 적절하게 중첩시키면 비교적 균등하게 살포할 수

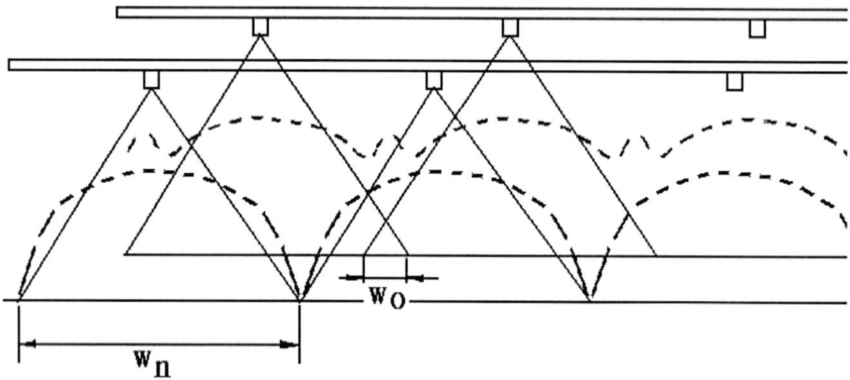

[그림 5-31] 붐 방제기에서 노즐의 중첩과 살포형(spray pattern)

있다.

그림 5-31은 붐형 방제기에서 액제를 살포하였을 때, 살포되는 형태를 표시한 것으로 하나는 중첩되지 않도록 노즐을 배치한 경우이고, 다른 하나는 w_o만큼 살포폭을 중첩시킨 것이며, 각각의 경우에 살포된 양을 살포폭에 걸쳐서 표시한 것이다. 살포량이 균등한 정도는 변이계수(coefficient of variation)를 이용하는데 정의식은 다음과 같다.

$$CV = \frac{\sigma}{\bar{x}} \times 100(\%) \tag{5-19}$$

$$O = \frac{w_o}{w_n} \times 100(\%) \tag{5-20}$$

여기서 $\bar{x}$는 일정 간격으로 살포된 양을 모았을 때, 그 값들의 평균이며 σ는 표준편차를 나타낸다. 따라서 변이계수가 작을수록 균등한 것을 알 수 있으며 일반적으로 15% 미만을 유지하여야 균등하다고 평가한다. 그림에서 살포형들의 변이계수는 중첩시키지 않은 경우가 36.5%, 중첩시킨 경우가 11.2%인 경우이다.

중첩되는 양을 표시하기 위하여 중첩률을 식 5-20과 같이 정의한다. 중첩률은 노즐을 변경하지 않은 조건에서는 살포높이, 즉 붐의 높이에 따라 달라지며 붐의 높이가 높아지면 중첩률이 높아진다.

살포작업을 할 때에는 작목이나 작업시기에 따라 단위 면적당 비료나 농약의 사용량이 정해진다. 이 값은 살포율(application rate)이라고도 하는데, 자주식 기계의 경우에는 작업속도에 따라 시간당 살포되는 양, 즉 배출률(discharge rate)을 정하여야 한다. 배출률을 정하는 방법은 살포압력을 조정하거나 노즐의 종류를 교체하는 것이다. 우리나라의 경우에는 살포하는 농약의 종류에 따라 노즐을 교체하는 기술이 보급되지 않았으므로 살포시스템의 압력을 조절하여야 한다.

노즐 한 개당 시간당 분사량(Q_n)은 식 5-21과 같이 살포율(AR, application rate), 즉 단위 면적당 살포된 양과 작업속도(S), 노즐의 간격(I_n)과 직접 관련되어 있다.

$$Q_n = \frac{ARI_nS}{600} \tag{5-21}$$

여기서 Q_n = 노즐의 분사율 (L/min)

AR = 살포율 (L/ha)

I_n = 노즐간 간격 (m)

S = 살포작업속도 (km/hr)

예제 5-7

노즐간격이 50 cm이고 전체 살포폭이 10 m인 붐방제기로 살포율 2,000 L/ha, 작업속도 0.5 m/s로 농약을 살포하고자 한다. 노즐 하나의 분당 분사량을 구하라.

풀   이

작업속도를 km/hr 단위로 환산하면 1.8 km/hr이므로 공식에 의하여

$$Q_n = \frac{ARI_nS}{600} = \frac{2000 \times 0.5 \times 1.8}{6000} = 0.3 L/min$$ 따라서 분당 분사량은 0.3L이다.

연 습 문 제

5-1 축류펌프와 사류펌프, 원심펌프의 특징과 용도를 비교하시오.

5-2 30 ha의 면적과 평균수심이 2 m인 소규모 저수지의 물을 1주일 동안에 모두 퍼낼 수 있는 배수장에 적합한 펌프를 선택하고 그 근거를 설명하시오.

5-3 분당 50 m^3의 유량을 전양정 3 m로 송출하는 축류펌프가 있다. 이 펌프의 임펠러 회전 속도는 전효율은 72%라고 한다. 펌프의 축동력과 축동력을 구하시오.

5-4 기비를 살포하는데 10 a당 15 kg의 질소를 살포하여야 한다. 살포할 비료가 21-15-18 복합비료라면 3 ha를 살포할 때 복합비료 몇 kg이 필요한가?

5-5 벼물바구미를 제거하기 위한 살충제는 10 a당 2 kg을 수면에 살포하여야 한다. 동력살분 무기를 이용하여 0.2 m/s로 전진하면서 10 m 폭을 살포한다면 1분당 동력살분무기에서 배출율은 얼마인지 구하시오.

5-6 어떤 선형노즐은 2 기압(약 2 kg/cm²)의 압력에서 0.36 ℓ의 농약을 분사한다. 압력을 3 기압으로 증가시킬 경우에 분사량은 얼마인지 구하시오.

5-7 고추탄저병을 예방하기 위하여 수화제를 살포하려고 한다. 살균제의 권장 희석배수는 1,000배이며 10 a당 10 g을 살포한다. 동력분무기와 총포형노즐을 사용하여 살포폭 좌우 16 m, 중첩률 50%, 작업속도 0.3 m/s로 살포하려고 한다. 노즐의 분당 분무량을 얼마가 되도록 조정하여야 하는지 구하시오.

5-8 살포폭이 10 m이고 16개의 노즐을 가진 붐방제기가 있다. 방제기의 작업속도는 0.3 m/s로 정하고 10 a당 200L를 살포하려고 한다. 노즐 1개에서 분당 살포해야 할 분무량은 얼마인가? 동일한 노즐을 사용하여 10 a당 150 L를 살포하고자 한다면 분무압력을 몇 % 정도 줄여야 할 것인지 구하시오.

5-9 액비살포기의 작업속도는 0.8 m/s, 살포폭은 1.6 m이다. 액비를 10 a당 1 ton을 살포하려고 한다. 살포할 노즐의 분당 분무량을 구하시오.

5-10 평탄한 밭에서 살포율 300 L/ha로 농약을 살포하는 데 원추공형 노즐을 선정하였다. 작업기의 속도가 5 km/hr이고 노즐의 간격은 0.5 m이다. 노즐 분무공의 직경이 0.787 mm이며 300 kPa에서 0.5 L/min의 분사율을 나타낸다. 원추공형노즐의 분무압력을 얼마로 정하여야 하는지 구하시오.

5-11 문제 5-8에서 분무량의 50%는 농약통으로 회수하여 농약을 교반하며 노즐의 배출계수는 0.6이고 노즐구멍의 면적은 $10^{-7}\,m^2$이라고 한다. 10 a당 살포량을 300ℓ까지 가능하며 최대 분무압력이 5기압까지 가능하다고 한다. 좌우 분무관의 직경을 내경 15 mm인 관으로 하고, 분무관은 좌우가 병렬로 펌프와 연결되었다. 펌프에서 좌우붐 분지관까지는 내경 25 mm의 관이 사용되었다. 분무시스템에서 가장 긴 곳까지의 관 길이가 6 m이고, 짧은 곳은 1 m라고 한다. 관의 거칠기가 0.0003 m라고 하며 배관부품과 밸브의 손실수두는 배관의 손실수두와 같다고 가정할 때, 다음을 구하시오.

1) 분무시스템의 개략도를 그리시오.

2) 최대 유량과 최대 분무압력조건을 기준으로 펌프를 선정하시오.

5-12 노즐에서 분사되는 분무입자의 크기를 고속카메라를 이용한 영상에 의하여 구했더니 다음과 같은 100개의 입자직경을 얻었다. 분무입경의 산술평균, 기하평균, 숫자중간직경, 체적중간직경을 구하시오.

370	270	370	160	190	470	540	330	150	170
140	470	470	180	1010	170	210	410	800	390
250	620	150	200	520	190	440	700	280	360
370	330	520	350	250	150	150	490	100	780
260	270	1130	730	650	470	130	380	760	190
570	460	550	310	170	340	460	630	1070	230
340	390	640	750	1140	450	280	160	270	640
340	340	190	970	660	210	870	650	310	150
70	250	490	160	370	370	330	210	500	150
340	210	150	340	290	110	580	760	350	290

참고문헌

정창주, 김경욱. 1997 **농작업기계학원론**. 서울대학교출판부.

정창주 외 17인. 1995. **삼고 농업기계학**. 향문사.

최광재 외 4인. 2004. 가축분뇨 액비 지표살포기 개발(1) – 차축구동형 가축분뇨액비 지표살포기, **한국농업기계학회 2004하계 학술대회논문집** 9(2):183–186.

Matthews. G. A. 1992. *Pesticide Application Methods*. Longman Scientific & Technical.

Srivastava, A.L, Carrol E. Goering, Roger P. Rohrbach, Dennis R. Buckmaster. 2006. *Engineering Principles of Agricultural Machines*. 2nd ed. ASABE.

Bio-production Machinery Engineering

Chapter **06** 작물 수확기계

01 곡물 수확기

02 과실 수확기

03 채소 수확기

06 작물 수확기계

6.1 곡물 수확기

6.1.1 곡물 수확의 기계화

곡물 수확작업은 이삭이 붙어 있는 작물 줄기를 베는 예취작업, 벤 작물을 다발로 묶는 결속작업, 이를 햇볕에 말린 후 탈곡할 장소로 운반하는 운반작업, 작물체로부터 곡물을 분리하는 탈곡작업, 탈곡물로부터 곡물을 골라 내는 선별작업, 이것으로부터 곡물 이외의 것을 제거하는 정선작업 등 일련의 작업을 묶어 말한다. 곡물 수확에 사용되는 방법과 장비는 작물의 종류와 재배방식 등에 따라 다양하며, 과학기술의 발달에 따라 예취기, 탈곡기, 콤바인 등의 기계를 사용하는 방식으로 발전하여 왔으나 아직도 세계의 많은 지역에서는 인력이나 축력에 의존하고 있다. 우리나라의 경우 벼에 대한 수확작업의 기계화율이 99%에 이르고 있지만 벼 이외의 곡물에 대한 수확작업의 기계화는 아직 미흡한 실정이다.

6.1.2 곡물예취기

(1) 종류와 특징

수확기에 사용되는 예취날은 형태에 따라 고정날, 회전날, 및 왕복날로 분류된다. 고정날은 예취 부분이 고정되어 있어서 운동 부분이 적고, 구조가 간단하며, 값이 싼 반면에, 작물이 잘 잘리지 않아 사용이 힘들고, 맥류의 예취에는 부적합하며, 숙련이 필요하고, 날이 손상되거나 휘기 쉬운 특징이 있어서 인력예취기나 축력예취기 또는 트랙터견인식 콩예취기 등에 사용된다.

회전날은 기구와 동력전달방법이 간단하고, 소음과 진동이 적으며, 가볍고 안정되어 있어서 목초예취기에 많이 사용되고 있다. 그러나 회전날은 날폭이 좁고, 고속회전을 하지 않으면 잘 잘리지 않으며, 내구성이 작고, 날의 일부가 마모되면 전체를 교환하여야 하며, 예취높이가 불균일하고, 벤 작물이 흩어지는 것을 방지할 장치가 필요하다.

왕복날은 구조가 복잡하고, 소음이 많으며, 무거운 단점이 있으나, 작물이 깨끗하게 잘 잘리고, 예취폭이 넓고 조절이 자유로우며, 마모된 부분을 쉽게 교체할 수 있고, 내구력이 강한 장점 때문에 곡물예취기에는 대부분 왕복날이 사용된다.

곡물예취기는 동력에 따라 인력예취기와 축력예취기 및 동력예취기로 분류할 수 있고, 전용형과 부속작업기형, 보행형과 승용형 등으로 나누기도 한다. 또, 예취 후 처리방식에 따라 벤 상태로 방출하는 예불형(刈拂型), 베어서 가지런히 깔아놓는 예도형(刈倒型), 벤 다음 모아서 방출하는 집속형(集束型), 벤 다음 묶어서 방출하는 결속형(結束型)으로 분류한다.

예불형 예취기에는 회전날을 이용한 어깨걸이식 또는 등짐식의 휴대형 동력예취기가 있다. 이것은 풀을 베거나 잔가지를 치는 데 주로 이용되지만, 안내장치를 부착하여 곡물을 베는 데 이용할 수도 있다.

(2) 예도형 예취기

예도형 예취기는 벤 작물이 잘 마르도록 기계 옆쪽으로 쓰러뜨려 가지런히 방출하는 예취기로서, 종류로는 윈드로워(windrower)와 콩예취기(bean cutter) 및 벼예취기가 있다. 윈드로워는 숙기가 불균일한 작물이나 완전히 익기 전에 수확하는 작물을 베어서 줄지어 깔아 말린 다음 투입식 콤바인으로 걷어올려 탈곡과 선별을 하는 건탈곡 작업체계에서 사용된다. 예도형 콩예취기는 가르개(divider) 뒤쪽에 있는 V자형 고정날로 흙 속 1~2cm 깊이의 줄기 밑부분을 베어서 포장에 깔아 놓는 예취기이다.

벼예취기는 동력예취기라고 불리며 그 구조는 그림 6-1에서 보는 바와 같이 기관과 주

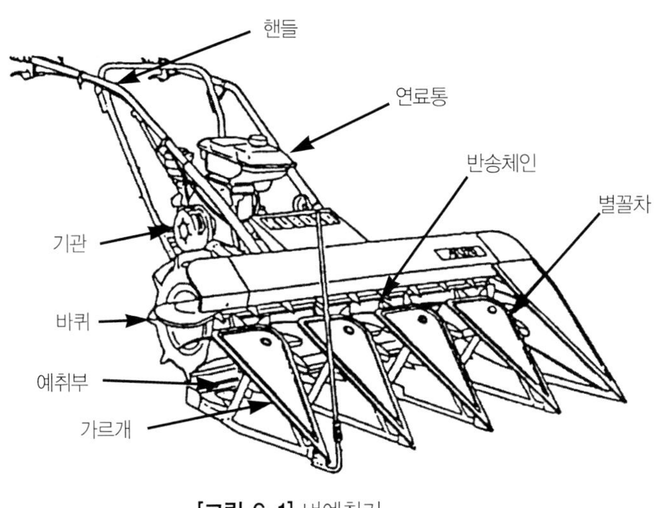

[그림 6-1] 벼예취기

※자료: 日本農業機械. 1995. 農業機械解說書(II).

행부, 가르개, 별꼴차(star wheel), 예취부 및 반송부로 구성되어 있다. 주행부는 폭이 넓은 돌기붙이 타이어 또는 무논용의 철차륜이 사용되며, 가르개는 기계가 진행할 때 벨 작물과 주변 작물을 구분하여 예취부로 유도하는 역할을 한다. 별꼴차는 회전하면서 작물을 기계 안쪽으로 잡아당겨 예취날이 베는 동안 작물을 지지하고 벤 작물이 옆으로 이송되는 것을 돕는다. 예취날은 행정과 피치가 각각 50 mm인 표준형 왕복날로서 예취높이를 10~30 cm 범위로 조절할 수 있게 되어 있다. 반송부는 돌기붙이 체인 또는 혹벨트와 안내봉으로 이루어져 있으며, 예취된 작물을 옆으로 가지런히 반송하여 기체의 오른쪽으로 방출한다.

이 벼예취기는 구조가 간단하고, 가벼우며, 고장이 적고, 벤 작물을 포장에 줄을 지어 얇게 깔아두므로 건조가 잘 되며, 끈 값이 필요 없는 이점이 있어 묶는 작업을 생략하는 건탈곡 작업체계에 적합하다.

(3) 집속형 예취기

집속형 예취기(reaper with dropper)는 작물을 베어서 한쪽으로 모은 다음 한 묶음씩 방출하는 예취기로서 콩의 수확에 사용되는 소형과, 목초나 산파된 맥류의 수확에 사용되는 대형으로 구분할 수 있다. 소형인 집속형 콩예취기(bean harvester)에는 보행형, 승용형 및 트랙터 장착형이 있다. 보행형의 구조는 가르개, 줄기지지장치, 예취장치, 집초통, 배출장치, 주행장치 등으로 이루어져 있다. 기체 앞부분의 가르개로 분리된 작물의 줄기와 잎 부분은 지지벨트에 의하여 지지되면서 회전날이나 왕복날에 의하여 밑부분이 잘린 다음, 돌기붙이 체인 또는 연질 고무벨트나 혹붙이 고무벨트 사이에 줄기가 끼워져 지지되면서 집초통 또는 배출용 컨베이어까지 이송된다. 집초통 속에 일정량이 모이면 운전자의 레버 조작이나 캠에 의하여 버킷이 열리고 모인 다발은 포장에 방출된다.

(4) 바인더

바인더(binder)는 작물을 베는 동시에 모아서 끈으로 묶어 포장에 방출하는 결속형 예취기이다. 바인더에는 서양에서 사용된 축력 또는 트랙터견인식의 대형 바인더와, 일본과 우리나라에 보급된 보행형의 소형 바인더가 있는데 여기서는 소형 바인더에 관하여 설명하기로 한다.

소형 바인더는 베는 줄 수에 따라 1줄용, 2줄용, 3줄용 등이 있다. 바인더의 구조는 기관과 동력전달장치, 주행부, 전처리부, 예취부, 반송부, 결속부 등으로 구성되어 있다. 먼저 가르개와 걷어올림장치에 의하여 일으켜 세워진 작물은 왕복날에 의하여 절단된 다음 반송부를 거쳐 결속부에 모이게 된다. 여기서 일정량의 작물이 모이면 결속기가 작동하고 작물은 묶여서 기계 옆으로 방출된다. 바인더는 자동탈곡기나 자주형 탈곡기와 결합시켜 사용하면 매우 능률적이지만, 끈 값이 부가되는 단점이 있다. 바인더의 작업능률은 1줄용이 6~9a/h, 2줄용이 14~15a/h이며, 곡물 손실은 0.2~0.4%, 불완전결속률은 0.1% 이하로 매우 적다.

1) 동력전달장치와 주행부

바인더에는 공랭식 4행정 가솔린기관이 탑재되어 있으며, 기관의 동력은 벨트장력 클러치를 거쳐 기어식 변속기에 전달되고, 걷어올림장치와 예취부는 벨트장력 예취클러치를 거쳐 제2변속기를 통하여 구동된다. 변속장치에는 주행속도가 달라지면 그에 따라 다른 작업부의 속도가 변하는 종속 변속장치와 주행속도에 관계 없이 항상 일정한 운동을 하는 독립 변속장치의 두 가지가 있다. 자동 예취클러치는 예취날의 앞쪽에 있는 작물 줄기를 감지할 때만 작동하는 레버를 예취클러치와 연결시킨 것이다. 또, 결속장치는 예취 구동축에서 체인에 의하여 구동되고 결속장치의 각 부분은 체인 또는 기어로 구동된다.

주행부는 습한 연약지에서 잘 빠지지 않고 미끄러지지 않도록 특별히 설계된 1개 또는 2개의 폭이 넓은 저압 타이어나 무논용 철차륜을 사용하고 있으며, 바퀴 사이의 간격을 조절할 수 있는 것도 있다. 타이어는 습지에서의 주행성을 고려하여 표면에 높은 돌기(lug)를 부착하였으며, 다른 차륜에 비하여 완충작용이 크고 슬립과 주행저항 및 진동이 적다. 또 이 타이어는 일반적으로 속에 튜브를 넣지 않고 40~80kPa의 저압공기를 넣어 타이어와 림의 플랜지부를 밀착시킨 것으로서, 접지압이 10~20kPa로 낮게 설정되어 있다.

2) 전처리부

바인더의 전처리부는 안내봉, 가르개, 걷어올림장치 등으로 구성되어 있으며, 작물을 베기 직전에 자세를 갖추게 하여 예취와 반송작용이 원활하게 이루어지도록 하기 위한 장치이다. 안내봉과 가르개는 벨 작물과 다음 행정에서 벨 작물을 분리하고 줄기부를 기체로 유도하여 작업폭을 결정해 주는 역할을 한다. 가르개에 의하여 분리되어 처리 영역에 들어온 작물은 걷어올림장치에 의하여 일으켜 세워져 예취부로 들어가게 된다.

걷어올림장치는 쓰러진 작물을 일으켜 세우고, 흩어진 작물이 얽히지 않도록 빗질하듯 가지런히 정리하면서 예취장치로 유도하여 예취날이 줄기 밑부분을 자르는 동안 줄기의 윗부분을 붙잡아 주며, 작물이 베어져 반송장치로 인계될 때까지 작물을 지지하여 자세를 유지시키는 역할을 한다. 이 장치는 그림 6-2에서 보는 바와 같이 10~12개의 걷어올림돌기(pickup tine)가 부착된 체인과 이것이 들어 있는 체인통으로 구성되어 경사지게 설치되어 있다. 돌기붙이체인은 상하 스프로킷 사이에서 체인통 안의 안내레일을 따라 하방에서 상방으로 회전하고, 돌기는 체인통 안을 접힌 상태로 운동하다가 통 하부에 이르면 통에서 튀어나와 작물을 잡아당기면서 레일에 대하여 직립하면서 위쪽으로 이동하므로 작물을 일으켜 세우게 된다. 그러나 작물이 심하게 쓰러져 있는 경우에는 돌기가 작물까지 도달하지 못하는 부분이 생기는데 가르개가 이 부분의 작물을 돌기에 걸치도록 유도해 주는 역할을 한다.

걷어올림돌기는 합성수지로 만든 손가락 모양의 것으로서 그 길이는 100~150mm(표준

130mm)이고, 인접한 돌기 사이의 간격인 피치는 130~ 330mm(표준 220mm)이다. 또, 체인을 지지하고 있는 체인통은 지면과 후방으로 37~80°의 기울기를 가진다. 돌기의 속도는 쓰러진 작물을 걷어올리는 작용에 큰 영향을 끼치는데, 직선부의 속도는 보통 0.9~1.2m/s이다.

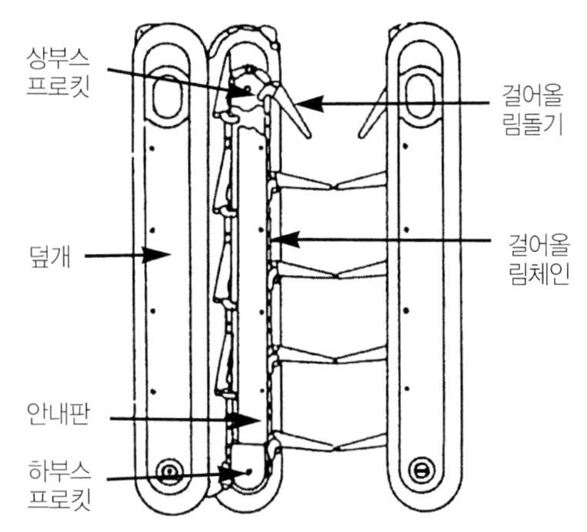

[그림 6-4] 걷어올릴장치

※자료 : 정창주외. 1995. 농업기계학.

3) 예취부

바인더의 예취부는 작물의 줄기 밑부분을 지면으로부터 4~6cm 높이로 절단하는 작용을 하는 부분으로서 그림 6-3에서 보는 바와 같이 칼날구동부, 구동날, 받침날, 마찰판, 예취날누름쇠, 조정판 등으로 구성되어 있다.

칼날구동부는 기관에서 오는 회전운동을 크랭크 휠과 피트먼 암(pitman arm) 또는 편심륜과 슬라이더 캠기구를 통하여 구동날의 왕복운동으로 변환시킨다. 크랭크 휠의 회전속도는 550~650rpm이며, 피트먼 암은 칼날구동암을 통하여 직접 칼날을 구동시키거나 또는 예취날머리(knife head)를 통하여 칼날을 구동시킨다.

예취날은 행정과 피치가 50mm인 표준형 왕복날이 사용된다. 구동날은 고정된 받침날 위에서 왕복운동을 하면서 작물을 절단하고, 받침날은 구동날의 절단작용을 보조하여 줄기에 전단을 발생시킨다. 마찰판은 이 두 칼날 사이의 마찰저항을 감소시키고 두 칼날의 상호 위치를 결정하여 칼날 끝을 맞추는 역할을 한다. 또, 예취날 누름쇠는 두 칼날 사이의 간격을 적절하게 유지할 수 있도록 칼날을 눌러 주는 역할을 하는데, 구동날과 받침날 사이의 간격은 0.3~0.7mm이다.

구동날은 삼각형 칼날을 예취날대(knife bar)에 리벳으로 고정시킨 것인데, 1줄용은 예취날을 연속시켜 프레스 가공을 한 일체형이 많다. 왕복날의 몸체는 지면과 15~25°로 비스듬하게 설치되어 있으며, 날폭은 1줄용이 20~25cm, 2줄용이 45~50cm이다. 칼날은 절단저항을 작게 하고 깨끗한 절단면을 얻기 위하여 경사각(쐐기각)은 20~25°, 진행방향과 이루는 절단각은 30~40°로 설계하며, 쉽게 마모되지 않도록 경도가 높은 탄소공구강을 사용한다. 칼날형태는 톱니형과 평활면형이 있는데, 톱니형은 평활면형에 비하여 제작비는 비싸지만 절단이 깨끗하게 잘 되고 자주 연마하지 않아도 날이 예리하게 유지되는 이점이 있다. 벼나 보리류의 줄기는 절단할 때 미끄러져 나가기 쉬우므로 구동날은 톱니형을 사용하고 받침날은 평활면형을 사용하는 경우가 많다.

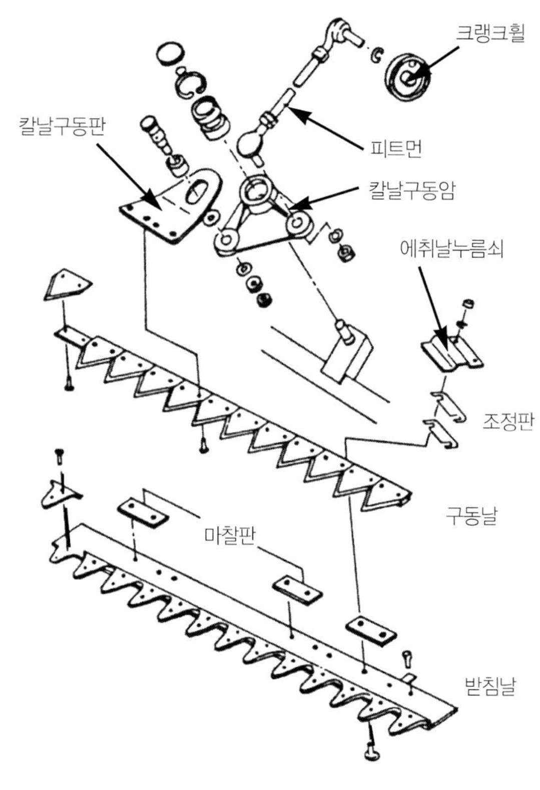

[그림 6-3] 왕복날

※자료 : 정창주외. 1995. 농업기계학.

예취날의 성능은 예취날의 예리함, 구동날과 받침날 사이의 틈새, 절단속도비 등과 관계된다. 절단속도비 K는 예취날의 평균 절단속도 V_c를 차체의 주행속도 V_m으로 나눈 값, 즉 $K = V_c/V_m$으로 나타낸다. K가 너무 작으면 절단된 줄기가 가지런하지 않고 절단의 질이 불안정해지는 반면, K가 너무 크면 재절단이 발생하고 기계의 진동이 심해진다. 한계절단속도비는 알맞은 예취를 할 수 있는 최소한의 절단속도비를 말하며, 예취장치는 작물의 종류와 작업속도에 상응하는 한계절단속도비보다 큰 K의 값에서 가동되도록 설계된다. 표준 작업상태에서의 예취기의 절단속도비는 벼를 수확할 경우 1.0~1.3, 맥류를 수확할 경우에는 1.3보다 크게 하고 있다.

4) 반송부와 결속부

반송부는 예취된 작물을 결속부까지 가지런하게 옆으로 이송하는 장치로서 반송벨트와 체인, 별꼴차 및 안내봉으로 구성되어 있다. 그러나 1줄용에는 체인과 벨트가 생략되고 별꼴차와 덮개만으로 구성된 것이 많다. 예취날 뒤쪽에 있는 모으개(collector)는 예취된 작물을 긁어들이는 작용을 하며, 별꼴차는 작물이 가지런하게 이송되도록 보조하는 역할을 한다. 반송체인과 반송벨트는 삼각형 돌기가 일정한 간격으로 붙어 있는 혹체인 또는 혹벨트로 되어 있으며, 회전하면서 작물을 지지판에 밀착시켜 결속부로 이송한다. 2줄용 바인더는 상하 2단으로 반송하며 반송속도는 상단이 1.5~2.0m/s, 하단이 0.8~1.1m/s로 설정되어 있다.

바인더의 결속장치에는 고리로 만든 끈의 양단을 묶어 매듭을 만드는 매듭(knotter)형과 끈을 감고 비비꼬아 작물과의 사이에 끼워 넣는 꼬임(twist)형이 있는데 대부분의 기종이 매듭형 결속장치를 사용하고 있다. 매듭형 결속장치의 기본적인 구조는 목초용 포장기(baler)의 것과 비슷하며, 그림 6-4에서 보는 바와 같이 집속암, 결속클러치(clutch door), 결속바늘, 안내판, 매듭부리, 끈잡이, 방출암 등으로 이루어져 있고, 케이스 내부에는 1회전 클러치 기구를 가지고 있다.

결속끈은 장력조절기와 끈보정기를 거쳐 끈안내관을 통과한 다음, 바늘귀를 통과하여 매듭부리의 위쪽을 지나 그 끝을 끈잡이가 붙들고 있게 되어 있다. 끈의 경로를 틀리지 않고 빠르게 끼우기 위하여 자동으로 끈을 끼우는 장치가 있는 기종도 있는데 이 장치에는 기관의 압축가스를 이용하는 방식과 되감김 코일을 당겨 철선으로 끼우는 방식이 있다.

결속장치의 결속과정은 다음과 같다. 즉, 반송부로부터 이송되어 오는 예취된 작물은 200rpm 정도로 회전하는 집속암의 계속되는 왕복 각운동에 의하여 결속클러치 앞에 모여 압축된다. 작물이 일정량이 되어 결속클러치에 200~300N의 압력이 가해지면, 즉 결속클러치가 2~8° 뒤로 밀리면, 1회전 클러치가 작동하게 되어 매듭기어가 돌기

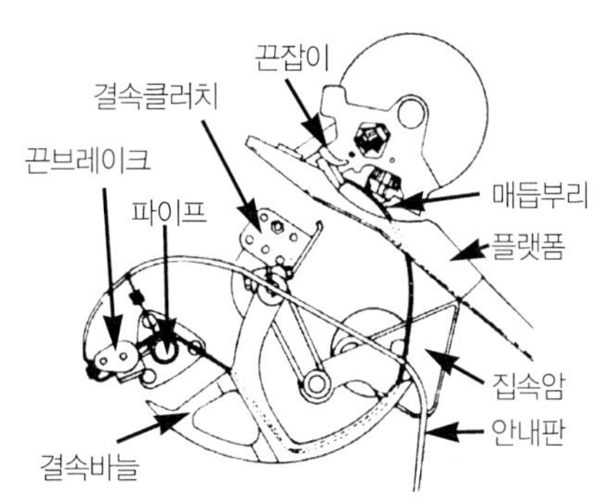

[그림 6-4] 결속장치

※자료 : 정창주 외. 1995. 농업기계학.

시작한다. 결속기의 작동은 처음에 결속바늘이 끈을 물고 돌기 시작하여 클러치 앞에 모인 일정한 크기의 다발 주위를 한 바퀴 감으면서 끈잡이까지 가고, 처음에 끼워져 있던 끈의 끝과 함께 물고 간 끈을 끈잡이에 지지시킨다.

이 상태에서 매듭부리의 회전에 의하여 매듭이 만들어지는 과정은 그림 6-5에서 보는 바와 같다. 결속바늘이 다시 역회전하여 처음 위치로 되돌아갈 때 매듭부리가 끈의 양끝을 붙들고 돌면서 끈의 고리를 만들고, 그 고리 속으로 매듭부리로 물고 있던 끈을 잡아당겨 매듭을 만든다.

매듭이 만들어지면 끈잡이가 매듭부리보다 약간 늦게 한 바퀴 돌면서 끈잡이에 부착되어 있는 끈칼로 끈을 절단하고, 이 때 매듭부리는 매듭의 끝을 계속 잡고 있다가 방출암이 회전하여 다발을 기체 밖으로 내보낼 때 매듭을 단단히 묶어 주면서 매듭은 매듭부리에서 벗어나고 결속작업이 완료된다. 결속바늘은 끈이 끈잡이에 지지되면 후퇴하여 최초의 위치로 되돌아가고, 이 되돌아간 끈 위에 다음의 벤 작물이 모이게 된다. 방출작용을 하는

① 클러치가 들어가서 바늘이 움직이기 시작하고, 매듭부리가 돌기 시작한다.

② 바늘이 상사점에 도달하고, 매듭부리가 끈을 감기 시작한다.

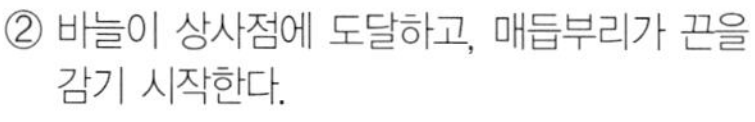
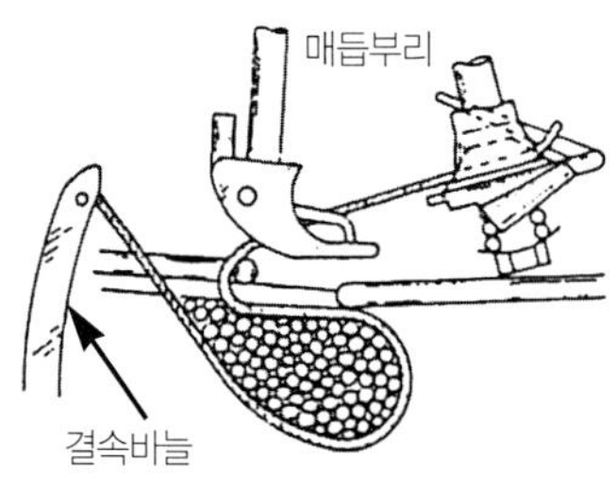

③ 매듭부리가 끈을 물려고 한다.

④ 끈이 매듭에서 빠져나와 방출이 시작된다.

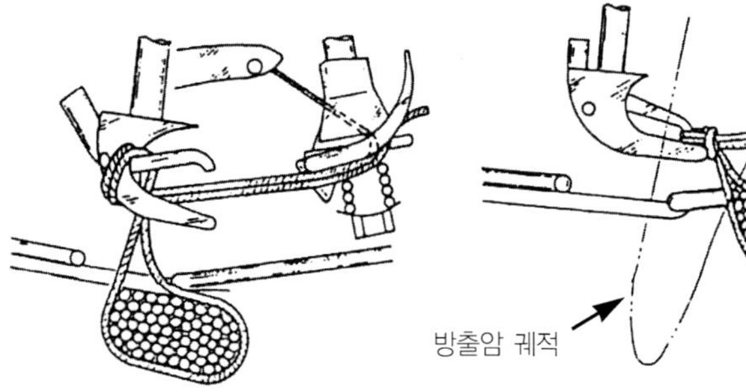

[그림 6-5] 매듭이 만들어지는 과정

※자료 : 木谷收. 1998. 生物生産機械学.

동안 결속클러치는 1회전 클러치 기구에 설치된 캠에 의하여 일단 개방상태가 되고, 묶인 다발이 방출된 후에는 원래 위치로 되돌아가며, 결속클러치와 방출암을 겸용한 기구를 가진 기종도 있다. 결속기의 회전속도는 28~37 rpm으로 설정되어 있으며, 이들 각 동작은 간헐기어인 매듭기어가 서로 시한(timing)을 가지고 작동하므로 0.26~0.33초의 매우 짧은 시간에 결속작용의 한 사이클이 완료된다.

결속작업이 완료되면 방출암이 돌면서 묶인 다발을 기계의 오른쪽에 있는 방출벨트 위로 보내어 포장에 가지런히 방출시키게 된다. 다발의 크기는 지름 80~120 mm가 되도록 3~4단계로 조절할 수 있다. 즉, T자형 돌기의 다발조절판에 뚫려 있는 위치조정용 구멍을 알맞게 선택하여 결속클러치에 볼트로 결합시킴으로써 다발의 크기를 필요에 따라 조절할 수 있게 되어 있다. 벼의 경우 다발의 지름이 10~12 cm이면 다발의 질량은 1.2~1.6 kg이 되며, 포장에 방출되는 다발의 간격은 0.5~1.5 m, 10 a당 다발의 수는 약 1,200~1,500 다발이 된다.

바인더에 사용되는 끈에는 황마(jute)나 사이잘삼(sisal)과 같은 천연섬유로 만든 노끈과 폴리프로필렌(PP)이나 폴리에틸렌(PE)과 같은 합성수지가 있다. 천연섬유는 합성수지에 비하여 잘 늘어나지 않고, 습도의 영향을 덜 받으며, 부식성이 좋은 반면, 인장강도가 고르지 못하고, 내구성이 약하며, 값이 비싸다. 합성수지끈은 가축이 먹으면 위장장해를 일으키고, 잘 썩지 않으므로 퇴비로 사용하면 다음 작업에 지장을 초래하기 쉬운 단점이 있으나 값이 싸서 널리 사용되고 있다.

6.1.3 탈곡기

(1) 탈곡기의 종류와 특징

탈곡이란 곡물을 두들기고, 비비고, 훑는 등의 복합적 작용을 이용하여 이삭 부분으로부터 분리시킨 후 곡물과 비곡물(MOG : material-other-than-grain)의 혼합물로 이루어진 탈곡물로부터 곡물만을 골라 내는 작업을 말한다. 탈곡기(thresher)는 대상작물에 따라 벼나 맥류의 탈곡을 주목적으로 하는 탈곡기, 콩탈곡기, 옥수수탈곡기, 종자용 탈곡기 등으로 분류하며, 동력원에 따라 인력용과 동력용으로 나눈다. 인력용에는 그네 탈곡기

(comb thresher)와 족답탈곡기(treadle thresher)가 있으나 근래에는 거의 사용되지 않는다.

탈곡기를 주행형식에 따라 분류하면 정치식, 가반식, 트랙터탑재식, 트랙터견인식, 자주식 등이 있다. 정치식에는 동력원에 따라 전동기를 부착한 것과 트랙터 또는 경운기의 엔진에 벨트로 연결하는 방식 및 전동기 겸용식이 있고, 자주식에는 차륜형과 무한궤도형이 있다.

탈곡기는 작물의 공급방식에 따라 이삭공급(head feeding)식과 투입(throw-in feeding)식으로 분류할 수 있다. 이삭공급식은 줄기의 뿌리쪽 부분을 붙들고 이삭 부분만을 탈곡실에 공급하는 방식으로서 훑어서 탈곡하는 벼에 적합하며, 투입식은 예취된 작물 전체를 탈곡실에 공급하는 것으로서 비벼서 탈곡하는 맥류의 탈곡에 적합하다. 또, 공급장치의 유무에 따라 손공급(hand feeding)식과 자동공급(self feeding)식으로 나눌 수 있는데, 손공급식을 반자동탈곡기, 자동공급식을 자동탈곡기라고 한다.

또, 탈곡통의 수에 따라 분류하면 단통형과 복통형이 있으며, 작물의 공급위치에 따라 상급식, 중급식, 하급식으로 분류하기도 한다. 상급식은 작물을 탈곡통 윗부분에 공급하는 방식으로서 다발이 크고 잘 건조된 작물에 적합하며 작업능률이 높다. 중급식은 2개의 탈곡통 사이에 작물을 공급하는 방식으로서 다발을 뒤집을 필요가 없고 큰 다발에 적합하다. 하급식은 작물을 탈곡통 밑부분에 공급하는 방식으로서 알떨림이 어려운 작물, 건조가 덜 된 작물, 또는 작은 다발에 적합하며 구조가 간단하고 탈곡성능이 좋아 가장 널리 사용된다.

탈곡기는 작물의 흐름방향에 따라 탈곡통 회전축과 직각방향인 직류형과 탈곡통 회전축과 평행인 축류형으로 분류된다. 서양에서 사용되는 탈곡장치는 주로 직류형이며, 우리나라에서 사용되고 있는 자동탈곡기나 이삭공급식 콤바인은 대부분이 축류형이고, 콩탈곡기는 손공급식의 투입식 축류형이 많다.

탈곡기의 탈곡통(cylinder)을 탈립기구의 형태에 따라 분류하면 탈곡치(threshing tooth)형과 탈곡봉(threshing bar)형으로 구분할 수 있다. 탈곡치형에는 철선치(wire loop)형, 돌기치(spike tooth, peg tooth)형 및 스프링치(spring tooth)형이 있고, 탈곡봉형에는 줄봉(rasp bar)형과 각봉(angle bar)형이 있다. 이러한 탈곡통의 종류는 그림 6-6에서 보는 바와 같다. 이삭공급식 탈곡장치에는 철선치형이 주로 사용되며, 투입식 탈곡장치의 경우

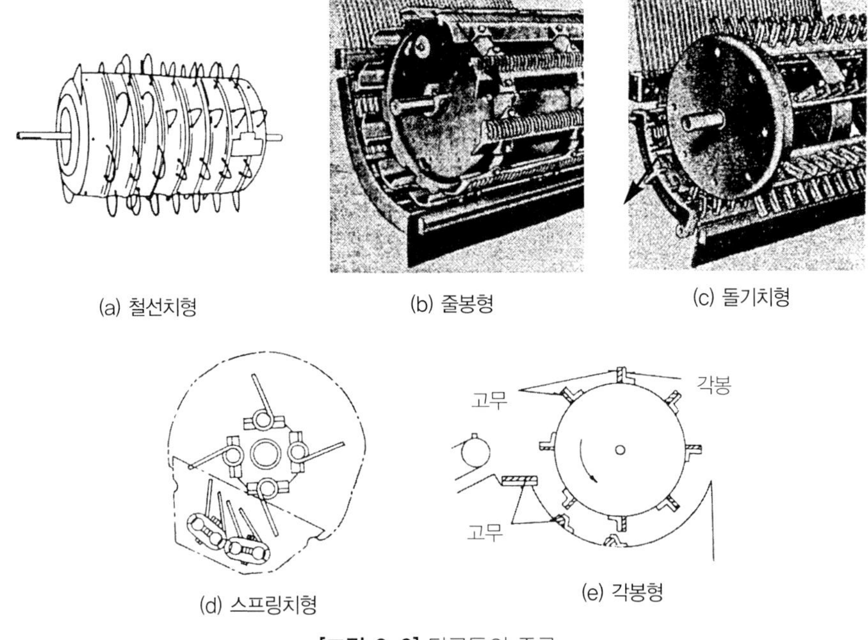

[그림 6-6] 탈곡통의 종류

※자료 : 정창주외. 1995. 농업기계학.

밀의 탈곡에는 줄봉형을, 벼의 탈곡에는 돌기치형을, 그리고 콩의 탈곡에는 스프링치형이나 고무를 붙인 각봉형을 이용하고 있다.

탈곡망(concave)은 그림 6-7에서 보는 바와 같이 다공판, 파형망(crimped sieve), 격자망(grate) 등이 있다. 다공판은 철판에 여러 개의 원형 구멍을 낸 것으로서 건조가 잘 안되고 알떨림이 어려운 작물에 적합하나 곡물 손상이 많다. 파형망은 강선을 엮은 것으로서 곡물통과율은 격자망보다 낮으나 이삭립(2개 이상의 낟알이 붙어 있는 것)이나 지경립(10mm 이상의 지경이 붙어 있는 것)의 발생이 적어 철선치형 탈곡통을 가진 이삭공급식 탈곡기에 주로 사용된다. 격자망은 평행한 받침판에 강봉을 끼워 격자형으로 만든 것으로서, 받침판의 배열방향에 따라 횡격자망, 종격자망, 방사격자망 등이 있다. 종격자망은 눈매가 $20 \times (10{\sim}20)$ mm로서 곡물통과율도 좋고 잘 막히지 않는 장점이 있다.

투입식 탈곡장치에서는 줄봉형 탈곡통과 격자망이 가장 많이 사용되고 있다. 벼와 콩의 탈곡에 사용되는 돌기치형 탈곡통의 격자망에는 탈곡통의 돌기치와 같은 형태의 돌기치가 고정되어 있어 검불발생이 많은 특징이 있다. 또, 각봉형 탈곡통의 탈곡망은 고무를 씌

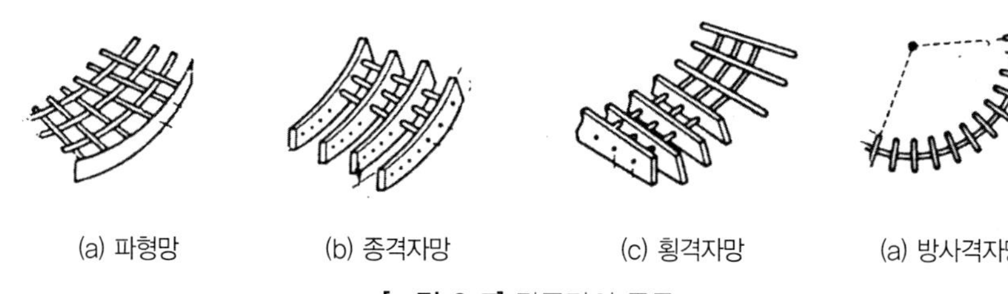

[그림 6-7] 탈곡망의 종류

※자료 : 한국농업기계학회. 1998. 농업기계핸드북.

운 격자망으로 되어 있으며 목초종자의 탈곡에 주로 사용된다.

(2) 반자동탈곡기

반자동탈곡기는 동력탈곡기라고 불리는 손공급식 탈곡기로서, 벼의 탈곡에는 이삭공급식이, 그리고 맥류나 콩 등의 잡곡의 탈곡에는 투입식이 많이 사용되고 있다. 반자동탈곡기는 자동탈곡기에 비하여 작업능률은 높으나, 작업인원이 많이 소요되며, 곡물 손실이 많고, 선별이 깨끗하지 못하며, 검불출구의 북데기는 재탈곡하여야 하고, 피로가 심한 등의 단점이 있어 근래에는 주로 잡곡의 탈곡에 활용되고 있다.

1) 구조와 작용

반자동탈곡기의 구조는 탈곡장치, 선별장치, 곡물이송장치 등으로 구성되어 있다. 이삭공급식의 탈곡과정은 먼저 작물다발의 뿌리쪽 부분을 손으로 붙잡고 이삭 부분만을 탈곡실에 공급하면, 이삭 부분이 회전하는 탈곡통의 타격을 받아 탈곡치와 탈곡망 사이에서 훑어져 탈립이 되며, 탈곡이 끝난 짚은 기계 옆에 쌓아 두게 된다. 탈곡실 안에서 발생한 탈곡물은 대부분 탈곡망눈을 통하여 밑으로 낙하하여 곡물판을 따라 흘러내리며, 이 과정에서 풍구의 바람에 의하여 선별된 낟알은 알곡오거(clean grain auger)와 양곡기에 의하여 알곡출구로 나가게 되고, 불완전립은 쭉정이출구로, 짚부스러기와 검불 등 비곡물은 검불출구로 배출된다. 또, 탈곡망눈을 통과하지 못한 탈곡물은 배진실로 들어가 철선체(spoke sieve)에 의하여 선별된 다음 곡물은 알곡오거로, 그리고 비곡물은 검불출구로 배출된다.

2) 탈곡부와 선별부

탈곡통의 앞쪽에는 공급구가 있고 위쪽에는 탈곡실 덮개가 설치되어 있으며 뒤쪽에는 배진판이 설치되어 있어 이것들이 탈곡망과 함께 탈곡통을 둘러싼 탈곡실을 형성하고 있다. 탈곡통은 철판으로 된 원통으로서 표면에는 높이 60~70 mm의 철선치 또는 돌기치가 불연속 나선형으로 배열되어 있다. 탈곡통의 회전속도는 벼의 경우에는 400~600 rpm, 맥류는 600~800 rpm이며, 콩탈곡기는 탈곡치의 주속도를 7~12 m/s로 하고 있다. 탈곡망으로는 주로 파형망이 사용되는데 탈곡치 선단과의 틈새를 5~8 mm로 하여 탈곡통 아래쪽에 설치된다. 콩탈곡기의 경우에는 지름 18 ~25 mm의 원형구멍이 뚫린 다공철판이나 망눈크기 15~25 mm의 파형망이 사용되며 직류형 중에는 탈곡망이 없는 것도 있다. 또, 탈곡치와 탈곡망은 탈곡할 작물의 종류에 따라 교체할 수 있게 되어 있다.

선별부는 풍구, 배진판, 철선체 등으로 구성되어 있으며, 콩탈곡기는 요동판과 선별벨트 둘 다 있는 것과 요동판과 선별벨트 중 어느 하나만 장착된 것이 있고 짚체가 있는 기종도 있으며, 흡인팬을 설치하여 잎과 깍지, 검불 등을 깨끗이 선별하는 기종도 있다. 풍구는 회전속도가 800~1,400 rpm인 반경류팬(radial fan)을 주로 사용하며, 탈곡기의 부하에 따라 흡입구의 크기를 조절함으로써 송풍량을 가감할 수 있게 되어 있다.

탈곡실과 배진실의 칸막이로 설치되어 있는 배진판은 핸들이나 페달 등을 사용하여 간헐적으로 개폐함으로써 탈곡망을 통과하지 못하고 탈곡실에 남아 있는 검불과 이삭립 등을 배진실로 배출시킨다. 또한, 자동배진형의 경우에는 배진판 대신 회전하는 검불처리통을 설치하여 검불을 자동으로 연속 처리한다. 또, 배진실에 설치되어 있는 철선체는 배진물 속에 섞여 있는 곡물을 선별하여 풍구 쪽으로 보내고, 검불은 검불출구로 내보내게 된다.

3) 곡물이송장치

곡물이송장치는 선별된 알곡을 수평방향으로 이송시키는 알곡오거와 여기에 연동시켜 알곡을 일정 높이까지 올려 자루 등의 용기에 담기도록 하는 양곡기로 구성되어 있다. 알곡오거로는 대부분 나사형 반송기(screw conveyor)가 사용되며, 양곡기로는 쳐올림기(thrower)나 퍼올림기(bucket elevator)가 사용되는데 압송팬으로 반송하는 방식도 있다. 이들 곡물이송장치의 종류는 그림 6-8에서 보는 바와 같다.

　나사형 반송기는 오거라고도 하는데 수평, 경사, 수직의 모든 방향으로 반송할 수 있으며 재료의 혼합과 압축 등에도 사용할 수 있고 구조가 간단하여 신뢰성과 적응성이 높은 반면에 소비 동력이 크고 곡물에 손상을 주기 쉬운 단점이 있다. 탈곡기의 알곡오거는 나선의 바깥지름이 110~200mm, 피치가 바깥지름의 0.75~1.2배이고 깃과 통 밑바닥 사이의 간격은 4~10mm, 회전속도는 100~300rpm이다.

　쳐올림기는 3~6개의 깃을 가진 회전차와 전동축, 양곡관 등으로 구성되어 있으며, 구조가 간단하고 값이 싸며 고장이 적고 소요 동력도 작은 장점이 있으나, 반송높이가 보통 1~1.5m로서 극히 제한적이며 동력효율이 현저하게 낮은 것이 단점이다. 쳐올림기는 회전속도를 높이면 양곡높이가 증가하지만 곡물 손상도 증가하므로, 양곡량과 양곡높이를 모두 증가시키려면 깃의 지름과 나비를 크게 하는 것이 바람직하다. 양곡기의 쳐올림기는 지름이 25~30cm인 날개를 600~2,000rpm으로 회전시킴으로써 발생하는 원심력으로 곡물을 0.4~0.7m 높이까지 쳐올려 양곡관을 통하여 알곡출구로 배출시킨다. 또, 깃과 케이싱 사이의 간격은 5~12mm로 하는데 이 간격이 넓으면 반송효율이 떨어지고 좁으면

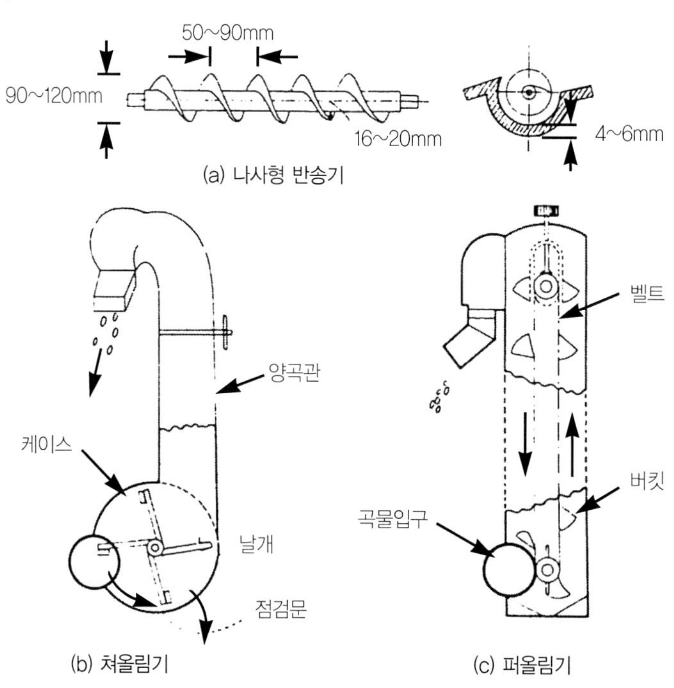

[그림 6-8] 곡물이송장치

※자료 : 정창주외. 1995. 농업기계학.

곡물 손상이 많이 발생한다.

퍼올림기는 비교적 깨끗한 곡물을 수직으로 끌어올리는 데 사용되며 곡물 손상이 아주 적어 콩과 같이 손상받기 쉬운 곡물의 양곡기에 사용된다. 이 양곡기는 수직으로 회전하는 고무 평벨트에 얇은 철판으로 만든 그릇을 약 15 cm 간격으로 달고 이것을 1 m/s 정도의 속도로 순환시켜 곡물을 담아 퍼올리게 된다.

(3) 자동탈곡기

자동탈곡기는 알떨림이 어려운 자포니카형 벼를 탈곡하기 위하여 1960년대에 일본에서 개발된 것으로서 우리나라에는 1968년부터 보급되기 시작하였다. 현재 우리나라에는 단통형 하급식 철선치형의 탈곡통과 파형망을 가진 기종이 가장 많이 보급되어 있는데, 이 탈곡기는 공급체인으로 작물을 붙들고 탈곡통과 평행으로 이동시키면서 이삭 부분만을 탈곡실로 공급하여 탈곡하게 된다. 따라서 벼를 탈곡할 경우에는 투입식 탈곡기에 비하여 곡물의 손상과 손실이 적고 소요 동력도 작으며 소형경량이라는 장점이 있다.

1) 구조와 성능

자동탈곡기는 자동공급장치, 자동풍력조절장치, 흡인팬, 검불처리장치, 환원장치, 짚자동배출장치 등 몇 가지 자동처리장치를 가지고 있다는 것을 제외하면 반자동탈곡기와 기본적으로 유사하다. 자동탈곡기의 구조는 그림 6-9에서 보는 바와 같이 공급체인, 탈곡통과 탈곡망, 검불처리통, 풍구와 흡인팬, 알곡오거와 양곡기, 환원오거와 환원물쳐올림기 등으로 구성되어 있다.

탈곡선별과정은 먼저 공급체인에 의하여 공급된 작물은 탈곡실을 지나는 동안에 탈곡되고 탈립된 곡물은 탈곡망눈을 통과하여 곡물판 위로 낙하하며, 탈곡이 끝난 짚은 짚배출장치에 의하여 기계 밖으로 배출된다. 곡물판에서 낙하한 것은 풍구의 바람에 의하여 곡물과 검불로 분리되며, 곡물은 알곡오거 위로 낙하하여 옆으로 이송된 다음 양곡기에 의하여 자루에 담기게 되고, 검불은 흡인팬에 의하여 선별되어 지경립, 이삭립 등은 환원오거 위에 낙하한 다음 환원물쳐올림기에 의하여 탈곡실로 환원되어 재처리되며, 짚부스러기 등 가벼운 검불은 검불출구를 통하여 기계 밖으로 배출된다.

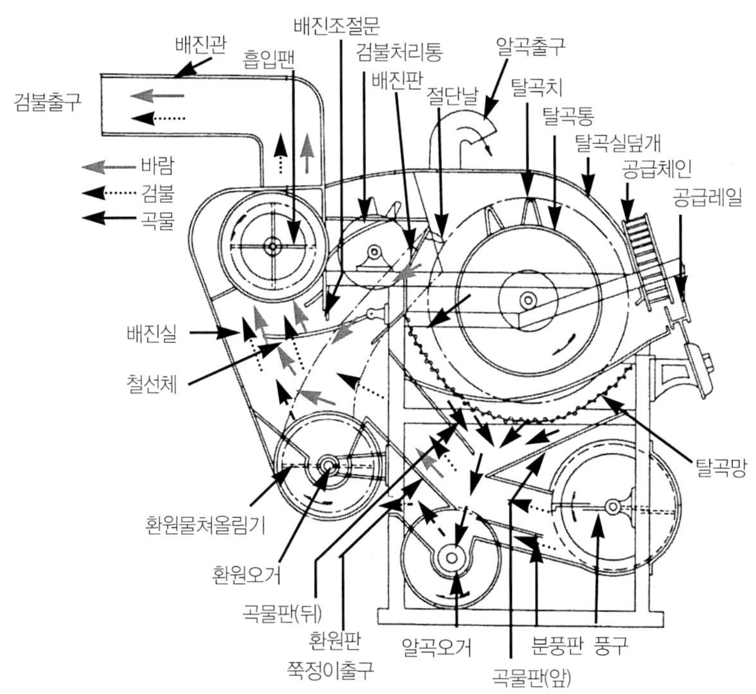

[그림 6-9] 자동탈곡기의 구조

※자료 : 정창주 외. 1995. 농업기계학.

자동탈곡기의 작업능률은 벼의 경우 400kg/h·kW 이상이며, 보리류는 이것의 70% 정도이다. 자동탈곡기의 작업 정도에 관한 우리나라의 농업기계 검사기준을 보면 곡물 손실 2.5% 이하, 곡물 손상 0.8% 이하, 비곡물혼입비 2.8% 이하로 되어 있다.

2) 자동공급장치와 짚배출장치

자동공급장치는 그림 6-10에서 보는 바와 같이 작물 줄기의 뿌리쪽 부분을 공급체인 (feed chain)과 공급레일(feed rail) 사이에 끼워 붙들고, 이삭 부분이 탈곡실을 일정 속도로 지나가도록 이송시키는 장치이다. 좌우 스프로킷에 감겨 회전하는 공급체인은 작물이 잘 빠져나가지 않도록 특수한 형태의 무한이송체인으로 되어 있으며, 그 밑에는 코일스프링 으로 받쳐진 공급레일이 설치되어 있어 공급되는 작물의 두께에 따라 공급체인과의 간격 을 조절할 수 있게 되어 있다.

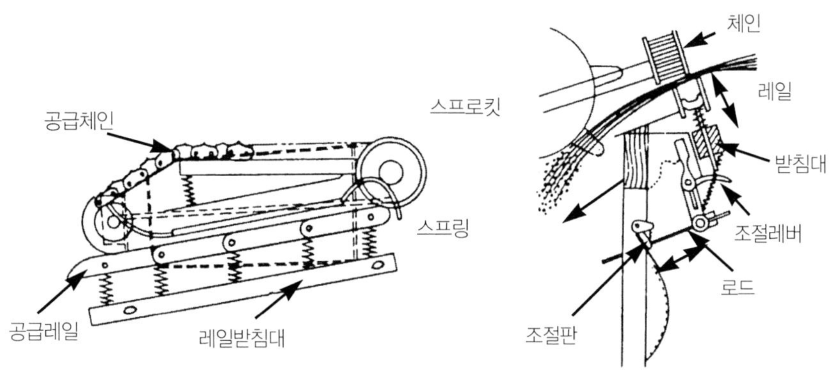

[**그림 6-10**] 자동공급장치와 자동풍력조절장치

※자료 : 정창주 외. 1995. 농업기계학.

작물은 공급체인과 공급레일 사이에 물려 코일스프링으로 압축되면서 0.25~0.3m/s의 속도로 수평방향으로 이송되며, 탈곡실 안에서 옆으로 이송되는 약 2~3초 동안에 탈곡이 진행된다. 탈곡실에 대한 작물의 적절한 공급깊이는 50~57cm로서, 이보다 깊게 하면 소요 동력과 선별 손실이 증가하고 얕게 하면 미탈곡립이 증가한다.

탈곡이 끝난 짚은 공급체인에 연결되어 있는 짚 자동배출장치에 의하여 기체로부터 1m 이상 떨어진 옆으로 방출되며, 짚배출장치는 긴 안내레일과 혹벨트 또는 혹체인을 조합한 기구로 구성되어 있다.

3) 탈곡부

탈곡부는 탈곡통, 탈곡치, 탈곡망, 탈곡실 등으로 이루어져 있다. 탈곡통은 길이가 450mm, 지름이 360~420mm의 원통형으로서 공급구쪽 부분은 원뿔형으로 되어 있다. 탈곡통은 지름이 너무 작으면 짚이 잘 감기게 되어 작물이 끌려 들어가기 쉽고, 너무 크면 진동과 소요 동력이 커진다. 또, 동적균형이 잡혀 있지 않으면 진동이 심하여 탈곡이 불균일하고 내구성이 저하되므로 제작할 때 주의하여야 한다.

탈곡통 표면에는 두께 5~7mm의 경강선재를 담금질하여 만든 높이 68~76mm인 역V자형의 탈곡치가 볼트로 고정되어 있으며, 그림 6-11에서 보는 바와 같이 그 형태와 배열이 반자동탈곡기와는 다르게 되어 있다. 탈곡통의 입구 쪽 원뿔대 부분에는 폭이 넓고 키

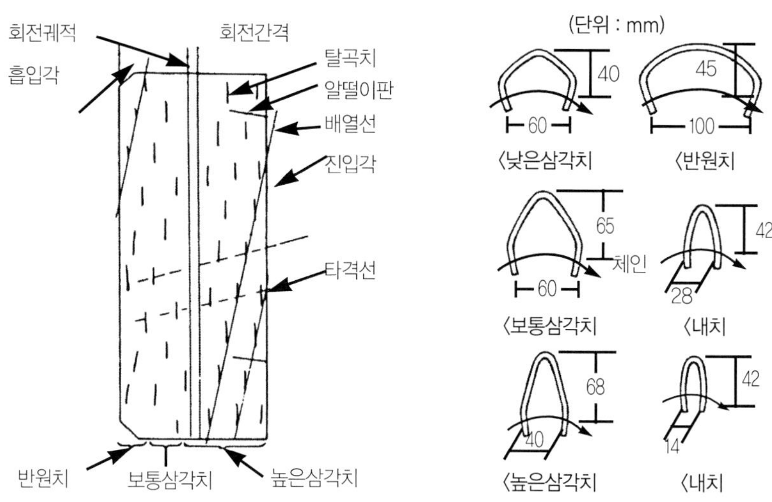

[그림 6-11] 탈곡치의 형태와 그 배열

※자료 : 정창주 외. 1995. 농업기계학.

가 낮은 반원치가 경사지게 설치되어 있어서 이삭 부분이 순조롭게 탈곡실로 들어오게 함과 동시에 이삭 부분이 절단되지 않도록 이삭을 고르게 정리하는 역할을 하면서 1차적 인 탈립작용을 한다. 반원치 다음의 중앙 부분에는 두껍고 선단이 넓은 이중삼각치를 배 열하여 탈곡치에 짚이 엉키지 않고 탈립작용이 촉진되도록 하며, 짚풀이 증가하는 출구 쪽에는 가늘고 선단이 좁은 높은 삼각치를 배열하여 남아 있는 곡물을 탈립시킨다. 탈곡 치의 배열은 나선형으로 되어 있으며, 리드수(중복수)는 2~4로서 탈곡치의 동일 회전궤적 에 2~4개의 탈곡치가 배열된다. 탈곡통이 회전할 때의 인접한 탈곡치 사이의 회전간격은 20~30mm로 되어 있다.

벼의 탈립력은 알떨림성에 따라 0.6~2.5N이고, 탈곡통의 회전속도는 벼의 경우에는 400~600rpm, 맥류의 경우에는 500~700rpm으로 하여, 탈곡치 선단의 주속도가 벼의 경우에는 12~15m/s, 맥류의 경우에는 16~20m/s가 되게 하고, 종자용을 탈곡할 경우에 는 이것의 75~85%로 한다. 탈곡통의 회전속도가 증가하면 탈립이 되지 않은 미탈곡립은 감소하는 반면에 곡물 손상과 소요 동력이 증가하게 된다.

탈곡통의 출구 쪽에는 보통 3개 정도의 알떨이판이 탈곡치 사이에 배열되어 있는데, 이 것은 짚 사이에 끼어 있는 탈립된 낟알을 원심력에 의하여 털어 내어 짚배출구로 섞여 나

가지 못하게 하고, 바람을 일으켜 검불을 배진실로 내보내는 역할을 한다. 탈곡실의 앞뒤에는 길이가 60~70mm 되는 예리한 날을 가진 ㄷ자형 절단치 4~8개가 탈곡치가 칼날 사이를 지나가도록 고정되어 있어서 탈곡실 안으로 끌려들어온 짚이나 찢긴 짚을 절단함으로써 짚이 탈곡치에 엉켜 감기는 것을 방지하고 탈곡실의 밖으로 배출되기 쉽도록 함으로써 선별능력을 향상시킨다.

탈곡통의 아래쪽 둘레에 포위각이 100~150° 가 되도록 둘러싸고 있는 탈곡망은 탈곡치와의 좁은 틈새를 이용하여 작물의 탈립작용을 돕는 역할을 하는 동시에 탈립된 곡물과 검불을 선별하는 작용을 한다. 이 탈곡망은 망눈의 크기가 사방 9~15mm가 되도록 지름 2.5~3.2mm의 경강선재로 엮은 파형망을 주로 사용하고 있다. 망눈이 클수록 소요 동력과 곡물 손상은 감소하는 반면, 선별부의 부하가 커져 곡물 손실이 증가하게 된다.

탈곡치의 선단과 탈곡망 사이의 간격, 즉 탈곡망 틈새(concave clearance)는 3~6mm로 되어 있는데, 이 틈새가 좁으면 소요 동력과 곡물 손상이 증가하고 작업능률이 높아지는 반면, 이 틈새가 넓으면 소요 동력과 곡물 손상은 감소하나 미탈곡립이 증가하게 되며 탈곡망에 검불이 끼어 선별효율이 감소하게 된다.

탈곡망 표면에는 높이가 10~20mm인 1~2개의 활꼴 막이판(limiting arch)이 보강을 겸하여 설치되어 있으며, 탈곡실 덮개 안쪽에도 작물조건에 따라 각도를 조절할 수 있는 활꼴 막이판이 설치되어 있다. 이들 막이판은 재료가 막이판에 걸렸을 때 양측면의 탈곡치로 탈립을 촉진하고 지경을 제거하여 이삭립과 지경립의 발생을 줄이며, 탈곡실 내에서의 탈곡물 이동을 지연시켜 탈립작용과 탈곡망눈의 통과율을 증가시키고 배출되는 짚에 끼어 나가는 곡물을 줄임으로써 탈곡선별성능을 향상시키는 역할을 한다. 탈곡실 안에는 짚이 어느 정도 있어야 완충재로서 곡물 손상을 줄일 수 있으나, 짚이 너무 많으면 탈곡률이 저하되고 소요 동력이 증가하게 된다. 따라서 탈곡실 덮개에 설치된 막이판의 각도를 조절하여 짚의 배출량을 제어하고 탈곡실 안의 짚의 양을 적절하게 조절하고 있다. 또, 짚 배출구에 설치되어 있는 홈통은 짚 속에 끼어 짚 배출구로 나가는 곡물을 모아 탈곡망 위나 환원장치로 되돌려보내는 역할을 한다.

4) 선별장치와 환원장치

선별부는 풍구와 흡인팬으로 구성되어 있으며, 요동체를 추가한 기종도 있고, 배진실에 검불처리통과 검불처리망을 설치하여 2차탈곡을 하는 복통형도 있다. 풍구를 이용한 공기동역학적 선별은 곡물과 검불 등의 끝속도(terminal velocity)의 차이로 인하여 발생한다. 예를 들면 벼, 밀, 보리, 귀리 등의 경우 곡물의 끝속도는 5~12m/s인 데 비하여 짧은 짚토막의 끝속도는 2~6m/s, 검불의 끝속도는 1.5~2.5m/s의 범위에 있다.

풍구는 널판형 팬(plate fan) 또는 압풍팬이라고도 부르는 2~4개의 널판형 날개를 가진 반경류팬을 사용하며, 회전차의 지름은 200~300mm, 회전속도는 1,000~1,700rpm, 풍속은 8m/s 이상으로 하고 있다. 송풍구에 설치되어 있는 분풍판은 선별실 내의 풍속을 고르게 분포되도록 하고 풍향을 두 갈래로 나누어 이중으로 선별하며, 분풍판 위에서의 풍속은 4~7m/s이다.

풍구의 풍량은 회전차의 회전속도 또는 흡입구의 면적을 변화시켜 조절하는데, 부하 정도에 따라 알맞은 송풍량을 줄 수 있는 자동풍력조절장치가 설치되어 있다. 이 장치는 그림 6-10에서 보는 바와 같이 자동공급장치의 공급레일의 상하운동에 연동하여 풍구의 흡입구를 여닫게 함으로써 작물공급량에 따라 풍력을 자동으로 조절할 수 있게 되어 있다. 작물이 두껍게 공급되면 공급레일이 아래로 밀려 내려가 풍구의 흡입구 조절판이 닫히게 되므로 풍력이 강해지고, 작물이 얇게 공급되면 공급레일이 위로 올라가 흡입구 조절판이 열리게 되므로 풍력이 약해진다.

탈곡실에서 탈곡망눈을 통과하지 못한 탈곡물은 배진실로 들어가서 입구 위에 부착된 6~8개의 검불처리칼로 절단된 다음, 철선체 의하여 선별되어 곡물은 환원실로 들어가고 검불은 흡인팬에 의하여 검불출구를 통하여 배출된다. 철선체는 길이 200~500mm의 강철선을 10~35mm 간격으로 배열하여 고정하거나 요동하게 만든 것이다.

흡인팬은 축류팬 또는 직교류 팬으로서 깃수가 4~5매, 지름이 약 300mm, 회전속도는 1,000~2,000rpm이다. 흡인팬은 2~10m/s의 와류를 발생시켜 배진실로 들어온 검불 속에 섞여 있는 곡물을 선별하여 환원실로 보내고, 검불은 검불출구를 통하여 기계 밖으로 배출시킨다. 검불출구에는 긴 관을 연결하여 검불을 퇴비장 등 기계에서 멀리 떨어진 곳까지 배출시켜 위생적인 처리를 할 수 있게 되어 있다.

환원장치(tailings return unit)는 배진실에서 흡인팬과 철선체에 의하여 검불과 분리되어 낙하하는 이삭립이나 지경립 등을 수집하여 나사형 반송기로 구성되어 있는 환원오거로 옆으로 이송시킨 다음, 환원물쳐올림기를 통하여 탈곡실로 되돌려 보내어 재탈곡을 하도록 하는 장치이다. 환원물쳐올림기는 지름이 300mm 정도인 2~3개의 날개로 이루어져 있으며 회전속도는 1,200 ~2,000rpm이다.

 탈곡된 곡물이 탈곡망눈을 통과하여 낙하하는 통과율이 높으면 탈곡통 내의 순환량은 적어지지만 이삭립과 지경립이 증가하여 처리작용과 정선작용에 문제가 발생한다. 반면에 통과율을 낮추어 탈곡망눈을 통과하지 못한 곡물이 증가하면 곡물 손상과 선별부의 부담 및 곡물 손실이 증가하는 등의 문제가 발생한다. 이들 각 요인의 종합적 특성 값으로서의 환원량은 곡물유량의 10~15%가 적당하다고 한다.

6.1.4 콤바인

 콤바인(combine)은 예취탈곡기(combined harvester and thresher)를 약칭하는 것으로서, 포장에서 이동하면서 작물의 예취, 탈곡, 선별작업을 동시에 수행하는 종합수확기를 말한다. 콤바인은 수확작업체계를 단순화하여 한꺼번에 작업을 완료하므로 다른 수확기계에 비하면 대단히 능률적이며, 생력화는 물론 곡물 손실의 감소와 적기작업에 의한 증수 및 곡물 손상을 줄여 품질향상을 도모할 수 있는 등의 많은 이점이 있다. 그러나 콤바인은 기계 값이 상대적으로 비싸고 건조기가 필요하며, 농로와 경지가 잘 정리되어 있어야 효율적으로 사용할 수 있다는 제약이 있다.

(1) 콤바인의 종류와 특징

 콤바인은 대상 작물에 따라 전용 콤바인과 범용 콤바인 및 종자용 콤바인으로 분류된다. 전용 콤바인은 콩콤바인과 같이 단일작물의 수확에 사용되는 것이고, 범용 콤바인은 벼, 맥류, 두류, 옥수수 등 여러 가지 작물의 수확이 가능한 것을 말한다.

 콤바인은 작업형식에 따라 이삭 부분만을 예취하여 처리하는 이삭예취(ear-cut)식, 탈곡선별부에 이삭 부분만을 공급하여 처리하는 이삭공급식, 예취된 작물 전체를 탈곡선별부로 보내어 처리하는 투입(whole-crop feed)식, 작물을 포장에 세워 둔 채로 탈곡선별하는 미예취탈곡(stripper harvester)식 등으로 대별할 수 있다. 이삭공급식은 벼의 수확에 적합하며 걷어올림장치를 가진 예취기와 자동탈곡기를 결합한 형태이므로 자탈형 콤바인이라고 부른다. 투입식은 맥류의 수확에 적합하며 서양에서 널리 사용하므로 관행 콤바인 (conventional combine) 또는 보통형(ordinary type) 콤바인이라고 부른다. 미예취탈곡식은 알떨림이 쉬운 벼에 적합하며 기계 속에서의 처리량이 적으므로, 소요 동력이 적고 작업능률이 높은 특징이 있다.

주행방식에 따라 이삭공급식 콤바인은 보행용과 승용이 있고, 투입식 콤바인은 자주형과 트랙터 견인형이 있다. 또, 주행장치의 형식에 따라 바퀴형, 무한궤도형 및 반궤도형으로 분류되는데, 이삭공급식 콤바인은 모두 무한궤도형이며 투입식 콤바인은 밭에서는 바퀴형을, 그리고 논에서는 바퀴 위에 무한궤도를 씌운 반궤도형이나 무한궤도형을 사용한다.

콤바인은 탈곡통의 수에 따라 단통식, 복통식, 다통식으로 분류되며, 작물이 흘러가는 방향에 따라 탈곡통의 회전축에 수직방향으로 흐르는 직류형과 평행하게 흐르는 축류형으로 분류된다. 이삭공급식 콤바인은 모두 축류형이며, 투입식 콤바인은 직류형이 많다. 축류형 투입식 콤바인은 직류형에 비하여 작물이 탈곡실 내에 머무는 시간이 길어짐으로 곡물 손실이 감소하여 선별면적을 줄일 수 있다는 이점이 있으나, 소요 동력이 커서 소형 기종에 채용되는 경향이 있다.

콤바인을 크기에 따라 분류하면 작물을 베는 폭에 따라 보통 1m 이하를 초소형, 1~2m를 소형, 2~3m를 중형, 3~5m를 대형, 5m 이상을 초대형으로 구분하며, 벼와 같이 줄로 심는 작물에 대하여는 2~6줄용 등으로 구분한다. 곡물과 짚을 포함한 작물의 처리유량은 예취폭 1m당 1t/h로 하는데, 이를 곡물 처리유량으로 분류하면 0.5t/h 이하를 초소형, 0.5~1t/h를 소형, 1~2t/h를 중형, 2t/h 이상을 대형으로 구분한다.

(2) 자탈형 콤바인

자탈형 콤바인은 1966년에 일본에서 개발되었으며, 우리나라에는 1970년에 처음으로 도입된 이후 2000년에는 보유대수가 87,805대로 피크를 보인 다음 차츰 감소하고 있으나 4줄용 이상은 보급이 계속 증가하고 있어 대형화 추세를 보이고 있다.

자탈형 콤바인은 작물의 공급방향에 따라 상급식과 하급식으로 분류되며 대부분이 하급식이다. 또, 곡물처리방식에 따라 자루에 담는 자루형과 곡물통(grain tank)과 반출오거 (unloader)를 이용하는 산물형으로 분류할 수 있고, 짚처리방식에 따라 세단형, 집속형, 결속형 등으로 분류하기도 한다.

1) 자탈형 콤바인의 구조와 작물의 흐름

자탈형 콤바인의 구조는 섀시, 운전조작장치, 주행부, 전처리부, 예취부, 반송공급부, 탈곡선별부, 곡물 처리부, 짚 처리부, 자동제어장치 및 안전장치 등으로 이루어져 있다. 이러한 구성요소 중 전처리부와 예취부는 바인더에서 설명한 것과 유사하며, 탈곡선별부와 곡물 처리부는 탈곡기에서 설명한 내용과 유사하여 공통되는 부분이 많아, 여기서는 자탈형 콤바인 고유의 것만 설명하기로 한다.

자탈형 콤바인의 수확과정은 먼저 가르개와 걷어올림장치로 가지런히 정리된 작물이 왕복날에 의하여 예취된 후 반송체인으로 이송되어 공급체인으로 인계된다. 공급체인과 공급레일 사이에 끼워진 작물은 탈곡통과 평행으로 이동하면서 이삭 부분만 탈곡실로 공급되어 탈곡통에 의하여 탈곡된다. 탈곡실에서 탈립되어 탈곡망눈을 통하여 낙하하는 혼합물은 요동체에 의하여 선별되며, 체눈을 통하여 낙하한 것은 풍구에 의하여 기류선별되어 곡물은 알곡오거와 양곡기를 거쳐 자루에 담기거나 곡물통에 저장된 후 반출오거에 의하여 운반차로 옮겨지게 되고, 비곡물은 체를 통과하지 못한 것과 함께 배진실로 들어간다.

한편, 탈곡망눈을 통과하지 못한 혼합물은 검불처리실로 들어가 재처리된 다음 검불체의 망눈을 통과하지 못한 검불은 그대로 기계 밖으로 배출되고, 검불체를 통하여 낙하된 것은 배진실로 들어간다. 이상의 두 가지 경로를 거쳐 배진실로 들어온 혼합물은 흡인팬에 의하여 선별되어 가벼운 것은 검불출구를 통하여 기계 밖으로 배출되고 나머지는 환원장치에 의하여 탈곡실 또는 선별장치로 되돌아가 재처리된다.

공급체인에 의하여 탈곡실로 공급된 후 탈곡이 끝나고 나오는 짚은 그대로 포장에 방출되거나 짚처리장치에 의하여 집속, 세단, 결속 등의 어느 한 과정을 거쳐 포장으로 배출된다. 포장에 방출된 짚은 천일건조된 후에 베일러로 압축시켜 포장하거나 랩으로 둘러싸서 저장하게 된다.

2) 동력전달장치와 주행장치

자탈형 콤바인의 탑재기관은 출력 4~60 kW의 디젤기관이 대부분이며, 기체 질량은 0.3~4.2t, 전 길이는 2.0~5.1m이다. 동력전달은 기관으로부터 변속기를 거쳐 탈곡 · 선별장치와 곡물 및 짚처리장치가 구동되며, 이와는 별도로 변속기로 감속하여 주행장치, 전처리장치 및 예취장치가 구동된다. 동력전달과 변속에는 V벨트 장력식과 선택기어식, 자동변속기인 동력변속(power shift transmission)식, 정유압식 등이 이용되고 있으며, 2~3단의 기계식 부 변속장치를 가지고 있다.

선택기어식 변속기는 포장과 작물의 조건에 알맞은 속도로 변속비를 선택할 수 있어 속도선택이 확실하고 전달효율이 높아 널리 이용되고 있다. 정유압 무단변속기(HST : hydrostatic transmission)는 경사판의 각도를 변화시켜 유압펌프의 송출량을 조절함으로써 유압모터의 회전속도를 바꾸어 변속하는 방식으로서 원하는 속도를 쉽게 선택할 수 있고, 특히 주행속도의 자동제어가 가능한 장점이 있다. 또, 클러치가 없는 부변속기구를 채용한 기종은 유압식 변속기에 가변속모터를 이용하여 변속레버에 배치된 스위치를 조작함으로써 기계를 정지시키지 않고도 한번에 이동속도의 변환이 가능하다.

논과 같은 습지에서 주로 사용되는 자탈형 콤바인의 주행장치는 그림 6-12에서 보는 바와 같은 고무를 씌운 무한궤도(crawler)가 사용된다. 무한궤도형은 바퀴형에 비하여 접지면적이 크므로 무논에서도 잘 빠지지 않고 안정된 작업을 할 수 있으며, 궤도의 접지압은 11~26 kPa로 낮게 설계되어 있다.

궤도는 피치 75~90 mm의 일정 간격의 철제 심봉(core bar)과 그 밑에 50~100개의 철선을 길이방향으로 넣어 구동스프로킷과 맞물리는 돌기와 함께 합성고무로 일체화한 것이다. 궤도의 바깥면에는 견인력을 증가시키기 위하여 높이 15~40 mm의 돌기가 '一' 자, '8' 자, 또는 지그재그형으로 배치되어 있다. 궤도의 접지부는 지름이 120~180 mm인 3~6개의 궤도롤러(track roller)와 지름이 160~300 mm인 1개의 인장차(idler)로 지지되며, 잇수가 5~8개인 스프로킷으로 궤도가 구동된다.

궤도롤러는 두둑이나 논두렁과 같은 돌출부분을 넘어갈 때는 궤도를 오목하게 하여 기체의 동요를 감소시키는 역할을 하는데, 그 수가 많은 것은 포장면에 대한 추종성을 향상시킴으로써

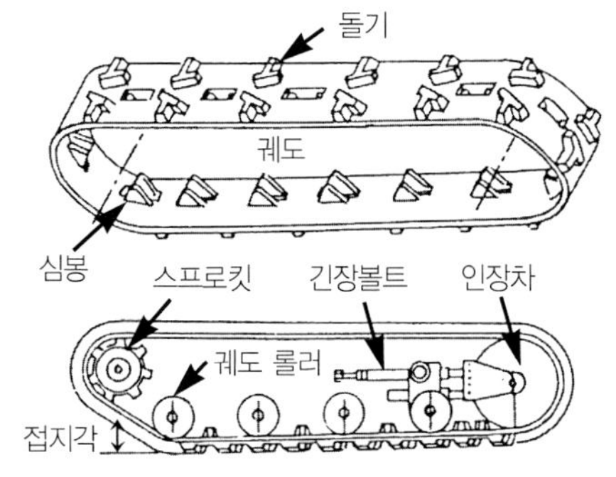

[그림 6-12] 무한궤도형 주행장치

※자료 : 정창주 외. 1995. 농업기계학.

견인력을 증가시키는 기능도 있다. 대형 콤바인에는 두둑을 넘어가기에 용이하도록 요동할 수 있는 평형장치를 부착한 것도 있다. 또, 중앙부의 궤도롤러를 포장의 기복에 따라 상하방향으로 자유로 움직일 수 있게 한 가동궤도롤러(movable track roller)가 설치된 기종도 있다.

궤도의 구동은 기관에서 주 변속기와 부 변속기를 거쳐 구동 스프로킷에 동력이 전달되며 변속기구는 유압전동에 의한 무단변속기구와 기계식의 변속기구를 조합한 방식이 사용된다. 선회나 이동시간을 줄이고 주행성능을 향상시키기 위하여 여러 가지 변속장치가 채택되고 있는데, 한쪽 궤도를 제동하여 작게 선회하는 방식, 좌우의 궤도를 역전 구동시켜 아주 작게 선회하는 방식 또는 슬립과 포장의 훼손을 줄이기 위하여 좌우의 궤도를 동일방향, 다른 속도로 선회시키는 방식 등이 이용되고 있다.

3) 전처리장치와 예취장치

자탈형 콤바인의 전처리장치는 바인더와 마찬가지로 가르개, 안내봉, 걷어올림장치 등으로 구성되어 있으며, 다만 도로를 주행할 경우의 안전과 베는 높이를 조절할 수 있도록 유압승강장치가 추가되어 있다. 또, 가르개의 작용을 보조하기 위하여 환봉으로 되어 있는 안내봉이 병용되어 있는 기종도 있다.

걷어올림장치는 예취 줄수에 따라 20~53개의 플라스틱 돌기가 달린 체인과 체인통으로 구성되어 있다. 체인의 속도는 고정된 값으로 설정해 둔 일정식과 작업속도에 비례하여 2~3단의 변환이 가능한 작업속도비례식이 있다. 걷어올림돌기는 이삭 부분과 접촉하지 않는 범위 내에서는 높은 위치까지 작용하는 것이 바람직하며 작물의 키에 따라 걷어올림 레일의 위치를 조정할 수 있게 되어 있다. 작물이 심하게 쓰러져 뒤엉킨 경우에는 돌기가 전방을 향하여 작용하도록 체인통의 앞면에 보조 걷어올림장치를 부착한 기종도 있고, 전처리부에 벨트변속기구를 설치하여 한 번의 조작으로 쓰러진 작물의 걷어올림속도를 빠르게 할 수 있는 기종도 있다.

자탈형 콤바인의 예취부는 바인더에서와 마찬가지로 피치 50 mm의 표준형 왕복날을 사용하고 있다. 왕복날은 예취줄수가 많아지거나 예취속도가 빨라지면 진동이 심해지므로 이러한 진동을 줄이기 위하여 예취날을 좌우로 분할하여 서로 역방향으로 구동시키는 방식과 상하의 예취날을 서로 역방향으로 구동시키는 이중날(double knife)방식을 이용하기도 한다. 이중날방식은 예취날의 진폭이 반으로 줄어 진동행정이 25 mm가 되므로 날의 속도가 감소되어 고속예취에 적합하다.

4) 반송공급장치

반송공급장치는 예취날로 벤 작물을 탈곡부까지 정연하게 운반하여 이삭 부분만을 탈곡실로 공급해 주는 장치로서, 그림 6-13에서 보는 바와 같이 별꼴차, 돌기붙이 체인, 회전돌기, 안내봉, 안내판, 공급체인과 공급레일 등으로 구성된 다소 복잡한 구조로 되어 있다.

이 장치는 예취줄수에 따라 구성이 약간 다르지만 뿌리쪽 부분은 벨트와 별꼴차 및 하부 반송체인, 가로반송체인, 세로

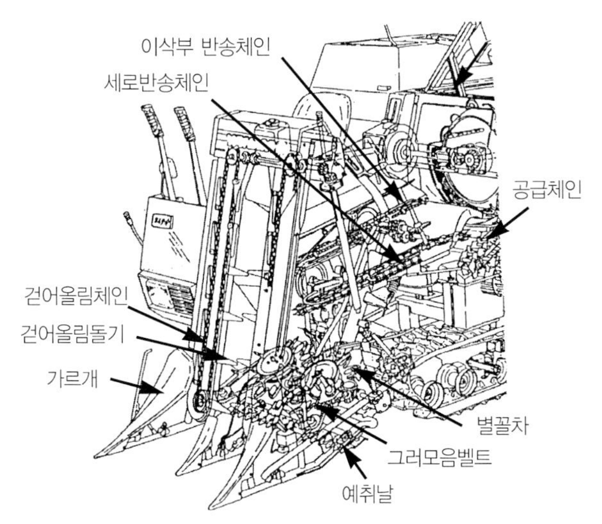

[그림 6-13] 반송공급장치

※자료 : 한국농업기계학회. 1998. 농업기계핸드북.

반송체인, 보조반송체인 등에 의하여 지지되고, 줄기의 중간 부분은 중간반송체인에 의하여 지지되어 안내봉이나 안내판의 보조를 받으면서 공급체인까지 올라가게 된다. 작물의 이삭 부분은 돌기가 달린 상부반송벨트나 체인에 의하여 느슨하게 지지되어 안내봉이나 안내판의 보조를 받으면서 탈곡실 입구에 가지런히 공급된다. 이 때 작물의 자세는 지면에 대하여 거의 수평으로, 또 탈곡통 축에 대하여 거의 수직으로 전환되면서 공급체인과 공급레일 사이에 물리게 된다. 안내봉과 안내판은 줄기를 정연하게 이송시켜 탈곡부에 공급될 수 있도록 복잡한 형태로 구부러져 있다. 또, 탈곡부에 안정된 자세로 공급될 수 있도록 탈곡부로 작물을 인계하는 부분에 공급보조체인을 추가하기도 한다.

공급체인 앞쪽에 설치되어 있는 공급깊이 조절장치는 세로반송체인의 한쪽 끝을 돌려서 줄기 부분이 반송체인에서 공급체인으로 옮겨지는 위치를 변화시킴으로써 공급체인으로부터 이삭 끝까지의 거리를 40~50 cm로 조절하며, 예취된 작물의 길이에 따라 적절한

공급깊이가 유지될 수 있도록 하여 미탈곡립과 검불의 발생을 줄이고 탈곡부하를 균일하게 유지시키는 역할을 한다.

이렇게 반송체인에 의하여 이송된 작물은 회전돌기(crank finger)에 의하여 공급체인과 공급레일 사이에 끼어 물리게 되며, 줄기의 뿌리쪽 부분은 공급체인으로 지지되고 이삭 부분만 탈곡실 안을 통과하면서 탈곡통의 축방향으로 이동하여 짚배출체인으로 인계된다. 공급레일은 스프링으로 지지되어 있어서 공급두께에 따라 상하로 움직일 수 있게 되어 있다. 공급체인의 속도는 예취줄수에 따라 0.4~0.8 m/s로 되어 있으며, 안정된 탈곡 능력을 위하여 예취작업속도와 동조시키기도 한다.

탈곡실에 공급되는 작물의 공급유량, 즉 공급두께와 공급속도는 탈곡성능에 큰 영향을 주게 되는데, 같은 유량에서는 공급속도가 빠를수록 미탈곡립은 증가하지만 소요 동력은 약간 감소하게 된다.

5) 탈곡장치와 검불처리장치

자탈형 콤바인의 탈곡장치는 자동탈곡기와 비슷한 구조이나 생탈곡에 적합하도록 개선되어 있다. 탈곡통은 예취줄수에 따라 지름이 360~450 mm, 길이는 330~1,050 mm로 되어 있다. 작물은 탈곡통 길이의 1/3을 통과하기 이전에 곡물의 거의 90% 이상이 탈립되지만 나머지 곡물을 탈립시키기 위하여 탈곡통을 길게 한다.

탈곡통 표면에는 반원치, 이중삼각치, 높은 삼각치 등 80~180개의 탈곡치가 3열 또는 4열의 복렬 나선형으로 탈곡통 원주 위에 배열되어 있고, 탈곡통의 출구 쪽에는 3개 정도의 알떨이판이 배열되어 있다. 또 탈곡실 내의 앞뒤에는 여러 개의 ㄷ자형 절단치가 고정되어 있다.

공급체인에 물린 작물은 이삭 끝으로부터 40 cm 이상이 탈곡실에 들어가 탈곡통 축방향으로 이송되며 탈곡실을 통과하는 2~3초 동안에 탈곡된다. 탈립작용은 이삭 부분이 탈곡치에 닿을 때 좌우로 흔들려 훑어지면서 일어나며, 작물에 대한 탈곡치의 타격횟수는 예취줄수에 따라 400~1,200회가 된다. 탈곡통의 회전속도는 440~520 rpm이며 탈곡치 선단의 주 속도는 벼를 수확할 경우에는 15 m/s, 밀은 17 m/s를 기준으로 하는데 벼와 보리류 모두 13.5~15.5 m/s로 동일하게 하기도 한다. 또 종자용으로 수확할 경우에는 발아율을 고려하여 이보다 10% 이상 낮게 설정한다.

탈곡망은 망눈의 크기가 사방 9~15mm로서 경강선, 초경피아노선, 스테인레스강 또는 합성수지로 엮은 파형망으로 되어 있으며, 파형망 대신 격자망을 사용한 6줄용 기종도 있다. 탈곡망과 탈곡치 선단과의 틈새는 7mm 이하로 되어 있으며, 탈곡망 표면과 탈곡통 덮개 안쪽에는 여러 개의 활꼴 막이판이 설치되어 있다.

탈곡실에서 탈립된 곡물은 80~95%가 탈곡망눈을 통하여 곡물판 위로 낙하하고 나머지는 선별부로 가서 환원된다. 4줄용 이상의 대형 콤바인에서는 탈곡성능의 향상을 위하여 탈곡망눈을 통과하지 못하고 탈곡실을 나오는 이삭립, 지경립, 검불 등을 재처리하는 검불처리장치가 설치된 기종이 많다. 이 검불처리장치는 환원량을 20~50% 정도 감소시킬 수 있으므로, 곡물 손실을 줄이고 환원장치가 막히는 것을 예방하며 기체를 소형화할 수 있는 이점을 가지고 있다.

검불처리장치는 크게 나누면 2가지 방식이 있는데, 하나는 소형 탈곡장치의 형태를 가

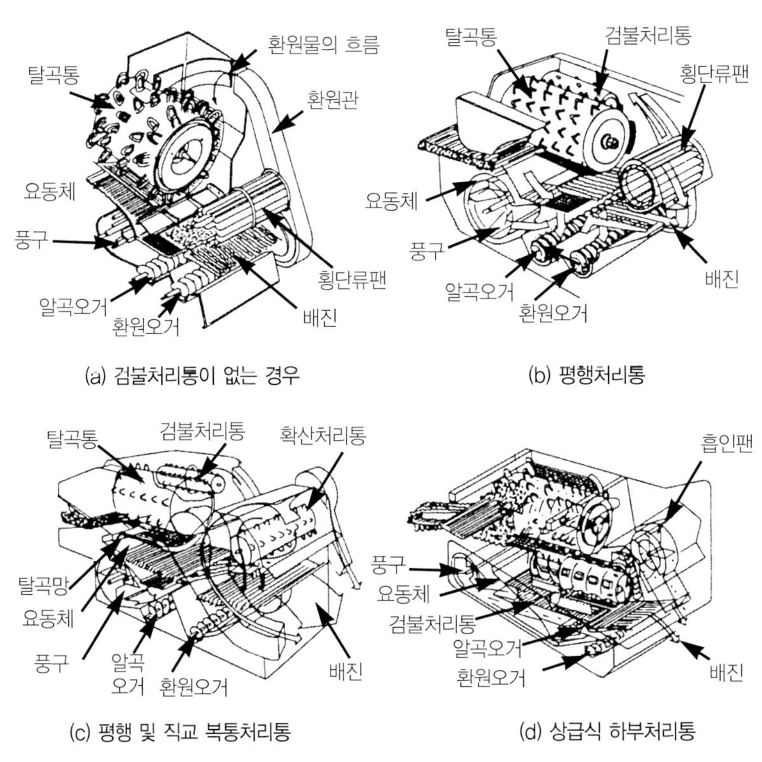

[그림 6-14] 탈곡선별장치의 배치방식

※자료 : 정창주 외. 1995. 농업기계학.

진 검불처리장치를 설치하여 탈곡실에서 탈곡망눈을 통과하지 못한 것을 재처리하는 방식이며, 다른 하나는 환원장치의 경로 도중에 검불처리장치를 설치하여 환원물을 재처리하는 방식이다. 자탈형 콤바인에 채택되고 있는 탈곡통과 검불처리통 및 선별장치의 배치방식 예는 그림 6-14에 나타낸 바와 같다. 평행처리통은 주로 환원물을 처리하기 위한 것으로서 환원물을 고정날과 회전날 사이로 통과시켜 지경립이나 이삭립을 단립화한다. 직교처리통은 탈곡망눈을 통과한 낙하물을 요동체로 이송하여 선별한 다음의 혼합물을 처리하는 것으로서 검불의 발생이 많거나 함수율이 높은 작물에 효과적이다. 또, 탈곡통 종단부에 설치된 검불처리통은 탈곡망눈을 통과하지 못한 혼합물을 재탈곡한 다음 곡물은 처리망눈을 통하여 검불체 위로 낙하시키고 나머지 검불은 그대로 기체 밖으로 배출하도록 되어 있다.

6) 선별장치와 환원장치

선별장치는 생탈곡에 적합하도록 여러 가지 방식이 이용되고 있는데, 소형은 자동탈곡기에서와 유사한 풍구와 흡인팬을 이용한 공기선별방식을 이용하고, 대형은 이와 같은 공기선별방식과 요동체를 이용한 진동선별방식을 병용하고 있다. 또 자동탈곡기에서는 선별부가 탈곡통과 직각방향으로 배치되지만 자탈형 콤바인은 선별부가 탈곡통의 축방향으로 배치되는 경우가 많다.

탈곡실 내에서 탈곡된 탈곡물은 선별과정에서 두 가지 다른 경로로 나뉘게 된다. 먼저 탈곡망눈을 통과한 혼합물은 진동하는 곡물판 위에서 곡물은 밑에, 검불은 위로 놓이게 되어 요동운동을 하는 정선체 위로 낙하하여 선별되며, 체눈을 통과하여 낙하한 것은 풍구의 바람에 의하여 기류선별되어 곡물은 알곡오거 위로 떨어져 양곡기로 이송되고, 검불은 체눈을 통과하지 못한 것과 함께 배진실로 들어간다.

한편, 탈곡실에서 탈곡망눈을 통과하지 못한 것과 짚이 배출되는 과정에서 떨어지는 것은 탈곡실 끝에서 정선체 위로 바로 낙하시키는 간단한 기종도 있으나 대개는 요동운동을 하는 짚체 위로 이송되어 선별된다. 이 때 짚체의 앞부분에서 낙하하는 혼합물은 정선체 위로 가고 후반부에서 낙하하는 혼합물은 배진실로 들어가며, 짚체의 체눈을 통과하지 못한 짚부스러기 등은 기체 밖으로 배출된다.

배진실로 들어온 혼합물은 흡인팬의 기류에 의하여 가벼운 것은 검불출구를 통하여 기체 밖으로 배출되고, 무거운 것은 환원오거 위로 낙하하여 정선체의 후부에서 낙하하는 것과 짚체를 통과하여 낙하하는 것과 함께 옆으로 이송된 후 환원엘리베이터에 의하여 탈곡실로 되돌려보내어 재탈곡하거나 검불처리장치가 있는 경우에는 환원물을 검불처리실로 보내어 재처리한다.

환원물의 수평방향 이송에 사용되는 환원오거는 바깥지름 85~125 mm, 피치 40~75 mm, 회전속도 1,200~2,000 rpm의 나사형 반송기로 되어 있다. 또, 환원물의 수직방향 이송에 사용되는 환원엘리베이터는 함수율이 높은 작물을 수확할 경우에는 자주 막히게 되므로 쳐올림기 대신 스크루컨베이어를 채택하는 경우가 많다.

풍구는 4~6개의 평판깃을 가진 반경류팬(널판형 팬)이 주로 사용된다. 소형 콤바인에서는 자동탈곡기에서와 같은 폐쇄형 선별실을 가진 양흡입 널판형 팬이 사용되며, 대형 콤바인의 경우 개방형 선별실의 널판형 팬이 사용된다. 또, 풍구의 앞뒤에 각각 보조팬을 추가하여 처리능력의 향상을 꾀한 기종도 있다. 풍구의 회전차는 바깥지름이 110~310 mm, 폭이 300~450 mm이며, 회전속도는 1,000~1,500 rpm, 흡입구경은 180~230 mm의 범위에서 조절할 수 있게 되어 있다. 풍속과 풍량의 조절은 회전차의 회전속도와 흡입구의 면적을 변화시키는 2가지 방식이 있으며, 일반적으로 회전속도의 변화보다는 흡입구 면적의 조절이 풍속분포에 더 큰 영향을 준다.

흡인팬은 깃수 3~8개의 폭이 넓은 반경류팬이 주로 사용되고 있으나, 깃수 16~20개의 직교류팬을 사용한 전폭흡입방식도 있다. 지교류팬은 전경깃의 다익팬으로서 회전차 지름과 회전수를 작게 할 수 있고 반경류팬과는 달리 흡입구의 영향이 없으므로 회전차의 축방향 길이를 자유롭게 선택할 수 있는 장점이 있다. 흡인팬은 회전차의 바깥지름이 300~350 mm, 회전속도가 1,000~2,000 rpm이며, 회전차와 케이싱과의 간격은 3~7 mm로 되어 있다. 흡인팬의 회전에 의하여 선별실 내에는 2~10 m/s의 풍속분포가 생기고, 이 와류에 의하여 검불과 곡물이 선별되어 8~9 m/s의 기류로 검불은 기계 밖으로 배출된다.

7) 곡물처리장치와 짚처리장치

선별장치에 의하여 선별된 곡물은 알곡오거에 의하여 수평으로 이송된 다음, 이와 연동되어 있는 양곡기에 의하여 위로 이송되어 곡물통으로 들어가거나 자루에 담기게 된다. 알곡오거는 바깥지름 56~98mm, 피치 30~66mm, 회전속도 800~1,000rpm의 나사형 반송기로 이루어져 있다. 양곡기는 소형에서는 바깥지름 320~340mm의 스로워를 사용하며, 날개선단과 케이스 사이의 틈새는 5~8mm로 되어 있다. 대형 콤바인의 경우는 바깥지름 60~75mm, 피치 30~50mm, 회전속도 800~1,300rpm의 나사형 반송기를 사용하고 있다.

양곡기로부터 나오는 곡물을 처리하는 방식에는 자루식과 산물식의 두 가지가 있다. 자루식은 양곡기에 설치되어 있는 2~4개의 알곡출구를 통하여 30kg 정도가 담기는 자루에 곡물을 담는 방식으로서, 자루의 취급에 노력이 소요되므로 곡물을 일시 저류할 수 있는 호퍼를 부착한 기종도 있다. 산물식은 곡물통에 곡물을 일시 저장하였다가 가득 차면 장비되어 있는 반출오거로 운반차에 옮겨 싣는 방식으로서, 대형 콤바인은 대부분이 노동력이 절감되는 산물식으로 되어 있다.

곡물통은 일반적으로 기체의 오른쪽에 설치되어 있으나 곡물에 의한 질량중심위치의 변화를 최소화하기 위하여 기체의 상부에 설치한 기종도 있다. 곡물통의 용량은 0.4~1.8m³로 설계되어 있어서 수확 시 벼의 산물밀도가 약 0.62t/m³이므로 한번에 30~40a의 작업량인 250~1,120kg을 담을 수 있다. 반출오거에는 곡물통 안의 벼를 함수율이 높을 때에도 매끄럽게 반출오거로 보내는 기구, 대용량의 벼를 단시간에 배출할 수 있는 장치, 반출오거의 위치를 쉽게 맞추기 위한 오거신축기구, 무선원격조작장치 등도 있다.

탈곡이 완료되어 공급체인으로부터 배출되는 짚은 짚이송체인을 거쳐 짚배출구로 운반된 다음 짚의 용도에 따라 세단, 집속, 결속 등의 방식으로 처리되어 포장에 방출된다. 세단식은 짚을 잘게 잘라 포장에 살포하는 방식으로서 원판형 세단기(chopper)가 주로 사용된다. 이 세단기는 저속인 공급축과 고속인 절단축의 2개 6각축에 지름 100~220mm의 둥근 회전톱날을 서로 2~6mm 간극을 두고 100~150mm의 일정 간격으로 여러 개를 배치한 것으로서, 공급축의 회전수는 175±40rpm, 절단축의 회전수는 700±120rpm으로 그 속도차를 (1:4)~(1:6)으로 하고 있다. 톱날의 배치방식에는 일정 간격식과 이삭쪽과 뿌리쪽의 간격이 다른 2종류가 있다. 또, 절단축에 지름이 다른 2종의 톱날을 배치하고 축간거리를 조절하여 2단계로 절단길이를 설정할 수 있는 기종도 있다. 절단길이는

50~60mm의 표준형이 많고, 2단조절식은 표준길이의 3배까지 절단할 수 있다.

집속형은 짚을 절단하지 않고 집속기로 일정량을 모아서 포장에 떨어뜨리는 방식으로서 원판형 세단기와 함께 장비되어 있는 기종도 있다. 집속기는 탈곡실에서 나와 안내봉을 따라서 낙하되는 짚을 스프링과 캠으로 지지되는 집속받이로 받아 포장에 떨어뜨리며, 이 때 모인 짚의 무게가 스프링의 장력을 초과할 때 방출되도록 하여 집속량을 조절할 수 있다.

결속형은 바인더와 유사한 결속장치로 짚을 일정량씩 묶어서 방출하는 방식으로서, 짚을 잘 마르게 하기 위하여 짚다발이 포장에 서 있도록 하는 방출장치가 부속되어 있는 기종도 있다.

8) 자동제어장치와 안전장치

콤바인의 수확작업은 중노동에 속하며 운전자는 포장의 형상과 토양의 상태, 작물의 상태(수량, 수분함량, 키, 도복상태 등) 및 기계의 상태(부하, 곡물손실 등)에 따라 작업속도, 예취높이, 예취폭 등 10종류 이상의 레버나 페달을 빈번하게 조작하여 최적의 작동상태로 작업하여야 하므로 숙련된 운전이 필요하며, 트랙터 10배 이상의 조작이 필요하다는 조사 결과도 있다.

콤바인에는 작업 능률과 정도를 향상시키고, 조작의 정확도와 간편성 및 피로 경감과 안전을 위하여 여러 가지 자동제어장치와 경보장치, 보임틀(monitor) 등의 안전장치가 설치되어 있다. 특히 자농제어장치에는 안전성 확보를 위하여 수동우선장치가 있으며, 각부의 상태가 일정 조건을 만족하지 않으면 작동되지 않도록 다단계의 안전장치가 설치되어 있다. 또 경보장치나 보임틀도 마이크로컴퓨터에 의한 제어계의 자기진단과 상태표시 및 경보의 정도에 따라 표시등의 점멸이나 버저(buzzer)에 의한 통지 등을 운전자에게 단계적으로 알려주는 기능을 갖고 있으며, 콤바인 각부의 여러 가지 조건을 종합적으로 판단하는 컴퓨터시스템을 갖춘 기종도 있다. 콤바인의 각종 자동제어장치는 감지기(sensor)와 스위치 및 제어계의 입력부, 마이크로컴퓨터와 개별장치에 의한 제어시스템, 모터와 유압실린더 등의 출력부, 경보 및 모니터 시스템 등으로 구성되어 있다.

① 방향제어장치

방향제어장치는 기계가 작물의 줄을 따라 진행할 때 예취폭을 일정하게 유지하면서 베지 못하는 부분이 없도록 감지기로 예취할 부분의 위치와 범위를 정확하게 검출·판단하여 기체의 진행방향을 자동으로 제어하는 자동조향장치이다. 좌우의 가르개의 끝부분에 설치된 마이크로스위치식 감지기가 작물의 유무를 감지하여 전기신호 'ON', 'OFF'로 바꾼 다음 논리판단으로 우선회, 좌선회 및 직진의 세 가지 동작을 결정한다. 작물의 줄방향, 줄과 수직한 방향 및 줄 가운데로 가르며 작업할 경우에 따라 동작의 결정조건을 변환하는 장치를 갖춘 기종도 있다. 감지기의 형태로서는 막대나 캠 모양의 접촉형과 초음파와 광전자를 이용한 비접촉형이 있으나, 경제성이나 작동의 신뢰성, 단순성 등이 우수한 접촉형이 많이 사용되고 있다.

제어방식은 펄스형 신호를 유압의 방향변환밸브로 보내어 브레이크나 클러치를 단속적으로 작동시켜 적절한 선회를 할 수 있게 되어 있으며, 소형에서는 유압실린더로 조향와 이어를 잡아당기는 방식이 이용되고, 대형에서는 유압에 의한 동력조향을 직접 제어하는 방식과 유압동력클러치와 동력브레이크를 병용하여 제어하는 방식이 이용된다. 이러한 방식들은 모두 주행속도와 동조하여 작동하며, 주행속도는 변속기에 설치된 속도감지기로 검출한다.

방향제어장치가 작동됨에 따라 기체가 빈번하게 좌우로 이동하여 운전자에게 불쾌감을 줄 수 있는데, 이러한 현상을 줄이기 위하여 펄스신호를 작동기(actuator)에 보내어 펄스폭을 변경하고 방향전환 클러치의 단속을 소폭으로 행하게 하여 선회강도를 조절하는 방식이 사용된다. 또 수확작업 중에 자동제어상태로 작업하는 경우에는 항상 수동이 우선으로 되어 있으므로, 보리류를 수확할 경우나 잡초가 많을 경우, 또는 경사지나 무논 등에서 작업할 경우에는 오동작을 방지하기 위하여 수동으로 작업하는 것이 바람직하다.

② 수평제어장치

수평제어장치는 작업 중에 기체가 좌우로 기울 경우 그 경사각을 검출하여 기체를 수평으로 유지하는 장치로서 일정한 경사각을 설정할 수도 있다. 기체가 수평으로 유지되면 예취높이가 가지런해지고 정선체 위의 혼합물이 균일하게 분산되므로 선별성능이 향상된다. 기체의 좌우경사뿐만 아니라 전후의 경사를 보정할 수 있는 기종도 있다. 또 곡물통 안의 곡물량에 따른 질량중심위치의 변화와 포장면의 요철 등에 의한 기체의 경사를 보정하여 자동으로 차체의 수평을 유지하는 제어장치를 갖춘 기종도 있다. 또, 예취부 수평제어장치는 차체의 경사에 따라 변하는 무한궤도의 궤도롤러와 차체 사이의 거리를 검출하여 유압실린더로 자동 조절함으로써 예취부만 수평으로 유지되도록 하는 장치이다.

③ 예취높이 제어장치

예취높이 자동제어장치는 가르개의 밑에 썰매를 설치한 접촉식 감지기 또는 초음파나 광전지(photo cell)를 이용한 비접촉식 감지기로 예취부의 지표면으로부터의 높이를 검출하고, 검출된 변위를 증폭하여 제어밸브를 통하여 유압실린더를 작동시켜 미리 설정한 높이가 되도록 전처리부와 예취부 전체를 올리거나 내려서 베는 높이를 일정하게 유지시키는 장치이다. 그러나 이러한 자동제어장치가 빈번하게 작동할 경우에는 기계가 앞뒤로 흔들리는 피칭현상이 발생하여 주행이 불안정하고 불쾌감을 일으킬 수 있으므로 주의하여야 한다.

④ 공급깊이 제어장치

공급깊이 자동제어장치는 예취된 작물의 길이가 변화하더라도 탈곡실로 공급되는 이삭부의 위치는 최적상태가 유지되도록 하기 위한 장치로서 전기 · 유압식과 직류전동기식, 앞먹임(feed forward)식과 되먹임(feed back)식이 있다. 앞먹임식 제어장치는 반송체인 덮개에서 작물줄기의 길이를 감지하여 전기신호로 바꾼 다음, 전자회로의 판단을 거쳐 직류전동기를 정 · 역방향으로 회전시켜 반송체인의 높이와 기울기를 조절함으로써 공급깊이를 최적상태로 유지시킨다.

되먹임식 제어장치는 탈곡실 바로 앞에 설치된 마이크로스위치식의 감지기로 이삭부의 위치를 검출하고 유압회로에 설정치와의 차이를 수정하는 신호를 보내 유압실린더 또는 유압모터로 세로반송체인의 위치를 조절하여 작물이 공급체인으로 옮겨지는 위치를 조절함으로써 공급깊이를 일정하게 유지시킨다. 두 방식 모두 공급깊이를 주행속도와 동조시켜 제어하고 있다.

⑤ 주행속도(공급유량) 제어장치

주행속도 자동제어장치는 포장상태, 작물조건 등에 따라 주행속도를 유효적절하게 변경시켜 공급유량을 제어함으로써 기관부하를 일정하게 하고 콤바인이 최고의 성능을 유지하게 하는 장치이다. 그림 6-15는 작업 중 기관의 회전속도를 검출하여 무부하일 때의 기관 회전수와의 차이가 최적상태가 되도록 주행속도를 자동제어하는 장치이다. 주행속도의 증감은 마이크로컴퓨터에서 출력되는 증감속 신호에 따라 직류전동기를 정·역전시키고, 정유압변속기의 시프트레버를 유압모터로 구동하여 유압펌프의 경사판 각을 변화시킴으로써 제어한다. 이러한 주행속도의 제어는 전진할 때에만 제어계가 작동한다.

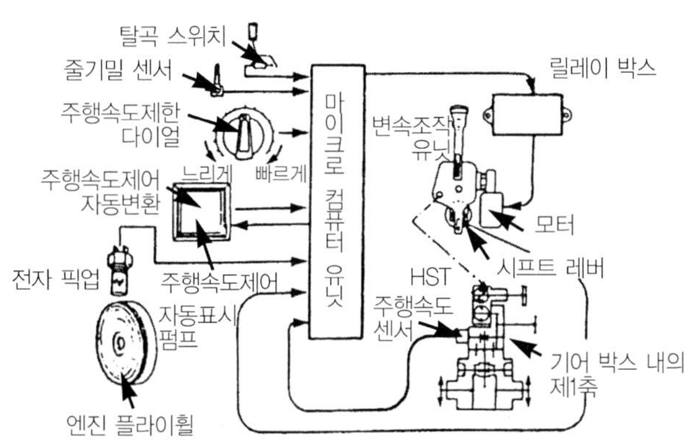

[그림 6-15] 기관 회전속도에 따른 주행속도 제어

※자료 : 정창주·김경욱 외. 1997. 농작업기계학원론.

공급유량제어장치의 또 다른 방식은 탈곡통 축의 토크나 회전수를 전자픽업으로 검출하여 이것들이 설정 값을 벗어나면 기체의 주행속도를 자동으로 조절함과 동시에 걷어올림장치와 반송장치의 속도도 주행속도와 동조시켜 변화시킴으로써 공급유량이 최적상태가 되도록 한다. 또, 공급체인에 감지기를 설치하고 작물의 공급두께를 검출하여 콤바인의 주행속도를 증감시키는 공급유량제어방식도 있다.

⑥ 선별부 제어장치

선별부 자동제어장치는 선별부에 공급되는 혼합물의 양에 따라 풍구나 정선체를 자동으로 조절하는 장치이다. 선별부 유량은 배출짚의 유량 또는 정선체 위의 곡물유량을 검출하여 판단하고, 주행속도, 기관 회전속도의 변화, 정선체와 풍구의 상태 등을 고려하여 풍구의 회전속도 또는 흡입구의 크기를 자동으로 조절하거나, 정선체 체순(fin)의 경사각을 자동으로 제어한다.

⑦ 기타 자동화 기구

자루형 기종은 알곡출구에 설치된 감지기가 자루에 곡물이 가득 담긴 것을 검출하면 전자식 여닫개(shutter)로 출구 문을 닫고 다른 출구로 다음 자루에 곡물이 담기게 하며, 동시에 곡물이 다 담긴 자루는 닫아서 옆으로 보내고 빈 자루를 그 자리에 다시 끼워 두는 자동포장장치가 이용된다. 또 산물형 기종은 작업을 편하게 하기 위하여 반출오거를 미리 설정한 높이에서 정지할 수 있도록 제어하고 있다.

결속위치제어장치는 짚배출부에 설치된 감지기로 짚의 길이를 검출하여 결속기의 결속위치를 조절함으로써, 작물의 키가 변화하더라도 배출되는 짚의 결속위치는 일정하게 유지되도록 하는 장치이다. 이 외에도 자동화 기구에는 예취부를 내리면 자동적으로 예취클러치가 들어가고 올리면 클러치가 끊어지는 자동예취클러치, 전처리부의 높이를 일정하게 설정할 수 있는 자동승강기(automatic lift), 변속기를 후진위치로 바꾸면 전처리부가 자동적으로 일정 높이까지 올라가는 후진 자동승강기구, 정지 중에는 예취부의 동작을 중지시키는 기구 등이 있다.

이상의 제어장치 중에서 방향제어, 주행속도제어 및 공급깊이제어는 자기진단, 긴급 시의 기관 정지, 각종 경보와 함께 한 개의 마이크로컴퓨터로 처리하고 수평제어, 예취높이제어, 선별부제어, 알곡배출제어, 및 짚결속기제어는 모두 독립된 제어장치로 되어 있는 기종이 많다.

⑧ 안전장치

안전장치에는 각종 방호장치와 작업 도중에 이상이 생기거나 비정상적인 상태가 발생할 때 이것을 조작자에게 미리 알려 주는 경보장치가 있다. 또, 예취부, 반송공급부, 탈곡부, 환원부, 짚 배출부, 배출짚 절단부 등에 작물이 엉켜 막힐 경우에는 기관을 자동정지시켜서 가동상태에서의 제거작업이 불가능하도록 한 동력차단장치, 반송공급부에 작물이 뒤엉켰을 경우 비교적 쉽게 이를 제거할 수 있게 한 공급체인과 공급레일의 개방기구도 있다.

방호장치에는 각종 가동부나 고온부 및 돌출부의 방호덮개, 예취부를 들어올린 상태에서 고정할 수 있는 낙하방지장치, 주행하지 않는 상태에서만 기관의 시동이 가능한 시동 안전장치, 운전자가 떨어지지 않도록 되어 있는 운전석, 안전한 승하차를 위한 손잡이와 미끄러지지 않도록 한 발판, 배기가스가 운전자에게 가지 않도록 한 배기관의 출구방향과 위치, 오조작을 하지 않도록 한 조작 부분의 표시, 각종 주의사항의 표시, 적절한 취급설명서 등이 있다.

경보장치에는 기관의 이상(연료, 냉각수, 윤활유, 유압, 축전지, 회전속도, 공기청정기, 정유압 변속기의 여과기 등), 알곡출구, 환원장치, 짚배출부와 세단기, 예취반송부와 공급체인 등에서 막히는 경우, 탈곡통의 회전속도가 저하되는 경우, 정선체의 유량 증가, 공급깊이의 이상, 곡물통이나 자루가 가득 찰 경우, 결속기의 끈이 끊어졌을 경우 등 여러 가지 이상 상태가 설치된 감지기로 감지될 때 경보신호를 보내어 조작자에게 알려주는 장치들이 있다. 이들 신호에는 표시등의 점등 또는 점멸, 표시등의 색깔의 변화, 버저의 단속음 또는 연속음 등 쉽게 인식할 수 있는 기구가 이용되고 있다. 탈곡통의 회전속도 저하나 환원부의 막힘 등을 검출하는 데는 전자픽업이 사용되며, 알곡유량을 검출하는 데는 고무막이 있는 스위치가 사용된다.

각종 보임틀로서는 곡물통 안의 곡물량, 차체의 경사각, 기관의 과부하, 정선체 위의 유량과 정선체눈의 열림 정도, 풍구의 풍력 등을 표시하는 것이 있다. 또, 야간작업을 원활하게 하기 위하여 전조등, 반출오거 작업등, 운전실 작업등 등을 여러 개 설치한 대형 콤바인도 있다.

9) 작업성능

자탈형 콤바인은 이삭 부분만 탈곡실을 통과하므로 투입식 콤바인에 비하여 소형 경량이고, 소요 동력이 작으며, 어느 정도 쓰러진 작물도 가지런히 걷어올려 탈곡할 수 있고, 특히 알떨림이 어려운 자포니카형 벼를 수확할 경우에는 곡물 손상과 탈곡 손실 및 선별 손실이 매우 적은 장점이 있다. 그러나 반송부가 복잡하고, 벼와 보리류 이외의 다른 작물에는 사용하기 어려우며, 함수율이 높거나 생육상태가 불균일한 작물에 대한 적응성이 낮고, 대형화와 고성능화가 제약을 받는 점 등의 단점이 있다.

콤바인의 성능은 탈곡치와 탈곡망 같은 기계적 조건, 탈곡치의 주속도나 공급유량과 같은 작동조건, 품종, 수분함량, 성숙도와 같은 작물조건, 기후나 시기 등의 환경조건에 큰 영향을 받는다. 자탈형 콤바인의 평균 포장작업능률은 작업속도 1~1.1m/s에서 3줄용이 21a/h, 4줄용이 28a/h, 5줄용이 38a/h, 6줄용이 39a/h 정도이며, 실작업능률은 작업속도, 예취폭, 작물의 수분함량과 입모상태 등에 따라 다르나 보통 70~80%이다.

소요 동력은 처리유량에 비례하며 각 부분에서 소비되는 평균소요 동력의 배분은 주행장치가 25~40%, 예취 및 반송공급장치가 10~15%, 탈곡·선별·곡물 및 짚처리장치가 40~55%로 되어 있다. 또, 연료소비율은 0.21~0.27 L/kW·h로서 예취줄수가 많아질수록 감소하는 경향을 보인다. 콤바인의 작업 중 운전석에서의 소음은 캡이 없는 경우가 평균 91dB로서 캡이 있는 경우의 평균 88dB보다 높다.

작업 정도는 표준작업상태에서 곡물 손실이 2~3% 이하, 곡물 손상은 0.5% 이하이다. 우리나라의 농업기계 검사기준에 의하면 자탈형 콤바인의 작업 정도는 곡물 손실 2% 이하, 알곡출구의 곡물 중에서 손상립비는 1% 이하, 비곡물혼입비는 1% 이하이다.

자탈형 콤바인은 무한궤도가 5cm 이상 빠지는 곳에서는 작업하기 곤란하므로 작업 전에 미리 배수를 잘 해 두어야 하고, 기계가 진입하고 선회할 수 있도록 모서리 부분은 낫으로 미리 베어 두어야 한다. 또, 도복각이 벼는 85°, 맥류는 40°까지 작업이 가능하나 보통 30° 이상 쓰러진 작물의 수확은 작업능률이 저하되고 곡물손실이 많아지므로 피하는 것이 바람직하며, 심하게 쓰러진 작물을 수확할 때에는 쓰러진 방향으로 따라베기 또는 옆따라베기로 하여 저속으로 작업하는 것이 좋다. 수확할 작물의 키는 60~120cm가 적당한데, 키가 크면 소요 동력과 선별 손실이 증가하고 작업능률이 저하하며 키가 작으면 미탈곡립이 많이 발생하므로 예취높이를 알맞게 조정해 주어야 한다. 특히 생육상태가 좋지 않거나 잡초가 많은 맥류 등을 수확할 경우에는 곡물 손실이 많아지게 된다. 또한 비가 온 직후나 이른 아침, 해가 진 다음의 이슬이 있을 때 등과 같이 작물의 함수율이 높을 때 수확하면 고장이 빈발하고 곡물 손실과 곡물 손상이 급격히 증가하므로 무리한 작업을 하지 않도록 하여야 한다. 자포니카형 벼는 수확시기에 큰 영향을 받지 않으나, 인디카형 벼나 맥류의 경우에는 수확시기가 늦으면 곡물 손실이 크게 증가하게 된다.

(3) 투입식 콤바인

1) 종류와 특징

투입식 콤바인은 1935년부터 미국에서 보급되기 시작한 이후 서양에서 널리 사용되고 있는 곡물수확기로서, 작물을 베어서 전체를 탈곡선별부에 집어넣어 처리하는 방식이므로 이삭 부분만을 탈곡하는 이삭공급식과는 근본적으로 기구가 다르다. 투입식 콤바인은 적용할 수 있는 작물이 밀, 보리, 벼, 콩, 옥수수, 메밀, 율무, 유채, 목초종자 등으로 종류가 많고 대형화가 가능하여 작업능률이 높지만 이삭공급식 콤바인에 비하여 소비동력이 크고, 벼의 수확에는 곡물 손실과 손상이 많다. 벼농사를 주로 하는 우리나라에서는 포장 규모나 지반조건이 서양과 달라 보급되지 못하다가, 근래에 다양한 작물에 사용할 수 있고 작업능률이 높다는 이점과 소형 기종의 개발로 대단위 경지에 일부 도입되고 있다.

투입식 콤바인은 대상 포장에 따라 평지용과 경사지용이 있으며, 경사지용에서는 헤더(header)가 지면과 평행하게 기울어져도 운전석과 탈곡선별부는 항상 수평이 유지되도록 제어된다. 또, 조선별기의 형태에 따라 짚체(straw walker)를 가진 관행콤바인과 짚체 대신 로터의 회전작용에 의하여 선별이 이루어지는 로터리콤바인(rotary combine)으로 분류할 수 있다. 로터리콤바인에는 로터가 가로방향으로 설치되어 있는 직류형과 축방향으로 설치되어 있는 축류형이 있다. 축류형 중에는 로터가 하나인 것과 쌍동 로터가 있고, 또 한 개의 로터에 나선깃이 부착된 오거형으로 되어 있는 범용 콤바인이라 부르는 것도 있다. 로터리콤바인은 작물이 로터의 앞부분에서 탈곡되고 뒷부분에서 조선별이 이루어지며 로터를 둘러싸고 있는 망을 통과한 낙하물은 오거에 의하여 요동 곡물판으로 이송되어 정선체로 공급된다. 로터리콤바인은 관행에 비하여 로터의 회전속도가 낮고 탈곡통과 탈곡망 사이의 틈새가 넓어 곡물 손상이 적으며, 작물이 탈곡실 내에 체류하는 시간이 길어 탈곡과 선별이 더 잘되지만 동력 소모가 높고 짚부스러기가 많이 발생하는 것이 단점이다.

관행 직류 탈곡통에 타인이 부착된 로터리형의 조선별기를 연결한 로터리콤바인은 벼처럼 짚이 거친 작물에 적합하다. 또, 짚체 대신 여러 개의 관행 직류탈곡통을 배치한 기종이 있는데 직렬로 배열된 각 탈곡통은 후방으로 갈수록 순차적으로 더 빠르게 회전하여 탈립이 잘 안 되는 콩이나 땅콩의 탈곡에 활용된다.

여기서는 관행의 투입식 직류콤바인을 중심으로 설명한다. 투입식 콤바인이 자탈형 콤바인과 구조상 크게 다른 점은 다음과 같다.

- 걷어올림장치에 돌기달린 체인 대신 릴(reel)이 장착되어 있다.
- 예취된 작물 전체가 헤더오거와 이송공급기를 거쳐 탈곡선별부에 투입된다.
- 작물의 종류에 따라 헤더, 탈곡치, 탈곡망, 선별체 등을 교체할 수 있다.
- 탈곡치와 탈곡망의 형태가 다르고 그 틈새를 조절할 수 있다.
- 선별부에 거대한 짚체와 정선체가 있어 기체가 대형이다.

2) 구조와 작용

투입식 콤바인은 윈드로워와 투입식 탈곡기를 결합한 형태의 종합수확기로서, 그 주요부는 그림 6-16에서 보는 바와 같이 주행부, 헤더(전처리부, 예취부, 이송공급부), 탈곡부, 조선별부, 정선부, 환원부, 곡물처리부, 짚처리부, 섀시, 제어장치, 운전실과 계기 등으로 구성되어 있다.

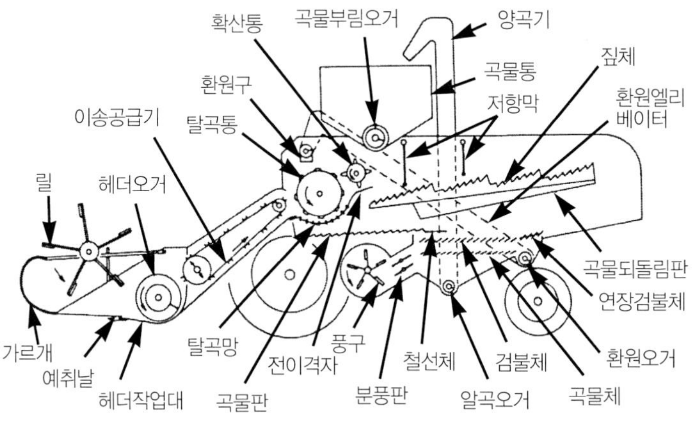

[그림 6-16] 투입식 직류콤바인의 구조

※자료 : 정창주 외. 1995. 농업기계학.

탑재기관은 대부분 디젤기관이며 동력은 원동기에서 각 작업부에 벨트나 체인 등으로 전달된다. 가장 많이 보급된 예취폭 4~5m의 콤바인의 경우, 전체 길이는 6~8m, 기체의 질량은 4~9톤, 기관출력은 66~81kW 정도이다.

투입식 콤바인의 예취, 탈곡, 조선별, 정선작업 등의 처리과정은 다음과 같다. 먼저 예취부의 양 끝에 있는 가르개로 벨 부분을 분할하고, 릴로 작물을 일으켜 세우면서 잡아당겨 예취날로 벤다. 벤 작물은 헤더작업대(platform) 위에 쓰러뜨려 헤더오거(platform auger)로 양측에서 중앙으로 모은 다음, 이송공급기(feeder conveyer)로 탈곡부의 탈곡통과 탈곡망과의 틈새로 공급한다.

탈곡실로 들어온 작물은 탈곡통과 탈곡망 사이를 지나면서 탈곡된 다음, 곡물과 검불은 탈곡망의 격자(grate)를 통하여 곡물판 위로 낙하하고 짚은 확산통(beater)에 의하여 감속되면서 짚체 위로 확산되어 선별된 후 기체 밖으로 배출된다. 짚체의 홈을 통하여 낙하한 것은 곡물되돌림판(grain return pan)을 거쳐 곡물판 위로 이송되어 탈곡망을 통하여 낙하한 것과 섞이게 된다. 이 혼합물은 곡물판의 후방으로 이송되어 검불체 위에 낙하한 다음, 검불은 풍구의 바람에 의하여 기체 밖으로 불려나가고 체눈을 통과한 것은 곡물체에서 다시 정선된 후 곡물은 알곡오거 위로 낙하하고 검불은 기체 밖으로 나가게 된다. 정선된 곡물은 알곡오거에 의하여 옆으로 이송된 다음 양곡기에 의하여 곡물통으로 들어간다.

정선과정을 거치는 동안 너무 커서 체눈을 통과하지 못한 것과 너무 무거워서 검불과 함께 불려나가지 못한 곡물과 짚부스러기 등의 혼합물은 환원물(tailings)이라고 부르는데, 이 환원물은 환원오거로 수집되어 환원엘리베이터(tailings elevator)에 의하여 탈곡실로 되돌아가 다시 탈곡선별과정을 거치게 된다.

3) 주행부와 헤더

주행부는 앞바퀴는 구동륜, 뒷바퀴는 조향륜으로 되어 있는 전륜구동의 바퀴형이 사용되며, 논에서 작업할 경우에는 앞바퀴 대신 스프로킷을 부착한 반궤도형이 사용된다. 주행속도는 작물의 종류나 상태, 포장조건에 따라 변화시켜야 하므로, 변속기구로는 정유압 무단변속기와 기계식 변속기구를 조합한 방식이 주로 사용된다.

헤더는 작물을 모아서 베어 탈곡부까지 이송하는 기구로서, 가르개와 릴로 구성되어 있는 전처리부, 왕복날로 이루어진 예취부, 헤더오거 및 이송공급기로 구성되어 있으며 작물의 종류에 따라 헤더 전체를 교체할 수 있게 되어 있다.

헤더의 종류에는 릴 헤더, 줄베기 헤더 및 미예취탈곡식 헤더(stripper header)가 있으며, 줄베기 헤더에는 벼헤더와 콩헤더(bean header) 및 옥수수헤더(corn header)가 있다.

미예취탈곡식 헤더는 그림 6-17에서 보는 바와 같이 각도를 조절할 수 있는 가동덮개, 빗살모양의 탈곡치를 가진 로터, 컨베이어, 흡입오거 등으로 구성되어 있다. 작물은 가동덮개에 눌려 포장에 서 있는 상태 그대로 뾰족한 빗살탈곡치에 의하여 이삭 부분이 훑어진다. 훑어진 곡물과 검불은 컨베이어와 흡입오거를 거쳐 탈곡선별부로 공급되고, 나머지 작물체는 입모상태

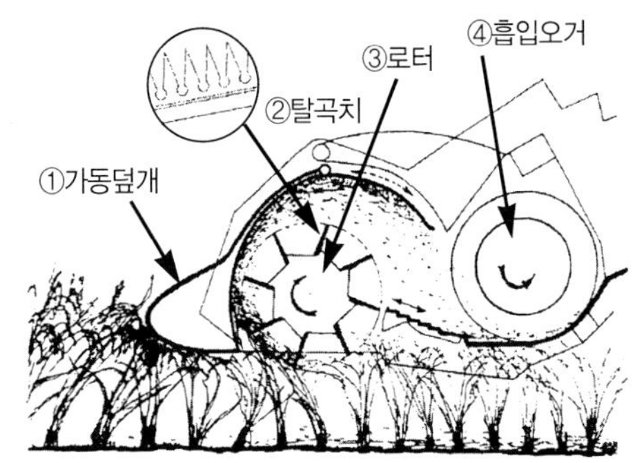

[그림 6-17] 미예취탈곡식 헤더

※자료 : CIGR, 1998. Handbook of asriculture engneering-Vol.Ⅲ.

로 포장에 남아 있게 된다. 이러한 미예취탈곡식 헤더는 알떨림이 쉬운 품종의 벼가 밀생되었을 경우에 적합하며, 선별부에서 처리하는 비곡물의 부피가 작기 때문에 작업능률이 높고, 연료소비량과 부품의 마모가 적으며, 쓰러진 작물의 수확이 빠르고 용이한 장점이 있다. 그러나 곡물통 안의 비곡물 혼입률이 높고, 곡물 손실이 관행 헤더보다 훨씬 많으며, 탈립이 잘 안 되는 벼에는 사용할 수 없는 등의 단점이 있다.

예취날의 양단에 위치한 가르개는 예취할 작물을 유도하여 작업폭을 결정하고 다음에 벨 작물을 옆으로 분리하여 밀어 내는 작용을 하며, 작물의 키에 따라 그 경사각도가 조절된다. 릴 헤더에서 릴은 쓰러진 작물을 일으켜 세워 예취부로 유도한 다음 예취된 작물을 헤더오거 위로 쓰러뜨리는 역할을 한다. 릴에는 그림 6-18에서 보는 것과 같은 널판형 (slat, bat)릴과 빗살형(pickup)릴이 있다.

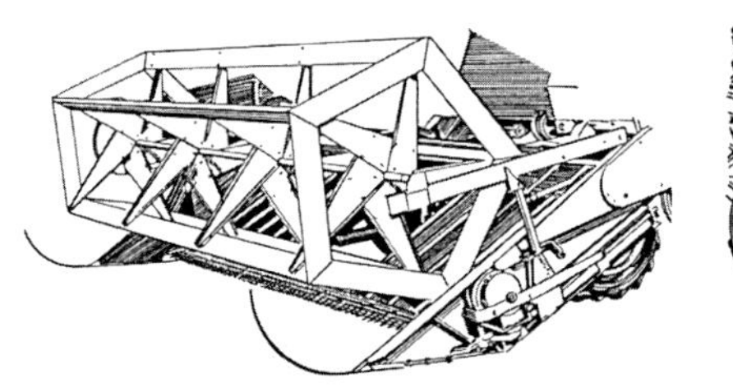 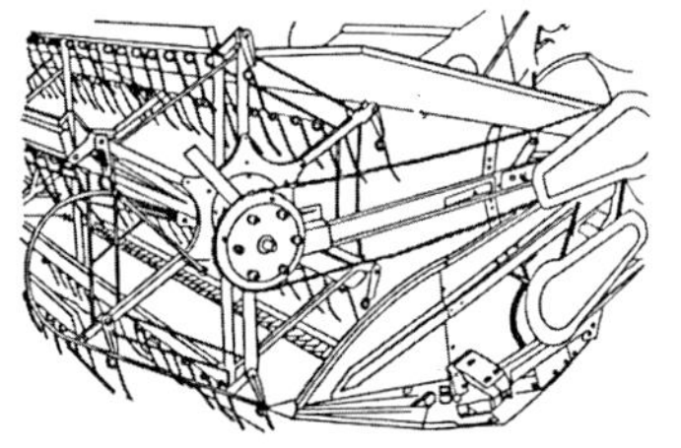

[그림 6-18] 널판형 릴(좌)과 빗살형 릴(우)

※자료 : Griffin G.A. 1973. FMO-Combine harhesting. 江崎春雄. 1970. バインダとユンバイン.

널판형 릴은 4~6개의 얇은 판을 반경방향 봉에 부착한 것으로서 입모상태가 좋은 작물에 사용된다. 빗살형 릴은 편심 스파이더기구를 이용하여 릴이 회전할 때 빗살(finger, tine)은 항상 평행을 유지하며, 쓰러진 작물의 밑까지 들어가 작물을 걷어 올려 벨 수 있도록 캠가이드나 평행크랭크기구로 자세를 제어할 수 있다. 빗살형 릴은 쓰러진 작물을 걷어올리는 데 효과적이므로 벼 수확용으로 많이 사용되며, 빗살의 재료로는 탄성재료나 합성수지를 사용한다.

릴의 전후상하 최적 위치는 작물의 키, 예취할 작물의 양, 작물의 조건 등에 따라 조절할 수 있게 되어 있다. 널판형 릴은 널판이 최저 위치에 있을 때 예취날의 약간 앞에서 위로 15~25 cm 위치에서 짚을 당길 수 있도록 설치하며, 쓰러진 작물의 경우에는 좀 더 후방에 설치한다. 또, 릴이 이삭 밑 부분에 닿도록 하고 릴 축은 예취날로부터 15~30 cm 위치에 있도록 조절한다. 빗살형 릴에서는 쓰러진 작물을 끌어올리기 위하여 릴 축을 예취날로부터 23~30 cm 앞에 위치시키며, 빗살은 예취날 앞의 50~75 mm 위치에서 뒤로 경사지게 하여 작물을 잘 끌어올릴 수 있도록 한다. 또, 빗살은 릴이 회전하더라도 언제나 같은 방향을 향하도록 설정되어 있다.

릴의 반지름은 50~80 cm이고, 회전속도는 15~42 rpm이다. 릴은 V벨트나 유압모터로 구동되며, 회전속도는 무단변속, 또는 유압구동으로 조절하여 주행속도에 따라 연동하여 변화시키는데 운전석에서 릴의 속도를 제어할 수 있게 되어 있다. 릴의 회전속도가 너무 빠르면 낙하립에 의한 손실이 많아지고, 너무 늦으면 이삭 부분이 잘려 헤더작업대에 낙하하게 된다. 릴지수(reel index)는 걷어올림속도비라고도 하며 릴선단의 주속도를 콤바인의 주행속도로 나눈 값으로 나타내는데, 적합한 릴지수는 1.25~1.5이므로 릴의 주속도는 콤바인의 주행속도보다 25~50% 더 빠르게 하는 것이 바람직하다.

예취부는 피치가 76.2 mm인 표준형 구동칼날과 날집방식의 받침날로 구성되어 있는 왕복날을 사용하며, 예취날의 평균 왕복속도는 1.05~1.5 m/s, 크랭크의 회전속도는 400~500 rpm으로 낮게 취하고 있다. 유연성 예취날(flexible cutterbar)은 전체 예취폭에 걸쳐 지면형상을 따르도록 하여 균일한 예취높이를 유지하고 손실을 최소화할 수 있어 곡물이 지면에 가까운 작물에 적합하다. 또, 운전석에서 예취높이를 쉽게 확인할 수 있는 계측기구가 장비된 기종도 있다.

이송공급부는 벤 작물을 예취폭의 1/3~1/2이 되도록 가운데로 모으는 헤더오거와 이것을 위로 운반하여 탈곡실로 공급하는 이송공급기로 구성되어 있다. 헤더오거는 나선깃의 바깥지름이 40~50cm, 안지름이 30cm 정도, 피치는 40~50cm, 주속도는 3.7~4.4m/s 이다. 또, 오거에는 작물을 이송공급부로 잘 밀어내기 위하여 출입돌기가 붙어 있으며, 헤더오거에 작물이 엉켰을 경우에는 간단한 조작으로 엉킨 것을 제거할 수 있도록 유압식 또는 기계식의 오거 역전기구가 장비된 기종도 있다.

이송공급기는 2줄의 체인에 판을 부착한 슬랫 컨베이어(slat conveyor)로 되어 있으며 반송속도는 2.7~3.5m/s이다. 이송공급기 끝부분에는 작물과 섞여 들어오는 돌과 같은 이물질을 제거하기 위하여 돌받이(stone trap)가 설치되어 있는 것도 있다. 또, 작물이 탈곡실에 원활하게 투입되도록 하기 위하여 이송공급기와 탈곡통 사이에 확산통을 설치한 기종도 있다.

4) 탈곡부

탈곡부는 탈곡통, 탈곡망, 탈곡실 덮개로 구성되어 있으며 공급된 작물은 회전하는 탈곡통과 탈곡망 사이의 틈으로 강제로 이송되어 탈곡된다. 탈곡통은 줄봉형과 각봉형 및 돌기치형으로 분류할 수 있다. 줄봉형 탈곡통은 맥류, 옥수수 등의 수확에 가장 널리 사용되며, 원통을 이루는 6~8개의 별모양 허브에 각각 설치된 긴 강봉으로 이루어져 있다. 허브는 베어링으로 지지되어 V벨트로 구동되는 공통 축 위에 설치되어 있으며, 강봉은 바깥쪽이 파형의 줄눈으로 되어 있다. 탈곡망은 평행하게 고정된 곡선 봉에 지지된 평행한 봉들이 끼워진 격자모양으로 구성되어 있다.

각봉형 탈곡통은 줄봉 대신 고무를 씌운 L자형 각봉으로 구성되며, 탈곡망의 표면도 고무를 씌운 것을 사용한다. 탈곡은 주로 부드러운 도리깨질 방식을 이용하므로 스프링치형 탈곡통과 함께 콩과식물의 수확에 사용된다. 또, 돌기치형 탈곡통은 줄봉 대신 다수의 돌기치가 부착된 봉으로 구성되어 있으며, 탈곡망 역시 돌기치와 짜 맞추어지는 고정치가 부착되어 있어 짚이 거친 벼의 수확에 적합하나 짚부스러기가 많이 발생하는 단점이 있다.

탈곡통은 지름이 37~60cm이고 길이는 헤더의 폭에 비례하며 회전속도는 150~1,500rpm으로서 작물의 종류나 조건에 따라 무단변속기로 주속도를 12~38m/s까지 조절한다. 함수율이 높고 알떨림이 어려운 작물일수록 고속이 필요하지만 탈곡통의 회전속도가 증가하면 곡물 손상과 짚의 파쇄도 증가하게 된다. 탈곡망은 망눈크기가 12×36mm

의 격자망 또는 18×18mm의 파형망으로 되어 있고 탈곡통 포위각은 90~150°로 되어 있다. 특히 콩, 메밀 등 수확할 작물에 따라 적합한 전용 탈곡망으로 교체할 수 있게 되어 있다.

[표 6-1] 줄봉형 탈곡통의 적정 주속도와 탈곡치와 탈곡망 사이의 간격

작물	주 속도(m/s)	탈곡치와 탈곡망 사이의 틈새(mm)
벼	18~25	4.8~12.7
보리, 오트밀	20~28	3.2~9.6
밀, 호밀	20~30	3.2~9.6
수수	15~23	3.2~7.9
콩	10~15	9.4~16.0

※자료 : 川村登 등. 1980. 農作業機械学.

탈곡치 선단과 탈곡망 사이의 틈새는 작물의 종류나 공급유량에 따라 가장 좋은 작업 정도가 되도록 조절할 수 있게 되어 있는데, 입구부는 15~25mm, 출구부는 7~12mm로 점차 좁게 되어 있다. 이 틈새가 너무 넓으면 미탈곡물이 많이 발생하며, 너무 좁으면 동력소모가 많고 곡물 손상이 증가하게 된다. 대표적인 탈곡치의 표준 주 속도와 탈곡치 선단과 탈곡망 사이의 틈새는 표 6-1에 나타낸 바와 같다.

5) 조선별부

조선별부는 홈(channel)이 있는 요동체로 이루어진 짚체와 확산통 및 저항막으로 구성되어 있다. 콤바인에 투입된 곡물의 70~90%는 탈곡과정에서 탈곡망눈을 통과하여 낙하하고, 탈곡망눈을 통과하지 못한 곡물과 짚의 혼합물은 확산통에 의하여 짚체 위로 확산된다. 확산통은 대부분이 탈곡통 뒤쪽에 설치되며 곡물과 짚의 분리를 촉진시키기 위하여 짚체의 위쪽에 설치하여 짚층의 두께가 균일하게 확산되도록 하기도 한다. 또 조선별실에 있는 저항막(check flap)은 짚체 위의 짚의 흐름속도를 늦추고 곡물의 비산을 방지하며 짚층 두께를 균일하게 하는 역할을 한다.

짚체에는 여러 가지 종류가 있으나 그림 6-19에서 보는 바와 같은 키(key)형과 작업대(platform)형이 주로 사용되고 있다. 키형 짚체는 폭이 20~30cm인 3~8개의 긴 시렁(channel sections)으로 나뉘어서 크랭크 축 위에 90~180° 위상으로 설치되어 요동운동을 한다. 크랭크축이 회전하면 시렁이 타원형이나 원형 경로를 따라 요동하여 짚이 위로 튀어오르게 키질을 하며, 시렁 윗면은 톱날형 경사면의 돌기로 되어 있어 피선별물이 전방으로 되돌아가지 못하도록 되어 있어 차츰 콤바인 후방으로 이동하게 된다. 이러한 요동

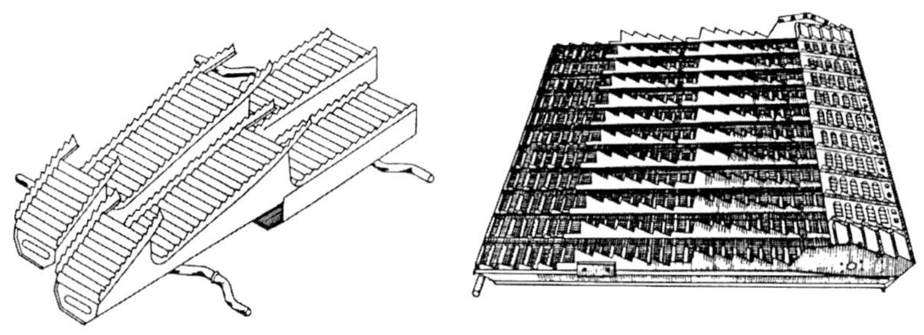

[그림 6-19] 키형 짚체(좌)와 작업대형 짚체(우)

작용으로 짚 속에 섞여 있는 곡물은 짚으로부터 분리되어 짚체의 홈을 통하여 아래로 낙하하여 곡물되돌림판을 통하여 곡물판 위로 역류하고, 짚은 짚배출구를 통하여 기계 밖으로 배출된다.

크랭크는 크랭크원 지름, 즉 크랭크 행정(crank throw)이 약 5 cm이며 회전속도는 190~260 rpm이다. 짚체의 선별특성 값 K는 크랭크의 반경방향 가속도를 중력가속도로 나눈 값으로 나타내며 짚체와 정선체 모두 적정 값을 1.8~3.3으로 설계하고 있다. 또, 짚체가 수평면과 이루는 각을 α라면, 짚체 위의 피선별물을 후방으로 이송시키려면 $\tan\alpha = 1/K$이 되어야 한다. 일반적으로 짚체의 선별성능은 짚체의 길이의 지수함수로 나타내고 있다.

6) 정선부와 곡물 및 짚 처리부

정선(cleaning)은 탈곡망과 짚체로부터 선별되어 낙하하는 혼합물로부터 곡물과 비곡물을 최종 선별하는 과정을 말하며, 풍구에 의한 공기동역학적 작용 및 정선체의 기계적 작용으로 이루어진다. 정선부는 2~3개의 정선체와 체눈 사이로 바람을 보내는 풍구로 구성되어 있으며, 정선체는 상부에 1~2개의 검불체를 두고 그 밑에 1개의 곡물체를 배열하고 있다. 곡물판은

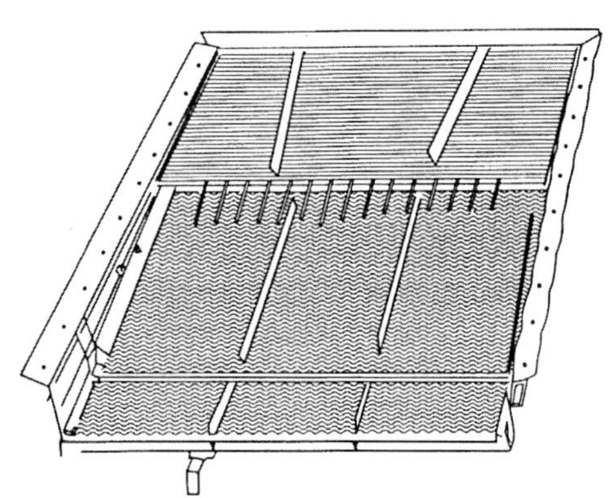

[그림 6-20] 정선체의 구조

표면이 지그재그의 계단형으로 되어 있으며, 탈곡망과 짚체에서 선별되어 나오는 혼합물을 비교적 균일하게 정선체로 보내어 선별효과를 높이는 역할을 한다.

정선체의 구조는 그림 6-20에서 보는 바와 같으며 짚체보다 체눈크기가 작다. 검불체에는 특수한 형상의 구멍을 낸 체순(lip), 망 모양의 격자철선, 체눈크기를 조절할 수 있는 체눈조정식 또는 이들을 조합한 것들이 있다. 맨 밑에 위치한 곡물체는 검불체보다 눈 크기가 더 작으며, 곡물의 형상에 따라 원형, 타원형, 장방형 등의 체눈(sieve opening)이 뚫려 있는 철판이나 파형망 또는 체눈조정식 체를 교체하여 사용할 수 있게 되어 있다. 벼를 수확할 경우에는 검불체나 곡물체 모두 같은 모양의 체눈조정식을 많이 사용하고 있다.

정선체의 체눈크기와 체순의 경사각은 작업조건에 따라 조절할 수 있게 되어 있으며, 비늘살(louver)처럼 생긴 체순을 회전시켜 체눈을 여닫음으로써 체눈크기를 조절할 수 있다. 또, 어떤 기종은 정선체 위의 한쪽 편에 몰리는 피선별물을 균일한 두께로 펴기 위하여 요동체를 횡방향으로 경사시킬 수 있게 되어 있다.

검불체와 곡물체는 같은 방향으로 요동하거나 또는 균형을 잡기 위하여 서로 반대방향으로 요동하며, 진폭은 3~5cm, 진동수는 3.3~5.4Hz이다. 예취폭 1m당 정선부의 면적은 소형 콤바인에서는 $0.5~1.0\,\text{m}^2$, 중대형 콤바인에서는 $0.3~0.6\,\text{m}^2$이다. 또, 체의 면적은 탈곡통 폭에 따라 달라지는데, 일반적으로 2개의 체가 있는 경우 검불체의 면적은 탈곡통 폭 1cm당 $114~147\,\text{cm}^2$이다.

풍구는 날개의 바깥지름이 27~30cm인 널판형 팬이 주로 사용된다. 혼합물이 검불체 위로 낙하할 때 풍구는 콤바인의 후방을 향하여 약 45° 각도로 바람을 불어 보내어 대부분의 검불은 기계 밖으로 내보내고 곡물과 일부 검불만 검불체에 낙하하도록 한다. 낙하한 혼합물은 검불체의 요동작용으로 콤바인의 후방을 향하여 이송되며, 이 때 혼합물층을 통한 공기이동은 혼합물층을 느슨하게 하므로 검불은 공기의 흐름에 실려 나가게 되고, 곡물은 중력으로 인하여 혼합물층을 통과하여 아래로 분리된 다음 체눈을 통과하여 하부 체인 곡물체 위로 낙하하게 된다. 검불체의 망눈경사나 풍구의 바람세기는 작물의 종류에 따라 조절할 수 있게 되어 있다.

곡물체 위로 낙하한 혼합물은 검불체에서와 마찬가지로 풍구와 체에 의한 선별과정을 거치게 된다. 곡물체 밑으로 낙하하는 곡물은 한번 더 풍구의 기류선별을 거친 다음 곡물은 알곡오거로 낙하하여 양곡기에 의하여 곡물통으로 이송되고 비곡물은 기계 밖으로 배출된다. 알곡오거는 나사형 반송기가 사용되며 양곡기에는 널판형 반송기(Slat conveyor) 또는 퍼올림기가 사용된다. 곡물처리는 대부분이 곡물통과 반출오거를 이용하며, 곡물통의 용량은 예취폭이 3.6 m 정도의 콤바인이 2,800~4,300 L, 4.5 m 정도의 콤바인이 3,900~6,500 L이다.

구멍이 큰 연장검불체(chaffer extension)를 통하여 낙하하거나, 너무 커서 체눈을 통과하지 못하였거나, 너무 무거워서 날아가지 못한 이삭립 등의 환원물은 요동작용에 의하여 정선체 위를 지나 환원실로 이송되며, 환원오거에 수집된 이러한 환원물은 환원엘리베이터에 의하여 환류되어 재탈곡된다. 환원오거 및 환원엘리베이터에는 나사형 반송기가 사용되며, 환원물을 보내는 위치는 탈곡실이나 검불처리실 또는 선별실로서 기종에 따라 다르다.

콤바인의 후방으로 배출되는 짚은 세단기에 의하여 잘게 절단되어 살포되며, 세단된 짚을 포장에 균일하게 확산시키는 짚확산기(straw spreader)나 묶어서 포장에 방출하는 짚포장기(straw press)가 이용되기도 한다.

7) 자동제어장치

주행속도, 탈곡통 회전속도, 탈곡망 틈새 등의 조절에는 전자회로와 유압회로를 조합한 자동제어장치가 사용되고 있다. 각종 센서를 이용하여 배출 짚이나 곡물의 양, 주행속도, 탈곡통 회전속도 등을 검출하고 탈곡통 회전속도나 작업속도를 제어한다. 자동제어장치에는 릴의 속도와 작업속노를 연동시킨 릴속도 자동제어장치, 요동체를 수평으로 제어하는 선별자동제어장치, 예취부나 차체의 수평제어장치, 과부하 검출장치, 곡물 손실 검출장치 등이 있다. 또, 가르개에 센서를 부착하여 검출한 자료로 주행방향이나 예취높이 등의 제어를 하기도 한다. 이 외에도 피선별물의 양에 따라 검불체의 체순각도를 자동조절하는 선별부 자동제어장치, 설정한 예취높이 이하가 되면 자동적으로 헤더가 일정 높이까지 올라가는 안전상승기(safety lift), 도달거리를 자동으로 조절할 수 있는 반출오거 등이 있다.

8) 작업성능

투입식 콤바인은 밀, 보리, 벼, 콩, 옥수수, 수수, 유채, 목초 종자 등 여러 가지 종류의 곡물을 수확할 수 있는 것이 특징이다. 서양의 대규모 경영용으로 개발되었기 때문에 예취폭이 최소 3m 이상의 광폭이고 더구나 출력이 높아 작업능률이 매우 높다. 작업능률은 벼 수확의 경우에는 작업속도 0.2~0.5m/s에서 예취폭 1m 당 6~9a/h이고, 맥류 수확의 경우에는 작업속도 0.7~1.2m/s에서 예취폭 1m 당 15~25a/h이다.

작업정도는 밀 수확에서는 주행속도 0.4~1.5m/s에서 곡물손실 5% 이하, 곡물손상은 2% 이하이며, 콩이나 옥수수 수확에서는 곡물 손실이 5~8%이다. 벼의 수확에서는 주행속도가 0.2~0.6m/s로 낮고, 곡물 손실은 5~7%, 곡물 손상은 2~9%로 이삭공급식 콤바인에 비하여 작업 정도가 낮다.

6.2 과실 수확기

구미에서는 가공용 과실이 진동형 수확기에 의하여 일시에 수확되고 있지만, 생식용 과실은 대부분 인력에 의한 수확을 하고 있다. 일본에서는 부가가치가 높은 생식용 과실이 대부분을 차지하고 있고 수확작업의 보조로서 사용되고 있는 작업대 이외에는 거의 기계화되어 있지 않다. 국내에서도 일본과 유사하나 일부에서 대추, 매실 등의 수확에 있어서는 진동식 수확기를 이용하여 수확작업을 수행하고 있다.

사과, 감귤류 등의 생식용 과실은 숙기가 다르고 수확 시의 손상을 줄이기 위하여 익은 것만 골라서 1개씩 수확할 필요가 있다. 더욱이 수형이 대형이고 과실은 광범위하게 분포하기 때문에 숙과를 골라내고 수확기를 접근시켜 수확하여야만 한다. 이러한 기능을 가진 기계로서 구미와 일본에서는 카메라로 과실을 찾아내어 숙과를 판별하고 수확부의 팔(arm)을 접근시켜 손상을 주지 않도록 하는 과실선택 수확 로봇의 개발이 진행되고 있다. 과실 수확은 두 가지 방법으로 기계화되고 있다. 첫 번째는 수확작업대 등과 같은 기계적인 장치를 사용하여 인력으로 수확하는 방법이고, 두 번째는 전용 수확기계를 사용하여 기계적으로 수확하는 방법이다.

6.2.1 수확작업대(범용 작업대)

범용 작업대는 4륜구동형 또는 무한궤도형 동력운반차에 작업대를 부착한 동력운반차 탑재형과 전용형이 있으며, 최대 작업높이 3.5 m정도까지 높은 위치에서 작업이 가능하여 고소작업대라고도 한다. 운반차 탑재형 범용 작업대는 주행은 동력운반차에 의하고 승강 및 선회작업은 탑승한 작업자가 원격조정하며, 운반차로 이용할 경우에는 범용작업대를 떼어 내고 작업한다. 전용형 범용작업대는 작업자가 탑승한 상태에서 주행, 승강 및 선회작업을 원격조정으로 할 수 있다. 두 기종 모두 작업자를 포함하여 최대 적재량 150 kg, 작업높이 3.5 m 내외, 작업범위는 약 1.5 m의 반경으로 360° 회전하며 열매솎기, 전정, 봉지씌우기 등 관리작업 및 수확작업, 조경작업, 산업현장에서의 도색작업 등 높은 위치에서의 작업에 이용되고 있다.

(a) 운반차 탑재형   (b) 전용형

[그림 6-21] 범용 작업대의 구조

6.2.2 휴대형 진동수확기

휴대형 진동수확기는 소형으로 가지에 걸어 진동을 주는 것이며 휴대형 동력예취기의 예취부를 떼어 내고 대신 나무에 걸고 진동을 줄 수 있도록 진동장치와 갈고리를 부착하였다. 이것은 진동수확장치를 예취장치와 교환부착함으로써 예취기로도 사용이 가능하다.

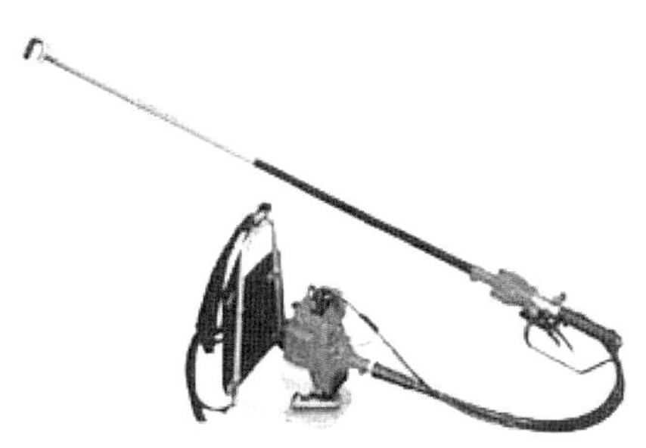

[그림 6-22] 휴대형 진동수확기

배부식은 엔진을 등에 짊어질 수 있는 구조로 되어 있으며, 동력의 전달은 엔진 쪽에 원심클러치가 있고 자유자재로 구부릴 수 있는 유연성 와이어(flexible wire)에서 예취부를 떼어 내고 부착할 수 있도록 되어 있다. 엔진의 크기는 30～45cc 정도로서 공랭 2사이클을 주로 사용하고 있으나, 공랭 4사이클을 사용하는 것도 있다. 엔진의 회전수는 최대 5,000～9,000rpm이지만 이를 1/10 정도로 감속할 수 있도록 되어 있고 진폭은 30～50mm이다.

6.2.3 공압식 진동수확기

컴프레서의 공기압을 이용하여 진동을 주도록 되어 있으며, 수확장치를 교환부착함으로써 전정가위, 톱, 액비주입기로도 이용할 수 있다.

(a) 컴프레서

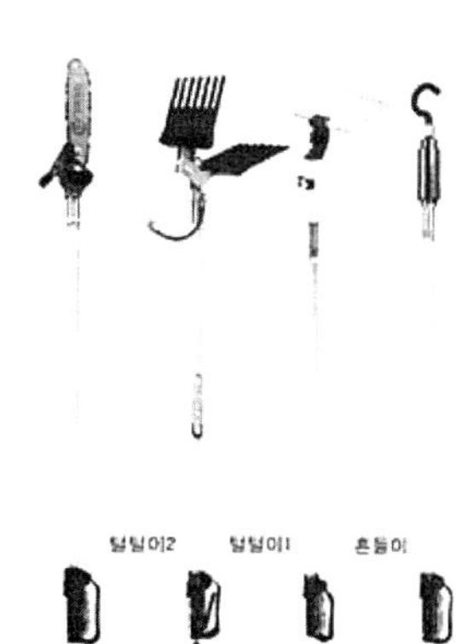

(b) 부착 작업기

[그림 6-23] 공압식 진동수확기

6.2.4 기계식 진동수확기

기계식 수확기의 원리는 과실 나무를 흔들어 떨어지는 과실을 받아서 모으는 것이다. 따라서 기계식 수확기는 나무에 진동을 가하는 장치와 떨어지는 과일을 받아서 모으는 수거장치로 구성되어 있다. 기계식 수확기는 사과, 복숭아, 오렌지, 체리 등을 수확할 때 사용되고 있으나, 아직 연구개발 단계인 경우가 많다.

[그림 6-24] 기계식 수확기(사과)

진동을 가하는 장치는 나무의 줄기 또는 기둥을 잡는 클램프(clamp)와 클램프에 진동을 가하는 유압장치로 구성되어 있으며, 수거장치는 나무의 기둥을 중심으로 좌우로 설치하는 경사판으로 되어 있다.

진동의 주파수와 진폭은 과일의 종류, 나무의 상태, 클램프의 위치 등에 따라 다르며, 사과의 경우에는 줄기의 윗부분을 흔들 때, 10~12Hz의 주파수와 95mm의 진폭에서 수확성능이 양호하였다는 연구 결과가 있다. 그림 6-24는 기계식 수확기를 이용한 사과의 수확장면을 니다낸 것이다.

6.3 채소 수확기

채소 수확기는 수확대상물의 채취위치에 따라 지하부 수확기 및 지상부 수확기로 나뉜다. 또한 대상물의 이용 부위 중 식용 부위의 기준에 따라 엽채 수확기(葉菜收穫機), 근채 수확기(根菜收穫機) 및 과채 수확기(果菜收穫機)로 분류된다.

채소류의 수확작업에 소요되는 비용은 총생산비의 30~60%를 차지하고 있어 다른 작업에 비하여 비용이 많이 들 뿐만 아니라 주로 인력에 의하여 수확작업이 이루어지고 있어 채소류 수확작업의 기계화가 절실히 요구되고 있으나, 아직까지도 채소 수확기의 개발은 미진한 실정이다.

이와 같이 채소 수확기의 개발이 미진한 이유는 다음의 몇 가지로 요약될 수 있다.

- 채소류는 조직이 매우 연하여 기계수확 시에 손상을 많이 입는다.
- 파종 및 이식의 불균일성 때문에 수확기의 작업성능이 현저히 떨어진다.
- 개체 간에 숙도가 다르기 때문에 선택적 수확(selective harvesting)을 하여야 한다.
- 수확한 직후의 선별, 포장 등과 같은 후속작업의 기계화도 동시에 고려되어야 한다.

6.3.1 엽채용 수확기

배추, 시금치, 양배추, 상추, 부추 등의 엽채류(leaf vegetables)에서의 수확작업기계화는 수확기의 개발뿐만 아니라 재배방법이나 엽채류의 품종과 매우 밀접한 관계가 있다. 또한, 엽채류는 조직이 매우 연하여 수확 직후에 적절한 포장이나 예냉 과정을 거치지 않으면 곧바로 품질의 변화를 가져오므로, 전체적인 수확작업시스템에서는 이와 같은 종합적인 과정들이 반드시 고려되어야 한다.

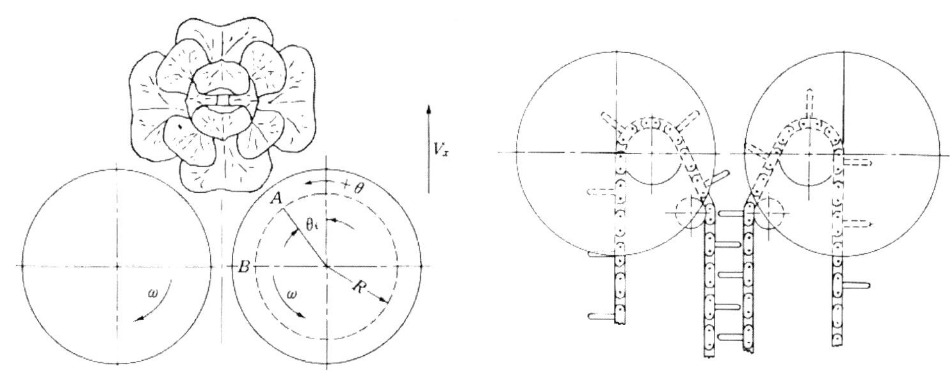

(a) 전처리부 원판   (b) 전처리부의 원판과 반송체인

[그림 6-25] 양배추 수확기의 전처리부 원판과 반송체인

(1) 양배추 수확기

양배추 수확기에서 전처리부는 양배추가 수확기의 진행중심선으로부터 약간 벗어난 위치에 있는 것을 절단부와 반송부가 있는 중앙으로 모아 주는 역할을 한다. 그림 6-25의 (a)에서 보는 바와 같이 2개의 볼록한 원판이 외부 동력에 의하여 안쪽으로 회전하면서 중심선으로부터 벗어난 양배추를 중앙으로 유도하게 된다. 여기서 수확기의 전진속도와 양배추가 원판에 접촉한 점의 원주속도의 비가 양배추 수확기의 작업성능에 미치는 영향이 크며, 이들의 관계는 다음 식과 같다.

$$\frac{V}{V_x} = \frac{\dfrac{\pi}{2} - \theta_i}{\cos \theta_i} \qquad (6-1)$$

여기서, V =양배추가 원판에 접촉한 점에서의 원주속도(m/s)

$\quad V_x$ =양배추 수확기의 전진속도(m/s)

$\quad \theta_i$ =원판과 양배추의 접촉위치각(rad)

V/V_x의 비는 이론적으로 $1\sim\dfrac{\pi}{2}$이지만, 실제로는 원판과 양배추 간의 미끄럼 때문에 조절할 수 있는 원판형 톱으로 되어 있다. 반송부는 수확된 양배추를 이송하는 이송체인과 이송 시에 양배추가 이탈되지 않도록 위에서 눌러 주는 부드러운 스펀지 벨트로 구성되어 있다.

[그림 6-26] 양배추 수확기

[그림 6-27] 상추 수확기

양배추 수확기 개발의 중요한 설계인자는 양배추의 절단높이이다. 절단높이가 너무 낮으면 지면과 톱날 간의 간격이 문제가 될 뿐만 아니라 뿌리를 절단하므로 소요동력이 증가되고, 너무 높으면 버려지는 잎이 많아지는 결점이 있다.

(2) 상추 수확기

상추의 수확작업은 아직 주로 인력으로 수행된다. 인력수확 시에 힘든 일을 줄이는 수확보조기구(harvesting aids)가 사용되고 있으나, 이것은 단지 사람이 움직이는 작업대를 타고 상추를 수확하는 것에 불과하므로 실질적인 노동생산성은 거의 기대할 수 없다. 상추의 수확시스템은 수확할 상추를 선택, 밭에서 상추를 수확, 수확된 상추의 불필요한 잎 제거, 적당한 크기로 선별포장 등의 일련의 작업과정을 거치는 것이 일반적이다.

포장작업을 제외한 수확작업에서도 선택적 수확을 하여야 한다는 것이 상추 수확기 개발의 또 다른 어려움 중 하나이다. 상추를 수확하는 데 있어서 선택적 수확을 하여야 하는 이유는 다음과 같은 몇 가지 요인들 때문이다.

- 상추 씨앗은 작고 가벼우므로 균일한 간격이나 깊이로 파종하기가 곤란함
- 포장상(seedbed)의 불균일성
- 개체 간의 발아 및 성장 차이
- 솎음작업 시 상추에 입히는 손상

이와 같은 요인들만 해결된다면 상추의 수확도 다른 작물에서와 같이 일시에 수확할 수 있으며, 수확기의 개발도 한결 용이해진다. 그림 6-27은 미국에서 개발된 것이며, 국내에서 개발될 상추 수확기는 균일한 포장상에서 일시에 수확할 수 있는 기능의 수확기로 예견된다. 이를 위해 상추 수확기의 개발에 앞서 품종개량이나 정밀파종기의 개발이 선행되어야 한다.

(3) 샐러리 수확기

샐러리(celery)는 다른 채소보다 상대적으로 재배기간이 길고 생산비가 많이 들지만, 비교적 균일한 높이로 자라므로 수확작업의 기계화는 비교적 용이하다.

[그림 6-28] 샐러리 수확기　　　　　　　[그림 6-29] 파 수확기

그림 6-28은 샐러리 수확기로서 작업속도는 10 km/h 정도이며, 절단부는 왕복형 칼날이고 수확한 샐러리를 이송하는 승강기와 불필요한 잎(petioles)을 제거하는 장치로 되어 있다. 이 외에도 몇 가지 종류의 샐러리 수확기가 일반 농가에서 사용되고 있으나 대부분의 수확기들은 수확작업 시에 손상률 감소가 해결되어야 할 문제점이다.

(4) 파 수확기

파 수확기는 트랙터 견인용 작업기로서 개발되어 있다. 기체는 30마력 내외의 트랙터의 하부 링크에 연결되어 있으며 수확장치의 동력은 PTO 축 또는 유압에 의하여 공급된다. 수확 및 처리 장치는 작물에 맞추어서 작업할 수 있도록 수평방향으로 이동하도록 되어 있다.

파 밑부분의 절단작업은 사각형의 회전날이 회전하거나 수평날이 직선방향으로 전진하

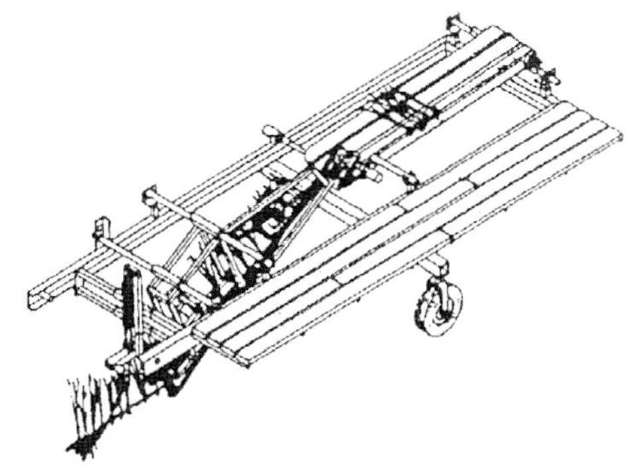

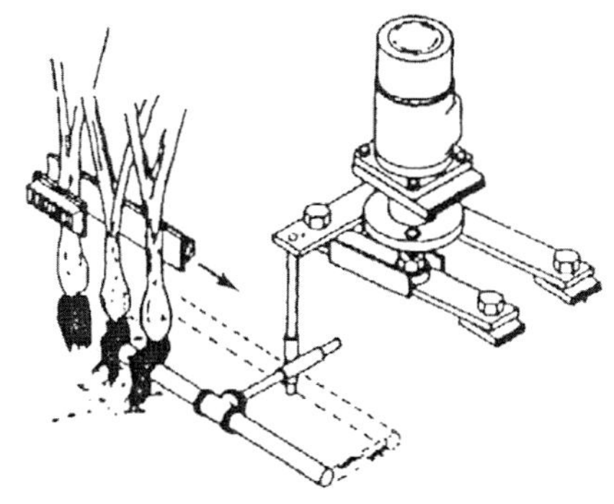

[그림 6-30] 파 걷어올림장치　　　　　　[그림 6-31] 흙의 제거를 위한 진동장치

면서 수행하지만 이는 토양을 과도하게 교란하므로 파를 들어올리기 전에 파의 직립상태를 흩트리는 결과를 초래하므로 새로운 장치의 개발이 시도되고 있다.

그림 6-31은 들어올려진 파를 적재함 쪽으로 이송하면서 파에 묻은 흙을 제거하기 위한 진동장치로서 유압에 의하여 구동된다. 진동주파수는 유량제어밸브로 조절할 수 있도록 되어 있다.

(5) 시금치 수확기

시금치는 대부분 인력으로 산파하므로 고르게 발아되지 않아 수작업으로 큰 것부터 골라 여러 번 수확하여야 하고, 조직이 연약하여 시금치의 수확작업을 기계화하는 데는 어려움이 있다. 특히 노지에 재배하는 재래종 시금치는 주로 추운 겨울철에 수확하기 때문에 작업조건이 열악할 뿐만 아니라 수확작업이 시금치 생산에 소요되는 전체 노동투하시

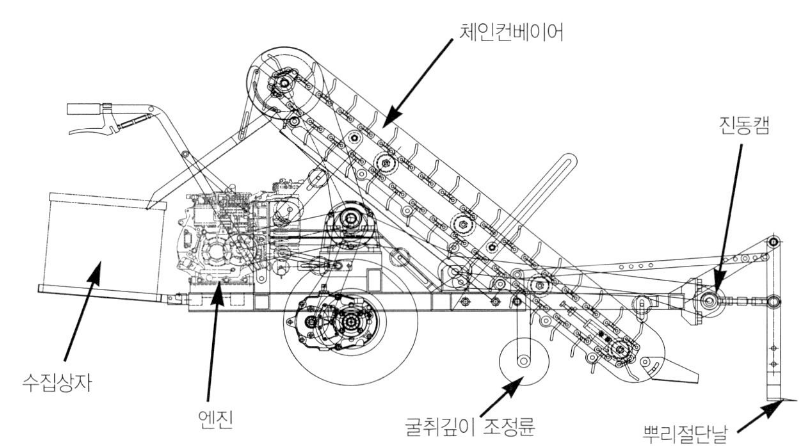

[그림 6-32] 시금치 수확기의 구조와 작업광경

간의 46%를 차지하고 있어 기계화가 절실히 요구되고 있다.

국내에서 개발된 시금치 수확기는 시금치의 뿌리를 절단함과 동시에 이송하여 상자에 담을 수 있는 구조로 되어 있다. 시금치 수확기는 절단폭이 70cm인 진동날로 시금치 뿌리를 4cm 깊이로 절단과 동시에 흙을 잘게 파쇄하고 러그가 부착된 이송체인으로 이송하면서 흙을 분리하여 시금치만 상자에 담아 수확하는 기계로서 작업능률과 소요 비용 측면에서 관행작업에 비하여 각각 96% 노동력 절감효과와 85% 비용 절감을 나타내었다.

(6) 부추 수확기

부추재배에 투하되는 노동투하시간은 10a당 691시간으로 퇴비살포 및 경운작업을 제외한 대부분의 작업이 인력에 의존하며 특히 수확횟수는 노지의 경우 연간 6~8회, 시설하우스 4~5회로 많아 수확작업 노력을 획기적으로 줄일 수 있는 수확기계의 개발이 절실히 요구되나 작물특성상 잎이 연하여 손상을 입기 쉽고 지역별로 재배양식이 달라 기계화에 어려움이 있었다.

부추재배의 주요 관행작업체계는 그림 6-33에서와 같이 크게 직파와 정식으로 구분된다. 포장에 정식을 할 경우 초기 수량은 많으나 직파재배보다 묘상설치, 파종 및 묘판 관리 등의 작업노력이 추가되며, 인력에 의한 정식은 직파보다 작업노력이 많이 들기 때문에 기계화에 어려움이 있어 직파가 유리하다.

부추재배 시 작업 단계별 노동투하시간을 살펴보면 작업 단계 중에서 가장 많은 노동력이 투입되는 삭업은 선별 및 포상으로 선체 노동투하시산의 52.8%를 차지하며, 그 다음이 수확 23%, 제초 4.7%, 운반저장 4.1%, 정식 2%, 파종 1.6%의 순으로 기계화의 필요성

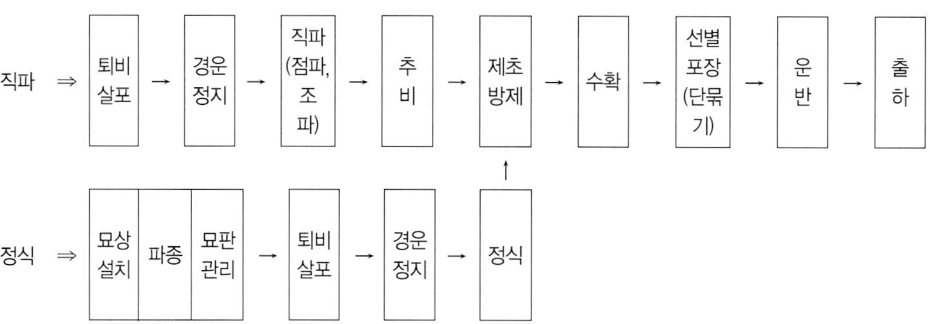

[그림 6-33] 부추재배의 관행작업체계

이 요구되었다. 그러나 선별포장작업 중 단묶기작업은 이미 채소자동결속기가 개발되어 실용화 단계에 있으며, 그 외의 작업은 인력으로 할 수밖에 없으므로 우선 노력이 많이 드는 수확·파종 작업 등의 기계화가 우선적으로 필요하다.

부추 수확기는 부추를 세워서 모아 주는 가이드와 지면에서 일정 높이(1cm이하)로 줄기를 절단하는 예취부, 예취된 부추를 소프트한 이송벨트로 협지하여 이송하는 이송부, 이송된 부추가 흐트러지지 않도록 수집하는 수집부와 예취, 이송, 수집부로 구성된 시작기를 이동시키는 주행부로 구성된다. 부추 수확의 원리는 가이드로 1줄씩 부추를 일으켜 세워 예취날로 예취와 동시에 이송벨트로 협지하여 수집판에 가지런히 담는 것이다.

부추 수확기는 조간 35cm 이상에서 작업이 용이하고 예취, 이송 및 주행장치는 축전지(24V)를 전원으로 하는 DC모터에 의하여 작동되며, 전자제어장치는 주행모터, 이송벨트 이송모터, 예취모터를 자동으로 제어한다.

부추 수확기는 작업능률이 4.5시간/10a로 인력에 비하여 11배 능률적이며 74%의 비용

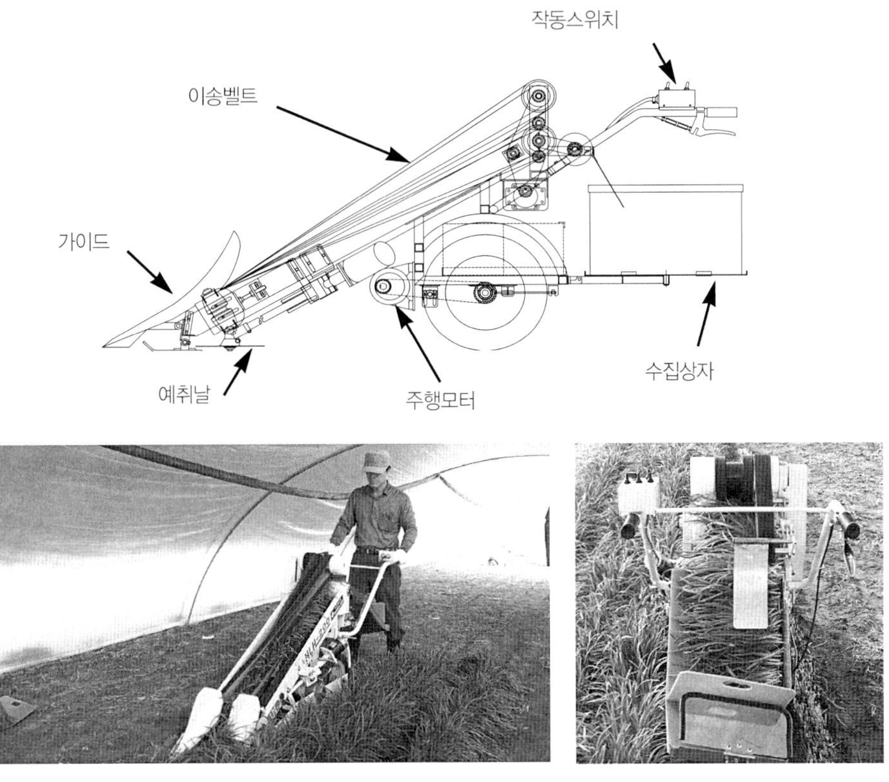

[그림 6-34] 부추 수확기 작업광경 및 부추 수집상태

을 절감할 수 있다. 부추 수확기는 본체와 작업기로 구성되어 있어 본체에 파종기와 수확기를 번갈아 부착하여 사용할 수 있도록 되어 있으며, 축전지 동력을 이용하므로 시설하우스와 같은 밀폐된 곳에서도 매연과 소음이 없어 쾌적한 작업은 물론 기계가 소형으로 가볍고 작동이 쉬워 여성 및 고령자도 운전이 가능하다. 그림 6-34는 부추 수확기의 작업 광경 및 작업상태를 나타낸다.

(7) 배추 수확기

배추 수확기의 형식에는 뿌리절단과 동시에 이송하여 상자에 수집하여 내려놓으면 운반적재기가 운반하여 트럭에 적재하는 상자수집형과 수확기와 나란히 주행하는 트럭에 직접 수집하는 트럭수집형이 있다.

상자수집형 배추 수확기의 이용체계는 트랙터에 부착하여 1줄씩 뿌리절단과 동시에 이송하고, 배추 수집의 경우 보조자 1명이 탑승하여 상자(mesh pallet)에 수집하여 내려놓으면, 무한궤도형 차륜과 유압식 리프트기능을 갖춘 운반적재기로 배추가 담긴 상자를 1~2개씩 수집하여 운반용 트럭에 쌓거나 내리는 작업을 한다. 상자수집형 배추 수확기의 작업성능은 25시간/ha(3인작업), 운반적재기가 20시간/ha로 배추를 인력으로 수확 운반하여 트럭에 적재하는 관행작업에 비하여 능률적이다.

뿌리절단 · 이송부는 일정한 위치에서 뿌리를 설단하여 손상 없이 이송하기 위하여 회전원판날로 뿌리절단과 동시에 어태치먼트 체인(attachment chain)에 반원형의 연질고무돌기를 부착한 이송벨트로 배추를 붙잡고 이송하는 구조이다. 뿌리절단용 원판날

[그림 6-35] 뿌리절단 · 이송부

은 직경 440㎜의 볼록형 원판날이며, 날의 각도는 전 · 후 선단각도와 측면각도조절이 가능하고, 둥근 두둑에서 뿌리절단날이 지면요철에 대응하도록 뿌리절단날 밑면에 뿌리절단날의 회전과 무관하게 작동할 수 있는 지면 추종륜이 부착되고, 배추크기별 적응성을 높이기 위하여 협지이송장치 프레임의 간격을 250~300㎜로 조절할 수 있다.

트럭에 직접 적재하는 트럭수집형 배추 수확기의 이용체계는 트랙터에 부착하여 1줄씩 뿌리절단과 동시에 이송된 배추를 배추 수확기 후방에 부착된 횡이송 컨베이어가 측방선회 및 상하높이조절이 가능하여 횡이송 컨베이어를 통하여 배추 수확기와 나란히 주행하는 소형트럭(1톤)에 산물상태로 수집하는 방식으로 2대의 소형트럭이 교대로 밭에서 수확기로부터 수집한 배추를 대형트럭에 옮겨 실어 출하할 수 있다. 트럭수집형 배추 수확기의 작업성능은 20시간/ha(2인작업), 트럭운반 20시간/ha(1톤 소형트럭 2대 교대작업)으로 관행 인력수확에 비하여 능률적이다. 이 방식은 현행 배추 수확 후 처리방식인 인력으로 수확한 배추를 경운기 및 트랙터용 트레일러, 소형트럭 등으로 운반하여 트럭에 산물상태로 출하하는 관행방법을 그대로 적용한 형태로 이를 적용하려면 포장구획이 큰 배추포장에서 활용하는 것이 유리하다.

[그림 6-36] 상자수집형 배추 수확기

[그림 6-37] 트럭수집형 배추 수확기

6.3.2 근채용 수확기

무, 감자, 양파, 당근, 마늘 등의 근채류의 수확은 기존에는 인력으로 수행하였으나, 허리를 굽혀야 하는 무리한 작업자세 때문에 노동력 부하가 크며, 최근 노인인구의 증가에 따라 기계화가 많이 요구되어 일부 수확기계는 실용화되어 이용되고 있다. 무, 감자, 양파, 당근, 마늘은 지엽을 제거하고 피복비닐을 제거하여야 하는 복잡한 수확작업으로 인하여 완전한 기계화보다는 기존의 구굴작업을 기계적으로 하는 방식의 수확기계들이 일반적으로 개발되어 이용되고 있다.

뿌리작물의 수확 과정은 구근류를 포함하는 토양층의 절단, 절단된 토양의 파쇄 및 분리, 토양으로부터 분리된 구근을 모아서 담거나 이송·수확된 구근의 크기에 따른 선별 등으로 분류할 수 있다. 이 중 중요한 것은 구근류를 포함하는 토양층의 절단과 절단된 토양의 파쇄 및 분리의 과정으로서 이들의 작업과정과 관련이 있는 굴취기(digger) 및 수확기의 주요 장치는 다음과 같다.

① 토양절단장치

뿌리수확기의 토양절단장치는 구근이 묻혀 있는 토양을 들어올리거나 헤쳐 내서 토양을 부분적으로 또는 완전히 파쇄한 후 남는 구근·돌·자갈·흙덩어리 등을 걷어올림장치에 넘긴 다음 흙덩어리·자갈과 같은 이물질을 제거한 후 상자나 트럭 등에 싣게 된다.

토양절단장치는 토양에 침입하는 보습으로 이루어져 있는데 그림 6-38의 (a)~(d)의 고정형 보습과 (e)~(k)의 운동형 보습이 있다.

고정형 보습을 이용한 뿌리수확기는 일반적으로 견인저항이 크고 빠른 속도로 작업이 이루어질 경우에는 보습 앞부분에 토양이 밀려 쌓이므로 토양의 흐름이 원활하지 못하다는 단점이 있다. 운동형 보습은 프레임에 대하여 상대적으로 진동 또는 회전운동을 하면서 토양을 절단하며, 토양절단부의 각 점의 운동궤적·속도·가속도 등은 수확기의 병진운동과 프레임에 대한 절단부의 상대운동에 의하여 좌우된다.

그림 6-38의 (c)~(f)는 보습이 왕복운동을 하는 것으로 고정형의 보습에 비하여 토양의 흐름이 원활하고 견인저항이 작은 장점이 있으나, 보습의 왕복운동으로 인한 동역학적인 힘의 불균형 문제가 있다. 이와 같은 힘의 불균형 문제를 일부 해소하기 위한 것으로 그림 6-38의 (g)에서 보는 바와 같이 왕복운동을 하는 보습의 양쪽에 180°의 위상차로 왕복운동을 하는 측벽을 설치한 기계도 있다.

회전원판형 보습(그림 6-38의 (h) 참조)은 2개의 두둑을 밑에서부터 원판 위에 떠올린 다음 프레임에 고정되어 있는 안내판 3에 의하여 양쪽 원판 사이로 밀어 놓는 것으로서 동역학적인 힘의 불균형 문제가 없고 절단된 토양의 흐름 폭을 좁혀서 다음 작업을 용이하게 할 수 있는 장점이 있다.

조합형의 토양절단장치로서 가장 널리 이용되는 것에는 고정형의 보습, 왕복운동을 하

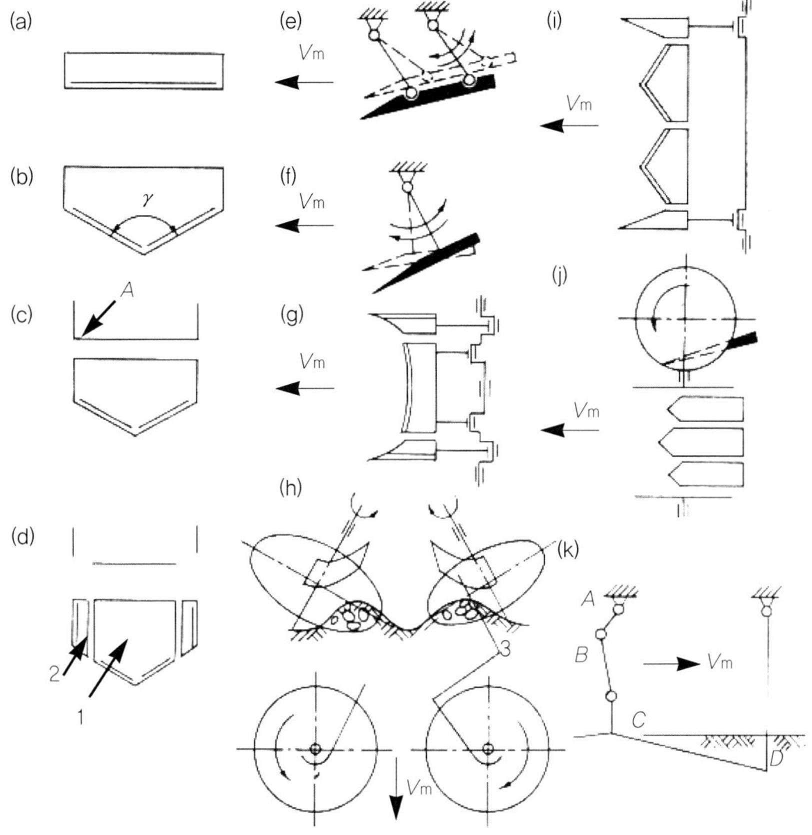

[그림 6-38] 뿌리수확기계에 이용되는 굴취날(보습)의 종류

는 측벽으로 구성되는 것(그림 6-38의 (i) 참조), 그리고 회전운동을 하는 원판을 가진 것(그림 6-38의 (j) 참조)이 있다.

진동하는 보습이 토양의 절단, 측벽의 역할 및 직접적인 구근의 분리작용 등의 종합적인 역할을 하는 굴취장치로는 그림 6-38의 (k)와 같은 것이 있다. 이와 같은 장치는 4절 링크기구로서 캠 A의 회전운동이 연결봉 B를 통하여 굴취부 D~C를 진동시키게 된다. D 부근에서 절단된 토양은 기계의 진행에 의하여 C쪽으로 흐르면서 진동에 의하여 파쇄되고, D~C에 설치된 망에 의하여 파쇄된 토양이 걸러지며, C점의 후방에서는 구근만이 토양 위로 방출된다.

② 토양분리장치

토양분리장치에서는 보습에서 구근과 함께 굴취된 토양을 작은 덩어리로 부수고, 부서진 토양의 덩어리를 걸러 버림으로써 구근을 수확기의 다음 부분으로 보내는 작용을 한다.

이와 같은 이송 겸 토양분리장치로 많이 사용되는 것에는 철제막대를 폭이 넓은 사슬형태로 적당한 간격을 두고 연결시켜 이용하는 컨베이어 형태의 장치가 있고, 그림 6-38의 (k)에서 보는 바와 같은 굴취기는 굴취와 동시에 진동에 의하여 토양을 파쇄 및 분리해 내는 기능을 수행하도록 만든 것이다.

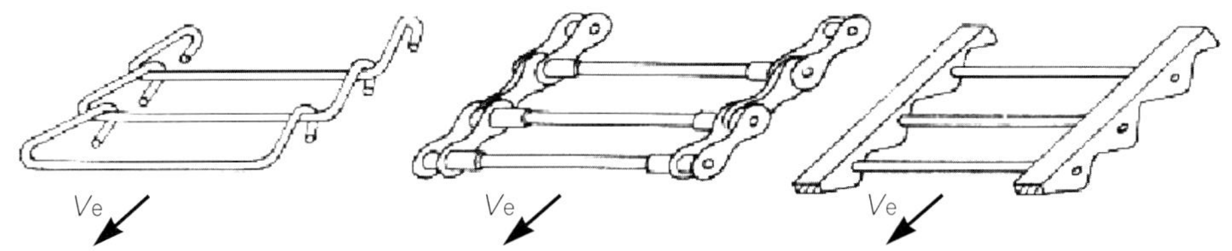

[그림 6-39] 뿌리수확기의 이송용 사슬의 종류(╱Ve는 수확기의 진행방향)

컨베이어형태의 토양 이송 및 분리장치는 그림 6-39에서 보는 바와 같이 사슬형태로 제작하여 이용하는 것이 있는데, 이 분리장치가 갖추어야 할 중요한 조건으로(그림 6-40 참조) 토양 및 구근의 이송 부분의 경사각(a_e), 컨베이어의 속도(V_e), 사슬의 이송 부분 길이(L_e), 사슬의 폭, 토양이 분리된 표면의 유효면적, 토양을 교란시키는 진동의 강도 등을 들 수 있다.

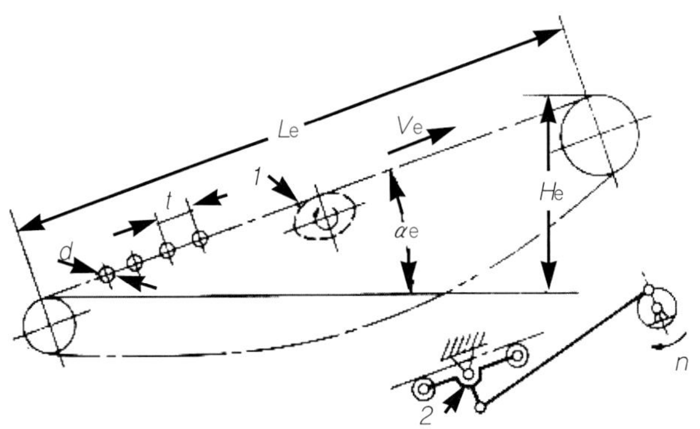

[그림 6-40] 컨베이어의 기구학적 도식

이 중에서 토양을 교란시키기 위하여 진동을 주는 방법에는 컨베이어의 쇠막대에 의하여 구동되는 1의 스프로킷을 이용하는 방법과 별도의 구동장치를 가지고 사슬의 밑부분에 진동을 가할 수 있는 4절 링크기구로 된 2와 같은 레버-롤러기구를 이용하는 방법이 있다.

③ 이물질 분리장치

토양분리장치에서 자갈이나 흙덩어리와 함께 수확된 구근은 트럭에 실어 운반하거나 포장 또는 저장을 위한 크기의 선별작업 이전과정에서 이물질을 제거하여야 취급과정에서의 손상량을 감소시키고 상품의 질을 높일 수 있게 된다.

기계를 이용한 분리방법에서는 구근과 이물질의 비중, 공기역학적 성질, 경도(hardness), 미끄럼 및 구름마찰, 강도 등의 차이 또는 이들의 복합된 성질의 차이 등을 이용한다.

그림 6-41의 (a)는 중력분리기로서 컨베이어벨트의 각도(α_x)와 구근 및 이물질의 마찰계

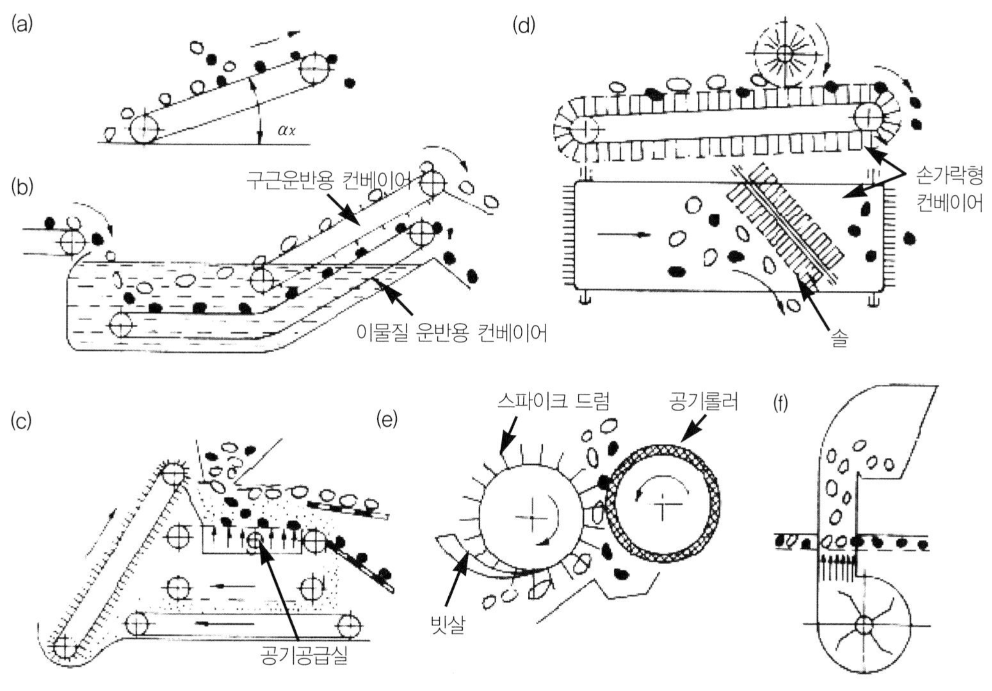

[그림 6-41] 이물질분리기계의 종류

수의 차이를 이용한 것이고, 그림 6-41의 (b)는 비중의 차이를 이용한 것이다. 그림 6-41
의 (c)는 공기 공급실에서 공급된 공기가 모래를 적당한 높이로 띄워서 유체형태로 만든
다음 모래 위를 통과하는 것 중 비중이 작은 구조는 통과하고, 비중이 큰 이물질은 가라앉
아서 분리되는 유체화 된 모래상자형 분리기이다.

그림 6-41의 (d)에서 보는 바와 같은 솔(brush)형 분리기 위에서 비중이 작은 구근은 경
사진 솔(4)에 의하여 옆으로 밀려나고, 비중이 큰 이물질은 솔의 누름에 의하여 밑으로 가
라앉은 후에 분리된다. 스파이크드럼(spike drum)형 분리기(그림 6-41의 (e)참조)에서 스파
이크와 공기롤러 사이를 통과하는 구근은 스파이크에 관통된 후 빗살(comb)에 의하여 아
래로 떨어지고, 자갈과 같은 이물질은 공기롤러에 눌려서 구근과 분리된다.

이와 같은 형태의 분리기는 구근에 상처를 내므로 가공공장 등에서 빠른 시간 내에 구
근이 처리되는 경우에만 사용한다. 압축공기를 이용한 분리기(그림 6-41의 (f) 참조)는 비중
의 차이를 이용한 것이다.

(1) 마늘 수확기

마늘 수확기는 사용하는 동력원에 따라서 관리기용, 경운기용 및 트랙터용 수확기로 나
눌 수 있고 굴취기의 형태에 따라 진동날형, 엘리베이터형, 회전날형 등 여러 가지 종류가
있는데, 우리나라는 재배하는 두둑폭이 지역에 따라 달라 자기 지역에 맞는 기계를 골라
사용하여야 하며 이 기계는 대개 마늘 이외에도 감자, 고구마, 약초 등 다목적으로 이용되
고 있다.

진동형은 경운기의 전방 또는 후방에 부착하여 굴취날과 볏을 진동시켜 견인력의 절감
과 흙의 분리를 좋게 하는 역할을 한다. 그러나 작업기의 진동으로 경운기와 사람에게 진
동이 전달되어 작업자를 빨리 피로하게 하고 또 작업기의 수명을 단축하며, 또한 심한 진
동은 작물에 손상을 입히게 된다. 트랙터용 진동형 굴취기의 굴취깊이는 40 cm까지 가능
하며 작업능률은 13~25분/10a이다.

엘리베이터형은 가장 많이 사용되는 형태로 경운기의 경우 뒤쪽에 부착하여 사용하며,
작업기의 앞쪽에 굴취날이 있고 굴취날에는 뒤쪽에 흙분리용 짧은 봉이 일렬로 붙어 있어
약간의 흙이 분리되도록 되어 있고, 그 뒤에 흙을 분리하는 다수의 봉으로 이루어진 컨베
이어가 있어 대부분의 흙이 여기에서 분리된다. 컨베이어는 회전하게 되면 상하로 진동이

(a) 트랙터용 진동봉형   (b) 경운기용 진동날형   (c) 경운기용 회전칼날형

[그림 6-42] 마늘굴취기의 종류

되어 흙분리를 돕게 되어 있다. 굴취깊이는 약 20cm까지 가능하며 깊이조절은 컨베이어 밑에 있는 스키드의 높이를 조절하거나 뒤쪽에 깊이조절 바퀴가 있어 바퀴의 높이를 조절 한다. 트랙터에 사용되는 엘리베이터형은 경운기에 사용되는 것과 기본구조가 같고, 작업 가능 굴취깊이는 약 30cm 내외, 작업능률은 15~40분/10a이다.

회전칼날형은 경운기용의 경우 뒤쪽에 부착하여 작업하는 것으로 3개의 수직회전축 끝 에 수평으로 회전하는 로터리날과 같은 굴취날을 부착하여 마늘의 뿌리를 자르도록 되어 있다. 굴취깊이는 13~18cm이다.

(2) 무 수확기

무 수확기는 수확방식에 따라 인발형과 굴취형으로 나눌 수 있다. 인발형 무 수확기는 진동굴취날로 토양을 파쇄한 후 두 개의 맞물려 회전하는 벨트로 잎을 잡고 무를 뽑아 잎

(a) 인발형 무 수확기   (b) 굴취형 무 수확기

[그림 6-43] 무 수확기의 종류

을 유도한 후 잎을 절단하여 뿌리만 상자에 담기도록 되어 있다.

굴취형 무수확기는 무를 굴취날로 캐서 컨베이어로 이송하고 흙을 털어 한쪽 고랑에 모아 가지런히 수확하며, 작업할 때는 트랙터 측방에서 작업하고 도로주행 시에는 트랙터 후방으로 이동시킬 수 있어 안전하게 도로를 주행할 수 있으며, 유압을 이용하여 쉽게 조작할 수 있다. 또한 인발형의 경우 작업능률은 2.5 h/10a 이며, 깊게 자라는 단무지용 무와 심근성 약초도 쉽게 수확할 수 있다.

(3) 양파 수확기

양파 수확기는 수집장치, 줄기절단장치, 이송장치로 이루어졌으며, 양파 수집, 흙 분리, 이송, 적재, 배출의 일괄 작업이 가능하다.

수확체계는 수확시기에 달한 양파를 인력으로 뽑아 큐어링을 위하여 충분히 노지 건조한 양파를 수집하면서 줄기를 절단하고 적재하는 형태로서 유입릴에 의하여 양파를 수집한 후 컨베이어 이송장치 위로 올려놓으면, 수집컨베이어 이송장치는 흙과 양파를 이송하는 동안 흙은 파쇄하여 제거함과 동시에 양파를 2차컨베이어 이송장치로 이송한다.

2차컨베이어 이송장치의 돌출된 러그 위에 양파와 흙이 얹혀져 상부로 이송되고 다시 3차컨베이어 이송장치에 의하여 이송되면서 송풍에 의하여 줄기는 위쪽으로 유도되면 핑거형 줄기절단날에 의하여 줄기는 절단된다. 절단된 줄기와 이송된 이물질은 송풍에 의하

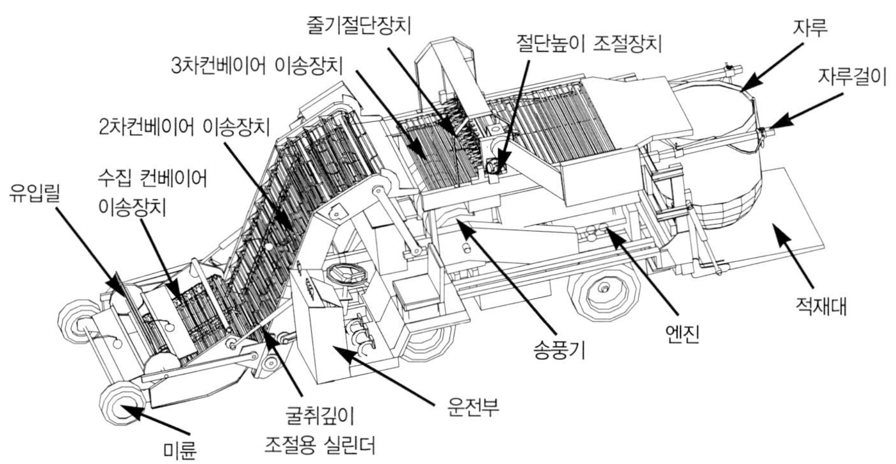

[그림 6-44] 양파 수확기의 구조

여 날려 제거되고 양파만 자루에 담겨지게 된다. 자루에 담겨진 양파가 가득 차게 되면 유압장치에 의하여 배출되는 시스템으로 구성되었다.

6.3.3 과채용 수확기

생식용 토마토, 오이 등의 과채는 숙기가 다르고 재배방식에 있어서 지주대를 사용하는 유지주방식으로 재배되며, 숙과의 위치는 공간의 넓이가 정해져 있지 않으므로 거의 인력으로 선택되어 수확되고 있다. 따라서 과채용 수확기가 갖추어야 할 기능은 과채의 종류에 대응한 숙도 판별과 동작범위가 넓은 작업손을 가지고 있어야 한다. 일본에서는 토마토 수확 로봇의 개발이 활성화되어 과채의 선택 수확기계화로의 길을 열기 시작하였다. 이 토마토 수확 로봇은 저속에서 자동주행·정지를 하면서 카메라로 생과를 찾아냄과 동시에 숙도를 판별하고 선택된 숙과에 다관절형 팔(arm)을 접근시켜 선단의 파지핸더로 열매를 수확하는 방식이다.

(1) 토마토 수확기

토마토는 생식용의 경우에는 수작업에 의하여 수확하고 캔류나 냉동식품으로 가공할 경우에는 기계수확에 의하여 수확한다. 수작업에 의하여 수확할 경우에는 과실의 익은 정도를 보면서 선별적으로 여러 횟수에 걸쳐서 수확하며, 기계수확을 할 경우에는 작물의

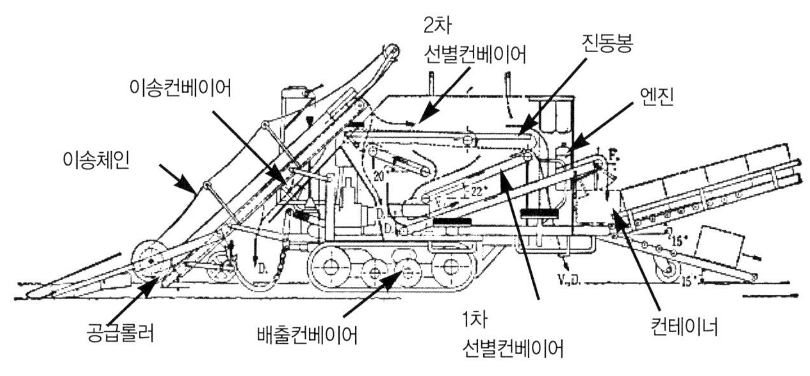

[그림 6-45] 가공용 토마토 수확기의 구조

최적 수확시기를 택하여 한꺼번에 모두 수확하게 된다. 따라서 기계수확에 있어서는 숙도의 균일성이 매우 중요하다.

가공용 토마토는 비교적 숙기가 같고 무지주로 재배되며 생과는 지표면으로부터 가깝게 생육되므로 기계에 의하여 일거에 수확할 수 있다. 그림 6-45는 가공용 토마토 수확기를 나타낸 것이다. 뿌리 부분이 절단된 토마토가 달린 작물이 공급롤러와 이송체인에 의하여 끌어올려진 다음 진동봉 위에서 선별되고, 지엽부착 토마토는 1차선별 컨베이어 위에 떨어지고 여기에서 토마토는 둥근 경사면을 구르며 떨어지지만 지엽과 협잡물은 컨베이어에 의하여 위쪽으로 운반되어 분리된다. 과실은 컨베이어로 운반되어 상자에 담긴다. 지엽부착 토마토는 보통 진동이나 회전방향이 다른 두 개의 롤러 사이를 통과하며 분리된다.

(2) 딸기 수확기

예취날에 의하여 잘린 딸기가 붙은 줄기는 그림 6-46에서와 같이 공기선별장치의 컨베이어 위로 떨어진다. 컨베이어의 밑에 있는 송풍기는 바람이 위쪽으로 불어 딸기를 바로 세워서 절단칼이 줄기나 잎을 똑바로 자를 수 있도록 한다.

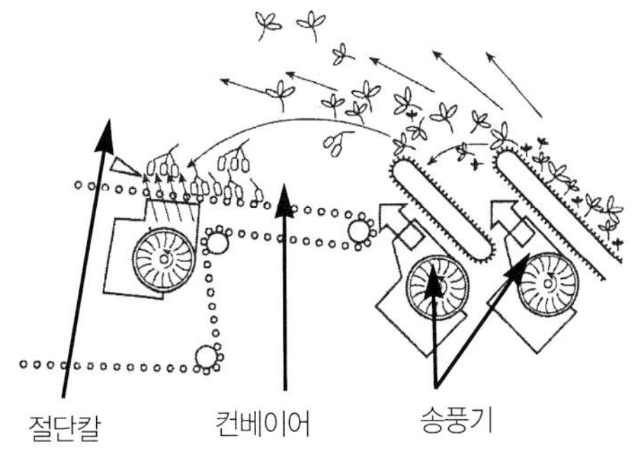

[그림 6-46] 딸기 수확기의 공기선별장치

(3) 고추 수확기

최근 일시수확형 고추와 더불어 2~3회에 수확할 수 있는 품종들이 속속 개량되고 있어 일시수확을 전제로 한 고추예취기와 고추탈과기로 이루어진 고추 기계수확시스템이 개발되었다.

고추예취기는 기존 휴대용 예취기를 개량한 형태이며, 고추탈과기는 그림 6-47에 나타낸 바와 같이 트랙터 부착형으로 탈과통을 주축으로 하는 탈과부, 진동체 및 풍구를 중심으로 하는 정선부로 구성되어 있다.

작업자가 공급대에서 고추를 1~2주씩 밀어 넣으면 공급체인이 줄기를 협지하여 탈과부

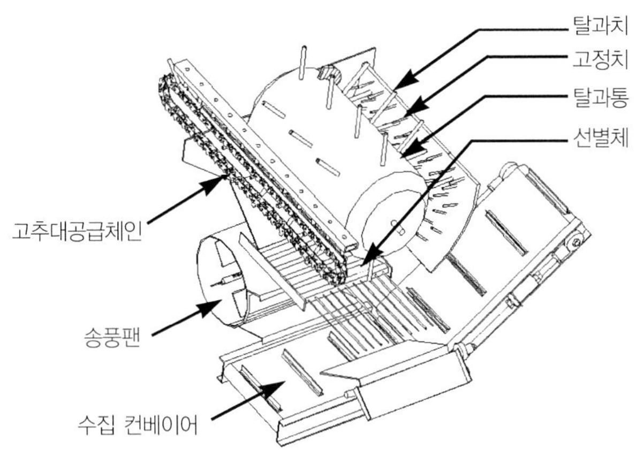

[그림 6-47] 탈과 정선부의 구조

로 이송한다. 탈과부에 들어온 고추의 과실은 탈과치의 타격작용에 의하여 탈과되어 바로 정선부로 보내지고, 줄기가 절단되어 발생된 줄기부착과는 재처리부로 이송되어 재처리 탈과치와 탈과통 탈과치의 2차적인 타격작용을 받아 정상과와 줄기로 분리되어 정선부로 보내지게 된다. 정선부로 보내진 정상과와 줄기, 잎 등 이물질은 진동 선별체의 요동으로 이송되면서 풍구에서 발생한 바람에 의하여 과실은 1번구에, 줄기부착과는 2번구에, 잎은 밖으로 배출된다. 2번구로 배출된 줄기부착과는 탈과통 커버의 투입구로 투입되어 재탈과된다.

연 습 문 제

6-1 바인더와 콤바인의 주행부에 대하여 설명하시오.

6-2 왕복날의 절단속도비에 관하여 설명하시오.

6-3	콤바인을 분류하고 그 특징을 설명하시오.
6-4	콤바인의 구조와 작물의 흐름을 설명하시오.
6-5	콤바인의 헤더에 대하여 설명하시오.
6-6	콤바인의 자동제어장치에 대하여 설명하시오.
6-7	이삭공급식 콤바인과 투입식 콤바인의 차이점을 비교 설명하시오.
6-8	채소 수확기의 분류와 종류를 설명하시오.
6-9	채소 수확기의 개발이 미진한 이유를 설명하시오.
6-10	상추를 수확 시 선택적 수확의 이유를 설명하시오.
6-11	배추 수확기의 분류와 그 특징을 설명하시오.
6-12	근채용 수확기의 종류를 설명하시오.
6-13	토양절단장치의 종류와 모양을 설명하시오.
6-14	이물질분리장치의 종류를 설명하시오.
6-15	땅속작물 수확기의 종류와 그 특징을 설명하시오.
6-16	기계수확을 위한 작물재배방법은 무엇인지 설명하시오.
6-17	마늘 수확기의 종류와 그 특징을 설명하시오.
6-18	배추 수확기에서 수집–반출부의 종류를 설명하시오.
6-19	양파 수확기에서 수확 과정을 설명하시오.

6-20 과채용 수확기의 종류를 나열하시오.

6-21 고추 수확기의 탈과정선부의 구조와 그 성능을 설명하시오.

6-22 과실 수확기의 종류와 그 특징을 설명하시오.

참고문헌

김영근 등 2002. 일시수확형 고추수확기 개발에 관한 연구–고추탈과시험, **한국농업기계학회 학술대회논문집** 7(1).

농업기계화연구소. 1996 ~ 2004. 농업기계화시험연구보고서.

농촌진흥청. 1994. **최신농업기계 교본**. 농진청

전현종 등 2005. 부추수확기 개발을 위한 예취 및 이송 특성 구명, **한국농업기계학회 바이오시스템공학지** 30(4).

전현종 등 2005. 포복형 시금치 수확기 개발, **한국농업기계학회 바이오시스템공학지** 30(4).

정창주 등. 1995. **三稿 농업기계학**. 향문사, 서울.

정창주·김경욱. 1997. **농작업기계학원론**. 서울대학교 출판부, 서울.

최용 2006. "고추 기계수확시스템 개발", 전남대학교 박사학위논문.

최용 등 2000. 농업기계의 경제적 이용과 정비기술. 한국농업전문학교.

최용 등 2002. 당근수확기 개발 II –설계요인시험, **한국농업기계학회 학술대회논문집** 7(2).

최용 등 2003. 굴취형 고구마수확기 개발, **한국농업기계학회 학술대회논문집** 8(2).

최용 등 2004. 주아 씨마늘 수확기 개발, **한국농업기계학회 학술대회논문집** 9(2).

최용 등 2005. 양파수확기 개발을 위한 기초연구, **한국농업기계학회 학술대회논문집** 10(2).

최용·유수남 2006. 자주식 양파수집기 개발, 최종연구보고서. 농림부.

최용·이규승 2003. 수집형 감자수확기 개발, 최종연구보고서, 농림부.

한국농업기계학회. 1998. **농업기계핸드북**. 문운당, 서울.

홍종태 등 2002. 배추수확기 개발 IV –시작기 제작 및 성능시험, **한국농업기계학회 학술대회논문집** 7(2).

홍종태 등 2002. 트랙터부착형 배추수확장치의 설계요인, **한국농업기계학회지** 26(4)

江崎春雄. 1970. **バインダとコンバイン**. 農業圖書㈜, 東京.

木谷 收. 1998. **生物生産機械學.** コロナ社, 東京..

日本農業機械學會. 1995. **和英對譯 農業機械解說書(Ⅱ) −穀物用管理及び收穫調製機械.** 農業機械學會, さいたま.

川村登 등. 1980. **農作業機械學.** 文永堂出版, 東京.

Diener, R. G., et al. 1982. The West Virginia University Tree Fruit Harvester. Journal of *Agricultural Engineering Research* 27(3):191−200

Hachiya, M., et al. 2004. Development and Utilization of a New Mechanized Cabbage Harvesting System for Large Fields. *JARQ* 38(2):97−103

Kepner, R.A., R. Bainer and E.L. Barger. 1978. *Principles of Farm Machinery*, 3/e. AVI Pub. Co., Connecticut.

Kutzbach, H. D. and G. R. Quick. 1998. Harvesters and Threshers. In *CIGR Handbook of Agricultural Engineering* − Vol. Ⅲ Plant Production Engineering. pp.311−347. ASABE, Michigan.

Srivastava, A. K., et al. 2006. *Engineering Principles of Agricultural Machines*, 2/e. ASABE, Michigan.

Bio-production Machinery Engineering

Chapter *07* 시설재배용 기계설비

01 육묘용 기계설비

02 시설 내 관개용 기계

03 수경재배장치

04 시설환경 제어기계

05 식물공장

07 시설재배용 기계설비

7.1 육묘용 기계설비

'모종 반농사' 라는 옛말처럼 양질의 모종은 수확의 중요한 요인을 차지하므로 육묘의 노동력, 설비를 비롯하여 모종의 생산 관리에 신경을 쓰는 것은 본포에서보다 중요시 되었다. 요구하는 모종의 품질, 접목에 의한 병해대책이나 바이러스프리 모종 등 모종에 요구되는 품질이 좋아질수록 여기에 소요되는 노동력과 비용은 증대하고 있다. 모종의 품질이 자신의 요구에 알맞다면 모종은 전문 생산자로부터 구입하여 본포에서의 수확생산에만 노동력과 비용을 들이는 것은 자연스러운 흐름이라고 생각된다. 모종에 대한 이러한 수요가 높아지면서 플러그 묘와 같이 규격화된 모종생산이 정착되어 가고 있다.

모종생산은 종묘회사를 비롯하여 모종생산기업이라 할 수 있는 공정육묘장 등을 들 수 있는데 어느 것이나 육묘시설은 본포에서 작물을 생산하는 재배자로부터 분리되어 분업화되었다. 여기서는 플러그 묘의 생산시설로서 어떤 기기장치가 필요한가에 대하여 작업별로 설명하기로 한다.

7.1.1 육묘시설의 흐름과 배치

육묘시설은 파종설비, 발아설비, 접목설비, 육묘용 온실로 구성된다. 이 중에 육묘 온실과 난방, 냉방, 관수, 방제 등 부속설비에 대하여는 일반적인 온실재배와 거의 같은 장치와 기기가 사용되므로, 여기에서는 생략하기로 한다. 설비의 능력·규모는 생산하는 모종의 1회당 최대 수량에 의하여 결정된다. 될 수 있는 한 일년 내내 균등하게 생산하도록 계획하는 것이 설비의 효율화 면에서 중요하다.

7.1.2 파종장치

종자로부터 모종을 육성하는 플러그 모종의 생산에는 파종기를 사용한다. 파종기에는 배양토를 충전한 트레이에 파종만을 하는 것부터 배양토를 트레이에 충전, 진압, 파종, 복토, 관수까지 일관하여 하는 자동 파종플랜트 형태까지, 많은 종류가 시판되고 있다. 일시에 다량의 파종을 하는 육묘장에서는 중심적인 설비로서 파종플랜트가 도입되어 사용되고 있다. 자동 파종플랜트는 파종부의 구조에 따라 3가지 종류로 분류된다.

(1) 코팅종자 전용 파종기

펠렛상으로 가공된 코팅(coating)종자를 살포하는 것이다. 파종부의 구조는 종자를 한 알씩 분리하는 눈접시 혹은 정렬 피더(feeder)와 셀(cell)열 위로 분리하는 가이드로 구성되고, 육묘상자에 플러그 트레이를 삽입하여 반송한다. 능률은 150~300트레이/hr(128~200공 트레이)로 파종 정밀도는 아주 좋다. 주로 엽채류에 사용되고 있지만, 코팅된 종자라면 과채류에도 사용할 수 있다. 파종 플랜트 전후에 트레이 자동 공급장치와 파종된 육묘 트레이를 쌓아 두는 장치를 세팅하면 전 공정을 2~3명의 인력만으로 가동할 수 있어 대단히 효율적이다(그림 7-1).

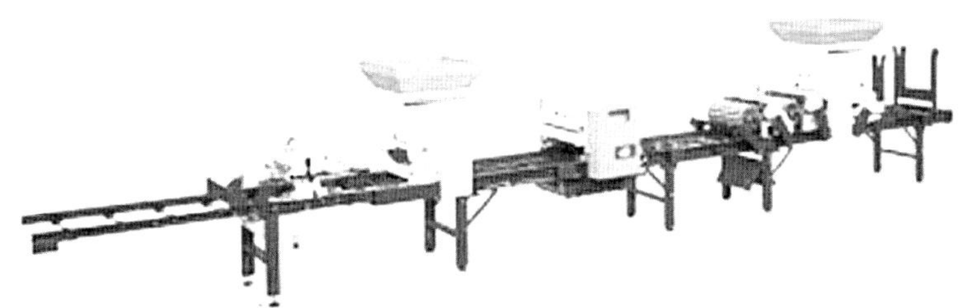

[그림 7-1] 원예용 파종플랜트

(2) 피더식 파종기

올드 밀(미국)로 대표되는 방식으로 미소진동으로 종자를 정렬시켜 한 알씩 파종하므로 종자의 대소, 형상과 큰 관계없이 나종자를 정밀하게 파종할 수 있다. 셀에 한 알씩 분배하게 되므로 능률에는 한계가 있다. 20,000립/hr ; 128공 트레이로 최대 120매 정도이다.

(3) 진공드럼식 파종기

진공드럼식 파종기로서 종자를 1립씩 분리 파종하는 원리는 그림 7-2와 같다. 진공드럼식 파종기는 자동 파종을 위하여 벨트 콘베이어에 의한 트레이 이송을 하며, 광전 스위치에 의한 트레이 진입 및 위치 확인으로 드럼이 작동한다. 드럼 구동은 트레이 이송속도에 맞추어 한 줄씩 파종작업하도록 조정되며, 종자의 크기에 따라 드럼의 규격이 달라지므로 드럼의 교체가 쉬워야 한다. 종자의 분진, 오물 등으로 흡입구가 막히는 등 고장의 원인이 될 수 있으므로 정기적인 청소대책이 필요하다. 들깨 종자와 같은 원형종자는 파종률이 90% 이상이지만 고추씨와 같이 납작하거나 요철종자는 파종률이 75~85%로 떨어진다. 작업능력은 표준 플러그 트레이(28 cm × 54 cm)로서 350 장/시간 정도이다.

최근의 진공드럼식 파종기는 종자를 진공 흡입하고 트레이 상면까지 회전하면 진공 해제와 동시에 압축공기로 종자를 불어 내고, 다시 압축공기를 이용하여 흡입구멍을 청소하도록 하는 적합한 장치를 갖추고 있다.

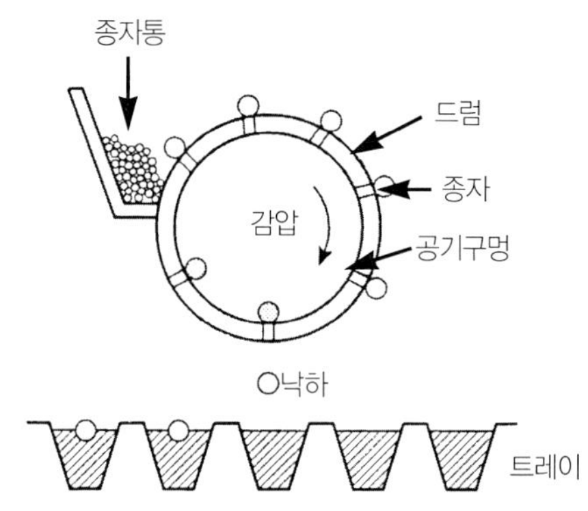

[그림 7-2] 진공드럼식 파종 원리

※자료 : 한국농업기계학회. 1998. 농업기계핸드북.

(4) 진공노즐식 파종기

플러그 트레이의 종방향 열수와 같은 수의 노즐로 종자를 흡인하여 노즐을 이동시켜 트레이 위에서 흡인에서 배출로 공기의 흐름을 바꾸어서 파종하는 방식으로 대표적인 것은 미국의 블랙 모어사가 있으며 우리나라에는 그림 7-3과 같은 헬퍼로보텍㈜의 제품이 있다.

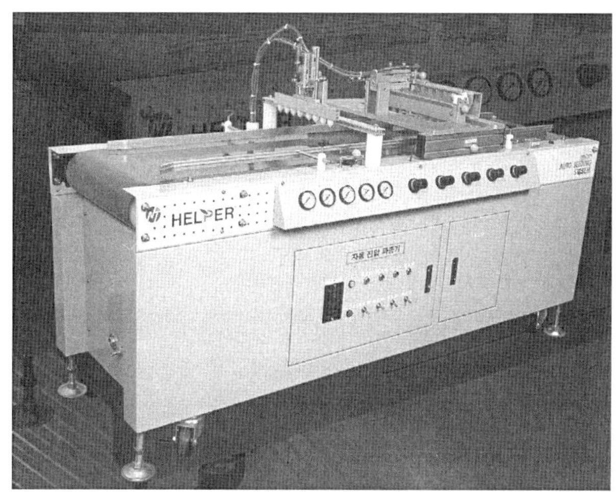

[그림 7-3] 진공노즐식 파종기(헬퍼로보텍㈜ 제공)

1동작으로 1열씩 파종하므로 파종능률은 60,000립/hr 정도이다. 그러나 종자의 형상, 크기에 따라 노즐선단을 교체할 필요가 있으며 토마토의 종자와 같이 불규칙한 형태로 섬모가 있는 것은 완전히 흡인할 수 없어 파종 정밀도가 떨어질 수 있다.

피더식이나 진공노즐식은 파종 부분의 트레이 반송이 독립되어 있어 상토 충전부, 복토, 관수부를 전후에 연결하여 플랜트화 할 필요가 있다.

그 외, 채소의 파종을 법씨 파종과 겸할 수 있도록 한 다용도 파종기도 개발되어 있다. 그러나 다종다양한 종자에 대응하려면 파종부를 병설하거나, 반송속도를 조정하거나 하는 장치가 필요해져 기계의 가격이 상승한다. 따라서 시설 전체의 규모, 능력, 파종하는 종자에 적합한 것을 선택하는 것이 중요하다.

다양한 종류를 생산하는 시설이라면 1기종의 파종기로 모두에 대응하려고 하기보다는 메인 라인 외에 몇 가지 간단한 파종기를 구비해 두고, 파종공정만을 달리하여 사용하는 것이 보다 효율적인 운영을 할 수 있다.

7.1.3 발아설비

종자의 발아에는 비교적 고온을 요구하는 것이 많다. 또한, 파종한 트레이를 그대로 육묘 하우스의 묘상에 늘어놓기보다는 출아대차의 선반에 끼워 두든지, 쌓아서 발아실에 넣어 집중적으로 온도·습도를 조절하여 최적 조건하에 두어야 기간도 단축되고 발아의 균일도도 좋다. 육묘시설에서 발아실은 필수적이다.

발아 시에는 온도조절과 동시에 충분한 습도를 유지하여야 하므로, 배토의 건조를 막으려면, 증기에 의한 가온방식을 도입하는 것이 좋다. 또한, 여름철 고온 시에 양상추 등은 발아적온이 20℃ 전후로 냉방이 필요한데, 이런 경우는 냉방장치를 구비한 기종도 있다.

7.1.4 접목 및 양생 장치

(1) 접목 현황

접목은 목적하는 식물체로부터 눈(芽)이나 가지(枝) 등을 절취하여 접수로 하고, 뿌리가 되는 다른 식물체(대목)와 접착·유합(癒合)시켜 새로운 개체를 만드는 번식법이다. 과수 분야에서는 그리스시대부터 행하여 온 기술이지만 과채류의 접목은 일본에서 1920년대에 수박의 덩굴쪼김병(만할병)을 회피할 목적으로 참박에 접을 붙인 것이 최초라고 한다.

과채류의 재배에 있어 접목은 연작장해의 회피나 저온신장성, 내서성 등의 강건성을 부여함으로써 생산을 안정화하여 수량을 증가시키는 기술로서 널리 보급되었지만 최근에는 고품질 생산을 위한 접목이 행하여지는 등 그 목적도 다양하다. 접목작업은 단시간에 다량의 모종을 처리할 필요가 있지만 대부분 수작업으로 하고 있다. 작업 자체는 중노동이 아니지만 농업종사자의 고령화가 진행되어 작업 후의 눈의 피로, 어깨, 허리의 통증이나 양생 시의 정신적 피로를 호소하는 농민이 증가하여, 접목재배에 있어서도 모종을 구입하여 재배하는 경향이 증가하는 추세이다.

현재 우리나라 과채류의 재배면적은 2006년 현재 수박 20,553ha, 참외 6,827ha, 오이 5,841ha, 토마토 6,613ha, 고추58,703ha로 전체 접목 묘의 소요 본수는 표 7-1과 같이 5억9천만 본에 달하고 있다. 그러나 이것은 고추의 접목비율을 10%로 잡았기 때문이며 이

[표 7-1] 과채류 접목묘 수요 예측

구 분	재배면적 (ha-'06)	정식본수 (본/10a)	접목묘 소요본수 (백만본)	비 고
수 박	20,553	300	52.4	
오 이	5,841	3,000	148.9	1) 총재배면적의 85%를
참 외	6,827	720	41.8	접목묘 재배로 계산
토마토	6,613	3,000	168.6	고추는10%로 계산
고 추	58,703	3,000	149.7	2) 접목육묘 여유분은
가 지	1,069	3,000	27.3	필요량의 15%로 계산
계			588.7	

비율은 점차 높아질 것으로 보아 접목묘의 수요는 보다 증가할 것으로 예상할 수 있다.

(2) 접목장치

토마토, 가지 등 과채류의 육묘에는 접목이 필요하다. 그러나 최근 공정육묘장에서는 플러그 묘의 접목은 종래와 같이 본엽 4~5매인 것에 호접방법은 행하지 않는다.

접목작업은 대체로 현재 사람 손에 의하여 행하여지는데, 이 작업은 대단히 노동집약적이며 기술도 필요로 한다. 이것을 해결하기 위하여 일본에서는 접목 로봇이 많은 농기계 메이커에서 개발되었으며, 일본 생연센터를 중심으로 하는 몇 개의 회사에 의하여 실용화에 성공하였다. 그러나 박과, 가지과 등 작물의 특성이 다른 다양한 작물을 1대의 기계로 겸용하기는 어려운 것 같다.

기계적 접목이 가능한 접목방법을 그림 7-4에 나타냈다. 여기서 TGR접목법은 접목 로봇을 개발하기 위하여 일본 농림수산성과 민간 회사가 한시적으로 설립한 연구기업으로 ㈜테크노 그레프팅 연구소(TGR)에서 연구한 기계접목방식이다. 이것은 접수와 대목을 수평으로 절단하여 그 절단면을 맞붙여 접착제를 도포하여 튜브를 형성하는 방법으로 접착부를 지지하도록 하는 방식이며 1열씩 동시(8~10포기) 접목을 연속하여 행하는 방법이다.

경사맞접은 대목의 하배축 또는 상배축을 경사지게 절단 가공한 후 경사지게 절단한 접수를 클립 또는 튜브로 접합하는 방식이다. 파종 후 20~25일, 본엽 2~3엽인 대목을 셀트레이에 심겨진 채, 자엽 위 상배축에 접목하는 유묘접목법을 취한다. 이 방법의 경우활착할 때까지 접목부를 지지하는 원통상의 지지구나 클립을 사용한다.

또한 편엽절단접은 일본의 생연센터에서 개발한 접목법으로 대목의 자엽전개기부의 자엽(떡잎) 1매와 생장점을 절단하여 접수의 하배축을 경사지게 절단하여 그 절단면을 클립으로 접합하는 방식이다.

한편 편엽절단삽접은 이기명의 접목 로봇 연구에서 구성한 접목법으로 대목의 편엽을 절단한 면에 구멍을 뚫어 접수의 배축을 쐐기형으로 가공하여 끼워 접합하는 방식이다.

핀접은 대목과 접수의 배축을 수평으로 절제하여 그 사이에 세라믹의 핀을 이용하여 접합시키는 접목법이다.

삽접은 대목의 양 자엽 사이의 생장점을 절제하고 자엽 사이에 구멍을 뚫어 접수의 배축을 쐐기형으로 깎아끼워 접합하는 방식이다.

상수접은 개발한 사람의 이름(이상수)을 딴 삽접의 변형방식으로 양자엽과 생장점을 절제한 대목의 하배축에 구멍을 뚫어 자엽이 전개되지 않은 어린 접수의 하배축을 경사 절제하여 끼워 접합하는 방식으로 국내 특허등록된 유일한 접목법이다.

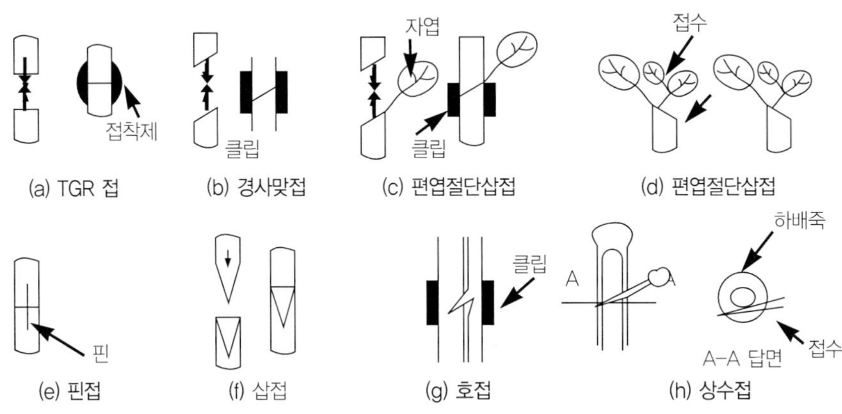

[그림 7-4] 기계적 접목이 가능한 접목법

여기서 삽접식은 클립이나 튜브, 핀, 접착제 등의 접합자재를 사용하지 않는다. 핀접은 일본의 타키이종묘(주)에서 개발한 접목방법으로 세라믹의 핀을 이용하여 수평으로 절단된 대목과 접수를 접합하는 접목방법이다.

기계 접목작업의 능률은 종래의 수작업으로는 1포기당 30~50초, 1일 400~500포기이던 것이 시간당 600~1,200포기로 향상된 것이다. 이 유묘접목에서는 활착률을 향상시키기 위한 양생설비가 필요하다.

기계적 접목장치는 일본에서 1993년에 업계 최초로 '접목 로봇'이라는 이름으로 오이용을 상품화하였으며, 1994년에는 일본 농업기계화촉진법에 근거한 생연센터의 위탁사업으로서 그 적용범위를 확대하여 박과용(오이·수박·멜론)의 접목 로봇을 개발·상품화하였다. 또한, 1995년에 가지과용(토마토·가지)도 개발하여, 주된 접목대상 작물 대부분의 기계화를 실현하였다.

한편 우리나라에서는 이기명 등이 1996년 열트레이를 이용한 삽접방식의 박과채소용 접목장치(그림 7-5)를 개발한 바 있으며, 이후 2005년 cut-in 접목법을 도입한 접목 로봇(그림 7-6)을 개발하여 특허 등록한 바 있다.

[**그림 7-5**] 열트레이 삽접식 접목장치

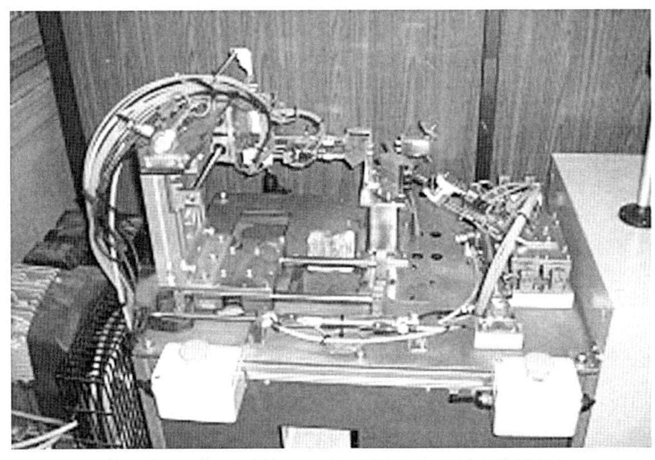

[**그림 7-6**] 컷-인(cut-in) 접목법에 의한 접목장치

그 외 성균관대학의 황헌 등은 호접법에 의한 접목장치를, 농업공학연구소의 한길수 등은 핀접 접목장치, 강창호 등은 편엽절단접의 실용화 연구에 성공하였다. 또한 최근 헬퍼로보텔㈜에서 박과채소의 편엽절단접 접목정치의 실용화에 이어 가지과채소의 접목장치(그림 7-7) 개발에 성공하여 유럽으로의 시판을 추진하고 있다.

[그림 7-7] 가지과채소 접목장치(헬퍼로보텔㈜ 제공)

(3) 활착장치

접목 후 활착에는 4~5일이 필요하며 그 사이 온도와 습도를 일정하게 유지하고 3,000lx 이상의 조도가 필요하다. 활착까지의 기간에 가장 주의하여야 할 점은 접수의 증산에 의한 시듦을 어떻게 방지하는가 이며, 그 때문에 증산을 촉진시키는 공기의 유동을 어떻게 억제할 것인가라고 하는 것이다.

그림 7-8은 이 목적에 따라 개발된 양생설비이다. 실내의 온도조절은 주위의 벽면 및 바닥, 천정 면에서의 복사열로 되

[그림 7-8] 접목 활착촉진장치 1예

도록 구성하였다. 따라서 습도는 90% 이상이고 또한 거의 무풍상태가 유지되도록 하여 활착이 촉진된다. 활착실에 트레이를 될 수 있는 한 많이 능률적으로 수납하기 위하여 램프 부착 선반대차를 이용한다. 6평형(3.6m×5.4m)에서 대차 12대, 300트레이를 수용을 할 수 있다.

7.1.5 육성설비

묘상은 발아로부터 정식까지의 사이를 어떻게 균일하게 생장시켜 본포에 정식하는 데 적합한 모종을 육성시킬 것인가에 있다. 따라서 모종의 생산에 가장 적합한 환경을 어떻게 갖추는가가 중요하지만, 이와 동시에 모종생산을 하는 육묘장에는 트레이의 반송과 설치작업, 시설의 효율적 이용을 위한 시스템의 배치가 중요하다.

(1) 반송용 대차

출아실에서 육성실로의 반송은 출아에 사용한 대차를 그대로 사용하는 경우와 평면배열의 대형 대차(20장 또는 30장 쌓기)를 이용한다. 출아실이 있는 작업실로부터 트레이의 반송은 육묘실 벤치의 배열이나 형식에 따라 방식이 달라진다.

정치식의 벤치 혹은 로터리 벤치 등 이동 벤치의 경우에는 선반대차를 이용하여 벤치까지 운반하여 배열한다. 평면배열 대차의 경우에는 정치식 벤치의 통로에 그대로 늘어놓아 육묘실의 면적을 효율적으로 이용하는 방법이다.

(2) 육성용 벤치

트레이를 육성실 내에 배치하는 방법으로서는 높이 70~80cm의 벤치식이 관리나 작업성 면에서 적절하다고 생각된다. 벤치의 배열은 트레이의 반출, 반입, 그 밖의 관리작업성을 고려하면서 최대한으로 육묘실을 이용할 수 있게 배열한다. 그림 7-9는 발아된 트레이를 늘어놓도록 설치한 고정식 벤치인데 재배 벤치의 방식은 이동식 벤치 등 다양하다.

[그림 7-9] 고정식 벤치

육묘실에서의 재배적인 관리가 대부분 자동화되는 중에 효율적으로 모종을 생산하려면 트레이의 반송을 어떻게 할 것인가가 중요하며 주행형 크레인에 의한 팔레트 이동 등과 같은 자동화 장치도 실용화되어 있다.

7.2 시설 내 관개용 기계

시설재배에 있어서 관수는 작물의 생육 스테이지에 대응한 토양수분의 제어를 비롯하여 시설 내의 온도·습도 등 다른 환경조건에도 영향을 주는 시설이다. 관수는 식물이 심겨진 토양에 크게 관계된다.

식물의 지하부는 토양에 의하여 지지되어 있지만, 그 외 근부로의 수분·양분의 공급 등의 기능을 가지고 토양의 구조·구성은 중요한 요소다. 토양은 다음 3상에 의하여 구성되어 있다.

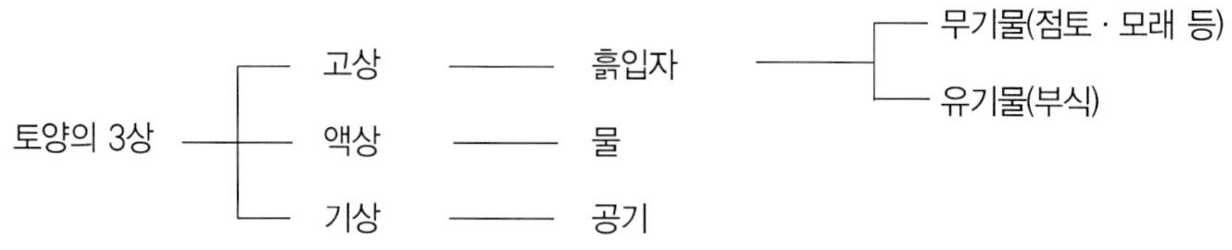

　이 중에 관수에 의하여 영향을 받는 액상은 흙에 대한 결합력의 정도에 의하여 다음과 같이 분류된다.

```
┌─ 흡습수 ── 흙입자에 단단히 달라붙어 식물은 이용할 수 없다
├─ 모관수 ── 흙입자 사이의 좁은 간극에 모관력에 의하여 유지되어 있는 물로 식
│             물이 이용할 수 있다
└─ 중력수 ── 흙입자 사이의 큰 간극에 있는 물로 중력에 의하여 지하로 침투하여
              버린다 식물은 이용할 수 없다
```

　이들 3상은 상호 영향을 주고 있으며 그 한 요소인 액상(물)의 제어는 단순한 식물로의 수분공급에 그치지 않고 기상의 제어, 토양구조(단립·단립구조), 이온교환기능에 의한 근권의 이온농도, 부식·분해속도의 변화, 토양미생물상에의 영향, 수분 중 성분의 축적 등 다방면에 영향력을 가진 것이다.

　일본에서는 강우량이 많은 노지의 경우, 강우량이 증발량을 상회하고 있는 지역에서는 토양 중의 물은 아래층을 향하여 이동한다. 그러나 원예시설의 경우에는 빗물이 들어오지

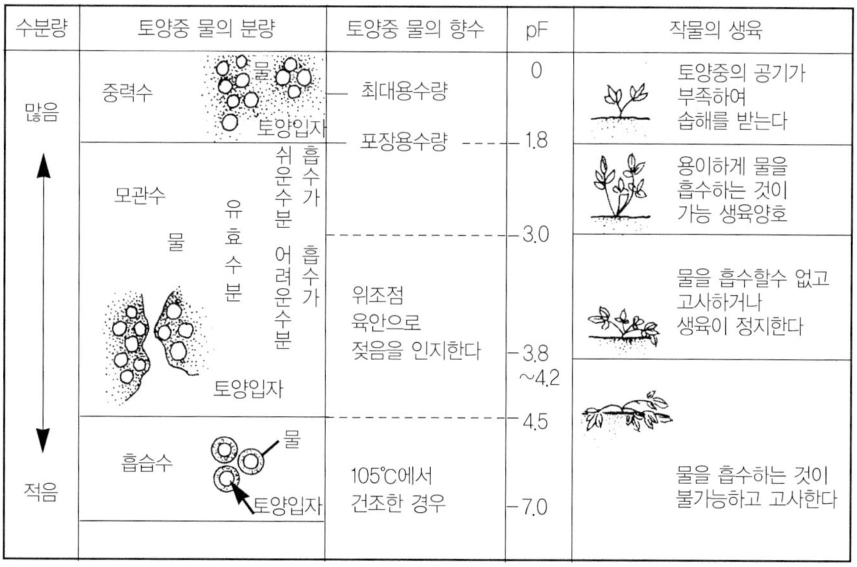

수분량	토양중 물의 분량	토양중 물의 향수	pF	작물의 생육
많음	중력수	최대용수량	0	토양중의 공기가 부족하여 솝해를 받는다
		포장용수량	1.8	용이하게 물을 흡수하는 것이 가능 생육양호
	모관수 / 유효수분 (쉬운수분·흡수가 어려운수분·흡수가)		3.0	
		위조점 육안으로 젖음을 인지한다	3.8~4.2	물을 흡수할수 없고 고사하거나 생육이 정지한다
			4.5	
적음	흡습수	105℃에서 건조한 경우	7.0	물을 흡수하는 것이 불가능하고 고사한다

[그림 7-10] 토양 중 수분의 분류 : pF 값과 식물 생육과의 관계

※자료 : 日本施設園藝協會. 1997. 最新施設園藝の環境制御技術.

않기 때문에 수분 밸런스는 노지와 달리 관수가 토양으로의 수분보급 수단으로서 중요한 역할을 하고 있다.

식물에 의한 물의 흡수능을 나타내는 데는 물이 흙입자에 결합되는 힘의 세기로 나타내는 것이 편리하여 그 단위로서 pF를 사용한다.

전술한 물의 종류, pF 값에 의한 물의 상태와 식물생육과의 관계를 내타내면 그림 7-10과 같다.

따라서 시설에 있어서 관수시설은 하우스의 규모·구조를 비롯하여 재배작물의 종류·작형에 따라 다르지만, 시설을 온·습도관리, 액비시용, 약제살포, 토양소독, 제염 등 다목적으로 이용할 경우에는 상당히 복잡한 시스템이 된다. 이러한 경우에는 다목적 이용의 범위와 이용효과 시설비와 유지관리 등의 관계를 명확히 하고, 전체로서의 기능이 시설재배의 고수익으로 연결되는 시스템이라고 할 수 있다.

7.2.1 관수방법

토양배지를 대상으로 한 관수방법은 다음과 같이 구분된다.

- 살수법(두상살수를 포함한다)
- 점적법
- 지중관수법
- 저면급수법(분재 대상)
- 미스트법(온도 및 습도 관리)

과채류 이랑재배의 경우 관수방식과 시설이용범위의 관계는 다음과 같다.

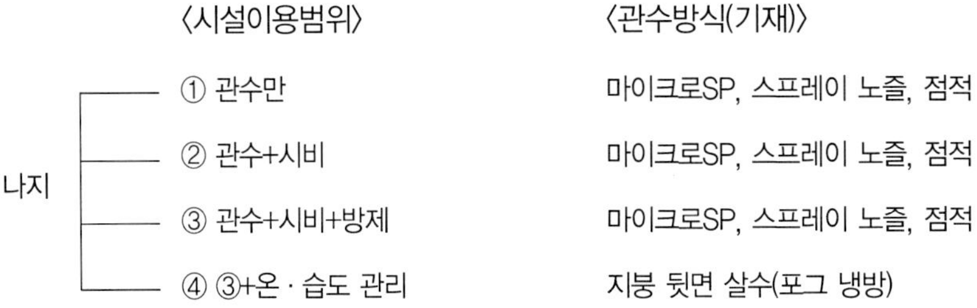

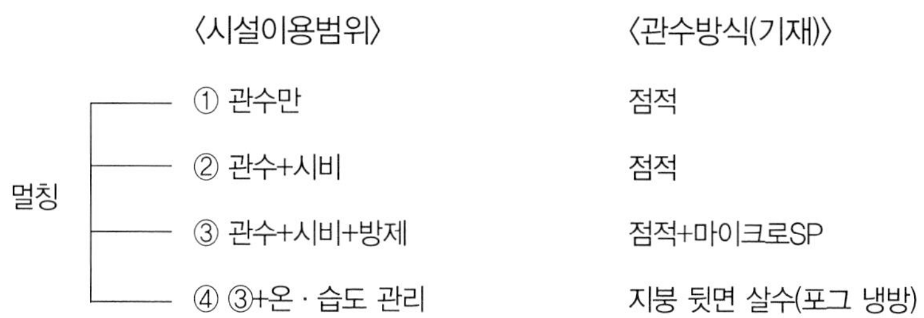

마이크로SP, 점적튜브 등 관수기자재는 취급이 용이하고 균등하게 관수가 되는 고품질·고성능으로 할 필요가 있다.

7.2.2 다목적이용

용수를 ① 온·습도 관리, ② 액체비료 시용, ③ 약액살포, ④ 토양소독, ⑤ 토양염분(EC) 관리 등 다목적으로 이용하는 것을 고려하여 각각의 목적에 적합한 기능을 갖춘 시설로 하지만 여기에서는 ①, ②, ③을 대상으로 생각한다.

약액살포와 공용시킬 경우는 두상(엽상)살포 혹은 몇 개의 특수 노즐을 연직봉에 장착하여 작조 사이를 왕복시키면서 살포하는 방법을 채용한다. 단지 멀칭재배하에서는 관수와 공용은 곤란하다.

7.2.3 관수량 제어

관수량은 식물의 생육에 적당한 토양수분을 유지하도록 결정하는 것이 바람직하지만 이것을 실용적으로 계측하여 관수하는 것은 실용 규모의 경우 여러 가지 문제가 있다.

현재 관수량은 타이머에 의한 관수시간 간격의 제어나 토양수분의 계측 값에 의한 제어가 실용적으로 많이 도입되고 있는데 관수량의 적정화 때문에 필요수량에 각종 계측 값을 복합적으로 이용하는 것으로 제어하는 시도가 되고 있으며 장래 점차 발전할 것으로 생각된다.

그러나 이들 방식은 실용적으로는 소수의 계측 값을 대표 값으로서 다루게 되지만 토양 중의 수분분포나 식물체로의 수분공급 경계상황 차이 등이 있어 실용상 적절한 제어신호 값으로서 꼭 유효하다고는 말할 수 없다.

그래서 컴퓨터에 의하여 각 계측 값을 바탕으로 복합적으로 적절한 관수량을 주기 위하여 각종 알고리즘이 고안되고 있으며 앞으로도 연구 개발될 것이다.

7.2.4 수질

시설원예에 있어서는 시설입지의 중요한 요소로서 이용할 수 있는 물의 양과 함께 수질이다. 관수용수의 수질은 특히 유식물의 육묘 시에 문제가 되고 유해한 성분이 포함되어 있지 않은 것이 중요하다. 우물로부터의 지하수를 양수함에 있어서는 염류ㆍ철이온 농도 등에 유의하여 선택할 필요가 있으며 또한 지역 수자원에 대한 배려도 중요한 사항이다.

7.2.5 배수

관수는 토양수분의 유지에 중요한 역할을 차지하지만 동시에 배수도 중요한 과제이다. 우리나라에서는 논을 이용하여 원예시설을 설치하는 경우도 많으며 시설 주변의 지하수위가 높아 배수설비를 마련하지 않으면 안 되는 경우도 있다. 또한, 원예시설에 있어서는 오랜 기간 고정적으로 재배하면 토양 아래쪽으로의 물의 흐름이 적은 경우 염류집적의 폐해도 생긴다. 이 집적된 염류를 씻어 버리기 위하여 배수시설에 유의하지 않으면 안 될 경우도 있다. 또한, 환경에 대한 영향도 중요하여 배수 중의 함유 성분이 주변 지역에 유해한 영향을 주지 않도록 주의하는 것도 장래를 생각할 때 중요하다.

7.2.6 시설 · 장치

시설 및 장치에 대하여는 바닥면적 5,000m²에서 토마토(하우스 도태랑) 재배를 다음 조건하에서 검토하였다.

- 토경에서 멀칭을 한다.
- 이랑재배를 하고, 이랑폭 120cm, 주간 33cm(8.3본/3.3㎡), 1줄심기, 수확 단수 9단으로 한다.
- 토양수분을 계측하여 관수하는 동시에 액비의 시용도 실시한다.
- 관수의 다목적 이용도 고려하여, 세무방출에 의한 가습을 병충해 대책 등의 면으로부터 제안한다.

7.2.7 자동 관수 · 시비시스템

이 시스템은 작물의 재배환경(기온 · 습도 · 토양수분 · 지중온도 · pH · EC · 조도 등)을 센서로 계측하여 그 정보에 근거한 컴퓨터 제어로 관수 및 시비를 자동적으로 행하는 것이다.

이 시스템의 이용으로 다수의 작물을 동시에 균일하게 관리할 수 있고 관리요원을 삭감할 수 있다. 또한, 센서로 재배환경을 파악하면서 적절하게 관수 · 시비를 하기 때문에 용수 및 비료의 절약이 가능하고 인건비 · 자재비 등을 포함한 제 경비를 절감할 수 있다.

7.3 수경재배장치

수경재배(nutriculture, hydroponics)는 무토양재배(soilless culture)라고도 하며, 토양재배(soil culture)에 반하는 말이다. 우리나라에 수경재배가 본격적으로 도입된 것은 1990년대 초 원예시설의 보조사업이 추진되면서이다.

7.3.1 수경재배의 분류

배지의 종류에 따른 분류를 그림 7-11에 나타내었다. 먼저, 수경재배는 뿌리를 지지하는 배지가 있는 고형배지경과 배지가 없는 수기경의 2가지가 있다.

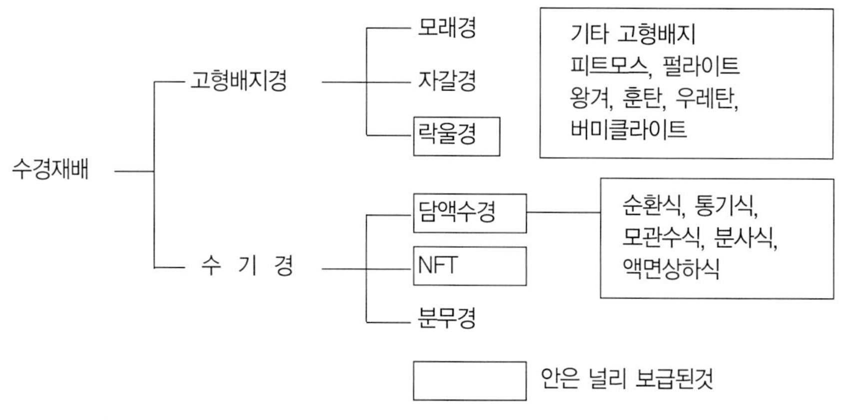

[**그림 7-11**] 수경재배의 분류

※자료 : 竹園 尊. 1996. 生物生産機械ハンドブック.

(1) 고형배지경

고형배지경(solid medium)은 사용되는 배지의 명칭으로 모래경, 자갈경, 락울(Rock wool)경 등으로 분류된다. 기타 고형배지로 피트모스(peat moss), 왕겨, 훈탄 등 유기배지와 펄라이트와 같은 무기배지가 많이 이용되고 있다.

고형배지경에 있어서 배양액의 공급방법은 점적식이 주로 이용되고 있으며, 배양액의 흐름에 따라 순환식과 비순환식(관주식)이 있다. 이 방식의 배지는 모두 토양과 같이 기상, 액상, 고상의 3상으로 구성되어 있어 특별한 산소공급법이 요구되지 않으며, 항상 기상을 확보함으로써 뿌리에 산소를 공급할 수 있다.

(2) 수기경

수기경은 비고형배지경(non-solid medium)으로 근권에 배양액을 공급하는 방법에 따라 담액수경, NFT, 분무경의 3가지로 분류된다.

담액수경(deep flow)은 베드 내에 일정량의 배양액을 담액하여 두는 방법으로 양수분의 공급은 충분히 행할 수 있지만, 뿌리로의 산소공급이 충분하지 못하다. 산소의 공급방법에 따라 순환식, 통기식, 모관수식, 분사식, 액면상하식 등으로 나눌 수 있으며 다양한 재배장치가 개발되어 있다. 배양액을 강제로 순환시켜 양분과 산소를 뿌리에 공급하는 순환식은 담액수경의 기본이며, 순환식 수경으로서 최초로 개발되었다.

NFT는 베드에 완만한 경사(1/80 정도)를 주어 수로와 같은 모양으로 하여 배양액을 소량씩 흘려 뿌리에 양수분과 산소를 공급하도록 되어 있다. 회수되는 배양액은 탱크에 집수하여 펌프로 순환시킨다. 작물의 종류나 작형에 따라 배양액의 유하량이나 시간을 조정할 수 있다. 담액수경에 비하여 재배베드가 경량이기 때문에 딸기 등 고설재배에 의한 경작업화나, 이동 벤치에 의한 시설의 유효이용 등이 가능하다.

분무경(mist spray culture)은 공중에 드리운 뿌리에 노즐을 통하여 배양액을 분사함으로써 양수분을 공급하는 방식인데 시판되고 있는 재배장치는 아직 없다. 또한 식물공장 생산시스템의 하나로 엽채류의 입체재배장치로 일본에서 상품화된 것이 있다.

7.3.2 대표적인 수경재배장치

우리나라의 주요 재배장치인 수기경은 담액수경 및 NFT, 고형배지경은 유기배지경 및 락울경 등이 보급되고 있다.

(1) 담액수경

　재배베드는 스티로폼 등 플라스틱 제품으로 되어 있으며 또한 액비탱크는 지하매설식의 강화 플라스틱 FRP 탱크를 사용한다. 자동 추비장치는 2개의 원액탱크와 제어패널로 구성되며 배양액의 농도를 일정하게 유지하는 기능을 가지고 있다. 또한 수위센서에 의한 수위조절로 원수보급을 한다. 배양액의 가온에는 등유연소식의 소형 보일러가, 또 냉각에는 히트펌프가 육묘 등 일부에서 사용된다. 담액수경은 식물공장에서 널리 채용되고 있는 것과 같이 제어에 용이하고 안정성이 있는 재배장치이지만 비교적 고가이다.

　담액수경은 일본에서 개발된 시스템으로 재배베드나 액비탱크에 있는 다량의 배양액을 펌프로 강제 순환시킴으로써 용존산소를 확보하는 방식을 도입하고 있다. 현재에도 토마토, 양상추, 파 등을 대상으로 가장 많이 보급되고 있는 재배장치이다.

　담액수경장치의 기본구조는 그림 7-12에 나타나 있다. 재배장치는 재배베드, 액비탱크, 급액펌프, 자동 추비장치, 급액관, 공기혼입기, 배액조절기, 배액관, 제어패널로 구성되어 있다. 액비탱크에서 조정된 배양액은 급액펌프에 의하여 재배베드에 공급된다. 증발산에 의하여 수분이 소비되며 액비탱크의 수위가 저하하면 수원에서 원래의 수위까지 또한 흡수된 비료성분은 자동추비장치에 의하여 액비탱크에 보급된다. 제어패널에서는 액비탱크의 수위, 배양액 농도의 관리 및 급액펌프의 작동을 자동적으로 제어한다.

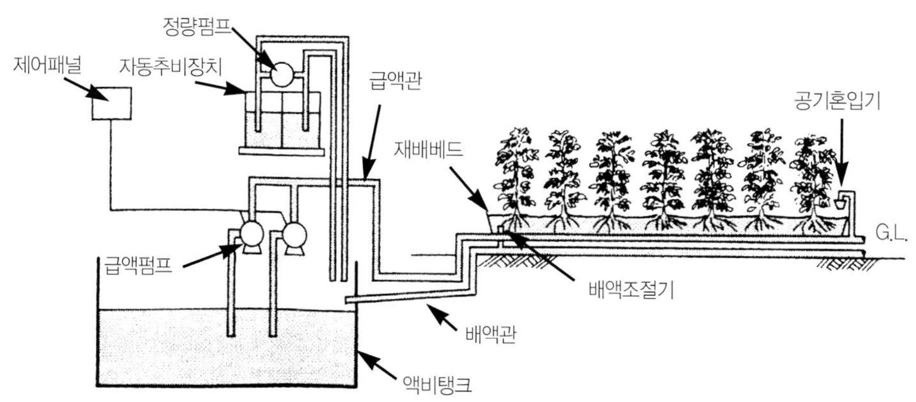

[그림 7-12] 담액수경의 기본구조

※자료 : 竹園 尊. 1996. 生物生産機械ハンドブック

(2) NFT

담액수경 재배장치와 기본적으로는 거의 같다. NFT(Nutrient Film Technique)의 특징은 완만한 경사를 가진 재배베드(채널)에 배양액을 소량씩 흘리는데, 이 재배베드에는 배양액이 저류되지 않는다. 그 결과 배양액의 순환량이 적어져 담액수경에 비하여 재배베드를 1/3 정도, 액비탱크도 1/5 정도로 작게 할 수 있다. 특히 재배베드가 경량이므로 철제파이프 등으로 가대를 짠 고설재배를 간단히 설치할 수 있다. 또한 재배베드 자체를 옆으로 이동할 수 있는 이동벤치를 사용할 수 있어 경우에 따라서는 작물이 다른 입체재배가 가능하다. 또한 담액수경에 비하여 재배장치가 저렴하다.

문제점으로서는 재배베드 내를 흐르는 배양액량이 적어 근권이 온실 내 온도의 영향을 받기 쉬운 점 및 뿌리 양이 많은 작물에서는 배양액의 흐름이 나쁘고 산소공급이 부족하기 쉬운 점 등을 들 수 있다.

NFT는 영국에서 개발되어서 우리나라에 도입된 기술이지만 우리나라에서 독자적인 담액수경기술을 가미 개량하여 특징 있는 재배장치로 개발되었다. 대표적인 장치를 다음과 같다.

① 과채류용 플랜트

이 장치의 기본구조는 그림 7-13에 나타나 있다. 재배베드는 폭 30cm의 스티로폼 등 플라스틱제품으로 구성하여 경사(1/70~1/100 기울기)를 주어 설치한다. 재배베드의 길이는 10m로 배액구를 중앙에 두고, 두 개의 재배베드를 합체시킴으로써 20m 길이로 할 수 있다. 자동 추비장치 및 제어패널은 담액수경과 거의 같으며 급액은 생육에 맞추어 타이

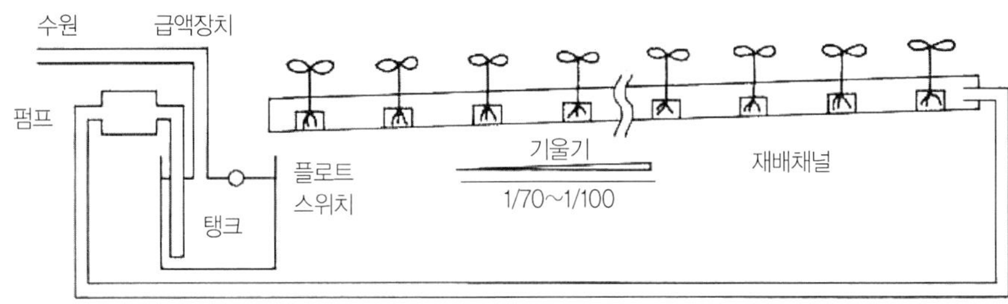

[그림 7-13] NFT의 기본구조

※ 자료: 板木利隆. 1994. 養液栽培の實用技術.

머로 간단(間斷)급액한다. 겨울철에는 등유연소식의 소형 보일러로 액비탱크와 배양액을 가온한다. 액비탱크의 용량은 2t/1000m² 정도이다.

② 엽채류용 플랜트

엽채류용 플랜트의 특징은 재배베드를 가대에 올려놓은 고설식으로 재배베드가 폭 1.2m, 길이 30m 정도로 넓다. 재배베드는 그 경사를 변화시켜 수류를 조절할 수 있도록 되어 있으며, 또한 가대에는 바퀴가 있어서 좌우로 이동할 수 있도록 되어 있다. 그래서 통로를 이용할 수 있어서 이용면적이 30% 정도 증가한다. 재배베드는 강화 플라스틱 FRP로 밑바닥을 파형의 요철을 주어 적은 양이지만 배양액이 고이도록 하였다. 액비탱크에서 조정된 배양액은 다수의 구멍이 뚫린 파이프로부터 폴리 시트 위로 공급되어 순환한다.

또한 상추 등의 여름철 생산을 안정시키기 위하여 야간 실온을 내리는 냉방장치도 일부에서 이용되고 있다.

(3) 락울(rock wool)수경

락울(암면)은 광물을 용해하여 섬유화한 것으로 육묘용은 높이 5~10cm 각으로, 정식용에는 길이 90cm, 폭 20~30cm, 두께 7.5cm로 성형된 배지가 사용되고 있다. 락울배지는 공극률이 95% 이상으로 아주 경량이며 뿌리의 생장에 뛰어난 특성을 가지고 있다. 일반적으로 비순환식(관주식)으로 되어 있으며 작물의 증산량이나 양분흡수량에 맞추어 급액하고 잉여액의 재이용은 하지 않는다. 재배베드로의 급액은 주로 점적식을 사용하며 적산 일사량이나 타이머에 의하여 소량씩 빈번한 급액을 하는 방식이 일반적이다. 또한, 수분 센서나 배액 양의 계량에 의하여 급액량의 보정도 일상적으로 행하여진다. 또한 재배베드 내의 배양액은 정기적으로 분석하여 재배의 안정화를 꾀한다. 문제점으로는 잉여액의 재이용 및 사용이 끝난 락울의 처리방법이 남겨져 있다. 락울수경은 네덜란드에서 일본과 우리나라에 도입된 기술로서 우리나라의 기후나 경영 규모에 맞도록 재배장치를 개선하여 유리온실용 토마토와 절화용 장미를 중심으로 재배장치가 보급되었다.

점적식 급액재배시스템에 의한 기본구조를 그림 7-14에 나타냈다. 락울을 폴리필름으로 에워싸거나, 또는 스티로폼 박스에 넣어서 재배베드로 한다. 급액은 마이크로 튜브에 의한 점적방식으로 잉여액은 재배베드로부터 배출 폐기된다. 급액농도의 제어는 유량비례 혼입방식을 채용하여 배양액 탱크가 없는 시스템을 도입함으로써 콤팩트한 시스템이 최근 많이 이용되고 있다.

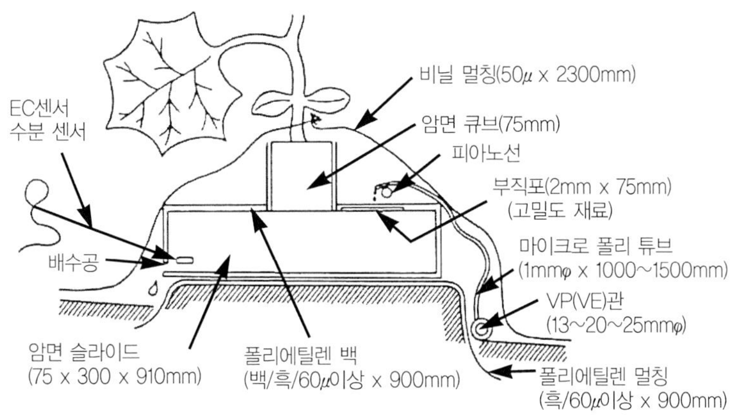

[**그림 7-14**] 락울수경시스템의 단면도

※자료 : 한국농업기계학회. 1998. 농업기계핸드북.

7.4 시설환경 제어기계

7.4.1 광환경

우리나라는 비교적 일조가 좋다고 생각한다. 그러나 표 7-2에서 보는 바와 같이 채소류의 광합성능을 조도로 바꾸어 보면 조도가 증가하더라도 광합성속도가 변하지 않는 광포화점 조도는 20~80klx로 나타나 있다. 그러나 태평양 연안 지역인 우리나라는 동지에 남중조도가 약 30klx이다. 또한 동지를 전후한 겨울철에 있어서 가장 태양고도가 높은 정오에 수평조도는 40klx로 각 채소류의 광포화점 조도에 미치지 못하는 작물이 많다. 또한 이 조도는 시설 밖에서의 값으로 시설재배의 경우 일사량은 외부피복자재에 의하여 커트되어 70~80%로 저하되고, 또한 골재 등에 의하여 그늘이 진다. 또한 2중피복을 주간에도 피복해 두면 또 다시 70~80%로 저하된다. 동지의 남중조도에서 하우스 내의 경우를 계산하면 다음과 같다.

$$30(klx) \times 0.7 = 21(klx) ----------골재와 외부 피복자재만의 피복$$
$$30(klx) \times 0.7 \times 0.7 = 14.7(klx) ------골재와 외부 피복자재 및 2중피복$$

[표 7-2] 과채류의 광–광합성 특성

작 물	포화조도		최대 동화도		광보상점	
	巽·堀	池田·杉山	巽·堀	池田·杉山	巽·堀	池田·杉山
	klx	klx	mg CO_2 /dm²/hr		klx	klx
오 이	55	50~60	23.0	24.6	–	1.0~2.0
수 박	80	70~80	21.0	29.3	3.0	2.0~3.0
멜 론	–	50~60	–	28.5	–	2.0~3.0
호 박	45	40~50	17.0	23.1	1.5	1.0~1.0
토 마 토	70	60~70	31.7	31.4	–	1.5~2.5
가 지	40	50~60	17.0	28.5	1. 0	1.0~2.0
고 추	30	–	14.8	–	1.5	–
피 망	–	30~40	–	19.1	–	1.0~1.0
딸 기	–	20~30	–	13.5	–	1.0~1.0

피복자재와 골재에 의하여 일조는 21klx 이하로 저하되며, 더욱이 이 조도는 주간에 광이 가장 강한 때의 조도로 아침저녁은 이것보다 더욱 적다. 겨울철 촉성재배를 하는 채소류는 생장의 기본이 되는 광합성산물을 얻는 근본인 광환경이 열악한 상황이라는 것을 알아야 한다.

12월 촉성재배와 4월의 노지재배에 있어서 광강도와 겉보기 광합성속도를 시간에 따라 나타낸 것이 그림 7-15이다. 12월의 1일당 적산일사량은 4월의 1일당 적산일사량의 약 60%이며, 1일당 건물생산량은 촉성재배의 경우 노지재배의 약 60%였다. 촉성재배는 절대적으로 광이 부족하다는 것을 알 수 있다. 같은 광강도라도 오전 중은 오후보다도 광합성속도가 높으며, 하루의 광합성량의 60%가 오전 중에 생산된다.

거의 같은 기온의 봄에 비하여 일사량은 2/3 정도이다. 또한 9~10월 초순은 가을장마나 태풍 등으로 기상이 안정되지 못한 시기이기도 하다. 비교적 맑은 날이 계속되는 것은

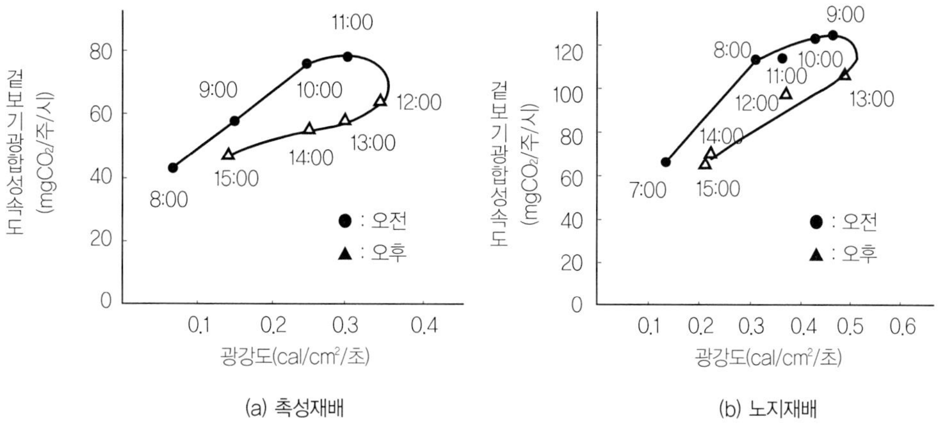

[그림 7-15] 작형에 따른 광강도와 광합성속도와의 관계(柳)

10월 10일이 지난 후부터인데 이 시기가 되면 일사량은 남중시에 80,000lx를 밑돌며, 하우스의 외부 피복과 내부 커튼피복을 투과하면 작물이 광합성을 충분히 할 만큼의 일사량에 만족하지 못하게 된다.

일반적인 시설에서는 원칙적으로 차광 등의 조작을 하지 않지만 모종생산이나 일부 화훼류의 생산에서는 강한 일사 하에서는 과도한 수분 스트레스나 고온장해가 생기므로 차광을 한다. 특수한 광환경제어로서 불투명성 자재를 채용한 단일처리나 전조재배가 있다. 또한 인공광에 의한 보광재배는 북유럽 고위도 지방의 겨울철 모종생산에 있어서 실시되고 있지만 우리나라에서는 운전비용이나 설비비 면에서 문제가 있다.

광은 작물의 주 에너지원으로서 온실 내에서 여러 가지 기능을 담당하고 있다. 온실 내의 광환경을 제어하는 경우, 먼저 광의 어느 기능에 초점을 맞추어 제어할 것인가를 고려할 필요가 있다.

온실 내 광환경의 제어는 크게 광량, 일장, 광질로 구분할 수 있다. 광량은 작물생육 및 수확량과 밀접한 관계가 있으며 자연광하의 온실에서 광량은 광합성에 관여하는 제일 큰 요인이 된다. 광을 광합성과 온실의 온도, 습도 등의 환경조건을 이루는 에너지원으로만 보는 경우는 광량의 제어가 주가 된다. 광이 부족한 겨울에는 온실 내로 들어오는 광량을 가능한 한 많이 받아들일 수 있어야 하고 반대로 광이 너무 많은 여름에는 들어오는 광량을 줄여 줄 필요가 있다.

광은 또 화훼와 같은 작물의 형태형성에 관계하고 있으며 이 관점에서의 광환경 제어는 일장의 제어와 입사광의 스팩트럼 제어, 즉 광질의 제어가 문제시 된다. 또 작물의 색소 발현에 관계하는 자외선의 입사량 조절이 필요한 경우도 있는데 이 경우에도 입사광의 스팩트럼 조절이 과제이다.

(1) 광과 광합성

과채류의 광-광합성 특성은 전술한 표 7-2와 같다. 화훼류는 종류에 따라 차이가 많지만 과채류와 비교하면 약 1/3 정도이다. 따라서 광환경 면에서는 과채류 온실과 화훼류 온실은 차이가 크다고 본다.

일반적으로 온실의 광환경은 노지에 비하여 ① 광량의 감소, ② 불균일한 분포, ③ 광질의 변화 등 특징을 가지고 있다. 이러한 광환경 특징을 가진 온실 내에서 작물을 재배할 경우 별도의 보광을 필요로 하거나 또는 차광을 필요로 하는 등의 광기후를 조절하여야 할 때가 있다.

(2) 보광

일조량이 부족한 경우 작물의 광합성과 생장촉진을 위하여 인공으로 조명하는 것을 보광이라고 한다. 위도가 높은 북유럽 등에서는 겨울철 일조가 부족할 때 보광을 통하여 채소 및 화훼를 재배하고 있지만 우리나라에서는 전력비 등으로 거의 실용화 보급되지 않고 있다. 보광을 하는 경우는 적어도 광보상점 이상인 3,000~5,000lx의 조도가 필요하며 3주 이상 장기간에 걸쳐서 인공광만으로 재배하는 경우는 10,000~30,000lx의 조도가 필요하다.

보광용 광원으로서는 백열등, 형광등, 고압수은등, 메탈할라이드램프, 고압나트륨램프 등이 있으며 메탈할라이드램프나 고압나트륨램프가 주로 이용된다. 백열등은 발광효율과 광합성효율이 낮고 열이 지나치게 많이 나며 수명이 짧지만 가격이 저렴하여 경제적이나 보광용으로는 잘 사용되지 않으며, 형광등은 발광효율이 높고 수명도 길어 육묘실이나 소규모 발아실에서 많이 사용되나 적외부의 파워가 적으며, 메탈할라이드램프, 고압나트륨램프 등은 효율이 높고 수명도 긴 편이나 램프와 안정기의 가격이 비싼 단점이 있다.

인공조명으로만 재배하는 경우는 분광에너지 분포도 고려하여야 한다. 고압나트륨램프의 분광에너지 분포는 오렌지색 파장이 제일 많고 청색부의 에너지는 매우 적어 단독으로 사용하는 경우 도장을 일으킬 염려가 있다.

최근 새롭게 개발된 마이크로파램프는 마이크로파를 전구 내에 봉입된 물질에 조사시켜 플라스마 발광시키는 것으로 기존 램프에 비하여 4배 정도 높은 조도를 얻을 수 있으며 태양방사에 가까운 스펙트럼을 얻을 수 있고 또 수명도 길어 실용화가 기대되고 있다.

(3) 일장제어

광량뿐만 아니라 조사시간도 작물에 많은 영향을 주고 있다. 일장에 따라 종자의 발아, 잎·줄기의 생장, 꽃눈분화, 개화 등이 달라진다. 작물의 꽃눈분화, 휴면타파 등을 위하여, 작물의 일장반응을 제어하기 위하여 장일 또는 단일처리가 실시된다. 단일처리를 위한 차광은 가을국화의 재배 등에 실시되고 있으며 온도상승 억제를 위한 차광과는 달리 차광률 100%인 자재를 사용하여야 한다.

장일처리를 위하여 보광을 하는 재배방식을 보통 전조재배라 하며 국화, 딸기 등에서 널리 실용화되고 있다. 국화의 경우 꽃눈분화를 억제하여 개화시기를 조정하기 위하여, 딸기의 경우 휴면방지 및 휴면타파를 위하여 보광을 한다.

전조재배에 필요한 광강도는 조명방법 및 작물의 종류에 따라 다르지만 광합성 촉진을 위한 보광과는 달리 조도가 낮아도 충분하여 보통 가을국화나 딸기의 경우 $10 \sim 20 \text{lx}$면 충분하다.

전조재배를 위한 광원은 백열등이 많이 사용되고 있으며 100W의 백열등에 반사갓을 씌워 150cm 높이에서 조사하면 10lx 이상의 조도를 얻을 수 있는 범위는 반경 2.7m 정도이다. 형광등은 700nm 이상의 장파장은 보유하고 있지 않아 꽃눈분화를 일으키지 않는다.

(4) 차광

차광은 2가지 목적이 있다. 강한 광을 좋아하지 않는 식물을 위한 순차광과 실내를 시원하게 하기 위한 단열적 차광이 있다. 약광작물의 온실에는 장기 고정의 차광법이 채용되고 있지만 강광작물의 경우는 수시차광법으로 일사가 강할 때만 사용하고 과고온을 방지하는 것이 특징이다. 최근 커튼을 2중으로 함으로써 야간의 보온과 주간의 차광 및 습도 조절 등 다목적으로 이용되고 있다. 작업성을 향상시키고 자동화 장치 등을 설치하기 위하여 하우스의 높이를 높게 할 경우 커튼장치는 필수적이라고 하겠다.

광합성은 광의 강도가 강할수록 증가하지만 너무 강한 일사는 직접 광합성을 증가시키는 작용보다 시설 내의 온도를 높여 오히려 광합성을 감소시키는 쪽으로 작용하는 경우가 있다.

차광의 목적은 여름철 연약채소, 관엽식물, 양란 등의 재배에서와 같이 광의 일부를 차단, 강한 일조와 고온을 방지하여 작물을 보호하거나 품질을 향상시키기 위한 것과 단일 처리를 하여 꽃눈을 촉진 또는 지연시켜 개화기를 조절하기 위한 것으로 나누어진다.

전자는 가시광선의 일정량을 투과시키지 않는 자재를 사용하고 후자는 광선을 완전히 차단하는 자재를 사용한다.

차광은 차광용 자재로 온실의 외부 또는 내부를 피복하는 것이 일반적이지만 피복재에 석회나 백색의 수성페인트 등을 직접 도포하여 시설외 피복자재 자체를 차광재료로 이용하는 경우도 있다.

7.4.2 온도환경

시설의 온도환경 제어는 상한온도와 하한온도를 설정하고 그 상·하한 온도영역이 제어 목표온도가 된다. 시설 내가 일사 등으로 온도가 상승하면 상한온도를 목표 값으로서 환기창의 개폐 혹은 환기팬의 운전에 의하여 제어가 된다. 강한 일사나 외기가 고온일 때에는 목표온도를 유지할 수 없는 경우도 있다.

또한 적극적으로 온도상승을 억제하기 위하여 생육에 지장이 없는 정도의 차광 이외에 증발냉각을 이용한 포그 앤 팬 방식으로 시설 내를 냉방할 수 있지만 과습이나 잎 젖음에 의한 병해의 발생에 유의하여야 한다. 히트펌프에 의한 냉방은 주간에 냉방부하가 과대하므로 적극적인 차광을 할 것인가 야간 냉방에 한정된다.

하한온도를 유지하기 위하여 난방기가 사용되며, 난방부하의 경감에는 보온커튼을 이용한다.

온도환경 제어에서 가장 중요한 것은 목표온도를 정밀하게 유지함과 동시에 시설 내의 온도를 균일하게 하는 것이다. 생육의 불균일이 나타나지 않도록 온풍난방기는 덕트, 온수난방기는 방열관의 배치에 충분한 배려가 필요하다.

(1) 난방

우선 재배작목에 알맞은 난방방법을 선정하여야 하며, 유의할 점은 최대 난방부하에 의하여 선정된 설비용량이 실제 이용에서 과부족이 없어야 하며, 경제적으로도 타당성이 있

[표 7-3] 난방방법과 그 특성

난방방법＼명칭	개 요	난 방 효 과	설 비 비	적 용 대 상
온풍 난방	·공기를 직접 가열함	·정지할 경우 보온성 결여	·온수난방에 비하여 대단히 염가임	·온실 전반에 이용 가능함
온수 난방	·80~60℃의온수 순환 ·온수를온풍으로 변화하여 실내에균등 분포하는 방법	·사용온도가 낮기 때문에 온화하게 가열할 수 있음 ·여열이 많기 때문에 정지 후에도 보온성이 높음	·배관, 방열관이 필요하기 때문에 고가	·고급 작물온실 ·대규모 시설
증기 난방	·100~110℃의 증기를 사용하여 난방 ·온수를 온풍으로 변환하여 사용하는 방법	·정지시 보온성이 약함	·온수난방에 비하여 고가	·대규모 집단시설 ·낙차가 큰 지형에 시설
전기열 난방	·전기온상선과 전기온풍 히터로 난방	·정지시 보온성이 없음	·가장 염가임	·소형 온실 ·육묘 시설 ·지중 가온 ·보조 난방
열펌프 난방	·공기,지하수와 폐열 등 저온 열원을 고온화 하여 공기 또는 물을 가열하여 난방	·제어성이 우수하나, 저온열원의 온도가 -10℃ 이하에서는 COP가 떨어지는 약점이 있다. ·축열용량이큰 잠열 축열조를 병용하는 것이 합리적임	·농업용 전기를 이용하는 경우 에너지는 고가가 아니고 시설비가 고가임	·공해물질의 배출이 없는 깨끗한 난방방법이므로 고품질, 고가 작목에 적합 ·유리온실이나 비닐하우스에도 적합

어야 한다. 그 외에 보수 관리의 용이성과 제어성 등을 고려하여야 하며, 특히 환경오염에 영향을 주지 않는 난방방법을 택하여야 한다.

현재 온풍난방이 가장 많이 보급되어 있으며, 온수난방이 그 다음으로 많이 보급되어 있고, 증기난방이나 전열기 난방은 특수한 용도에 한정되어 있다. 앞으로는 에너지 절약과 환경오염 방지 차원에서 자연에너지 이용 난방방법을 개발·보급하는 데 적극 노력하는 것이 바람직하다. 표 7-3은 난방방법과 그 특성을 요약 정리한 것이다.

① 온풍난방

시설비가 저렴하고, 제어성이 우수하여 많이 이용되고 있으나, 에너지 절약과 환경오염 문제를 고려할 때 대체에너지를 활용하는 또 다른 난방방법의 연구가 절실하다. 온풍난방기의 시설용량은 7-1 식으로 결정하는 것이 합리적이다(岡田, 1980).

$$Q_b = Q_g \cdot f_h (1+\gamma) \qquad (7-1)$$

여기서, Q_b = 난방기 시설용량(kcal/h)

  Q_g = 최대난방부하(kcal/h)

  f_h = 송풍방법에 따른 보정계수 (송풍장치가 없는 경우 1.05~1.1, 송풍장치가 있는 경우 0.9~1.0)

  γ = 안전계수 (0.1을 사용함)

② 온수난방

온수난방에는 100℃ 이상의 고온수를 사용하는 고온수식과, 65~85℃의 저온수를 사용하는 저온수식이 있으나, 보통 저온수식을 사용하고 있다.

온수난방기의 시설용량은 7-2 식으로 결정한다(岡田, 1980).

$$Q_B = Q_g \cdot f_{hB} + Q_{LOSS})(1+\gamma) \qquad (7-2)$$

여기서, Q_{Bb} = 보일러 필요용량(kcal/h)

  f_{hBb} = 배관방식에 따른 보정계수 (상부배관의 경우 : 1.05~1.1, 주위 하부

배관의 경우 : 1.0~1.05)

Q_{LOSSb} = 온실 밖 배관일 경우의 열손실(kcal/h)

γ = 안전계수(핀이 없는 배관의 경우 0.3, 핀이 있는 배관의 경우 0.2가 적당)

• 방열관의 길이 결정

방열관의 길이는 최대 난방부하를 사용하여 7-3 식으로 결정한다.

$$L_p = \frac{Q_g \cdot f_P}{q_p} \qquad (7-3)$$

여기서, L_P = 필요한 방열관 길이

f_P = 수직으로 겹친 배관수에 따른 보정 계수(겹친 배수관 2~6단에서 1.0~1.4로 함)

q_P = 방열관 단위 길이당 방열량, kcal/m.h (핀이 없는 배관의 경우 : 100~150 kcal/m.h, 핀이 있는 배관의 경우 400~650 kcal/m.h을 적절히 사용)

배관 내 온수순환속도는 방열량, 기포방지와 배관설비의 경제성을 고려하여 0.5~1.0 ㎧ 범위가 바람직하다.

난방기 고장 시 피해를 최소화하기 위하여 2대 이상의 난방기를 설치하는 것이 바람직하다.

③ 열펌프난방

열펌프의 압축기 구동 에너지원에 따라 전기식과 엔진식으로 구분되며, 열펌프가 흡수하는 저온 열원에 따라 공기와 지하수 이용 열펌프로 구분한다. 또한, 열펌프가 공급하는 열매체가, 공기와 물인 경우 온수와 온풍 공급 열펌프로 구분한다.

겨울철에는 외기(-15~0℃) 열원보다 지하수온(13~18℃)이 높아 지하수를 이용하면 열펌프의 성능계수가 높게 나타난다. 그러나 지하수는 지역에 따라 이용이 불가능한 경우도 있기 때문에 어려움이 있다.

열펌프 온실난방에서의 온풍온도는 40~50℃가 바람직하고, 온수온도는 60℃가 바람직하다. 왜냐하면, 이 온도를 높게 하면 COP가 감소하여 에너지 소모가 많아지기 때문이다.

저온 열원을 외기로 하는 열펌프에서는 −15℃ 이하의 야간 외기온에서 전기에너지 소모를 줄이기 위하여 주간에 잉여 태양에너지를 저장하였다가 야간에 열펌프 대신 사용할 수 있도록 하는 태양열, 잠열축열조를 병용하는 것이 바람직하다.

(2) 냉방

환기만으로는 어떤 방법으로든 온실 내 온도가 외기온보다 1~2℃ 높으므로 외기온이 재배 한계온도인 35℃가 넘을 경우 온실 내 온도를 작물의 적정 온도는 고사하고 장애를 받지 않도록 하는 것도 불가능하다.

여름철 맑은 날 한낮의 수평일사량은 $800\,kcal/m^2 \cdot h(930W/m^2)$ 정도로서 이 중 70%의 열이 온실 내에 흡수된다고 하면 이 열은 $560\,kcal/m^2 \cdot h$가 된다. 온실 내에 흡수되는 열을 제거하는 데는 1마력 정도의 가정용 에어컨(냉방능력 $1,500\,kcal/h$)으로는 바닥면적 1평당 1대가 필요하다.

그런데 물 $1\,l$가 증발하면 약 $580\,kcal$의 기화열을 흡수한다. 이 원리를 이용하여 온실 내에서 물을 기화시키는 방법으로 온실을 냉방하는 증발냉방법이 도입되고 있다. 그러나 온실에 증발냉방법을 도입하려면 반드시 환기가 필요하다. 이것은 온실 내에서 증발된 수분으로 고습이 된 공기를 반드시 온실 외부로 배출하고 새로운 공기를 받아들여 증발이 계속되도록 하지 않으면 냉방이 지속되지 않기 때문이다.

① 증발냉방의 냉방한계온도

공기를 상대습도 100%될 때까지 가습하면 기온(건구온도)은 습구온도까지 저하한다. 온실의 증발냉방은 환기 양을 무한대로 하여 온실 내의 상대습도가 100%가 될 때까지 가습하면 원리적으로는 온실 내 기온을 외기의 습구온도까지 낮출 수 있다. 그러나 실용 면에서는 습구온도보다 2~3℃ 높은 온도까지 냉각되는 것이 경제적인 한계치이다.

② 다목적 포그시스템(온실 내 직접 분무)

증발냉방법 중에 지금까지 잘 알려진 패드 앤 팬(pad and fan), 미스트 앤 팬(mist and

[그림 7-16] 전면배관식 포그시스템

[그림 7-17] 에어쿨(상품명) 포그시스템

fan), 포그 앤 팬(fog and fan) 시스템은 유효도나 시설비 등의 측면에서 일부 화훼농가를 제외하면 도입되지 못하고 있는 것이 현실이다.

최근 포그노즐을 온실 전면에 배치하여 농약살포, 냉방, 가습, 엽면살포 등 다목적으로 이용하는 포그시스템(그림 7-16)이나 에어쿨(그림 7-17) 등 온실 내에 직접 분무하는 시스템의 도입이 증가되고 있다.

그러나 냉방을 위하여 포그를 분무할 때 연속적으로 분무를 계속하면 습도가 100% 가깝게 유지되어 온실 내 온도는 낮출 수 있을지는 모르나 증산작용이 억제되는 현상이 발생하여 도리어 작물에 장애를 주게 된다. 따라서 환기창을 개방하여 환기를 계속하면서 단속적으로 포그를 분무하는 기술을 도입하여야 한다.

온실 내 직접분무에 있어서 분무시간이나 분무간격은 온실이나 재배 단계에 대응하여 설정하여야 한다. 보통 작물이 젖지 않고 과잉분무가 되지 않도록 하기 위하여 분무시간

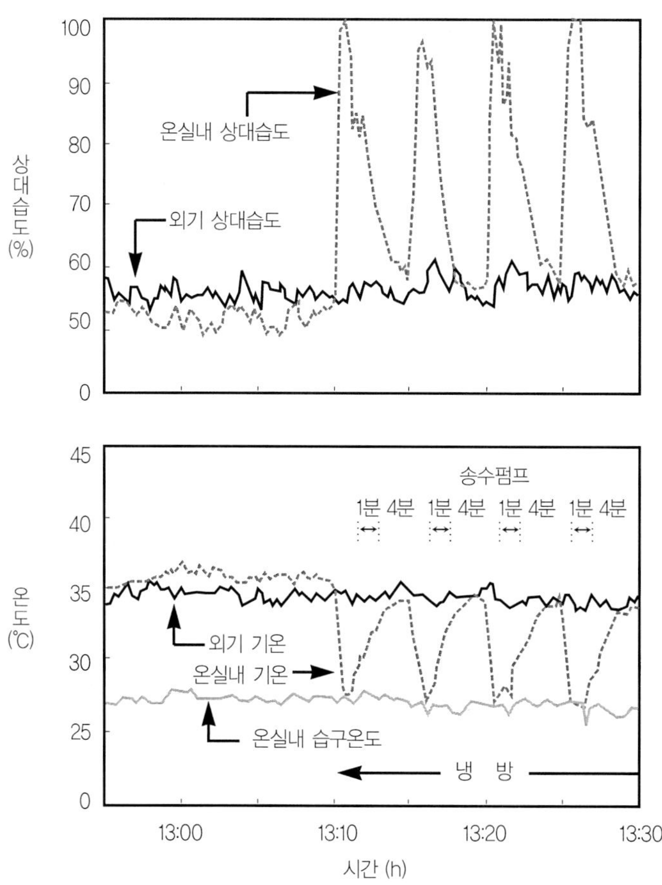

[그림 7-18] 다목적 포그노즐에 의한 냉방온실 온습도환경 실측 예

은 1분 전후로 하여 분무정지시간을 조정함으로써 1시간당 분무량을 변화시킨다. 포그 분무 중에는 온실 내에 포그가 부유하여 작물에 약간 포그가 부착하지만 맑은 날에는 1~2분만에 증발한다. 분무정지시간은 한여름 맑은 날 3~4분 정도로부터 초여름, 늦여름의 20~30까지 폭이 있다. 분무 1분, 분무정지 4분을 반복하면 1시간 분무량은 10a당 600 l 로서 7시간 냉방한다고 하면 약 $4\,\mathrm{m}^3$(4t)의 물을 분무하는 것이 된다.

그림 7-18은 맑은 날(옥외일사량 830~890 $\mathrm{W/m}^2$)에 있어서 수경토마토재배 온실에서의 온실 내 직접 분무에 의한 냉방 시 환경실측 예를 나타낸 것이다. 13시 10분부터 포그분무 1분, 분무정지 4분의 반복으로 포그냉방을 시작한 것이다. 냉방개시 전에는 외기온보다 1~2℃ 높았던 온실이 포그분무개시 1분 이내에 온실 내 습구온도까지 저하하고 있다. 이 때 온실 내 온도는 외기온보다 약 8℃ 낮아졌다. 포그분무를 단속적으로 행하기 때문에 이에 수반하여 실온이 상하하는 것이 특징적이지만, 실온의 변동에 따라 상대습도도 60~100%의 범위에서 변동하고 있다. 단속포그분무에 의한 상대습도의 고저 변동은 연속 분무에 의한 연속적인 높은 상대습도조건에 비하여 증산촉진이나 작물을 적시는 현상이 경감하는 등 작물생리 면에서 바람직하다고 생각하지만 아직 이에 대한 연구검토가 충분하지 않다.

7.4.3 습도환경

증산을 억제하여 수분 스트레스를 회피하기 위하여 미스트를 살포하고, 공기습도를 높이기 위하여 입경이 작은 포그냉방과 같은 장치를 사용한다. 한편 병해의 발생을 억제하려면 환기 혹은 제습기에 의하여 습도를 저하시킨다.

7.4.4 탄산가스

밀폐한 시설에서는 탄산가스 농도가 100 ppm 이하로 저하될 수도 있다. 그래서 LPG를

연소시키거나 혹은 액화탄산가스를 이용하여 시설 내의 탄산가스 농도를 600~
1,200ppm으로 향상시켜서 생육촉진을 도모한다. 다만 온도환경이나 수분 관리를 고려
하지 않으면 과번무(過繁茂)가 된다.

(1) 탄산가스 농도 변화

대기 중의 탄산가스 농도는 대략 0.035%(350ppm)로 동식물의 호흡, 탄소화합물 연소에
의한 증가와 해수, 강우에 의한 흡수, 식물의 광합성에 의한 흡수로 이 농도는 비교적 안정
되어 있다. 최근, 화석연료의 과잉 소비에 의하여 탄산가스 농도가 증가하는 경향이다.

작물이 재배되고 있는 토양에서는 토양미생물의 호흡에 의하여 지면으로부터 탄산가스
가 상시 방출되고 있으며, 그 양은 지온이 높은 계절, 일시에 많아진다. 토양미생물은 퇴
비나 작물의 잔유물을 탄소원으로 호흡하고 있으므로 그 양이 많은 포장에서 탄산가스 발
생량은 많아진다. 또한 시설재배에서는 야간에 작물과 토양미생물의 호흡에 의하여 탄산
가스 농도는 높아지고 있으나(약 600ppm) 일출과 함께 작물의 광합성에 의하여 탄산가스
농도가 저하되기 시작하여, 일출로부터 1시간 정도 지나면 대기 농도 이하로 떨어져(최저
약 100ppm), 환기할 때까지 탄산가스 기아상태에서 생육하게 된다.

(2) 탄산가스 공급방식

탄산가스 공급방식은 액화탄산가스방식과 LPG연소식 있으며 액화탄산가스방식은
2~5개의 액화탄산가스가 충전된 고압 가스병을 집합관으로 병렬적으로 연결하여 압력조
정기, 전자밸브를 통하여 시설 내에 유도하는 방식이 일반적으로 사용되고 있다(그림 7-
19).

LPG연소식은 연료가 연소할 때 발생하는 탄산가스를 이용하는 방식인데, 연탄 등 고체
연료나 석유, 경유, 중유 등의 연료는 연소 시 탄산가스가 발생하지만 일산화탄소, 아황산
가스 등 식물에 유해한 가스가 발생하여 사용할 수 없으므로 LPG연소식을 사용한다. 그
림 7-20은 최근 일본에서 공급하고 있는 LPG 연소식 탄산가스 발생기이다. 이제 단동온
실에도 탄산가스를 공급할 수 있는 기계설비를 개발 공급할 필요가 있다고 생각된다.

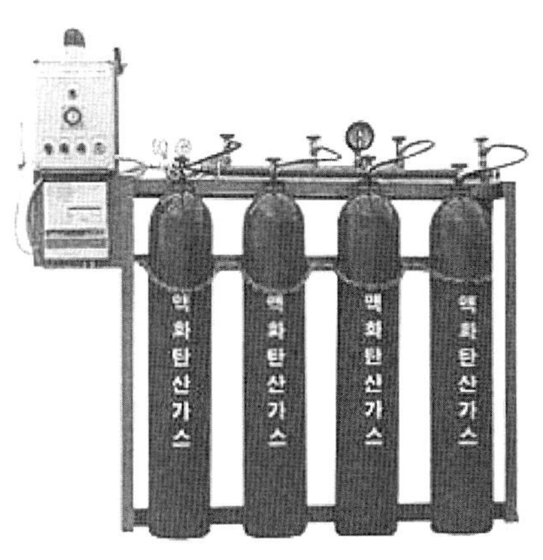

[그림 7-19] 액화 CO_2가스 공급기

[그림 7-20] LP가스 연소식 탄산가스 공급기

한편 탄산가스는 유기물(생볏짚, 톱밥, 왕겨, 퇴비 등)을 통하여도 공급할 수 있다. 이 때 유기물을 사용하여 땅 속에 혼입시키면 질소부족 등 장해를 입는 수가 있으므로 질소비료의 추비 등을 고려하여야 한다.

(3) 적정 탄산가스 농도 제어

생육에 적당한 탄산가스 농도는 작물에 따라 다르지만 일반적으로 공기 중 탄산가스 농도의 3~5배 정도인 1,000~1,500 ppm이라고 알려져 있다.

따라서 탄산가스 농도의 제어는 대기 중의 농도인 300 ppm으로부터 1,500 ppm까지 유효하다고 보면, 센서를 사용하여 온실 내 탄산가스 농도를 측정하여 정밀하게 제어하는 피드백 제어(feed back control)는 필요 없다고 생각되며, 시용하는 탄산가스 양으로부터 적정 농도를 추정하여 제어하는 피드포워드 제어(feed forward control)로서 충분하다고 본다.

다시 말하면 온실 내 공기의 무게(Ga)와 공급하는 탄산가스의 무게(Gc)를 알면 그 비(Gc/Ga)의 100만 배가 ppm으로 표시되는 탄산가스 농도이다. 여기서 시용하는 탄산가스 무게는 액화탄산가스 방식은 직접 무게를 측정할 수 있으며, LPG 연소식은 소비하는 LPG 연료 무게의 3배가 탄산가스 무게로 하면 된다. 또한 온실 내 공기의 무게(Ga)는 다음 식으로 구할 수 있다.

$$Ga = PV/RT \qquad\qquad (7\text{-}4)$$

여기서, Ga = 온실 내 공기 무게(kg)

P_b = 대기압($1.0332 \times 104 kg/m^2$)

V = 온실체적(m^3)

R = 공기의 기체상수($29.27 kg\text{-}m/kg^\circ K$)

T = 온실의 절대온도 $^\circ K$ (섭씨온도 + 273)

300평(1,000m^2) 연동 비닐온실의 평균 높이를 3.3m로 했을 경우를 예로 들면, 체적은 V= 1,000$m^2 \times$3.3m =3,300m^3 이고 온실 내 온도를 20℃라 하면 T=293°K 이다.

따라서 Ga = ($1.0332 \times 10^4 \times 3,300$)/($29.27 \times 293$) = 3,976kg이다.

이상에서 온실에 들어 있는 공기의 무게는 약 4,000kg이다. 여기에 설정 탄산가스 농도를 1,000ppm으로 하면, 사용하여야 할 탄산가스의 무게는 4kg이 된다.

한편 과실이 비대하는 기간의 오이, 토마토 등 과채류의 경우 탄산가스의 소비량은 시간당 3~5kg 정도이다. 따라서 오전 중(태양광이 온실에 들어온 후부터 3시간 정도, 보통 11까지) 1,000ppm의 탄산가스 농도를 유지하려면 해뜨기 30분 전에 공급하기 시작하여 10시까지 시간당 3~5kg을 공급하면 된다. 10시 이후 11시까지는 1,000ppm의 탄산가스를 소비하여 11시에는 약 300ppm이 되고 이후는 환기에 의하여 공기 중의 탄산가스 농도를 유지하면 되는 것이다. 이 때 시용에 오차가 생겨 800ppm이 되었다거나 1,200ppm이 되더라도 재배상에는 문제가 없는 것이다.

또한 엽면에는 수증기층으로 형성된 경계층이 있어 이것이 탄산가스가 기공으로 들어오는 것을 방해하는 역할을 한다. 이 경계층을 가능한 얇게 하면 탄산가스가 기공으로 유입하는 데 저항이 감소되며 이것은 풍속에 따라 달라진다.

7.4.5 창환기 제어알고리즘

환기는 온실 내의 온도가 온실 외의 온도보다 높을 때 온실 내 공기의 상하 온도차 때문에 측창과 천창을 통하여 자연적으로 일어나는 것이다. 따라서 저온의 외기를 창을 통하여

[표 7-4] 창개폐 제어 알고리즘

제어항목	제어기준	제어내용
개폐방향	(T − ST) 〉 1℃	「개」 명령
	(T − ST)〈 −1℃	「폐」 명령
제어주기	(ST − OT)≤0	5 분
	(ST − OT)=0~5℃	6 분
	(ST − OT)=5~10℃	7 분
	(ST − OT)=10~20℃	8 분
	(ST − OT)≥20℃	9 분
1회개폐 동작폭(DW)	(ST − OT)≤0℃	전개(全開)
	(ST − OT)=0~5℃	DW=50cm
	(ST − OT)=5~10℃	DW=30cm
	(ST − OT)=10~20℃	DW=10cm
	(ST − OT)≥20℃	전폐(全閉) 팬환기
개폐순서	(ST − OT)≤0℃	전창 동시
	(ST − OT)=0~5℃	천창풍하 → 천창풍상 →
	(ST − OT)=5~10℃	→ 측창풍하 → 측창풍상
	(ST − OT)=10~20℃	
	(ST − OT)≥20℃	전창 동시
폭우 · 강풍	15 m/sec	전창 폐

고온의 온실 내로 들어오게 하여 실내온도를 설정온도로 제어하는 것이 주된 목적이다.

온실의 환기창 개폐 제어는 설정온도와 온실 내 온도를 기준으로 창개폐 제어를 하고 있으며, 외기온은 고려하지 않는 것이 일반적이다. 특히 비례제어 개념을 도입한 온실에도 산업용 공조시스템의 설정온도와 실내온도 기준의 비례제어 개념을 도입하여 계절별로 또는 수시로 온도가 변하는 외기를 유입하여 온도를 제어하는 창환기에 있어서 부합되지 않는 것이 일반적이다.

여기서는 창환기에 있어서 설정온도와 외기온을 함수로 박규식 등이 개발한 제어주기, 1회 개폐동작폭, 개폐순서 등을 결정하는 알고리즘은 표 7-4와 같다.

① 개폐방향('개', '폐' 명령)

권취형 창개폐기를 여느냐('개' 명령), 닫느냐('폐' 명령)를 정하는 것은 설정온도(ST)와 현재의 온실 내부온도(T)를 비교하여 ±1℃를 기준으로 제어되도록 하였다. 현재의 대부분

창개폐기는 이 기능만을 가진 것이 많다.

② 제어주기 결정

실내온도 및 외기온을 측정하여 창의 '개', '폐' 판별이나 명령을 제어하는 주기를 연중 일정하게 하지 않고 계절별, 시간대별로 차이를 두는 것이 바람직하다. 즉 설정온도와 외기온과의 차이가 큰 겨울에는 개도를 작게 하여 안정온도(평형상태)가 되는 시간이 길어지기 때문에 계측제어주기를 길게 하고, 설정온도와 외기온과의 차이가 작은 여름에는 개도를 크게 하여 안정온도(평형상태)가 되는 시간이 짧기 때문에 계측제어주기를 짧게 하도록 하였다. 여기서 창을 전개하였을 때 실내온도가 안정되는 시간은 전술한 바와 같이 5분 정도 소요되었으며, 창의 개도가 20cm일 때는 실내온도가 안정되는 시간이 9분 정도 소요되는 실험 결과를 배분하여 제어주기를 결정한 것이다.

③ 1회 개폐동작폭(DW) 결정

'개', '폐' 명령에 의하여 창이 개폐되지만 설정온도와 외기온과의 차이에 따라 적정 개도(개폐폭)로 창을 열어 주려면 1회 개폐동작폭을 달리하여야 한다. 즉 설정온도(ST)와 외기온(OT)과의 차이가 큰 겨울에는 1회 개폐동작폭을 작게 하고 설정온도(ST)와 외기온(OT)과의 차이가 작은 여름에는 1회 개폐동작폭을 크게 하여 환기효율과 온도의 급변화에 따른 작물의 피해를 최소화하여야 한다.

이 때 설정온도와 외기온과의 차(ST − OT)를 몇 단계로 나누어 단계적 비례제어를 적용하는 것이 장치비용 면에서 유리하므로 본 알고리즘에서는 5단계를 취하였다. 이 부분은 앞으로 실용화연구 등 좀 더 연구가 추진되어야 할 것으로 사료된다. 여기서 (ST − OT)의 값이 20℃(ST = 20℃, OT = 0℃ 이하) 이상이면 추운 겨울로서 창환기는 작물에 피해를 줄 수 있으므로 창은 완전히 닫고 팬환기를 하도록 하고, (ST − OT)의 값이 0℃(ST = 20℃, OT = 20℃ 이상) 이하이면 외기가 설정온도보다 높은 상태이므로 전창을 최대폭으로 열도록 하였으며, 그 사이에는 3단계의 비례제어를 적용하도록 하였다.

④ 개폐순서

창의 개폐순서는 4개 그룹, 즉 천창풍하(Rdw), 천창풍상(Ruw), 측창풍하(Sdw), 측창풍상(Suw)으로 구분하여 천창풍하(Rdw)→ 천창풍상(Ruw)→ 측창풍하(Sdw) →측창풍상(Suw)의 순으로 '개' 명령 순서를 적용하며, '폐' 명령 순서는 이의 역순으로 하였다.

여기서 풍상은 온실의 지붕선을 기준으로 바람부는 쪽을 가리키며, 풍하는 온실의 지붕선을 기준으로 바람 반대쪽을 가리킨다.

⑤ 강우 · 강풍의 대비

강우 시에 천창이 열려 있을 때는 시설 내에 비가 들어와 작물에 피해를 줄 수 있으므로 일시적으로 천창을 전폐에 가깝게 닫아 비가 그치면 천창을 열어 주도록 하고, 또한 강풍(15m/s 기준) 시에는 바람에 의하여 천창이 파손되거나 작물이 피해를 입을 수 있으므로 일시적으로 창을 닫아 주도록 구성하였다. 여기서 강우의 판별이나 강풍을 판별하는 단순한 센서의 개발이 인정되었다.

7.4.6 복합환경 제어

(1) 목적

마이크로컴퓨터를 사용한 온실의 복합환경 제어장치의 목적으로는 다음과 같은 항목으로 정리할 수 있다.

- **생산증대** : 적정 환경에 의한 식물의 생장촉진, 품질향상, 균일화.
- **생에너지** : 보온커튼, 난방장치 등 기기를 합리적으로 운용하는 것에 의한 운전경비의 절감.
- **생 력 화** : 자동화에 의한 노동력의 절감이나 규모의 확대, 심리적 부담의 경감, 야간이나 이른 아침의 무인운전, 일상노동의 질 향상.
- **위험예방** : 강풍 · 강우 시의 환기창의 긴급처리, 제어기기나 센서의 고장 발견, 이상사태의 통보.
- **데이터의 수집 · 해석** : 축적 데이터에 의한 재배방법의 검토 및 전망.

(2) 기능과 구성

온실 제어장치의 주 기능으로서는 온도나 일사 등 센서로부터의 정보, 재배를 위한 목

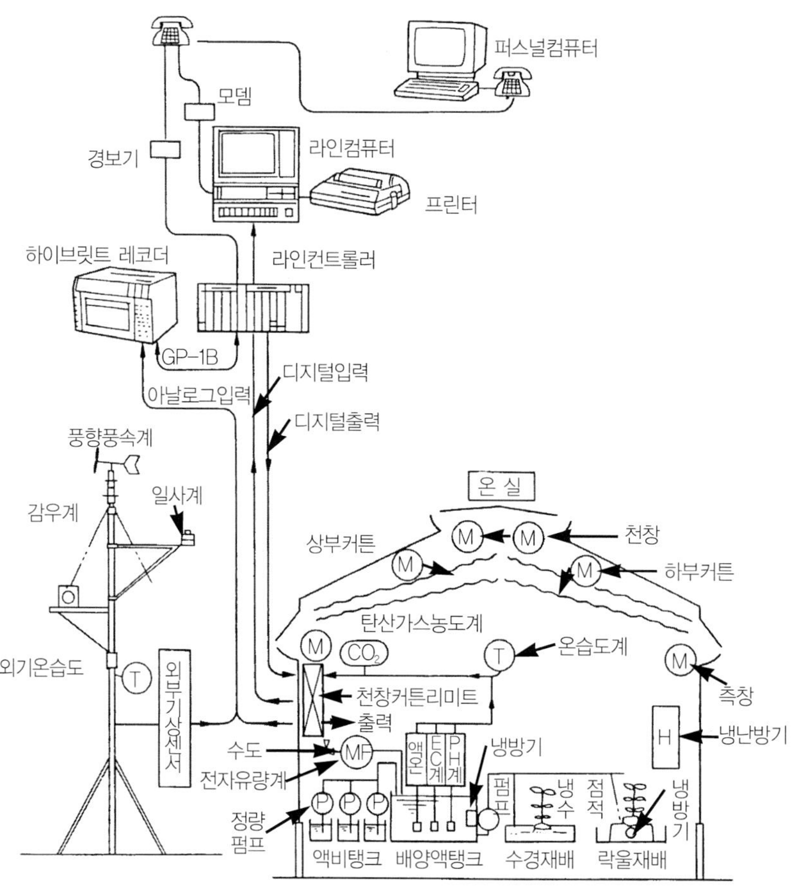

[**그림 7-21**] 온실환경 제어시스템의 구성 예

※자료 : 竹園 尊. 1996. 生物生産機械ハンドブック.

표설정 정보 및 이것들을 기초로 한 시설의 난방이나 환기 등의 제어와 환경상태 등의 정보가 표시된다. 가장 간이한 장치의 경우에도 환기, 난방, 보온커튼의 제어가 구비되어 있으며, 이 외에도 탄산가스 사용, 차광, 포그 냉방 및 양수분공급 등이 있다.

온실제어장치는 온실 1동만을 제어하는 단동 제어형과 다수의 온실을 일괄하여 제어하는 다동 제어형이 있다. 단동 제어형은 보통 온실 내에 설치하며, 다동 제어형은 여러 동을 일괄하여 관리하므로 컴퓨터의 능력과 연속 운전에 대한 신뢰성이 요구된다.

또한, 단동 제어형을 각 온실에 배치하고 다른 마이크로컴퓨터로 각동의 제어장치를 집중 관리하는 방식(집중관리 분산배치형)도 있다. 프린터나 디스플레이장치, 기억장치 등의 장치는 공통으로 사용하는 것이 경비 면에서도 유리하다. 또한, 각 제어장치의 역할을 명확히 분담하는 것이 장치나 설계나 취급이 용이해진다는 것은 말할 필요도 없다.

그림 7-21은 환경제어나 수경재배의 제어를 포함한 시스템의 예를 나타낸 것이다. 이것은 상당히 고도화된 예이지만 가장 간단한 장치는 온실 내에 설치된 본체, 거기에 센서로서는 외부의 일사계와 온도계뿐이다. 요컨대, 재배에 필요한 것을 구비한 것이다.

(3) 제어방법

① 난방 제어

일반적으로 'on/off' 제어방식이 도입되고 있지만, 난방부하가 작을 때에 제어의 오버슈트(over shoot)가 커지기 쉬우므로 동작 폭을 작게 하는 편이 낫다. 비례적분제어(PI제어)도 유효한 수단이며, 소프트웨어에 도입되어 있는 장치도 있다.

온수장치에 있어서는 보일러 제어를 하여야 한다. 이 때 난방부하에 따라서 온수의 온도를 조절할 수 있으면 높은 정밀도의 제어가 가능하다.

② 환기 제어

환기창의 개폐는 주로 실내온도를 환기온도로 유지하는 것이 목적이다. 다만 환기를 함으로써 습도나 탄산가스 농도가 변화하므로 주의가 필요하다. 온도 제어방법은 비례적분제어로 하는 것이 바람직하다. 외기온이 낮을 때에는 적은 양의 환기 양이라도 실내기온은 크게 변화된다. 그 때문에 계절마다 제어정수를 조정하거나 자동적으로 일사나 내외기 온차로부터 판단하는 기능이 필요하다.

강풍 시에는 온실의 파괴를 막기 위하여 모든 환기창을 닫는다. 풍향센서가 있는 경우에는 풍속에 따라서 풍상측(바람이 불어오는 쪽)만 환기창을 닫아 두고, 풍하측 환기창만으로 환경조절을 한다. 강우 시에는 비가 들어오지 않을 정도로 천장을 닫는다.

환기에 의한 제습제어는 외기의 절대습도가 목표로 하는 절대습도보다 낮으면 원리적으로는 가능하다. 환기를 하면 반드시 온도가 저하된다. 환기온도와 난방온도를 잘 설정함으로써 제습을 할 수 있지만 필요 이상으로 창이 열려서 난방이 과잉으로 작용할 가능성이 있다. 따라서 습도를 지표로 한 환기창 제어를 하는 것이 바람직하다. 이 때의 습도

센서는 고습도 영역에서의 정밀도와 안정이 요구된다. 환기제어 기기로서 환기팬도 사용되는 수가 많다. 이 경우는 보통 'on/off' 제어로 행한다.

③ 커튼 제어

보온을 위한 커튼 제어는 다음 요인으로 제어한다. 즉 일사, 온도, 시간 등이다. 커튼 제어의 목적은 보온이므로 온실의 열수지를 연산하여 개폐의 판단을 내리는 것이 합리적이다. 그러나 열수지를 판단기준으로 할 때에 있어서도 식물의 일조시간의 확보나 습도 문제와 모순되지 않도록 제어하지 않으면 안 된다.

커튼의 재질에 따라 개폐의 설계가 다르다. 반사성의 불투명 필름은 일사에 의한 제어의 중요도를 강하게 하고 투명 필름은 열수지를 중시한다.

커튼 제어도 환기 제어나 난방 제어와 깊은 관계를 가지고 있다. 예를 들면 환기창이 열리고 커튼이 닫혀 있는 일은 없다. 또 일몰 후 난방장치가 작동하기 이전에 열수지의 조건에 의하여 커튼이 닫히는 것이 생에너지가 된다. 즉 환기 제어나 난방 제어와 연동한 제어가 이루어지지 않으면 재배자의 의도와는 다른 동작이 될 경우가 있다.

7.4.7 환경 제어용 센서

시설 내 환경을 제어하기 위하여 최근에는 환경요인뿐만 아니라 식물체 온도, 증산, 광합성 활성, 생육상황 등 생체정보를 취득하여 이를 이용한 환경 제어를 시도하고 있다. 생산현장이나 연구기관에서 비교적 많이 사용되고 있는 환경 제어센서에 대해 설명하도록 한다.

① 일사(광)센서

이것은 방사량을 열량으로 검출하는 열형, 광량자를 전기량으로 변환하는 양자형으로 나눌 수 있다. 열형은 표준 일사계로서 사용되지만, 고가이므로 제어용에는 양자형인 태양전지를 이용한 간이일사계(파장역이 근적외역 부근까지)를 많이 사용한다. 광량자 센서는 광합성에 유효한 400~700nm의 파장역의 광량자(광합성 유효광량자속 밀도)를 측정하는 센서이다.

② 온도센서

환경 제어에 사용되는 대표적인 온도센서는 열전대, 백금측온저항체 및 서미스터(thermistor)이다. 열전대는 제백효과를 이용한 것으로 기온뿐만 아니라 지온이나 엽온용 센서로 이용한다. 백금측온저항체는 고정밀도를 필요로 하는 측정에 적합하다. 서미스터는 저렴하지만 호환성에 문제가 있다.

③ 습도센서

습도센서에는 건습구온도나 노점온도를 측정하는 것, 반도체(세라믹, 서미스터)나 유기고분자를 이용하며, 상대습도나 절대습도를 직접 읽을 수 있는 것이 있다. 통풍 건습구습도계는 온도센서의 감온부를 상시 습기찬 상태로 3m/s 이상으로 통풍하여 비교적 정밀도가 좋다. 노점온도계 중에 환경 제어에 사용되는 것은 염화리튬 노점계이다. 고분자막, 세라믹, 서미스터 등 새로운 소재를 이용한 습도센서는 소형으로 비교적 보수가 용이하지만 정밀도에 약간 문제가 있어 비교적 정밀도가 좋은 아스맨 통풍건습구온도계로 가끔 켈리브레이션하는 것이 바람직하다.

④ 풍향 · 풍속센서

강풍 시에 시설보호를 위하여 환기창의 열기동작을 제한하는 등에 사용한다.

⑤ 강우센서

감우센서로 강우의 유무를 파악하여 천창의 개도를 조절한다.

⑥ 탄산가스센서

공기 중의 이산화탄소 농도를 측정하는 데 사용할 수 있는 센서로 이산화탄소 농도에 따라 적외선의 흡수율이 다른 것을 이용한 것이다. 대기 중 수분함량이 측정에 영향을 주므로 측정공기를 제습하는 것이 바람직하다.

⑦ 토양수분센서

토양수분의 측정에는 여러 가지 방법이 사용되지만 각각 이점과 결점이 있다. 압력센서를 이용한 텐시오미터는 제어센서로서 사용하기 쉬우며 전기저항법은 텐시오미터에 비하여 적은 수분 영역의 측정에 적합하다. 열전도율법은 열전도율과 수분량과의 사이에 상관관계가 있는 것을 이용한 것으로, 열전도율을 히트프로브라고 하는 전용 센서로 측정함으로써 함수율, 함수비를 구한다. 토양수분은 물 포텐셜로 측정하는 것이 바람직하다고 하지만 토양용 사이크로미터는 고가여서 제어센서로서의 실용성은 낮다.

⑧ 염류농도 · pH센서

수경재배의 배양액 관리에는 전기전도도(EC)계와 pH계가 사용된다. 그러나 작물의 종류나 재배 관리에 따라 배양액의 조성이나 농도는 변화하므로 개개의 이온 농도를 연속적으로 파악하는 것 같은 센서의 개발이나 해석기법의 확립이 기대된다.

⑨ 생체정보센서

생체의 반응을 계측 평가하면서 제어할 수 있으므로 이후로의 발전이 기대되고 있다. 증산류센서(stem flow gauge)에는 히트펄스법과 줄기열수지법의 2종류가 대표적이며, 경경 · 과경 · 신장 등의 변위측정에는 작동 트랜스, 스트레인 게이지, 레이저 변위계, 비디오카메라 등이 사용된다. 증산류나 변위정보는 일사, 습도, 토양수분 등과의 관계를 해석함으로써 물 스트레스 정도를 파악할 수 있다. 화상계측은 각종 생체정보를 비파괴로 파악할 수 있으며 작물의 생육상태, 병충해, 생리장해 등의 진단해석에 도움이 된다고 기대된다.

7.4.8 생육 제어

생육 제어는 다수확 혹은 고품질인 수확을 기대할 수 있는 적정 환경으로 제어할 때에 중요시 된다. 적정 환경은 재배 매뉴얼로 지침이 제시되어 있을 정도로, 재배자의 경험에 의존하고 있다. 현재의 환경 제어장치는 작물로부터 생육상태를 피드백하는 수단을 가지지 않기 때문에 재배자가 관찰 혹은 기존의 지식으로부터 판단하여 목적으로 하는 환경정보를 적정 환경이라고 하고 있다. 이것들의 판단에는 객관성이 적고 제3자에의 계승은 불가능할 경우가 많으며 많은 경험이 필요하다. 이러한 문제를 해결하기 위하여 정보처리 면에서 환경 제어의 연구가 행하여지고 있다. 그림 7-22는 그 개념도를 나타낸 것이다.

지금까지 환경 제어는 재배자가 작물을 관찰 혹은 기존의 지식으로부터 판단하여 온도나 습도, 토양수분 등 환경 목표치를 설정한다. 즉 재배자는 생육상태를 파악하고 목표환경 A를 결정하는 두 가지 판단을 행하지만, 적정 환경의 설정에는 양자 혹은 한쪽의 자동제어를 행하는 방식을 채용한다. 다음에서 그 예를 들어본다.

① 작물모델을 이용한 피드포워드 제어(feed forward control)

생육상태의 판단을 재배자의 판단에 맡기고 목표치만을 기계적으로 결정하여 제어하는 방법이다. 간단한 예로서는 락울재배 등 관수제어에 이용되고 있다.

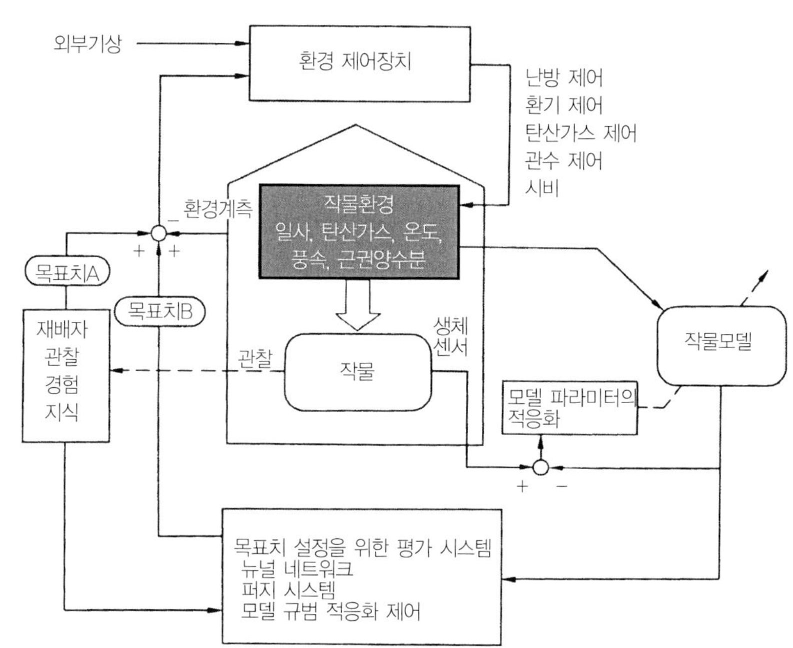

[그림 7-22] 환경조절에 있어서 생육 제어시스템

※자료 : 竹園 尊. 1996. 生物生産機械ハンドブック.

② 뉴로컴퓨터(neuro-computer)를 사용한 관리

재배자 관리 순서를 학습시켜 기본관리 목표와 환경조건으로부터 컴퓨터 연산에 의하여 목표치B(관수량 등)를 결정하여 고당도 토마토를 재배하려고 하는 토마토생육 제어의 예가 있다.

③ 기타

퍼지 제어(fuzzy control)에 의한 수경재배 실험 등이 행하여지고 있다. 이 경우도 생육 정보를 입수하는 수단으로 재배자를 개입시킨 판단정보가 기본이 되지만 목표치의 결정이 기계적으로 된다.

7.4.9 지역 네트워크

시설재배의 품질향상과 생력화를 목표로 하기 위하여 온실 내의 온도·습도 데이터나 작물의 생육 상황을 항상 모니터링하거나 보일러나 환기팬을 원격 조작함으로써 떨어져 있는 온실까지 자주 왕복할 필요가 없으며 자동 기상관측장치에 의하여 축적된 기상 데이터를 분석하여 생산예측도 가능한 등의 기능을 가진 시스템의 구축이 검토되고 있다.

① 네트워크

퍼스널 컴퓨터나 워크스테이션(work station)을 네트워크를 통하여 접속하는 것으로 고속의 데이터 전송이나 데이터베이스를 공유하는 등, 설비나 정보자원의 공유가 가능해지며, 단체(單體) 컴퓨터에서는 할 수 없는 기능을 가진 시스템이 실현된다. 재배계획이나 시장출하계획 등에 유효하다.

② 지역 기상정보

지역에 밀착된 상세한 기상정보를 실시간(real time)으로 파악할 필요가 있다. 이것 때문에 각 지역별로 기상정보의 네트워크를 묶어 데이터베이스를 작성하여 일괄 관리하는 새로운 지역 기상정보로 활용함으로써 병충해 발생 예찰, 수량 예측 등에 이용이 고려되고

있다.

③ 리모트 메인트넌스 시스템

원격지에서 온실 내에의 작물관리 및 온실의 보수 관리에 KT 회선을 이용하여 생력화하는 리모트 메인트넌스 시스템(remote maintenance system)의 구축이 기대되고 있다. 그림 7-23은 그 예를 나타낸 것이다. 또한, 원격지에서 생육진단에의 이용도 시도되고 있다.

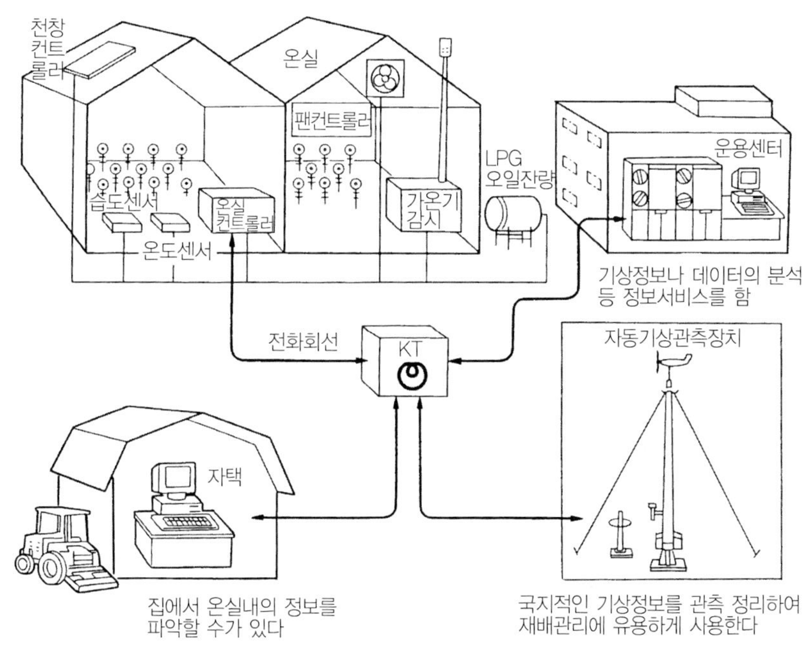

[그림 7-23] 리모트 메인트넌스 시스템의 예

※자료 : 竹園 尊. 1996. 生物生産機械ハンドブック.

④ 멀티미디어 통신

멀티미디어 통신(multi-media communication)은 퍼스널 컴퓨터 네트워크 보급 후의 발전으로서 기대된다. 멀티미디어는 오디오비주얼(audiovisual)(AV)의 정보를 영화나 TV와 같이 한 방향으로만 흐르는 것이 아니라 쌍방향 대화형으로 처리하는 것으로 개인의 경험이나 감에 의한 정보를 복수의 사람으로 화상정보로서 공유할 수 있다. 진단기술로서 유효하다.

7.5 식물공장

7.5.1 장치의 분류

채소 등 식물을 공장적으로 생산하는 시설을 식물공장(plant factory)이라고 한다. 식물공장에 있어서는 식물을 집약적이고 동시에 연속적으로 생산하기 위하여 각종 기계설비가 사용된다. 표 7-5는 이것들을 용도별로 분류한 것이다. 채소생산에 있어서 이용되는 기계설비는 환경 제어시스템, 작업기계, 생산지원시스템으로 분류할 수 있다.

[표 7-5] 식물공장에 있어서 주요 생산기기장치의 분류

분류	목적	기계 · 장치의 예
환경 제어	지상부 환경 제어	복합환경 제어장치
	지하부 환경 제어	수경재배장치
	저장 환경 제어	냉장장치
작업기계	파종, 정식	파종기, 정식기
	식물이동	식물운반기, 밀도조정기
	재배 관리	식물감시기, 정자기
	수확	수확기, 정자조제기, 포장기
	재배준비, 철수	재배기구 설치기, 재배기구 철거기, 재배기구 세척기
생산지원	생산 관리	생산계획지원시스템, 작업 관리시스템
	이상회피	기기이상 응급처치시스템, 식물병해 진단시스템

(1) 환경 제어방식

식물공장에서는 식물체의 지상부 및 지하부의 환경을 컴퓨터를 사용하여 보다 정밀하게 제어한다. 특히 광환경 제어방법에 따라 인공광만을 사용하는 완전제어형(full control type)과 자연광을 병용하는 자연광병용형(greenhouse type)의 2가지로 분류할 수 있다. 지하부의 환경 제어는 수경재배장치로 하는 것이 많다. 배양액의 공급에는 분무식 강제순환식 등의 방식이 사용된다.

(2) 작업기계

생산규모의 확대 및 노동력의 경감을 위하여 작업의 기계화 및 자동화가 필요하다. 식물공장에서는 각종 작업의 기계화가 시도되고 있지만 또 시작 단계에 머무르고 있다. 이것은 식물공장 자체가 연구개발의 도상에 있어 그 재배방법이나 재배기구의 규격화가 아직 이루어지지 않았기 때문이다.

① 파종, 정식

식물공장에서는 수경재배를 하고 식물지지재로서 우레탄 스폰지를 사용하는 것이 많다. 따라서 토양에 파종하는 지금까지의 파종기 대신 정해진 입수의 코팅종자를 수분을 함유된 우레탄 스폰지 칼집에 정확한 깊이로 메워 넣는 기능을 가진 새로운 파종기가 필요하다. 지금까지 몇 종류의 식물공장의 대상 파종기가 시작되어 있다.

주요 문제점으로서는 물에 젖은 종자가 기계에 부착하거나 우레탄 스폰지 칼집에 정확한 위치 결정, 가공상 완전히 잘라지지 않은 칼집에 종자를 압입하는 방법, 작업속도 등을 들 수 있다. 한편, 모종을 이식하는 이식기(planting machine)로는 수경재배베드에 모종을 삽입하는 장치가 시작되어 있다.

② 식물이동

식물공장에 있어서 생산비를 경감하려면, 한정된 면적에 될 수 있는 한 많은 포기 수를 수용할 필요가 있다. 그래서 식물이 생장함에 따라 주간조정(spacing)을 하는 방식이 있다. 예를 들면 양상추의 경우 생육기간에 2회의 주간조정을 함으로써 행하지 않은 경우에 비하여 같은 재배면적으로 약 1.8배의 포기 수를 수용할 수 있게 된다. 주간조정에는 1방향만으로 벌리는 일차원방식과 종횡 양쪽으로 벌리는 2차원방식이 있으며 또한 주간조절을 무단계(연속적)로 할 수 있는 것도 있다.

또한, 식물공장에서는 연속생산을 하므로 파종에서 수확까지 모든 스테이지의 식물이 항상 존재한다. 또한 시설면적을 유효하게 사용하기 위하여 재배 스페이스에 통로가 없으므로 파종이나 수확 등 작업이 생기는 장소까지 작업 대상의 식물을 매일 이동시킨다. 식물이동기, 주간조정기로서 기어를 채용한 것, 후크(hook)와 캐리어에 의한 것, 트레이 단위로 이동하는 것, 수경재배베드를 이동하는 것, 재배 가대의 압송으로 행거를 조합시킨 것, 크레인에 의한 것 등이 개발되어 있다.

③ 재배 관리

현재의 식물공장은 엽채류를 생산하는 것이 중심이지만 앞으로 과채류나 화훼류 등 재배기간이 길고 자제와 모양이 필요한 품목을 생산할 경우에는 식물의 생육상태를 감시하기 위한 감시기, 유인 전정하기 위한 처리기의 도입이 필요해졌다. 엽채류에 있어서도 양상추의 생육상태를 화상으로 감시하는 장치가 시작되어 있다.

④ 수확

출하 · 조제에 관한 작업시간이 큰 비율을 차지하고 있지만, 식물공장용 자동기계의 개발은 그다지 진전되지 않고 있다. 그 중에서 양상추의 수확에서 포장까지 연속하여 자동적으로 행하는 기계가 개발되어 이후가 기대되고 있다. 식물체의 지상부 전체를 출하할 수 있는 엽채류의 수확에서는 수확 후의 처리(외엽의 정리) 및 각각의 포기를 조합시켜서 일정 이상의 중량으로 하는 조제 · 결속 작업까지의 완전자동화가 아직 달성되지 않고 있다.

⑤ 생산 준비 · 철수

수확을 종료한 후의 수경재배패널 등의 재배기구에는 식물잔여물이나 이끼류가 부착되고 있는 경우가 많으므로 세척 및 살균 작업이 필요하다. 물과 브러시를 사용한 세척기가 수경재배용으로 시판되고 있다. 또한 수확 후의 재배기구의 철수작업이나 청소를 끝낸 재배기구 설치작업의 기계화도 필요하다.

(3) 생산지원시스템

식물공장에서는 구체적인 생산계획의 입안이나 작업공정의 관리가 가능하여 이것들을 실시하는 것은 코스트 퍼포먼스(cost performance)의 향상에 반드시 필요하다. 또한, 식물공장 내의 기기 · 장치의 이상동작이나 고장에 따른 경제적 손해도 커질 위험성이 있어서 컴퓨터를 채용한 공정관리시스템이나 긴급조작시스템 등 생산지원시스템의 연구도 발전되고 있다. 지금까지, 작업 관리시스템이나 기기이상 시의 응급처치 엑스퍼트(expert)시스템 등도 시도되고 있다.

연 습 문 제

7-1 공정육묘에 사용되는 파종기를 들고 파종원리를 설명하시오.

7-2 기계적 접목에 적용할 수 있는 접목방법을 들고 특징을 설명하시오.

7-3 관수량 제어방법을 들고 설명하시오.

7-4 대표적인 수경재배장치를 들고 특징을 설명하시오.

7-5 온실의 증발냉방방법을 들고 설명하시오.

7-6 시설재배에서 탄산가스 농도 제어방법을 설명하시오.

7-7 식물공장에서의 작업자동화를 위한 기계를 들고 설명하시오.

참고문헌

이기명. 1998. "시설원예 기계 및 설비". **농업기계핸드북** 문운당.

박규식, 이기명. 1997. 환기창자동제어용 제어 알고리즘 개발. **한국생물생산환경시설환경학회** 6(4). 242~249.

竹園 尊. 1996. 施設栽培. **生物生産機械ハンドブック**. 日本農業機械學會.

板木利隆. 1994. **養液栽培の實用技術**. 農業電化協會.

關山哲雄. 2005. **施設園藝の環境調節と省エネ技術**. 農林通計協會.

日本施設園藝協會. 1997. **最新施設園藝の環境調節技術**. 誠文堂新光社.

Bio-production Machinery Engineering

Chapter **08** 동물자원생산용 기계 – 목초 수확기

01 사료작물의 수확작업체계

02 목초 예취기

03 목초 수확기

04 헤이 컨디셔너, 모워 컨디셔너

05 집초 및 건조촉진 기계

06 헤이 베일러

07 목초 운반기계

08 동물자원생산용 기계
– 목초 수확기

8.1 사료작물의 수확작업체계

초지에서 생산된 목초는 곡물을 주 원료로 가공된 농후사료와 함께 가축생산에 필요한 조사료로 사용된다. 우리나라에서 재배되는 목초 등의 사료작물로는 옥수수, 수단 그래스, 호밀, 이탈리안 라이그래스 등이 있고, 다년생 목초로는 오처드 그래스, 톨페스큐 등이 있다.

목초는 초식동물인 유우, 비육우 등의 반추위(되새김) 동물에 필수적인 사료로서 여름의 일정 기간은 청초(green grass)에 의존하지만 연중 대부분은 저장된 사료를 가축에게 급여한다. 일찍부터 사용된 목초의 저장방법은 수확된 목초의 영양분을 최대한으로 유지할 수 있는 사일로저장법으로 목초 수확과정과 저장 중에 날씨 변화의 영향을 적게 받아 널리 사용된다. 그러나 가축의 생물학적 특성으로 사일로저장 목초와 동시에 건초 등이 급여되고 있다.

건초는 천일건조된 목초를 퇴적, 베일 혹은 펠릿 등으로 압축하여 수확되므로 영양분을 오래 보존할 수 있을 뿐만 아니라 운송, 저장 및 급여에 용이하다. 그러나 건초의 영양분 손실은 건조속도에 반비례하므로 건초생산 시 목초로부터 수분을 가능한 한 빠른 속도로 제거하기 위하여 압쇄(crushing), 반전(tedding), 인공건조 등의 방법이 사용된다. 그림 8-1은 건초 및 사일리지 수확작업체계 중 대표적인 방법을 나타낸 것이다.

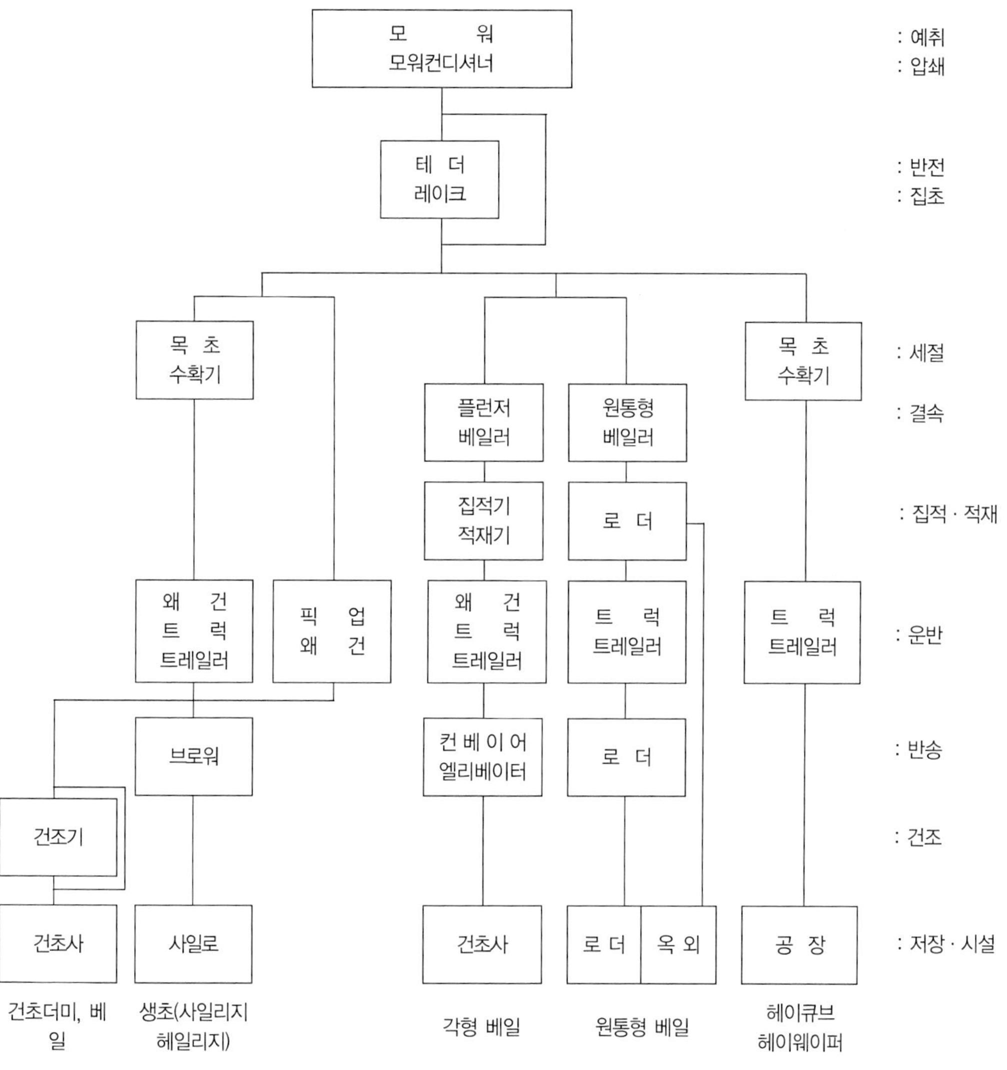

[그림 8-1] 목초의 수확작업체계

8.1.1 건초의 수확작업체계

건초는 예취된 후 안전저장 함수율인 18%(wb) 이하로 초지에서 건조되어 건초더미 (ricks), 베일(bale) 등의 방법으로 수확된다. 수확작업체계는 초지건조와 인공건조방법이 있다. 초지건조에 의한 건초의 생산과정에는 ① 예취 혹은 예취와 동시에 압쇄, ② 40~50%(wb)의 함수율까지 초지건조, ③ 초지건조의 촉진을 위한 반전(tedding), ④ 집초열(windrows)을 형성하기 위한 집초(raking), ⑤ 건초더미, 베일을 형성하는 작업 등이 있다. 인공건조는 주로 습도가 높은 지역에서 사용되며 대표적인 방법은 예취 후 압쇄된 목초를 운반차량으로 이송하여 건조기에서 강제 송풍방식으로 건조하거나, 예취된 목초로 베일을 형성하여 이송한 후 건조기에서 건조하는 방법이다. 또한 수분이 40%(wb) 정도로 초지에서 건조한 후 공장 등에서 고온으로 급속 건조시켜 헤이 큐브(hay cube)와 헤이 웨이퍼(hay wafer) 등으로 성형하는 방법도 있다.

8.1.2 사일리지 수확작업체계

건조되지 않은 목초를 가축에 급여하기 위하여 사일리지(silage) 혹은 헤일리지(haylage)로 조제하여 사일로에 저장한다. 사일리지는 목초를 초지에서 예취·세절한 후 사일로에서 밀폐하여 젖산발효시킨 것으로 저장성 및 기호성이 증진된 사료이나 수분 과다인 경우 양질의 사일리지를 생산하는 데 문제점이 발생하기도 한다. 헤일리지는 초지에서 함수율을 40~60%(wb)까지 건조시킨 후 세절하여 사일로에서 발효시킨 사료로서 작업 과정이 늘어나고 기후 등의 영향을 받기 쉬우나 저장목초의 함수율이 낮아 양질의 사일리지를 유지할 수 있다. 사일로는 수직과 수평 사일로로 구분된다. 수직사일로는(그림 8-2) 저장 손실이 적고 자동급여가 가능하며 부가적인 압착작업이 필요하지 않다는 장점이 있으며, 종

[그림 8-2] 수직사일로

[그림 8-3] 수평사일로(벙커사일로)

류로는 기밀사일로, 보통사일로 등이 있다. 수평사일로는(그림 8-3) 상대적으로 시설비가 저렴하고 운반 및 충전작업에 특별한 시설이 필요 없다는 장점이 있으며, 종류로는 벙커 (bunker)사일로, 트렌치(trench)사일로, 스택(stack)사일로 등이 있다.

8.2 목초 예취기

목초 예취기는 모워(mower)라고 불리며 주로 전단 및 타격에 의하여 포장에서 목초를 절단 분쇄하는 기능을 갖는다. 예취방법에 따라 분류하면 전단에 의한 커터바 모워(cutter bar mower)와 타격에 의한 로터리 모워(rotary mower), 디스크 모워(disk mower) 및 플레 일 모워(flail mower)가 있다.

8.2.1 커터바 모워

커터바 모워 또는 왕복식 모워(reciprocating mower)라고도 하며, 곡물 수확기나 목초 수확기 등의 농업기계 예취부에 널리 쓰인다. 목초 예취에는 트랙터의 3점 히치에 부착된 커터바 모워가 주로 사용되며 반장착식(semi-mounted), 중간장착식(side-mounted), 견인 식(trail-type) 등이 있다. 예취폭은 동력경운기용의 0.9 m에서부터 대형 트랙터용의 2.7 m까지 매우 다양하다. 커터바는 모워의 핵심 부분으로 기본적인 구성요소들은 그림

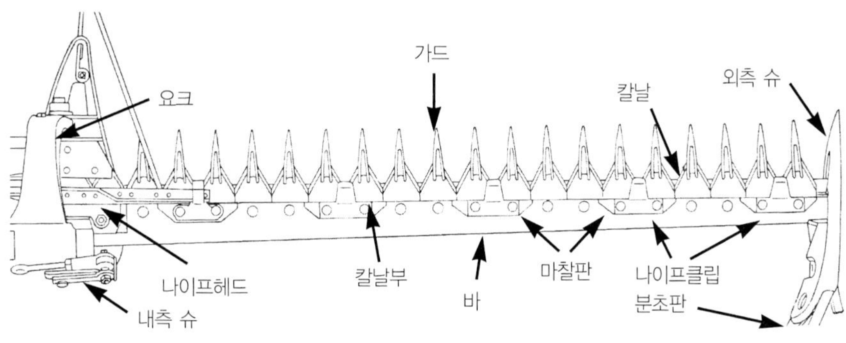

[그림 8-4] 커터바 모워의 구조

8-4와 그림 8-5에 표시되어 있다.

① 칼날부

절단은 칼날부(knife assebly)
와 가드 사이에서 이루어진다.
칼날부는 구동부와 칼날을 연결
하는 나이프헤드, 칼날이 부착된
나이프바(knife bar), 목초를 자
르는 칼날로 구성된다. 칼날은 3
각형의 두 변에 평활형 또는 톱
날형의 날끝을 갖는다.

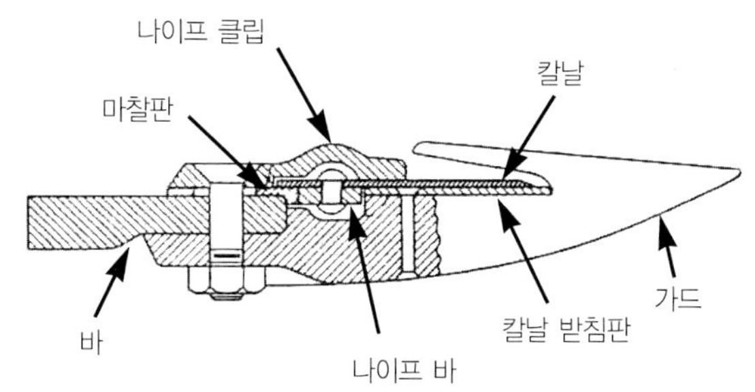

[**그림 8-5**] 커터 바 모워 칼날부의 측면조

② 가드

가드(guard)는 칼날을 보호하며 칼날 받침판을 고정하여 목초의 분리 및 절단을 용이하
게 한다.

③ 바

바(bar)는 칼날부, 가드 및 슈 등을 부착하는 평강봉이다.

④ 슈

커터바가 지면과 일정 간격을 유지하면서 지면 위로 미끄러지게 하는 내측 슈(shoes)와
외측 슈가 있으며 외측 슈에는 분초판이 부착되어 있다.

⑤ 분초판

분초판(grass board)은 예취된 목초를 안쪽으로 모으면서 쓰러뜨려 다음 번의 트랙터 통
로 및 슈의 활주로를 만든다.

⑥ 나이프 클립

나이프 클립(knife clip)은 절단을 용이하게 하기 위하여 칼날을 칼날 받침판으로 밀어붙여 두 칼날 사이의 간격을 적당하게 유지한다.

⑦ 마찰판

마찰판(wear plate)은 칼날의 왕복운동으로 인한 바의 마모를 방지하기 위하여 칼날의 뒷부분이 접촉하도록 나이프 클립 아래에 설치된다. 칼날의 위치를 조정하며 판의 마모 시 교체가 가능하다.

트랙터에 부착된 커터바 모워는 동력취출장치의 회전운동을 선형의 칼날운동으로 변환하여 작동된다. 일반적으로 크랭크축과 피트먼(pitman)을 사용하지만 진동이 심하여 작업 속도는 1.9m/sec로 한정되어 있다. 최근에는 고속 회전할 때의 진동을 줄일 수 있도록 개선된 피트먼레스 모워(pitmanless mower) 등이 있다.

커터바 모워는 작업능률을 높이고 안전을 고려하여 작업 전에 몇 가지 조정작업이 필요한데, 커터바 모워의 예취과정에서 바가 뒤로 밀리므로 커터바의 외측 끝을 내측 끝단보다 1/50 정도 전진시키는 커터바 리드조절, 예취높이에 따라 내·외측 슈의 상·하 조절, 포장조건에 따라 지면에 대한 커터바의 수평 기울기 조절, 커터바가 나무 뿌리나 큰 돌 등에 부딪쳤을 때 뒤로 젖혀지는 안전장치의 조절, 칼날이 왕복운동의 결과 양 끝에 위치할 때 칼날 받침판의 중심선으로부터 같은 거리에 있도록 하는 칼날의 위치조절 등이 있다.

8.2.2 로터리 모워

로터리 모워(그림 8-6)는 지면과 평행하게 회전하는 하나 또는 다수의 칼날이 목초를 타격하여 예취하며 작업폭은 1.0~2.1m이다. 칼날은 지면에 수직한 힌지 축에 부착되며 장애물이 걸릴 때에 뒤로 이동되는 안전장치가 있으나,

[그림 8-6] 로터리 모워

일반적으로 예취 과정에서 돌 등이 커터 밑으로 방출되는 위험성이 있다. 예취와 동시에 목초를 파쇄하는 특성이 있어서 건초 수확에는 많이 쓰이지 않으나 예취된 목초를 파쇄한 후 초지에서 집초열을 형성하는 데 쓰인다.

8.2.3 디스크 모워

커터바 모워는 각 부 조절이 적정하지 못할 때 칼날 사이에 목초가 끼고 나이프 마모가 생기는 등의 문제점이 있으나 디스크 모워는 칼날의 절단속도가 70m/sec 이상으로 매우 빠르며 타격에 의하여 절단이 이루어지므로 작업능률과 안정성이 높아 최근 급속히 보급되고 있다. 그림 8-7과 같이 디스크 모

[그림 8-7] 디스크 모워

워는 자유롭게 회전할 수 있는 칼날들이 달려 있는 디스크가 회전할 때 칼날들이 원심력에 의하여 목초를 타격하여 예취하며, 돌과 같은 장애물에 닿으면 칼날이 역회전하여 칼날이 보호된다. 디스크 모워의 디스크는 3,000rpm 정도의 높은 속도로 회전하므로 엉킨 목초 등도 막힘 없이 예취할 수 있고 구조가 간단하며 진동이 적은 장점이 있으나, 가격이 비싸고 소요 동력이 크다는 단점이 있다. 디스크 대신 원통에 칼날을 부착한 드럼 모워 (drum mower)도 있다.

8.2.4 플레일 모워

플레일 모워는 그림 8-8과 같이 진행방향에 수직한 수평 회전축에 플레일 날이 부착되어 날의 타격력에 의하여 목초를 예취한다. 플레일 날(그림 8-9)은 폭이 50~150mm이며 3~4줄로 수평회전축에 부착된다. 작업예취폭은 1.2~6.1m 정도이고 회전속도는 디스크

모워보다 다소 낮은 46~56m/sec 이다.

플레일 모워는 플레일날의 회전력으로 목초를 아래에서 위로 타격하여 예취·세절함과 동시에 풍력으로 목초를 뒤쪽으로 배출한다. 플레일 모워에 의하여 세절된 목초는 레이크나 픽업장치를 이용한 수확과정에서 손실이 커지는 문제점이 있어서 커터바 모워보다 5~10% 정도 수확량이 줄어드나 심하게 엉킨 목초 수확에는 관행의 모워보다 수확량이 많아진다.

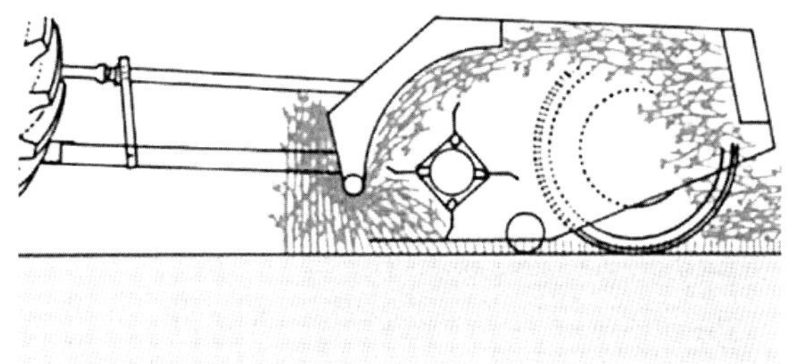

[그림 8-8] 플레일 모워

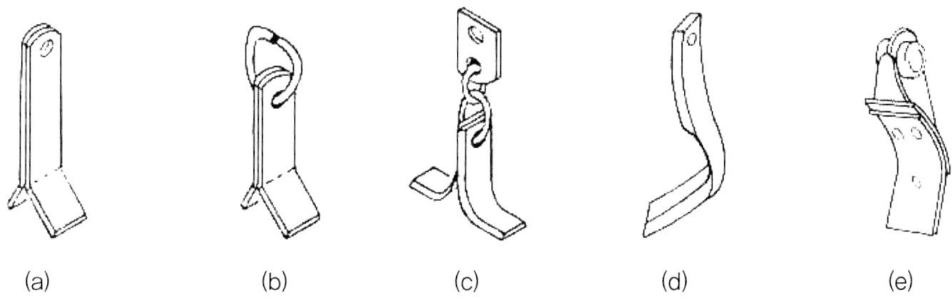

(a)   (b)   (c)   (d)   (e)

[그림 8-9] 플레일 날

8.3 목초 수확기

목초 수확기는 그림 8-10과 같이 사일리지 조제나 청예사료를 생산하기 위하여 목초를 예취하여 절단한 후 풍력에 의하여 목초 운반차로 이송하는 작업기로 자주식, 견인식 및 장착식이 있다. 목초 수확기에 장착된 커터바 모워나 플레일 모워로 목초를 예취한 후 커터헤드로 절단하는데, 커터헤드의 종류에는 칼날 커터헤드(knife cutterhead)와 플레일형 커터헤드(flail-type cutterhead)가 있다.

[그림 8-10] 견인식 목초 수확기의 작업

8.3.1 칼날 커터헤드

칼날 커터헤드는 예취된 목초를 회전칼날과 고정칼날 또는 전단바(shear bar) 사이에서 절단한 후 회전칼날에 의하여 트럭이나 왜건으로 이송하는 플라이휠형(그림 8-11)과 별도의 송풍기 등을 사용하는 실린더형(그림 8-12)이 있다. 대부분의 목초 수확기는 실린더형으로 목초를 30~90 mm 정도로 절단하며 칼날을 세우는 장치가 부착되어 있다.

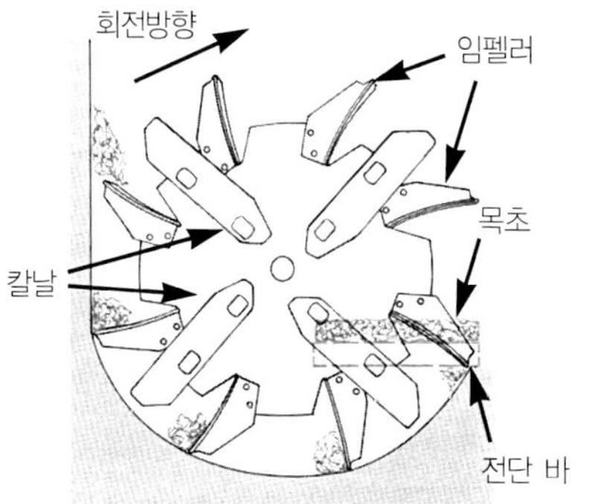

[그림 8-11] 플라이휠형 커터헤드

[그림 8-12] 실린더형 커터헤드

8.3.2 플레일형 커터헤드

플레일형 커터헤드는 자유롭게 회전하는 플레일 날을 장착하여 목초를 예취함과 동시에 절단하여 운반차에 이송한다. 그림 8-13과 같이 목초의 예취높이를 조정할 수 있으며, 예취폭은 1.3~1.8m이다. 구조가 단순하여 가격이 싸고 취급이 용이하나 세절된 목초의 길이가 50mm에서 거의 절단되지 않은 크기까지 일정치 않은 단점이 있다.

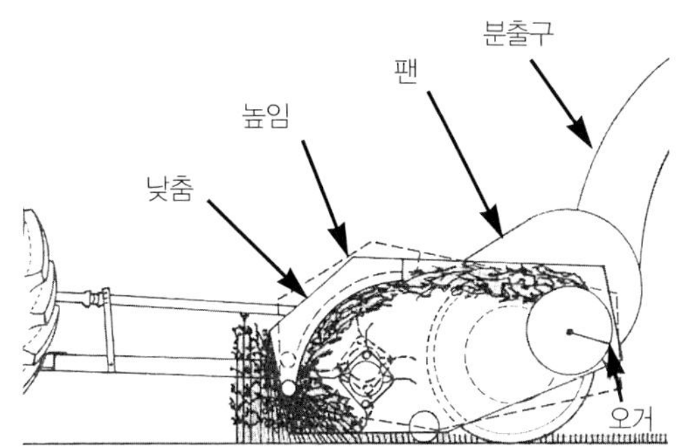

[그림 8-13] 플레일형 커터헤드의 구조 및 예취높이 조정

8.4 헤이 컨디셔너, 모워 컨디셔너

예취된 목초를 포장에서 태양과 바람으로 건조시킬 경우 목초의 줄기는 잎보다 건조속도가 느려 줄기를 안정저장 함수율까지 건조하여 수확할 때 과건조된 잎이 파쇄되어 양적 손실이 발생된다. 따라서 자연건조 시 줄기가 굵은 목초를 압쇄 등의 방법으로 줄기의 표면적을 증대시켜 건조시간을 단축하고 동시에 균일건조를 가능하게 하는 작업기를 헤이 컨디셔너(hay conditioner)라고 한다(그림 8-14). 헤이 컨디셔너에 부착된 롤러는 형상에 따라 크러셔(crusher)와 크림퍼(crimper) 및 크러셔/크림퍼로 나눌 수 있다. 그림 8-15의 (a)에서 보여주는 크러셔는 철재롤과 고무롤 사이에 목초를 공급하여 파쇄하며, 그림 8-15의 (b)에서 보여주는 크림퍼는 주름살 있는 (corrugated) 2개의 철재롤 사이에 목초를 공급하여 일정한 간격으로 줄기를

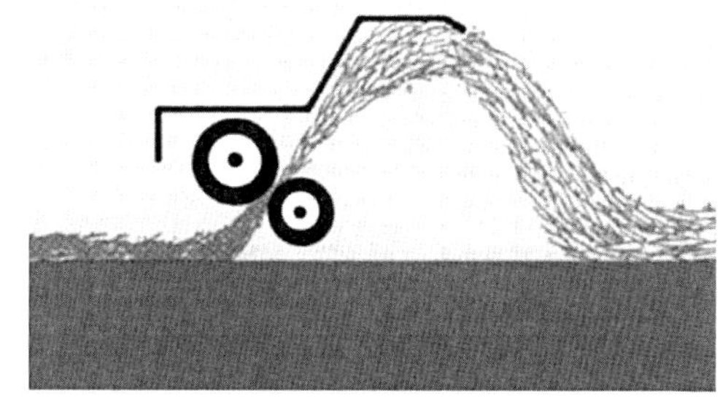

[그림 8-14] 헤이 컨디셔너의 작동

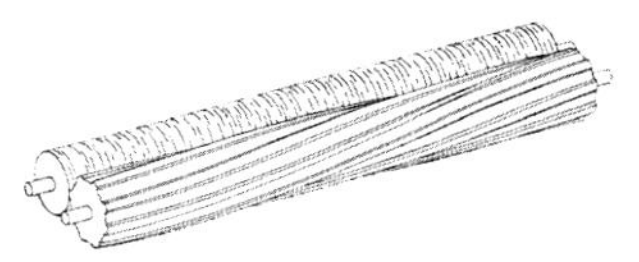

(a) 크러셔

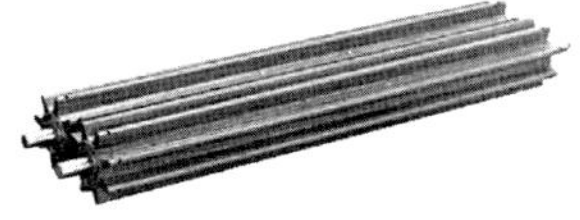

(b) 크림퍼

(c) 크러셔/크림퍼

[**그림 8-15**] 모워 컨디셔너의 롤

압쇄한다. 크러셔/크림퍼는 그림 8-15의 (c)와 같은 형상의 고무롤로 되어 있으며 압쇄와 파쇄가 동시에 일어난다.

목초 수확의 효율을 높이기 위하여 모워와 헤이 컨디셔너의 작업을 일체화시킨 모워 컨디셔너(mower conditioner)나 윈드로어(windrower)가 있다.

[**그림 8-16**] 윈드로어

모워 컨디셔너는 컨디셔너의 롤과 커터바의 길이가 같아서 목초를 예취한 후 바로 컨디셔너에 공급하며, 윈드로어는 예취된 목초를 오거로 모아서 컨디셔너 롤에 투입하는 차이점이 있으며 일반적으로 파쇄 후 집초열을 형성한다(그림 8-16).

8.5 집초 및 건조촉진 기계

모워 컨디셔너와 윈드로어는 집초열을 형성하나 목초 예취기는 목초를 포장에서 예취한 후 그 자리에 깔아놓기 때문에 베일러로 목초를 수확하려면 집초과정이 필요하다. 또한 비온 후 집초열의 건조를 촉진시키기 위하여 자리를 옮기거나 두터운 집초열의 바닥부분 건조를 촉진시키기 위한 집초 및 반전 작업이 필요한데, 이러한 작업을 수행하는 기계를 헤이 레이크(hay rake)라고 한다. 종류로는 측면반송 레이크(side-delivery rake)와 레이디얼 레이크(radial rake)가 있다.

8.5.1 측면반송 레이크

측면반송 레이크는 예취 후 포장에 널려진 목초를 측면으로 모으는 작업기로 평행바 레이크(parallel-bar rake)와 회전륜 레이크(wheel rake)가 있다.

① 평행바 레이크

그림 8-17과 같이 2개의 평행한 판 사이에 4~6개의 평행바가 부착되어 있으며 앞쪽 판은 레이크의 후방을, 뒤쪽판은 전방을 향한다. 평행바에는 갈퀴(teeth)가 부착되어 있다. 동력원으로부터 뒤쪽판에 전달된 동력은 평행바와 앞쪽 판을 작동시킨다. 평행바가 회전할 때 갈퀴는 항상 수직을 유지하면서 목초와 접촉하여 목초를 측방으로 이송하고 다음 평행바가 순차적으로 목초를 이송시켜서 측면에 집초열을 형성하게 된다. 일찍부터 개발된 평행바 레이크는 그림 8-18의 (a)와 같은 직원통형(cylindrical)이었으나, 근래에는 주로 그림 8-18의 (b)와 같은 경사원통형(oblique)이 사용된다. 집초방향이 목초 예취방향과 일치할 때 레이크의 성능이 좋으며, 반대방향으로 집초할 때는 목초 잎 손실이 높아진다.

[그림 8-17] 평행바 레이크

② 회전륜 레이크

회전륜의 구조에 따라 핑거휠(finger wheel, 그림 8-19)과 디스크휠(disk wheel, 그림 8-20)이 있다. 핑거휠은 휠의 중심으로부터 방사형의 긴 갈퀴가 부착되어 작업 시 갈퀴가 목초나 토양에 접촉하여 회전하면서 집초, 반전 및 분산작업을 한다. 하나의 집초열을 형성하기 위하여 그림 8-21의 (a)와 같이 핑거휠이 서로 겹쳐지도록 비스듬이 설

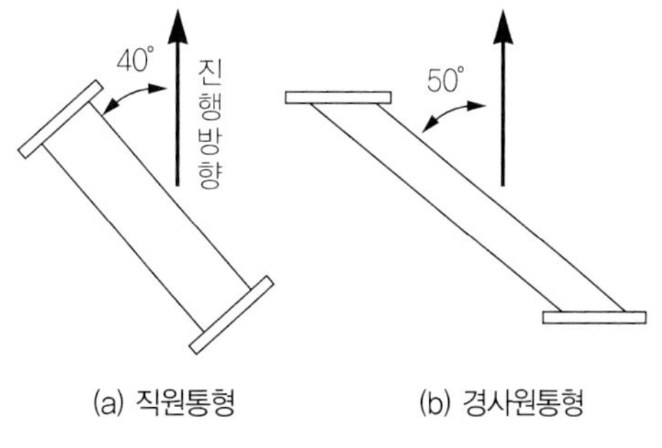

[그림 8-18] 원통형 레이크바

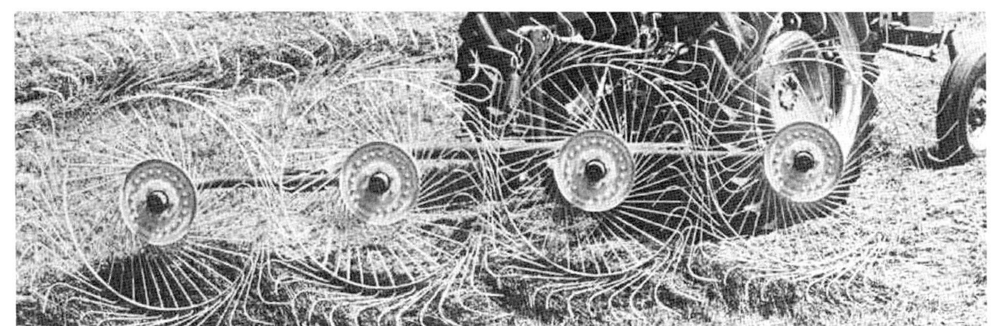

[그림 8-19] 핑거휠 레이크

[그림 8-20] 디스크휠 레이크

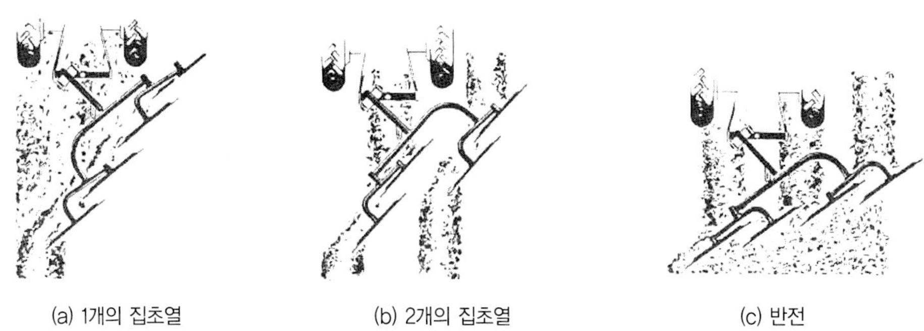

[그림 8-21] 핑거휠과 레이크의 여러 가지 작업형태

치되어 각 핑거휠은 앞선 핑거휠이 이송한 목초를 한쪽 방향으로 연속적으로 이송한다. 그림 8-21의 (b)와 같이 핑거휠의 각도를 조정하여 두 조의 집초열을 형성하거나 그림 8-21의 (c)와 같이 반전 및 분산 작업을 한다. 디스크휠은 핑거휠과 구조가 비슷하며 디스크 주변에 갈퀴(teeth)가 부착되어 있다.

8.5.2 레이디얼 레이크

그림 8-22와 같이 레이디얼 레이크는 한 쌍의 긴 스프링 타인(tine)이 여러 개 설치된 회전원판을 1~2개 또는 4개 부착한 구조로 되어 있으며, 인접한 회전원판은 서로 반대방향으로 회전한다. 특히 목초 수확시기에 습도가 높고 강

[그림 8-22] 레이디얼 레이크

우가 빈번한 지역에서는 레이디얼 레이크의 분산 및 반전 작업으로 태양열과 바람의 유입을 용이하게 하여 건조를 촉진시킨다. 이러한 건조촉진작업을 행하는 기계를 테더(tedder)라고도 한다.

8.6 헤이 베일러

헤이 베일러(hay baler)는 초지에 널려 있는 집초열을 걸어 올려 압축하여 묶는 기계로서 압축된 건초를 베일(bale)이라고 한다. 베일러 수확은 건초의 운반 및 저장에 소요되는 경비를 절감하며 노동력을 크게 단축시킬 수 있다. 헤이 베일러는 베일의 형상에 따라 직육면체로 묶는 각형 베일러(rectangular baler)와 원통형으로 묶는 원통형 베일러(round baler)가 있으며, 일반적으로 전자를 베일러라고 부른다.

8.6.1 각형 베일러

각형 베일러의 주요 구성요소는 그림 8-23과 같이 건초의 공급부와 베일링 챔버로 나눌 수 있다. 대부분의 베일러 공급부는 스프링 핑거가 부착된 드럼형의 픽업장치에서 집초열의 건초를 모아 일정한 높이로 끌어올리며 오거(auger)나 공급타인(feeder tine)에 의하여 건초를 베일링 챔버로 이송시키는 기구로 되어 있다. 베일링 챔버는 크랭크와 연결

봉, 플런저, 챔버 및 결속부 등으로 구
성되며, 베일링 챔버로 이송된 건초는
왕복운동을 하는 플런저에 의하여 챔버
단면이 좁아지는 출구쪽으로 압축되어
베일이 형성된다. 플런저는 옆면에 칼
날이 부착되어 왕복운동 시 챔버 내에
유입되지 못한 건초를 절단하며 압축한
다. 베일의 밀도는 챔버 상하에 위치한

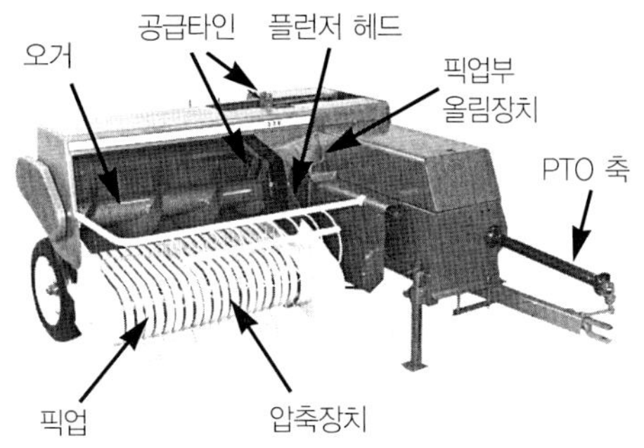

[그림 8-23] 각형 베일러(rectangular baler)

텐션바(tension bar)에 의하여 조정되고 베일의 길이는 베일길이 측정휠의 조절에 의하여
결정된다. 베일은 노끈 또는 지름 2mm 정도의 철사(wire)로 결속되는데 베일이 일정 길
이에 도달하면 베일길이 측정휠이 결속기구를 작동하여 베일을 감싸며 매듭장치에 의하
여 묶여 초지로 배출된다. 베일링 챔버 뒷부분에 베일 슈트(bale chute) 또는 베일 스로워
(bale thrower)를 부착하여 베일을 운반차에 자동으로 실을 수 있는 장치도 있다. 일반적
으로 헤이 베일의 형상은 단면이 36 cm × 46 cm와 41 cm × 46 cm이고 길이는 91 cm이나
베일러의 종류에 따라 크기가 다양하며 길이는 작업과정에서 조정된다. 베일의 압축밀도
는 160~223 kg/m^{3}이다.

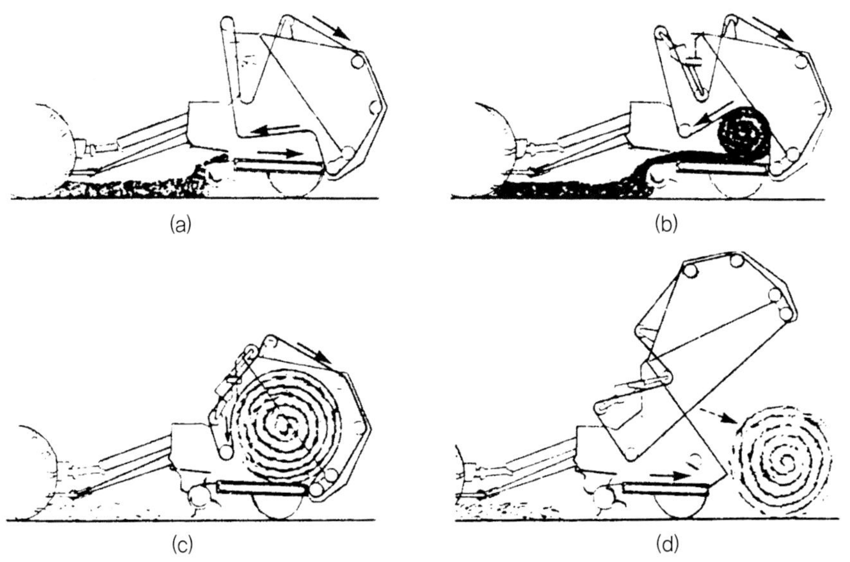

(a)

(b)

(c)

(d)

[그림 8-24] 가변원통형 베일러의 베일형성 과정

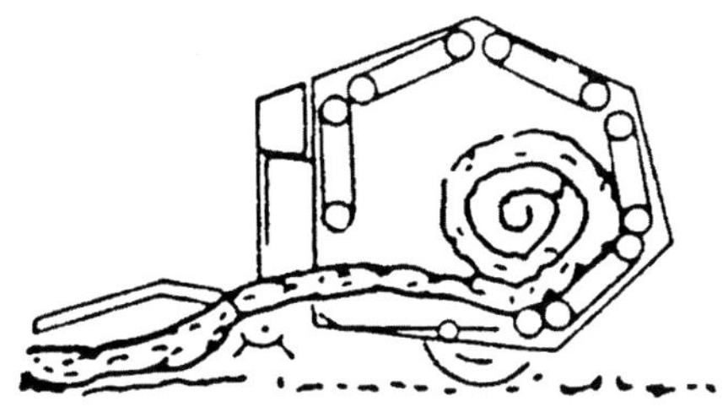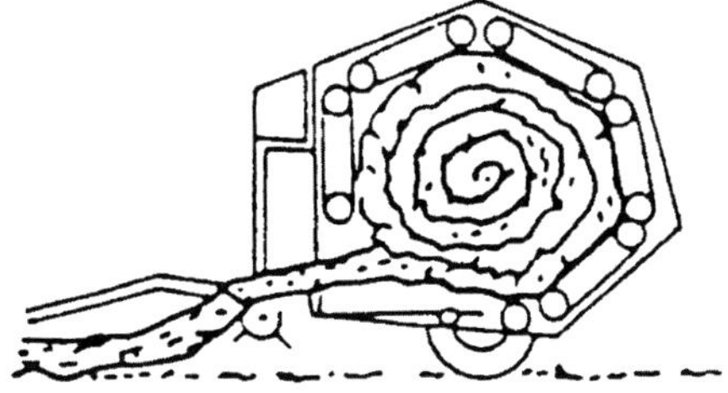

[그림 8-25] 고정원통형 베일러

8.6.2 원통형 베일러

원통형 베일러는 일반적으로 크기에 따라 소형과 대형으로 구분하거나, 베일을 형성하는 방법에 따라 가변원통형(variable-geometry chamber)과 고정원통형(fixed-geometry chamber)으로 구분되는데(그림 8-24, 8-25), 가변원통형은 균일한 밀도를 갖는 베일을 만드는 데 비하여 고정원통형은 베일의 중심부 밀도가 낮게 형성된다. 소형 베일은 지름 56 cm, 길이 90 cm, 무게 20~40 kg 정도이며 대형 베일은 무게가 400~1,360 kg으로 다양하며 전형적인 베일의 크기는 표 8-1과 같다. 대규모 초지에서 생산된 대형 원통형 베일은 주로 야외에 저장하므로 기후조건에 따라 손실이 발생되지만 관리를 잘하면 손실을 10~13%로 줄일 수 있어 손실량을 비용으로 환산할 때 건초사의 저장비용과 비슷한 수준을 유지할 수 있다.

가변원통형은 그림 8-24와 같이 초지에서 집초열의 목초를 픽업장치에 의하여 걷어올려 하부 컨베이어와 상부 벨트 사이에서 베일을 형성한다. 하부 컨베이어는 베일을 이송하며 회전시키는 역할을 하며 상부 벨트는 스프링과 유압 실린더에 의한 장력을 베일에 가하여 단단하고 밀도 높은 베일을 형성한다. 베일이 규정된 지름에 도달하면 작업기의 진행을 멈추고 줄두르기 기구(twine wrapping mechanism)가 작동하여 10~20번 정도 노끈으로 감싸서 유압에 의하여 뒷문이 들어올려져 초지로 배출된다. 기후조건에 따라 발생되는 건초의 손실을 줄이기 위하여 베일에 비닐을 감싸는 장치도 있다. 원통형 베일러의 작업속도는 보통 5~12 km/hr이고 평균 작업능력은 1~12 ton/hr이다.

길이(m)	최대 지름(m)	최대 무게(kg)	밀도(kg/m³)
1.83	2.13	1360	208
1.68	1.68	680	184
1.52	1.83	680	170
1.22	1.52	450	203
1.22	1.52	385	173

8.7 목초 운반기계

예취된 목초는 집초열을 형성하여 건조된 후 스택 왜건(stack wagon)으로 걷어들이거나 각형 베일을 형성하여 베일 왜건(bale wagon)에 실어 건초사로 운반된다. 원통형 베일은 트랙터의 3점 링크에 부착된 헤이 포크(hay fork, 그림 8-26)나 프론트 로더에 의하여 하나씩 포장 내의 저장장소로 운반되며, 다량의 원통형 베일은 트레일러에 실어 운반된다.

[그림 8-26] 헤이 포크

8.7.1 스택 왜건

스택 왜건은 초지에서 집초열의 건초를 걷어올려 바람이나 강우의 영향을 최소화할 수 있도록 강하게 압착하여 운반하는 기계로 스택을 만드는 과정이 그림 8-27에 나타나 있다. 각형으로 집적된 건초의 크기는 2.1~4.5m 폭과 3~7.2m 길이 및 2.4~3.3m 높이이며 무게는 1.5~6톤이다.

(a) 투입

(b) 목초압축

(c) 재투입

[그림 8-27] 스택 왜건

8.7.2 베일 왜건

베일 왜건(그림 8-28)은 각형 베일을 자동으로 초지에서 걷어 올려서 왜건에 적재하는 기계로서 앞부분에 장착된 베일 로더에 의하여 베일이 들어올려져서 판 위에 정렬된 후 왜건에 순차적으로 쌓는다. 견인식과 자주식의 두 종류가 있으며, 용량은 견인식이 2.5~4.5톤, 자주식은 5~7톤이다.

[그림 8-28] 베일 왜건

연 습 문 제

8-1 건초의 수확작업에서 목초의 질적 및 양적 손실을 최소화할 수 있는 작업체계를 설명하시오.

8-2 목초생산지에서 멀리 떨어져 있는 목장에 목초를 공급하고자 할 때 적합한 수확방법을 설명하시오.

8-3 목초예취기의 종류와 그 장단점을 기술하시오.

8-4 집초열(windrows)을 형성하여야 하는 이유를 설명하시오.

8-5 가변원통형 베일러의 베일형성 과정과 저장방법을 설명하시오.

참고문헌

유병기 외(2005). 롤 구동 래핑암 회전식 원형베일래퍼의 구동 토크 분석. **축산시설환경** 11(1)11-16.

정창주(1990). **신고 농업기계학**, 향문사.

정창주(1992). **농작업기계의 분석과 설계**, 서울대학교 출판부.

최규홍 외(1982). **농용작업기계학**, 진명문화사.

Bossi, E.S. Verniaev, O.V. Smirrnov, I.I and Sultan-shakh, E.G.,(1998). Theory, *Construction and Calculation of Agricultural Machines*, vol.1., vol.2. A.A. Balkema/Rotterdam.

Jacobs, C. O., and Harrell, W. R.(1983). *Agricultural Power and Machinery*. McGraw-Hill.

Kepner, R.A., etc.,(1978). *Principles of Farm Machinery*, Third Edition, AVI.

Rider, A.R., etc.,(1976). *Fundamentals of Machine Operation-Hay and Forage Harvesting*. John Deere Service Publications.

Bio-production Machinery Engineering

Chapter **09** 임업기계

01 임업의 기계화

02 임업기계의 종류

03 주요 임업기계

09 임업기계

9.1 임업의 기계화

9.1.1 임업기계의 개념과 목적

(1) 임업기계의 개념

산림은 우리 인간에게 산업용 원자재나, 생활자재로서 목재와 기타 부산물 등 생산기능과 수원함양, 토사유출방지, 대기오염방지, 자연경관유지, 산림휴양장소 제공 등 환경보전기능을 가지고 있다. 산림의 형태는 국가나 지역에 따라 기후, 지형, 지질, 토양 등의 물리적 자연조건과 식생, 구성수종 등의 생물적인 조건에 따라 달라지며, 또한 관리 및 경영방법, 경영목표 등의 인위적인 조건에 따라 달라지기도 한다. 국내의 산림은 대부분 산악지역에 분포하므로 평지림이 많은 유럽 국가와는 다른 지형조건을 갖기 때문에 임업기계화에 있어서도 큰 차이가 있다. 임업기계는 이러한 산림의 기능을 최대한 발휘할 수 있도록 경영수단을 제공하여 주며, 여기에 사용되는 기계류를 총칭한다. 넓은 의미의 임업기계는 이러한 산림의 조성, 관리 및 생산물의 수확 등 산림경영활동에 활용되는 모든 장비를 말하며, 좁은 의미로는 임업용으로 활용하기 위하여 제작된 체인톱, 집재기, 임업용 트랙터 등 임업전용 장비를 말한다. 최근에는 많은 일반 토목장비 및 농업장비가 임업 분야에서도 많이 활용되고 있으므로 이들 장비들도 넓은 의미로 임업기계라고 할 수 있다.

(2) 임업기계화의 목적

1) 작업능률의 향상

인력에 의존하여 작업을 수행하던 것을 기계로 수행하면 몇 배의 작업능률 향상을 기대할 수 있다. 예를 들면 체인톱에 의한 벌채작업은 인력작업에 비하여 9~12배의 작업능률을 올릴 수 있다. 집재작업에 있어서도 인력에 의한 집재작업을 트랙터부착형 윈치나 가선형 집재기계 등에 의한 방법을 통하여 3~5배 이상의 작업능률을 올릴 수 있다.

스웨덴의 경우 인력작업 단계인 1950년대에는 노동생산성이 $1.4\,m^3$/인 · 일에 불과하였으나 포워더, 프로세서 등 고성능 임업기계의 도입으로 2000년에는 약 $20\,m^3$/인 · 일 이상의 생산성을 나타내 완전기계화 단계에 도달하고 있다(그림 9-1).

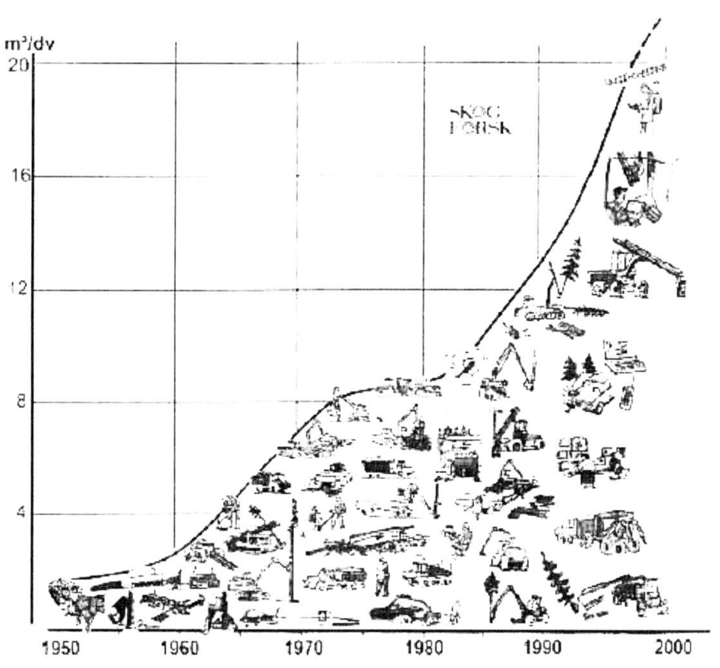

[그림 9-1] 스웨덴의 임업기계화 단계와 노동생산성 추이

※자료 : Skogforsk.

2) 작업시간 단축

동일한 장소에서 같은 작업량을 가지고도 인력에 의한 것보다 기계에 의한 작업은 작업 시간을 단축시킬 수 있다. 보통 20m³의 원목을 집재하는 데 인력작업은 39~120시간이 소요되지만 트랙터부착형 윈치로는 8시간이면 가능하여 기계의 사용은 작업시간을 단축 시키고 작업인력을 효율적으로 투입할 수 있게 된다.

3) 작업원의 노동부담 경감

산림작업은 다른 산업 분야와 달리 산림이라는 자연조건에서 이루어지므로 대부분 매우 힘든 작업이다. 작업조건이 불리하고 힘든 노동을 기피하는 경향의 현재 상황에서 기계에 의한 산림작업의 효과는 매우 크다고 할 수 있다. 산림작업 중 특히 벌채 및 집재 작업은 작업원들에 대하여 높은 작업강도를 요구하고 있는데, 벌채작업 시 분당 맥박수는 최대 140~160회로 나타나고 있다. 이것은 다른 산림작업에 비하여 40% 이상의 높은 작업강도이며, 지속적인 작업능력의 한계인 35~40%의 값을 상회하는 고강도 육체노동으로서 에너지 소비량이 매우 많은 작업이다.

9.1.2 임업기계의 발달과 국내 임업기계화

(1) 임업기계의 발달 단계

산업혁명 이전의 모든 산림작업은 인력과 축력에 의존한 작업이 대부분이었으며, 산업 혁명 이후 미국 등지에서 증기기관을 산림 철도, 트랙터, 집재기 등에 활용하면서 임업의 기계화가 이루어지기 시작하였다. 19세기 중반에는 미국에서 엔진톱이 특허에 등재되었고 조금 늦게 오스트리아와 스위스에서는 와이어로프에 의한 집재방법이 개발되기 시작하였다. 기계톱은 그동안 꾸준한 발전을 거듭하여 20세기 초에 스웨덴에서 처음으로 산림수확용 기계톱을 제작한 것을 필두로 획기적 전기를 이룩하였다. 제2차 대전 중에는 일인용 기계톱을 개발하는 데 성공하였으며, 이 때부터 벌목과 박피 과정의 기계화가 가속화되기 시작하였고, 이어서 1950년대부터는 트랙터, 스키더, 집재기와 같은 임업기계가 여러 산림작업에 다방면으로 파급되었다. 1970년대, 1980년대로 들어서면서 수확 및 조재기능을 함께 갖춘 다기능 현대식 수확기계와 집재기들이 첨단장비를 장착하여 개발되기 시작하였는데, 자동박피기, 프로세서, 하베스터 등은 대표적 최신 입업기계장비들이다. 한편 헬리콥터를 이용한 공중집재는 일부 스위스 지방에서 진행되었으며, 북미에서는 기구(Balloon)에 의한 집재기와 집재방법들이 소개되기도 하였다. 북미 대륙은 이미 1970년대에 고도 기계화 단계에 접어들었으며, 스웨덴은 이보다 약 10년이 뒤진 수준이었으나 최근 유럽국가를 중심으로 목질연료의 개발 보급을 계기로 완전기계화 단계에 도달하고 있다. 일본의 경우 현재 기계화 수준은 생산성을 비교해 볼 때, 북미의 1960년대 초기 수준에 해당하는 것으로 판단되지만, 국내와 같이 지형적인 불리함으로 인한 것으로 판단되며, 현재 사용하는 장비나 기술은 북미나 유럽의 첨단 장비 못지않게 갖추고 있다.

(2) 국내 임업기계화

국내에 임업기계가 도입된 것은 산림자원을 수탈하기 위한 수단으로 일제시대에 산림철도(forest railway)와 인크라인(地面索道, incline) 등의 삭도(索道, ropeway)시설이 압록강 및 두만강 유역 원시림에 설치되었던 것이 그 시초이다. 그 후 영동지방과 지리산을 비롯한 일부 산림지역에서는 산림철도와 목마(木馬)를 이용한 목재반출작업의 흔적이 최근까지 남아 있다.

1) 1950년대

[그림 9-2] 산림철도 및 인크라인에 의한 운재

[그림 9-3] 6륜구동트럭 및 가공삭도에 의한 운재

해방 후 미국제 군용트럭인 6륜구동트럭(GMC트럭)이 민간용으로 활용되면서 임업 분야에서도 벌채된 원목을 산지에서 제재소까지 운반하는 유일한 운송수단으로 사용되었고 미국제 군용 체인톱을 민간인이 사용하면서 근대적 의미의 임업기계가 우리나라에 소개되었다.

2) 1960년대

1967년 산림청이 개청되어 산림사업이 활발히 이루어지기 시작하였다. 그 이후 대일 청구권자금에 의하여 1969년에 도입된 일본제 임업기계 중 체인톱(Rabbit), 예불기(Robin), 식혈기(Robin), 불도저(Komatsu사, 4D- 120) 등은 국유림에 보급되었으며, 중형 야더집재기(Iwafuji사, Y-28D)는 시험용으로 활용되었다.

3) 1970년대

체인톱이 널리 보급되기 시작하여 손톱과 도끼에 의존하던 벌채작업을 대체하기 시작한 시기이다. 그리고 일본에서 당시 널리 사용되던 단선순환식(單線循環式) 가선집재방법(모노케이블 집재방식, Mono Cable System)이 도입되어 일부 사방사업 현장에서 자재운반용으로 이용되었다. 한편, 1979년 임업연구원 산림경영과에 임업기계화연구실이 설치되어 임업기계화에 대한 연구가 본격적으로 시작되었다.

4) 1980년대

1974년부터 착수된 한·독 산림경영사업의 1단계 사업인 사유림 협업경영사업을 마치고, 1982년 강원도 강릉에 임업기계훈련원이 설립되어 임업기능인력 양성을 위한 훈련사업이 시작되었다. 기능교육의 일환으로 독일제 체인톱, 예불기, 육림장비 등과 양묘용 장비인 묘목이식기, 단근기 등 훈련장비가 도입되었다. 1985년부터 오스트리아제 이동식 타워야더(Koller사, K-300)와 독일제 다목적트랙터(Mercedes-Benz사, MB-trac 900)에 집재용 윈치(Werner winch)를 탑재한 장비가 도입되었다.

이와 더불어 트랙터부착형 윈치(Farmi winch)와 오스트리아제 썰매형 윈치(Ackja winch) 및 독일제 소형 윈치(Multi KBF winch) 등이 도입되었다. 그리고 국제연합개발계획(UNDP)사업의 일환으로 1985년부터 임도 및 산림수확에 관한 교육과정이 임업연수원에 개설되었으며, 이 때 오스트리아제 집재용 플라스틱 수라(Logline) 등이 국내에 소개되었다. 또한 중경사지에서 사용가능한 트랙터견인식 트레일러에 탑재한 영국제 타워야더(Timber Master)와 농업용 트랙터에 부착하여 사용할 수 있는 오스트리아제 집재기(Holzknecht사, Logging Bogie) 등이 임업연구원에 도입되었다.

5) 1990~2000년대

1990년대 초 민간기업에서 일본제 중형 야더집재기(Iwafuji사, Y-28DE), 원격조정 자주식 반송기인 라디케리 집재기(Iwafuji사, BCR 08SP) 등의 장비를 수대씩 도입하였고, 오스트리아제 썰매형 윈치(Ackja winch)와 유사한 소형 윈치를 국내에서 자체 제작하여 보급하였다. 사유림에서도 널리 보급된 소형굴착기에 국산 집재용 원목집게(log grapple)를 부착하여 집재작업과 원목신기(上車, loading)작업에 활용하기 시작하였다. 1992년 산림청은 오스트리아제 트레일러 탑재형 타워야더(Hinteregger사, Urus I)와 농용 트랙터(John Deere사)에 독일제 2드럼식 집재용 트랙터부착형 윈치(Rietter사) 등을 국유림에 도입하였다.

한편, 국립산림과학원 산림생산기술연구소와 대학을 중심으로 임업기계 개발연구가 활발히 이루어져 트랙터 윈치와 플라스틱 수라의 국산화, 트랙터부착형 2드럼 윈치, 리모콘 윈치, 다목적집재차, 미니포워더, 굴삭기부착형 조재기, 궤도형 임내작업차 등이 개발되었으며, 민간기업을 중심으로 트랙터부착형 집재기, 굴삭기부착형 윈치, 트랙터부착형 유선리모콘 윈치 등이 개발 보급되어 실제의 집·운재작업에 활용되고 있다.

9.2 임업기계의 종류

임업은 농업과 같이 식물을 대상으로 하여 심고, 가꾸고, 수확하는 산업이지만 양묘작업을 제외하면 그 작업 대상물의 크기와 중량, 내용에 있어서 큰 차이가 있다. 또한 임업은 임목을 키우는 단계인 1차생산 단계, 목재를 수확하는 2차생산 단계, 그리고 원목을 가공하는 3차생산 단계로 구분하기도 한다. 이러한 1·2차생산 단계와 3차생산 단계 중 산림 내에서 이루어지는 작업과정에 사용되는 장비를 임업기계라고 할 수 있으며, 이를 다시 산림경영상이나 그 기능과 형태에 따라서 구별하기도 한다.

산림경영상 임업기계는 양묘, 조림, 산림보호, 임도, 벌도·조재, 집·운재장비 등으로 나뉜다. 이 중 양묘 및 조림용 장비는 대부분 일반 농업기계를 그대로 활용할 수 있으며, 경우에 따라서는 임업전용 장비를 활용하기도 하지만 기능 및 작동방식은 농업용 장비와 유사한 것이 많다. 임도시공 장비 역시 일반 토목 분야에서 토공이나 운반 작업 등에 활용되는 장비들이 그대로 활용될 수 있다. 예를 들면 착암기(rock drill), 불도저(bulldozer), 콘

[표 9-1] 산림경영상의 임업기계 분류

구　　　분	기 계 장 비 명
양묘용 장비	트랙터, 경운작업기, 정지작업기, 퇴비산포기, 중경제초기, 파종기, 약제살포기, 묘목이식기, 단근굴취기 등
조림·육림기계	예불기, 식혈기, 가지치기 기계 등
산림보호장비	산불진화장비, 약제살분무기, 연무기, 동력천공기 등
임도시공기계	착암기, 불도저, 콘크리트 믹서, 굴착기, 모터 그레이더, 롤러, 공기압축기, 덤프트럭 등
벌도·조재기계	체인톱, 펠러번쳐, 하베스터, 프로세서, 그래플톱 등
집·운재기계	트랙터, 포워더, 스키더, 임내차, 야더집재기, 타워야더, 소형윈치, 모노레일, 원목집게, 트럭, 트레일러, 헬리콥터, 산림철도 등
저목장 및 임내가공	크레인, 원목집게, 포크리프트, 박피기, 이동식 제재기, 목재파쇄기, 톱밥기계 등
목질에너지 수집가공장비	칩하베스터, 지조결속기 등

[표 9-2] 기능과 형태에 의한 임업기계의 분류

구　　분	기 계 장 비 명
휴대형 임업기계	체인톱, 예불기, 식혈기, 가지치기 기계 등
차량형 임업기계	트랙터, 포워더, 프로세서, 하베스터, 스키더, 펠러번쳐, 임내차 등
가선형 임업기계	야더집재기, 자주식반송기, 임업용 윈치 등

크리트 믹서(concrete mixer), 굴삭기(excavator), 모터 그레이더(motor grader), 도로용 롤러(road roller), 공기압축기(air compressor), 덤프트럭(dump truck) 등이 있다. 벌도 및 집·운재용 장비 중 입목을 벌목하여 가지를 치고 토막을 내는 기계가 벌목조재용 기계이고, 원목 또는 벌도된 임목을 임도 또는 작업도까지 운반하는 기계를 운재기계라 한다. 이 외에도 저목장까지 운반된 원목을 차량에 싣고 내리는 장비와 임내에서 간단한 1차 가공을 할 수 있는 임내가공용 장비와 목질에너지로의 이용효율을 높이기 위한 가공장비 등이 있다.

9.3 주요 임업기계

산림작업에 이용되는 임업기계는 사용 용도와 형태에 따라 여러 가지로 분류할 수 있다. 장비의 형태별로 분류하면 등에 메거나 손에 휴대하여 작업하는 휴대형 소형작업기계, 차량에 탑재하는 차량형 기계, 와이어로프를 이용하는 가선형 기계로 나누어 볼 수 있다. 수확작업종별로는 벌목기계, 조재기계, 벌목·조재기계, 집재기계, 집·운재기계, 원목상하차기계 등으로 나누어 볼 수 있다. 또한 작업종별로 조림, 육림, 벌목, 집·운재기계, 임목하역용 기계 등으로 분류할 수도 있다.

9.3.1 휴대형 임업기계

(1) 체인톱

체인톱(chain saw)은 19세기 말 미국에서 처음으로 증기기관을 이용하여 개발하였으나

크고 무거워서 널리 보급되지는 못하였다. 그 후 내연기관의 발달로 1918년 스웨덴의 Westfeld가 현재와 같은 개념의 가솔린엔진 5마력급 체인톱을 개발하였다. 1920년대 중반 2인 사용이 가능한 체인톱이 양산되었으며 현재와 같은 1인용 체인톱은 2차대전 중 미국에서 개발되었다. 주로 동력에 의하여 톱체인을 구동하여 목재를 절단함으로써 노동력 경감 및 작업효율 향상을 목적으로 사용되고 있다.

체인톱은 원동기로서 내연기관, 전동기, 유압모터 등이 사용되고 있으며, 벌목조재작업은 지형이 험한 산지에서 작업이 많이 이루어지므로 소형, 경량, 고출력 원동기를 필요로 하며, 일반적으로 우리나라에서는 직경이 비교적 작은 나무를 벌목·조재하므로 1인용의 1기통 2행정 공냉식 가솔린엔진을 주로 사용한다.

주벌 및 간벌 작업 중 벌도(伐倒), 조재, 가지치기작업 등에 활용되고 있으며, 이외 조림지 정리작업, 천연림보육, 예비간벌, 어린나무 가꾸기작업 등에 활용하고 있다.

1) 체인톱의 구조

임업에서 가장 많이 보급되어 있는 장비로 현재 많이 사용되는 기종은 배기량 25~80 cc 정도의 소형 및 중형 기계톱이 대부분으로 엔진용량에 따라 사용가능한 안내판(案內板, guide bar)의 길이는 30~60 cm 이다. 상용 회전속도 6,000~7,000 rpm, 중량은 3~8 kg 의 범위로 벌목조재용으로 50 cc급의 체인톱이 가장 널리 사용되고 있다.

체인톱은 일반적으로 원동기에서 얻어지는 동력을 크랭크 축의 동력취출부에 부착된 원심클러치를 통하여 스프로킷에 전달하여 체인에 의하여 안내판에 붙어 있는 절단톱날 (saw chain)을 구동하는 형식으로 되어 있으며, 원동기부, 동력전달부, 목재절단부로 구성되어 있다.

2) 원동기와 동력전달부

동력발생을 위한 원동기는 그 원리나 구조가 농업용 기계에 이용되고 있는 공랭식 2행정기관으로 기타 용도의 공랭식 2행정기관과 거의 유사하지만 톱 체인에 윤활유를 공급하기 위한 윤활유 공급장치가 더 붙어 있다. 동력전달부는 원동기의 동력을 톱 체인에 전달하는 부분으로서 직접 전동형은 원심클러치와 스프로킷으로 이루어져 있고, 기어 전동

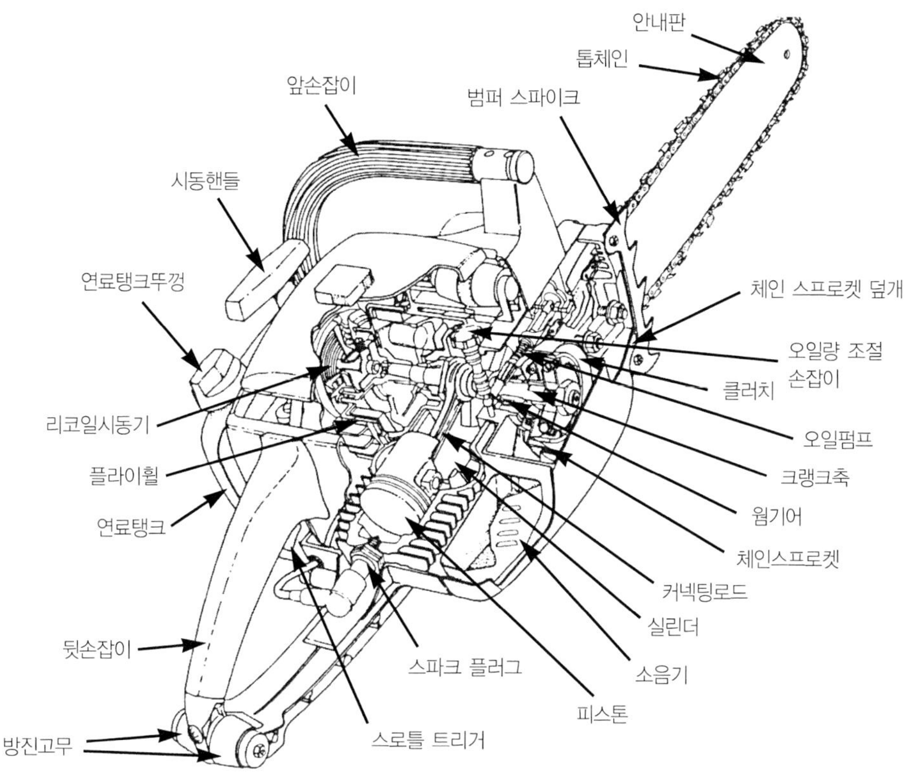

[그림 9-4] 체인톱의 구조와 명칭

형은 원심 클러치, 감속장치 및 스프로켓으로 구성되어 있다.

3) 목재절단부

목재를 톱질하여 잘라 내는 부분으로 절단톱날, 안내판, 기계톱 장력조절장치, 체인덮개 등으로 구성되어 있다.

① 절단톱날

절단톱날(saw chain)은 체인에 절삭용 톱날을 붙인 것으로 톱날의 모양에 따라 가로자르기(cross cutter)형과 가로 · 세로자르기(chipper)형의 양용형으로 구분된다.

절단작업과 톱날갈기작업(filing)이 용이한 것은 가로 · 세로자르기의 양용형이다. 이 형태의 톱체인은 8피치가 1연쇄로 되어 있고, 안내판 외부의 둘레에 따라 필요한 수만큼 무

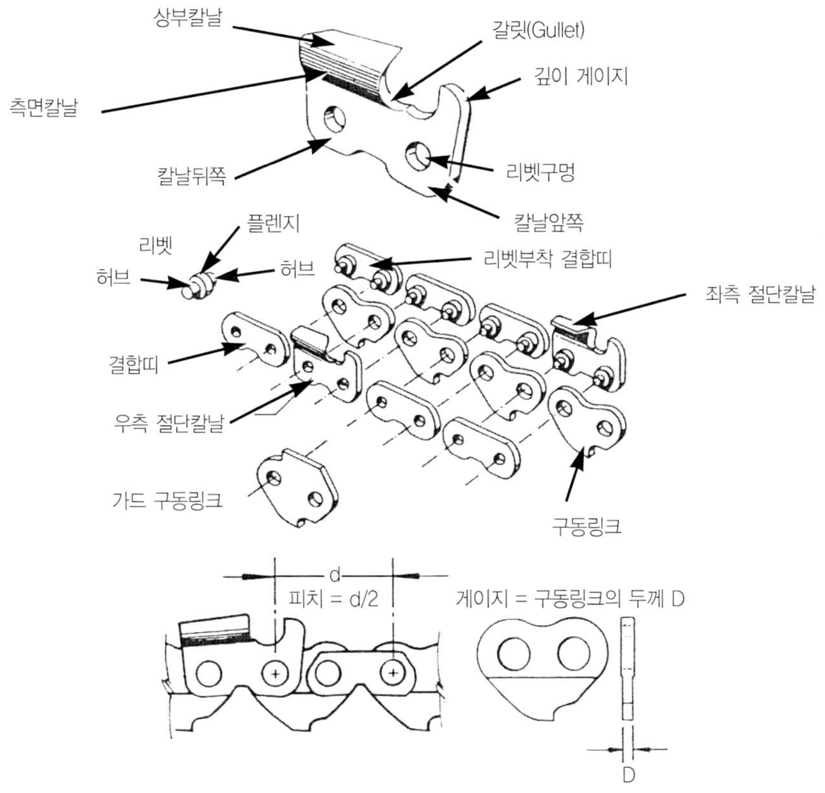

[**그림 9-5**] 톱체인의 각부 명칭과 제원

한궤도에 연결되어 있다. 연쇄는 좌측 절단톱날(cutter link) 1개, 우측 절단톱날 1개, 구동링크(drive link) 4개, 이음쇄(side link) 6개, 결합리벳 8개로 구성되어 있다. 절단톱날은 특수공구강으로 열처리가 잘 되어 있다.

절단날의 모양은 둥근 것(round chipper), 각이 나 있는 것(chisel, semi-chisel, micro-chisel) 외에 좌우 절단톱날 사이에 톱밥이 끼어 들지 않도록 구동링크의 위쪽에 경사돌기가 나 있는 것도 있다. 체인톱의 피치는 그림과 같이 인접한 2개 링크의 리벳 간격으로 나타내는 것이 보통이다.

② 안내판

체인톱날을 지지하여 이탈하지 않도록 안내하는 역할을 하며, 두꺼운 한 장의 탄소공구강 또는 얇은 용수철강의 강판 3장을 겹쳐서 리벳으로 결합 또는 스포트용접을 하여 만든다. 형상은 긴 타원모양이고, 길이는 여러 가지가 있으나 400~550㎜의 것이 많이 이용된다. 일반적인 사용시간은 450시간 정도이다.

안내판의 바깥둘레에는 절단톱날이 회전하기 위한 폭 1.7㎜ 내외의 골이 파여 있다. 그 부분은 절단톱날의 회전에 의한 마모를 방지하기 위하여 열처리가 되어 있고, 특히 마찰저항이 큰 선단부에는 열에 강한 스텔라이트로 용접가공되어 있다. 안내판의 뒤끝 부근에는 절단톱날의 장력을 조정하기 위한 조정나사의 머리 부분을 끼울 수 있는 구멍이 있다. 안내판은 보통 2개의 수나사와 체인덮개에 의하여 원동기 본체에 붙어 있다.

③ 체인 장력조절장치

엔진 본체에 붙어 있는 체인톱의 체인 장력조정은 조정나사를 이용하여 조정한다. 보통 장력조절장치는 체인 덮개 누르개나 크랭크 케이스와 일체로 되어 있다. 재질은 알루미늄 또는 마그네슘 합금이 이용되고 있다.

④ 체인덮개

안내판을 원동기 본체에 붙이는 경우 덮개 역할을 하는 것으로써 나무 절단작업 시 톱밥 등이 작업자의 얼굴이나 손등에 튀는 것을 방지하며 절단톱날의 덮개 역할도 한다. 체인덮개는 체인덮개 본체, 안내판 내측판 및 외측판으로 구성되어 있으며 재료는 알루미늄 또는 마그네슘 다이캐스팅으로 만들어진다.

⑤ 체인 제동장치

체인톱에는 원심 클러치 드럼의 외부에 강철제 밴드 브레이크가 부착되어 있고, 체인 덮개 위쪽에 제동손잡이가 나와 있어 보호판(protector)을 겸한 제동장치를 누르는 장치가 되어 있다. 이 제동 손잡이 누름장치를 안쪽으로 힘주어 눌러 주면 고속회전 중의 톱체인을 0.1초 이내의 짧은 시간에 정지시킬 수 있다. 따라서 절단톱날에 의한 위험 발생을 미연에 방지할 수 있다.

(2) 예취기

1인용 예취기(bush cutter)는 원동기로서 내연기관과 전동기를 이용한 것이 있는데, 내연기관을 이용한 것이 산림에서 작업상 간편하여 많이 이용되고 있다. 예취기에 이용되는 내연기관은 소형 단기통 2행정 공랭식 가솔린기관으로서 그 동력에 의하여 원형톱을 회전시킴으로써 잡초, 관목 등을 베어 버리기 위한 소형 휴대용 기계이다.

현재 사용되고 있는 예취기의 원동기배기량은 약 20~50 cc범위이고 중량은 약 4~13 kg 정도이다. 예취기는 휴대형식에 따라, 어깨걸이식, 등걸이식 및 손걸이식으로 나뉜다. 어깨걸이식은 예취기에 붙어 있는 어깨걸이용 띠를 작업자의 어깨에 걸고 작업하며 등걸이식은 예취기의 원동기 부분을 가벼운 합금관으로 만든 지게에 장착한 것이다. 손걸이식은 특히 중량이 적은 소형 예취기에 이용되고 작업자는 긴 축의 케이스를 손으로 쥐고 작업한다. 국내의 경우 이 세 가지 형식 중에서 등걸이식이 가장 많이 이용되고 있다.

1) 예취기의 구조

예취기는 보통 원동기의 동력을 추출하여 원심클러치를 설치하고 클러치 드럼에 1m 내

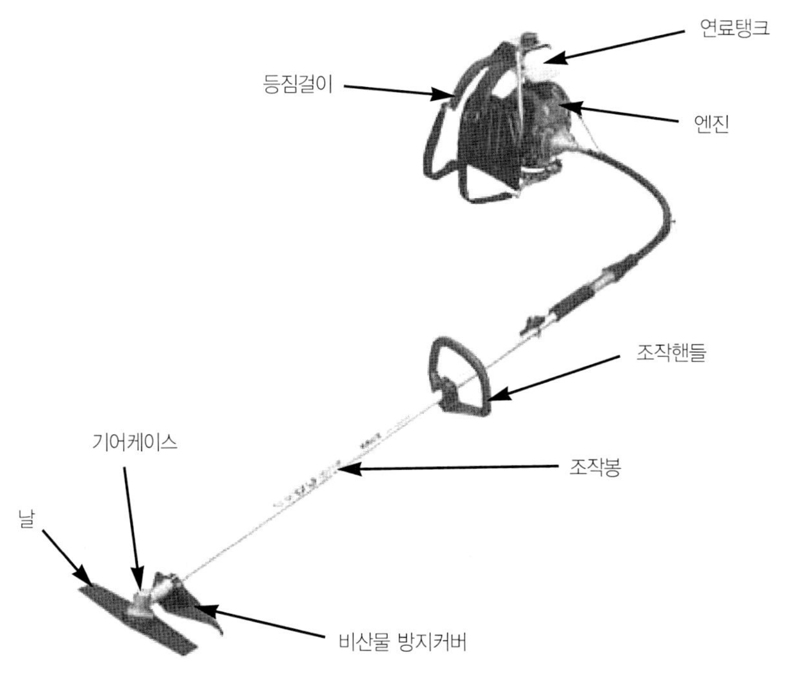

[**그림 9-6**] 예취기의 각부 명칭

외의 장축을 연결하고 있다. 장축의 선단에는 동력의 전달방향을 바꾸어 줄 수 있는 베벨 기어가 있고 이것에 의하여 방향이 바뀐 피구동축의 선단에는 예취용 원형톱이 부착된다.

원심클러치 케이스의 선단 부근에는 등짐걸이가 붙어 있고, 장축 케이스의 중앙 부근에는 작업용 손잡이가 붙어 있다. 왼쪽 또는 오른쪽 손잡이에는 스로틀레버가 부착되어 있다.

예취기는 크게 나누어 원동기부, 동력전달부, 예취부로 나눌 수 있고 기종에 따라서는 각 부에 각각 특징 있는 설계가 되어 있다. 예취기에 주로 이용되는 원동기는 농업기계에 이용되고 있는 일반 소형 2행정 공랭식 가솔린기관이다.

① 동력전달부

예취기의 동력전달은 크랭크축의 동력을 취출하는 쪽에 원심클러치를 설치하여 장축을 구동하는 구조와 냉각용 팬과 원심클러치를 통과한 후 장축을 구동하는 구조가 있다.

전자는 크랭크축에 직접 클러치 슈홀더를 붙인 것에 반하여, 후자는 냉각용 팬 몸체에 클러치 슈홀더를 붙인 것이 많다.

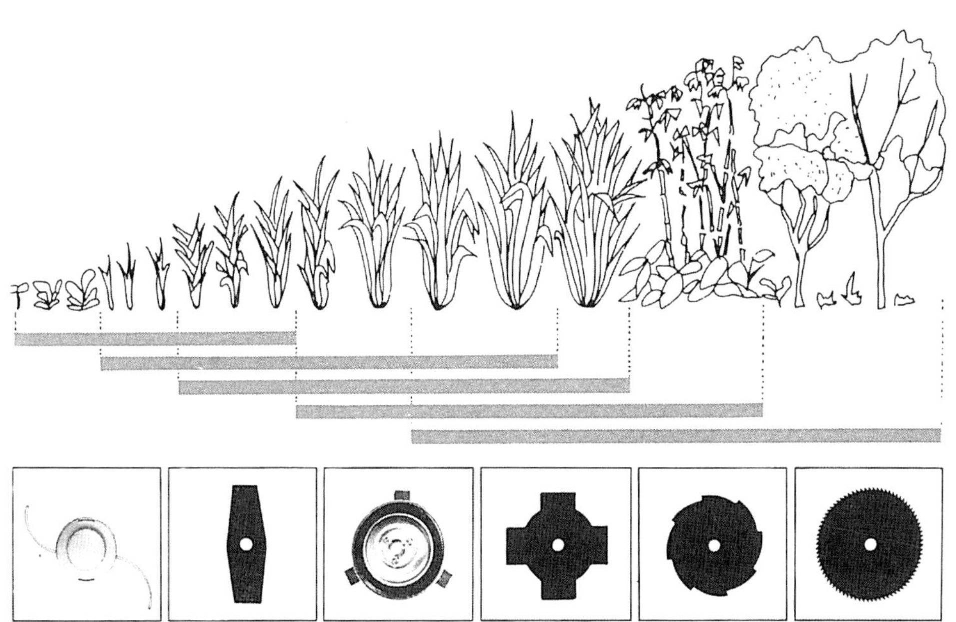

[그림 9-7] 예취기의 작업 대상별 칼날선택

② 예취부

예취부는 목 부분, 원형톱 부착부, 원형톱으로 구성되어 있다.

- **목 부분 및 원형톱 부착부** : 목 부분은 원동기로부터 장축으로 전달된 동력을 장축의 선단 부분에서 방향을 바꾸어 전달하는 부분으로 보통 1쌍의 베벨기어, 축, 축베어링 및 기어박스로 구성되어 있다. 베벨기어의 전위각(轉位角)은 기종에 따라 다르지만 120° 정도가 보통이다. 또 기종에 따라서는 전위각을 자유로 바꿀 수 있는 것도 있다.
  원형톱 부착부는 목 부분의 피구동축이 기어박스로부터 돌출된 축의 끝부분과 원형톱을 부착시키기 위한 2개의 플랜지 및 패킹, 축 끝에 나사를 이용하여 원형톱을 고정하는 암나사 등으로 되어 있다. 목 부분의 기어박스와 플랜지와의 간격은 작업 중 잡초나 덩굴 등이 끼지 않도록 하는 등 세밀하게 설계되어 있다.

- **원형톱** : 임업용 예취기는 잡초 이외에 관목, 덩굴 등을 잘라내기 때문에 예취용 톱날은 가로 세로 썰기 겸용의 원형톱이 이용되고 있다. 원형톱의 치형은 가로·세로썰기의 삼각치형으로 보통 직경 254mm, 두께 1.22mm, 치수는 80개 정도의 것이 사용되고 있다. 그 외에 배기량이 큰 50cc급의 예취기는 직경 305mm, 치수 120개를 배기량 20~30cc급의 예취기에서는 직경 203mm, 치수 60개를 사용하는 것도 있다.
  일반적으로 치수가 적고 크기가 큰 치형의 톱은 잡초 등의 부드러운 것을 잘라내는 데 적합하고 치수가 많고 크기가 작은 치형의 톱은 관목 등의 단단한 재료를 잘라내는 데 적합하다. 원형톱은 발열이나 원심력에 의하여 톱 주위가 팽창하여 평면을 유지하기 어렵기 때문에 이를 방지하기 위하여 미리 중앙 부분을 두드려서 눌린 것을 목 부분 및 원형톱 부착부에 이용한다.

(3) 식혈기

휴대용 식혈기(植穴機, earth auger)는 조림작업을 할 때 식목용의 구덩이를 파는 기계로서 보통 기계톱이나 예취기에 이용되는 소형단기통 2행정 공랭식 가솔린기관에 식공굴용 날을 붙인 것이다. 식혈기에는 1인용과 2인용이 있으며 원동기부, 동력전달부, 식혈용 날로 구성되어 있다. 중량은 6~13kg 전후로 엔진 배기량은 25~50cc 정도이다.

① 원동기부와 동력전달부

원동기로서는 일반적으로 단기통 2행정 공랭식 가솔린기관이 이용되고 있다. 예취기,

기계톱 등과 겸용하고 있는 것도 있다.

동력전달부는 원동기의 동력을 식혈용 날에 전달하는 부분으로서 원심클러치, 감속장치, 정역회전(正逆回轉)장치, 식혈축 등으로 되어 있다. 감속장치는 보통 웜 기어를 이용하여 경량화시키고 있으나 2인용 기계에는 평기어를 2쌍 이상으로 조합하여 큰 감속비를 얻을 수 있도록 한 것도 있다. 또한 구덩이를 일정 깊이까지 판 다음 식혈용 날을 잡아빼는 작업은 날을 역회전시킴으로써 자동적으로 빠지게 한 장치, 즉 역회전장치를 붙인 것도 있다.

② 식혈날

식혈날은 크게 나누어서 프로펠러(propeller)형, 스파이럴(spiral)형, 포크(fork)형의 3종류가 있다. 프로펠러형은 토양을 느슨하게 만들어서 혼합시키는 것처럼 만들어진 식혈기 전용 날이다. 스파이럴형은 토양 중에서 드릴과 같이 구멍을 파는 동시에 절삭된 토양을 지표면으로 끌어올리도록 만들어져 있다. 식혈굴축에 날이 부착되어 있는 모양에 따라서 단일 스파이럴(single spiral)형, 이중 스파이럴(double spiral)형 및 그 변형이 있다.

포크형은 그림에 나타난 바와 같이 토양 중 나무뿌리를 절단하는 데 중점을 두어 만들어진 것이다. 현재에는 스파이럴형이 많이 이용되고 있다. 식목용의 구덩이 직경은 날의 크기에 좌우되는데 그 크기는 약 100~250㎜ 정도이다.

(4) 가지치기기계

① 원형톱 방식

등짐식 예취기의 엔진유니트를 이용한 것으로서 직경 15㎝ 이하의 둥근 톱날을 부착하여 가지를 절단하는 방식으로, 농용으로 보급된 예취기를 이용할 수 있으나 둥근 톱날의 특성상 자루의 길이를 길게 할

[그림 9-8] 식혈기를 이용한 식혈작업

수 없고 손잡이 부분에 톱날을 부착한 형태로서 높은 가지는 사다리나 등목용 작업도구를 이용하여야 작업이 가능하다.

② 소형체인톱 방식

예취기의 엔진을 동력원으로 하여, 알루미늄이나 경량소재로 만든 자루를 부착하여 소형체인톱을 끝부분에 부착하여 가지를 절단하는 기종이다. 이 기종은 이태리, 일본, 독일, 미국 등의 체인톱 제작회사가 개발 보급하고 있는 기종으로 손잡이 끝에 엔진이 직결된 형태와 엔진부가 등짐식으로 된 형태가 있다.

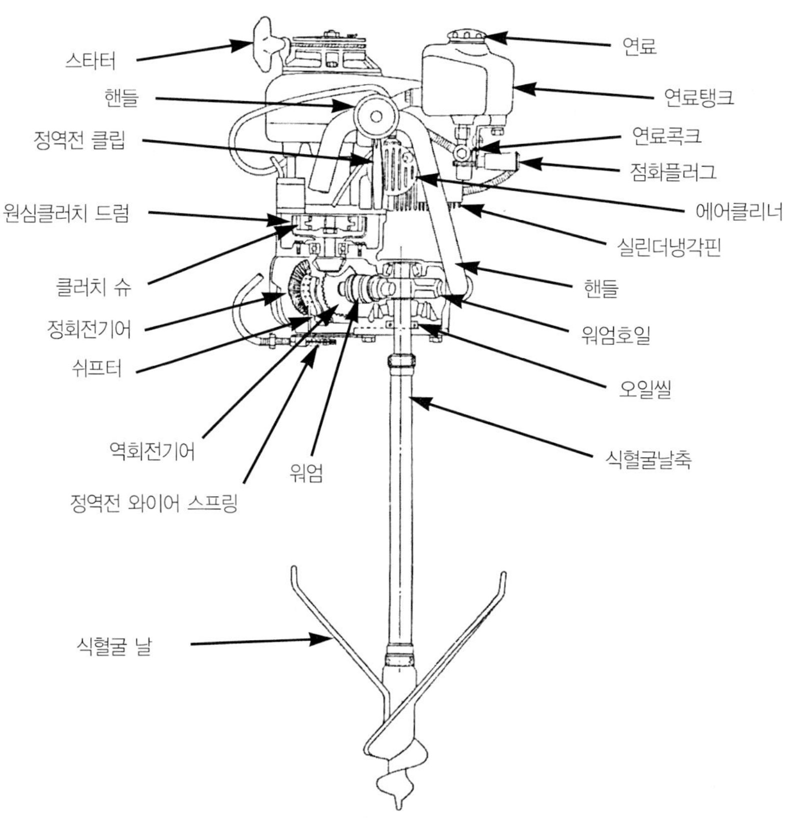

[그림 9-9] 식혈기의 구조

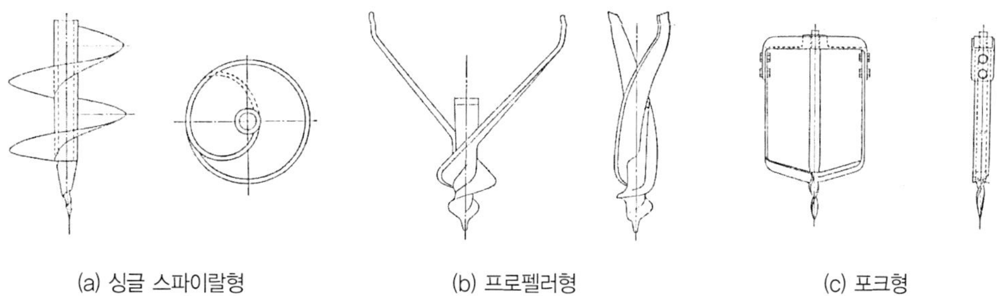

[그림 9-10] 식혈날의 종류와 형태

③ 전단방식

동력원으로 압축공기, 유압 등을 이용하여 전정가위식 가지절단기를 이용하는 방법으로 동력원을 소형엔진에 공기압축기나 유압펌프를 부착하여 등짐식으로 등에 짊어지고 사용하는 기종이 있다. 최근에는 소형모터를 이용한 방식으로 소형 경량화하여 운반과 작업이 용이하도록 개량된 것이 개발되어 있다.

④ 자동수간 상승방식

임목수간에 설치하여 자동으로 임목의 수간을 상승·하강하면서 가지치기 작업을 실시하는 기종으로서 2~4마력급의 소형엔진을 탑재하였다. 수간을 상승할 수 있도록 고무바퀴가 수간부에 밀착하면 장비전체가 나선식으로 수간을 감싸고 상승하며 부착된 체인톱이 자동으로 가지를 절단한다.

가지치기의 높이조정은 미리 설정한 높이에서 자동적으로 상승을 멈추게 하

[그림 9-11] 자동수간 상승식 가지치기기계(자동지타기)

거나 리모콘으로 원격조정하는 방법이 있다. 자동지타기는 한 사람이 복수의 기계를 운전할 수 있고, 리모콘 방식은 끊기다 만 가지가 있을 때 즉시 대처가 가능하다.

9.3.2 차량형 임업기계

(1) 집재차량

임업용으로 개발된 집재트랙터를 흔히 스키더(skidder)라고 부르며, 벌도된 목재를 윈치 등의 장비로 견인하여 집재 또는 소운반하는 차량을 의미한다. 임업용 트랙터로 생산된 것은 후면에 견인 윈치 또는 그래플(grapple)이 장착되어 있으며, 이와는 달리 비교적 소형의 적재형 목재운반차는 소형운재차 또는 임내작업차라고도 하며, 보통 집재차로 총칭한다.

1) 궤도형 집재차량

궤도형 집재차량은 그림 9-12와 같이 토공용 불도저의 뒷부분에 집재용 윈치(winch) 등의 임업용 작업기를 부착한 것이다. 임업전용은 견인작업, 경사지 주행에 사용하는 것이 많기 때문에 토공용에 비하여 중심위치는 약간 앞에 배치한다.

[**그림 9-12**] 궤도형 집재차량

2) 차륜형 집재차량

대부분의 임업용 차륜형 집재차량은 선회성, 부정지 주행성에 유리한 차제굴절구조를 채용하고 있으며, 후면부에 목재를 견인할 수 있는 집게 또는 윈치를 부착하고 있다.

(2) 적재집재차량

적재집재차량(forwarder)은 목재를
적재함에 탑재하고 작업로 및 임지상을
주행하여 임도변의 집재장까지 반출하
는 차량을 총칭한다. 여기에서 적재집
재차량은 일반적으로 소형집재차(소형
목재운반차, 임내작업차)도 포함하고 있
으며 대부분의 기종이 적재용 크레인

[그림 9-13] 차륜형 집재차량

(crane) 및 윈치(winch)를 갖추고 있다. 차륜형(3륜형, 4륜형, 다륜형)과 궤도형으로 구분되
며, 10~30PS 정도의 가솔린기관, 디젤기관을 탑재하며 적재량은 1톤 미만의 것이 많다.

1) 궤도형 적재집재차량

궤도형 집재차량(Crawler forwarder)은 주로 간벌재를 중심으로 하는 중·소경재의 집
재에 이용된다. 접지면적이 크고 접지압이 작고 조향은 클러치방식을 채용하고 있으므로
회전반경이 대단히 작다. 차체는 비교적 작고, 기관출력 10PS 이하도 있다. 차륜형에 비
하면 주행속도가 늦어 단거리 집재에 사용한다.

[그림 9-14] 궤도형 적재집재차량

2) 차륜식 3륜형 적재집재차량

3륜식 적재집재차량은 부정지에 강하고 회전반경이 작다. 간벌재를 중심으로 하는 중·

소경재의 반출에 적합한 목재운반차로
서 뛰어나다.

등판가능한 경사는 20°정도까지이며
적재 시의 하향경사에서 안정성이 약간
부족하다.

3) 차륜식(4륜형, 다륜형)적재집재
차량

[그림 9-15] 차륜식(3륜형) 적재집재차량

4륜형 적재집재차량은 간벌·택벌림에서의 중·소경재의 반출을 위하여 개발된 것으로 어느 정도 임내를 주행할 수 있도록 부정지 주행성능이 중시되어 있다. 등판 및 연약지반에 좋은 능력을 발휘할 수 있다. 회전반경은 약간 크지만 4륜 조정장치를 부착하여 회전반경을 작게 한 기종도 있다. 적재 시에는 횡방향의 안정각이 작다.

[그림 9-16] 차륜식(4륜형, 다륜형) 적재집재차량

[그림 9-17] 궤도식 연결형 적재집재차량

4) 궤도식 연결형 적재집재차량

타이어바퀴식보다 비교적 등판력이 우수한 크롤러 차량을 직렬로 2개 이상의 차제 구성요소로 연결하여 험한 지형에서의 선회성, 안정성, 등판력을 향상시킨 장비이다. 포워더의 경우 자체 중량이 5톤 정도이고, 바퀴는 발포성 프라스틱으로 제작된 타이어에 철제트

랙을 장착하였으며, 적재 중량이 5톤으로 크레인을 탑재하고 있고 속도는 시속 6.5㎞ 이하이다.

(3) 벌도집적기

벌도집적기(feller buncher)는 벌도(felling)와 집적(bunching) 2개의 공정을 행하는 기계로서 임목을 벌도하여, 다음 공정인 스키더 등에 의하여 집재의 편의상 벌도목 집적까지 한다. 기본 차량으로는 차륜식과 궤도형 차량에 너클붐(knuckle boom, 2개의 붐이 접합점에서 굴곡하는 구조의 붐)의 선단에 벌도를 행하는 머리부를 장착하고 있는 너클붐 장착형과 차량 앞부분의 프런트 암에 펠링헤드를 부착한 펠링암(felling arm) 장착형이 있다.

머리부의 구조는 목재를 절단하는 방식으로부터 2매 1조의 가위모양 절단기(shear)에 의하여 목재를 절단하는 구조와 기계톱(chain saw) 및 회전톱(disk saw, 주위에 톱날이 있는 원반을 회전시켜서 절단하는 방법)에 의하여 절단하는 것이 있다.

벌도집적기의 본체는 전용으로 제조되어진 기종도 있지만 너클붐 장착형의 경우에는 굴삭기의 차체와 붐(boom)을 그대로 이용하는 것도 많다. 장착형의 벌도기는 서블로더(shovel loader) 및 로그로더(log loader)와 동일한 차체를 이용하는 것도 있다.

[그림 9-18] 벌도집적기

절단기의 최대 절단크기는 직경 40~50 cm, 작업기 중량 2톤 이하의 것이 많고 회전톱에서는 직경 50 cm 이상, 2톤 이상의 비율이 높다. 절단기는 구조적으로 단순하며 유지관리에 용이하지만 목재에 손상을 입히는 경향이 있다. 회전톱에서는 많은 유량이 발생하는 유압펌프가 필요하지만 높은 절단성을 가지고 있어 그 사용비율은 점점 높아지고 있다.

(4) 벌도조재기

벌도조재기(harvester)는 수확기계로서 벌도기와 조재기를 합친 기능을 가지고 있으며 입목의 벌도에서부터 가지치기, 통나무 자르기 등의 조재까지를 일괄하여 실행하는 종합적 다공정 처리기계이다. 그 중에서 스스로 생산한 원목을 임도까지 운반하는 것도 있다. 주로 침엽수의 개벌 및 간벌의 단간재 집재작업에 이용되며 적재집재차량과 조합을 이루어 작업을 많이 한다.

[그림 9-19] 벌도조재기

대형기계로 값이 비싸지만 벌채에서 원목생산까지의 모든 작업을 1인이 실시하므로 작업능률은 대단히 높다. 대개 1시간당 50~100개의 입목처리능력이 있으며 기계톱에 의한 벌목조재작업에 비하여 20배 이상의 능률을 올릴 수 있다. 벌도조재기는 다음 두 종류의 방식이 이용되고 있다. 하나는 벌도절단기와 조재절단기의 2개 절단기를 탑재하는 방식(two-grip harvester)인데, 벌도절단기에 의하여 벌채된 목재는 곧바로 인접하는 조재절단기로 이동되어 가지치기, 통나무자르기가 실시된다. 조재절단기 작업 중에 벌도절단기는 이미 다음의 입목을 벌채한다. 다른 하나는 벌채, 통나무자르기, 가지치기의 작업을 동일한 절단기로서 행하는 방식(single-grip harvester)이다. 벌도기와 같이 그래플형 절단기로서 근주를 벌채한 후 그대로 나무를 옆으로 뉘여서 절단기로 조재를 행한다.

(5) 조재기

조재기(processor)는 산지집재장에 집적된 목재의 가지치기와 통나무자르기 기능을 구비한 조재전문 임업기계이다. 벌도기와 집재차량의 조합으로 대규모 사업지에서 또는 타워 부착 집재기와의 조합으로 급경사지에서도 작업능력을 발휘한다.

구조적으로는 너클붐(knuckle boom)과 스트레이트붐(straight boom, 축방향으로 신축구조를 갖는 붐)식으로 구별한다. 가지치기는 롤러(roller) 등으로 보낸 나무를 절단날(knife, 칼의 날로 절단하는 방식)로 행하며 통나무자르기는 작업능률이 좋은 기계톱 또는 회전톱으로 하며, 북미의 대규모 전목집재작업에 이용된다. 캐나다에서는 장재(長材) 그대로 공장까지 운반하는 경우가 많고 가지치기기능을 주체로 한 조재기를 딜림버(delimber, 가지치기 전용기계)라고 한다.

[그림 9-20] 조재기

[그림 9-21] 단축식 트랙터

또한 가지치기가 끝난 전간재를 자르거나 집적을 행하는 기계를 그래플 톱이라 한다. 차량식이므로 기동성이 높고 벌채지가 몇 개소에 분산되어 있어도 효율적으로 사용할 수 있다. 또한 벌채지 가까이까지 가서 작업할 수 있으므로 산림으로부터 가지를 반출하지 않는 특징을 지니고 있다.

(6) 단축식 트랙터

단축식(段軸式) 트랙터는 타이어 바퀴식 장비로서 경사지 사면을 주행할 때 차체를 수평으로 유지하기 위하여 자동 또는 수동으로 전후·좌우 바퀴의 높이를 변화시켜 항상 수평을 유지할 수 있도록 함으로써 차체의 무게중심을 이동시켜 경사지에서도 주행이 가능한 장비이다.

(7) 무게중심 이동형 차량

보통 토양조건의 산지에서 크롤러바퀴식 차량의 등판한계는 40% 정도이나 엔진을 차체 하부에 위치시켜 차체의 무게중심을 낮게 하고 운전자가 위치한 캐빈 부분을 항상 수평으로 유지시키고 선회가 가능한 캐빈부에 부착된 크레인이 암(arm) 부분의 무게중심을 이동시

[그림 9-22] 무게중심 이동형 차량

[그림 9-23] 보행형 차량기계

켜 트랙 부분의 접지압이 균등하게 분포될 수 있도록 개발된 기종이다. 경사지에서의 주행성과 안정성이 매우 좋으므로 주로 임목벌채작업에 활용되고 있으며, 17~23톤 정도의 대형장비로 등판한계는 50%로서 중경사 지역에서도 벌목작업이 가능한 크롤러바퀴식 차량이다.

(8) 보행형 차량기계

스위스 알프스 지역의 경사지에서 토목공사용으로 개발된 보행식 굴삭기는 일반 굴삭기와는 달리 주행장치로서 차체 후부의 신축식 지지대를 이용하며, 이를 이용하여 하부차체의 수평을 유지할 수 있는 장비이다.

경사지에서의 이동은 신축식 지지대와 신축식 붐으로 차체를 밀어서 수평을 유지하고 이동할 수 있으며, 경사도 70%의 지형에서도 임목벌채가 가능한 장비로서 임내에서의 이동은 느리지만 급경사지에서도 작업이 가능하다. 부착가능한 작업기는 임목 벌도장치인 펠러번처, 풀이나 지면의 식생 제거를 위한 풀깎기 작업기(flail mower), 콘테이너 묘목을 심기 위한 구덩이 파는 식혈장치 등의 조림무육용 작업기가 있다. 또 경사지의 토목공사를 할 수 있도록 착암기, 램머, 콘크리트 펌프 등 토목용 작업기를 부착할 수 있는 기본 장비이다.

9.3.3 가선형 임업기계

(1) 가선형 임업기계에 사용되는 요소

1) 와이어로프

① 각부의 명칭

와이어로프는 경강선재(輕鋼線材)를 열처리한 후에 신축가공하여 소정의 인장강도를 가진 와이어를 만들어 이것을 꼬아 합쳐 만든 것이다. 그림 9-24에서 전체를 와이어로프라고 하며 중심에 들어 있는 마강(麻鋼) 또는 합성섬유를 심줄(心鋼), 심줄의 주위에 6개(표준의 경우)가 꼬아 합쳐져 있는 것을 스트랜드(strand)라고 한다. 그림 9-24의 (a)는 스트랜드를 구성하고 있는 강선 와이어이다.

[그림 9-24] 각부의 명칭

그림 9-24의 (b)는 스트랜드에 스트랜심이 없는 것을 나타내며 (c)와 같이 중심에 심줄 대신 스트랜드와 동일한 것이 있는 것을 스트랜심, 또한 (d)와 같이 중심에 심줄 대신 와이어로프가 들어 있는 것을 와이어로프심이라 한다.

② 보통꼬임과 랭꼬임 로프

와이어로프의 꼬임과 스트랜드의 꼬임방향이 반대로 된 것을 보통꼬임이라 하며 동일방향으로 된 것을 랭꼬임(lang's lay)이라고 한다. 또한 와이어로프의 꼬임방향에 의하여

(a) 보통 Z 꼬임　　(b) 보통 S 꼬임　　(c) 랭 Z 꼬임　　(d) 랭 S 꼬임

[그림 9-25] 와이어로프의 꼬임

좌꼬임과 우꼬임으로 구별되지만 좌꼬임, 우꼬임에서는 혼돈이 발생되기 쉬우므로 현재는 Z꼬임, S꼬임이라고 한다. 일반적으로 와이어로프의 꼬임방향은 Z꼬임이 표준이며 특별한 용도의 경우에는 S꼬임이 사용된다. 보통꼬임 로프는 랭꼬임 와이어로프에 비하여 마모의 정도는 크지만 킹크(kink, 뒤틀리고 엉키는 현상)가 잘 발생되지 않고, 취급에 용이하므로 일반적으로 보통꼬임 와이어로프가 사용된다.

랭꼬임 로프는 무리한 꼬임방법으로 반발성이 강하고 취급하기 어렵지만 마모가 적고 유연성도 좋다. 랭꼬임 로프는 킹크가 발생되기 쉽고 와이어로프의 양끝이 자유롭게 회전하기 어려운 장소 및 와이어로프가 느슨해지지 않는 장소에서 사용된다. 보통꼬임은 취급이 편리하므로 작업용줄에, 랭꼬임은 주케이블과 같이 고정된 경우에 적합하다.

③ 와이어로프의 강도

와이어로프는 동일직경, 동일구성의 것이라도 그 용도에 따라 적절한 강도의 것을 사용할 수 있도록 KS에서 동일직경, 동일구성의 와이어로프에 대하여 강도를 구분하고 있으며, 일반적으로 사용되는 주 케이블과 작업 케이블의 강도 및 단위 길이당 중량은 표 9-3과 같다.

[표 9-3] 와이어로프의 강도(상단)와 단위 길이당 중량(하단)

구　　분		와이어로프 직경(mm)											
		8	10	12	14	16	18	20	22	24	26	28	30
주케이블용	ton	3.9	6.1	8.7	11.8	15.5	19.6	24.2	29.3	34.9	40.9	47.5	54.5
A종 (6*7)	kg	0.237	0.370	0.533	0.725	0.947	1.20	1.48	1.79	2.14	2.50	2.90	3.33
작업케이블용	ton	3.5	5.5	7.9	10.8	14.1	17.8	22.0	26.6	31.7	37.2	43.2	49.5
A종 (6*19)	kg	0.234	0.364	0.524	0.715	0.934	1.18	1.46	1.77	2.10	2.47	2.86	3.29

2) 반송기

 가선집재시스템은 집재기의 제원 혹은 특성에 따라 설치 및 작업 방식이 달라질 수 있다. 한편 반송기의 종류에 따라 집재시스템의 작업형태가 달라질 수 있으므로 가선집재시스템의 설계 시 해당 집재시스템의 반송기 종류가 중요한 고려인자가 된다. 반송기의 종류는 집재기와 마찬가지로 제조회사에 따라 그 형태가 다양하여 여러 관심에서 분류할 수 있다. 여기서는 Session(1985)이 기계식 반송기(mechanical carriage)들을 원리적 측면에서 분류한 결과를 요약하기로 한다.

[표 9-4] 반송기 형태별 특성비교

반송기의 유형	중력식		슬랙라인		러닝 스카이라인	
	비 슬랙풀링	슬랙풀링	비 슬랙풀링	3드럼식 슬랙풀링	비 슬랙풀링	슬랙풀링
내부 드럼수	0	1	0	3	0	3
쵸커라인 길이	조정가능	조정가능	고정	조정가능	고정	조정가능
클램핑	불가능	가능	불가능	불가능	불가능	불가능
아웃홀(outhaul) 장치	중력이용	중력이용	슬랙라인	슬랙라인	되돌림줄	되돌림줄

 반송기의 종류는 주행방식에 의하여 중력을 이용하는 중력식 반송기(gravity carriage), 슬랙라인의 장력을 이용하는 슬랙라인(slackline)반송기 그리고 되돌림줄을 이용하는 러닝 슬랙라인(running slackline)반송기의 3가지로 분류할 수 있으며 그 내용은 다음과 같다.

① 중력식 반송기

 상형집재에만 사용할 수 있는 반송기로 스탠딩 스카이라인(standing skyline)이나 라이브 스카이라인 시스템(live skyline system)에 이용되며, 반송기의 상향이동에는 당김줄(mainline)의 장력을 이용하지만 하향이동 시에는 중력을 이용하는 반송기의 형태이다. 그 종류에는 짐올림줄이 반송기에 고정되어 있어 그 길이를 조절할 수 없는 형태의 고정올림줄식 중력반송기(그림 9-26a)와 짐올림줄이 당김줄에 연결되어 있는 형태로 쵸커맨이 짐올림줄을 수동으로 끌어당겨서 길이를 조절할 수 있는 가변올림줄식 중력반송기(그림 9-26b) 및 자체의 동력장치로 짐올림줄을 감거나 풀 수 있는 자주식 가변올림줄 중력반송기(그림 9-26c)가 있다. 대개 가변올림줄식은 자동 혹은 수동식의 죔쇠장치가 구비되어 벌도목을 반송기에 매달거나 횡취할 때 반송기가 가선에 고착되어 안정된 작업이 가능하다.

② 슬랙라인 반송기

이 반송기는 슬랙라인시스템에 이용되는 것으로 슬랙라인이 부착되어 있어 당김줄과 슬랙라인의 장력을 조절함으로써 이동이 가능하다. 슬랙라인 반송기에는 ① 짐올림줄이 반송기에 고정되어 있는 고정올림줄식(그림 9-26d)과 ② 두 선의 당김줄과 1개의 짐올림줄이 반송기 내의 드럼을 통하여 연결되어 두 당김줄의 장력을 조절함으로써 기계적으로 짐올림줄을 감아올리거나 내릴 수 있도록 설계된 가변올림줄식 슬랙라인 반송기(mechanical slackpulling slackline carriage)가 있다. 가변올림줄식의 경우 가선에 반송기를 고착시키는 쬠쇠기능은 되돌림줄과 당김줄의 평형장력에 의하여 가능하다.

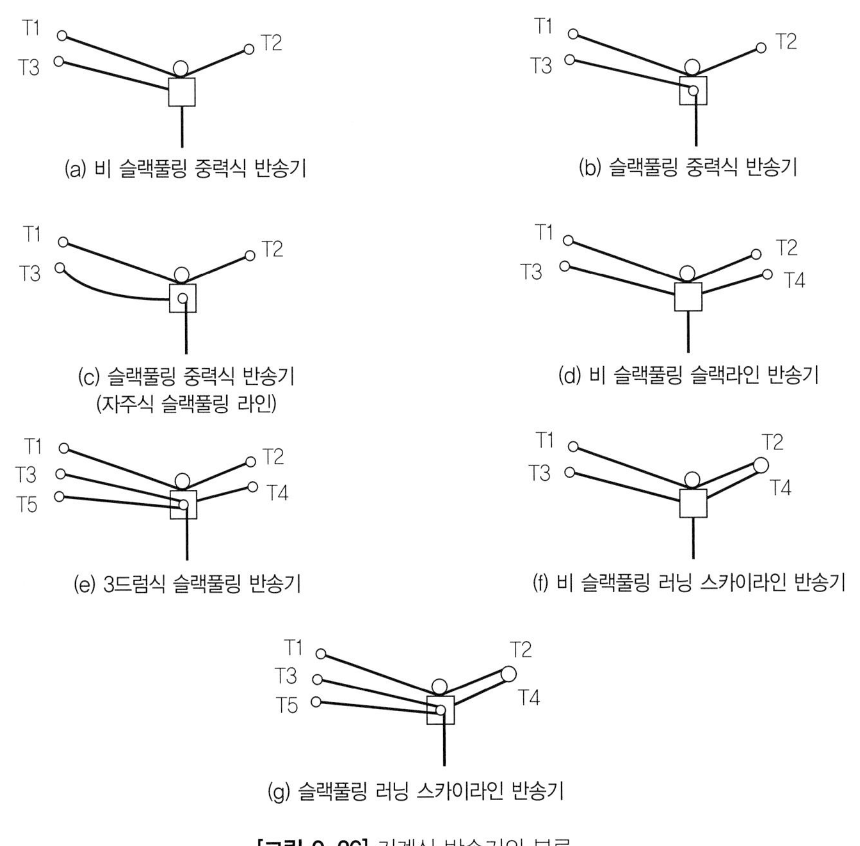

[그림 9-26] 기계식 반송기의 분류

③ 러닝 스카이라인 반송기

러닝 스카이라인 반송기에 사용되는 반송기로서 짐올림줄이 반송기에 고정되어 있는 고정올림줄식 러닝 스카이라인 반송기(그림 9-26f)와 2개의 당김줄의 장력을 조절함으로써 짐올림줄을 감아올리거나 내릴 수 있도록 되어 있는 가변올림줄식 러닝 스카이라인 반송기(그림 9-26g)가 있다. 러닝 스카이라인 반송기들의 형태 및 작동방법은 위에 설명한 슬랙라인 반송기와 유사하다.

④ 자주식 반송기

엔진과 주행장치, 짐매달음 드럼을 반송기 내부에 설치하고 가선상을 자주식으로 주행하는 집재용 기계로서 주로 인공림의 간벌·택벌 등의 소면적 집재용으로서 곡선집재용과 직선집재용 등이 있으며, 각각 수동조작식과 무선조작식이 있다. 자주식 반송기의 능력은

[그림 9-27] 자주식 반송기

케이블이 수평상태 시의 반송능력으로 나타내며 그 능력은 2,000N부터 19,000N까지이다. 자주식 반송기는 동력장치, 주행장치, 짐올림장치 및 조작장치로 구성되며 1개 또는 2개의 와이어로프로 집재작업이 가능하다. 특징은 가선설치와 운전이 간단하지만 주행속도에 한계가 있어 장거리 집재에서는 능률이 떨어진다는 점이다.

3) 지주 및 중간지지대

가선을 활용한 집재작업은 와이어로프를 지지할 수 있는 지주목이 필요하며, 일반적으로 주 케이블이 통과하는 지주목 중에서 집재기에 가까운 쪽을 머리기둥(元柱, head spar), 집재기에서 먼쪽을 뒷기둥(先柱, tail spar)이라고 한다.

또한 집재거리가 긴 작업지의 경우 주케이블의 처짐을 방지하기 위하여 중간지지대를 설치하여 다지간(多支間, multi span)작업을 하여야 한다. 다지간작업을 실시할 경우에는 지주목으로 사용될 입목을 미리 선정하여 이용하거나, 적당한 입목이 없을 경우에는 철재나 벌목한 전간재 등을 이용하여 인공지주를 설치하여 이용한다. 그림 9-29는 중간지지대의 여러 형태를 나타낸 것으로 선정된 입목의 크기나 가선의 배치형태, 집재방법에 따라 선택한다.

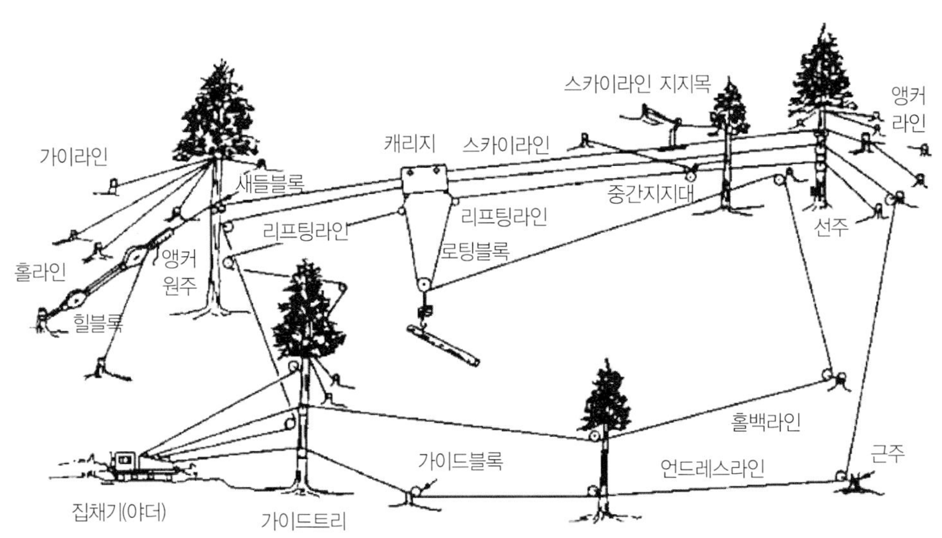

[그림 9-28] 가선집재시스템의 각 요소별 명칭(엔들레스 타일러방식)

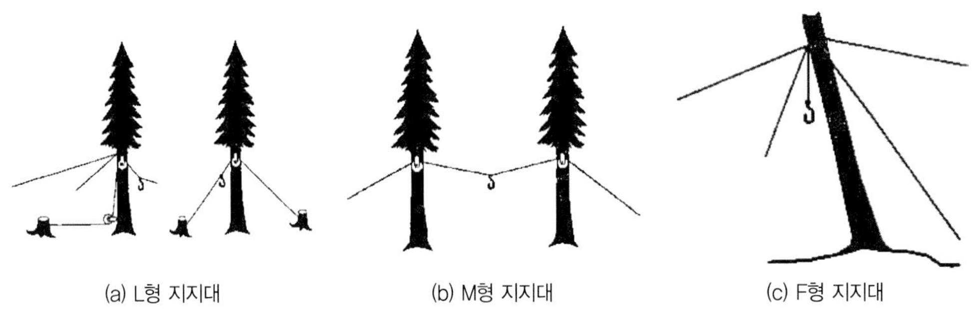

[그림 9-29] 여러 형태의 중간지지대

4) 집재기

① 집재작업과 고정식 집재기

산림 속에 산재하여 있는 수확된 목재 또는 용도에 맞는 크기로 조재된 목재를 임도(林道) 부근으로 모으는 작업을 집재(集材) 또는 집재작업이라 한다. 목재 자체가 크고 무겁기 때문에 우리나라와 같이 경사가 급하고 복잡한 지형에서는 목재반출공정 중 집재작업이 노동력을 가장 많이 필요로 한다. 집재기는(yarder)는 원동기, 전동장치, 권취드럼(winding drum)을 갖추고 있고, 권취드럼의 회전에 의하여 조작되는 와이어로프(wire rope)를 이용하여 집재작업을 하는 기계라고 할 수 있다. 따라서 그 원리는 건설용의 윈치(winch)와 다르지 않으나 집재 목적을 위하여 이동

[그림 9-30] 고정식 집재기

성 밧줄감기성능 및 제동성능 등이 높은 것이 특징이다. 집재기를 이용하여 집재하는 것을 집재기 집재라고 한다. 집재기 집재에는 집재기 본체 외에 와이어로프, 운반기구, 지주 등으로 구성된 각종 케이블 설치방식을 채용한 로프장치가 필요하며 이를 넓은 의미에서의 집재기 또는 기계집재장치라고 한다. 또한 집재기 집재에서 이러한 로프장치 쪽에 중점을 둔 로프 집재도 많이 이용된다.

중부유럽형 집재기는 거의 대부분 썰매형의 받침대에 탑재되어 있고, 일본에서 널리 쓰이는 일반집재기도 마찬가지 형태지만 일본형 썰매식 집재기는 2~4개의 드럼을 장비하고 있어 다양한 가선방식을 적용할 수 있다. 그러나 유럽형은 1개의 드럼을 장착하여 주로 중력식 집재에 사용하는 것이 차이점이라 할 수 있다.

② 타워 집재기

이동식 타워형 집재기(cable crane, mobile tower yarder)는 앞기둥 대신 차륜식 또는 궤도식 전용 차량에 타워가 탑재되어 자주식 또는 견인되는 형식이 많으며, 소형기종에는 농용 소형트랙터에 직접 장착하는 것도 있다.

작은 것은 소형트랙터에 1~2개의 드럼을 장착한 것에서부터 큰 것은 임내작업차 또는 트럭에 타워를 부착한 형태까지 다양한 종류가 있다. 이동식이므로 기동성이 좋고 비교적 작은 집재면적에 대하여 간단한 설치 및 철거로 집재할 수 있는 특징을 가지고 있다. 타워 집재기는 급경사지용으로 적합하며 집재형태는 임도에서 상향집재에 많이 이용된다.

타워 집재기(tower yarder)의 크기 및 형태는 여러 종류가 있지만 기본적으로는 차량부, 집재기부, 타워부, 아우트리거(outrigger)부 등으로 구성된다.

차량부는 트럭 적재형 및 차륜형, 궤도형의 자주식 및 견인식이 있으며, 집재기부는 주로 2~3동형으로 유압구동이다. 원동기는 전용 디젤엔진과 PTO 방식이 있다.

타워부는 높이 7~10m로서 절곡식과 신축식이 있으며 조작은 유압식이다. 타워기부에는 고정줄 텐션 윈치가 설비되어 있다. 아우트리거부는 하중을 받을 때에 기체를 안정하게 하기 위하여 아우트리거를 2~4개 설비하고 있다. 조작은 유압식 또는 수동식이다. 집재거리는 150~400m 정도이며 작업방법으로는 스카이라인 방식, 러닝 스카이라인 방식 등을 적용할 수 있으며 하향집재 및 상향집재가 가능하다.

[그림 9-31] 타워 집재기(임내작업차 탑재형)

주·간벌에도 사용할 수 있으며 대형기계는 전목집재에 중·소형기계는 간벌 및 택벌의 단간집재에 적합하다. 기종에 따라서 크기, 중량, 집재능력 및 가격의 차이가 있으므로 ① 임지경사의 상황, ② 임도의 현황과 앞으로의 정비 현황, ③ 임도 및 작업도의 규격, 지반의 안정도, ④ 사업의 계속성, ⑤ 벌출되는 수종, 크기, 1벌구당 면적 및 벌출량 등에 유의한다.

③ 소형원치 집재기

엔진과 와이어로프 드럼으로 구성된 소형 원치(potable winch)로 임내에서 소집재 등 다른 장비의 보조적 역할을 하는 경우가 많으며 한 사람이 운반할 수 있는 기종이 많고, 무선(리모콘)으로 조작가능한 기종도 있다.

[그림 9-32] 소형 2드럼 케이블원치

9.3.4 산림바이오매스 에너지생산기계

산림바이오매스는 임목수확작업 중 산업용재나 원목을 생산하는 과정에서 부수적으로 발생하는 소경목, 지엽, 초두부 등을 일컫는다. 외국의 경우에는 이러한 산림바이오매스와는 별도로 에너지원으로 활용하기 위하여 조성한 속성수인 포플러, 버드나무, 아카시나무, 자작나무, 유칼리나무 등을 2~5년의 단벌기로 고밀도 맹아림을 조성한 후 수확하여 에너지원으로 활용하고 있다. 이런 목질 에너지원을 생산·가공·이용하기 위한 신개념 임업기계들이 사용되고 있다.

(1) 에너지용 속성수 조성 및 수확기계

단벌기의 고밀도 맹아림을 조성하여 에너지원으로 활용하는 시스템은 현재 임업 선진국에서 실제 활용되고 있는 에너지 이용시스템이다. 주로 속성수를 대상으로 삽목하는 방식으로, 대부분이 농업용 기계를 그대로 활용하거나 일부 변경하여 사용하고 있으며 최근에는 속성수 수확전용 장비들이 개발되어 현장에 적용되고 있다. 속성수 수확 이용시스템의 공정은 이식, 방제, 수확, 가공 등으로 일반 농작물의 생산체계와 유사하다.

1) 에너지용 속성수 이식용 기계

속성수 이식에 사용되는 기계는 크게 스텝 이식기(step planter) 방식과 레이-플랫 이식기(lay-flat planter) 방식 두 가지로 나눌 수 있다. 현재 일반적으로 가장 많이 사용되고 있는 스텝 이식기는 1.5~2.5 m 정도의 속성수 수간을 이식기에 공급하여 18~20 cm 정도

(a) 스텝 이식기

(b) 레이-플랫 이식기

[그림 9-33] 에너지용 속성수 이식기

의 삽수형태로 절단하여 수직방향으로 토양에 이식하도록 고안되어 있다. 레이–플랫(lay–flat)형 이식기는 1.5~2.5m 정도되는 속성수 수간 자체를 2~8cm 깊이로 만든 고랑에 수평으로 놓아 각각의 속성수 수간 끝부분들이 살짝 겹치도록 배열한 다음 흙으로 덮도록 하는 방식의 이식기이다. 이 방식은 고랑 사이의 간격은 조절할 수 있으나 이식된 속성수 수간에서 나오는 맹아들이 불규칙하게 나오는 습성이 있어 밀도를 정확하게 조절하기 어려운 단점이 있다. 현재 속성수 삽수의 표준 이식밀도는 ha당 약 15,000본 정도의 삽수를 이식하도록 되어 있으나, 생산되는 목재칩의 질을 높이기 위하여 12,000본/ha을 가장 이상적인 이식밀도로 하고 있다.

2) 에너지용 속성수 수확기계

조성된 단벌기 속성 맹아림을 수확하여 에너지로 이용하려면 재배지에서의 수확과 가공이 필요하게 된다. 최근에는 속성수를 수확 현장에서 목재칩형태로 가공하는 전용장비가 개발되어 있으며 일부 옥수수 수확기와 같은 농업기계를 그대로 활용하거나 일부 구조변경을 하여 수확에 직접 이용하고 있다.

[그림 9-34] 에너지용 속성수 수확기

(2) 산림 내 목질부산물의 수확 및 가공기계

임내 폐잔재를 수집 활용할 경우 장점으로는 폐잔재를 임내에 방치하면 산불 위험성이 높으므로 위해요소를 제거하고, 조림대상지에서는 폐잔재를 제거하여 조림예정지 정리작업을 겸할 수 있으며, 병충해 발생가능성을 감소시켜 임지의 건강도를 증진시키는 데 있

[그림 9-35] 벌도기능을 가진 칩하베스터

다. 일반적으로 벌채작업은 임지의 무육을 위한 간벌, 수종갱신을 위한 주벌, 병충해 피해목의 벌채 등을 위하여 실시한다.

바이오매스를 연료나 산업용 자료로 활용하는 경우 운반과 취급이 용이하도록 폐잔재를 일정한 크기의 칩이나 톱밥 등으로 가공하며, 주로 연료용으로 활용하는 경우에는 연료칩이나 펠렛으로 가공한다. 칩핑작업은 일반적으로 임목수확작업 과정의 어느 단계에서나 이루어질 수 있지만 벌채 현장 내에서 이루어지는 치핑(terrain chipping)과 칩을 사용하는 최종 장소에서 대형치퍼를 이용하여 치핑하는 것이 효율적인 방법이다.

보통 현장에서는 칩하베스터를 이용하는데 이는 포워더 등의 장비에 드럼식 또는 디스크식 치퍼를 탑재하고 분쇄된 칩을 담을 수 있는 콘테이너를 탑재하고 있다. 또는 칩의 운반만을 전담하는 대형 칩운반트럭이 칩하베스터가 생산한 칩을 현장에서 담아서 저장시설이 있는 집재장이나 발전시설이나 난방용 보일러가 위치한 히팅플랜트까지 운반한다. 대형 발전시설이 위치한 곳은 일 년에 수만 대의 칩운반트럭이 운행하므로 차량의 안전한 운행과 대기시간이 없도록 세심한 운행관리가 필요하다.

치퍼의 종류에는 소형치퍼, 자주식, 트랙터 견인식 등이 있지만 보통 대형치퍼를 이용할 경우에는 폐잔재를 자체에 탑재된 너클붐 크레인으로 치퍼의 피드롤러에 지조물을 공급한다. 이러한 바이오매스의 이용은 치핑비용뿐만 아니라 운반을 위한 물류비용이 큰 비중을 차지하므로 비교적 가까운 거리에 최종 수요처가 위치하여야 유리하다.

때로는 밀도가 낮은 칩 또는 폐잔재를 압축하여 운반함으로써 운반효율을 높일 수 있는 장비 등을 이용하여야 한다.

이런 장비는 포워더 등에 탑재하여 작동하는데 폐잔재를 압축하여 길이 3m로 절단하여 끈으로 묶어 크레인 등으로 취급이 용이하도록 하는 장비로서 집재장에서는 0.4~0.7톤 정도의 폐잔재 묶음을 시간당 약 20~30개 정도 처리할 수 있는 장비이며, Timber Jack, Ponsse 등의 임목수확장비 제조회사에서 생산되고 있다.

[그림 9-36] 임지잔재의 번들화 기계 및 수집 운송기계

　이러한 기술을 이용하여 수송효율을 높이고 수요처에서 직접 파쇄하여 연료로 이용하고 있으며, 이러한 기술이 가진 장점은 현장에서 칩화할 필요가 없으므로, 이동식 대형 치퍼의 비용이 삭감가능하며, 임지잔재의 번들은 별도의 포장이나 보관함이 필요없이 목재운반용 트럭에 수송할 수 있으며, 목재와 같이 적재할 수 있다. 또한, 번들화한 말목 가지 등은 엽의 증산작용에 의하여 건조가 진행되어 건조에 용이하다.

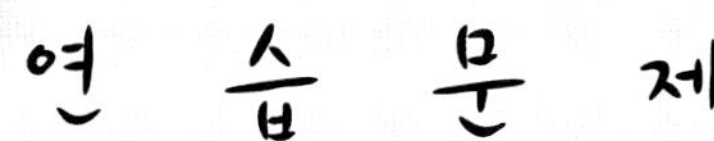

연 습 문 제

9-1　입업기계의 개념과 임업기계화의 목적에 대해 기술하시오.

9-2　산림경영상 임업기계를 구분하고 각각의 대표적인 기계장비명을 기술하시오.

9-3　체인톱의 주요 구성요소를 나열하고 각각의 특성을 설명하시오.

9-4　목재를 수확·수집·운송하는 데 필요한 주요 차량형 임업기계를 제시하고 각각의 특성을 설명하시오.

9-5　가선형 임업기계에 사용되는 요소를 나열하고 특성을 설명하시오.

9-6 산림바이오매스 에너지 생산에 사용되는 임업용 기계를 이용 대상별로 구분하고 각각의
경우에 요구되는 임업기계를 설명하시오.

참고문헌

서승진 외 . 1999. **임업기계화의 방향과 활용**. 산림청.

우보명. 1987. **임업토목공학**. 향문사.

전근우 외 공저. 2004. **산림공학**. 강원대학교 출판부.

정창주 외. 1989. **신고 농업기계학**. 향문사.

한국농업기계학회 편. 1998. **농업기계핸드북**. 문운당.

大河源昭二. 1991. **林業機械學**. 文永堂出版

スリ-エム研究會. 1991. **林業機械ハンドブック. スリ-エム研究會**.

山脇三平. 1980. **林業機械學**. 朝倉書店.

林野廳. 1986. **集材機作業基準・解說-集材機作業要領・解說-**. 林業機械化協會.

Samset, I. 1985. *Winch and cable systems*. Martinus Nijhoff/Dr W. Junk Publishers. 539pp.

Bio-production Machinery Engineering

Chapter **10** 바이오시스템 로봇

01 배경

02 바이오시스템 로봇기술의 생물생산작업 응용

10 바이오시스템 로봇

10.1 배경

10.1.1 로봇의 어원

'로봇' 의 어원은 체코슬로바키아어의 강제노동을 뜻하는 'robota' 이며, 1921년 체코슬로바키아의 극작가 Karel Capek가 그의 풍자적인 희곡 'R.U.R' (Rossum's Universal Robots)에서 처음 사용함으로써 유행하게 되었다.

1950년에 Isaac Asimov가 그의 단편소설 "Runa round"에서 지능 로봇의 3가지 행동양식에 대하여 다음과 같이 기술하였다.

- 로봇은 인간을 다치게 해서는 안 되며, 또한 로봇의 행동이 인간에게 해를 끼쳐서는 안 된다.
- 로봇은 첫 번째 규칙의 범위 내에서 인간의 명령에 복종하여야 한다.
- 로봇은 위의 2가지를 벗어나지 않는 범위 내에서 그 자신을 보호하여야 한다.

이러한 로봇의 행동양식은 로봇기술이 발달할수록 그 의미가 부각될 것이다.

10.1.2 로봇의 정의

로봇은 사전이나 공상과학 등에서 "기계인간"으로 정의되는 경우가 많이 있으나, 기능적인 측면에서 정의할 필요가 있다. 로봇에 대한 사전적 의미는 다음과 같다.

(1) 표준 국어대사전(국립국어연구원)

- 인간과 비슷한 형태를 가지고 걷기도 하고 말도 하는 기계장치 ≒ 인조인간
- 어떤 작업이나 조작을 자동적으로 하는 기계장치
- 남의 지시대로 움직이는 사람을 비유적으로 이르는 말

(2) Webster

- a machine that looks like a human being and performs various complex acts (as walking or talking) of a human being;
- a device that automatically performs complicated often repetitive tasks
- an efficient insensitive person who functions automatically

하지만, 기능적 측면에서의 초기 로봇에 대한 정의는 로봇산업의 태동과 함께 산업용 로봇에 대하여 다음과 같이 정의하고 있는데, 로봇시스템을 개발하고 응용하는 국가별 그리고 조직에 따라 다소 상이한 정의를 내리고 있다.

(3) 산업용 로봇의 정의

① 미국 로봇산업협회(RIA: Robotic Industries Association)의 정의

"A **programmable multi-function** manipulator designed to move material, parts, or specialized devices **through variable programmed motions** for the performance of a variety of tasks."

"다양한 작업수행을 목적으로 **가변적인 프로그램에 의한 구동을 통하여** 부품 또는 특수한 장치를 움직일 수 있도록 설계한 **프로그램이 가능한 다기능** 매니퓰레이터" 로 정의하고 있는데, 다분히 제한적이며 주로 초기 산업용 로봇에 적합한 정의라 하겠다.

② 일본 산업용 로봇조합(JIRA:Japanese Industrial Robot Association)의 정의

"인간의 노동을 대체할 수 있는 모든 장치"로서 다음과 같이 단계별로 구분하여 정의하고 있다.

- **단계 1** : 수작업장치로서 크레인 또는 포크레인과 같이 사람에 의하여 조작되는 다자유도 기계장치.
- **단계 2** : 고정시퀀스 로봇으로서 캠 구동기구 또는 기계적 정지 기구에 의거하여 미리 지정한 작업을 순차적으로 수행하며 작업의 수정이 어려운 자동화 장치.
- **단계 3** : 가변시퀀스 로봇으로서 단계 2와 같은 수준의 로봇으로 작업의 수정이 용이한 로봇.
- **단계 4** : 작업재생(playback) 로봇으로서 작업자가 로봇의 작업단(주로 끝단)을 직접 또는 원격으로 조작하여 지정한 작업을 할 수 있도록 교시하면 각 로봇 관절의 구동량이 저장되고 교시 후에 로봇으로 하여금 이들 저장된 관절 구동량 데이터를 반복적으로 재생시켜 작업하도록 하는 로봇.
- **단계 5** : 수치제어 로봇으로서 작업자의 다양한 구동 프로그램에 의거하여 작업을 수행하는 로봇.
- **단계 6** : 지능 로봇으로서 작업환경을 인식할 수 있는 장치를 구비하고 변화하는 작업환경에 대처하여 작업수행을 수정하는 기능을 갖는 로봇.

여기서 단계 3~5의 범위에 해당하는 로봇은 미국의 로봇산업협회에서 정의하는 로봇과 유사하다고 하겠다.

(4) 한국 표준규격에 의한 정의

"자동 제어에 의한 매니퓰레이션기능 또는 이동기능을 가지며, 각종 작업을 프로그램에 의하여 실시할 수 있고, 산업에 사용되는 기계" 라고 정의한다.

로봇에 대한 여러 형태의 정의를 고려하고 로봇기술의 발전방향을 고려하여 볼 때 로봇의 정의는 보다 포괄적으로 "프로그래밍에 의하여 다양한 작업을 수행할 수 있는 기계"가 적합하다. 예를 들어, 수치제어(NC: numerically controlled) 공작기계는 프로그래밍에 의하여 작업을 수행하나 다양한 작업을 수행하지는 못한다. 원격작업기(tele-manipulator)는 다양한 작업을 수행할 수 있으나 프로그래밍이 아닌 원격작업자(tele-operator)에 의하여 시스템이 제어된다. 의족, 의수 등의 인공보철(prosthesis)장치는 인간의 사지를 대체하는 장치이다.

하지만, 언급한 세 가지의 경우도 특수한 형태의 로봇으로 간주할 수 있다. 또한 최근 세 경우가 혼합된 형태의 원격 로봇(Tele-robot)이 컴퓨터 네트워크기술과 접목되어 급속하게 발전하고 있다. 원격 로봇의 경우, 초기에는 정보전달 및 로봇의 제어를 유선에 의존하였으나 최근 컴퓨터 통신기술의 발달에 힘입어 무선원격제어 로봇 그리고 인터넷을 이용한 네트워크제어 로봇으로 발달하고 있다.

여기서, 원격(tele-)이란 대개 두 가지 의미로 사용되는데, 첫째는 단순히 먼 거리에 있다기보다는 인간의 힘으로 움직일 수 없는 물건을 움직인다든지 아니면 정밀작업에서 필요한 마이크론 단위를 움직이는 등 인간의 손으로 할 수 없는 영역에 로봇을 이용하여 작업을 수행하는 것, 즉 "인간의 힘이 미치지 못하는 영역"을 말한다. 예를 들어, 정밀한 조작이 필요한 인간 뇌수술의 경우에 적용된다고 하겠다.

둘째는 멀리 떨어져 있거나 인간이 직접 하기에는 위험한 작업환경에서 작업자가 안전하고 효율적으로 작업을 수행할 수 있도록 로봇을 조작하여 작업을 수행하게 하는 등의 조작을 말한다. 전쟁터에서 땅에 박힌 지뢰를 제거하는 지뢰제거 로봇, 농작업 분야에서의 위험 또는 유해 작업용 로봇이 이에 해당될 수 있을 것이다.

이러한 산업용 로봇은 초기 제조업으로부터 발전하였지만 현재는 의료재활을 목적으로 한 로봇, 바이오시스템 로봇 그리고 개인용 서비스 로봇에 이르기까지 여러 산업 분야로 폭넓고 다양하게 발전하고 있다. 이렇게 다양하게 발전하고 있는 로봇들의 기능상 공통점을 정리하면 다음과 같다.

- 프로그램에 의한 자동제어
- 재프로그램이 가능(re-programmable)
- 다목적(multipurpose)

10.1.3 로봇의 분류

로봇은 구동방법, 작업영역, 운동제어방식에 의해 분류할 수 있다. 이 외에도 로봇의 정의에서 언급한 바와 같이 정보처리 수준에 따라 고정시퀀스 로봇, 가변시퀀스 로봇, 작업

재생(플레이백:play back) 로봇, 수치제어 로봇, 지능 로봇 등으로 나눈다.

(1) 작업영역(작업좌표계)에 의한 분류

작업영역이란 로봇 매니퓰레이터(작업기)의 작업선단(end-effector)이 도달할 수 있는 3차원 공간 내 점들의 집합이라고 정의할 수 있다. 매니퓰레이터의 베이스에서 첫 세 관절을 주축, 나머지 세 관절 축을 보조축이라고 하면, 일반적으로 주축에 의하여 매니퓰레이터 작업단의 위치가 정해지며 보조축에 의하여 자세(방향)가 정해진다.

작업영역에 따른 매니퓰레이터의 분류는 주축의 움직임에 따라 생성되는 매니퓰레이터 작업영역의 기하학적인 형태에 따라, 직교좌표형(Cartesian) 로봇, 원통형(Cylindrical) 로봇, 구형(Spherical) 로봇, 수평 및 수직 다관절형 로봇 등으로 나눈다.

1) 직교좌표형 로봇

그림 10-1은 직교좌표형(Cartesian) 로봇의 한 예를 보여준다. 이 로봇은 관절 축이 3개의 직교하는 축으로 구성되어 있어 작업영역은 직육면체이며, 천장구동형(갠트리:gantry) 로봇 등이 이에 속한다.

이 로봇은 반복정밀도(repeatibilty)와 위치정밀도(accuracy)가 좋고, 장애물 회피에 비교적 용이하며, 관절의 구동제어가 쉬운 장점이 있다. 반면 프레임이 큰 데 비하여 작업공간은 비교적 제한되어 있으며 직선운동을 위한 기구설계가 복잡하고, 운용을 위하여 넓은 바닥이나 천장이 필요하다는 단점이 있다.

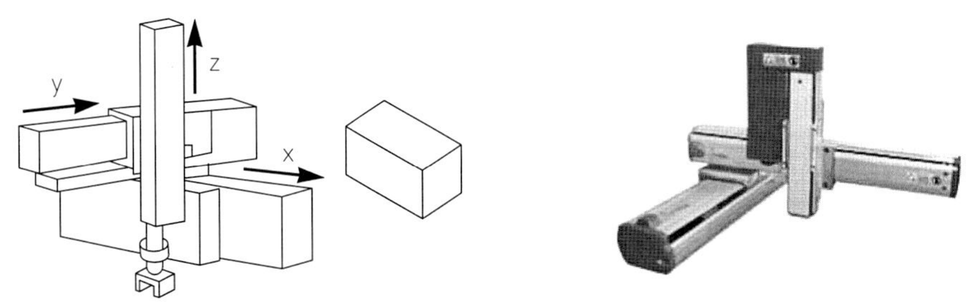

[**그림 10-1**] 직교좌표형 로봇

2) 원통형 로봇

원통형(cylindrical) 로봇은 그림 10-2처럼 직교좌표형 로봇의 첫 번째 관절이 회전 관절로 대치된 형태이며, 작업영역은 원통형이다. 대표적인 예로서 Prab사의 Versation Model F6000 및 Stanford arm 등이 있다. 이 로봇은 장애물 회피에 비교적 용이하고, 직교좌표형 로봇에 비하여 기구학적인 설계가 간단한 장점이 있는 반면, 구조가 크고 직교좌표형 로봇에 비하여 정확성과 위치정밀도가 떨어진다는 단점이 있다.

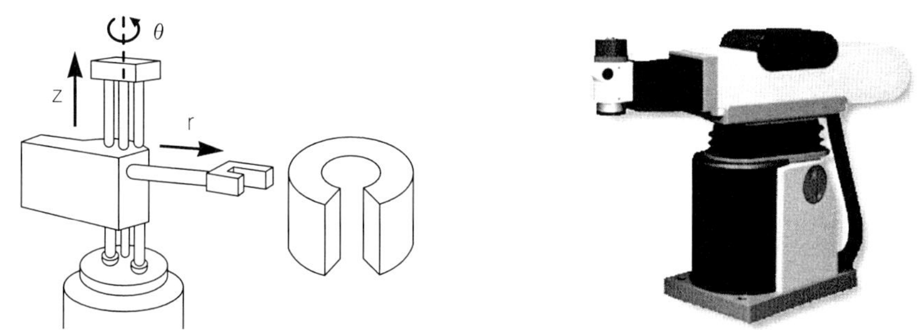

[그림 10-2] 원통형 로봇

3) 구형 로봇

구형(sperical) 로봇은 원통형 로봇의 두 번째 관절이 회전관절로 대체된 것이며 그림 10-3과 같이 작업영역이 구의 형태를 취하고 있다. 대표적인 예로 Unimation사의 Unimate 2000B 등이 있다. 이 로봇은 무게가 가볍고 구조가 간단한 반면에 장애물 회피에 제한이 있고 반지름에 비례하는 위치 오차가 큰 단점이 있다.

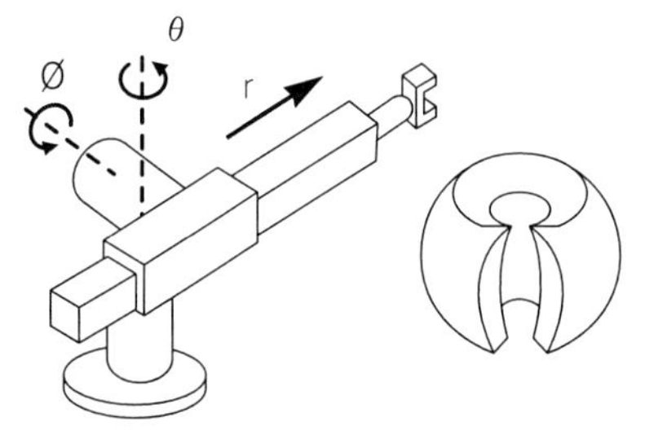

[그림 10-3] 구형 로봇

4) 수평다관절 로봇

수평다관절 로봇(SCARA: selective compliance assembly robot arm)은 구형 로봇처럼 2개의 회전관절과 1개의 미끄럼 관절을 가지고 있으나 그림 10-4에서 보는 바와 같이 3축이 모두 수직인 형태를 가졌다. 이 로봇은 비교적 값이 저렴한데 빠르고 유연한 동작이 필요한 곳에 사용되며, 특히 조립작업 등에 많이 쓰인다.

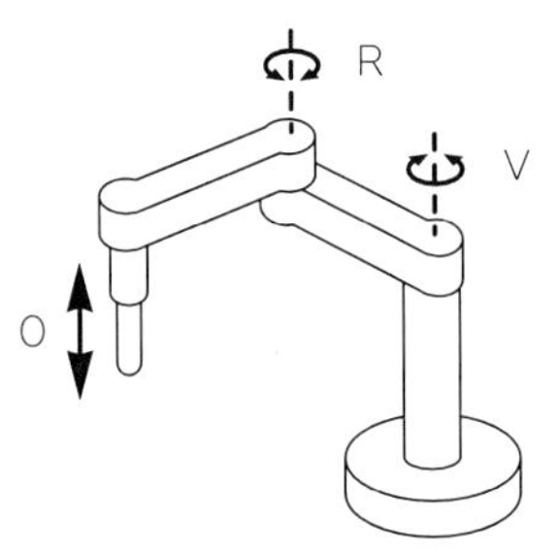

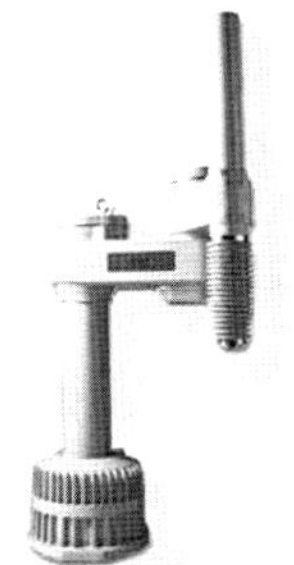

[그림 10-4] 수평다관절 로봇

5) 수직다관절 로봇

수직다관절(articulated or anthropomorphic) 로봇은 인간의 팔과 유사한 형태를 가졌으며, 대표적인 예로는 PUMA 500/600 시리즈, Cincinnati Milacron의 T3 등이 있다. 이 로봇은 작업공간의 활용이 좋고 다른 로봇과의 작업영역에 호환성이 있는 장점이 있으나 반복정밀도와 위치정밀도가 떨어지며 진동이 심한 단점이 있다. 또한 로봇구동제어에 있어 관절량의 계산이 복잡하다.

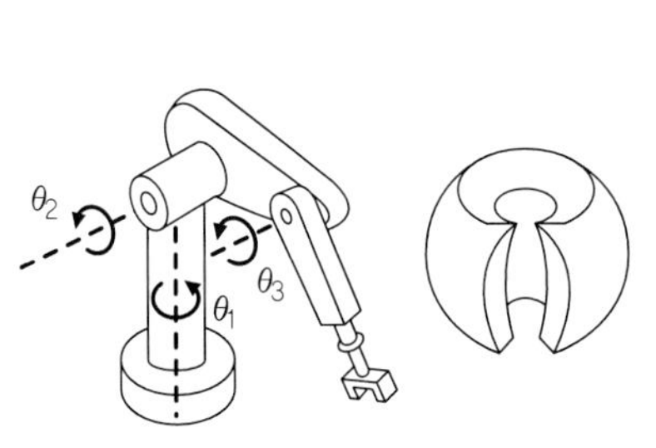

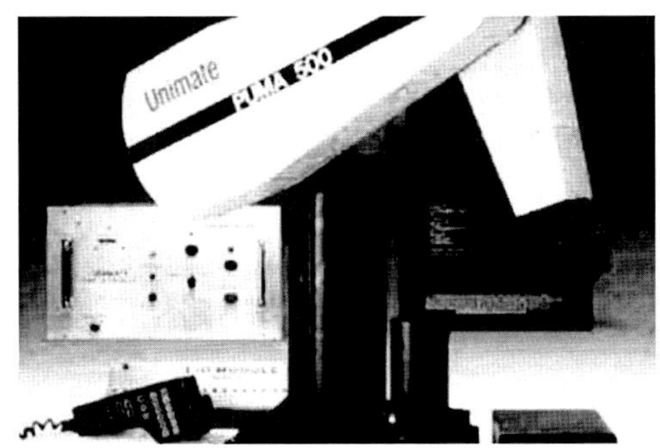

[그림 10-5] 수직다관절 로봇

(2) 이동방법에 따른 분류

1) 차륜형 이동기구

차륜(wheel)형 이동기구는 구조가 간단하고 신속한 이동이 가능하며, 어느 정도 고르지 않은 노면에서도 주행이 가능하다. 이 때문에 바이오시스템 분야에서는 트랙터와 운반차 등에 널리 사용되고 있으며, 야외와 시설 내에서 작업하는 로봇의 이동기구로 적용되고 있다. 조향방법에는 여러 가지가 있으나, 바이오시스템 로봇과 연관되는 주요 특징들에 대하여 간략하게 설명한다.

- **앞바퀴를 자유 캐스터(caster)로 하고 좌우의 후륜 주행** : 이랑 사이를 길게 주행하는 경우 리밋스위치나 광전스위치를 이용하여 노면으로부터의 수직거리를 검출하고 좌우의 후륜을 구동하는 2개 모터를 on-off시키거나 정 · 역회전시켜 조향한다. 이랑 끝에서 선회할 때는 선회용으로 안내 레일을 설치해 두고 그것을 따라 주행한다.
- **좌우의 전륜에 안내롤러를 설치하고 이랑의 표면에 닿으면 그 힘으로 전륜을 조향** : 전 · 후진 모두 자동 조향하기 위하여 전 · 후의 바퀴에 안내롤러를 사용한 것도 있다. 이는 전진 시에는 후륜의 조향각을 진행방향으로 고정한 후 전륜을 안내롤러로 조향하고, 후진 시에는 그 반대로 조향한다.
- **전륜에 자기방향 수정기구를 설치** : 조향 회전축에 캐스터각(caster angle)을 두어 앞바퀴가 이랑으로 올라가면 자동적으로 방향을 수정한다.
- **전륜구동에 의한 조향** : 자동차와 같은 조향으로, 핸들을 손으로 돌리는 대신 모터 등으로 앞바퀴를 조향한다.
- **4륜 조향** : 4바퀴 모두 조향할 수 있는 것으로 그림 10-6과 같이 여러 가지 이동형태를 채용할 수 있다. 전 방향 병진형태는 4바퀴가 모두 같은 방향을 향하여 횡방향 주행 및 경사주행도 할 수 있

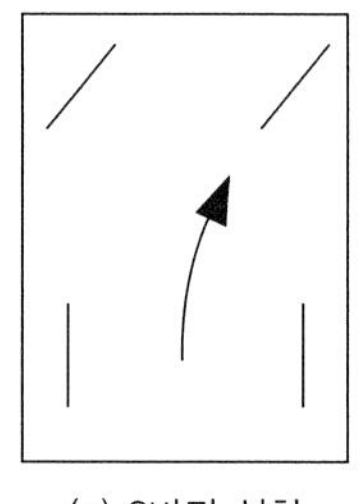 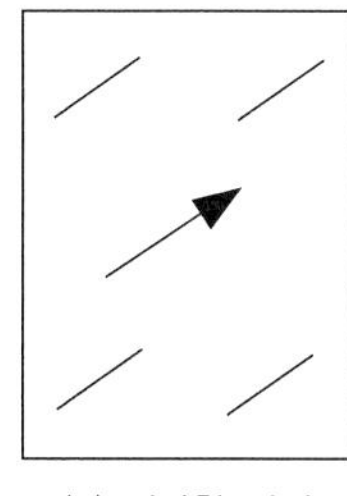 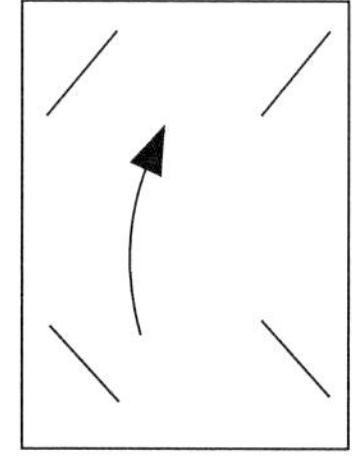 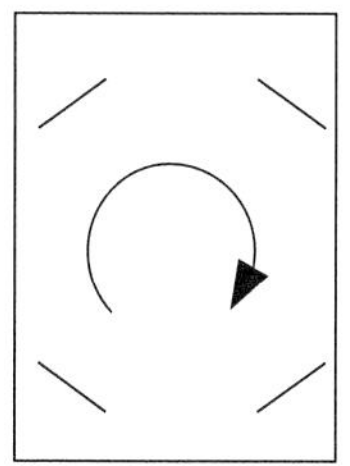

| (a) 2바퀴 선회 | (b) 전방향 전진 | (c) 4바퀴 선회 | (d) 제자리 선회 |

[**그림 10-6**] 4륜주행차의 주행형태

는 것으로 게조향(crab steering)이라고도 한다. 벼와 같이 줄로 심어진 곳에서 선회를 하면, 작물을 밟아 손상을 입히게 되므로 횡으로 진행함으로써 가능한 한 작물을 훼손하지 않고 열을 이동하는 시비기도 있다. 그림의 4륜 선회는 전·후륜을 역 위상으로 조향하는 것으로, 제자리 선회는 차체 중앙부를 중심으로 선회하는 것이다.

2) 무한궤도형 이동기구

무한궤도형(carterpillar) 이동기구는 크롤러(crawler)형 이동기구라고도 하며, 주요 특징은 차륜형에 비하여 접지면적이 넓어 접지압이 낮고 토양침하가 적으며 높은 추진력을 얻을 수 있다는 것이다. 바이오시스템 로봇에 사용되는 경우 차륜형에 비하여 변형이 적어서 탑재한 매니퓰레이터의 관성력과 중심이동에 의한 차체의 요동이 적고, 제자리 선회기능을 가질 수가 있어 좁은 이랑 사이 등에서 이동하기 쉽다.

무한궤도는 원환모양의 벨트로서 건설기계 등에서 금속제의 돌기가 붙은 궤도 슈(track shoe)를 체인모양으로 연결하여 사용하는 것이 많다. 포장기계 분야에서는 고무트랙(rubber track)을 많이 사용하고 있다.

무한궤도형 이동기구에서는 일반적으로 조향 클러치와 브레이크로 조향한다. 이는 좌우궤도를 별도로 조작할 수 있는 클러치와 브레이크를 사용하여 방향전환을 하려는 쪽의 궤도를 정지시켜 선회하는 것이다. 제자리 선회를 하기 위해서는 좌우궤도를 역회전으로 구동한다.

3) 모노레일형 이동기구

포장 내에서 정해진 코스를 자동으로 주행하려면 모노레일 등의 궤도를 설치하는 것이 간단하고 쉬운 방법이다. 이미 감귤농장 등에서는 과실의 운반 등에 사용되고 있으며, 또 포장 내의 작업도로를 확보할 수 없는 급경사지에서는 작물 위를 주행하는 모노레일도 볼 수 있다. 하지만, 이 방식은 궤도 설치비용이 비교적 많이 들기 때문에 생산성 측면에서 경제성이 맞지 않을 수 있으며, 궤도의 보수 유지가 필요하다는 문제도 있다.

4) 문형식 궤도주행형 이동기구

대규모 야외작업의 이송자동화에는 문형식 궤도주행시스템이 사용된다. 두렁에 레일을 깔아 문형태의 주행대차를 포장 위에 걸쳐, 양 두렁의 레일 위를 주행시키는 범용 작업장치이며, 문형태의 기구를 따라 이동하는 작업단의 설치가 가능하고 이동기구로서도 뛰어나다.

- 레일을 기준으로 하기 때문에 위치결정이 정확하고 주행제어에 용이하다.
- 차륜의 압력에 의해 토양이 다져지지 않는다.
- 레일을 따라 주행하므로 상용전원의 사용에 용이하다.

이러한 문형식 궤도주행시스템은 높은 위치결정 정도와 안정된 주행성 등 장점이 있으나, 전체 주행시스템을 구축하는 데 고비용이 소요되며 시스템의 크기에 비하여 작업영역이 좁다는 단점이 있다.

5) 보행 로봇

차륜형과 트랙(track)형으로는 이동하기 어려운 매우 불균일한 지면, 또는 산악지형에서의 이동을 목적으로 사람과 동물처럼 보행하는 보행 로봇(walking robot)의 연구가 행하여지고 있다. 산악지형이나 과수원 등 경사지에서의 작업을 자동화하기 위해서는 보행 로봇을 이용한 이동이 필요하다. 하지만 급경사지에서 사용하려면 안정성(전도되지 않는 것)이 필히 고려되어야 한다. 다리의 수는 1, 2, 4, 6, 8 등 여러 가지 형태로 연구되고 있지만, 포장과 산림을 주행하며 작업하는 로봇의 경우 4개 이상의 다리를 가진 로봇 위주로 연구되고 있다.

(3) 제어방식에 의한 분류

로봇의 관절축을 제어하는 방법에 따라 서보(servo, feedback)제어 로봇과 비서보(non-servo) 로봇으로 나눌 수 있다.

1) 서보제어 로봇

서보제어 로봇은 연속경로(CP: continuous path) 및 지점간(PTP: point to point) 구동제

어로 나눌 수 있다. 모두 각 축에서의 정보, 즉 각 축의 위치 및 속도가 연속적으로 주 제어기에 피드백(feedback)되므로, 비교적 큰 기억용량을 필요로 한다. 또한 일반적으로 비서보 로봇에 비하여 제어구조 및 기계구조가 복잡하여 상대적으로 비싼 편이나 사용의 유연성이 크므로 많이 이용되고 있다.

2) 비서보 로봇

비교적 간단한 형태의 로봇으로서, 각 축의 초기 및 최종 위치만 주어지면 관절이 움직이는 과정에 대한 정보를 사용하지 않고 작동된다. 일반적으로 프로그램에 의하여 매니퓰레이터의 구동모터에 제어신호가 전해지면 구동모터가 작동을 하며 리밋(limit) 스위치 류를 이용하여 작동을 멈추게 하고, 리밋 스위치 신호에 따라 같은 방법에 의하여 연속적으로 다음 단계의 동작이 진행된다. 이러한 종류의 로봇은 그 구조가 간단하고 가격이 싸서 소형 로봇 등에 많이 사용된다.

10.1.4 로봇의 특성인자

(1) 가반중량

가반중량(payload)은 로봇의 작업특성을 유지하는 범위 내에서 로봇의 작업단이 감당할 수 있는 중량을 의미한다. 따라서 로봇의 전체 중량이 크다고 할지라도 가반중량은 상대적으로 작다(예: Fanuc LR Mate: 로봇중량 86lb, 가반중량 6.6lb). 특히 가반중량은 작업선단부의 중량을 포함하는 것임을 유의하여야 한다.

- **정격부하** : 정상 운전조건에서 성능의 저하 없이 기계적으로 가할 수 있는 최대 부하를 뜻한다.
- **정적 컴플라이언스(static compliance)** : 기계적 인터페이스에 가해지는 단위 부하당 최대 변위를 뜻한다.

(2) 작업영역

매니퓰레이터의 작업영역(workspace)은 매니퓰레이터의 작업단(end effector)이 단순히 도달할 수 있는 영역인 도달가능 영역(reachable workspace)과 임의의 자세로 도달할 수 있는 영역인 임의자세 도달가능 영역(dexetrous workspace)으로 나누어진다. 임의자세 도달가능 영역은 도달가능 영역의 부분집합이 된다. 또한 베이스로부터 작업단이 도달할 수 없는 점들의 집합을 죽은 공간(deadspace)이라 한다. 예를 들면 베이스 내부의 점들은 죽은 공간에 해당한다.

(3) 정밀도

정밀도(precision)는 직교좌표계 하에서 결정된 목표점에 얼마나 정확하게 도달할 수 있는가를 나타내며, 이는 구동장치를 제어할 수 있는 최소단위 구동량으로 정의되는 분해능(resolution), 즉 로봇의 각 축 또는 각 관절에 의하여 실현할 수 있는 이동의 최소 증분과 서보제어장치의 성능, 즉 제어시스템이 구별할 수 있는 위치의 최소 변화량에 의존한다. 일반적으로 모터제어를 위한 위치센서인 인코더(encoder)의 정밀도에 의하여 결정된다. 오프라인(offline) 프로그래밍에 의하여 작업을 수행하는 경우 특히 중요하다.

(4) 반복 정도

반복 정도(repeatibility)란 같은 위치(대개 로봇교시에 의하여 지정한다)에 얼마나 정확하게 반복적으로 도달할 수 있는가를 나타낸다. 이는 로봇의 기구적 형태, 작업단의 중량상태

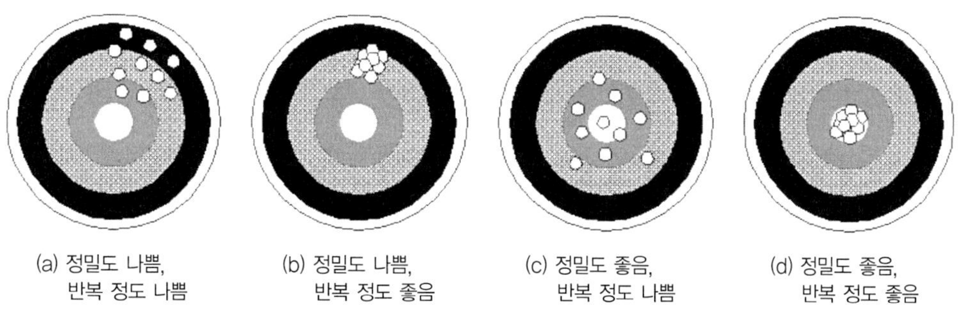

[그림 10-7] 정밀도와 반복 정도

등에 따라 다를 수 있다. 동일한 부하, 속도, 가속도, 접근 방향, 온도 등에서 측정한다. 그림 10-7은 반복 정도와 정밀도의 개념적 차이를 보여준다.

(5) 최대 속도

각 축 모터의 최대 속도, 가속도에 의하여 결정된다.

(6) 사이클타임

사이클타임(cycle time)이란 SCARA 로봇에서 사용하는 평가항목으로서 공간상의 두 위치를 규정된 경로를 따라서 작업단이 1회 왕복하는 데 소요되는 시간으로 상하로 25 mm 그리고 수평으로 300 mm 구간을 움직이도록 한다.

10.1.5 로봇시스템의 구성

(1) 매니퓰레이터

매니퓰레이터는 직접 구동을 하는 관절축과, 이 관절축들 사이를 연결하는 링크로써 이루어져 있다. 또한 각 관절은 일반적으로 회전운동을 하는 회전관절(revolute joint)과 직선운동을 하는 직동관절 또는 미끄럼관절(prismatic or sliding joint)로 구분하며, 이러한 관절의 개수로서 매니퓰레이터의 자유도(degree of freedom)를 결정한다.

일반적으로 매니퓰레이터가 3차원 작업공간 내 임의의 위치에서 임의의 자세를 취하려면 적어도 6개의 자유도가 필요하다. 즉 3 관절은 매니퓰레이터의 선단이 원하는 위치로 이동하는 데 필요하며, 다른 3관절은 원하는 자세를 취하기 위하여 필요하다. 작업특성에 따라서는 5 자유도(점 용접) 또는 4 자유도만 요구하는 경우도 있다.

그러나 매니퓰레이터의 작업단이 장애물을 피하여 목표점에 도달한다든지, 원하는 경로에 부드럽게 접근하려면 일반적으로 더 많은 관절을 필요로 한다. 이러한 경우에는 자유도가 7 이상인 관절구조를 갖게 되는데 이러한 매니퓰레이터를 여유자유도(redundant) 매니퓰레이터라고 한다. 이러한 여유자유도 매니퓰레이터의 제어는 매우 복잡하나, 작업필요에 의하여 기구학적 그리고 동적 특성에 대한 연구가 활발히 진행되고 있다.

(2) 제어기

제어기란 매니퓰레이터가 지시된 작업을 수행할 수 있도록 구동장치(액츄에이터: actuator)를 제어하는 장치를 말한다. 제어기는 매니퓰레이터 각각의 구동축을 원하는 만큼 움직이도록 하며, 이를 위하여 주로 시퀀서, 마이크로 컴퓨터 등이 사용된다.

구동장치를 제어하기 위하여 다양한 제어방법이 연구되어 왔으나 범용적으로 사용되고 있는 제어방법은 시스템의 출력상태와 기준입력의 오차를 이용하여 제어하는 비례미분(PD: proportional and derivative), 비례적분(PI: proportional and integral) 그리고 비례적분미분(PID: proportional, integral, and derivative) 제어가 있다.

이 외에 시스템 변수가 급격히 변하는 경우에 사용하는 가변구조(variable structure)제어, 시스템의 변수가 잘 알려져 있는 경우 최선의 제어를 위하여 연속적으로 그 시스템의 응답으로부터 변수와 이득 등을 변화시켜서 제어하는 적응(adaptive)제어, 시스템의 평가함수를 최적화하면서 경계치 조건을 만족하여 제어하는 최적(optimum)제어, 시스템에 대한 운동방정식 없이 숙련된 작업자가 시스템을 조작하는 것처럼 애매한 작업에 대한 논리에 근거하여 제어하는 퍼지(fuzzy)제어, 그리고 마찬가지로 시스템의 동적 모델에 대한 정보와 무관하게 학습에 의하여 제어하는 신경망(neural network)제어 등이 있다.

언급한 제어방법들은 제어하고자 하는 작업의 특성에 따라서 복수 또는 다수의 제어기법을 융합하여 사용하기도 한다.

(3) 센서장치

센서장치는 1970년대 초 시스템의 상태를 제어계에 전달하기 위하여 급속하게 개발되기 시작하였다. 로봇에 사용하는 센서는 로봇 자체의 운동상태를 결정하는 인자들, 즉 위치, 속도, 가속도, 힘, 토크(torque) 등에 대한 정보를 수집하기 위하여 액츄에이터 등의 내부에 설치하는 내계센서(internal sensor)와 로봇의 외부에 설치하여 외부 상태를 알아보는 데 사용하는 시각, 촉각, 거리, 소리 등을 측정하는 외계센서(external sensor)로 나눌 수 있다.

내계센서로는 마이크로 스위치, 가속도계, 스트레인 게이지(strain gauge), 타코미터 (tachometer), 광학 인코더(optical encoder), 포텐시오미터(potentiometer), 리졸버 (resolver), 자이로(gyro) 등이 있으며, 외계센서로는 촉각센서(tactile sensor), 시각센서 (imaging sensor), 압력변환기(force transducer), 초음파센서(ultrasonic sensor) 등이 있다. 이러한 센서를 인간의 감각과 비교하면 표 10-1처럼 나타낼 수 있다.

이러한 센서는 보다 더 정밀하고, 무인화되어 가는 현대산업의 추세에 가장 핵심적인 기술 중 하나로 활발히 연구되고 있다.

[표 10-1] 인간의 감각과 센서

5감	센　　서
시 각	광센서, TV 카메라, 이미지 센서
후 각	가스센서
청 각	초음파 센서, 마이크로폰
미 각	가스를 이용한 맛센서, 발효센서
촉 각	압력센서, 온도센서, 습도센서, 접촉센서

(4) 구동원

매니퓰레이터의 관절을 구동하는 동력원에 의하여 전기식(electric), 유압식(hydraulic), 공압식(pneumatic), 형상기억식(shape memory metal) 등으로 분류한다.

1) 전기식 구동

로봇의 관절은 주로 DC, AC 모터나 스텝(stepper) 모터와 같은 모터를 이용하여 구동하며, 일반적으로 필요한 토크를 발생시키기 위하여 기어와 결합하여 사용한다. 이 경우, 부하의 관성(inertia) 모멘트와 점성마찰, 백래쉬(backlash) 등이 모터의 동적 변수에 영향을 준다.

최근 물림률과 감속비가 크며, 소형·경량인 동시에 백래쉬가 적고, 효율이 높은 하모닉(harmonic) 드라이브가 많이 사용되고 있다. 또한 기어에 의한 마찰 및 백래쉬를 피하기 위하여 모터를 관절 축에 직접 연결하는 기어가 없는 직접구동(direct drive) 모터가 많이 사용된다.

전기식 구동 모터에는 회전운동 모터와 직선운동 모터가 있다. 직선운동 모터는 회전용 모터의 기본 구조를 직선상으로 전개하여 전기에너지를 직접 직선운동에너지로 변환하는 추력 발생장치이다.

2) 유압식 구동

유압식은 매니퓰레이터가 큰 힘을 필요할 때 많이 쓰며, 모터로 유입되는 흐름, 누설, 압축기로 들어가는 흐름과 같은 주된 흐름에 의하여 작동한다. 이 경우 저속에서는 전기식보다 원활하게 시스템을 구동시킬 수 있다.

3) 공압식 구동

유압식과 비슷한 구조를 가졌으며 정확한 위치제어는 어려우나 가격이 비교적 싸며, 그 용도가 제한되어 있다.

(5) 에너지변환부

로봇에 있어서 구동에 필요한 에너지를 공급하는 부분이며, 서보 모터인 경우는 전력 증폭기, 유압식 혹은 공압식인 경우는 컴프레셔에 해당한다.

10.1.6 바이오시스템 로봇

바이오시스템이란 생물, 생체를 뜻하는 바이오와 체계라는 의미를 가지는 시스템의 복합용어이다. 바이오시스템공학은 생명공학으로 대표되는 바이오 분야와 기계, 정보, 전자, 나노 분야를 아우르는 공학적 시스템의 융합학문 분야이다. 이러한 관점에서 볼 때 바이오시스템 로봇이란 바이오시스템공학 분야의 대표적 융합기술학문으로서 바이오시스템과 관련한 로봇, 즉 바이오시스템을 대상으로 연구 개발되고 활용되는 로봇을 의미한다.

바이오시스템 로봇은 프로그램을 변화시킴으로써 여러 형태의 작업이 가능하고, 또한 대상 생물체의 종류나 환경의 변화에 적응할 수 있도록 촉각, 시각 등의 다양한 환경감지 센서와 이러한 센서정보를 효율적으로 처리할 수 있는 지능적인 제어방법을 채택하고 있는 새로운 방식의 유인 또는 무인화 작업로봇 등을 포함한다고 하겠다.

바이오시스템 로봇은 바이오시스템이라는 작업 대상의 특수성으로 인하여 일반 산업용 로봇과 비교하여 차별화된 기능과 구조를 필요로 한다. 일반 산업용 로봇은 구조적으로 일정하게 정해진 인위적 작업환경, 즉 작업에 영향을 미칠 수 있는 외부적 요인들에 대한 제어가 가능한 작업환경하에서 작업 대상물의 형상과 위치에 대한 정량적 정보를 미리 확보하여 작업을 수행한다.

반면에, 바이오시스템 로봇은 작업 대상으로 하는 바이오시스템이 갖는 특수성, 즉 바이오시스템을 구성하는 대상체가 자연적 요인에 좌우되는 생물체라는 점과 작업의 성격상 인간이 갖고 있는 다변적이고 종합적인 인식 및 판단 기능이 중요하게 작용한다는 점에서 차별화된다.

10.2 바이오시스템 로봇기술의 생물생산작업 응용

바이오시스템 로봇은 선별, 포장, 품질제어 작업 등의 농산식품의 가공 공정, 육가공 및 착유작업 등의 축산낙농 분야, 생선의 육가공과 품질측정 등 수산가공 분야의 작업을 위주로 부분적으로 적용되고 있다. 바이오시스템 로봇을 적용한 작업공정의 자동화는 작업구조가 고정화되어 있는 실내 작업을 대상으로 하는 것이 일반적이다. 특히 대상체의 품질 규격화 출하를 위한 전수 품질관리를 목적으로 대상체의 광반사 특성을 이용한 단순구조의 광센서나 CCD 카메라를 이용하여 획득한 대상체의 외관 정보를 실시간 또는 온라인으로 처리하는 컴퓨터 시각기술, 대상체의 화학적 성분에 반응하는 근적외 분광반사 특성 등을 이용한 품질계측, 초음파영상, 약한 출력의 x−선을 이용한 대상체의 내부영상 획득 및 처리기술 등에 대한 연구 개발이 국내외에서 활발하게 진행되어 왔다.

대규모 온실의 경우, 작물의 성장에 필요한 광도, 영양분, 물, 온도, 습도, 이산화탄소 함유량 등의 환경요인을 제어하여 부가가치가 높은 채소, 과일, 꽃, 버섯, 약초 등을 짧은 기간에 재배하는 식물공장형 온실이 도입되고 있다. 식물공장을 통하여 환경 제어에 의한 식물의 제어재배 또는 수경재배, 종묘의 대량 증식, 인공종자의 생산 등이 가능하다. 이와 같이 공장형태의 바이오시스템 공정 및 식품의 가공, 포장, 품질검사 등은 일반 산업공정과 유사하므로 대상물의 특성을 고려한 전용작업 로봇의 개발이 가능하다고 하겠다.

이와 비교하여 농작물의 재배 관리 및 생산과 관련하여 수행되는 실외 포장작업의 경우는 작업 구조와 환경의 가변적인 특성으로 인하여 작업 상태와 환경을 안정적으로 감지할 수 있는 센서 및 로봇 자체의 이동성과 안전성 관련 기술의 개발이 부가적으로 요구된다. 따라서 기본 요소기술에 대한 연구 개발이 중점적으로 수행되어 왔다. 최근 제초, 비료 및 농약살포, 수확, 운반 등의 실외 포장에서 수행하는 농작업 분야의 경우 컴퓨터 시각기술, 초음파 거리측정기술 및 GPS 이용 자율주행기술 등을 바탕으로 가변적인 작업환경에 대한 주행기능이 연구 개발되었고 일부 작업의 경우는 바이오시스템 로봇의 적용을 위하여 작업 자체를 생력화 작업에 적절하도록 변환하는 연구가 추진되고 있다.

하지만, 단순한 농작업의 경우에도 대상체가 생물체라는 특성으로 인하여 작업 자체가 단순반복적 작업이 아닌 고난이도의 기술을 필요로 하며 일반적으로 작물의 재배 관리 및 생산작업은 다양한 특성을 가진 여러 작업들을 순차적으로 수행하여야 하는 특성을 갖는다. 이러한 작업특성으로 인하여 바이오시스템 로봇은 범용의 작업성, 고도의 작업기능이 필요하다. 이와 더불어 작업의 다양성에 비하여 작물재배 및 생산을 구성하는 단위 작업들의 작업시간은 일반 산업용 로봇과 비교하여 매우 짧은 문제가 있어 기계 가동효율의 극대화를 위한 방법이 강구되어야 한다.

특히, 농작업을 대상으로 하는 바이오시스템 로봇의 경우에는 사용자의 수준을 고려한 효율적이면서 단순한 유지관리 체제 및 기술이 개발되어야 하며 작업자의 작업 편이성과 안전성을 고려하여야 한다. 따라서, 바이오시스템 로봇의 개발 및 작업적용에 있어서 특정한 작업을 위한 전용 무인로봇시스템 개발이라는 개념의 접근은 현재까지도 기술적 · 경제적 · 사회적 측면에서 여러 가지 난관을 극복하여야 하는 실정이다. 국내외적으로는 실험실 수준에서 이러한 연구 개발이 수년 전부터 진행되어 왔으나 언급한 여러 가지 문제로 인하여 실제 작업으로의 투입 및 실용화가 극히 미미한 실정이다.

농작물을 대상으로 바이오시스템 로봇의 한계를 극복하고 범용의 작업기능을 갖는 고기능의 로봇작업기계를 개발하고 실용화하려면 작업자와 로봇 그리고 컴퓨터 간의 인터페이스기술 개발에 바탕을 둔 원격바이오시스템 로봇기술의 개발 및 활용이 바람직하다.

최근 유·무인작업 겸용의 원격바이오시스템 로봇기술의 개발이 성공적으로 국내에서 수행되었고 이를 실용화하기 위한 연구가 추진되고 있다.

전술하였듯이 다양한 분야에서 다양한 기능의 로봇시스템이 개발되어 왔고 상용화를 위한 연구 역시 추진되고 있다. 본 장에서는 연구 개발되었거나 연구 개발 중인 생물산업 분야의 다양한 바이오시스템 로봇들 중 포장작업과 시설작업 분야에 대하여 향후 기술의 파급효과가 큰 대표적 적용사례를 선정하여 간략하게 기술하기로 한다.

10.2.1 포장작업용 로봇

(1) 로봇트랙터와 로봇콤바인

무인자율주행 로봇트랙터의 경우 DGPS(differential global positioning system), IMU(inertial measurement unit) 등의 센서를 이용하여 현재 로봇의 위치를 파악하여 미리 정해진 경로를 주행하도록 하며 작업에 요구되는 정보를 GIS(geographic information system)를 통하여 획득함으로써 부착된 여러 작업기를 구동하여 지정한 작업을 수행한다. 따라서 토양지도, 질소함유지도, 생육지도, 수확지도 등 작업영역에 대한 다양한 지도정보를 생성하거나 장애물 회피 및 무인트랙터의 안전한 주행을 위한 경로생성 소프트웨어와 외부 환경감지센서의 인터페이스 및 융합 신호처리 기술의 연구 개발이 수행되고 있다. 현재 경운, 파종, 관리방제 등에서 실용화를 시도하고 있으며, 상업화를 위한 연구 단계에 이르고 있다.

그림 10-8은 무인 로봇트랙터에 장착된 환경인식장치들을 보여준다. DGPS를 이용하여 로봇의 절대적인 위치를 인공위성에서 수신받고, 무선통신장치를 통하여 원격지에서 작업명령, GIS 정보 등을 송수신할 수 있도록 하였으며 CCD 카메라, 레이저스캐너 등의 정밀센서를 장착하여 주변 환경에 정보를 수집·처리하도록 하고 있다.

그림 10-9는 일본 교토대학교에서 제안한 100 ha에 대하여 부부가 농사를 지을 수 있는 포장작업용 로봇시스템의 개념도를 보여준다.

그림 10-10은 일본 교토대학교에서 연구개발한 시스템으로서 작업자가 조작하는 마스터(master) 콤바인을 추종하면서 작업을 수행할 수 있도록 한 그룹형 로봇콤바인 시스템

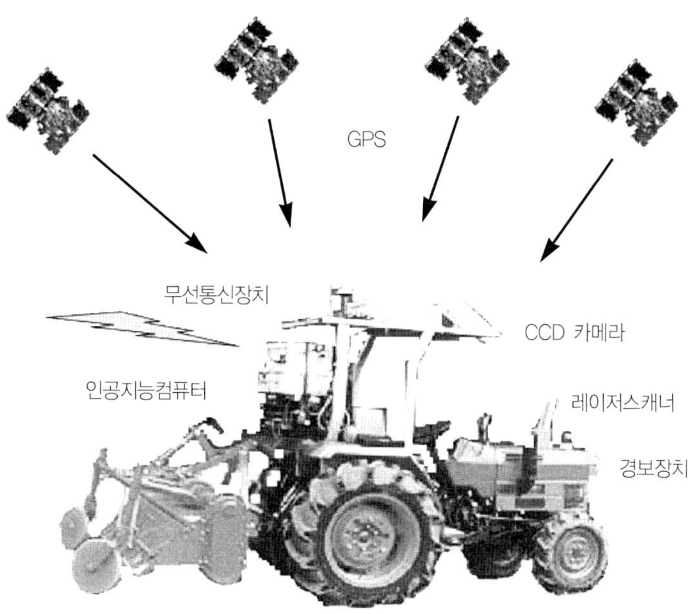

[그림 10-8] 무인 로봇트랙터

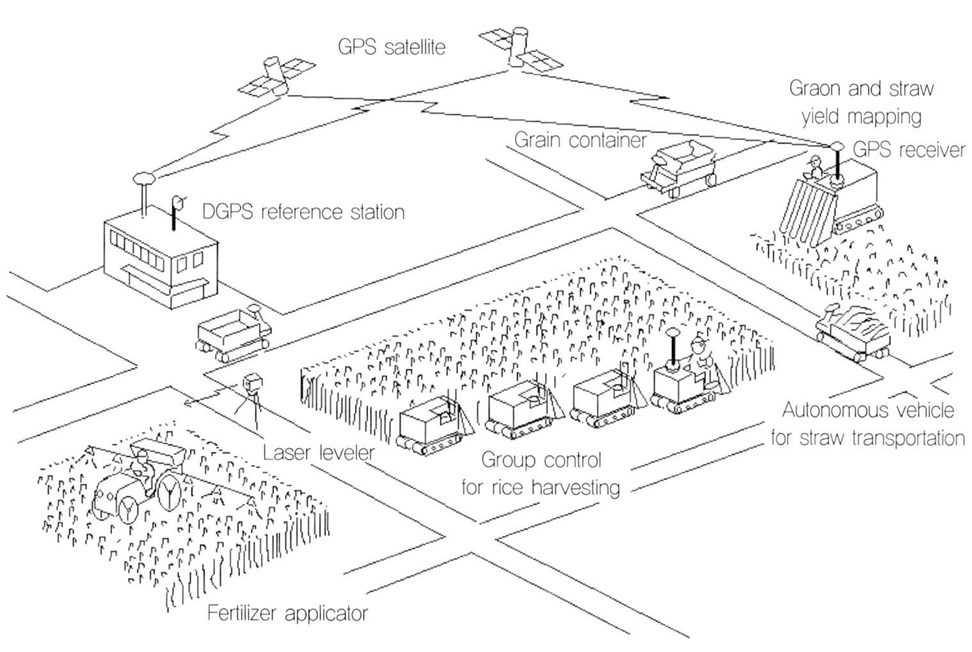

[그림 10-9] 쌀 생산을 위한 포장작업용 바이오시스템 로봇의 개념도

[그림 10-10] 그룹형 로봇콤바인

을 보여준다. 작업자가 조작하는 콤바인의 주행을 추종할 수 있도록 선도하는 콤바인의 조향데이터를 초음파를 이용하여 송신하고 추종 트랙터는 이를 수신하여 조향장치를 제어하도록 하였다. 또한 근적외 거리센서를 이용하여 각 콤바인과의 거리를 일정하게 유지하도록 하여 여러 대의 콤바인이 그룹형으로 작업할 수 있도록 한 것이다. 최근에는 작업자가 조작하는 선도 콤바인이 무인자율주행형 로봇콤바인으로 개발되어 시험작업을 수행하고 있다.

무인자율주행 로봇 트랙터 및 콤바인의 경우, 일본과 미국에서 활발하게 연구 개발이 추진되어 왔다. 특히 일본의 경우에 BRAIN(생연기구)을 위시하여 교토대학교, 홋카이도 대학교 등 여러 대학에서 주행정밀도와 조향제어의 향상을 위한 연구 부문에서 큰 진전이 있었다. 국내에서도 일본과 미국의 개발기술을 바탕으로 한국농업공학연구소와 성균관대학교에서 각각 독자적으로 연구 개발을 추진한 바 있다. 그림 10-11은 성균관대학교에서 개발한 무인자율주행 로봇콤바인의 시작기로서 DGPS, 자이로센서를 항법센서로 이용하였으며, 장애물 감지를 위하여 초음파센서를 적용하였다. 일반적으로 GPS가 항법센서로 널리 사용되지만 GPS는 날씨나 시간, 지형에 영향을 받기 쉬워 정밀한 위치제어를 위하여 DGPS를 사용한다. 자이로센서는 노면의 상태에 따라 콤바인이 기울어질 경우 생길 수 있는 DGPS의 위치정보 오차를 보정하기 위하여 사용되었다.

이 로봇콤바인은 경로주행 시 주어진 경로를 자율적으로 이동하도록 프로그래밍되었고, 초음파센서를 이용하여 경로상에 생길 수 있는 장애물을 감지할 수 있도록 하였다. 이 기능은 콤바인의 주행경로상에 예기치 않게 동물 또는 사람이 위치할 경우 생길 수 있는 안전사고를 예방하기 위한 것이다. 조향제

[그림 10-11] 무인자율주행 로봇콤바인

어는 유압시스템과 서보 모터를 조합하여 수동과 자동 조절을 동시에 할 수 있도록 구성되어 있다.

그리고 DGPS 기능을 보조하는 기능으로서 직선의 이랑을 따라가며 작업을 수행하기 위하여 컬러 CCD 카메라를 사용하여 작물의 녹색과 흙 간의 경계를 검출하여 이랑의 진행방향을 추출하여 콤바인의 직선이동경로를 산정하였다. 콤바인의 선회는 별도의 선회경로를 선정하여 이를 추적하는 방식으로 구현하였다.

이러한 무인자율주행 로봇콤바인 및 트랙터와 같이 노지에서 작업하여야 하는 자율주행이동 로봇시스템의 경우에는 사람이 운전하며 작업하는 데 비하여 작업능률을 향상시키고 작업시간을 확대한다는 측면에서 장점을 가지고 있다. 하지만, 현재까지는 시스템의 내구성 및 작업에 대한 안정성 및 강인성, 유지보수의 편이성 등으로 상용화를 위한 연구개발이 부가적으로 필요한 상태이다. 상용화를 위해서는 특히 작업상태를 원격으로 모니터링하고 시스템을 제어하는 기술 및 작업주행경로의 탐색기술 등에 대한 연구가 필요하다.

① 원격 모니터링시스템

- 무인자율주행 로봇트랙터를 상용화하려면 로봇시스템이 작업하는 동안 작동상태를 효과적으로 모니터링하여 기계 스스로 해결할 수 없는 고장 상황이나 장애물 등에 의한 주행 불능상태 발생 시

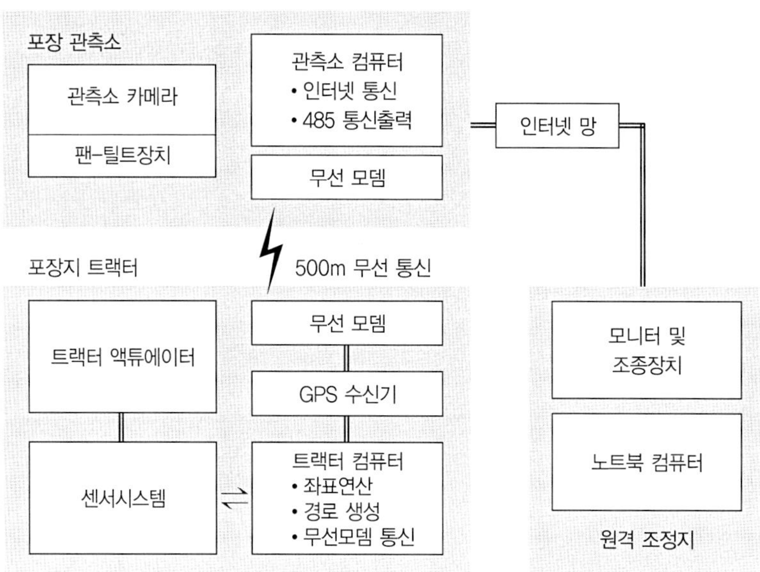

[그림 10-12] 자율주행 트랙터 원격 모니터링 및 제어 개념도

즉시 수동 원격제어모드로 전환되어 관리자에 의하여 시스템이 재설정되거나, 경로의 수정, 원격운전 등을 통하여 봉착된 상황을 해소할 수 있어야 한다. 현재 인터넷이 광범위하게 사용되고 있기 때문에 이러한 인터넷 기반의 인프라를 통한 모니터링기술은 자율주행시스템을 원격으로 모니터링하고 작업을 제어하는 데 응용할 수 있다. 고령화사회로 급속하게 진입하고 있는 우리나라의 농촌 현실을 고려할 때 이러한 IT(정보기술) 인프라를 이용한 원격작업 모니터링 및 제어시스템 기술은 실버시대의 영농수단으로 이용될 수 있을 것이다.

• 그림 10-12와 그림 10-13은 자율주행 트랙터의 원격모니터링 및 제어 개념도와 그 예로서 현장의

[그림 10-13] 인터넷을 통한 자율주행 트랙터의 모니터링 및 제어 장면

무인 원격트랙터와 현장 근처의 관측소, 그리고 인터넷이 연결된 원격조정지로 구성되어 있다. 포장의 트랙터와 근거리 관측소 간 로봇제어에 관련된 기본 통신이 이루어진다. 관측소에서는 팬-틸트 장치가 부착된 관측용 카메라를 통하여 지정한 절대 위치에서 움직이는 트랙터의 포장작업상태를 작업관리자가 모니터링할 수 있도록 하여 작업자가 작업의 오류와 긴급 상황 등을 판단하도록 한다. 이러한 인터페이스는 컴퓨터의 부족한 작업판단능력을 대체할 수 있도록 하여 무인 로봇시스템이 가지는 작업 안전성의 한계를 극복할 수 있다.

② 작업경로의 탐색

- 그림 10-14는 일반적인 사각형 모양의 포장에서 농작업을 수행하는 트랙터의 작업궤적을 나타내고 있다. 총 농작업경로는 복귀작업구간과 왕복작업구간으로 크게 나눌 수 있으며, 이 외에도 출입지점에서 작업시작점까지 이동경로, 왕복작업-회행작업 전환경로, 모서리 회전경로, 작업 후 출입지점까지의 이동경로가 포함된다. 농작업을 수행하는 동안에 트랙터의 작업속도는 거의 일정하므로 여러 가지의 이동경로를 합한 총 농작업경로의 길이가 가장 짧아지는 것이 경로계획의 목적함수가 된다. 포장에서의 작업경로는 복귀작업경로와 왕복작업경로로 나타낼 수 있다.

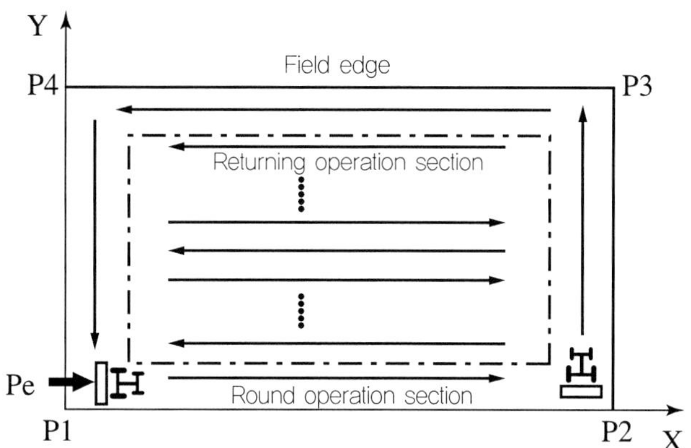

[그림 10-14] 사각형 포장에서 경운작업경로

(2) 로봇이앙기

농업현장에서 여성 및 노인 농업인의 역할이 해마다 증대하고 있으며, 특히 이앙작업은 벼농사의 필수 공정으로 많은 노동시간과 작업숙련도가 요구된다. 이앙작업에서 대부분을 차지하는 직선경로 유지는 노동피로도가 높고 더욱이 여성이나 노인 운전자가 작업을 수행하기 어려운 농작업으로 인식되고 있다.

무논에서 승용이앙기를 이용한 이앙작업은 포장 내에서 일정한 주행기준을 찾기 어렵고, 직진을 위하여 기계작업의 숙련이 요구되며, 특히 이앙작업 시 작업경로를 표시하는 옆줄 마커를 사용하려면 토양 표면이 나타날 때까지 배수를 하여야 한다. 이 때 포장 내 토양 및 비료 성분의 유실이 발생하며 하천오염의 원인이 되기도 한다.

우리나라와 영농환경이 유사한 일본에서도 이러한 이앙기의 직진주행 어려움을 해소하기 위한 연구를 수행하여 왔으며 최근 실용화를 위한 적응성 시험 단계에 있다. 2005년 일본의 BRAIN(생연기구)에서 개발한 승용이앙기의 자동 직진제어장치는 자기방위센서와 자이로센서를 기반으로 한 관성항법으로 조향각을 제어하도록 구성되었다. 이 시스템은 관성항법장치가 갖는 고유의 오차누적 문제를 해소하기 위하여 수동식 보정콘솔을 장착하고 있다. 하지만, 수동식 보정콘솔은 운전자가 오차 발생을 인식하고 수동으로 오차를 수정한 후 이앙기가 계속 자동 조향하여 직진하도록 하는 방법으로 노력절감의 효과가 적고, 비숙련 운전자에게는 여전히 조작하기 쉽지 않은 측면이 있어 실용화의 장애요인으로 인식되고 있다.

그림 10-15(a)는 한국 농업공학연구소에서 시작기로 개발한 자율주행이앙기로 누적오차를 발생하지 않는 GPS신호를 그림 10-15(b)와 같이 병렬로 수신하여 방위를 결정하는 벡터 GPS를 이용하여 무논에서 별도의 표식 없이도 진행방향에 대한 정보와 편차를 정밀하게 추정하여 자동 직진이 가능하도록 하였다.

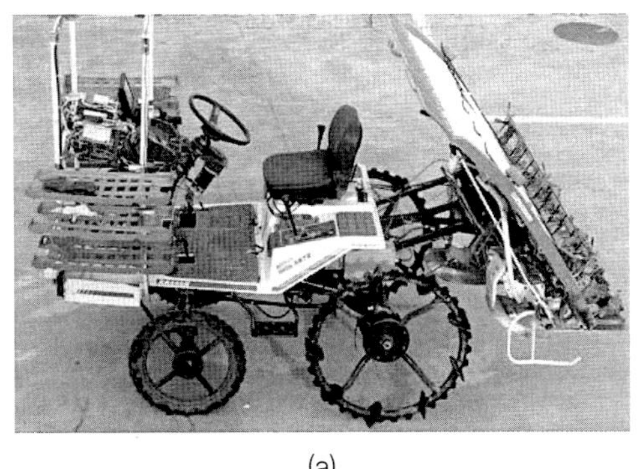

(a)

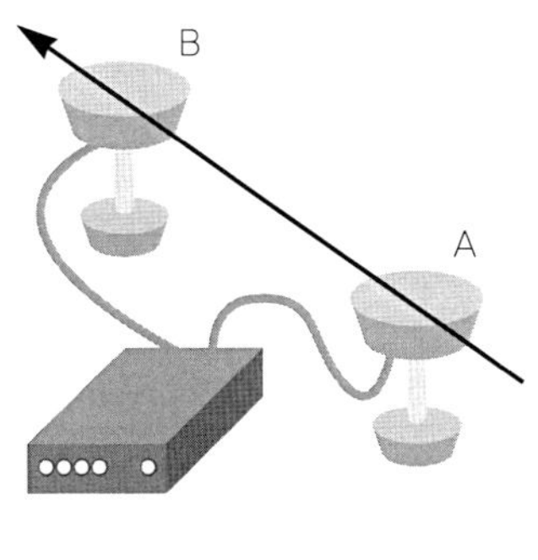

(b)

[그림 10-15] 무인 로봇이앙기 (a) 및 벡터 GPS 개략도 (b)

(3) 로봇헬리콥터

1980년 경 일본의 농림성산하 단체인 농림수산항공협회에서 농약 살포방법을 개선할 목적으로 개발을 시작하게 되었다. 로봇헬리콥터를 이용하여 농약 살포를 할 경우 유인 헬리콥터와 다르게 저공비행을 하면서 약제를 살포할 수 있어서 필요 이상의 약제가 소모되지 않아 환경오염 및 약제낭비로부터 벗어날 수 있어 친환경적이며, 빠른 기동성으로 적기에 방제할 수 있다는 장점이 있다. 그리고 지형에 영향을 받지 않고, 방제 이외의 작업 등에 다목적으로 활용할 수 있다.

초기에 로봇헬리콥터의 개발은 중량과 조종 안정성 문제로 어려움을 겪었다. 그 후 엔진과 기체중량 등의 문제가 전반적으로 개선되었다. 특히 헬리콥터를 쉽게 조종할 수 있도록 와이어로 지상과 연결하여 조종을 지원하는 시스템을 개발하기도 하였으며, 레이저센서로 지표와의 거리를 계측하여 고도제어를 실현한 고도제어장치를 개발하기도 하였다. 1990년 후반 고정밀도의 GPS 출현으로 자세센서와 방위센서, GPS센서를 탑재하여 방위, 속도 등을 검출할 수 있도록 하여 비약적인 발전을 이루었다.

그림 10-16은 일본 Yamaha사에서 개발된 방제용 로봇헬리콥터로서 기존의 원격조정 헬리콥터의 경우 자세조정이 매우 어려워 숙련된 조작자를 필요로 하였으나, 자세를 자동으로 잡아주는 기능이 있어 원격조작이 비교적 쉽도록 개발되었다. 특히 이 로봇헬리콥터는 작업자가 조작 조종간에서 손을 떼면 비행 중인 헬리콥터의 속도를 감속시키며 정지하도록 하여 제자리 비행을 하도록 함으로써 작업자가 원거리 원격 운전 시 안정감을 줄 수 있도록 하였다. 그리고 GPS와 고성능 프로세서를 장착하여 원격지에서 헬리콥터의 절대 위치를 모니터링하면서 기체를 조정하여 약제를 살포할 수 있다.

이러한 원격조작 무인 로봇헬리콥터에 다분광 필터기능의 CCD 카메라를 장착하여 획득한 항공영상으로부터 작물정보 및 생육상태 등에 대한 정보처리가 가능하다. 무인 헬리콥터로부터 얻는 생육 또는 지리 영상정보는 위성영상보다 영상 획득범위는 좁으나 정밀도가 우수하며, 지상의 고가 차량을 이

[그림 10-16] 방제용 무인 로봇헬리콥터

[그림 10-17] 포장 및 생육정보 획득용 원격조작 무인 로봇헬리콥터

용하여 획득하는 영상보다는 영상 범위 선정의 유연성과 영상 획득의 편이성 측면에서 우수하다고 하겠다.

그림 10-17은 일본의 홋카이도대학교에서 개발한 작물의 생육상태 및 지면의 고도를 계측하기 위한 원격조작 무인 헬리콥터시스템으로 2cm 위치 정밀도를 갖는 RTK-GPS, R(red)-G(green)-NIR(near infra red) 영역의 영상을 획득하는 영상 획득카메라, 자세조정을 위한 INS, DNS 센서를 갖추고 있다. 헬리콥터의 비행 추적 및 감시를 위한 베이스 스테이션이 있으며, 여기서 무인 헬리콥터의 운전제어 및 위치, 영상 등의 데이터를 수집·처리할 수 있게 하였다.

10.2.2 시설생산작업용 원격 유·무인 로봇작업시스템

시설을 이용한 작물 및 과수재배의 경우 육묘, 시비, 정지, 파종, 관수, 수확, 선별, 포장 출하 등의 다양한 작업공정이 한정된 공간 내에서 이루어진다. 국내외적으로 이에 대한 생력화 연구가 개별적인 작업단위로 활발히 추진되어 왔고, 현재도 추진 중에 있다. 하지만, 이들 개개 단위 작업을 대상으로 한 전용 생력화시스템을 개발하고 적용하는 데 있어서는 여러 가지 문제가 제기되고 있다.

시설재배에 의한 생산은 일반적으로 재배 관리에서 수확에 이르기까지 여러 단위의 작업공정들을 거치게 된다. 이들 개별 작업공정을 대상으로 생력화 장치(또는 기계)를 개발하는 경우에는 시설재배에 투입되는 작업기계의 종류가 다양해지게 되는데, 이는 기계설비 투자비의 전체적인 상승을 초래하게 되고 각 전용 기계들을 유지 보수하는 데 어려움을 가중시키게 된다. 특히, 시설재배 시 요구되는 여러 작업공정들의 개별 작업시간은 작물의 전체 재배기간에 대비하여 상당히 짧으므로 각 단위 작업공정에 투입되는 전용 기계시스템의 가동률은 일반 산업기계와 비교하여 현저하게 떨어지게 된다. 이러한 기계 투자비 대비 낮은 기계가동률은 시설재배작업의 기계화 및 생력화 추진에 있어 큰 장애가 되고 있다.

시설재배의 생력화·기계화를 추진하는 데 있어서 생력화 설비의 운용과 경제적 효율성 문제 외에도 일부 작업의 경우는 생력화를 위한 기술상의 어려움을 극복하여야 한다. 특히, 대상물을 실시간으로 자동 인식하고 판별할 수 있는 기술, 대상작목에 따라 생물적인 특성에 의하여 요구되는 설비의 정밀성과 취급성, 대상작목을 포함한 주변 작업환경의 가변성 등을 해결하려면 일반적인 산업공정의 자동화를 능가하는 고기능기술 개발이 선행되어야 한다. 결과적으로 시설재배의 생력화는 설비의 경제성, 실용성, 유지보수 측면에서의 효율성 등과 더불어 고기능 기술을 요하는 특성을 가지고 있어 그 구현과 상용화가 어려운 실정이다.

따라서 시설재배 또는 노지(露地)재배를 생력화하기 위한 작업기계 및 설비의 개발은 여러 단위 작업공정들로 이루어지는 시설재배 전반에 걸친 작업 특성을 분석하여야 하며, 경제성, 실용성 그리고 작업의 난이도 및 기계가동률 등의 문제점을 효율적으로 해결할 수 있는 새로운 관점의 연구 개발 접근과 노력이 필요하다.

또한 최근에는 과거 70, 80년대와 달리 환경에 대한 인식이 확산되어 유기농업, 친환경 농업, 정밀농업 등 환경친화적인 농업작업에 대한 연구가 활발하게 진행되고 있다. 시설 농업의 경우 설비 투자비가 노지농업에 비하여 상대적으로 높아 재배공간은 고밀도화되어 있다. 설비 투자 대비 생산성을 높이기 위하여 식물의 생육상태를 최적화하도록 양액

공급을 위시한 생육환경을 제어하는 것이 일반적이다.

한정된 작업공간 및 환경적인 요인(병충해의 유입 방지를 위한 폐쇄적 시설 운영, 작물의 최적생육을 위한 시설 내 이산화탄소와 질소 투입, 과도한 습도, 고온 작업환경 등)으로 인하여 시설 내에서 작업하는 작업자의 건강에 위해가 될 수 있는 환경이 조성되고 있다. 따라서 쾌적한 작업환경을 확보하기 어려워짐에 따라 대개는 작업자의 시설 내 출입을 최소화하고 있다. 이러한 작업추세는 시설재배 작업자의 작업 여건을 개선하고 작물재배에 소요되는 환경 유해물질을 최소화하는 생력작업시스템 개발을 요구하고 있다.

(1) 약제 살포 로봇

약제 살포작업은 작업자가 농약을 뒤집어쓰거나 흡입하는 문제가 있어, 약제 살포의 무인 로봇화는 이와 같은 위해한 작업환경 문제를 해결하는 하나의 방법이 된다. 그림 10-18(a)는 일본 KIORITZ사의 원예하우스 등에서 이랑 사이를 왕복 자동 주행하는 방제 로봇으로서 호스를 감는 장치와 노즐을 탑재하여 이랑 양쪽의 작물에 약제를 살포하는 것이다. 외부 펌프(동력분무기)로 가압한 약제를 호스로 공급하며, 로봇의 전후진 시에는 릴의 호스를 이랑으로 끌어 내고, 후퇴 시는 릴을 감도록 되어 있다.

배터리에 의하여 구동되는 주행부는 그림 10-18(b)와 같이 4륜 각각에 단방향 클러치가 장착되어 있다. 이들 클러치는 전진 시에는 전륜, 후퇴 시에는 후륜 클러치로서 구동하는 방향으로 부착되어 있고, 전·후진 모두 전륜 구동으로 되어 있다. 이랑 끝까지 주행하면

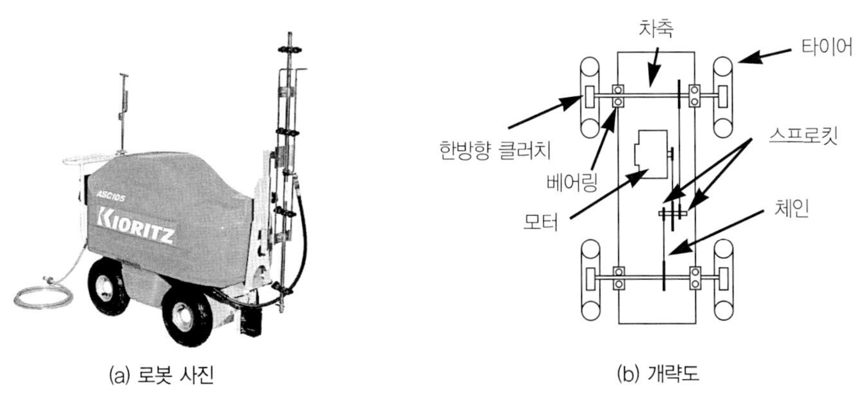

(a) 로봇 사진   (b) 개략도

[그림 10-18] 자동 약제 살포 로봇

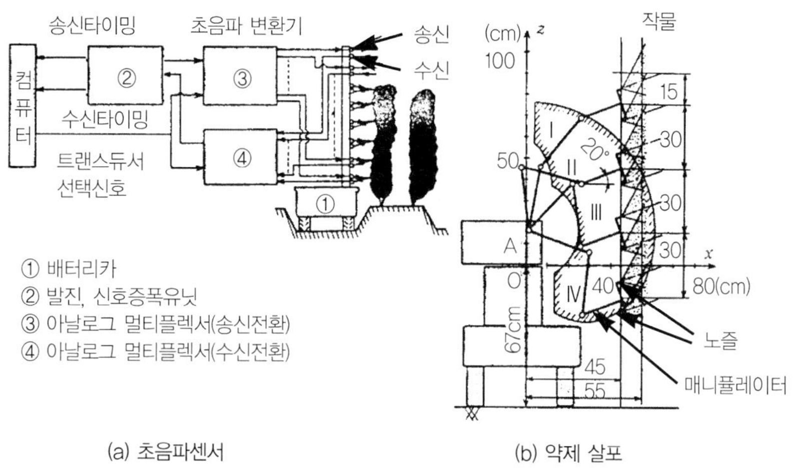

[그림 10-19] 토마토 수확 로봇을 이용한 약제 살포 로봇

범퍼에 내장된 스위치가 작동하여 자동으로 후진으로 바뀌어 왕복 살포할 수 있다. 이 주행부에는 조타기구가 없고 이랑표면을 오를 때 차량의 복원성에 의하여 자동적으로 이랑을 따라 주행한다. 이 외에 가이드롤러를 사용하여 이랑을 따라 같은 방법으로 방제하는 4륜구동 방제 로봇도 시판되고 있다.

그림 10-19는 일본 교토대학교에서 토마토 수확 로봇을 사용하여 작업의 범용성을 목적으로 약제 살포에 전용하기 위하여 시험한 것이다. 매니퓰레이터에는 5자유도 관절형을 사용하고, 그 선단에 약액 살포용 노즐을 부착하였다. 작물의 검출에는 초음파센서를 사용하여, 작물의 유무와 높이를 검출하여 일반 산업용의 점간용접 로봇과 유사하게 필요한 부분만 살포한다. 배터리 차 상부에는 상하방향 15cm 폭으로 8조의 초음파변환기(transducer)가 부착되어 있어, 배터리가 약 15cm 진행할 때마다 8조의 센서에서 작물을 향하여 초음파를 발사함으로써 거리를 측정한다.

[그림 10-20] 무인방제 로봇(세레스)

그림 10-20은 (주)CMS와 전북대학교, 전주대학교에서 공동으로 개발하여 상용화한 시설용 무인방제 로봇인 '세레스'이다. 이 로봇은 원격조정에 의하여 이랑 사이에 설치된 레일 위를 0.5㎧ 이동하며, 분당 10ℓ의 약제를 살포할 수 있다. 로봇의 총 중량은 600Kgf로 배터리 교체 없이 2시간 동안 작업할 수 있다.

이 로봇의 특징은 방제 외에 시설 내의 온도, 습도, 조도, 이산화탄소 농도 등을 계측할 수 있으며, 이 정보를 중앙통제실에서 모니터링 및 분석할 수 있다. 또한 자동분사 높이 조절이 가능하여 좁은 지역 및 넓은 지역에 모두 농약을 살포할 수 있으며, 작업에 대한 이력 관리까지 할 수 있다.

(2) 수박재배 관리 수확작업 로봇

일반적으로 시설 내에 적용된 생력화 시스템의 경우, 방제, 시비 등 대부분이 개별 작업만 수행할 수 있는 전용기로 개발되어 시설재배의 특성상 짧은 기계가동률을 피할 수 없다. 이것은 생물생산의 생력화 추진에 있어서 바이오시스템 로봇기술을 적용하여야 하는 필요성을 대변한다고 할 수 있다.

그림 10-21은 성균관대학교에서 개발된 시설 내에서 적용될 수 있는 수박의 원격 재배 관리 및 수확 로봇시스템이다. 이 로봇의 주요 기능은 가지치기, 적과, 시비, 관수, 수박 돌리기, 수확작업과 같은 시설 내에서 생육 전반에서 행해지는 다양한 작업을 매니퓰레이터 끝단의 작업도구를 간단히 교체함으로써 수행할 수 있게 한다.

수박의 경우 과실이 커서 줄기가 바닥에 포복하는 형태로 재배되므로 이 시스템은 이랑 길이방향으로 고랑에 설치된 레일을 따라 이동할 수 있는 갠트리형 로봇을 적용하였다. 그리고 원격에서 작업지시 및 모니터링을 수행하기 위하여 무선 원격제어장치를 적용하여 명령된 작업지시에 따라 영상처리장치 및 각종 센서를 통하여 작업환경을 인식하면서 4축 로봇암으로 작업 목표에 정밀하게 접근하여 작업을 수행한다.

개발한 로봇시스템의 기능상 특징을 정리하면 다음과 같다.

- 인간과 기계의 기능을 분담하여 각각이 갖는 장단점을 상호 보완하게 하였다. 인간의 추론, 응용, 인지 및 판단능력과 기계의 반복적인 작업, 복잡한 데이터 처리능력 등과 같은 장점을 융합시킴으로써 현재 의 기술한계를 극복하도록 하였다.

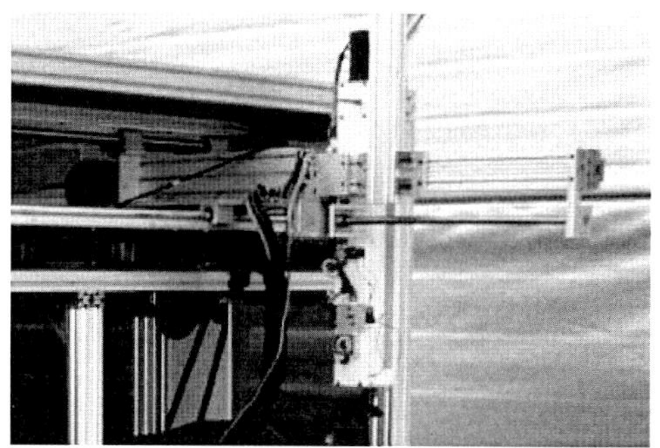

– 규격 : 1600x1600x3300mm (LxHxW)
– 중량 : 850kgf – 속도 : 1m/sec (최대)

[그림 10-21] 수박재배 관리 및 수확작업 로봇 및 로봇암

• 인터넷을 이용한 무선 원격제어시스템을 이용하여 작업자가 직접 현장에서 장시간 작업하기 어려운 환경에서도 작업을 수행할 수 있고, 로봇으로부터 제공되는 다양한 현장의 데이터를 작업장 외의 어떤 곳에서도 모니터링 및 분석할 수 있도록 하여 정보화된 작업을 수행할 수 있다(그림 10-22).

• 그림 10-23과 같이 시설 내에서 발생될 수 있는 다양한 작업에 적용될 수 있는 작업도구와 이것을 쉽게 교체·적용할 수 있도록 구성하여 별도의 추가비용 없이 작업할 수 있다. 즉 로봇 본체의 교체 없이 툴만을 교체함으로써 가지치기, 적과, 유인, 시비, 방제, 수박 돌리기, 수확 등을 할 수 있다.

• 자연광 아래에서 영상처리를 수행할 수 있게 하여 전용 인공광을 필요로 하지 않아 광조건의 변화

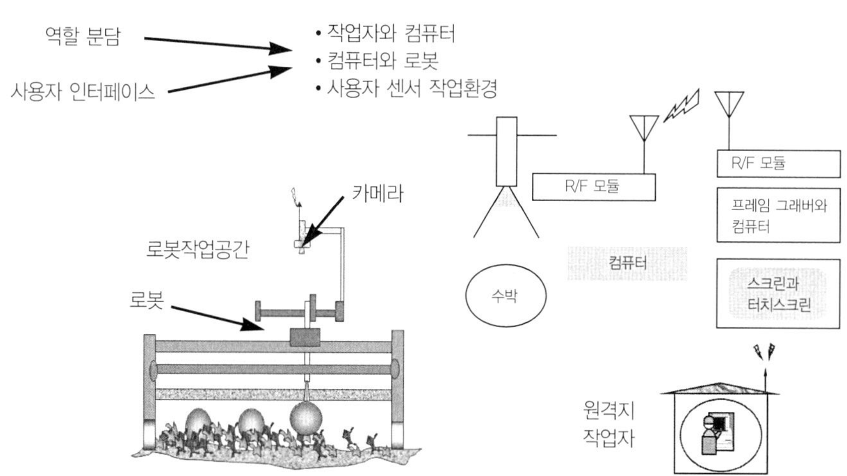

[그림 10-22] 수박재배 관리 및 수확작업 로봇의 개념도

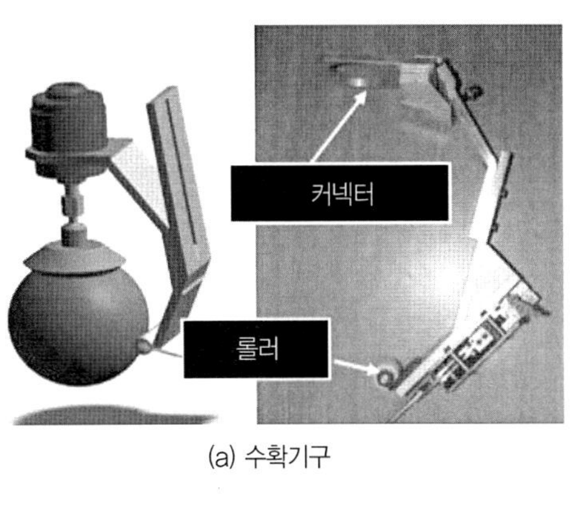

(a) 수확기구

(b) 방제기구

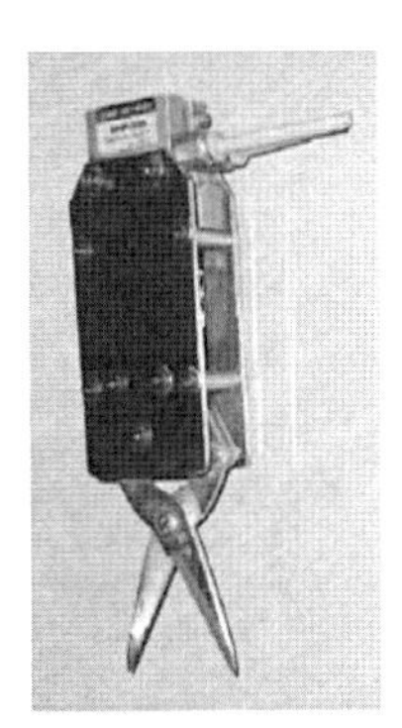

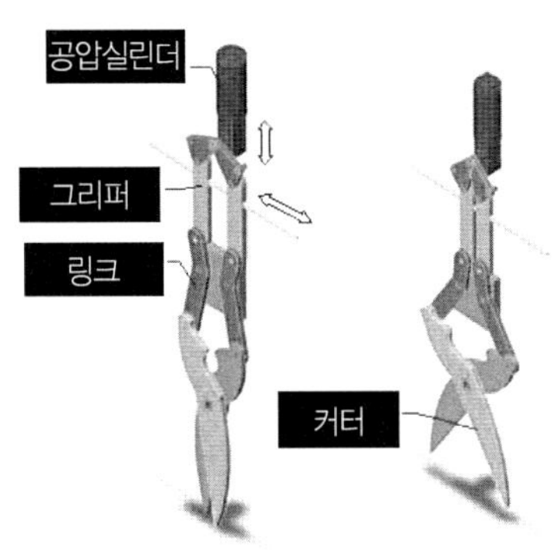

(c) 가지자르기기구

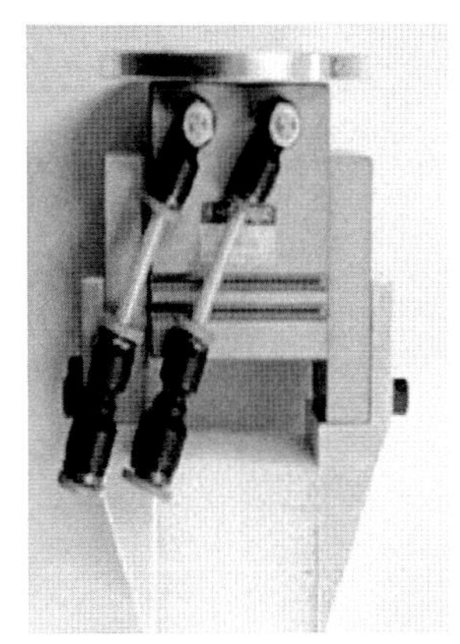
(d) 유인기구

[그림 10-23] 장·탈착이 용이한 모듈식 작업기구들

에 따른 공간적 제약을 극복할 수 있다. 인식시퀀스를 살펴보면, 먼저 1차적으로 작업자의 인지능력을 이용하여 기본적인 정보를 얻은 후 이를 바탕으로 2차적으로 기계시각에 의한 정밀영상처리를 수행함으로써 기존 영상처리에서 얻을 수 없던 광환경 극복, 복합영상처리, 실시간화, 강건화를 이룰 수 있다.

• 시설 내 환경을 인식할 수 있는 각종 센서를 로봇에 설치하여 시설 전반에 대한 3차원적인 환경데이터를 수집·분석·처리할 수 있게 하여 생육상태 모니터링 및 예측재배를 할 수 있게 하였다.

(3) 멜론재배 관리 수확작업용 유/무인 로봇

그림 10-24는 성균관대학교에서 개발한 시설 내에서 수직으로 재배되는 멜론에 대하여 재배 관리 및 수확작업을 수행하는 로봇이다. 이 로봇은 시설 내 설치된 가이드레일에 의하여 주행경로가 유도되며 회전부는 돌출 테이프를 감지하는 방식으로 선회한다. 가이

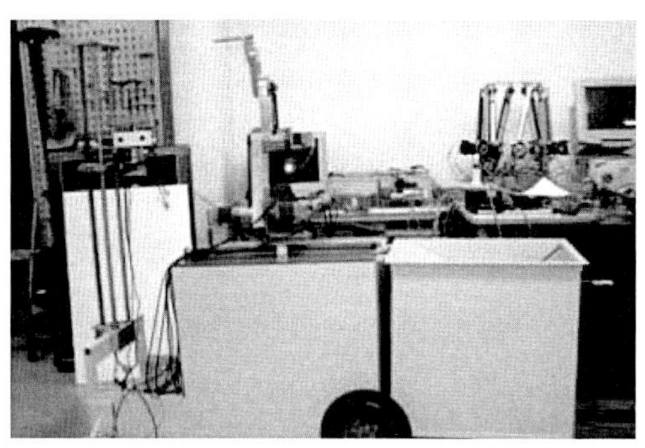
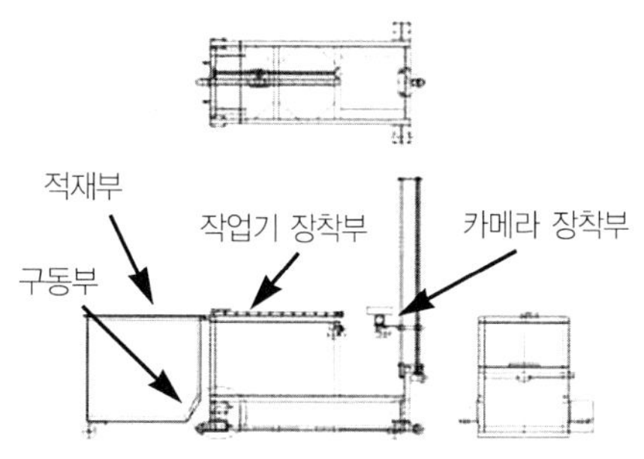

[그림 10-24] 멜론재배 관리 및 수확작업 로봇

드레일을 따라 주행륜은 로봇을 대략적인 작업위치로 이동하게 하고, 로봇 몸체에 장착된 매니퓰레이터가 선단작업장치를 작업 목표물에 정밀하게 접근하도록 한다.

멜론 및 작업 대상의 인식을 위하여 그림 10-25와 같은 스테레오 영상처리시스템과 한 개의 컬러 CCD 카메라를 조합하였다. 주행방향을 X축, 수직방향을 Y축 멜론을 향하는 방향을 Z축이라고 하면, 1차적으로 주행 중 컬러 CCD 카메라에서 입력된 영상정보를 이용하여 멜론의 유무와 X · Y축의 위치를 추출한다. 멜론의 위치가 파악되면 스테레오 카메라의 중심이 될 때까지 주행 후 정지하며, 스테레오 영상처리를 이용하여 멜론의 3차원적인 위치정보를 얻는다. 이 3차원 정보를 바탕으로 로봇핸드를 대상체에 접근하게 한다. 그리고 안전을 위하여 초음파센서를 장착하여 장애물 및 작업자와 로봇 간 충돌사고를 방지할 수 있게 하였다.

(a) 카메라 부

(b) 카메라 이송부

[그림 10-25] 스테레오 및 컬러 CCD 카메라 조합 및 카메라 이송기구

(a) 수확용 그리퍼

(b) 교배용 도구

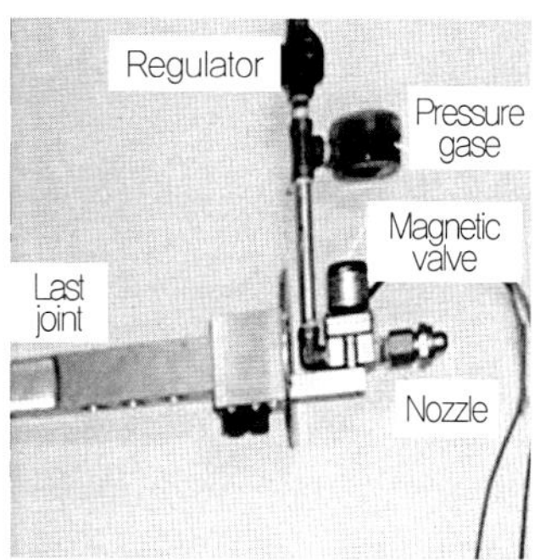

(c) 방제용 도구

[그림 10-26] 장·탈착이 가능한 모듈형 작업도구들

또한 그림 10-26과 같은 모듈형 작업장치를 로봇의 선단부에 장·탈착할 수 있도록 하여 다양한 작업을 수행한다. 특히 작업자와 로봇 간의 기능분담을 통하여 기존의 무인 로봇시스템과 다르게 인식오류, 작업오류를 최소화할 수 있도록 하였다. 작업자는 주로 작업 대상체의 선택, 작업환경 설정(작업내용, 모듈형 장치 교체)을 하며, 로봇시스템은 무선으로 원격지에서 전송되는 명령에 따라 정밀작업을 수행한다.

이 시스템은 여러 대로 구성될 수 있어 동시에 여러 곳에서 한곳의 통제에 따라 작업을 수행할 수 있으므로 상대적으로 적은 비용 및 총제적인 작업제어가 가능하도록 설계되었다. 따라서 작업자는 그림 10-27과 같이 원격조종실에서 원격지의 로봇에게 단지 터치스크린을 터치하는 것으로 작업을 수행하게 할 수 있다.

[그림 10-27] 터치스크린을 통한 원격 작업지시 예

(4) 딸기재배 관리 수확작업 로봇

시설 내라고 할지라도 영상처리를 이용하여 농산물을 수확하는 작업은 광환경의 변화에 따라 획득되는 영상의 변화가 커서 매우 어렵다. 자연광과 인공광의 복합된 가변 복합

(a) 딸기 수확작업 로봇

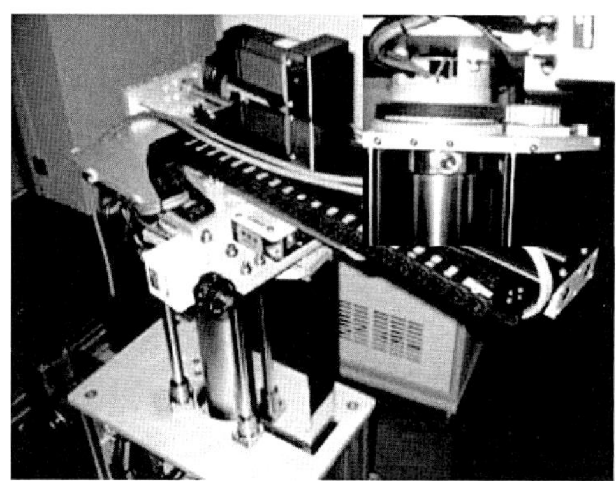

(b) 4축 로봇암

[그림 10-28] 딸기 재배관리 및 수확작업 로봇

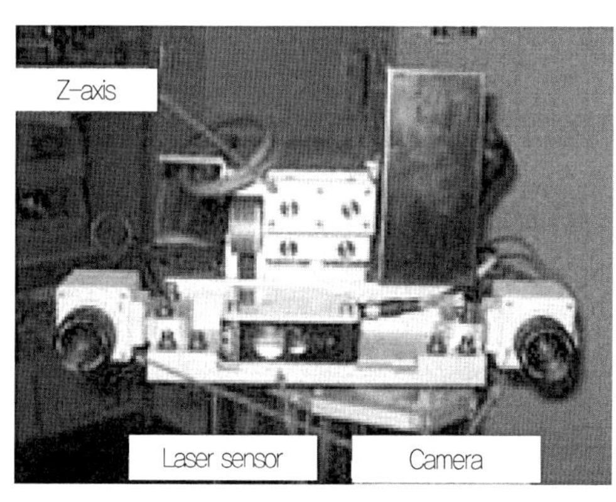

(a) 비전시스템 및 레이저센서

(b) 내시경형태의 그리퍼

[그림 10-29] 환경인식시스템 및 그리퍼

광조건은 그림자 생성, 하이라이트, 시변성, 형상에 따른 반사율의 변화 등이 야기될 확률이 매우 높아 실시간 영상처리 또는 영상처리의 신뢰성에 문제가 많아 로봇을 적용하기 매우 어렵다. 그림 10-28(a)는 한국농업공학연구소의 주도로 성균관대학과 함께 밴치형으로 재배되는 딸기에 대하여 영상처리를 위한 별도의 조명장치 없이 자연광 아래에서 성숙과를 수확할 수 있도록 개발한 수확작업 로봇이다.

적용된 영상획득시스템은 그림 10-29(a)와 같이 딸기 인식을 위하여 2대의 스테레오 카메라와 레이저 거리센서를 사용하였고, 작업 대상에 정밀접근하기 위하여 그림 10-28(b)와 같이 레일 위로 구동되는 4축 원통좌표형 로봇으로 구성하였다. 그리고 그림 10-

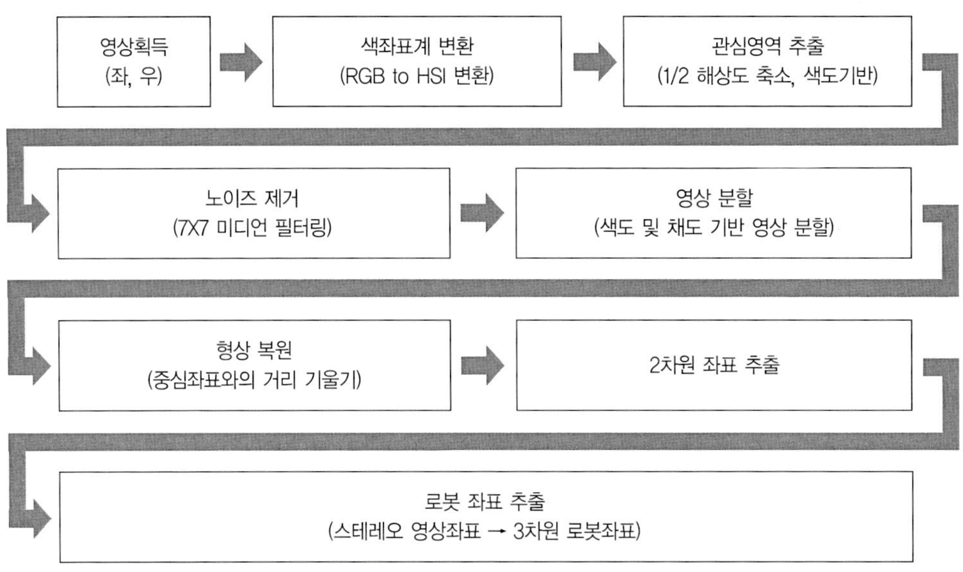

[**그림 10-30**] 복합조명하에서의 실시간 영상처리시퀀스

29(b)와 같이 내시경형태의 작업단과 그리퍼 및 종단 카메라를 사용하여 딸기 수확을 위한 파지·절단 및 2차 정밀접근을 할 수 있게 하였다.

작업선단부는 내시경의 형태를 하고 있어 잎으로 가려진 대상을 찾거나 줄기가 휘었을 때 파지·절단이 쉽게 이루어질 수 있도록 그리퍼와 칼날의 자세를 자유로이 제어할 수 있다. 이 때 파지·절단, 자세제어를 위하여 4개의 DC 서보 모터를 별도로 작업기 선단에 구성하여 본체의 움직임 없이 작업을 수행할 수 있다. 그리고 가변 복합광조건에서 강건하게 로봇을 제어하고자 그림 10-30의 과정과 같이 색상, 형상기반 영상처리 및 시각서보 제어, 센서 융합기술을 적용하였다.

(5) 접목 로봇시스템

야채류의 접목은 연작장해 등의 회피를 목적으로 널리 적용되고 있다. 예를 들면 수박 및 토마토의 경우 거의 100%가 접목묘를 사용하고 있다. 접목은 숙련을 요구하는 섬세한 작업으로 숙련된 노동력의 확보가 어렵고, 시기에 따라 집중도가 높아 기계화의 필요성이 커 자동 접목작업 로봇의 개발이 일본을 중심으로 활발하게 추진되어 여러 형태의 접목 로봇시스템이 상용화되었다.

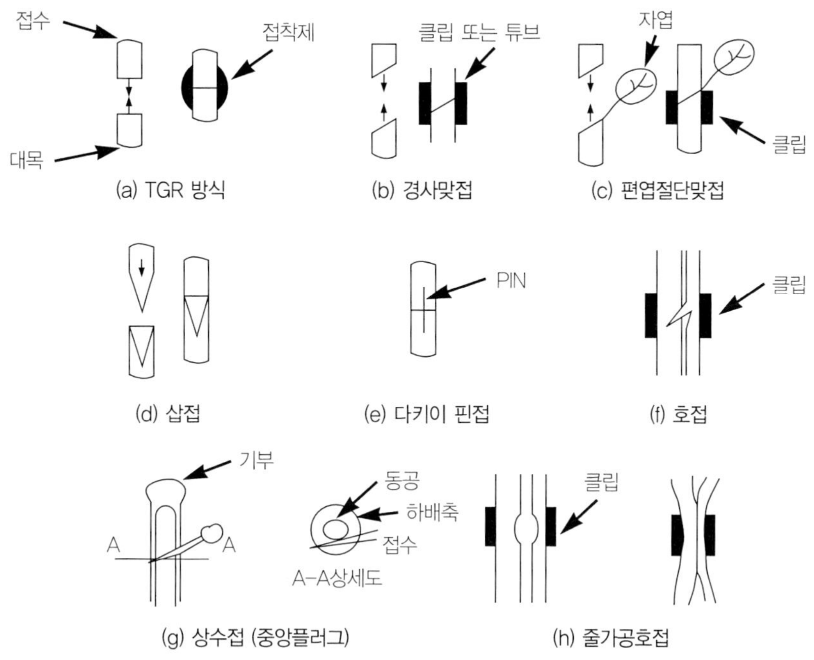

[그림 10-31] 각종 접목방법

  1990년대 초 일본 생연기구에서는 채소작의 기계화 일관체계의 확립을 위하여 "접목로봇"이라는 이름으로 오이용 접목 로봇을 개발한 이래 박과용, 가지과용으로 점점 확대 개발하였다. 개발된 시스템은 접수와 대목을 사람이 손으로 기계에 공급하면 각각 묘의 배축을 절단하여 클립으로 접합하여 배출하도록 한 것이다. 이렇게 간단히 말하면 단순한 기계처럼 생각되지만 같은 작물이라도 모양이나 크기, 경도가 각각 다르고 굽어 있거나 변형되어 있는 등 각양각색이다. 여기에 대응하여 확실한 접합·활착을 할 수 있도록 여러 가지 방법으로 구현되었다.

  접목의 종류는 그림 10-31과 같이 호접, 맞접, 삽접, 핀접 등이 있으며, 대목 및 접수의 상태, 떡잎의 상태에 따라 적당한 접목방법이 이용된다.

  이세키 접목 로봇은 그림 10-32에서 보여주는 바와 같이 좌우대칭으로 묘공급부, 파지·반송부, 절단부가 있으며, 중앙에 절단된 접수와 대목을 클립으로 고정하는 접합부로 구성되어 있다. 또한 클립은 접합부의 후방에 있는 파츠 피더(parts feeder)에 무조작으로 넣어 두면, 정렬하면서 1개씩 공급된다. 각 작동부는 파츠 피더 이외는 공기압으로 구동하

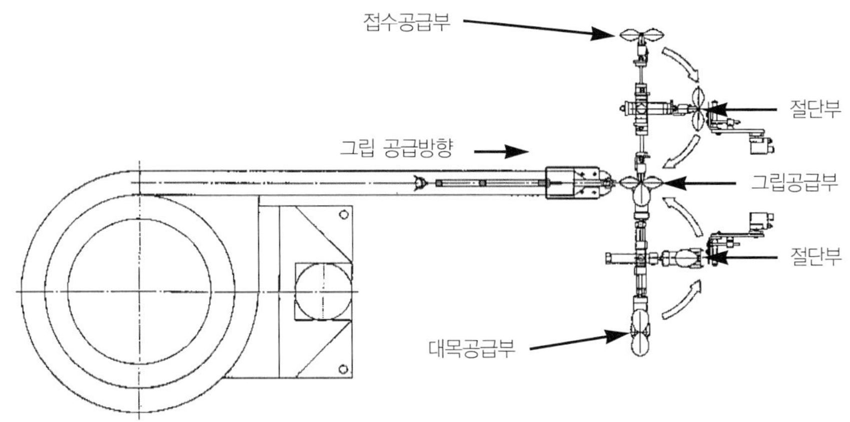

[그림 10-32] 이세키 접목 로봇의 구성

여, 프로그래머블 컨트롤러(PLC)에 의하여 시퀀스제어되고 있으며, 공급→파지→반송→절단→반송→접합→배출의 기본 동작을 1 싸이클로서 연속작업한다.

작업은 초보자라도 간단히 취급할 수 있게 되어 있으며, 접수공급부 · 대목공급부에 각각의 묘를 삽입하는 것만으로 자동적으로 접목이 된다. 대목 · 접수 각각 공급대에 설치된 센서가 묘를 검출하면, 묘는 파지 · 반송부에 의하여 절단부까지 90° 회전이동되어, 불필요부를 면도칼날에 의하여 절단한다. 절단이 종료된 묘는 다시 90° 회전이동하여 접합부로 보내어 클립을 물려 접목 1 사이클이 완료된다.

1 사이클에 소요되는 시간은 약 4.5초로 연속작업으로 1시간당 800본의 처리가 가능하지만 대목 · 접수 각각 공급대에 묘가 삽입되어 있지 않은 경우나 공급작업(작업자의 손을

[그림 10-33] 박과용 자동접목 로봇을 위한 자엽전개방향 정렬장치

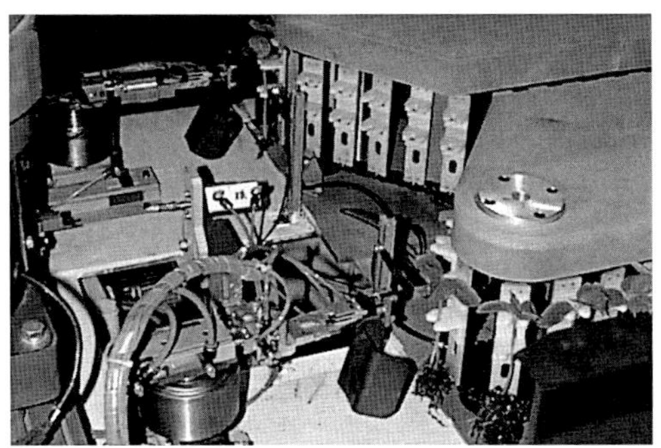

[그림 10-34] 호접식 접목작업 로봇

센서로 감지) 중에는 장치가 정지되어 있으므로 기계에 인간이 사용되고 있다고 하는 정신적 고통 없이 작업할 수 있다.

일본 생연기구(BRAIN)에서는 박과용 편엽절단방식의 전자동 접목 로봇을 개발하였고 그림 10-33은 개발한 시작기를 보여준다. 이 시스템은 박과용에서 대목의 편엽절단을 하는 데 있어서 가

[그림 10-35] 핀접식 접목작업 로봇

장 문제가 되는 자엽방향을 맞추어 주는 기능을 가지고 있다. 대목의 육묘 시 파종방향을 일치시켜 주는 방법은 현재의 육묘기술로는 어려우므로 적외선센서를 이용하여 1본씩 회전시키면서 방향을 일치시키는 기술이 개발되었다. 그러나 1본 처리에 6초 정도가 소요되어 아직 실용상의 문제가 남아 있다.

그림 10-34는 성균관대학교에서 개발한 회전식 1조 호접 로봇이다. 양쪽에 각각 접수와 대목이 별도로 회전되는 공급장치를 이용하여 묘를 공급한다. 다음으로 공기압을 이용한 두 개의 로봇암을 이용하여 서로 맞대어 칼집을 내고, 칼집을 서로 끼워 넣은 후 클립으로 고정하는 과정으로 접목을 수행한다. 이 시스템은 작업자가 시스템의 처리속도와 독립되게 묘를 공급할 수 있다.

그림 10-35는 한국 농업공학연구소에서 일본의 핀접식 접목 로봇시스템을 기초로 개발한 토마토의 접수와 대목을 세라믹 핀으로 접목하는 로봇이다. 한 번의 과정에서 5조씩 접목되는 로봇으로 주로 공기압 실린더를 구동장치로 사용하였다. 2개의 벨트 컨베이어를 이용하여 접수와 대목을 공급할 수 있다. 이 때 대목은 컨베이어상에 설치된 칼날에 의하여 미리 절단되며 접목위치에서 그리퍼에 의하여 고정·정지된다. 그리고 대목에 세라믹 핀을 삽입한다. 접수는 5조의 그리퍼에 의하여 고정·절단되며, 절단 후 접목위치로 이송 후 접목된다. 이 접목시스템의 성능은 한 사람이 시간당 1,200주를 처리할 수 있게 해 준다.

연 습 문 제

10-1 바이오시스템 로봇을 이용한 농작업의 자동화에 있어서 작업의 특성을 기술하시오.

10-2 바이오시스템 로봇이 가져야 할 기능적 특성을 일반 산업용 로봇과 비교하여 기술하시오.

10-3 원격 유·무인 로봇시스템의 주요 기능을 기술하시오.

10-4 바이오시스템 로봇의 개발과 상용화 적용에 따른 고려사항을 기술적·경제적·사회적 측면에서 기술하시오.

10-5 향후 생물생산작업의 생력화 필요성에 대하여 경제적·사회적 관점과 기술적 측면에서 기술하시오.

10-6 로봇의 성능을 나타내는 대표적인 인자들에 대하여 기술하시오.

참고문헌

김유용, 조성인, 황헌, 황규영, 박태진(2006). 멜론 재배작업용 하이브리드 매니퓰레이터 개발. **바이오시스템 공학**. vol.31 no.1. pp.52–58.

류관희, 조성인, 황헌, 최중섭 공역(1996). **생물생산을 위한 지능로봇공학**. 문운당.

정선옥, 박원규, 김상철, 박우풍, 장영창(1998). DGPS와 Gyro Compass를 이용한 트랙터의 자세검출. **한국농업기계학회지**. vol.23 no.2. pp.179–186.

조도연, 조성인(2000). 원격 정보처리를 이용한 자율주행 트랙터 시스템의 개발. **한국농업기계학회지**. vol.25 no.4. pp.301–310.

조성인, 박영식, 최창현, 황헌, 김명락(2001). DGPS와 기계시각을 이용한 자율주행 콤바인의 개발. **한국농업기계학회지**. vol.26 no.1. pp. 29–38.

조성인, 정재연, 김유용, 남기찬, 이중용(2002). 기계시각과 DGPS를 이용한 실시간 정밀방제 시스템 개발.

한국농업기계학회지. vol.27 no.2. pp.143-150.

조성인, 최낙진, 강인성(2000). 기계시각과 퍼지 제어를 이용한 경운작업 트랙터의 자율주행. **한국농업기계학회지**. vol.25 no.1. pp.55-62.

황헌, 김시찬, 고관달(1999). 박과채소용 자동접목 시작기 개발. **바이오시스템공학**. vol.24 no.3. pp.217-224.

황헌, 김시찬, 최동엽(2003). 시설수박 재배작업을 위한 모듈형 다기능 원격 로봇시스템 개발. **바이오시스템공학**. vol.28 no.6. pp.517-524.

Belforte, G., Deboli, R., Gay, P., Piccarolo, P., and Ricauda Aimonino, D.(2006). Robot Design and Testing for Greenhouse Applications. *Biosystems Engineering*. Vol.95 no.3. pp.309-321.

Chateau, T., Debain, C., Collange, F., Trassoudaine, L. , and Alizon, J. (2000). Automatic guidance of agricultural vehicles using a laser sensor. *Computers and electronics in agriculture*. v.28 no.3. pp.243-257.

Edan, Y. Flash, T. Peiper, U. M., Shmulevich, I. and Sarig, Y.(1991). Near-minimum-time task planning for fruit-picking robots. *IEEE Transactions on Robotics and automation*. vol.7 no.1. 1991. pp.48-56.

Elkaim, G., O'Connor, M., Bell, T., Parkinson, B. W.(1997). System Identification and Robust Control of a Farm Vehicle using CDGPS. *PROCEEDINGS OF ION GPS*. v.10 no.1. pp.1415-1426.

Kondo, N., Monta, M., and Fujiura, T.(1996). FRUIT HARVESTING ROBOTS IN JAPAN. *Advances in Space Research*. vol.18 no.1. pp.181-184.

Qiao, J. Sasao, A., Shibusawa, S., Kondo, N., and Morimoto, E.(2005). Mapping Yield and Quality using the Mobile Fruit Grading Robot. *Biosystem Engineering*. vol.90 no.2. pp.135-142.

Stoll, A., Dieter Kutzbach, Heinz(2000). Guidance of a Forage Harvester with GPS. *Precision Agriculture*. v.2 no.3 pp.281-291.

Van Henten, E.J., Van Tuijl, B.A.J., Hoogakker, G.-J., Van Der Weerd, M. J., Hemming, J., Kornet, J.G., and Bontsema, J.(2006). An Autonomous Robot for De-leafing Cucumber Plants grown in a High-wire Cultivation System. *Biosystems Engineering*. Vol.94 no.3. pp.317-323.

찾·아·보·기

3중 디스크형 구절기　159
3축 전단시험기　99
4절링크방식　189
DGPS(Differential GPS)　49
GAP(Good Agricultural Product)제도　14
GLONASS　46
GPS　46
NFT　345
NPSH(Net Positive Suction Head)　212
pF　340
Rankine의 수동토양압력이론　106
S-타인 컬티베이터　158
TGR접목법　333
가반중량(payload)　452
가변시퀀스 로봇　444, 445
가지치기기계　417
각봉형　262, 263, 296
각형 베일러　395
감가상각비　24, 25
감자 파종기　170
건조용적밀도　95
건초　383
걷어올림장치　255, 256, 275, 277
검불체　275, 281, 293, 298, 299, 300
견인력　113
견인식 툴캐리어　142
견인체인　163

경사맞접　333
경사판식 배종장치　148
경영면적　33
경운작업체계　123
경운저항　62, 113
경질육묘포트　191
고정비　24, 28
고정시퀀스 로봇　444, 445
고정식 집재기　432, 433
고추 수확기　322
고형배지경　344
곡물체　293, 298, 299
곡물판　264, 267, 280, 281, 291, 293
공간 해상도　55
공간적 변이　56
공간정보　56
공간통계학　75
공극률　95
공극비　95
공급깊이 자동제어장치　286
공기식 파종기　149
공기운반분무기　230, 235
공기충전공극률　95
공압식 구동　457
공압식 진동수확기　302
관개배수용 기계　205
관리용 기계　204
관행경운　123, 124
광복 복륜형 진압륜　161
광역살포기　230
광폭형 진압륜　161
교반기　224
구동날　157
구동날 구절기　159
구멍 롤러식　146
구절기　143, 158

구형 로봇　447
궤도식 연결형 적재집재차량　422
궤도형 적재집재차량　421
궤도형 집재차량　420
균질성지수　97
균평용해로우　128
그래플 톱　425
기계식 진동수확기　304
기계톱　404
기어펌프　209
깊이조절 밴드형　162
끝속도　272
나사형 반송기　265, 266, 272, 282, 300
나이프형 복토기　160
난방　355
내계센서　455
내구 연수　24
내부마찰각　105
내측 이중구동식　146
냉방　358
너겟(Nugget)변이　78
널판형 릴　294, 295
노즐　229, 238
노치 코울터　157
농업기계　5
농업기계화　6
농업기계화촉진법　8
농작업 안전　40
능동시스템　53
다목적트랙터　407
다이아프램펌프　209, 213
단리브형 진압륜　161
단원판형 구절기　159
단원판형 복토기　160
단축식 트랙터　425

담수점파기 169
담수조파기 169
담수직파기 169
담액수경 345
데이텀 59
돌기 롤러식 146
돌기치형 262, 263, 296
동력분무기 230, 232
동력살분무기 220, 223, 224, 230, 234
동력전달부 186
두둑재배 139
둥근 모양의 좁은형 진압륜 161
디스크 모워 388
디스크방식 194
디스크휠 394
딸기 수확기 322
딸기재배 관리 수확작업 로봇 476
라디케리 집재기 407
락울수경 348
래그(lag) 76
래스터형식 56
랭꼬임 로프 427, 428
러닝 스카이라인 반송기 429
런너형 구절기 159
레이디얼 레이크 395
레이–플랫 이식기 435, 436
레인지(range) 77
로봇 442
로봇이앙기 465
로봇콤바인 460, 462, 463
로봇트랙터 460, 461
로봇헬리콥터 467
로브펌프 209, 213
로터리 모워 387
로터리 컬티베이터 158, 163

로터리경운기 118
로터리콤바인 291
롤러진압기 127
롤러해로우 127
롤링바스킷 163
롱매트 이앙기 184
리스터 129
릴 헤더 293
릴지수 295
마늘 수확기 318
매니퓰레이터 454, 455, 456
멀칭종이 183
멜론재배 관리 수확작업용 유/무인 로봇 474
모 탑재대 186
모워 컨디셔너 392
목질에너지 수집가공장비 408
목초 382
목초 수확기 389
목초 예취기 385
몰드보드플라우 109
무 수확기 319
무게중심 이동형 차량 425
무경운 파종시스템 144
무단변속기 293
미국 로봇산업협회 443
미립화원리 238
미스트 231
미예취탈곡식 273, 274
미예취탈곡식 헤더 293, 294
바닥쇠 115
바이오시스템 204, 213
바이오시스템 로봇 449, 450, 457, 458, 459
바이오시스템공학(biosystems engineering) 4

바이오시스템기계 5
바이오시스템기계공학 5
반복 정도 453
반사판노즐 243, 244
반자동 이식기 192
반출오거 274, 283, 288, 289, 300
방향제어장치 285
배수 205
배종 145
배종기구 145
배종이론 151
배종장치 143
배추 수확기 312, 313
배출률 247
벌도 · 조재기계 408
벌도조재기 423, 424
벌도집적기 423
베리오그램 77
베바미터 101
베일 왜건 399
벡터형식 57
벨트공급식 174
벼 직파기 166
벼헤더 293
변동비 28, 29
변량형 기술 83
변이 76
변이계수 246
볏 115
보간 81
보광 352
보습 115
보전경운 123, 124
보통꼬임 로프 427, 428
보행 로봇 451
보행 산파모 이앙기 180

보행 이앙기	185	
보행 조파모 이앙기	180	
보행형 차량기계	426	
복륜 경사형 진압륜	161	
복리브형 진압륜	161	
복원판형 구절기	159	
복원판형 복토기	160	
복토장치	144, 196	
복합부담면적	21, 22	
복합환경 제어	367	
봉날식	188	
부담면적	16, 19	
부분경운 이앙기	183	
부분낙하 살포기	223	
부착력	105	
부추 수확기	311, 312	
부판	187	
분광 특성	51	
분두	222	
분무경	345	
분무공	239	
분쇄기	223	
불도저	406	
비료	220	
비료 살포기	220	
비료 혼합기	179	
비서보(non-servo) 로봇	451, 452	
비속도	210	
비스킷 롤러	158	
비저항	114	
빗살형 릴	294, 295	
사이클타임	454	
사일로	384	
사일리지	384	
삭도(ropeway)	405	
산림바이오매스	435	

산림보호장비	408	
산림철도	405	
산성도	65	
산업용 로봇	443	
산파	139	
산파기	140	
산파모	176	
살수관	217	
살수율	219	
살수헤드	218, 219	
살포기술	230	
살포율	230	
삽접	334	
상수접	334	
상온식 연무기	236, 237	
상추 수확기	306, 307	
상토건조기	179	
상토조제기	179	
샐러리 수확기	307, 308	
생물생산기계	5	
생육 제어	372	
서보(servo)제어 로봇	451	
서브소일 리퍼	158	
석회 살포기	223	
선형노즐	243, 244	
세단기	283, 284, 289, 300	
소성지수	103	
소성한계	103	
소형윈치 집재기	434	
속성정보	45, 56	
솎음기계	133	
손익분기점	35	
쇄토기	126	
수경재배	344	
수기경	345	
수동력	208	

수동시스템	53	
수두(water head)	206	
수리비	36, 37	
수박재배 관리 수확작업 로봇		
	472, 473	
수신호	41	
수직다관절 로봇	448	
수직디스크 열클리너	158	
수직회전판식 배종장치	148	
수축한계	103	
수치제어 로봇	444, 446	
수평다관절 로봇	448	
수평디스크 열클리너	158	
수확량 모니터링시스템	71	
수확량센서	72	
수확작업대	302	
스위프 열클리너	158	
스크류펌프	209	
스키드 플레이트형	161	
스택 왜건	398	
스텝 이식기	435	
스트로 스트레이트너	157	
스트립 로터리 틸러	157	
스티브 런너형 구절기	173	
스파이크해로우	126	
스펙트럼 응답성	55	
스펙트럼 해상도	55	
스프링치형	262, 263, 296	
스프링클러	216, 217, 218, 219	
스프링타인	163	
스프링타인 컬티베이터	158	
스프링타인형 복토기	160	
스프링해로우	127	
스피드스프레이어	230, 235	
슬랙라인 반송기	429	
습윤용적밀도	95	

승용 산파모 이앙기 181
승용 이앙기 185
시간적 해상도 55
시금치 수확기 309
시로코송풍기 234
식물공장 376
식부궤적 189
식부디스크 삽입방식 193
식부장치 188, 196
식부호퍼 낙하방식 193
식부홀더 투입방식 193
식생지수 68
식혈기 406, 416
신경망제어 455
실(Sill) 77
실양정 207
실작업시간율 20
심토플라우 117
썰매형 윈치 407
아터버그한계 103
안긴 베리오그램(nested variogram) 80
안식각 228
안전사고 38
알곡오거 264, 265, 266, 267, 275, 281, 282, 283, 293, 299, 300
압력노즐 239
앞쟁기 113
액비 살포기 220, 224
액성지수 103
액성한계 103
액제 살포기 228, 231
약제 살포 로봇 470, 471
양곡기 264, 266, 267, 275, 281, 283, 293, 299
양묘용 장비 408

양배추 수확기 305, 306
양수기 205
양정 206
양파 수확기 320
에너지용 속성수 수확기계 436
엔드게이트 파종기 140
엔드-휠 조파기 141
엔진톱 404
엘리베이터 공급방식 193
엘리베이터식 173
연간 고정비 비율 29
연간 기계 이용비 31
연료소모율 29, 30
연무기 236
연질육묘포트 191
열펌프난방 357
예불기 406
예취기 413
옥수수헤더 293
온수난방 356
온풍난방 356
옵셋리플드 코울터 157
옵셋버블 코울터 157
옵셋후루티드 코울터 157
와이드 스위프형 구절기 159
와이드후루티드 코울터루즈너 158
와이어로프 404, 427, 428
왕복날 253, 254, 255, 257, 275, 277, 293, 295
외계센서 455
용적수분함량 95
용적식 펌프 209
원격 로봇 445
원격바이오시스템 로봇기술 459, 460
원격탐사 51

원심노즐 239
원심살포기 223, 224
원심식 산파기 163
원심펌프 209, 210
원추관입기 62
원추관입시험기 101
원추지수 62
원추형노즐 243
원통형 로봇 447
원통형 베일러 395, 397
원판플라우 116
원판해로우 126
원형전단링 101
위치측정시스템 46
윈드로워 253, 292
유기농업 229
유기질비료 220, 221, 224
유닛 점파기 142
유비쿼터스 60
유압식 구동 457
유전율 특성 64
유효작업폭 18
육묘 파종기 165
육묘상자세척기 179
육묘시설 328
육묘파종기 177
이동식 타워야더 407
이동전단판 101
이론포장능률 17
이류체노즐 239, 241
이물질 분리장치 317
이삭공급 262
이삭공급식 262, 263, 264, 273, 274, 291, 301
이삭예취식 273
이세키 접목 로봇 479, 480

이송공급기	292, 293, 296	
이송장치	196	
이식기	175	
이앙기	175	
이중2차 잔유물 디스크	157	
이체	110	
인력분무기	230, 233	
인력살포기	220	
인크라인(incline)	405	
일본 산업용 로봇조합	444	
일장제어	353	
임도시공기계	408	
임업기계	402, 408	
임작업	34	
입자크기분포	97	
입제분제 살포기	220	
잎 면적지수	69	
자동박피기	405	
자주식 반송기	430	
자주식 작업기	5	
자주형 탈곡기	255	
자탈형 콤바인	274, 275, 276, 277, 281, 289, 290, 292	
작물밀도	138	
작업가능일수율	20, 22	
작업능률	16, 18	
작업대형 짚체	297, 298	
작업재생 로봇	444, 445	
잔존가치	25, 26, 27	
쟁기	115	
저목장 및 임내가공	408	
적재집재차량	421	
전기식 구동	456	
전기전도도	63	
전단 그래프	101	
전단강도	99	

전단력	98	
전단베인	101	
전륜-진압륜 직렬링크형	162	
전양정	207	
전자기 스펙트럼	51	
전폭 살포기	223	
전화노즐	239, 242	
전효율	208	
절단속도비	258	
절단식	188	
점착력	105	
접목 로봇시스템	478	
접목장치	333	
젓가락날식	188	
정규식생지수	70	
정밀경운	123, 124	
정밀농업	45, 204	
정밀도	453	
정밀점파	139	
정밀점파기	142	
정선체	281, 282, 285, 287, 291, 292, 298, 300	
정식기	175	
정유압	293	
정유압 무단변속기	276	
정전하노즐	242	
제어기	455	
제조물책임	39	
조림 · 육림기계	408	
조사료	382	
조재기	424, 425	
조파	139	
조파기	140	
조파모	176	
좁은 스프릿형 진압륜	161	
종이멀칭 이앙기	182	

종이포트	191	
종자이송	154	
종자이송기구	155	
종합적 방제(IPM)	229	
좌표계	56	
좌표시스템	58	
주행속도 자동제어장치	286	
줄베기 헤더	293	
줄봉형	262, 263, 296, 297	
중경(cultivation)	131	
중력수분함량	95	
중력식 반송기	428	
중형 야더집재기	406, 407	
증발냉방	358	
지구위치시스템	45	
지능 로봇	444, 446	
지도화 작업	56	
지리정보시스템	56	
지형참조	56	
직교좌표형 로봇	446	
직선법	25	
직접전단시험기	98	
진공노즐식 파종기	331	
진공드럼식 파종기	330	
진압륜형	161	
집 · 운재기계	408	
집재작업	432	
집재차량	420	
짚체(straw walker)	265, 281, 282, 291, 292, 293, 297, 298, 299	
차광	353	
차량형 임업기계	420	
차륜식 3륜형 적재집재차량	421	
차륜식 적재집재차량	422	
차륜형 집재차량	420	
창환기	364	

철선체 264, 265, 272
철선치형 262, 263, 267
체인톱 406, 409
체인형 복토기 160
체적중간 지름 226
체적평균 지름 225
체절양정 214
쳐올림기 265, 266, 282
총포노즐 245
최아기 177
축동력 208
출아기 178
취출장치 196
측게이지륜형 161
측조시비 이앙기 182
치즐 리퍼 158
치즐형 구절기 159
치퍼 437
친환경농업육성법 204
칼날 커터헤드 390
커터바 모워 385
컬티베이터갱 133
컵공급식 174
코울터 157
코울터형 구절기 159
코울터 112
콩헤더 293
키(key)형 짚체 297, 298
타워 집재기 433, 434
탄산가스 농도 변화 362
탈곡봉형 262
탈곡치형 262
탈곡통 262
토마토 수확기 321
토성(soil texture) 95
토양강도 61

토양분리장치 316
토양소독기 234
토양수분 64
토양연경도 102
토양절단장치 314
투입식 콤바인 253, 274, 289, 291, 292, 293, 300
트랙터부착형 윈치 407
트렌처 130
특성곡선 214
파 수확기 308
파이프더스터 224
파종 플랜트 329
파형망 263, 265, 267, 271, 280, 297
판날식 188
패들형 복토기 160
팩커 롤러 158
퍼올림기 265, 266, 267
퍼지제어 455
펀치파종기 151
편심회전 링크식 173
편엽절단삼접 334
편엽절단접 334
평 코울터 157
평균 입자밀도 95
평면재배 139
평행바 레이크 393
포그시스템 358
포장효율 18
포트모 176
포트모용 188
포화도 95
푸트밸브 206
프레스-휠 조파기 141
프레임 상승 게이지륜형 162
프로세서 405

플러그 육묘트레이 191
플런저펌프 209
플레일 모워 388
플레일형 커터헤드 391
피커휠식 174
핀세트형 194
핀접 334
핀접식 접목 로봇 481
핑거픽업 점파기 148
핑거휠 394
하베스터 405
항공방제기 237
헤더 291, 292, 293, 296, 300
헤더오거 292, 293, 294, 295, 296
헤더작업대 293, 295
헤이 레이크 392
헤이 베일러 395
헤이 컨디셔너 391
헤이 포크 398
호우형 구절기 159
호접식 접목 로봇 480
홀더형 194
홈형 휠 140
확산통 293, 296, 297
활착장치 336
회전 종자판식 173
회전륜 레이크 393
회전식 1조 호접 로봇 481
회전차 210, 211
회전형 포트방식 192
휴대용 관입기 101
휴대형 임업기계 409
휴대형 진동수확기 302
흡인팬 265, 267, 271, 272, 275, 281, 282

저 · 자 · 소 · 개

박준걸(1장)

서울대학교 농공학과(농학사)
서울대학교 대학원 농공학과(석사)
서울대학교 대학원 농공학 전공(박사)

현) 한국농업기계학회 부회장
　　건국대학교 생물산업기계공학과 교수

E-mail : jgpark@kku.ac.kr

권순홍(5장)

충남대학교 농공학과 농업기계 전공(학사)
건국대학교 대학원 농공학과 농업기계 전공(석사)
건국대학교 대학원 농공학과 농업기계 전공(박사)

현) 부산대학교 바이오시스템공학부 교수

E-mail : ksh5421@pusan.ac.kr

김상헌(8장)

서울대학교 농과대학 농업기계학 전공(농학사)
서울대학교 농과대학 농업기계학 전공(농학석사)
미국 위스콘신 주립대학교 농업기계학 전공(농학석사)
미국 텍사스 공과대학교 농업기계학 전공(농학박사)

현) 강원대학교 생물산업공학전공 교수

E-mail : shkim@kangwon.ac.kr

김재영(5장)

건국대학교 농학대학(농학사)
건국대학교 대학원(농학석사)
전남대학교 대학원(농학박사)

현) 순천대학교 농업생명과학대학 교수

E-mail : jykim@sunchon.ac.kr

김진영(4장)

충북대학교 농공학 전공(농학사)
충북대학교 대학원 농업기계 전공(농학석사)
충북대학교 대학원 수료

현) 농업공학연구소 시설자원공학과 과장

E-mail : jyoung@rda.go.kr

김태한(7장)

경북대학교 농과대학 농업기계학 전공(농학사)
경북대학교 대학원 농업기계공학 전공(농학석사)
도쿄대학교 대학원 농업기계공학 전공(농학박사)

현) 경북대학교 생물산업기계공학과 교수

E-mail : thakim@knu.ac.kr

나우정(3장)

서울대학교 농과대학 농공학과(농학사)
충남대학교 대학원 농공학과(농학석사)
겐트대학교 박사

현) 경상대학교 농업기계공학과 교수

E-mail : wojnla@gnu.ac.kr

박경규(8장)

서울대학교 농과대학 농공학과(농학사)
서울대학교 대학원 농공학과(농학석사)
미국 캔자스 주립대 대학원(공학박사)

현) 경북대학교 생물산업기계공학과 교수

E-mail : kkpak@knu.ac.kr

오재헌(9장)

강원대학교 산림과학대학 임학과(농학사)
강원대학교 대학원 농업기계 전공(농학석사)
일본 동경대학교 대학원 산림공학 전공(농학박사)

현) 국립산림과학원 산림생산기술연구소 임업연구사

E-mail : jhoh@forest.go.kr

유수남(4장)

서울대학교 농과대학 농공학과(농학사)
서울대학교 대학원 농공학과 농업기계 전공(농학석사)
서울대학교 대학원 농공학과 농업기계 전공(농학박사)

현) 전남대학교 생물산업공학과 교수

E-mail : snyoo@chonnam.ac.kr

이규승(4장)

서울대학교 농공학과(농학사)
서울대학교 대학원 농공학과(석사)
서울대학교 대학원 농공학 전공(박사)

현) 성균관대학교 생명공학부 바이오메카트로닉스전공 교수

E-mail : seung@skku.ac.kr

이기명(7장)

서울대학교 농과대학 농공학과(농학사)
영남대학교 대학원 기계공학과(공학석사)
도쿄대학교 대학원 농업공학과(농학박사)

현) 경북대학교 생물산업기계공학과 교수

E-mail : leekm@knu.ac.kr

이승규(6장)

서울대학교 농과대학(농학사)
서울대학교 대학원(농학석사)
일본 교토대학교(농학석사)

현) 경상대학교 생물산업기계공학과 교수

E-mail : leesngyu@gnu.ac.kr

이승기(5장)

건국대학교 농공학과(농학사)
건국대학교 대학원 농업기계 전공(농학석사)
건국대학교 대학원 농업기계 전공(농학박사)

현) 공주대학교 생물산업기계공학전공 교수

E-mail : leesk@kongju.ac.kr

이중용(2장, 5장)

서울대학교 농공학과 농업기계 전공(농학사)
서울대학교 대학원 농업기계 전공(공학석사)
미국 일리노이대학교 대학원 농업기계 전공(공학박사)

현) 서울대학교 바이오시스템공학전공 교수

E-mail : jyr@snu.ac.kr

정선옥(2장, 3장)

서울대학교 농업기계 전공(농학사)
서울대학교 농업기계 전공(농학석사)
미국 미주리 주립대학교 Biological Engineering 전공(공학박사)

현) 충남대학교 생물자원공학부 생물산업기계전공 교수

E-mail : sochung@cnu.ac.kr

조성찬(3장)

충북대학교 농공학 전공(농학사)
충북대학교 대학원 농업기계 전공(농학석사)
성균관대학교 농업기계공학 전공(공학박사)

현) 충북대학교 생물자원생산학부 바이오시스템공학전공 교수

E-mail : sccho@chungbuk.ac.kr

최영수(6장)

서울대학교 농과대학 농공학과 농업기계 전공(농학사)
서울대학교 대학원 농업기계 전공(농학석사)
서울대학교 대학원 농업기계 전공(농학박사)

현) 전남대학교 생물산업공학과 교수

E-mail : y-choi@chonnam.ac.kr

최 용(6장)

전남대학교 농공학과(농학사)
전남대학교 대학원 농업기계 전공(공학석사)
전남대학교 대학원 농업기계 전공(공학박사)

현) 농촌진흥청 농업공학연구소 농업연구관

E-mail : duli2@rda.go.kr

황 헌(10장)

서울대학교 농공학 전공(농학사)
미국 루이지애나 주립대학교 농공 및 생물공학 전공(공학석사)
미국 루이지애나 주립대학교 Engineering Science 전공(공학박사)

현) 성균관대학교 생명공학부 바이오메카트로닉스전공 교수

E-mail : hhwang@skku.ac.kr

Bio-production machinery engineering

바이오시스템기계공학

초판인쇄	2008년 2월 26일
초판발행	2008년 3월 2일
지 은 이	박준걸 외 공저
펴 낸 이	김성배
펴 낸 곳	도서출판 씨아이알
편 집 장	박현주
디 자 인	김민정, 이미라, 최세영
등록번호	제 2-3285호
등 록 일	2001년 3월 19일
주 소	100-250 서울특별시 중구 예장동 1-151
전화번호	02-2275-8603(대표) 팩스번호 02-2265-9394
홈페이지	www.circom.co.kr

ISBN 978-89-92259-09-5 93520

정가 23,000원